L. A. ARZIMO

GESTEUERTE THERMONUK

L. A. ARZIMOWITSCH

Gesteuerte thermonukleare Reaktionen

In deutscher Sprache herausgegeben

von

Dr. LUDWIG ROTHHARDT

Mit 164 Abbildungen und 1 Tabelle

AKADEMIE-VERLAG · BERLIN
1965

Л. А. АРЦИМОВИЧ

УПРАВЛЯЕМЫЕ ТЕРМОЯДЕРНЫЕ РЕАКЦИИ

Erschienen bei Fismatgis

Moskau 1961/1963

Übersetzung aus dem Russischen:

Dipl.-Slav. Maria Rothhardt · Dipl.-Phys. Knut Kaschlik

Dipl.-Phys. Irmelin Heller · Siegfried Eichler

Erschienen im Akademie-Verlag GmbH, 108 Berlin, Leipziger Straße 3—4

Lizenznummer: 202 · 100/493/64

Gesamtherstellung: VEB Druckerei „Thomas Müntzer“ Bad Langensalza

Bestellnummer: 5486 · ES 18 B 7

VORWORT ZUR ZWEITEN RUSSISCHEN AUFLAGE

Die erste Ausgabe dieses Buches wurde etwa vor zwei Jahren in Druck gegeben. In dieser Zeit sind in der Physik des Hochtemperaturplasmas Fortschritte erzielt worden. Besonders stark hat sich die Verteilung der Aufmerksamkeit und Anstrengungen auf die verschiedenen Probleme und Richtungen im allgemeinen wissenschaftlichen Programm geändert. Auch in der theoretischen Analyse der Plasmastabilität wurde eine Reihe wertvoller Resultate erhalten. Es wurden neue Anlagen zur experimentellen Untersuchung von im Plasma ablaufenden Prozessen in Betrieb genommen, deren Ausführung einem hohen technischen Niveau entspricht. Es handelt sich hierbei um Anlagen, in denen ein Plasma durch starke Magnetfelder gehalten wird. Weiterhin ist auch ein Fortschritt und eine Bereicherung der experimentellen Methodik zur Schaffung eines Plasmas und zur Registrierung von Prozessen in einem Plasma zu verzeichnen. Die neuen experimentellen Fakten, die bei der Untersuchung des Verhaltens eines Plasmas in magnetischen Flaschen erhalten wurden, haben die weiteren Perspektiven der Entwicklung dieses wichtigen physikalischen Gebietes klarer erkennen lassen und unter anderem auch die Einschätzung der Situation bestätigt, die in der ersten Ausgabe dieses Buches gegeben wurde. Weiterhin haben sie unsere Hoffnung bestätigt, daß die gefährlichsten Formen der Instabilität bei richtiger Wahl des verwendeten Magnetfeldes unterdrückt werden können. Ohne Zweifel wurde auch ein wesentlicher Fortschritt in der Untersuchung quasistationärer Entladungen im starken Magnetfeld erreicht. In diesem Zusammenhang wurde es möglich, eine wirksame Aufheizung des Plasmas zu realisieren. Insgesamt kann man sagen, daß der Verlauf der Ereignisse in der Physik des Hochtemperaturplasmas in den vergangenen zwei Jahren zwar nicht den ersehnten Schlüssel zur Durchführung von thermonuklearen Synthesen gebracht hat, dennoch aber wesentlich zur Entstehung eines Optimismus bei der Beurteilung der weiteren Arbeiten auf dem Gebiete der gesteuerten thermonuklearen Synthese beigetragen hat. In der zweiten Ausgabe dieses Buches ist eine Reihe von Ergänzungen vorhanden, welche das neue Material berücksichtigen, das durch die in der Zeit von 1961—1962 durchgeführten Untersuchungen gewonnen wurde. In diesem Zusammenhang war es erforderlich, viele Abschnitte des vorliegenden Buches zu überarbeiten. Weiterhin sind Fehler und Ungenauigkeiten, die bei der ersten Ausgabe nicht mehr korrigiert werden konnten, beseitigt.

L. A. Arzimowitsch

VORWORT ZUR ERSTEN RUSSISCHEN AUFLAGE

Ein Vorwort wird oft geschrieben, weil der Autor die Absicht hat, die kommenden Schläge der Kritik durch eine geschickte Verteidigung zu parieren. Meist ist dabei das offene Bekenntnis der Mängel der eigenen Arbeit mit dem Hinweis auf ihre absolute Unvermeidbarkeit verbunden. Eine ähnliche Form der literarischen Selbstverteidigung ist besonders dann nötig, wenn der Gegenstand der Betrachtung ein sich schnell entwickelnder Zweig der Wissenschaft oder Technik ist, der sich im ersten Stadium seines Werdens befindet. Eine solche Situation ist geradezu charakteristisch für den gegenwärtigen Stand der Kernfusionsuntersuchungen. Deshalb muß der Autor dieses Buch mit Selbstkritik beginnen.

Vor allem muß er den Leser im voraus darauf aufmerksam machen, daß der Titel des Buches seinen Inhalt nicht genau bezeichnet. Der Titel weist zwar auf das Ziel hin, das wir anstreben; dieses Ziel leuchtet aber kaum erst am fernen Horizont auf, und zu ihm führt nur ein langer und beschwerlicher Weg. In diesem Buche kann natürlich nur derjenige kleine Abschnitt dieses Weges beschrieben werden, der bis jetzt durchlaufen wurde. Man erhält so eine Vorstellung davon, welche Schwierigkeiten bis zur Lösung der gestellten Aufgabe noch überwunden werden müssen. Der Leser soll hier keine Berechnungen und Konstruktionen suchen, die sich auf Projekte technischer thermonuklearer Reaktoren beziehen. Sie existieren noch nicht, denn wir befinden uns jetzt erst auf einer Vorstufe, auf der die wissenschaftlichen Grundlagen der künftigen Kernfusionstechnik entstehen.

Als Grundlage der thermonuklearen Forschung muß eine neue, künstlich erzeugte Erscheinungsform der Materie, das Hochtemperaturplasma, dienen. Im Buche werden daher zunächst die wesentlichen theoretischen Überlegungen behandelt, die sich auf die im Plasma ablaufenden Prozesse beziehen. Es werden dann Aufheizungs- und Wärmeisolierungsmethoden betrachtet. Die konkreten Anlagen, die zur Durchführung von Experimenten an Hochtemperaturplasmen gebaut wurden, werden beschrieben; und schließlich werden die Resultate dieser Versuche kritisch eingeschätzt.

In den ersten vier Kapiteln wird die Physik des Plasmas behandelt. Die übrigen vier Kapitel bringen eine Analyse der Hauptrichtungen der experimentellen Kernfusionsforschung.

Auswahl und Verteilung des Stoffes mußte so erfolgen, daß man zu einem klaren Verständnis der Probleme kommt. Deshalb wurde davon abgesehen, ein dürftiges Skelett experimenteller Fakten mit einer schwierigen mathematischen

Einkleidung zu versehen. Es wurde vielmehr angestrebt, ein vernünftiges Verhältnis zwischen theoretischer und experimenteller Information einzuhalten. Im Buch wird deshalb im wesentlichen nur ein Minimum an theoretischen Kenntnissen geboten, welches zur allgemeinen Orientierung in der Physik des Hochtemperaturplasmas nötig ist. Umfangreiche Schlußfolgerungen aus den Formeln wurden vermieden. In allen Fällen, wo man entweder die Anschaulichkeit oder die Strenge opfern muß, erhält die Anschaulichkeit den Vorrang.

Das im Buch ausgewertete Material wurde mit wenigen Ausnahmen Arbeiten entnommen, die bis Ende 1962 fertiggestellt waren. Bei allen Berechnungen wird in der Regel das Gaussche CGS-System verwendet.

Der Autor spricht dem großen Kollektiv der Mitarbeiter der Abteilung für Plasmaforschung im Kurtschatow-Institut für Atomenergie der Akademie der Wissenschaften der UdSSR seinen aufrichtigen Dank aus für die äußerst wertvolle Mitarbeit bei der Vorbereitung des Buches, für die Überlassung experimenteller Daten, Berechnungen, graphischer Darstellungen und Aufnahmen und auch für viele wertvolle Ratschläge und Bemerkungen.

Besonders erwähnt sei die Mitarbeit von R. S. Sagdejew. Er bearbeitete § 21 und den größten Teil von § 45.

Der Autor dankt außerdem W. M. Glagolew für die Ausarbeitung des Abschnittes über Hochfrequenzhalterung des Plasmas (§§ 63 und 64). Ohne die Mitarbeit von E. W. Artjuschkow hätte das Buch wahrscheinlich nicht erscheinen können. Er hat mit großer Gewissenhaftigkeit und Sachkenntnis die schwierige Arbeit der Vorbereitung des Manuskriptes zum Druck übernommen. Außerdem hat er eine Reihe schwieriger und zeitraubender Rechnungen durchgeführt und eine große Anzahl der im Buch enthaltenen graphischen Darstellungen gezeichnet.

L. A. Arzimowitsch

INHALTSVERZEICHNIS

KAPITEL I

Einführung

§ 1. Bedingungen für das Auftreten von thermonuklearen Reaktionen. Reaktionen im Deuterium und in Mischungen mit Deuterium und Tritium. Abhängigkeit der Reaktionsausbeute von der Temperatur. Bremsstrahlung aus Hochtemperaturplasmen

Thermonukleare Reaktionen werden durch Zusammenstöße zwischen schnellen Atomkernen in einer Substanz hervorgerufen, die bis auf eine sehr hohe Temperatur erhitzt wurde. Wenn die aufeinandertreffenden Kerne eine genügend große Relativgeschwindigkeit haben, können sie die Potentialbarriere der elektrostatischen Abstoßung überwinden und, indem sie sich bis zu einem sehr kleinen Abstand nähern, miteinander reagieren. Bei nicht zu hoher Temperatur T, d. h., wenn die Größe kT, die die Energie der chaotischen Wärmebewegung der Teilchen charakterisiert, klein ist im Vergleich zur Größe der Potentialbarriere, wird nur ein geringfügiger Teil der thermischen Stöße zur Kernumwandlung führen. Hierbei wächst die Intensität der Kernreaktionen schnell mit wachsendem T.

Thermonukleare Reaktionen sind offensichtlich die Hauptquelle der Energie der Sterne, sie müssen deshalb eine wichtige Rolle in astrophysikalischen Prozessen spielen. Temperatur und Dichte sind im Inneren der Sterne sehr groß. Deshalb muß in der Sternsubstanz ein intensiver Kernsyntheseprozeß ablaufen, wobei die wichtigste Komponente, der Wasserstoff, durch aufeinanderfolgende Kernreaktionen und Verschmelzungen schließlich in Helium und Kohlenstoff verwandelt wird. Dabei werden ungeheuer große Energiebeträge frei.

Natürlich wurden schon längst Ideen über die Durchführung analoger Prozesse unter irdischen Bedingungen geäußert, die zur energetischen Ausnutzung solcher Reaktionen führen sollten. Die Lösung dieses Problems bedeutet praktisch den Zutritt zu einem unerschöpflichen Vorrat an überschüssiger Energie der leichten Elemente, die in der thermonuklearen Synthese bei sehr hohen Temperaturen frei wird.

Sowohl für die wissenschaftliche Forschung als auch für praktische Ziele ist der Kernsyntheseprozeß im Deuteriumgas bzw. in einem Gemisch von Deuterium und Tritium von größtem Interesse. In diesem Falle benötigt man zur Erreichung intensiver thermonuklearer Reaktionen eine verhältnismäßig niedrige Temperatur. Die Reaktionen in Deuterium gehen auf zwei Arten vor sich:

$$d + d \begin{matrix} \nearrow \mathrm{He}^3 + n, \\ \searrow t + p\,. \end{matrix}$$

Die Wahrscheinlichkeit beider Prozesse ist praktisch gleich. Die freiwerdende Energie beträgt 3,25 MeV für die Reaktion mit Bildung eines Neutrons und 4,0 MeV für die Reaktion mit Bildung eines Protons.

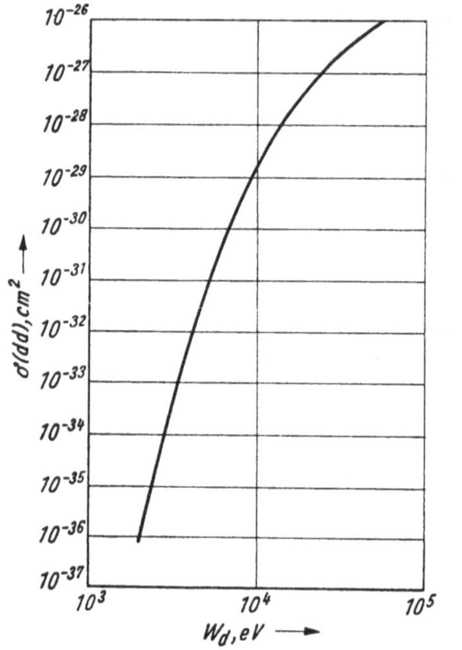

Abb. 1. Abhängigkeit des Wirkungsquerschnittes für die *dd*-Reaktion von der Energie der Deuteronen

In Abb. 1 ist der integrale Wirkungsquerschnitt für die *dd*-Reaktion in Abhängigkeit von der Energie des Deuterons W_d (im Laboratoriumskoordinatensystem) dargestellt. Bei $W_d < 1{,}5 \cdot 10^5$ eV wird diese Abhängigkeit mit genügender Genauigkeit durch die Formel

$$\sigma = 2{,}4 \cdot 10^{-19} \frac{1}{W_d} e^{\frac{-1{,}4 \cdot 10^3}{\sqrt{W_d}}} \tag{1.1}$$

dargestellt.

In einem Gemisch von Deuterium und Tritium geht folgende Reaktion vor sich:

$$d + t \rightarrow \mathrm{He}^4 + n\,.$$

Dabei wird eine Energie von 17,6 MeV frei. Auf den Anteil des Neutrons entfallen 80% dieser Energie, d. h. ungefähr 14,1 MeV. Die Abhängigkeit des Wirkungsquerschnittes für die *dt*-Reaktion von der Energie des Deuterons ist in Abb. 2 dargestellt. Der Kern des Tritiums wird dabei als ruhend angenommen. Um den Reaktionsquerschnitt zu bestimmen, kann man folgende Formel benützen:

$$\sigma = \frac{6 \cdot 10^{-17}}{W_d} \frac{e^{\frac{-1{,}5 \cdot 10^3}{\sqrt{W_d}}}}{\left[1 + \frac{(W_d - 1 \cdot 10^5)^2}{3 \cdot 10^{10}}\right]}\,. \tag{1.2}$$

Sie stimmt mit den experimentellen Daten im Energiebereich bis 1 MeV gut überein. Bei $W_d < 10^5$ eV übertrifft der Wirkungsquerschnitt für die *dt*-Reaktion den für die *dd*-Reaktion um zwei Größenordnungen. Dieses Resultat, das auf den ersten Blick unerwartet erscheint, erklärt sich dadurch, daß die *dt*-Reaktion Resonanzcharakter besitzt.

Wenn man die Wirkungsquerschnitte für die Elementarvorgänge in Abhängigkeit von der Teilchenenergie kennt, kann man die Intensität der thermonuklearen Reaktion in der Substanz errechnen. Die Zahl der Kernreaktionen, die in einem Kubikzentimeter und in einer Sekunde vor sich gehen, wird durch den Ausdruck

$$g = n_1 \, n_2 \, \overline{v \, \sigma} \tag{1.3}$$

bestimmt. Hierbei sind n_1 und n_2 die Konzentrationen der Kerne beider reagierenden Komponenten, und $\overline{v\sigma}$ ist das Produkt der Relativgeschwindigkeit der Kerne mit dem Reaktionsquerschnitt, gemittelt über die Geschwindigkeitsverteilung der Teilchen.

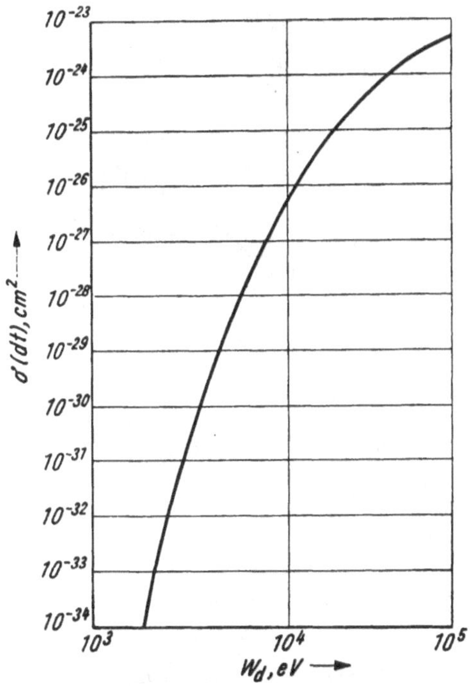

Abb. 2. Abhängigkeit des Wirkungsquerschnittes für die *dt*-Reaktion von der Energie der Deuteronen

Bei Bestimmung der Intensität der Reaktionen in reinem Deuterium muß man das Produkt $n_1 n_2$ durch die Größe $n^2/2$ ersetzen, wobei n die Konzentration der Deuteriumkerne darstellt.

Die Größe $\overline{v\sigma}$ ist bei einem festen Wert von T [1]) (d. h. bei gegebener Größe der mittleren kinetischen Energie der chaotischen Teilchenbewegung) noch nicht eindeutig bestimmt, weil sie sehr empfindlich auf die Geschwindigkeitsverteilung reagiert. Bei nicht zu hohen Temperaturen ($T < 10^8$) führt die starke Abhängigkeit des Reaktionsquerschnittes von der Geschwindigkeit v dazu, daß der Hauptbeitrag zur Gesamtintensität der thermonuklearen Reaktionen sich aus Zusammenstößen zwischen Teilchen ergibt, deren Energie den mittleren Wert der Wärmeenergie $\left(\frac{3}{2} k \, T\right)$ um einige Male übersteigt. Deshalb wird die Reaktionsausbeute sehr stark davon abhängen, welcher Anteil im Energiespektrum auf Teilchen mit einer Energie entfällt, die die mittlere bedeutend übersteigt. Man kann annehmen, daß bei langandauernden Prozessen in einer Substanz, die bis zu einer hohen Temperatur erhitzt wurde, eine MAXWELLsche Geschwindigkeitsverteilung vorliegen wird. Graphische Darstellungen der $\overline{v\,\sigma}$-Werte für *dt*- und *dd*-Reaktionen

[1]) Im weiteren wird mit T immer die Temperatur bezeichnet, die in KELVIN-Graden gemessen wird. Die Temperatur in Elektronenvolt wird durch Θ bezeichnet. Zwischen beiden besteht die Relation $T = 11\,600\ \Theta$.

bei Temperaturen zwischen 10^6 und 10^9 Grad, d. h. zwischen 10^2 und 10^5 eV, bei MAXWELLscher Geschwindigkeitsverteilung finden sich auf Abb. 3. Bei Temperaturen, die 10^8 Grad (10^4 eV) nicht übersteigen, kann man zur Bestimmung der Reaktionsausbeute folgende Formeln benutzen:

$$g_{dd} = 7{,}5 \cdot 10^{-10} \frac{n^2}{T^{2/3}} e^{-\frac{4.25 \cdot 10^3}{T^{1/3}}}, \tag{1.4a}$$

$$g_{dt} = 1{,}6 \cdot 10^{-7} \frac{n_1 n_2}{T^{2/3}} e^{-\frac{4{,}52 \cdot 10^3}{T^{1/3}}}. \tag{1.4b}$$

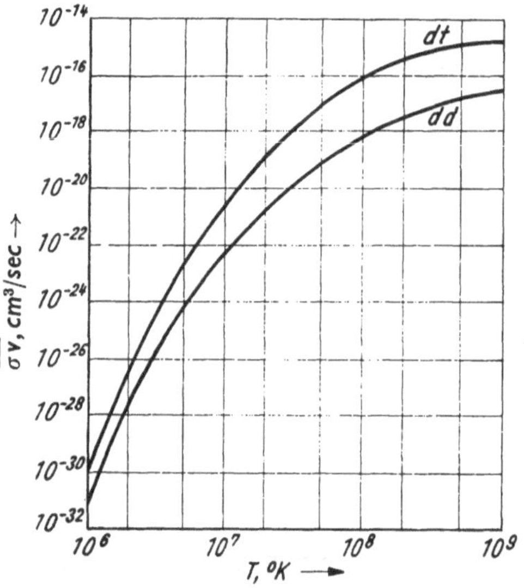

Abb. 3. Mittlere $v\,\sigma$-Werte für die *dt*- und die *dd*-Reaktionen bei MAXWELLscher Energieverteilung in den reagierenden Teilchenkollektiven

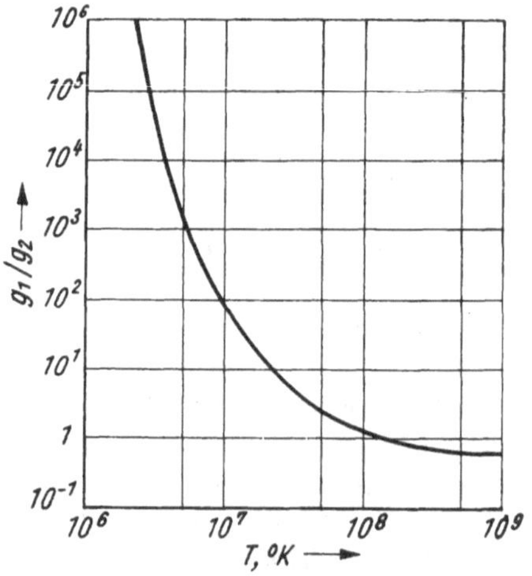

Abb. 4. Verhältnis der Ausbeuten der *dd*-Reaktion für zwei verschiedenartige Energieverteilungen

Die Annahme, die Kerngeschwindigkeit zeige MAXWELL-Verteilung, findet bei weitem nicht in allen Fällen, die uns interessieren, ihre Bestätigung. Bei Impulsprozessen von kurzer Dauer in einem Plasma mit nicht sehr großer Dichte kann zur Einstellung der MAXWELL-Verteilung die Zeit nicht ausreichen. Das bedeutet, daß im Energiespektrum der Teilchenanteil mit sehr großen Energien winzig klein sein kann, obwohl die chaotische Teilchenbewegung formal durch eine hohe Temperatur charakterisiert ist. In einem solchen Falle kann sich die Reaktionsausbeute bedeutend verringern. In Abb. 4 ist das Verhältnis der Ausbeute der *dd*-Reaktion bei gleichen Temperaturwerten aber verschiedenen Geschwindigkeitsverteilungen angeführt: g_1 entspricht der MAXWELL-Verteilung, g_2 dem Fall der Energiegleichheit aller Teilchen. Obgleich der zweite der hier zum Vergleich ausgewählten Fälle irreal ist, kann der Vergleich der Größen g_1 und g_2 doch als nützliche Illustration dafür dienen, wie stark sich die Struktur des Energiespektrums in der Reaktionsausbeute zeigt. Wir sehen, daß bei einer Temperatur von 10^6 Grad eine Abweichung von der MAXWELL-Verteilung die Intensität der Kernreaktionen um einige Größenordnungen verringern kann. Mit dem Anwachsen von T wird das Verhältnis g_1/g_2 günstiger; bei $T = 10^8$ wird es annähernd Eins. Ein solcher Verlauf von g_1/g_2 ist qualitativ verständlich: Bei größeren Energiewerten hängt nämlich σ nicht mehr so stark von W ab.

Aus den oben angeführten Daten über die Intensität thermonuklearer Reaktionen folgt, daß man die ersten Kernwechselwirkungen in der erhitzten Substanz experimentell erst bei Temperaturen von einigen Millionen Grad erwarten kann. Damit die thermonuklearen Prozesse vom technischen Gesichtspunkt her interessant werden, benötigt man sogar eine noch höhere Temperatur, die in Hundertmillionen Graden gemessen wird.

Bei einer Temperatur von Millionen Graden wird jede beliebige Substanz ein hochionisiertes Plasma, mit anderen Worten, unter stationären Bedingungen wird die Ionisation annähernd 100% erreichen. Die Energie, die dem Plasma zugeführt werden muß, um es auf eine Temperatur zu bringen, die eine hohe Intensität der thermonuklearen Reaktionen gewährleistet, ist verhältnismäßig gering. So beträgt z.B. in einem Wasserstoffplasma mit einer Konzentration von $n = 10^{15}$ der Energieinhalt bei $T = 10^8$ insgesamt nur 4 J/cm³. Wenn eine Aufheizungsmethode für das Plasma existieren würde, bei der praktisch keine Wärmeverluste auftreten, wäre es möglich, mit einer Energiequelle kleiner Leistung intensive thermonukleare Reaktionen hervorzurufen. Die Hauptschwierigkeit liegt aber gerade in der Beseitigung der Wärmeverluste, die mit steigender Temperatur äußerst schnell anwachsen.

Der Koeffizient der Wärmeleitfähigkeit eines voll ionisierten Plasmas ist beim Fehlen äußerer Felder proportional zu $T^{5/2}$. Die Wärmeverluste, die durch die Wärmeleitfähigkeit bedingt sind, wachsen mit $T^{7/2}$. Der starke Einfluß der Wärmeableitung auf den Aufheizungsprozeß soll an Hand eines konkreten Beispiels aufgezeigt werden. Als ideale Geometrie bietet sich eine Kugel an, in der die Wärmeenergiequelle im Zentrum liegt. Eine einfache Berechnung ergibt folgende Beziehung zwischen dem Wärmestrom und der Temperatur im Zentrum der Kugel, in deren Innerem sich die Punktwärmequelle befindet:

$$Q = \frac{8\pi}{7} \varkappa_T r_1 T^{7/2} . \tag{1.5}$$

Hierbei ist Q die Wärmemenge, die in einer Sekunde im Inneren eines Gebietes mit dem Radius r_1 erzeugt wird, T ist die Temperatur dieses Gebietes und $\varkappa_T$ ist der Zahlenfaktor in der Formel für den Wärmeleitungskoeffizienten.

$$\sigma_T = \varkappa_T T^{5/2}. \tag{1.6}$$

Im CGS-System ist $\varkappa_T = 1{,}24 \cdot 10^{-6}$. Wenn wir $T = 10^6$ und $r_1 = 1$ cm annehmen, wird $Q = 4 \cdot 10^5$ kW. Das illustriert wohl deutlich genug die Schwierigkeiten, die man bei stationärer Heizung überwinden muß, ehe man intensive thermonukleare Reaktionen erhält. Man braucht hierzu eine Methode, die es ermöglicht, entweder die Wärmeleitung um mehrere Größenordnungen zu reduzieren oder das Plasma von den Wänden zu lösen und es zu zwingen, im Vakuum zu hängen.

Nehmen wir an, es wäre eine Methode gefunden worden, die die Wärmeleitfähigkeit des Plasmas völlig ausschaltet. In einem solchen Falle werden die Energieverluste nur noch durch Ausstrahlung verursacht. Wie im weiteren klar werden wird, sind nur solche Hochtemperaturplasmen von praktischem Interesse, deren Ladungsträgerdichte die Größenordnung von 10^{15} nicht übersteigt. Ein solches verdünntes Plasma besitzt eine sehr hohe Transparenz für elektromagnetische Strahlung kleiner Wellenlänge, und folglich wird seine eigene Wärmestrahlung bei starker Aufheizung um viele Größenordnungen niedriger sein, als die eines dichten Körpers gleicher Temperatur. Jedoch können die Strahlungsverluste für ein heißes Plasma trotzdem bedeutend sein.

Um die Größe der Verluste zu bestimmen, muß man vor allem ergründen, welche Prozesse als Quellen elektromagnetischer Strahlung auftreten. Als Hauptprozeß, der den wesentlichen Beitrag zur elektromagnetischen Ausstrahlung des Plasmas bei hohen Temperaturen liefert, erweist sich die Abbremsung der Elektronen im COULOMB-Feld der Atomkerne. Es handelt sich hier um dieselbe Erscheinung wie in einer gewöhnlichen Röntgenröhre, deren Anode mit einem Strom schneller Elektronen bombardiert wird, wobei Röntgenstrahlung mit einem kontinuierlichen Spektrum entsteht.

Die quantenmechanische Theorie der Strahlungsbremsung nichtrelativistischer Elektronen wurde von SOMMERFELD entwickelt. Seine Resultate stimmen mit den experimentellen Daten überein, die man bei der Untersuchung des kontinuierlichen Spektrums der Röntgenstrahlen erhalten hat. Übereinstimmend mit der Theorie verliert das Elektron bei der Bewegung in Materie in einer Sekunde durch die Ausstrahlung eine Energie, die

$$-\frac{dW_e}{dt} = 1{,}5 \cdot 10^{-25}\, n Z^2 \sqrt{W_e}\ \mathrm{erg/sec} \tag{1.7}$$

beträgt.

In diesem Ausdruck sind n die Konzentration der Atomkerne, Z die Ordnungszahl des Elements und W_e die kinetische Energie des Elektrons (in e-Volt). Die Intensität der Bremsstrahlung des Plasmas erhält man durch Integrieren des Ausdruckes (1.7) über die Energieverteilung der Elektronen. Nach dem MAXWELLschen Verteilungsgesetz muß die Gesamtenergie pro Kubikzentimeter, die in einer Sekunde ausgestrahlt wird,

$$Q_{\mathrm{rad}} = 1{,}6 \cdot 10^{-27}\, n_e\, n_i\, Z^2 \sqrt{T_e} \tag{1.8}$$

betragen. n_e ist dabei die Elektronenkonzentration, n_i die Ionenkonzentration und T_e die Elektronentemperatur. In einem Frequenzintervall von ν bis zu $\nu + d\nu$ ist die ausgestrahlte Energie gleich

$$f(\nu)\, d\nu = 7{,}7 \cdot 10^{-38} \frac{e^{-\frac{h\nu}{kT_e}}}{\sqrt{T_e}}\, n_e\, n_i\, Z^2\, \varphi\left(\frac{h\nu}{kT_e}\right) d\nu. \tag{1.9}$$

Die Abhängigkeit des Faktors φ von $h\nu/kT_e$ ist in Abb. 5 dargestellt.

Der Ausdruck (1.8) gilt mit ausreichender Genauigkeit bei nicht zu hohen T_e-Werten, wenn man die Elektronen noch als nichtrelativistisch ansehen kann. Die Formel muß jedoch korrigiert werden, wenn man zu relativistischen Elektronen übergeht (d. h. für T_e-Werte von der Größenordnung 10^9 und höher). In diesem Temperaturbereich wächst die Strahlungsintensität, die durch Wechselwirkung der Elektronen mit dem COULOMB-Kernfeld entsteht, schneller, als es aus Formel (1.8) hervorgeht. Außerdem führen auch die Zusammenstöße von Elektronen mit Elektronen bei relativistischen Geschwindigkeiten zu einer intensiven Bremsstrahlung.

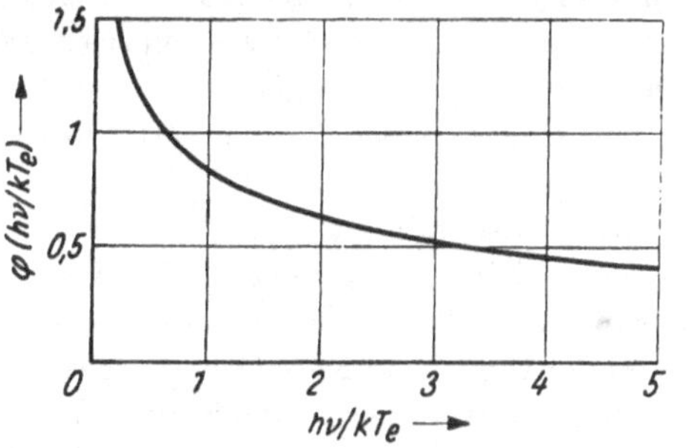

Abb. 5. Graphische Darstellung der φ-Funktion

Daher wächst die Gesamtgröße des Strahlungsverlustes noch schneller. In Abb. 6 ist für ein breites Intervall von T_e-Werten das Verhältnis der Gesamtintensität der Bremsstrahlung zu der Größe dargestellt, die durch (1.8) bestimmt wird. Wir sehen, daß diese Korrektur sich bei $T_e \sim 5 \cdot 10^8$ merklich von der

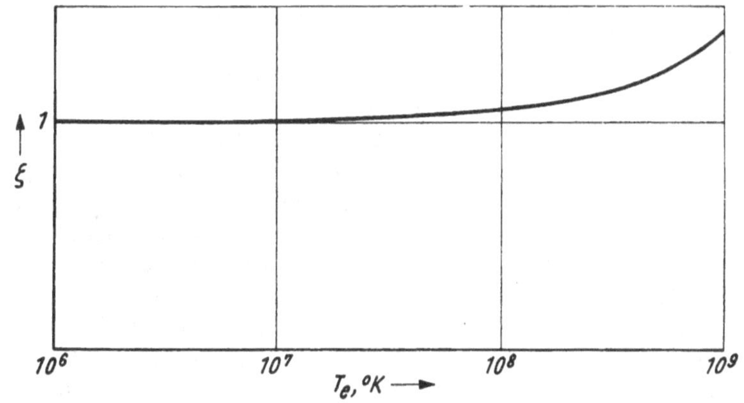

Abb. 6. Korrekturfaktor ζ zur Errechnung der tatsächlich in Form von Bremsstrahlung ausgestrahlten Energie aus Gleichung (1.8)

Einheit zu unterscheiden beginnt. Bei hohen Temperaturen und Plasmakonzentrationen erreichen die Energieverluste durch Bremsstrahlung sehr hohe Werte. So ist z. B. die Intensität des Strahlungsverlustes aus $1\,m^3$ Wasserstoffplasma bei $T_e = 10^9$ und $n = 10^{15}$ gleich $7 \cdot 10^3$ kW.

Man muß hinzufügen, daß schon verhältnismäßig kleine Zusätze an schweren Substanzen im hochtemperierten Wasserstoffplasma die Energieverluste durch Bremsstrahlung bedeutend erhöhen. Wenn zum Beispiel im Wasserstoffplasma

Kupferionen mit einer Konzentration, die 0,1% der Wasserstoffionenkonzentration beträgt, vorhanden sind, so vergrößert eine solche Verschmutzung die Intensität der Bremsstrahlung um annähernd 90%. Bei nicht zu hohen Temperaturen ($T_e < 10^8$) kann der relative Beitrag der Zusätze zur Strahlung des Wasserstoffplasmas noch größer werden, weil die Prozesse der Strahlungsrekombination und der Strahlung angeregter Atome bzw. Ionen unter diesen Bedingungen wesentliche Beiträge liefern. Mit dieser Frage befassen wir uns im folgenden Kapitel.

Die Bremsstrahlung schneller Elektronen führt zu einer nicht zu beseitigenden Energieableitung aus dem heißen Plasma. Keinerlei Methoden zur Wärmeisolierung des heißen Plasmas können diesen Prozeß merklich abschwächen. Deshalb kann der thermonukleare Generator überschüssige Energie nur dann produzieren, wenn die Gesamtenergie, die in den Synthesereaktionen frei wird, die Strahlungsverluste übertrifft. Die freiwerdende Kernenergie und die Strahlungsverluste hängen in gleicher Weise von der Plasmakonzentration ab. Beide sind proportional zu n^2. Folglich ist ihr Verhältnis für einen gegebenen Kernbrennstoff nur eine Funktion der Temperatur des Plasmas.

Die Kurven in Abb. 7a und 7b zeigen die Größe des angegebenen Verhältnisses in Abhängigkeit von T für reines Deuterium und für ein Deuterium-Tritium-Gemisch mit gleicher Konzentration beider Komponenten. Bei der Auftragung der gestrichelten Kurven wurde nicht die gesamte bei den Synthesereaktionen freiwerdende Energie berücksichtigt, sondern nur der Teil, der auf die kinetische Energie geladener Teilchen entfällt. Das ist gerade der Energieanteil, der bei der Aufheizung des Plasmas direkt ausgenutzt wird, und der prinzipiell mit hohem Wirkungsgrad in Elektroenergie überführt werden kann. Der von Neutronen transportierte Energieanteil (zu dem man auch die Neutronenbindungsenergie hinzunehmen kann)[1]) wird außerhalb der Plasmagrenzen verwertbar. Er kann aber in Form von Elektroenergie nur mit dem gewöhnlichen thermischen Wirkungsgrad verwertet werden, der den Wert 1/3 nicht übersteigt. Die Berücksichtigung dieses Anteils vergrößert die Energieausbeute der thermonuklearen Reaktionen im reinen Deuterium um 65% (nämlich von 2,4 auf 4 MeV) und im Deuterium-Tritium-Gemisch um 180% (nämlich von 3,5 auf 10,1 MeV). Die entsprechenden Kurven sind in Abb. 7a und 7b mit durchgehenden Linien gezeichnet. Es muß bemerkt werden, daß in diesen Darstellungen Ionentemperatur T_i und Elektronentemperatur T_e gleichgesetzt wurden. Unter realen Bedingungen wird diese Gleichheit nicht immer beobachtet. Besonders dann, wenn der gesamte Energiezufluß auf Kosten der thermonuklearen Reaktionen vor sich geht und wenn Verluste nur durch Bremsstrahlung entstehen, wird T_e wesentlich kleiner als T_i.

Aus einer Betrachtung von Abb. 7a und 7b folgt, daß ein thermonuklearer Generator nur dann die Rolle einer Atom-Elektrostation erfüllen kann, wenn die

---

[1]) Neutronenbindungsenergie nennen wir die Energie, die beim Neutroneneinfang durch Atomkerne frei wird. Für verschiedene stabile Kerne variiert sie in den Grenzen von 7 bis 11 MeV, wobei sie im Mittel über das periodische System ungefähr 8 MeV beträgt.

Temperatur des Plasmas eine kritische Größe T_k erreicht, die für Deuterium ungefähr bei $3{,}5 \cdot 10^8$ und für ein Deuterium-Tritium-Gemisch ungefähr bei $4 \cdot 10^7$ liegt.[1]) Diese Werte der kritischen Temperatur entsprechen der Annahme einer günstigsten Ausnutzung der erzeugten thermonuklearen Energie. Wenn man

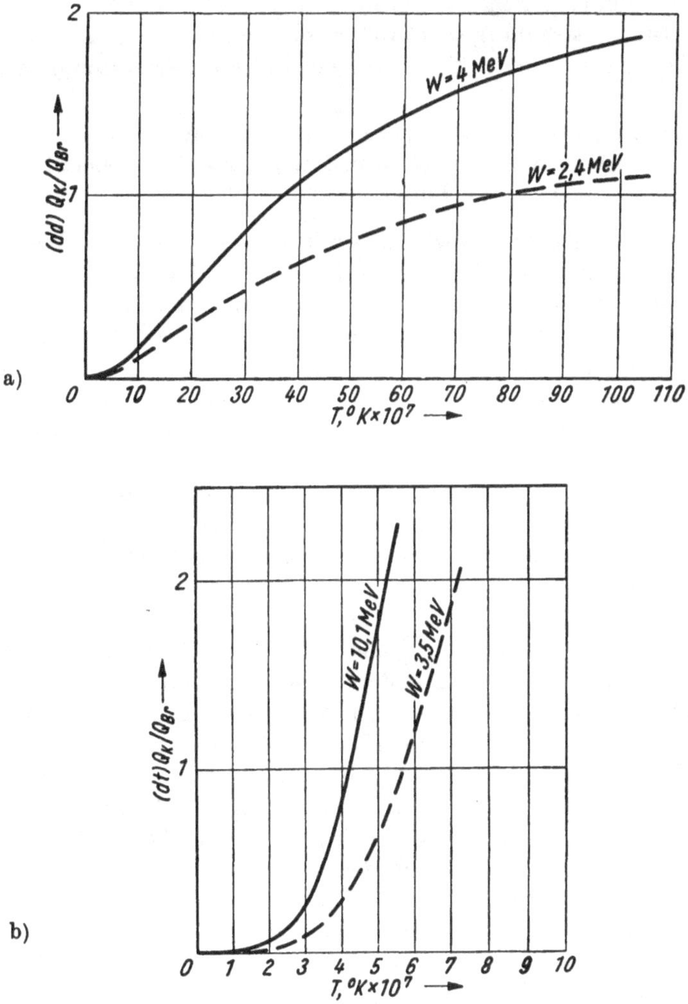

Abb. 7. Quotient aus von Kernreaktionen freigemachter und durch Bremsstrahlung verlorener Energie

a) für *dd*-Reaktion; b) für *dt*-Reaktion

---

[1]) Die T_k-Werte werden kleiner, wenn man die Möglichkeit einer teilweisen Ausnutzung der Energie berücksichtigt, die als Bremsstrahlung verloren geht. Man muß außerdem bei der Bestimmung der Energieausbeute pro Reaktion *dd* die zusätzliche Kernenergiequelle, die mit der Tritiumerzeugung geschaffen wird, beachten (s. w. u.).

nur den Energieteil in die Rechnung einbezieht, der auf geladene Teilchen entfällt, erhält man noch größere T_k-Werte.

Die Bremsstrahlung schneller Elektronen bestimmt völlig die Ausstrahlung des auf hohe Temperatur erhitzten Wasserstoffplasmas bei hohen Frequenzen. Im Bereich niedriger Frequenzen können auch andere physikalische Prozesse eine wesentliche Rolle spielen. Bei sehr hohen Temperaturen (ab 10^8) können die Verluste auf Grund der Betatronstrahlung sehr groß werden. Wir werden uns damit im weiteren bei der Analyse einiger Typen thermonuklearer Generatoren beschäftigen.

§ 2. Magnetische Thermoisolation eines Plasmas. Der Wirkungsgrad von thermonuklearen Reaktoren. Direkte Umwandlung thermonuklearer Energie in elektrische Energie. Produktion von Tritium

Die hauptsächlichste und schwierigste Aufgabe, die es auf dem Wege zu intensiven gesteuerten thermonuklearen Reaktionen zu lösen gilt, besteht darin, das auf sehr hohe Temperatur erhitzte Plasma von den Wänden des Gefäßes zu isolieren, in welches es eingeschlossen ist. Mit anderen Worten: Man muß das direkte Auftreffen schneller Teilchen aus dem Plasma auf die Wand verhindern. Die schnellen Teilchen müssen im Inneren des vom Plasma eingenommenen Volumens solange zurückgehalten werden, daß sie mit großer Wahrscheinlichkeit miteinander reagieren.

Prinzipiell ist eine Lösung dieser Aufgabe möglich, weil bei hohen Temperaturen Materie nur im Zustand eines praktisch völlig ionisierten Plasmas existiert. Deshalb kann man zur Wärmeisolierung ein starkes Magnetfeld verwenden. Im Magnetfeld können sich die geladenen Teilchen nur längs des $\mathfrak{H}$-Vektors in Spiralbahnen frei bewegen. Wenn die Feldlinien nun parallel zu den Wänden der Kammer verlaufen, in der sich das Plasma befindet, wird der Austritt der Teilchen aus dem Plasma sehr erschwert und der Wärmestrom auf die Wände stark reduziert. Im Idealfall ist das Plasma von den Wänden völlig getrennt, d. h., zwischen der Plasmagrenze und der Wand ist ein Raum vorhanden, in dem ein außerordentlich hohes Vakuum herrscht. Obwohl die Plasmagrenze auf Grund der Teilchendiffusion unter stationären Bedingungen nicht völlig scharf sein kann (deshalb ist eine ideale Trennung des Plasmas von den Wänden nicht durchführbar), ist es offensichtlich möglich, einem solchen Idealfall nahe zu kommen.

Die Teilchendiffusion senkrecht zu $\mathfrak{H}$ ist bei großen H- und T-Werten gering; die Auflösung der Grenze wird daher langsam erfolgen.

Betrachten wir vom makroskopischen Gesichtspunkt aus das Kräftegleichgewicht an einer freien Grenze des heißen Plasmas (der Einfachheit halber nehmen wir an, daß die Grenze ruht): Im Plasma, das bis zur Temperatur T erhitzt wurde, herrscht der gaskinetische Druck

$$p = 2\,n\,k\,T\,, \tag{1.10}$$

wobei n die Ionenkonzentration bezeichnet. An der Grenze zwischen Plasma und Vakuum muß p mit dem Druck übereinstimmen, den das Magnetfeld erzeugt. Die magnetische Feldstärke möge außerhalb des Plasmas $\mathfrak{H}_a$ und innerhalb des

Plasmas $\mathfrak{H}_i$ sein.[1]) Um Gleichgewicht zu erreichen, ist notwendig, daß die Differenz der magnetischen Drücke gleich dem Plasmadruck ist:

$$\frac{1}{8\pi}(H_a^2 - H_i^2) = 2\,n\,k\,T\,. \tag{1.11}$$

Obgleich man diese Relation für einen ganz speziellen und idealisierten Fall erhalten hat, zeigt sich doch in ihm die Grundidee aller Vorschläge für die Lösung des Problems der gesteuerten thermonuklearen Synthese. Die Minimalstärke des äußeren Feldes, die zur Kompensation des Plasmadruckes nötig ist, entspricht dem Fall $H_i = 0$. Dann wird

$$H_a = 4\sqrt{\pi\,n\,k\,T}\,. \tag{1.12}$$

Bei gegebener Temperatur ist die Ausbeute der thermonuklearen Reaktionen proportional zu n^2; sie wächst also bei Vergrößerung der Feldstärke wie H^4. Deshalb wird in einem idealen thermonuklearen Generator der technische Grenzwert für die Reaktionsausbeute pro Volumeneinheit durch die mechanischen Kräfte bestimmt, die bei der Erzeugung der starken Magnetfelder auftreten. Zur Illustration dieser Konsequenzen sei angegeben, daß bei $T = 4 \cdot 10^8$ gerade $5 \cdot 10^4$ Oe nötig sind, wenn die Plasmakonzentration 10^{15} ist. Eine solche Feldstärke liegt schon fast an der Grenze der technischen Möglichkeiten, wenn man Anordnungen vernünftiger Größe im Dauerbetrieb arbeiten lassen will.

Jedes zur technischen Lösung des Problems der Erzeugung thermonuklearer Energie vorgeschlagene System muß grundsätzlich eine Bedingung erfüllen: Die freiwerdende Fusionsenergie muß die Energieverluste kompensieren und eine hohe Temperatur im Plasma aufrechterhalten. Um diese Grundbedingung konkreter zu fassen, werden wir den Begriff „energetischer Wirkungsgrad des thermonuklearen Generators" einführen und uns bemühen, in abschätzender Form diese Größe durch die wesentlichen, die Arbeit des thermonuklearen Generators bestimmenden Parameter darzustellen.

Wirkungsgrad des thermonuklearen Generators nennen wir das Verhältnis der in der Zeiteinheit freiwerdenden Kernenergie zur Größe des Energieverlustes. Gelingt es, das Problem der Wärmeisolierung des Plasmas völlig zu lösen, so tritt als Verlustquelle nur die Bremsstrahlung auf. Zur Bestimmung des Wirkungsgrades des thermonuklearen Generators kann man dann die in Abb. 7a und 7b dargestellten Kurven benutzen. Der Wirkungsgrad ist in diesem Falle einfach eine Funktion der Temperatur und hängt von keinem anderen Parameter ab. Man kann jedoch kaum hoffen, daß die Energieverluste im thermonuklearen Generator der Zukunft nur durch Ausstrahlung zustandekommen werden. Es ist viel wahrscheinlicher, daß trotz vollständiger Wärmeisolierung Korpuskularströme so viel Energie an die Wand überführen werden, daß dies die Strahlungsverluste bedeutend übertrifft.

---

[1]) Bei hoher Plasmatemperatur ist die Leitfähigkeit sehr groß. Der Unterschied in der magnetischen Feldstärke auf beiden Seiten der Grenze wird sich nur sehr langsam ausgleichen. Infolgedessen ist die Annahme eines Feldstärkesprunges an der Grenze eine sinnvolle Idealisierung der Wirklichkeit.

Im vorliegenden Kapitel werden wir die physikalischen Prozesse, die als Ursache für Korpuskularströme dienen und zum Bombardement der Wände des Generators führen, nicht behandeln. Bei der Abschätzung der Stärke solcher Ströme beschränken wir uns auf eine phänomenologische Darstellung, wobei wir das wirkliche Erscheinungsbild grob vereinfachen. Als Größe, die die Güte der Wärmeisolierung phänomenologisch charakterisiert, kann man die mittlere Lebensdauer der Teilchen im Plasma ansehen. Mit dieser Größe ist auch die durch Korpuskularströmung abgeführte Energie verknüpft.

Wenn τ_p die mittlere Lebensdauer eines Einzelteilchens im Plasma ist (sie muß für Elektronen und Ionen gleich sein) und n die Konzentration der Teilchen gleichen Vorzeichens, so werden in der Zeiteinheit aus einem Kubikzentimeter $2\,n/\tau_p$ Teilchen verschwinden.

Dabei wird folgende Energie abgeführt:

$$\Delta Q_p = \frac{3\,n\,k\,T}{\tau_p}\,. \tag{1.13}$$

Dieser Ausdruck bestimmt die Wärmeverluste durch Korpuskularströme.

Die vollständige Größe des Wärmeverlustes setzt sich aus ΔQ_p und aus der elektromagnetischen Energie $\Delta Q_{\text{rad}} = n^2 f_{\text{rad}}(T)$, die durch die Elektronen des Plasmas ausgestrahlt wird, zusammen. Man muß jedoch berücksichtigen, daß ein gewisser Teil der aus dem Plasma als Wärme und elektromagnetische Strahlung austretenden Energie in Elektroenergie umgewandelt werden kann. Man kann ihn dann nicht zu den unvermeidlichen Verlusten rechnen. Zur Bestimmung des irreversiblen Verlustanteils muß man vielmehr die Summe $\Delta Q_p + \Delta Q_{\text{rad}}$ mit dem Koeffizienten $1-\beta$ multiplizieren. β ist hierbei der Wert des thermischen Wirkungsgrades, mit dem die außerhalb des Plasmas erscheinende Energie in Elektroenergie umgewandelt wird. Beim gegenwärtigen Entwicklungsstand der Wärmetechnik kann man mit einem β-Wert von 1/3 rechnen. Wir wollen diesen Wert bei der Abschätzung ansetzen.

Für den Wirkungsgrad des thermonuklearen Generators kann man jetzt folgenden Ausdruck angeben:

$$R = \frac{\alpha\,n^2\,\overline{v\,\sigma}\,W_n \cdot 1{,}6 \cdot 10^{-6}}{\dfrac{2\,n\,k\,T}{\tau_p} + \dfrac{2}{3}\,f_{\text{rad}}(T)\,n^2}\,. \tag{1.14}$$

Für einen Generator, der mit reinem Deuterium arbeitet, ist $\alpha = 1/2$, für den Fall eines Deuterium-Tritium-Gemisches mit dem Komponentenverhältnis 1:1 ist $\alpha = 1/4$.

Die Fusionsenergie W_n wird für die dt-Reaktion übereinstimmend mit dem früher Gesagten zu 10,1 MeV angesetzt. Bei einem mit reinem Deuterium arbeitenden Generator fällt die Wahl eines W_n-Wertes ein wenig schwer, weil bei dd-Reaktionen nicht nur Kernenergie frei wird, sondern auch Tritiumkerne gebildet werden, die ihrerseits als thermonuklearer Brennstoff mit bedeutend höherem Wirkungsgrad als Deutonen ausgenutzt werden können. Ein Teil dieses Spaltstoffes wird in dem thermonuklearen Zyklus verbraucht, in dem er gebildet wurde. Der unverbrauchte Tritiumanteil könnte ausgesondert und mit der gleichen Menge Deuterium vermischt in einem zweiten thermonuklearen Prozeß verwendet werden. Ein System, das mit einem Deuterium–Tritium-Gemisch arbeitet, hat Aussicht, soviel thermonukleare Energie zu erzeugen, daß diese die Energieverluste übertrifft. Die überschüssige Kernenergie stammt zu einem beträchtlichen Teil aus Reaktionen der in einer *dd*-Reaktion entstandenen Tritiumkerne. Früher nahmen wir den W_n-Wert für *dd*-Reaktionen zu 4 MeV an. Will man den durch die Bildung von Tritiumkernen zusätzlich auftretenden Energiegewinn mit berücksichtigen, so muß man diese Größe korrigieren. Die Korrektur wird dann einen Maximalwert erreichen, wenn bei der Arbeit mit einem Deuterium–Tritium-Gemisch die Energieverluste klein sind im Vergleich zur freiwerdenden Energie. Man muß berücksichtigen, daß Tritium nur in einem Zweig der *dd*-Reaktion gebildet wird. Der Maximalwert der Korrektur muß daher der Hälfte der Energie gleichgesetzt werden, die in einer *dt*-Reaktion frei wird. Das sind 5,0 MeV. Mit dieser Korrektur beträgt der W_n-Wert für thermonukleare Generatoren mit Deuterium etwa 9,0 MeV. Im weiteren wird immer dieser Wert benutzt werden. Er stellt natürlich einen Maximalwert dar.

Aus Formel (1.14) folgt, daß der thermonukleare Generator als Energiequelle arbeitet, wenn folgende Bedingung erfüllt ist:

$$n\left\{\alpha\ \overline{v\sigma}\ W_n \cdot 1{,}6 \cdot 10^{-6} - \frac{2}{3} f_{\text{rad}}(T)\right\} > \frac{2\,k\,T}{\tau_p}\,.$$

Der maximal erreichbare Konzentrationswert wird aus der Größe der magnetischen Feldstärke, die den Plasmadruck gerade kompensiert, bestimmt. Wenn man n aus (1.12) einsetzt, erhält man:

$$H^2\,\tau_p > \frac{32\,\pi\,(k\,T)^2}{\alpha\,\overline{v\sigma}\,W_n \cdot 1{,}6 \cdot 10^{-6} - \frac{2}{3} f_{\text{rad}}(T)}\,. \tag{1.15}$$

Es versteht sich, daß diese Ungleichung nur dann einen Sinn hat, wenn die auf der rechten Seite stehende Größe positiv ist. Im Bereich positiver Werte fällt sie zunächst schnell von ∞ bis zu einem Minimum und beginnt danach langsam wieder anzusteigen. Die Temperatur, für die das Minimum erreicht wird, kann als optimale Temperatur bezeichnet werden, weil sie (zumindest formal) den günstigsten Arbeitsbedingungen des Generators entspricht. Für reines Deuterium beträgt die optimale Temperatur $3 \cdot 10^8$; bei dieser Temperatur bekommt Bedingung (1.15) folgendes Aussehen:

$$H^2\,\tau_p > 5 \cdot 10^9\,. \tag{1.16a}$$

Wenn man die zusätzliche Energie, die im erzeugten Tritium enthalten ist, nicht berücksichtigt, muß die auf der rechten Seite der Ungleichung stehende Größe auf $2 \cdot 10^{10}$ vergrößert werden. Die optimale Temperatur steigt dann auf $5 \cdot 10^8$. Für ein 1 : 1-Gemisch aus Deuterium und Tritium beträgt die optimale Temperatur

$1{,}8 \cdot 10^8$. Bei dieser Temperatur gilt für einen Generator mit positiver Energieproduktion:

$$H^2 \tau_p > 6 \cdot 10^7 . \qquad (1.16b)$$

Je kürzer die Aufenthaltsdauer (oder Lebensdauer) eines Teilchens im Plasma ist, desto höhere Anforderungen müssen an die Stärke des magnetischen Feldes gestellt werden. Bei $\tau_p = 10^{-5}$ sec muß z. B. für einen mit reinem Deuterium arbeitenden Generator $H > 2{,}2 \cdot 10^7$ sein. Der magnetische Druck wird in diesem Falle $2 \cdot 10^7$ Atmosphären betragen und die Leistungsdichte ergibt sich zu $3 \cdot 10^8$ kW/cm^3. Ein solches System entspricht einer Explosion großer Stärke und hat als Generator keinerlei Perspektiven.

Wenn die wesentlichen Parameter des thermonuklearen Generators in technisch realisierbare Größen kommen sollen, muß man nach einer Möglichkeit suchen, die schnellen Teilchen für Sekunden oder sogar zu Dutzenden von Sekunden im Inneren des Plasmas zu halten. So muß z. B. die Feldstärke im Generator mit Deuterium $2 \cdot 10^4$ betragen, wenn man ein $\tau_p = 10$ sec fordert. Das ist ohne weiteres realisierbar. Man muß jedoch daran denken, daß die in diesem Generator produzierte Leistung gering ist. Sie ist von der Größenordnung 0,3 W/cm^3. Damit eine solche komplizierte Maschine einen technischen Sinn hat, muß sie also sehr große Ausmaße haben (d. h. einen Inhalt, der Hunderte oder sogar Tausende Kubikmeter umfaßt). Es sei bemerkt, daß bei den weiter oben angeführten optimalen Temperaturen die durch thermonukleare Reaktionen pro Kubikzentimeter und Sekunde freiwerdende Energie im allgemeinen Falle folgende Werte hat:

a) für einen mit reinem Deuterium arbeitenden Generator:

$$Q = 1{,}2 \cdot 10^{-18} H^4 \ \mathrm{J} , \qquad (1.17a)$$

b) für einen Generator, der mit Deuterium und Tritium im Verhältnis 1:1 arbeitet:

$$Q = 7 \cdot 10^{-17} H^4 \ \mathrm{J} . \qquad (1.17b)$$

In diesen Ausdrücken bezeichnet H die Feldstärke, die das Plasma nach (1.12) einschließt.

Wie schon weiter oben erwähnt wurde, ist die in diesem Kapitel zur Bestimmung des Wirkungsgrades eines thermonuklearen Generators angewandte Methode stark vereinfacht. Das zeigt sich vor allem darin, daß alle Arten von Energieverlusten, die von Korpuskularströmen herrühren, unabhängig vom physikalischen Mechanismus formal zusammengefaßt worden sind. Als Charakteristikum ihres summarischen Wirkens bietet sich die mittlere Lebensdauer der Teilchen τ_p an. Diese Größe erscheint in der Formel für den Wirkungsgrad als Parameter unabhängig von n, T und H. (Nur unter dieser Bedingung ist es möglich, den Begriff der optimalen Temperatur einzuführen, wie es weiter oben geschah.) Diese Größe, die bei vereinfachtem Herangehen so anschaulich erscheint, hat also nur bedingten Wert. τ_p stellt einen Zeitabschnitt dar, in dem die Korpuskularströme gerade soviel Wärmeenergie an die Wände übertragen, wie dem Gesamtvorrat an kinetischer Energie der Teilchen im Plasma entspricht.

In Wirklichkeit wird τ_p schließlich eine Funktion von Parametern, wie Temperatur, Plasmakonzentration und Feldstärke sein. Die Art der Abhängigkeit kann man jedoch nur in Verbindung mit einer Betrachtung der Wirkungsprinzipien und des Aufbaus konkreter Systeme zur Erzeugung eines Hochtemperaturplasmas erkennen. Wir werden diese Frage im folgenden Kapitel behandeln. Dann wird auch die notwendige Präzisierung bei der Bestimmung der Verluste durch elektromagnetische Strahlung erfolgen. Außerdem wird der Energiefluß, der aus dem Plasma als Betatronstrahlung austritt, berechnet werden.

Außer der Vereinfachung, die mit der phänomenologischen Einführung von τ_p verbunden ist, kamen wir bei der Bestimmung der Energiebilanz und der Arbeitsweise eines thermonuklearen Reaktors zu einer Idealisierung, indem wir voraussetzten, daß der Druck des Plasmas mit dem Druck des äußeren Magnetfeldes völlig im Gleichgewicht sein solle. Die bisher vorliegenden Resultate der theoretischen Analyse sowie experimentelle Daten weisen darauf hin, daß ein Plasmagleichgewicht mit $p = \frac{H^2}{8\pi}$ nicht stabil ist. Es ist sehr wahrscheinlich, wenn auch nicht bewiesen, daß ein stabiler Plasmaeinschluß im Magnetfeld nur mit $\frac{8\pi p}{H^2} \ll 1$ erreicht werden kann. Wenn das so ist, dann müssen die Maximalwerte von $H^2 \tau_p$, die nötig sind, um einen Prozeß mit positiver Energieproduktion zu erreichen, entsprechend größer sein (nämlich proportional zum Verhältnis des magnetischen Druckes zum Plasmadruck). Davon kann man sich leicht überzeugen, wenn man an die Rechnung denkt, die uns zu den Bedingungen (1.16a) und (1.16b) führte. Mit einer Vergrößerung von $H^2 \tau_p$ treten uns weitere große Schwierigkeiten auf dem Wege zur Lösung unserer Aufgabe entgegen. Um die allgemeine Analyse der Größe des Wirkungsgrades eines thermonuklearen Generators abzuschließen, wollen wir nun klären, wie die Zeitdauer, während der im Plasma eine hohe Temperatur erhalten bleibt, diese Größe beeinflußt. Nur so können wir eine richtige Auswahl der Parameter erreichen, die den zeitlichen Verlauf der Prozesse im zyklisch arbeitenden thermonuklearen Generator bestimmen.

Wir bezeichnen die Dauer des Plasmazustandes hoher Temperatur mit τ_1. Es muß bemerkt werden, daß τ_1 und die mittlere Lebensdauer der Teilchen im Plasma τ_p prinzipiell nicht miteinander verknüpft sein müssen, obgleich zwischen ihnen immer eine gewisse Korrelation besteht.[1] Um die Klärung der Abhängigkeit der Größe R von τ_1 nicht zu erschweren, nehmen wir an, die Wärmeisolierung sei ideal. Dann gibt es im hochtemperierten Regime keinen Teilchenstrom auf die Wände ($\tau_p = \infty$). In einem solchen idealisierten Falle gibt es nur Wärmeenergieverluste beim Übergang des Plasmas von sehr hohen zu niedrigeren Temperaturen. Bei der Abkühlung des Plasmas wird ein Teil der in ihm aufgespeicherten Energie auf Grund verschiedener Wärmeübertragungsmechanismen den Wänden zugeführt. Dieser Energiebetrag beinhaltet auch die Wärmeverluste. Es wird aber voraus-

[1] Bei kleinen τ_p, d. h. bei schlechter Wärmeisolierung, müssen τ_p und τ_1 von gleicher Größenordnung sein.

gesetzt, daß der größte Teil des Wärmeenergieverlustes unmittelbar in Elektroenergie umgewandelt wird.

Durch Überlegungen, die denen, die zur Aufstellung der Formel (1.14) führten, analog sind, kommt man leicht zu der Feststellung, daß im erwähnten Falle der Ausdruck für den Wirkungsgrad folgendes Aussehen hat[1]):

$$R = \frac{\tau_1 \alpha n \overline{v \sigma} W_n \cdot 1{,}6 \cdot 10^{-6}}{3 k T (1 - \eta) + \frac{2}{3} n \tau_1 f_{\mathrm{rad}}(T)}, \tag{1.18}$$

wobei η den Umwandlungskoeffizienten von Wärmeenergie in Elektroenergie bezeichnet. Wenn man den Zähler und den Nenner auf der rechten Seite dieser Gleichung durch τ_1 dividiert, so erhält man für R einen Ausdruck, der sich von (1.14) nur dadurch unterscheidet, daß in dem Glied, welches die Wärmeverluste ausdrückt, anstelle der Größe τ_p jetzt $\frac{2}{3} \cdot \frac{\tau_1}{1 - \eta}$ erscheint. Entsprechend ändern sich auch die Bedingungen (1.16a) und (1.16b). Wenn Wärmeverluste nur auf Grund der unvollständigen Umwandlung von Plasmaenergie in Elektroenergie auftreten, muß bei einem Generator, der einen Überschuß an Energie erzeugen soll, $H^2 \tau_1$ beim Betrieb mit reinem Deuterium $5 \cdot 10^9$ $(1-\eta)$ und beim Betrieb mit einem Deuterium-Tritium-Gemisch $6 \cdot 10^7$ $(1-\eta)$ übersteigen. Hierbei wurde $p = \frac{H^2}{8\pi}$ angenommen.

Betrachten wir jetzt die Umwandlung von thermonuklearer Energie in Elektroenergie näher. Wir haben schon davon gesprochen, daß die als Resultat einer Synthesereaktion auftretende Energie aus zwei Anteilen besteht, welche, gemessen an der Rolle, die sie in der Arbeit des thermonuklearen Generators spielen, nicht gleichwertig sind. Der von Neutronen getragene Energieanteil hat keinerlei Einfluß auf die im Plasma ablaufenden Prozesse. In der Elektroenergiebilanz des Generators kann er nur mit einem Koeffizienten von ungefähr 1/3 eingesetzt werden (d. h. mit dem gleichen Koeffizienten wie die in gewöhnlichen Atomelektrostationen auf Kernspaltungsbasis freiwerdende Energie). Der auf geladene Teilchen entfallende Anteil der Fusionsenergie findet sich unmittelbar im Plasma. Er wird zum Verlustausgleich und zur Erhöhung der Temperatur des Brennstoffes, d. h. zur Schaffung eines Wärmeenergievorrates, verbraucht. Dieser Überschuß an Kernenergie, der im Plasma akkumuliert wurde, kann mit einem Wirkungsgrad nahe bei Eins in Elektroenergie verwandelt werden.

Die Möglichkeit einer solchen Umwandlung ist dadurch gegeben, daß bei einer magnetischen Wärmeisolierung der heiße Kernbrennstoff auf allen Seiten von einem starken Magnetfeld umgeben ist. Dieses Feld spielt die Rolle einer elastischen Hülle, die das Plasma zusammenpreßt. Wenn das auf hohe Temperatur aufgeheizte Plasma sich ausdehnt, wird seine Wärmeenergie bei der Arbeit gegen den magnetischen Druck verbraucht, d. h., sie wird in elektromagnetische Energie

---

[1]) Die Plasmatemperatur T wird im Verlaufe des Zeitabschnittes τ_1 als konstant angesehen.

umgewandelt. Ein solcher Prozeß ist völlig analog zur Ausdehnung eines Gases in einer mit einem beweglichen Kolben verschlossenen Kammer. Wir werden uns nicht weiter mit der Analyse spezieller Methoden zur weiteren Transformation der durch ein sich ausdehnendes Plasma dem Magnetfeld übertragenen Energie beschäftigen, weil uns hier nur die Größe von η interessiert. Wenn T_1 die höchste Plasmatemperatur zu Beginn der Expansion ist und T_2 die niedrigste Temperatur, auf die sich das Plasma am Ende jedes Arbeitszyklus des thermonuklearen Generators abkühlt, so wird die maximale Größe von η durch die bekannte Formel

$$\eta = 1 - \frac{T_2}{T_1}$$

gegeben. Hieraus folgt, daß es zumindest im Prinzip möglich ist, zu erreichen, daß η sehr nahe an Eins herankommt. Denn die Maximaltemperatur im Kreisprozeß wird sehr hoch sein, und T_2/T_1 kann deshalb genügend klein gemacht werden. Man muß jedoch berücksichtigen, daß die starke Reduktion der Temperatur bei der Ausdehnung nur auf Kosten einer Vergrößerung des vom Plasma eingenommenen Volumens erreicht werden kann.

Im allergünstigsten Falle, d. h., wenn die Ausdehnung adiabatisch verläuft, wird die Temperatur umgekehrt proportional zu $\Omega^{2/3}$, wobei Ω das Plasmavolumen bezeichnet. Man muß also das von ihm eingenommene Volumen annähernd 30mal vergrößern, wenn man 90% des Überschusses an Wärmeenergie im Plasma in Elektroenergie verwandeln will. Das bedeutet, daß das Plasma in der Zeit, in der es die Höchsttemperatur erreicht und zur Quelle thermonuklearer Energie wird, nur ein sehr kleines Teilvolumen der Vakuumkammer ausfüllt. Das gesamte übrige Volumen ist nur mit dem starken Magnetfeld erfüllt. Diese Schwierigkeit kann man zu einem gewissen Grade umgehen, wenn man das Plasma entlang der Kraftlinien aus einem Gebiet kleinen Volumens und großer Feldstärke in ein Gebiet mit großem Volumen und schwächerem Feld überführt. Es wird jedoch auch in einem solchen Falle kaum möglich sein, daß η einen wesentlich höheren Wert als $\frac{1}{2}$ erreicht.

Auf Grund der eben angestellten Überlegungen kann man auf die Frage, welche Vorteile mit der direkten Umwandlung von Wärmeenergie in Elektroenergie verbunden sind, eine klare Antwort geben.

Nach unseren Abschätzungen muß die Energieausbeute pro Elementarvorgang der *dd*-Reaktion etwa 9 MeV betragen. Für *dt*-Reaktionen beträgt die entsprechende Größe annähernd 10 MeV. Diese Angaben gelten unter der Voraussetzung, daß die Energie der geladenen Teilchen völlig erfaßt wird, die Energie der Neutronen dagegen nur zu 30%. Wenn man nicht diese Voraussetzungen macht, sondern annimmt, daß die gesamte bei Kernreaktionen freiwerdende Energie auf Wärmeträger übertragen werden kann und im weiteren in üblichen Wärmekraftmaschinen mit $\eta = 0{,}3$ verwertet wird, so verringert sich bei der *dd*-Reaktion die Energieausbeute auf 2,55 MeV, d. h. auf 28% und bei der *dt*-Reaktion auf 2,45 MeV, d. h. auf 24%. In der Praxis wird sicher nicht die gesamte Wärmeenergie des

Plasmas in Elektroenergie verwandelt werden können. Das heißt, die Energieausbeute eines thermonuklearen Generators wird nicht so stark davon abhängen, ob die direkte Umwandlung von Wärmeenergie des Plasmas in Elektroenergie ausgenützt wird oder ob diese Energie zwischendurch von einem Wärmeträger transportiert wird.

Unter gewissen Bedingungen kann jedoch die direkte Umwandlung von Wärme in elektromagnetische Energie eine große Rolle spielen. Das gilt besonders für thermonukleare Reaktoren, die im Übergangsbereich zwischen einem System, das Energie von außen benötigt, und einem System, das überschüssige Energie liefert, arbeiten. So etwas tritt z. B. auf, wenn $H^2 \tau_1$ dem kritischen Wert nahe ist, wenn also die Wärmeverluste gerade durch die freiwerdende thermonukleare Energie kompensiert werden. Der kritische $H^2 \tau_1$-Wert ist proportional zu $1 - \eta$, wobei η den Wirkungsgrad für die Nutzung der Wärmeenergie des Plasmas bezeichnet. Eine Änderung von η von 0,3···0,33 auf 0,75···0,8 bei Wechsel der Methode zur Ausnützung des Wärmeenergieüberschusses im Plasma verkleinert den kritischen Wert von $H^2 \tau_1$ außerordentlich.

Aus einem Generator, der Energie von außen benötigt, kann auf diese Weise ein Generator mit überschüssiger Energie werden. Man kann also sagen, daß eine direkte Umwandlung der im Plasma freiwerdenden Wärme in Elektroenergie nicht nur deshalb von Bedeutung ist, weil sie zu einer bedeutenden Vergrößerung der Energieausbeute der thermonuklearen Reaktionen führt, sondern auch, weil sie zu einer bedeutenden Herabsetzung der unvermeidlichen Wärmeverluste führen kann. Außerdem erleichtert eine solche Nutzung der Wärmeenergie des Plasmas den Aufheizungsvorgang, indem sie die Wärmebelastung der Kammerwände verringert.

Die in Aussicht genommenen Methoden zur Realisierung gesteuerter thermonuklearer Reaktionen mit großer Leistung gründen sich gegenwärtig auf die Annahme, daß als Energiequelle entweder Deuterium oder ein Deuterium-Tritium-Gemisch Verwendung finden soll. Welchem dieser zwei Brennstoffe wird die Zukunft gehören?

Der hohe Wert des Reaktionsquerschnittes ist offensichtlich der größte Vorzug des *dt*-Gemisches. Wie weiter oben gezeigt wurde, übertrifft die Reaktionsausbeute in einem Gemisch mit gleichen Anteilen an Deuterium und Tritium im gesamten Temperaturintervall, das von praktischem Interesse ist, die Reaktionsausbeute in reinem Deuterium um den Faktor 50···100. Man kann aber einwenden, der Vorteil, von dem hier die Rede ist, sei recht zweifelhaft, weil das Tritium ein sehr teurer Brennstoff ist und der Nutzeffekt des Tritiums im thermonuklearen Generator den bei seiner Herstellung in gewöhnlichen Kernspaltungsreaktoren erforderlichen Energieaufwand nicht aufwiegt. Dieser Einwand ist unbegründet, weil die Tritiumverluste im thermonuklearen Generator selbst ersetzt werden können. Bei jeder *dt*-Reaktion entweicht aus dem Plasma ein Neutron mit einer Energie von 14,1 MeV. Wenn der thermonukleare Generator mit einer genügend dicken Schicht eines Stoffes umgeben ist, in dem durch die schnellen Neutronen eine $(n, 2n)$-Reaktion verursacht wird, kann man den anfänglichen Neutronenstrom bedeutend vergrößern. Für diese (n, $2\,n$)-Reaktion kann man entweder Beryllium oder schwere Elemente wie Blei und Wismut verwenden. In diesen Stoffen übertrifft bei einer Neutronenenergie von 14,1 MeV der Wirkungsquerschnitt für die (n, $2\,n$)-Reaktion die Gesamtheit der Wirkungsquerschnitte aller konkurrierenden Kernprozesse. $\sigma\,(n, 2\,n)$ beträgt für Beryllium $2 \cdot 10^{-24}$ cm², für Blei und Wismut $2{,}4 \cdot 10^{-24}$ cm². Wenn man einen der angeführten Stoffe als Reaktorhülle verwendet, muß die Neutronenzahl nach vorsichtiger Schätzung mindestens um den Faktor 1,5···2,0 anwachsen. Dieser vergrößerte Neutronenstrom kann zur erweiterten Reproduktion des Tritiums ausgenützt werden, indem man die Neutronen zunächst abbremst und sie danach mit einem leichten Lithiumisotop reagieren läßt. Im Lithium kommt es dann zu folgender Reaktion:

$$\mathrm{Li}^6 + n \to t + \mathrm{He}^4\,,$$

deren Wirkungsquerschnitt für langsame Neutronen sehr groß ist. Eine Sichtung der experimentellen Daten, die sich auf (n, $2\,n$)-Reaktionen und die Tritiumbildungsreaktion beziehen, ergibt, daß der Reproduktionskoeffizient des Tritiums bei vorsichtiger Abschätzung (d. h. unter Berücksichtigung der möglichen Verluste an Neutronen, die durch andere Kernprozesse bedingt sind) unschwer eine Größe erreicht, die größer als Eins ist. Der Reproduktionskoeffizient ist Variable einer geometrischen Reihe, die das Anwachsen der gesamten Tritiummenge bei regelmäßiger Wiederholung der Generatorzyklen beschreibt. Auf diese Weise kann man bei der Arbeit mit einem dt-Gemisch Bedingungen garantieren, bei denen der Tritiumvorrat laufend anwächst. Deshalb werden bis zu einer Zeit, wo fast alle erreichbaren Vorräte an Li^6 aufgebraucht sind, thermonukleare Reaktoren im wesentlichen mit einem dt-Gemisch arbeiten, wenn auch der technologische Prozeß komplizierter ist als bei der Arbeit mit reinem Deuterium, weil man gezwungen ist, das Tritium zu regenerieren. Wenn man in der Zukunft aus irgendwelchen Gründen auf die Regenerierung des Tritiums verzichten und mit Deuterium allein arbeiten wird, so wird auch dann ein großer Teil der freigesetzten Energie von der Ausnutzung des durch eine dd-Reaktion gebildeten Tritiums herrühren.

§ 3. Allgemeine Klassifikation der Methoden zur Thermoisolation und zur Aufheizung eines Plasmas

Die Forschungen auf dem Gebiet der gesteuerten thermonuklearen Reaktionen befinden sich gegenwärtig im Stadium der Erkundung verschiedener Wege, die uns an das Problem erst heranführen sollen. Keiner dieser Wege wurde schon so weit verfolgt, daß man behaupten könnte, ein Erfolg sei garantiert. Offensichtlich ist allein die Überzeugung unanfechtbar, daß die Lösung des Problems von der richtigen Wahl der Methode zur magnetischen Wärmeisolierung abhängt. Um im weiteren eine Analyse der verschiedenen Varianten thermonuklearer Geräte zu erleichtern, soll eine allgemeine Klassifikation des Einsatzes der ponderomotorischen Kräfte des Magnetfeldes zur Wärmeisolierung und Aufheizung des Plasmas gegeben werden.

Man kann diese Verfahren in zwei Hauptgruppen unterteilen:

1. Methoden zur Erreichung von Gleichgewichtszuständen. Plasmadruck und magnetischer Druck stehen im Gleichgewicht.
2. Impulsmethoden, bei denen zur Wärmeisolierung und Aufheizung eine Plasmabeschleunigung durch elektrodynamische Kräfte benutzt wird. Die Prozesse im Plasma befinden sich nicht im Gleichgewichtszustand und laufen während einer sehr kurzen Zeit ab.

Der Unterschied zwischen den angeführten Methoden wird deutlich, wenn man ihn in der Sprache der Magnetohydrodynamik ausdrückt. Bekanntlich werden in der Magnetohydrodynamik die allgemeinen Gesetze behandelt, die das Verhalten einer leitenden Flüssigkeit im Magnetfeld beschreiben. Das Plasma kann vom makroskopischen Gesichtspunkt aus in Analogie zu einer leitenden Flüssigkeit gesehen werden. — Wann die Voraussetzungen, unter denen eine solche Betrachtungsweise gerechtfertigt ist, erfüllt sind, wird in Kapitel IV behandelt werden. Hier sei nur erwähnt, daß wir in unseren jetzigen Betrachtungen das magnetohydrodynamische Bild anwenden dürfen.

Die das Verhalten des Plasmas unter der Wirkung elektrodynamischer Kräfte beschreibende Hauptgleichung kann man im vorliegenden Falle in der folgenden Form schreiben:

$$\varrho \frac{d\mathfrak{v}}{dt} = \mathfrak{F}_M - \operatorname{grad} p \,. \tag{1.19}$$

Mit $\mathfrak{v}$ und ϱ sind Geschwindigkeit und Dichte eines Plasmaelementarvolumens, das unter der Einwirkung elektrodynamischer Kräfte und des Druckgradienten verschoben wird, bezeichnet. Alle Glieder in (1.19) sind auf die Volumeneinheit bezogen, $\mathfrak{F}_M$ bezeichnet daher die Dichte der elektrodynamischen Kräfte, die vom Magnetfeld auf das Plasma einwirken. Makroskopisch gesehen, entsteht die Kraft $\mathfrak{F}_M$ infolge der Wechselwirkung des Magnetfeldes mit den im Plasma fließenden Strömen. Bei einem Fehlen der Plasmaströme braucht also kein merklicher Einfluß des Magnetfeldes vorhanden zu sein. Wenn $\mathfrak{H}$ die Feldstärke und $\mathfrak{j}$ die Stromdichte kennzeichnet, so ist die Kraft, mit der das Feld auf ein Plasmaeinheitsvolumen einwirkt:

$$\mathfrak{F}_M = \frac{1}{c}\, \mathfrak{j} \times \mathfrak{H} \,.$$

Diese Kraft wird also nicht nur für $j = 0$ zu Null, sondern auch dann, wenn der Strom im Plasma in Richtung des Magnetfeldes fließt. Die Bewegungsgleichung für ein sich im Magnetfeld bewegendes Plasma hat folgendes Aussehen:

$$\varrho \frac{d\mathfrak{v}}{dt} = \frac{1}{c}\, \mathfrak{j} \times \mathfrak{H} - \operatorname{grad} p \,. \tag{1.20}$$

Es genügt, einen Blick auf diese Gleichung zu werfen, um sogleich die zwei Grenzfälle zu erkennen, von denen weiter oben die Rede war.

Ist der gaskinetische Druck klein und das zweite Glied auf der rechten Seite von (1.20) vernachlässigbar, so werden die elektrodynamischen Kräfte allein durch die Trägheitskräfte kompensiert:

$$\varrho \frac{d\mathfrak{v}}{dt} = \frac{1}{c}\, \mathfrak{j} \times \mathfrak{H} \, . \tag{1.21}$$

Unter diesen Bedingungen kommt das Plasma als Ganzes durch die Wirkung der elektrodynamischen Kräfte in gerichtete Bewegung, deren Geschwindigkeit die der chaotischen Wärmebewegung der Ionen bedeutend übersteigen kann. Die kinetische Energie der gerichteten Bewegung kann man prinzipiell zur Plasmaaufheizung verwenden. Mit diesen Fragen werden wir uns in einem der folgenden Kapitel beschäftigen.

Für die Impulsmethoden (z. B. bei der kumulativen Kompression, bei der Beschleunigung von Plasmaklümpchen usw.) ist die kurze Dauer des Prozesses charakteristisch. Das rechtfertigt die Bezeichnung „nichtstationär". Tatsächlich muß die Dauer des Beschleunigungsprozesses in diesem Fall der Größenordnung nach gleich a/v sein, wobei a die Laufstrecke und v die Geschwindigkeit bezeichnet. Wenn man $a = 10^2$ cm (Apparatur großen Ausmaßes) und $v = 10^8$ cm/sec setzt, was einer kinetischen Deutonenenergie von ungefähr 10^4 eV entspricht, erhält man als Beschleunigungszeit 10^{-6} sec. Offensichtlich werden solche Apparaturen nur dann von praktischem Interesse sein, wenn man sie als erste Phase im Plasmaaufheizungsprozeß verwenden kann. Diese Phase muß mit dem Übergang der kinetischen Energie in Wärmeenergie und einem quasistationären Zustand ihren Abschluß finden. Es müssen also die schnellen Bewegungen reaktionsträgen Charakters, die aus der Beschleunigungsphase verblieben sind, in einem sehr kurzen Zeitraum abklingen. Wenn wir vorausgreifen, was eine detaillierte Untersuchung der Aufheizungsmethoden erbringen wird, können wir bemerken, daß die Realisierung eines glatten Überganges aus der Beschleunigungsphase in den quasistationären Zustand gerade die Hauptschwierigkeit darstellt, die der Anwendung solcher Methoden entgegensteht.

Der entgegengesetzte Fall tritt ein, wenn die Beschleunigung des Plasmas nur gering ist, das Trägheitsglied auf der linken Seite der Gleichung gegenüber dem Druckgradienten also vernachlässigt werden kann. In diesem Falle stehen gaskinetischer und magnetischer Druck im Gleichgewicht:

$$\operatorname{grad} p = \frac{1}{c}\, \mathfrak{j} \times \mathfrak{H} \, . \tag{1.22}$$

Ein Spezialfall dieser Gleichung ist (1.11), wo eine ideale Leitfähigkeit des Plasmas vorausgesetzt wird, der Strom also nur an der Plasmaoberfläche fließt.

Eine Berechnung der Trägheitskräfte für eine solche Plasmakonfiguration ist nur nötig, wenn man die Stabilität der Gleichgewichtskonfiguration in bezug auf verschiedene geometrische Störungen untersuchen will.

Unter den verschiedenen Möglichkeiten, eine nichtstationäre Plasmaaufheizung durchzuführen, ist gegenwärtig mehr oder weniger deutlich folgende bevorzugte Auswahl zu erkennen:

1. Versuch der Plasmaaufheizung in Systemen mit Plasmaringstrom und stabilisierendem äußeren Magnetfeld.
2. Untersuchung magnetischer Fallen, in denen ein hochtemperiertes Plasma durch Aufsammeln schneller Teilchen oder Plasmaklümpchen gebildet wird, die von außen in die Falle eingeschossen werden.

Außerdem sind noch verschiedenartige Kombinationen möglich. Um die wesentlichen Züge der thermonuklearen Systeme, die auf den aufgezeigten allgemeinen Prinzipien beruhen, grob zu charakterisieren, kann man einen anschaulichen Vergleich anstellen. Das System des ersten Typs ist ein Kessel, in dessen Innerem das Plasma sowohl erzeugt als auch aufgeheizt wird, während die Falle mit Einschuß von außen nur ein Behälter zur Aufbewahrung schneller Teilchen ist.

Auf Grund des in diesem Paragraphen Gesagten kann man folgende vorläufige Klassifikation von Anordnungen zur Erzeugung eines Hochtemperaturplasmas geben:

1. Anlagen, in denen eine Beschleunigung des Plasmas durch ein Magnetfeld ausgenutzt wird (Impulsprozesse).
2. Quasistationäre Anlagen mit einem großen Plasmaringstrom.
3. Magnetische Fallen mit Teilchen- oder Plasmaeinschuß.
4. Verfahren, die auf einer Kombination verschiedener Prinzipien beruhen.

Diese höchst unvollständige Klassifikation wird an dieser Stelle nur vorgenommen, um im Folgenden die Beurteilung und Einordnung spezieller Anordnungen zu erleichtern.

KAPITEL II

Die Bewegung von Teilchen im Plasma

§ 4. Adiabatische Invarianz der Größe $W_\perp/H$

In diesem und in den folgenden Kapiteln soll kurz über die wichtigsten Eigenschaften eines Plasmas berichtet werden, soweit sie für das Verständnis der in zukünftigen thermonuklearen Generatoren ablaufenden Prozesse interessant sind. Von diesem Gesichtspunkt aus gebührt dem Verhalten eines vollständig ionisierten Gases im starken Magnetfeld größtes Interesse. Wir beginnen mit einer Analyse der Bewegung der Teilchen, aus denen ein Plasma besteht. Befindet sich das Plasma in einem Magnetfeld, so wird der Charakter dieser Bewegung in erster Linie durch das Verhältnis der mittleren freien Weglänge λ zum Krümmungsradius der Teilchenbahn ϱ bestimmt. Ist $\frac{\lambda}{\varrho} \ll 1$ (schwaches Magnetfeld, dichtes Plasma), so wird die Bahn des Teilchens zwischen zwei Zusammenstößen nicht merklich durch das Magnetfeld gekrümmt: Man kann sie durch einen Geradenabschnitt ersetzen.

Im entgegengesetzten Falle, wenn $\frac{\lambda}{\varrho} \gg 1$ ist (starkes Magnetfeld, dünnes Plasma), führt das Teilchen zwischen zwei Zusammenstößen mehrere Umläufe auf einer Schraubenlinie aus, wodurch seine Fortbewegung senkrecht zur Richtung des $\mathfrak{H}$-Vektors sehr eingeschränkt wird. Deswegen ändert sich der Charakter zahlreicher im Plasma ablaufender Elementarprozesse wesentlich.

Bei vorgegebenen Werten von n und H wird das Verhältnis $\frac{\lambda}{\varrho}$ um so größer, je höher die Plasmatemperatur ist. Wie später gezeigt werden wird, wächst der Quotient proportional zu $T^{3/2}$. Für Werte von n, T und H, wie sie für kontrollierte thermonukleare Reaktionen von praktischem Interesse sind, ist die Bedingung $\frac{\lambda}{\varrho} \gg 1$ sowohl für Elektronen als auch für Ionen stets erfüllt. Zur Illustration betrachten wir ein konkretes Beispiel. Es sei $n = 10^{14}$, $T = 10^8$ und $H = 10^4$. Diese Werte unterscheiden sich vermutlich nicht sehr von den Parameterwerten künftiger Fusionsreaktoren. Der Wert des Verhältnisses $\frac{\lambda}{\varrho}$ beträgt in diesem Falle für Deutonen ungefähr $5 \cdot 10^5$ und für Elektronen etwa $3 \cdot 10^7$.

Man kann die Bedingung für eine starke Einwirkung des Magnetfeldes auf die Teilchenbewegung auch etwas anders formulieren, indem man die Kreisfrequenz der Bahnumläufe im Magnetfeld ω_H und die mittlere Zeit zwischen zwei Stößen τ

einführt. Es ist dann

$$\frac{\lambda}{\varrho} = \frac{\lambda}{v} \cdot \frac{v}{\varrho} \sim \omega_H \tau .$$

Die Ungleichung $\frac{\lambda}{\varrho} \gg 1$ ist also der Ungleichung $\omega_H \tau \gg 1$ äquivalent.

Betrachten wir nun die wichtigsten Gesetzmäßigkeiten für die Bewegung geladener Teilchen im Magnetfeld. In allen Fällen, die für uns praktische Bedeutung gewinnen können, ist der Krümmungsradius der Teilchenbahn im Magnetfeld klein gegenüber dem Abstand, auf dem sich Betrag und Richtung des $\mathfrak{H}$-Vektors merklich ändern. Im Bereich eines Bahnumlaufes kann $\mathfrak{H}$ also als konstant angesehen werden. Dadurch wird die Untersuchung der Teilchenbewegung wesentlich vereinfacht. Insbesondere kann man eine Näherungstheorie zur Berechnung der Teilchenbahnen anwenden. Die wesentlichen Ergebnisse dieser Theorie können durch einfache Abschätzungen, deren mangelnde Strenge durch ihre Anschaulichkeit wettgemacht wird, erläutert werden. Es sei zunächst $\mathfrak{H}$ konstant und kein elektrisches Feld vorhanden. Im homogenen Magnetfeld bewegt sich dann ein geladenes Teilchen auf einer Schraubenlinie, deren Achse Feldlinie ist. Der Radius dieser Schraube berechnet sich zu

$$\varrho = \frac{p\,c}{q\,H} \sin \alpha \quad (\text{Larmor-Radius}). \tag{2.1}$$

Darin bedeuten: p den Impuls des Teilchens, q seine Ladung und α den Winkel zwischen Geschwindigkeitsvektor und Feldrichtung. Die Winkelgeschwindigkeit der Drehbewegung des Teilchens hängt von p nicht ab und ist durch den Ausdruck

$$\omega_H = \frac{q\,H}{m\,c} \quad (\text{Larmor-Frequenz}) \tag{2.2}$$

gegeben (m: Teilchenmasse).

Nehmen wir nunmehr an, daß sich die Feldstärke längs einer Kraftlinie ändert. Diese Änderung wird erst in Abständen merklich, die wesentlich größer als der Bahnkrümmungsradius sind. In einem mehrere Windungen enthaltenden Abschnitt behält die Bahn also die Form einer Schraubenlinie mit konstantem Radius und konstanter Steigung bei. Betrachtet man jedoch längere Bahnabschnitte in einem ortsabhängigen Feld, so treten merkliche Änderungen der die Schraubenbahn charakterisierenden Parameter auf. Dabei ändert sich nicht nur der Radius der Schraubenlinie, sondern auch der Winkel α, d. h. das Verhältnis zwischen der parallel und der senkrecht zur Feldrichtung liegenden Geschwindigkeitskomponente. Der Grund dafür ist, daß in einem Feld, dessen Stärke sich in $\mathfrak{H}$-Richtung ändert, die Feldlinien keine parallelen Geraden mehr sind, sondern ein konvergentes oder divergentes Büschel bilden. Infolgedessen tritt eine Kraft auf, die auf das Teilchen in Richtung der senkrechten Geschwindigkeitskomponente wirkt. Bewegt sich das Teilchen in Richtung wachsender Feldstärke, so wird die Bewegung gebremst; im umgekehrten Falle wird das Teilchen in Feldlinienrichtung beschleunigt. Ihrem Wesen nach ist diese Kraft identisch mit derjenigen, die für die Fokussierung der Teilchen in Beschleunigern sorgt, indem sie das Austreten von Teilchen quer zur Feldrichtung verhindert.

Die Entstehung einer Kraftkomponente in Richtung der Schraubenachse ist in Abb. 8 dargestellt. Sie ist eine Folge der $H_\perp$-Komponente, die senkrecht zur Schraubenachse gerichtet ist. Diese radiale Komponente des magnetischen Feldes wirkt auf die azimutale Geschwindigkeitskomponente des Teilchens und ergibt eine in Richtung fallender Feldstärke wirkende Kraft.

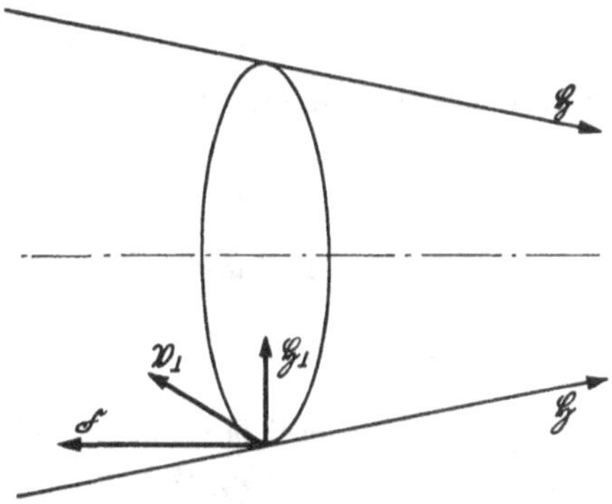

Abb. 8. Beim Abbremsen der Ladungsträger im inhomogenen Magnetfeld auftretende Kräfte

Man kann in einfacher Weise ein Gesetz für die Änderung der geometrischen Bahnparameter eines Teilchens ableiten, das sich in einem Feld mit in Richtung der Feldlinien veränderlicher Stärke bewegt. Dabei muß beachtet werden, daß man die Bewegung eines Teilchens mit der Geschwindigkeit $\mathfrak{u}$ in Feldrichtung nicht nur im Laboratoriumssystem beschreiben kann, sondern auch in einem Koordinatensystem, in dem der Momentanwert von $\mathfrak{u}$ gleich Null ist. In diesem System führt das Teilchen eine ebene Drehbewegung senkrecht zur Feldrichtung aus, während sich das Feld mit der Geschwindigkeit $-\mathfrak{u}$ längs der Achse bewegt und die Kreisbahn des Teilchens durchsetzt. Im mitbewegten Koordinatensystem ist das Feld infolge seiner Inhomogenität zeitlich veränderlich. Es erzeugt in der Bahnebene ein elektrisches Wirbelfeld, welches die Drehbewegung des Teilchens beschleunigt oder verzögert. Wir nehmen an, daß das Teilchen positiv geladen ist und sich längs der Kraftlinien in Richtung wachsender $\mathfrak{H}$-Werte bewegt. Dann fällt die Richtung des elektrischen Wirbelfeldes $\mathfrak{E}$ im mitbewegten Koordinatensystem mit der Richtung der Drehbewegung des Teilchens zusammen. Während eines Teilchenumlaufes leistet das E-Feld die Arbeit

$$\Delta W_\perp = 2\pi\varrho q E .$$

Wegen

$$2\pi\varrho E = \frac{1}{c}\pi\varrho^2\frac{dH}{dt}$$

wird

$$\Delta W_\perp = \frac{\pi\varrho^2 q}{c}\frac{dH}{dt} . \qquad (2.3)$$

Berücksichtigt man, daß sich die magnetische Feldstärke während eines Umlaufes nicht merklich ändert, so kann man $\frac{dH}{dt}$ durch $\frac{\Delta H}{T_H}$ ersetzen, wobei ΔH den Feldstärkezuwachs pro Umlauf bedeutet. Dann wird

$$\Delta W_{\perp} = \frac{\pi \varrho^2 q}{c T_H} \Delta H . \tag{2.4}$$

Die Energie der Bewegung senkrecht zur Feldrichtung ist mit dem Radius der LARMOR-Kreisbahn durch die Relation

$$W_{\perp} = \frac{q^2 \varrho^2 H^2}{2 m c^2} \tag{2.5}$$

verknüpft. Setzt man in (2.4)

$$T_H = \frac{2\pi}{\omega_H} = \frac{2 \pi m c}{q H} \tag{2.6}$$

ein, dann folgt aus (2.4) und (2.5)

$$\frac{\Delta W_{\perp}}{\Delta H} = \frac{W_{\perp}}{H} . \tag{2.7}$$

Bei langsam veränderlichem Magnetfeld ist also das Verhältnis der kinetischen Energie der Drehbewegung $W_{\perp}$ zur Stärke des Magnetfeldes konstant.

Das bedeutet, daß $W_{\perp}/H$ eine adiabatische Invariante ist. Aus der Konstanz dieser Größe folgt, daß auch das Drehmoment des Teilchens erhalten bleibt, denn es unterscheidet sich von $W_{\perp}/H$ nur um einen konstanten Faktor.

Aus (2.5) folgt weiter, daß auch die Größe $\varrho^2 H$ ihren Wert beibehält. Der Bahnradius ändert sich also umgekehrt proportional zu $\sqrt{H}$.

Die abgeleiteten Ergebnisse gestatten noch eine etwas andere Interpretation, wenn man das auf einem LARMOR-Kreis umlaufende Teilchen als einen elementaren Diamagneten auffäßt. Man kann sich leicht überzeugen, daß das magnetische Moment dieses Diamagneten zahlenmäßig gleich $W_{\perp}/H$ ist. Auf einen Diamagneten, der sich in einem in Feldlinienrichtung veränderlichen Feld befindet, wirkt die Kraft

$$F = -\mu \frac{\partial H}{\partial l} . \tag{2.8}$$

Die Differentiation wird dabei in H-Richtung ausgeführt. Die Bestimmungsgleichung für die Parallelgeschwindigkeit des elementaren Diamagneten hat die Form

$$m \frac{dv_{\parallel}}{dt} = -\mu \frac{\partial H}{\partial l} = -\frac{W_{\perp}}{H} \frac{\partial H}{\partial l}$$

($v_{\parallel}$: Parallele Geschwindigkeitskomponente).

Durch Multiplikation dieser Gleichung mit $v_{\parallel}$ erhält man

$$\frac{dW_{\parallel}}{dt} = -\frac{W_{\perp}}{H} \frac{\partial H}{\partial l} v_{\parallel} = -\frac{W_{\perp}}{H} \frac{dH}{dt}$$

$W_{\parallel}$: Kinetische Energie der Parallelbewegung).

Der Energiesatz liefert

$$\frac{dW_\parallel}{dt} = -\frac{dW_\perp}{dt}.$$

Damit wird

$$\frac{dW_\perp}{dt} = \frac{W_\perp}{H}\frac{dH}{dt}$$

und schließlich

$$\frac{W_\perp}{H} = \text{const.}$$

Die adiabatische Invarianz der Größe $W_\perp/H$ kann also auch in einfacher Weise auf der Grundlage des anschaulichen Bildes der Wechselwirkung eines diamagnetischen „Kreisels" mit dem inhomogenen Magnetfeld verifiziert werden.

Wir wollen nun klären, was mit der parallelen Geschwindigkeitskomponente während des Bewegungsablaufes geschieht. Wegen der Konstanz der gesamten kinetischen Energie eines Teilchens bei seiner Bewegung im zeitlich konstanten Magnetfeld muß eine Änderung der Größe $W_\perp$ eine Änderung von $W_\parallel$ zur Folge haben. Das Teilchen befinde sich zu einem bestimmten Zeitpunkt am Ort der Feldstärke H_0. In diesem Moment soll der Winkel zwischen Geschwindigkeitsvektor und Feldrichtung gleich α_0 sein. Das Verhältnis des Anfangswertes der Energie der senkrechten Bewegung zur Feldstärke beträgt dann

$$\frac{W_0 \sin^2 \alpha_0}{H_0}$$

(W_0: gesamte kinetische Energie des Teilchens).

Diese Größe ändert sich während der Bewegung des Teilchens nicht. Deshalb ist der Neigungswinkel der Teilchenbahn gegenüber der Feldrichtung in jedem Bahnpunkt durch

$$\sin \alpha = \sin \alpha_0 \sqrt{\frac{H}{H_0}} \tag{2.9}$$

bestimmt.

Bewegt sich ein Teilchen in Richtung wachsender Feldstärke, so wächst α und erreicht seinen Maximalwert von $\frac{\pi}{2}$ für $H = H_0/\sin^2 \alpha_0$. In diesem Punkt wird die parallele Geschwindigkeitskomponente Null und kehrt anschließend ihre Richtung um. Man kann also sagen, daß ein in Feldlinienrichtung anwachsendes Magnetfeld einen magnetischen Spiegel darstellt, der einfallende Teilchen reflektiert.

Die wichtigsten Eigenschaften eines solchen Spiegels sind, daß der Punkt, an dem die Reflexion stattfindet, unabhängig von der primären Teilchenenergie ist und nur solche Teilchen reflektiert werden, deren anfänglicher Neigungswinkel einen bestimmten Minimalwert überschreitet. Wenn ein Teilchenstrom aus einem Gebiet der Feldstärke H_0 in ein Gebiet der maximalen Feldstärke H_m einfällt, so gelangen nur solche Teilchen durch dieses hindurch, deren anfänglicher Neigungswinkel α_0 innerhalb eines durch die Bedingung

$$\sin\alpha_0 \leqq \sqrt{\frac{H_0}{H_m}} \tag{2.10}$$

bestimmten Konus, des sog. Fluchtkonus, liegt. Teilchen mit größerem Neigungswinkel werden reflektiert, und zwar um so früher, je größer α_0 ist.

§ 5. Driftbewegung im inhomogenen Magnetfeld. Allgemeiner Charakter der Bewegung von geladenen Teilchen in inhomogenen Magnetfeldern. Experimentelle Prüfung der adiabatischen Invarianz

Bei unseren bisherigen Betrachtungen haben wir uns auf in Feldlinienrichtung veränderliche Magnetfelder beschränkt. Es gibt jedoch auch Felder, deren Stärke sich senkrecht zur Richtung des $\mathfrak{H}$-Vektors ändert. Das einfachste Beispiel dafür ist das Magnetfeld eines gleichstromdurchflossenen linearen Leiters.

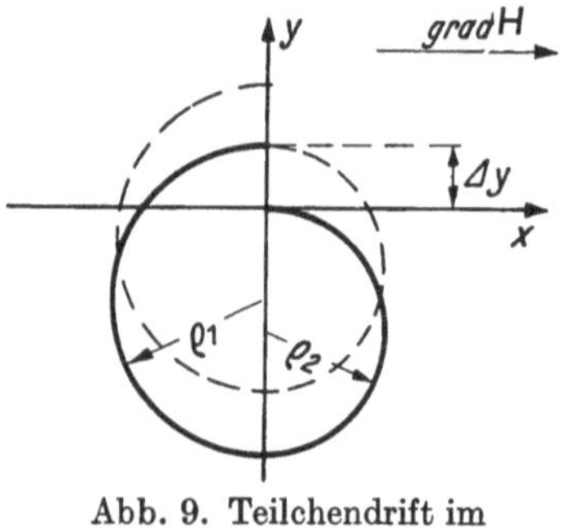

Abb. 9. Teilchendrift im inhomogenen Magnetfeld

Wir beginnen die Untersuchung der Teilchenbewegung in Feldern dieser Art mit dem einfachen Fall der ebenen Bewegungen. Ein Teilchen bewege sich in der xy-Ebene unter der Wirkung eines parallel zur z-Achse verlaufenden Magnetfeldes (Abb. 9). Die Feldstärke soll in Richtung wachsender x zunehmen. In diesem Falle beschreibt das Teilchen in der xy-Ebene keine Kreisbahn mehr, denn der Krümmungsradius ist auf der rechten Seite der y-Achse (d. h. bei größerem x und somit größeren H-Werten) kleiner als auf der linken Seite. Es ist leicht einzusehen, daß die Teilchenbahn dann auch keine geschlossene Linie bildet. Bei jedem Umlauf bewegt sich das Teilchen entlang der y-Achse (d. h. senkrecht zu grad H). Die Bahn stellt also eine Folge nichtgeschlossener Bögen dar, die innerhalb eines parallel zur y-Achse verlaufenden Streifens liegen. Je nach dem Vorzeichen der Ladung bewegt sich das Teilchen entweder in Richtung wachsender oder fallender y-Werte. Wenn die Geschwindigkeit dieser gerichteten Bewegung, die gewöhnlich als Drift bezeichnet wird, klein gegenüber dem Gesamtbetrag der Geschwindigkeit ist, kann man die Bewegung des Teilchens als Überlagerung zweier einfacher Bewegungen auffassen: des Umlaufes auf einer Kreisbahn und der gleichförmigen Bewegung des Kreismittelpunktes. Die Geschwindigkeit der Bewegung des Kreismittelpunktes ist gerade die erwähnte Driftgeschwindigkeit im inhomogenen Feld.

Wir berechnen nun die Driftgeschwindigkeit. Die magnetische Feldstärke in Nähe der y-Achse ist gleich $H_0(1 + \varepsilon\, x)$. $\varepsilon = \frac{1}{H_0}\frac{dH}{dx}$ ist hierbei ein kleiner Parameter. Die Form der Driftbahn kann in erster Näherung durch die folgenden Ausdrücke beschrieben werden:

$$x = \varrho_0 \cos \omega_0 t\,, \qquad y = \varrho_0 \sin \omega_0 t + \eta\,. \tag{2.11}$$

ϱ_0 ist hierbei der Radius des LARMOR-Kreises in einem Magnetfeld mit der Feldstärke H_0 und $\omega_0 = \frac{q\,H_0}{m\,c}$. Die Driftkomponente der Bewegung wird durch die sich langsam ändernde Variable η ausgedrückt. Die Driftgeschwindigkeit v_d ist gleich dem Mittelwert von $\dot{\eta}$; bezogen auf einen vollen Umlauf des LARMOR-Kreises.

Um diese Größe zu bestimmen, schreiben wir uns die Bewegungsgleichung für die Komponente in Richtung der x-Achse auf:

$$\ddot{x} = \omega_0\, \dot{y}(1 + \varepsilon\, x) = \omega_0\, \dot{y} + \omega_0\, \dot{y}\, x\, \varepsilon.$$

Wenn wir diesen Ausdruck über die Zeit eines vollen Umlaufs mitteln und (2.11) berücksichtigen, so erhalten wir

$$\bar{\dot{y}} = \bar{\dot{\eta}} = -\,\varepsilon\, \bar{\dot{y}}\, \bar{x} = \varepsilon\, \varrho_0\, \omega_0\, \overline{\dot{\eta}\, \sin \omega_0 t} + \varrho_0^2\, \omega_0\, \varepsilon\, \overline{\sin^2 \omega_0 t}\,.$$

Da $\dot{\eta}$ eine sich mit der Zeit langsam ändernde Funktion ist, ist das Produkt $\dot{\eta} \sin \omega_0 t$ gleich Null. Hieraus folgt

$$v_d = \bar{\dot{\eta}} = \varrho_0^2\, \omega_0\, \varepsilon\, \overline{\sin^2 \omega_2 t} = \frac{1}{2}\, \varrho_0^2\, \omega_0\, \varepsilon\,.$$

Wenn wir in diese Formel die Beziehungen für ϱ_0, ω_0 und ε einsetzen, so erhalten wir

$$v_d = \frac{1}{2}\, \frac{m\, v_\perp^2\, c}{q\, H^2}\, \frac{dH}{dx}\,. \tag{2.12}$$

In diesem Ausdruck ist $v_\perp$ die Geschwindigkeitskomponente in der Ebene senkrecht zu $\mathfrak{H}$.[1]) Die Driftgeschwindigkeit v_d fällt mit der Richtung des Vektors $\mathfrak{h}_1 \times \operatorname{grad} H$ zusammen ($\mathfrak{h}_1$ ist hierbei der Einheitsvektor in $\mathfrak{H}$-Richtung).

In vektorieller Form lautet der genaue Ausdruck für die Driftgeschwindigkeit:

$$\mathfrak{v}_d = \frac{m\, c\, v_\perp^2}{2\, q\, H^2}\, \mathfrak{h}_1 \times \operatorname{grad} H\,. \tag{2.13}$$

Für das Verhältnis der Driftgeschwindigkeit v_d zur Teilchengeschwindigkeit $v_\perp$ erhält man näherungsweise

$$\frac{1}{2}\, \frac{\varrho}{H}\, \frac{dH}{dx}\,.$$

Es ist also von der gleichen Größenordnung wie die relative Feldstärkeänderung in den Grenzen eines LARMOR-Kreises. Letztere ist nach Voraussetzung klein.

---

1) In dem von uns betrachteten ebenen Fall fällt diese mit dem Gesamtbetrag der Geschwindigkeit zusammen.

Die wichtigste Eigenschaft der senkrecht zur Kraftlinienrichtung verlaufenden Driftbewegung im inhomogenen Feld ist, daß die Feldstärke im Bereich des Driftstreifens konstant bleibt. Infolgedessen ändert sich auch das Verhältnis $W_{\perp}/H$ während der Driftbewegung nicht.

Unsere bisherigen Untersuchungen der Driftbewegung beschränkten sich auf den Fall grad $H \perp \mathfrak{H}$ und $v_{\parallel} = 0$. Man kann jedoch zeigen, daß die Driftgeschwindigkeit im allgemeinen Fall nicht nur von der senkrechten Geschwindigkeitskomponente $v_{\perp}$, sondern auch von der parallelen Komponente $v_{\parallel}$ abhängt. In dieser Hinsicht wollen wir unsere Ergebnisse verallgemeinern.

Für ein Teilchen, dessen Bahn die Stromlinien nicht schneidet[1]), ist die Driftgeschwindigkeit im allgemeinen Falle durch die Formel

$$\mathfrak{v}_d = \frac{m\,c\,(v_{\perp}^2 + 2\,v_{\parallel}^2)}{2\,q\,H^2}\,\mathfrak{h}_1 \times \operatorname{grad} H \tag{2.14}$$

gegeben. Sie gilt bei beliebigem Verhältnis von $v_{\perp}$ zu $v_{\parallel}$.

Man kann v_d auch mit einer sehr anschaulichen geometrischen Feldcharakteristik, nämlich der Krümmung der Kraftlinien, verknüpfen. Bedeutet R den Krümmungsradius, so gewinnt die Formel für v_d die einfache Form

$$v_d = \frac{v_{\parallel}^2 + \frac{1}{2}\,v_{\perp}^2}{\omega_H\,R}\,. \tag{2.15}$$

Der Vektor $\mathfrak{v}_d$ steht senkrecht auf den Vektoren $\mathfrak{H}$ und $\mathfrak{R}$, d. h., er hat die Richtung der Binormalen der Kraftlinien.

Die oben angeführte Untersuchung der Teilchenbewegung in speziellen Magnetfeldern legt die Annahme nahe, daß auch im allgemeinen Fall der Bewegung in einem Feld beliebiger Form $W_{\perp}/H$ die Eigenschaft der Invarianz behält, d. h., daß sie für ein gegebenes Teilchen über die gesamte Bahnlänge konstant bleibt. Diese Annahme gründet sich darauf, daß das Verhältnis von $W_{\perp}$ zu H sowohl bei der Bewegung eines Teilchens längs der Kraftlinien in einem Feld mit grad $H \parallel \mathfrak{H}$ als auch bei der Driftbewegung in einem Feld mit grad $H \perp \mathfrak{H}$ eine Konstante ist.

Die genaue theoretische Untersuchung ergibt, daß $W_{\perp}/H$ tatsächlich eine adiabatische Invariante ist, d. h., daß sie konstant bleibt, solange die Änderung der Feldstärke in Abständen, die vergleichbar mit dem Krümmungsradius der Teilchenbahn sind, klein ist.

Auf der Grundlage der oben untersuchten Spezialfälle kann man sich ein hinreichend klares Bild von der Teilchenbewegung in einem inhomogenen Feld beliebiger Form, das sowohl einen Gradienten in Feldrichtung als auch senkrecht zu dieser besitzt, machen.

---

[1]) In dem vom Teilchen durchlaufenen Gebiet soll also überall rot $\mathfrak{H} = 0$ sein.

Bei der Betrachtung eines Bahnabschnittes können wir die Teilchenbewegung stets in die drei folgenden Bewegungsformen zerlegen:

1. Umlauf um die Kraftlinien auf einem LARMOR-Kreis;
2. Bewegung des Kreismittelpunktes entlang der Kraftlinien;
3. Driftbewegung des Kreismittelpunktes senkrecht zur Richtung von $\mathfrak{H}$ und grad H.

Wenn man die momentanen Lagen der Kreiszentren verbindet, so erhält man die Achsenlinie der Spiralbahn des Teilchens. Die Form dieser Linie ist die wichtigste geometrische Charakteristik der Teilchenbewegung im starken Magnetfeld. Man kann die Achsenlinie auch als die gemittelte Bahn des Teilchens ansehen. Die Bewegung des Teilchens auf der Achsenlinie kann man im allgemeinen Fall aus der Bewegung längs der Kraftlinien und der Drift senkrecht dazu zusammensetzen.

Mit wachsender Feldstärke wird die Driftgeschwindigkeit kleiner und die Achsenlinie der Teilchenbahn weicht immer weniger von der Kraftlinie ab, auf welcher sich das Teilchen am Anfang seiner Bewegung befand. Im Grenzfall unendlich großer Feldstärke stellt die Teilchenbahn eine Spirallinie mit unendlich kleinem Radius und unendlich kleiner Steigung um eine Kraftlinie dar. Bei der Betrachtung eines in ein begrenztes Raumgebiet eingeschlossenen Teilchens darf man jedoch die Driftbewegung auch bei sehr hohen Feldstärken nicht vernachlässigen. In genügend großen Zeitabständen kann sich das Teilchen sehr weit von der Kraftlinie entfernen, auf welcher es sich ursprünglich befand.

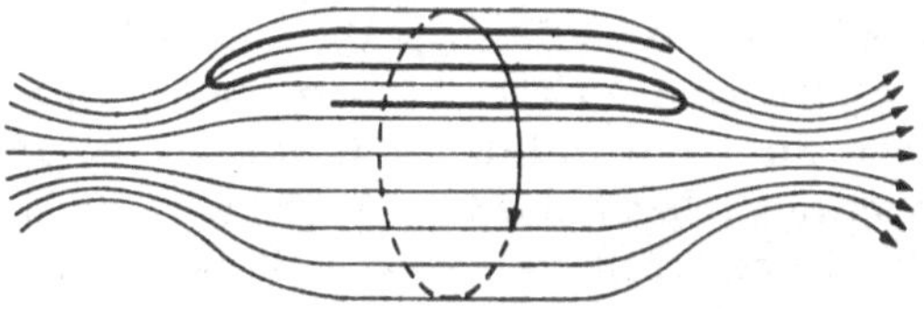

Abb. 10. Achsenlinie einer Teilchenbahn in einem Magnetfeld mit Pfropfen

In einem inhomogenen Magnetfeld gibt es stets Gebiete mit großen H-Werten. Diese können von einem Teilchen, das seine Bewegung mit großem Neigungswinkel in einem Gebiet mit niedriger Feldstärke begonnen hat, nicht durchdrungen werden. Nähert sich dieses Teilchen einem Gebiet hoher Feldstärke, so wird seine Bewegung in Achsenrichtung gebremst, und es wird entweder reflektiert oder es umgeht dieses Gebiet durch Driftbewegung.

In Abb. 10 ist die Achsenlinie der Bahn eines Teilchens, das sich in einem rotationssymmetrischen Feld bewegt, schematisch dargestellt. Die Feldstärke ist über eine bestimmte Länge konstant und wächst nach beiden Enden hin an. Ein Teilchen, dessen Bahn gegenüber den Kraftlinien hinreichend stark geneigt ist, kann aus dem durch die magnetischen Pfropfen (oder magnetischen Spiegel) begrenzten Gebiet nicht entweichen. Im Bereich der Pfropfen, wo das Feld stark inhomogen ist, erfährt das Teilchen eine Drift in azimutaler Richtung. Dieses System ist ein typisches Beispiel für eine magnetische Falle, das auf dem Prinzip der adiabatischen Invarianz beruht. Es wurde im Jahre 1953 von Budker als Grundlage für den Aufbau thermonuklearer Reaktoren vorgeschlagen.

Eine Falle riesigen Ausmaßes für geladene Teilchen kosmischen Ursprungs stellt das Magnetfeld der Erde dar. Die sich in der Umgebung der magnetischen Pole verdichtenden Kraftlinien des Erdfeldes bilden die magnetischen Pfropfen. Messungen mit Hilfe künstlicher Erdsatelliten und kosmischer Raketen zeigten, daß die in der Umgebung der Erde durch verschiedene Kernprozesse entstehenden geladenen Teilchen durch diese Falle sehr wirksam eingefangen werden.

Durch die Anwendung der Näherungstheorie für die Bewegung geladener Teilchen im Magnetfeld, deren Grundlagen oben dargelegt wurden, wird die Analyse der Teilchenbahnen in inhomogenen Feldern komplizierter Form außerordentlich erleichtert. Wenn man jedoch die Ergebnisse dieser Theorie für die Lösung spezieller Aufgaben, insbesondere die Untersuchung der Teilchenbewegung in magnetischen Fallen, anwenden will, muß man das Prinzip der adiabatischen Invarianz weiter präzisieren. Es ist zu klären, unter welchen Bedingungen dieses Prinzip bei der Lösung von Problemen der Teilchenbewegung in begrenzten Gebieten angewendet werden kann. Wenn die Grenzen des Gebietes, innerhalb dessen sich das Teilchen bewegen kann, durch den Erhaltungssatz für $W_\perp/H$ bestimmt sind, wird die Teilchenbewegung Schwingungscharakter haben. Unter bestimmten Bedingungen können sich diese Schwingungen allmählich aufschaukeln, wodurch das Prinzip der adiabatischen Invarianz ungültig wird und die Teilchen aus dem magnetischen System austreten können.

Die Frage nach der Gültigkeit des Prinzips der adiabatischen Invarianz ist von so großer Bedeutung, daß sie den Gegenstand spezieller Untersuchungen bildet.

In einer Arbeit von Rodionow wurde die Gültigkeit der adiabatischen Invarianz in Fallen mit magnetischen Spiegeln auf sehr elegante Weise experimentell untersucht. Die Idee dieser Arbeit stammt von Budker. Sie besteht darin, daß man die Lebensdauer der beim radioaktiven Zerfall entstehenden β-Teilchen in einer Tritium-gefüllten magnetischen Falle mißt. Wenn ein β-Teilchen zwischen zwei magnetischen Spiegeln eingeschlossen ist, kann es die Falle nur dann verlassen, wenn entweder die Richtung seines Geschwindigkeitsvektors durch Stöße mit Gasatomen in den Fluchtkonus gelenkt wird oder aber $W_\perp/H$ allmählichen Änderungen unterworfen ist (d. h., wenn das Prinzip der adiabatischen Invarianz nicht exakt gilt). Wir nehmen an, daß die letztgenannte Ursache nicht vorhanden ist, d. h., das Teilchen soll sich unbegrenzt lange in der Falle aufhalten, wenn es sich im absoluten Vakuum bewegt. In einem realen System wird seine Lebensdauer unter dieser Voraussetzung allein durch die Stoßwahrscheinlichkeit mit den Gasatomen bestimmt; sie wird also umgekehrt proportional zu dem in der Falle herrschenden Gasdruck sein. Die Gleichgewichtskonfiguration der β-Teilchen in einer Tritium-gefüllten Falle muß also unabhängig vom Tritiumdruck sein. Das kann man sich folgendermaßen klarmachen: Die sich einstellende Gleichgewichtskonzentration n_β muß gleich dem Produkt aus der Zahl der Tritiumzerfallsakte pro Zeit- und Volumeneinheit und der mittleren Lebensdauer τ sein. Der erste der beiden Faktoren ist dem Tritiumdruck p_t proportional, während der zweite ihm umgekehrt proportional ist. Die Größe n_β muß also bis zu so niedrigen Drükken unabhängig von p_t sein, wo die Lebensdauer durch irgendwelche andere Prozesse bestimmt wird. Die unmittelbare Messung von n_β ist experimentell sehr schwierig. Wesentlich einfacher ist es, die Zahl der pro Zeiteinheit von den β-Teilchen erzeugten Ionen zu messen. Diese Größe ist dem Produkt $n_\beta\, p_t$ proportional. Wenn n_β keine Funktion des Gasdruckes ist, so ist die Zahl der pro Sekunde erzeugten Ionenpaare proportional zu p_t. In Abb. 11 ist die Versuchsanordnung von Rodionow dargestellt. Das zuvor sorgfältig entgaste und evakuierte Glasgefäß G wird mit Tritium gefüllt, dessen Druck am Ionisationsmanometer M

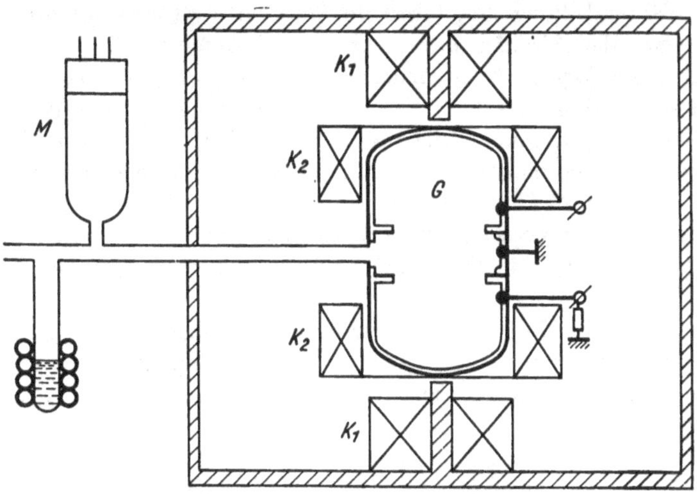

Abb. 11. Schema der Anordnung Rodionows

abgelesen werden kann. Durch den Elektromagneten K_1 und die Zusatzspulen K_2 wird das Magnetfeld erzeugt. Das Verhältnis der Feldstärke im Gebiet der magnetischen Pfropfen zur Feldstärke im Mittelteil (Spiegelverhältnis) kann innerhalb weiter Grenzen verändert werden. Zur Messung der von den β-Teilchen im Gasraum erzeugten Ionisation sind auf der Kammerinnenseite Aluminiumelektroden angebracht. Zwischen ihnen wird eine relativ niedrige Spannung angelegt, die ausreicht, sämtliche langsamen Ionen und Elektronen zu sammeln. Ist die Zahl der bei vorgegebenem Druck in der Kammer entstehenden Ionenpaare bekannt, so kann man n_β bestimmen und daraus die mittlere Lebensdauer der β-Teilchen berechnen. Die Messungen in einem großen Druckbereich ergaben, daß die Teilchen bis zu 10^7mal an den magnetischen Spiegeln reflektiert wurden. Daraus folgt als praktisch wichtige Konsequenz: Bei einem richtig aufgebauten magnetischen System führt die Verletzung der adiabatischen Invarianz in einer Kammer mit magnetischen Spiegeln zu keinem merklichen Teilchenverlust.

Die Schlußfolgerungen aus den Experimenten von RODIONOW wurden durch Untersuchungen von GIBSON, JORDAN und LAUER aus dem Radiation Laboratory der California-Universität bestätigt. Sie benutzten eine Falle mit magnetischen Pfropfen zum Einfang von Positronen, die beim Zerfall von radioaktivem Neon entstehen. Wegen der großen Energie der Positronen und des hohen Vakuums in der Kammer war bei diesen Versuchen eine Aufenthaltszeit der Teilchen von mehreren Sekunden zu erwarten. Zur Messung dieser Zeit wurde der Positronenstrom durch eine kleine auf der magnetischen Achse hinter einem Pfropfen angebrachte Öffnung, die mit einer dünnen Folie verschlossen war, registriert. Die Meßergebnisse stimmen vollständig mit der theoretisch berechneten Aufenthaltszeit bei Berücksichtigung von Stößen mit Restgasatomen überein. Bei diesen Experimenten gelang es erstmals, Aufenthaltszeiten von etwa 10 Sekunden zu erreichen. Während dieser Zeit führt ein Positron etwa eine Milliarde Schwingungen zwischen den Pfropfen und mehr als 10^{10} LARMOR-Umläufe aus. Leider hat man bei diesen Experimenten nicht versucht, die Aufenthaltszeit von Teilchen zu messen, deren Bahnen sich in größerer Entfernung von der magnetischen Achse befinden. Wenn nämlich die Bahn eines Teilchens bei jedem Umlauf auf dem LARMOR-Kreis die magnetische Achse umschließt, wird eine große Aufenthaltszeit nicht nur durch die Erhaltung der adiabatischen Invarianz, sondern auch durch Gleichungen vorhergesagt, die sich aus der exakten Theorie für die Bewegung von Ladungen in rotationssymmetrischen Feldern ergeben (s. Kap. VII, § 41).

Die experimentelle Untersuchung der Aufenthaltszeit von Teilchen, deren Bahnen nicht an die magnetische Achse gebunden sind, ist deshalb von ganz besonderem Interesse, weil die exakte Theorie hierfür keinerlei Anhaltspunkte liefert.

§ 6. Bewegung in gekreuzten Feldern und in zeitlich veränderlichen Feldern. Longitudinale adiabatische Invariante. Beschleunigungsmechanismus der Teilchen nach FERMI

Wir wollen nun die vorliegenden Ergebnisse verallgemeinern, indem wir dem Magnetfeld noch ein elektrisches Feld überlagern. Die zum $\mathfrak{H}$-Vektor parallele Komponente des elektrischen Feldes beschleunigt oder verzögert die Teilchenbewegung in dieser Richtung. Die senkrechte $\mathfrak{E}$-Komponente bewirkt eine Drift in Richtung des Vektors $\mathfrak{E} \times \mathfrak{H}$. Die Driftgeschwindigkeit ergibt sich zu

$$\mathfrak{v}_d = \frac{c}{H^2} \mathfrak{E} \times \mathfrak{H} . \tag{2.16}$$

Die Bewegung des Teilchens in einer Ebene senkrecht zu $\mathfrak{H}$ kann man als Überlagerung des Umlaufes auf dem LARMOR-Kreis mit der Geschwindigkeit $v_\perp$ und der geradlinigen Fortbewegung mit der Geschwindigkeit v_d betrachten. Die Bahn des Teilchens hat dabei die Form einer Trocchoide. Das Verhältnis zwischen v_d und $v_\perp$ hängt von den Anfangsbedingungen ab. Wir nehmen an, daß das Teilchen mit der Anfangsgeschwindigkeit $\mathfrak{v}_0$ entsteht (z. B. als Resultat der Ionisation eines Atoms). Unter dieser Bedingung ist die Geschwindigkeit seiner Drehbewegung bei gekreuzten Feldern ($\mathfrak{v}_\perp$) zum Zeitpunkt Null nach Betrag und Richtung gleich $\mathfrak{v}_0 - \mathfrak{v}_d$ (Abb. 12). Bei schwachem elektrischem Feld ist $v_\perp \approx v_0$, und die Teilchenbahn hat die Form eines Driftstreifens wie in einem inhomogenen Magnetfeld. Bei starkem E-Feld und kleiner Anfangsgeschwindigkeit ist $v_\perp$ dem Betrage nach gleich v_d. Das Teilchen bewegt sich dann auf einer Zykloide mit der Höhe $2mc^2 E/qH^2$. Im allgemeinsten Falle ist das Magnetfeld inhomogen und diesem ein elektrisches Feld überlagert. Die Driftgeschwindigkeit senkrecht zur $\mathfrak{H}$-Richtung ist dann gleich der Summe der durch die Gleichungen (2.14) und (2.16) bestimmten Geschwindigkeiten.

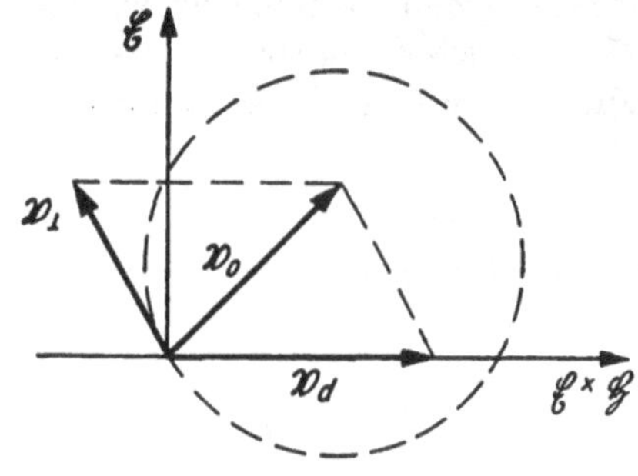

Abb. 12. Geschwindigkeitszerlegung in gekreuzten Feldern

Die Änderung der parallelen Geschwindigkeitskomponente bei Anwesenheit eines elektrischen Feldes ist durch die Gleichung

$$m\frac{dv_\parallel}{dt} = -\frac{W_\perp}{H}\frac{\partial H}{\partial l} + qE_l \quad (2.17)$$

gegeben (E_l: Komponente in Richtung der magnetischen Kraftlinien).

Ein starkes paralleles elektrisches Feld kann die Eigenschaften magnetischer Spiegel wesentlich verändern. Wenn E_l hinreichend groß und so gerichtet ist, daß es die Teilchen in Richtung wachsender H-Werte beschleunigt, so kann das Gebiet mit starkem Magnetfeld die Eigenschaften eines die Teilchen reflektierenden Spiegels verlieren. Für Teilchen entgegengesetzter Ladung werden die reflektierenden Eigenschaften des Spiegels hingegen verstärkt.

Durch Integration der Gleichung (2.17) längs einer Kraftlinie ergibt sich

$$W_\parallel - W_0 \cos^2\alpha_0 = -W_0 \sin^2\alpha_0 \frac{H - H_0}{H_0} - q\varphi. \quad (2.18)$$

Der Betrag des elektrostatischen Potentials φ sei im Koordinatenursprung gleich Null. Aus (2.18) erhalten wir dann für den Zusammenhang zwischen $\sin\alpha_0$ und der magnetischen Feldstärke am Umkehrpunkt der Teilchenbahn

$$\sin\alpha_0 = \sqrt{\left(1 - \frac{q\varphi}{W_0}\right)\frac{H_0}{H}}. \quad (2.19)$$

Diese Gleichung ist eine Verallgemeinerung des in § 4 abgeleiteten einfachen Reflexionsgesetzes für magnetische Spiegel.

Bei vorgegebenem Magnetfeld tritt eine wesentliche Änderung des Fluchtkonus dann ein, wenn $q\varphi \sim W_0$ ist.

Ein elektrisches Feld kann nun auch durch zeitliche Änderung der magnetischen Feldstärke entstehen. Dieser Fall ist für die Untersuchung der Bewegung geladener Teilchen von besonderem Interesse. Wir nehmen an, daß man das Magnetfeld in einem gewissen Raumbereich um die z-Achse herum als homogen ansehen kann und überlegen uns, wie sich eine Vergrößerung von H auf die Bahn eines Teilchens auswirkt, das sich ursprünglich auf einer Schraubenbahn um eine zur z-Achse parallel verlaufende Feldlinie bewegte. Die zur z-Achse senkrechte Geschwindigkeitskomponente wächst proportional zu $\sqrt{H}$, während v_z konstant bleibt. Der Winkel zwischen Teilchenbahn und z-Achse nimmt also zu, d. h., die Steigung der Schraubenlinie wird kleiner. Außerdem nimmt der Radius der Schraubenwindungen umgekehrt proportional zu $\sqrt{H}$ ab.

Das induzierte elektrische Feld bewirkt eine Driftbewegung des Teilchens in radialer Richtung mit der Geschwindigkeit

$$-\frac{dr}{dt} = c\frac{E}{H} = c\frac{1}{H}\frac{1}{2\pi r c}\frac{d\Phi}{dt}. \tag{2.20}$$

$\Phi = \pi r^2 H$ bedeutet den magnetischen Fluß durch einen Kreis mit dem Radius r. Damit wird

$$\frac{dr}{dt} = -\frac{1}{2} r \frac{\dot{H}}{H}, \tag{2.21}$$

also

$$r \sim \frac{1}{\sqrt{H}}, \tag{2.22}$$

d. h., der Abstand von der Achse nimmt nach dem gleichen Gesetz ab wie der Bahnradius.

In einem homogenen Magnetfeld sei eine große Zahl geladener Teilchen gleichmäßig mit der Dichte n über den Raum verteilt. Nimmt die Feldstärke zu, so rücken die Teilchenbahnen dichter an die Achse heran; die Dichte wächst.

Wegen der Erhaltung der Teilchenzahl gilt

$$n r^2 = \text{const},$$

d.h., die Teilchenkonzentration nimmt proportional H zu, die Summe der $W_\perp$-Werte für die in einer Volumeneinheit enthaltenen Teilchen ändert sich proportional zu H^2, und das Verhältnis der Dichte der kinetischen Energie der LARMOR-Bewegung zur magnetischen Feldenergie bleibt konstant.

Im inhomogenen Feld ist die Änderung der Bahnparameter beim Anwachsen der Feldstärke komplizierter. Wenn ein Teilchen Schwingungen längs einer Kraftlinie zwischen zwei magnetischen Spiegeln ausführt, so rückt seine Bahn mit wachsendem H dichter zur Achse hin. Gleichzeitig nimmt die Amplitude der Schwingungen längs der z-Achse ab.

Als Beispiel betrachten wir die Bewegung eines Teilchens in einem rotationssymmetrischen Feld mit magnetischen Spiegeln, dessen Feldstärke sich längs der Achse nach einem parabolischen Gesetz ändert und mit der Zeit zunimmt:

$$H(z, t) = H_0 \varphi(t) + \frac{k^2 z^2}{2} f(t). \tag{2.23}$$

Wir nehmen an, daß das Anwachsen der Feldstärke, charakterisiert durch die Funktionen $\varphi(t)$ und $f(t)$, so langsam vor sich geht, daß man H während einer Schwingungsperiode zwischen den Spiegeln als konstant ansehen kann. Die Gleichung für die Longitudinalschwingungen unter der Wirkung der Kraft $F = -\frac{W_\perp}{H}\frac{\partial H}{\partial z}$ hat die Form

$$m\ddot{z} = -k^2 f(t)\, z \frac{W_\perp}{H}. \tag{2.24}$$

Wegen der Konstanz der Größe $W_\perp/H$ nimmt die Schwingungsfrequenz ω proportional $\sqrt{f}$ zu. Aus der Schwingungslehre ist bekannt, daß die Schwingungsenergie bei langsamer Änderung von ω proportional zu ω wächst. Da sie andererseits proportional dem Produkt von ω^2 mit dem Quadrat der Schwingungsamplitude ist, nimmt die Amplitude umgekehrt proportional zu $\sqrt[4]{f}$ ab.

Auf diese Weise schrumpft das Gebiet, in dem sich die Teilchen bewegen, mit der Zeit zusammen und die Energie der Parallelbewegung nimmt zu. Diese Änderungen im Charakter der Parallelbewegung sind unabhängig von der Form des ersten Gliedes des Ausdruckes für H, das die Feldstärke im Minimum beschreibt.

Weshalb die Energie der Parallelbewegung zunimmt, ist leicht zu erklären. Unter der Wirkung des induzierten elektrischen Feldes gewinnen die Teilchen in den magnetischen Spiegeln zusätzliche Energie der LARMOR-Bewegung, die sich bei der Reflexion in Energie der Parallelbewegung transformiert. Man kann auch sagen, daß die Teilchen in diesem Falle von Spiegeln reflektiert werden, die sich längs der z-Achse aufeinander zu bewegen; denn ein zeitliches Anwachsen der Feldstärke in den Spiegeln ist einer Verschiebung der vom starken Magnetfeld erfüllten Gebiete äquivalent. Der einfachste Fall der Teilchenschwingung in einem System mit bewegten Spiegeln entspricht der in Abb. 13 dargestellten Feldkonfiguration. In dieser idealisierten Darstellung wird

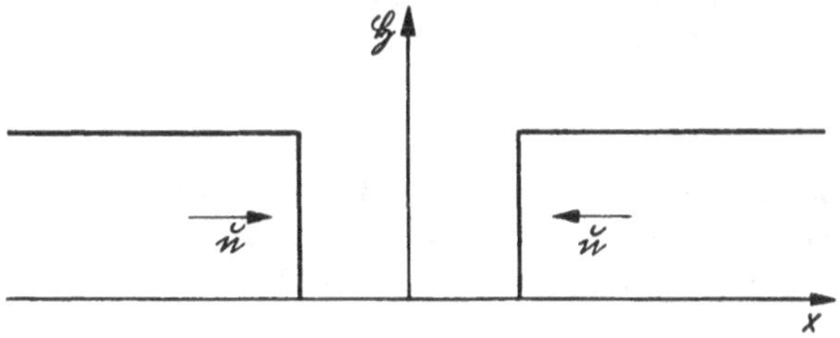

Abb. 13. Aufeinander zulaufende magnetische Spiegel

davon ausgegangen, daß sich die vom starken Magnetfeld erfüllten Gebiete (die Spiegel) mit der konstanten Geschwindigkeit u, die klein gegenüber der Parallelkomponente der Teilchengeschwindigkeit v ist, als Ganzes gegeneinander bewegen. Ein zwischen diesen Spiegeln befindliches geladenes Teilchen verhält sich wie eine zwischen zwei bewegten Kolben eingeschlossene Molekel. Bei jeder Reflexion an einem Spiegel wächst die Parallelgeschwindigkeit des Teilchens um $2\,u$.

Für $u \ll v$ kann man das Gesetz für die Änderung der Teilchengeschwindigkeit aus folgender Gleichung gewinnen:

$$\frac{dv}{dt} T = 4\,u\,. \tag{2.25}$$

Bedeutet l den Abstand zwischen den Spiegeln, so ist die Schwingungsdauer T gegeben durch $T = 2\frac{l}{v}$. Der Abstand l nimmt zeitlich nach dem Gesetz $l = l_0 - 2\,u\,t$ ab. Dann wird

$$\frac{dv}{v} = \frac{2\,u\,dt}{l_0 - 2\,u\,t}, \qquad v = v_0 \frac{l_0}{l_0 - 2\,u\,t}. \tag{2.26}$$

Für die kinetische Energie der Parallelbewegung $W_\parallel$ und die Schwingungsfrequenz ω erhält man

$$W_\parallel = W_\parallel(0) \frac{l_0^2}{l^2},$$

$$\omega = \omega_0 \frac{l_0^2}{l^2}.$$

Die Größen $W_\parallel$ und ω ändern sich, genau wie in einem früher untersuchten Beispiel, proportional zueinander. Es sei bemerkt, daß die Zunahme der Energie der Parallelbewegung für ein zwischen zwei sich annähernden Spiegeln befindliches Teilchen nicht unbegrenzt ist. Erreicht $W_\parallel$ den Wert $\mu\,(H_2 - H_1)$, (μ: magnetisches Moment des LARMOR-Kreises, adiabatische Invariante der Bewegung), so tritt das Teilchen durch das Gebiet hoher Feldstärke hindurch und geht verloren.

Die betrachteten Beispiele illustrieren die allgemeine Gesetzmäßigkeit für derartige quasiperiodische Bewegungen.

Nach den Gesetzen der theoretischen Mechanik ist für diese Klasse von Bewegungen nicht nur die Größe $W_\perp/H$ eine adiabatische Invariante, sondern auch das Integral

$$\oint p_l\, dl\,. \tag{2.27}$$

Darin bedeutet p_l die zum H-Feld parallele Impulskomponente. Die Integration wird längs der Teilchenbahn über eine Schwingungsperiode in Richtung der Kraftlinien ausgeführt. Die genannte Invariante der Parallelbewegung kann auch in der Form

$$\int_0^T v_\parallel^2\, dt$$

dargestellt werden. Daraus folgt sofort, daß bei einer Änderung des Betrages oder der Konfiguration des Feldes, die zu einer Verkürzung der Schwingungsdauer führt, die Energie der Parallelbewegung sich grob gesagt umgekehrt proportional zu T, also proportional zu ω ändert. Der Betrag der parallelen Invariante bleibt, wie die strenge Theorie zeigt, nicht nur bei einer zeitlichen Änderung des Magnetfeldes konstant, sondern auch bei einer allmählichen Änderung der Bahnform infolge der durch Feldinhomogenitäten hervorgerufenen Driftbewegung der Teilchen.

Die Energiezunahme der Parallelbewegung für ein zwischen zwei bewegten Spiegeln eingeschlossenes Teilchen ist nur ein sehr einfacher Spezialfall für die Wirkung eines Mechanismus, der nach FERMI die Grundlage für die Beschleunigung kosmischer Teilchen im Weltraum darstellt. Nach der Theorie von FERMI gewinnen die kosmischen Teilchen ihre Energie durch zahlreiche Zusammenstöße mit bewegten Magnetfeldern, die im interstellaren Raum chaotisch verteilt sind. Nun kann ein Teilchen zwar bei jedem Zusammenstoß mit einer solchen „magnetischen Wolke" sowohl Energie gewinnen als auch verlieren (je nach der Bewegungsrichtung der „magnetischen Wolke"); im statistischen Mittel wird aber die Teilchenenergie auf Kosten der Energie der vagabundierenden Magnetfelder anwachsen.

Dieser Beschleunigungsmechanismus kann auch bei der Plasmaaufheizung im Magnetfeld eine Rolle spielen; nämlich dann, wenn Instabilitäten im Plasma zu Deformationen des Magnetfeldes führen, die sich dann mit großer Geschwindigkeit im Raum fortbewegen.

Wir beenden diese kurze Betrachtung der wichtigsten Bewegungsgesetze für geladene Teilchen im starken Magnetfeld mit einer Bemerkung, die wir später bei der Untersuchung von Erscheinungen, wie dem Stromdurchgang und der Diffusion von Teilchen im Plasma, brauchen werden. Die Formel (2.16) für die Driftgeschwindigkeit eines Teilchens bei Anwesenheit eines elektrischen Feldes kann nach einer kleinen Abänderung auch für die Berechnung der Driftgeschwindigkeit verwendet werden, wenn die wirkende Kraft nicht elektrostatischer Natur ist.

Auf ein Teilchen der Ladung q wirke die Kraft $\mathfrak{F}$. Das dieser Kraft entsprechende elektrische Feld ist gegeben durch

$$\mathfrak{F} = q\,\mathfrak{E}\,.$$

In diesem Feld driftet das Teilchen mit der Geschwindigkeit

$$\mathfrak{u} = \frac{c}{q\,H^2}\,\mathfrak{F} \times \mathfrak{H}\,. \tag{2.28}$$

Wenn die Kraft $\mathfrak{F}$ für Teilchen beider Vorzeichen (Elektronen und Ionen) gleichgroß ist, so hat die Driftgeschwindigkeit für sie bei gleichem Betrag die entgegengesetzte Richtung. Wenn jedoch $\mathfrak{F}_i = -\mathfrak{F}_e$ ist, so bewegen sich Teilchen beider Vorzeichen mit gleicher Geschwindigkeit in derselben Richtung.

Die in diesem Paragraph dargelegten Ergebnisse theoretischer Untersuchungen über die Bewegung geladener Teilchen in stationären und langsam veränderlichen Feldern werden wir in den folgenden Kapiteln zur Erklärung der Eigenschaften verschiedener Systeme verwenden, die die Grundlage künftiger thermonuklearer Reaktoren bilden können. Einige Beispiele für die Bewegung geladener Teilchen in hochfrequenten elektromagnetischen Feldern werden wir in Kap. VIII kennenlernen.

§ 7. COULOMBsche Wechselwirkung der geladenen Teilchen im Plasma. DEBYE-Radius. Die mittlere freie Weglänge aus der COULOMB-Streuung. Der Wirkungsquerschnitt der COULOMB-Streuung. Mittlere Zeit zwischen zwei Stößen

Wenn die Elektronen- und Ionenkonzentration im Plasma genügend groß ist, spielen Stoßprozesse zwischen den geladenen Teilchen des Plasmas eine wesentliche Rolle. Eine Analyse dieser Prozesse wird uns zum Verständnis von Erscheinungen, wie Diffusion, Wärmeleitfähigkeit und Stromdurchgang durch ein Plasma, führen. In diesem Paragraphen wird eine kurze Charakteristik der durch elektrostatische Wechselwirkung zwischen den geladenen Teilchen bedingten Stoßvorgänge gegeben. Der Elementarakt einer solchen Wechselwirkung stellt einen Streuprozeß eines Teilchens im COULOMB-Feld eines anderen Teilchens dar, wie er uns aus der Atomphysik gut bekannt ist. Im einfachsten Falle bewegt sich ein schnelles, leichtes Teilchen unter annähernd ruhenden, schweren Teilchen (Wechselwirkung eines Elektrons mit Plasmaionen). Die Stoßwahrscheinlichkeit ist dann durch die RUTHERFORD-Formel

$$n\,\sigma(\vartheta)\,d\vartheta = \pi\, n \left(\frac{Z_1 Z_2 e^2}{m v^2}\right)^2 \frac{\cos(\vartheta/2)}{\sin^3(\vartheta/2)}\,d\vartheta \tag{2.29}$$

gegeben. Darin bedeutet $n\,\sigma(\vartheta)\,d\vartheta$ die Wahrscheinlichkeit dafür, daß ein Teilchen auf einer Wegeinheit einen Stoß erleidet, der seinen Geschwindigkeitsvektor um einen zwischen ϑ und $\vartheta + d\vartheta$ liegenden Winkel aus der ursprünglichen Richtung ablenkt. Die Größen auf der rechten Seite der Formel haben folgende Bedeutung: n: Konzentration der Streuzentren, Z_1 und Z_2: Ladungszahl der wechselwirkenden Teilchen, m: Masse, v: Geschwindigkeit der gestreuten Teilchen. Ist ϑ klein gegenüber der Winkeleinheit, so gilt die angegebene Formel für ein beliebiges Massenverhältnis der wechselwirkenden Teilchen (insbesondere auch für Stöße zwischen Elektronen und Elektronen sowie Ionen und Ionen).

Es existiert jedoch ein Grenzwert für ϑ, unterhalb dessen Gleichung (2.29) nicht mehr zur Berechnung der Stoßwahrscheinlichkeit verwendet werden kann.

Die Streuung um sehr kleine Winkel entspricht formal großen Abständen zwischen den wechselwirkenden Teilchen. In diesem Falle wird aber die Wirkung des Streuzentrums auf ein vorbeifliegendes Teilchen wegen der Abschirmung seines Feldes durch das Feld benachbarter entgegengesetzter Ladungen abgeschwächt.

Man kann zeigen, daß der Bereich, in dem das Feld eines einzelnen Teilchens vom Untergrund des fluktuierenden elektrischen Feldes des Plasmas als Ganzem getrennt werden kann, lineare Dimensionen besitzt, die durch die Formel

$$d \sim \sqrt{\frac{k\,T}{8\,\pi\, n\, e^2}} \tag{2.30}$$

bestimmt sind (T: Temperatur des Plasmas).

Diese Größe bezeichnet man als DEBYEschen Abschirmungsradius. Zur Herleitung der Formel (2.30) betrachten wir den einfachsten Fall der Abschirmung eines Feldes. Wir nehmen an, daß das Feld durch eine ebene Elektrode im Plasma erzeugt wird. Das Potential des elektrischen Feldes im Plasma ist dann eine Funktion des Abstandes x zwischen einem Aufpunkt und der Oberfläche der Elektrode. Die x-Abhängigkeit von V wird durch die POISSON-Gleichung

$$\frac{d^2 V}{dx^2} = -4\pi\varrho = -4\pi e\,(n_i - n_e) \tag{2.31}$$

beschrieben. Im thermodynamischen Gleichgewicht ist die Verteilung der Teilchen im Raum durch die BOLTZMANN-Formel gegeben. Es gilt also

$$n_i = n_0\, e^{-eV/kT}, \qquad n_e = n_0\, e^{eV/kT}. \tag{2.32}$$

Darin bedeutet n_0 die Teilchenkonzentration im quasineutralen, ungestörten Plasma in großer Entfernung von der das elektrische Feld erzeugenden Elektrode. Das Potential in diesem Gebiet setzen wir gleich Null. Wir beschränken uns außerdem auf den Fall $eV \ll kT$. Entwickeln wir n_i und n_e nach Potenzen von eV/kT und setzen die Ergebnisse in (2.31) ein, so erhalten wir in erster Näherung

$$\frac{d^2 V}{dx^2} = \frac{8\pi n e^2}{kT}\, V.$$

Nach Voraussetzung soll das Potential für $x \to \infty$ gegen Null gehen. Deshalb wird

$$V = V_0\, e^{-x/d}, \tag{2.33}$$

worin d durch Gleichung (2.30) bestimmt ist.

Der physikalische Sinn dieser Berechnung ist folgender:
Das elektrische Feld erzeugt eine Polarisation des Plasmas. Die Wärmebewegung schwächt den Polarisationseffekt ab und bewirkt, daß das Feld in einem bestimmten Grenzabstand abgeschirmt wird. Der Grenzabstand ist um so größer, je höher die Temperatur und je kleiner die Konzentration der Ladungsträger im Plasma ist.

Von einem Elementarakt der paarweisen Wechselwirkung zweier Teilchen im Plasma kann man nur dann sprechen, wenn der Abstand zwischen ihnen wesentlich kleiner als d ist. Dem Abstand d zwischen zwei wechselwirkenden Teilchen entspricht der Streuwinkel

$$\vartheta_{\min} \sim \frac{2 Z_1 Z_2 e^2}{m v^2 d}. \tag{2.34}$$

Die Größe $\vartheta_{\min}$ gibt die untere Grenze für die Anwendbarkeit der RUTHERFORD-Formel an. Für $\vartheta_{\min}$ ist die Streuwahrscheinlichkeit um ein Vielfaches kleiner, als sie sich aus dieser Formel ergibt. In allen praktisch interessierenden Fällen ist $\vartheta_{\min}$ sehr klein. Für die Teilchen eines Wasserstoffplasmas bei einer Temperatur von 10^3 eV und einer Konzentration von 10^{14} liegt $\vartheta_{\min}$ z. B. in der Größenordnung 10^{-7}.

Als wesentliche Eigenschaft der COULOMB-Wechselwirkung folgt aus der RUTHERFORD-Formel, daß die Wahrscheinlichkeit für Stöße, die eine große Änderung der ursprünglichen Bewegungsrichtung des gestreuten Teilchens zur Folge haben, vernachlässigbar klein ist gegenüber der Wahrscheinlichkeit für Stöße mit kleinem Streuwinkel. Diese Besonderheit führt dazu, daß sich die Bewegung geladener Teilchen in einem Plasma wesentlich von der Bewegung neutraler Gasatome unterscheidet. Nach den Vorstellungen der elementaren kinetischen Gastheorie hat man sich die Bahnen von Molekülen als gebrochene Linien vorzustellen. Sie setzen sich aus Geradenabschnitten zusammen und besitzen einen scharfen Knick am Ort der Wechselwirkung. Demgegenüber bildet die Bahn eines Elektrons oder Ions im Plasma eine fließende, leicht wellenförmige Linie, deren Richtung sich praktisch ständig ändert. Deshalb verlieren Begriffe wie mittlere freie Weglänge und mittlere Zeit zwischen zwei Zusammenstößen für im Plasma ablaufende Prozesse ihre Anschaulichkeit und können nur noch bedingt angewandt werden. Ungeachtet dessen werden wir uns bei unseren weiteren Untersuchungen oftmals auf diese Begriffe stützen, um den komplizierten Apparat der strengen Theorie zu umgehen.

Die mittlere freie Weglänge definieren wir als den Abstand, bei dessen Durchlaufen der Geschwindigkeitsvektor des Teilchens seine ursprüngliche Richtung merklich ändert. Die quantitative Formulierung dieser Definition lautet

$$dv = -v\frac{dx}{\lambda}. \qquad (2.35)$$

Darin bedeutet dv die mittlere Änderung des Geschwindigkeitsvektors beim Durchlaufen des Streckenelementes dx für einen parallelen und monochromatischen Teilchenstrahl und λ die mittlere freie Weglänge für ein Teilchen der Geschwindigkeit v.

Mit Hilfe von Gleichung (2.29) können wir λ durch ein Integral über die Winkelverteilung der gestreuten Teilchen ausdrücken. Wird der Geschwindigkeitsvektor eines Teilchens beim Stoß um den Winkel ϑ gedreht, so wird die Geschwindigkeit bei Projektion auf die ursprüngliche Richtung um $v(1 - \cos\vartheta)$ verkleinert. Beim Durchlaufen einer Plasmaschicht der Dicke dx erleidet ein Teilchen $n\,\sigma(\vartheta)\,d\vartheta\,dx$ Streuakte um einen Winkel zwischen ϑ und $\vartheta + d\vartheta$. Durch Multiplikation dieser Größe mit $v(1 - \cos\vartheta)$ und Integration über alle Streuwinkel erhalten wir für den räumlichen Mittelwert von dv

$$dv = -v\,n\,dx\int_0^\pi \sigma(\vartheta)\,(1 - \cos\vartheta)\,d\vartheta$$

und daraus

$$\frac{1}{\lambda} = n\int_0^\pi \sigma(\vartheta)\,(1 - \cos\vartheta)\,d\vartheta\,. \qquad (2.36)$$

Eliminieren wir die Größe $\sigma(\vartheta)\,d\vartheta$ in (2.36) mit Hilfe der RUTHERFORD-Formel, so ergibt sich nach Integration zwischen den Grenzen $\vartheta_{\min}$ und π

$$\lambda = \frac{1}{4\pi n}\left(\frac{m v^2}{Z_1 Z_2 e^2}\right)^2 \frac{1}{\ln(2/\vartheta_{\min})}. \qquad (2.37)$$

Die unter dem Logarithmus stehende Größe $2/\vartheta_{\min}$ ist sehr groß. Deshalb führt eine relativ große Ungenauigkeit bei der Abschätzung von $\vartheta_{\min}$ zu keinem merklichen Fehler bei der Bestimmung der mittleren freien Weglänge. Setzen wir eine MAXWELLsche Energieverteilung der gestreuten Teilchen voraus, so erhalten wir für den Mittelwert von λ die Formel

$$\lambda = \frac{4 \cdot 10^5\, T^2}{Z_1^2 Z_2^2\, n\, L_k} = \frac{6 \cdot 10^{13}\, \Theta^2}{Z_1^2 Z_2^2\, n\, L_k}. \tag{2.38}$$

Die Größe L_k wird als COULOMBscher Logarithmus bezeichnet. Sie kann aus (2.30) und (2.34) bestimmt werden. Innerhalb weiter Bereiche von n und T schwankt diese Größe zwischen 10 und 20. Bei unseren weiteren Berechnungen werden wir stets $L_k = 15$ setzen, sofern keine besondere Verabredung getroffen wird.

Die Formel (2.37) wurde unter der Voraussetzung hergeleitet, daß die Streuzentren ruhen. Für $Z_1 = 1$ beschreibt sie die mittlere freie Weglänge eines Elektrons zwischen zwei Stößen mit Plasmaionen. An früherer Stelle wurde bereits festgestellt, daß diese Interpretation nur bedingt zutreffend ist. Tatsächlich erleidet das Elektron auf der Strecke λ zahlreiche schwache Ablenkungen, die im statistischen Mittel die ursprüngliche Richtung seines Geschwindigkeitsvektors verändern. Mit Hilfe der Formel (2.38) kann man eine Reihe weiterer charakteristischer Größen für Stoßprozesse zwischen Elektronen und Ionen ermitteln. Der Wirkungsquerschnitt eines Elektrons für Stöße mit Ionen ergibt sich aus der Gleichung $\lambda = \frac{1}{n\sigma}$. Die mittlere Zeit zwischen zwei Zusammenstößen kann man aus der Beziehung $\tau = \frac{\lambda}{v}$ bestimmen. Der Kennwert $1/\tau$ ist gleich der Zahl ν der von einem Elektron in der Zeiteinheit ausgeführten Stöße.

Für diese Größen erhalten wir folgende Formeln[1]):

$$\sigma_{e\,i} = \frac{4 \cdot 10^{-5}\, Z_i^2}{T_e^2} = \frac{3 \cdot 10^{-13}\, Z_i^2}{\Theta_e^2}, \tag{2.39}$$

$$\tau_{e\,i} = \frac{4 \cdot 10^{-2}\, T_e^{3/2}}{n_i Z_i^2} = \frac{5 \cdot 10^4\, \Theta_e^{3/2}}{n_i Z_i^2}, \tag{2.40}$$

$$\nu_{e\,i} = \frac{25 \cdot n_i Z_i^2}{T_e^{3/2}} = \frac{2 \cdot 10^{-5}\, n_i Z_i^2}{\Theta_e^{3/2}}. \tag{2.41}$$

Zur vollständigeren Charakterisierung des statistischen Effektes der COULOMB-Wechselwirkung zwischen den Teilchen eines Plasmas wäre es erforderlich, neben den angegebenen Größen auch die entsprechenden Parameter für Wechselwirkungsprozesse zwischen gleichartigen Teilchen (d. h. zwischen Elektronen und Elektronen sowie Ionen und Ionen) einzuführen. Da diese Größen aber für unsere weiteren Betrachtungen unwichtig sind, beschränken wir uns auf einige Bemerkungen zu dieser Frage. Bei der COULOMB-Wechselwirkung ist die mittlere freie Weglänge grob gesagt durch die Energie der Teilchen bestimmt. Die mittlere freie Weglänge für Stöße zwischen Elektronen $\lambda_{e\,e}$ wird deshalb von der gleichen

[1]) Der Index $e\,i$ soll bedeuten, daß die so bezeichneten Größen sich auf Wechselwirkungen zwischen Elektronen und Ionen beziehen.

Größenordnung wie λ_{ei} sein. (Beide Größen unterscheiden sich nur um einen von 1 wenig verschiedenen Zahlenfaktor, der die annähernd gleiche Geschwindigkeit beider Stoßpartner im Falle eines Stoßes zwischen zwei Elektronen berücksichtigt). Folglich ist auch $\tau_{ee} \approx \tau_{ei}$ und $\nu_{ee} \approx \nu_{ei}$. Die freie Weglänge λ_{ii} für Stöße zwischen Ionen ergibt sich aus Formel (2.38), wenn wir statt der Elektronentemperatur T_e die Ionentemperatur T_i einsetzen. Die mittlere Zeit zwischen zwei Ionenstößen τ_{ii} ist im Verhältnis v_e/v_i größer als τ_{ee} (oder τ_{ei}). Bei gleicher Elektronen- und Ionentemperatur ist also

$$\frac{\tau_{ii}}{\tau_{ee}} = \sqrt{\frac{m_i}{m_e}}\,.$$

§ 8. Wärmeübertragung zwischen Elektronen und Ionen im Plasma. Für den Temperaturausgleich erforderliche Zeit. Bremsung und Streuung schneller Teilchen in einem Plasma

Von großer Bedeutung für das Problem der gesteuerten thermonuklearen Reaktionen ist die Frage nach der Einstellung eines Temperaturgleichgewichtes im Plasma. In dieser Frage hat man zu unterscheiden zwischen a) dem Temperaturausgleich zwischen der Elektronen- und Ionenkomponente des Plasmas und b) der Geschwindigkeit der Einstellung einer Maxwell-Verteilung. Wir betrachten zunächst den ersten dieser Punkte.

Wenn ein schnelles Teilchen mit dem Impuls $p_0 = m_1 v_0$ an einem ruhenden Streuzentrum der Masse m_2 vorbeifliegt und dabei um den Winkel ϑ aus seiner ursprünglichen Flugrichtung abgelenkt wird, so überträgt es den Impuls $\Delta p = 2\,p_0 \sin(\vartheta/2)$ an das Streuzentrum. Letzteres setzt sich unter der Wirkung dieses Impulses in Bewegung und gewinnt die kinetische Energie

$$\Delta W = \frac{(\Delta p)^2}{2\,m_2} = \frac{2\,p_0^2}{m_2}\sin^2\frac{\vartheta}{2}\,.$$

Den Energieverlust des schnellen Teilchens in der Zeiteinheit kann man ermitteln, indem man ΔW mit der Streuwahrscheinlichkeit $n\,v_0\,\sigma(\vartheta)\,d\vartheta$ multipliziert und zwischen den Grenzen $\vartheta_{\min}$ und π über ϑ integriert. Bei Coulombscher Wechselwirkung ist

$$-\frac{dW}{dt} = \frac{4\,\pi\,n\,e^4\,Z_1^2\,Z_2^2\,L_k}{m_2\,v_0}\,. \tag{2.42}$$

Dieser Ausdruck gilt für den Grenzfall, daß die kinetische Energie und die Geschwindigkeit des Streuzentrums klein gegenüber der Energie und der Geschwindigkeit des gestreuten Teilchens ist. So erhält man z. B. aus (2.42) den richtigen Wert für die übertragene Energie im Falle der Wechselwirkung zwischen Elektronen und Ionen für $T_e \gg T_i$. Setzen wir in (2.42) den Mittelwert von v_0 ein, so erhalten wir für diesen Fall

$$-\frac{dW_e}{dt} = \frac{4\sqrt{2\,\pi}\,\sqrt{m_e}}{m_i}\,\frac{n_i\,Z_i^2\,e^4}{\sqrt{k\,T_e}}\,L_k\,. \tag{2.43}$$

Der Energieverlust für Elektronen im Wasserstoffplasma beträgt dann (mit $L_k = 15$)

$$-\frac{dW_e}{dt} = 1{,}2 \cdot 10^{-17} \frac{n_i}{\sqrt{T_e}} = 1{,}1 \cdot 10^{-19} \frac{n_i}{\sqrt{\Theta_e}}\,. \tag{2.44}$$

Im Deuteriumplasma beträgt der Energieverlust für Elektronen unter sonst gleichen Bedingungen die Hälfte.

Die Formel (2.42) kann auch zur Berechnung der Abbremsung schneller Ionen in einem Plasma mit kalten Elektronen verwendet werden. Die mittlere Energieabgabe der schnellen Ionen (Temperatur T_i) an die Plasmaelektronen in der Zeiteinheit ist gegeben durch

$$-\frac{dW_i}{dt} = \frac{4\sqrt{2\pi}\sqrt{m_i}\, n_e Z_i^2 e^4}{m_e \sqrt{k T_i}} L_k\,. \tag{2.45}$$

Dieser Au sdruck ist anwendbar unter der Bedingung $v_i \gg v_e$, d. h.

$$T_i \gg \frac{m_i}{m_e} T_e\,.$$

Die Formeln für den Energieaustausch zwischen den Elektronen und Ionen eines Plasmas werden komplizierter, wenn man die Bewegung des Streuzentrums nicht mehr vernachlässigen kann. Eine solche Vernachlässigung ist nicht zulässig, wenn T_e vergleichbar mit T_i ist und wenn die Ionen trotz größerer kinetischer Energie eine kleinere Geschwindigkeit als die Elektronen besitzen ($T_i \gg T_e$, aber noch $v_i < v_e$). Allgemein kann man die zwischen den Teilchen beider Komponenten eines Plasmas in der Zeiteinheit ausgetauschte Energie in der folgenden Form darstellen:

$$Q = \frac{\overline{W}_e - \overline{W}_i}{\tau_b} = \frac{3}{2} k \frac{T_e - T_i}{\tau_b}\,. \tag{2.46}$$

Q bedeutet die übertragene Energie pro Teilchen. Sie soll positiv sein für $T_e > T_i$. Der Parameter τ_b hat die Dimension einer Zeit. Er ist ein Maß für die Intensität des Wärmeaustausches, und wir wollen ihn als Ausgleichszeit bezeichnen. Ist die Teilchengeschwindigkeit der einen Plasmakomponente groß gegenüber der Geschwindigkeit der anderen, so kann man τ_b durch Vergleich von (2.46) mit den Grenzformeln (2.43) und (2.45) bestimmen. Für $Z_i = 1$ erhalten wir die beiden folgenden Ausdrücke entsprechend den Grenzbedingungen

1. $v_e \gg v_i$:

$$\tau_b = \frac{3}{8\sqrt{2\pi}} \frac{m_i}{\sqrt{m_e}} \frac{1}{e^4} \frac{1}{L_k} \frac{\sqrt{(k T_e)^3}}{n} = 17\, A \frac{T_e^{3/2}}{n}\,; \tag{2.47}$$

2. $v_e \ll v_i$:

$$\tau_b = \frac{3}{8\sqrt{2\pi}} \frac{m_e}{\sqrt{m_i}} \frac{1}{e^4} \frac{1}{L_k} \frac{\sqrt{(k T_i)^3}}{n} = 2{,}2 \cdot 10^{-4} \frac{T_i^{3/2}}{n\sqrt{A}} \tag{2.48}$$

(A: Atomgewicht des Stoffes).

Wegen des großen Betrages von m_i/m_e ist die Elektronengeschwindigkeit nicht nur dann wesentlich größer als die Ionengeschwindigkeit, wenn die Temperatur der Elektronen wesentlich höher als die Ionentemperatur ist, sondern auch im umgekehrten Falle, solange nur $T_e \gg (m_e/m_i)\, T_i$ ist. Bei T_e/T_i-Werten von 10^{-3} bis ∞ haben wir deshalb in Formel (2.46) für den Wärmeaustausch im Wasserstoffplasma τ_b nach Gleichung (2.47) einzusetzen. Für Q erhalten wir dann

$$Q = \frac{1{,}2 \cdot 10^{-17}}{A}\, n\, \frac{T_e - T_i}{T_e^{3/2}}\,. \tag{2.49}$$

Einem Spezialfall, für den diese Formel gilt, begegnen wir bei der Behandlung des Wärmeaustausches zwischen den Ionen und Elektronen bei und nach der kumulativen Kompression eines Plasmas durch ponderomotorische magnetische Kräfte. Bei solchen Prozessen kann T_i wesentlich größer als T_e sein, während die Elektronengeschwindigkeit wesentlich größer bleibt als die der Ionen. Die Geschwindigkeit der Energieübertragung von den Ionen auf die Elektronen ist in diesem Falle wesentlich kleiner, als wir sie aus (2.48) errechnen würden, denn diese Formel gilt für den Energieverlust schneller Teilchen in einem Medium mit kalten Elektronen.

Wenn T_e/T_i wesentlich kleiner ist als m_e/m_i (das entspricht der Abbremsung energiereicher Ionen im kalten Plasma), müssen wir zur Bestimmung von τ_b die Formel (2.48) verwenden. In diesem Falle kann man T_e im Ausdruck für Q vernachlässigen und deshalb die von den Ionen auf die Elektronen übertragene Energie nach Formel (2.42) berechnen. Im Zwischengebiet, also für $v_i \approx v_e$, muß man zur Berechnung von τ_b auf eine Formel zurückgreifen, die sich aus der strengen Theorie ergibt. Sie lautet

$$\tau_b = \frac{3}{8\sqrt{2\pi}}\, m_i\, m_e \sqrt{k^3}\, \frac{1}{n\, e^4\, L_k} \left(\frac{T_e}{m_e} + \frac{T_i}{m_i}\right)^{3/2}. \tag{2.50}$$

Die den Grenzfällen entsprechenden Ausdrücke für τ_b (2.47) und (2.48) stehen in voller Übereinstimmung mit (2.50), wie man sich leicht überzeugen kann.

Wir betrachten nun einige Konsequenzen, die sich aus der Theorie des Wärmeaustausches zwischen den Elektronen und Ionen eines Plasmas ergeben. In Abb. 14 ist die Abhängigkeit der Größe Q von der Elektronentemperatur bei vorgegebener Ionentemperatur für den Fall $T_e > T_i$ dargestellt. Die maximale Energieübertragung von den Elektronen auf die Ionen findet bei vorgegebenem T_i bei $T_e = 3\, T_i$ statt. Diesem Verhältnis entspricht ein $Q_{\max}$ von $5 \cdot 10^{-18}\, n\, A^{-1}\, T_i^{-1/2}$. Abb. 15 zeigt die Abhängigkeit der Größe $-Q$ von T_i bei fixierter Elektronentemperatur für den Fall, daß die Wärme von den Ionen auf die Elektronen übertragen wird. Bei T_i-Werten zwischen T_e und $\left(\frac{m_i}{2\, m_e}\right) T_e$ wächst die von den Ionen abgegebene Energie linear mit T_i. Am Beginn dieses Bereiches wird Q durch den Ausdruck (2.49) bestimmt. Bei der Ionentemperatur $T_i = 2\left(\frac{m_i}{m_e}\right) T_e$ erreicht $-Q$ seinen Maximalwert von $9 \cdot 10^{-15}\, n\, A^{-1}\, T_e^{-1/2}$. Eine weitere Erhöhung von T_i führt dazu, daß die übertragene Energie zunächst langsam und dann mit $\frac{1}{\sqrt{T_i}}$ abnimmt (wie es auch aus der für $v_i \gg v_e$ gültigen Formel (2.48) folgt).

Wir wollen nun die vorhandenen Formeln bei der Berechnung der Einstellgeschwindigkeit für das Temperaturgleichgewicht zwischen Elektronen und Ionen eines Plasmas anwenden. Wir setzen voraus, daß unser System abgeschlossen ist, d. h., daß weder Energie von außen zugeführt noch an die Umgebung abgegeben wird. Die Gesamtenergie des Systems bleibt somit erhalten. In diesem Falle ist

$$\begin{aligned} &T_e + T_i = \text{const}, \\ &-\frac{dT_e}{dt} = B\frac{T_e - T_i}{T_e^{3/2}}. \end{aligned} \tag{2.51}$$

Für den Fall $v_i \ll v_e$ wird $B = \frac{n}{17\,A}$. Aus Gleichung (2.51) können wir Glei-

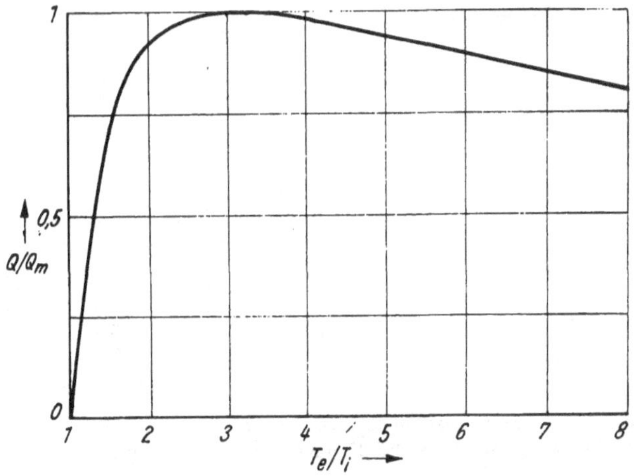

Abb. 14. Abhängigkeit des Q von T_e bei fest vorgegebenem T_i für $T_e > T_i$

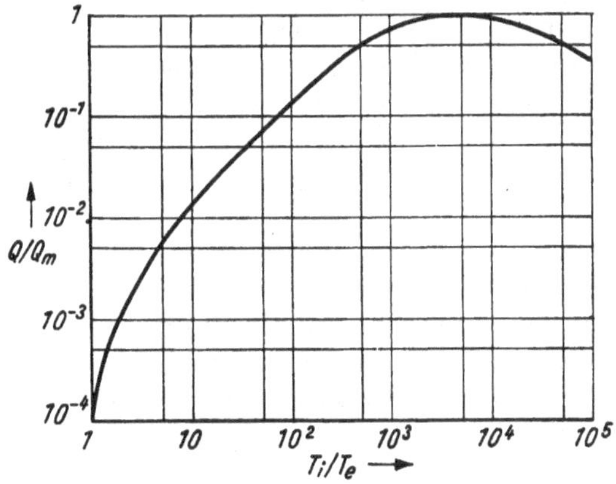

Abb. 15. Abhängigkeit des $-Q$ von T_i bei fest vorgegebenem T_e für $T_i > T_e$

chungen für die zeitliche Änderung von T_e und T_i bei vorgegebenen Anfangsbedingungen gewinnen.

In Abb. 16a ist die Änderung von T_i/T_e für die Anfangsbedingungen $T_e = T_0$ und $T_i = 0$ dargestellt. Auf der Abszisse ist die Größe t/τ_0 aufgetragen, worin τ_0 den Betrag des Parameters τ_b bedeutet, der sich aus Formel (2.47) für $T_e = T_0$ ergibt. Im vorliegenden Fall hat τ_0 die Bedeutung eines charakteristischen Parameters für die Einstelldauer des Temperaturgleichgewichtes. Für $t = 0{,}5\,\tau_0$ ist T_i/T_e etwa 0,7, während sich die Größen T_i und T_e zum Zeitpunkt $t = \tau_0$ nur noch um 3% unterscheiden.

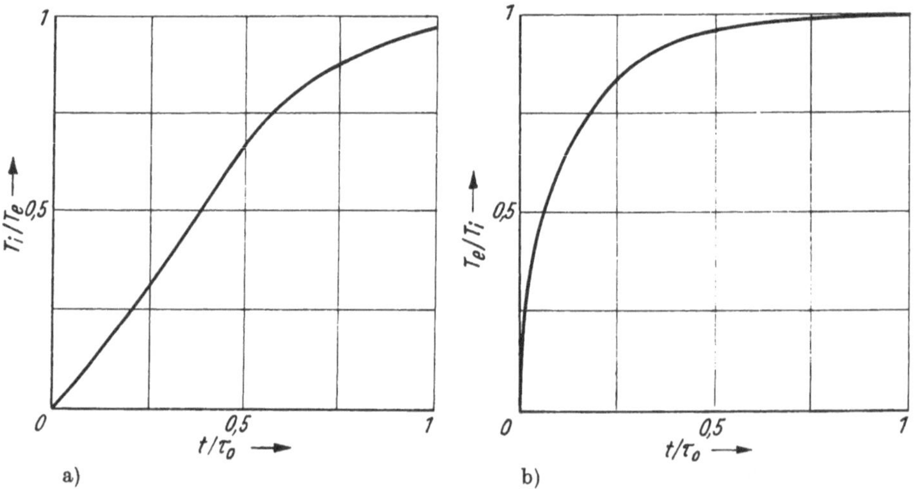

Abb. 16. Verlauf des Temperaturausgleichs zwischen Elektronen- und Ionenkomponente des Plasmas bei unterschiedlichen Anfangsbedingungen

Abb. 16b illustriert die Einstellung des Temperaturgleichgewichts für die Anfangsbedingungen $T_e = 0$ und $T_i = T_0$. Man sieht, daß die Geschwindigkeit der Einstellung des Temperaturgleichgewichts bei gleichem Betrag von T_0 wesentlich größer ist, wenn sich die Ionenkomponente auf höherer Temperatur befindet. In diesem Falle ist T_e/T_i bereits im Zeitpunkt $t = 0{,}3\,\tau_0$ etwa 0,9. Um eine Vorstellung von der Dauer der Einstellung des Temperaturgleichgewichts zu geben, sei bemerkt, daß für $n = 10^{14}$ und $T_0 = 10^8$ der Parameter $\tau_0 = 0{,}17\,A$ ist (d. h. für Deuterium etwa $^1/_3$ sec).

Bei diesen Betrachtungen haben wir vorausgesetzt, daß der Energieinhalt des Plasmas erhalten bleibt. Der Zusammenhang zwischen T_e und T_i wird wesentlich komplizierter, wenn wir eine zeitliche Änderung des Energieinhaltes zulassen. Bei schneller Energieakkumulation im Plasma und bei Prozessen mit großen Energieverlusten kann die Differenz zwischen Elektronen- und Ionentemperatur beliebig groß sein und außerdem noch von der Zeit abhängen.

Einer der wichtigsten Prozesse im Fusionsreaktor ist die Aufheizung des Plasmas durch schnelle geladene Teilchen, die bei Fusionsreaktionen leichter Kerne entstehen. Wir beschränken uns auf eine allgemeine Untersuchung dieses Prozesses, ohne auf irgendwelche Details einzugehen. Bewegt sich ein schnelles geladenes Teilchen (ein Proton, ein Tritiumkern oder ein Kern eines Heliumisotopes) im Plasma, so wird es durch Stöße sowohl mit den Elektronen als auch mit den Ionen des Plasmas abgebremst. Den Energieverlust bei Stößen schneller Teilchen mit Elektronen kann man je nach dem Verhältnis zwischen der Teilchenenergie, die man definitiv durch irgendeine effektive Temperatur messen kann, und der Elektronenenergie entweder aus Formel (2.42) oder aus Formel (2.49) bestimmen. Der Energieaustausch zwischen schnellen Teilchen und Plasmaionen wird durch eine der Gleichung (2.42) analoge Formel beschrieben, wobei m_2 die Masse des Plasmaions und v_0 die Geschwindigkeit des schnellen Teilchens bedeutet. Aus den angegebenen Formeln ergibt sich, daß bei einer Plasmatemperatur von 10^4 eV und einer Energie der schnellen Teilchen von einigen MeV der größte Teil der Teilchenenergie zur Aufheizung der Elektronen verbraucht wird. Erst wenn die Teilchenenergie in die Größenordnung von 10^5 eV kommt, wird die Abbremsung durch Stöße mit Ionen vergleichbar mit dem Energieverlust bei Stößen mit Elektronen.

Da die Geschwindigkeit der Energieübertragung durch Coulomb-Wechselwirkung von schnellen Teilchen mit Plasmaelektronen mit wachsender Elektronentemperatur abnimmt, wächst die Reichweite des Teilchens bei vorgegebener Anfangsenergie W_0 mit wachsendem Θ_e. Die Reichweite des Teilchens beginnt merklich zuzunehmen, wenn die thermische Geschwindigkeit der Plasmaelektronen vergleichbar mit der Geschwindigkeit der schweren Teilchen wird. Mit wachsender Reichweite nimmt natürlich auch die Ausbeute der Kernreaktionen zu, die von den einfallenden schnellen Teilchen ausgelöst werden.

Wir wollen nun ein konkretes Beispiel betrachten. Ein schneller Deutonenstrahl durchsetze ein Tritiumplasma. Ist die Plasmatemperatur niedrig und die Deutonengeschwindigkeit wesentlich größer als die thermische Geschwindigkeit der Plasmaelektronen, so ist die Reaktionswahrscheinlichkeit sehr klein. Bei $W_0 = 100$ keV ist die Wahrscheinlichkeit dafür, daß das Teilchen auf seiner Reichweite einen Kernzusammenstoß erleidet, gleich $2 \cdot 10^{-6}$. Der energetische Wirkungsgrad, definiert als das Verhältnis der freiwerdenden Kernenergie zur Anfangsenergie der Deutonen, beträgt 0,04%. Die Reaktionswahrscheinlichkeit und der energetische Wirkungsgrad nehmen rasch zu, wenn die Elektronentemperatur in die Größenordnung von 1 keV kommt. Die Abhängigkeit dieser Größen von Θ_e zeigt Tabelle 1. (Die Abbremsung durch Ionen ist berücksichtigt.) Bei $\Theta_e = 6 \cdot 10^3$ erreicht der energetische Wirkungsgrad den Wert Eins. Dieses

Tabelle 1

Θ_e	0	$1 \cdot 10^3$	$3 \cdot 10^3$	$5 \cdot 10^3$	$1 \cdot 10^4$
Reaktionswahrscheinlichkeit	$2 \cdot 10^{-6}$	$8 \cdot 10^{-4}$	$3 \cdot 10^{-3}$	$5 \cdot 10^{-3}$	$8 \cdot 10^{-3}$
Energet. Wirkungsgrad	$4 \cdot 10^{-4}$	0,1	0,5	0,9	1,4

Ergebnis zeigt, daß man die Kernfusionsenergie nicht nur durch thermische Stöße zwischen den Plasmaionen nutzbar machen kann, sondern auch, indem man schnelle Teilchen in ein Plasma mit hinreichend hoher Elektronentemperatur einschießt. Es ist jedoch nicht zu erwarten, daß dieser Prozeß jemals praktische Bedeutung erlangen wird, wenn man die schnellen Teilchen mit Hilfe einer Beschleunigungsanlage erzeugen muß. Unter bestimmten Bedingungen können jedoch auch schnelle Teilchen durch Beschleunigungsmechanismen, die ihre Ursache in Plasmainstabilitäten haben, im Plasma selbst entstehen. Die Elektronentemperatur ist dabei so hoch, daß diese innere Injektion schneller Teilchen (zumindest im Prinzip) zur Entstehung intensiver Kernreaktionen führen kann. Diese Möglichkeit besitzt vermutlich keine praktische Bedeutung; man sollte sie aber immerhin im Auge behalten.

Bewegt sich ein schweres Teilchen im Plasma, so wird seine Geschwindigkeit dem Betrage nach (durch Abbremsung) und der Richtung nach (durch Streuung) verändert. So lange die Teilchenenergie groß gegenüber der Energie der Plasmaelektronen ist, überwiegt die Abbremsung. Das Teilchen verliert den größten Teil seiner Energie durch Stöße mit Plasmaelektronen, bevor es seine Richtung infolge von Streuprozessen ändert. Davon kann man sich leicht überzeugen, wenn man den Zusammenhang zwischen den die Streuung und die Abbremsung charakterisierenden Parametern analysiert. Für den ersten dieser Prozesse ist das mittlere Quadrat des Winkels ϑ_s ein solcher Parameter. Für einen Bahnabschnitt Δx, innerhalb dessen die Energie des Teilchens konstant bleibt, ist nach Definition

$$\vartheta_s^2 = n\,\Delta x \int \vartheta^2\,\sigma(\vartheta)\,d\vartheta\,.$$

Berücksichtigt man, daß bei der Integration nur der Bereich kleiner Winkel von wesentlicher Bedeutung ist ($\sin\vartheta = \vartheta$, $\cos\vartheta = 1$), so erhält man unter Benutzung der RUTHERFORD-Formel (2.29)

$$\vartheta_s^2 = 8\,\pi\,n\left(\frac{Z_1 Z_2 e^2}{m\,v^2}\right)^2 \Delta x\,L_k\,. \tag{2.52}$$

Dieser Ausdruck bedarf einer Korrektur: Es ist zu berücksichtigen, daß die Teilchen nicht nur an Kernen, sondern auch an den Elektronen des Plasmas gestreut werden. Diese Korrektur führt dazu, daß man die Größe Z_2^2 durch $Z_2^2 + Z_2$ zu ersetzen hat. Für einen endlichen Bahnabschnitt kann man die Größe ϑ_s^2 bestimmen, indem man (2.52) über dx integriert, weil wegen des statistischen Charakters des Prozesses das mittlere Quadrat des Streuwinkels als additive Größe auftritt.

Auf diese Weise erhält man für den mittleren quadratischen Streuwinkel auf einem endlichen Bahnabschnitt der Länge x_1 den Ausdruck

$$\vartheta_s^2 = 2\,\pi\,n\,Z_1^2\,(Z_2^2 + Z_2)\,e^4\,L_k \int_0^{x_1} \frac{dx}{W^2}\,. \tag{2.53}$$

Bei Kenntnis der Gesetzmäßigkeiten des Energieverlustes von Teilchen im Plasma kann man von der Integration über die Bahnlänge zur Integration über die Energie übergehen und auf diese Weise den mittleren quadratischen Streuwinkel unmittelbar mit der Größe des Energieverlustes verknüpfen. Wenn die Geschwindigkeit des abgebremsten Teilchens größer als die thermische Geschwindigkeit der Plasmaelektronen ist (Abbremsung im kalten Plasma), kann man $\frac{dW}{dx}$ nach (2.42) bestimmen. Setzt man diese Größe in (2.53) ein und führt die Integration aus, so erhält man

$$\vartheta_s = \sqrt{(Z_2 + 1)\frac{m_2}{m_1}\ln\frac{W_0}{W_1}}\,. \tag{2.54}$$

(W_0: Anfangsenergie des eingeschossenen Teilchens; W_1: Endenergie auf dem betrachteten Wegabschnitt)

Aus dieser Formel folgt, daß ein schnelles schweres Teilchen erst dann seine Richtung merklich ändert, wenn es fast seine gesamte kinetische Energie verloren hat. So kann z. B. ein bei einer *dd*-Reaktion entstandenes Proton bei seiner Bewegung im kalten Deuteriumplasma erst dann seine Richtung um 1° ändern, wenn es 90% seiner ursprünglichen Energie verloren hat.

Ein qualitativ anderes Verhältnis zwischen Streuung und Abbremsung liegt bei der Bewegung schneller Elektronen im Plasma vor. In diesem Falle ändert sich die Geschwindigkeit grob gesagt nach Betrag und Richtung gleich schnell, wie man aus (2.54) ersehen kann. Die Größe ϑ_s wird ungefähr Eins, wenn die Elektronenenergie einige Male kleiner geworden ist.

Der Unterschied im Verhalten schwerer Teilchen und Elektronen erklärt sich daraus, daß sie bei gleicher Energie zwar gleiche Streuung, aber unterschiedliche Abbremsung im Plasma erleiden. Die Elektronen werden wegen ihrer höheren Geschwindigkeit wesentlich langsamer abgebremst. Das ist zum Beispiel bei der Analyse von Prozessen in magnetischen Fallen zu berücksichtigen, in denen das Plasma durch Injektion schneller Teilchen erzeugt wird. Im Anfangsstadium der Aufsammlung von Teilchen in der Falle wird das Verhalten der schnellen Ionen in erster Linie durch ihre Abbremsung an kalten Elektronen bestimmt.

Zu Beginn dieses Paragraphen wurde die Frage nach der Einstellgeschwindigkeit einer MAXWELLschen Geschwindigkeitsverteilung der Plasmateilchen gestellt. Die Rechnungen zeigten, daß bei beliebiger anfänglicher Energieverteilung für die Bildung einer MAXWELL-Verteilung in einem vollständig ionisierten Plasma eine Zeit ausreicht, die einigemale größer ist als die mittlere Stoßzeit für identische Teilchen. Für Stöße zwischen Elektronen ist diese Zeit um den Faktor $\frac{m_e}{m_i}$ kleiner als die oben eingeführte Größe τ_b. Für Ionen ist der Faktor etwa $\sqrt{\frac{m_e}{m_i}}$. Daraus folgt, daß die Zeit für die Einstellung einer MAXWELL-Verteilung in beiden Fällen wesentlich kürzer ist als die Zeit, die für den Temperaturausgleich zwischen verschiedenartigen Teilchen charakteristisch ist.

§ 9. Ionisationsprozesse im Plasma. Wirkungsquerschnitt für die Ionisation von Atomen durch Elektronen und schnelle Ionen. Mittlere Lebensdauer eines neutralen Atoms im Plasma. Strahlung von Fremdatomen und Fremdionen

Ein vollständig ionisiertes und reines Plasma, in dem keine neutralen Atome und Fremdgasionen vorhanden sind, ist eine theoretische Abstraktion. In einer realen Anlage zur Plasmaaufheizung wird die Plasmaoberfläche ständig mit neutralen Atomen und Molekülen bombardiert. Sie entstehen durch Verdampfen von Gasen, die an den Kammerwänden adsorbiert oder vom Wandmaterial absorbiert waren. Eine weitere Ursache für den Eintritt neutraler Teilchen in das Plasmavolumen ist die Bombardierung der Kammerwände durch geladene Teilchen, UV-Quanten und weiche Röntgenstrahlung (Photodissoziation adsorbierter Moleküle).

Um die Wirkung des Einfalls von Neutralteilchen in ein Hochtemperaturplasma abschätzen zu können, muß man sich mit den Elementarprozessen der Wechselwirkung schneller Elektronen und Protonen mit Atomen und Molekülen sowie Fremdionen befassen. Dieser Paragraph und die folgenden sollen den Leser mit den wichtigsten Daten insbesondere der Wechselwirkungsprozesse der Elektronen und Protonen mit Wasserstoffatomen bzw. -molekülen bekanntmachen. Es sei bemerkt, daß die angegebenen Wirkungsquerschnitte für die Wechselwirkung schneller Teilchen mit Wasserstoffmolekülen und Molekülen anderer Gase sich stets auf ein Molekül beziehen (und nicht auf ein Atom, wie es gelegentlich getan wird).

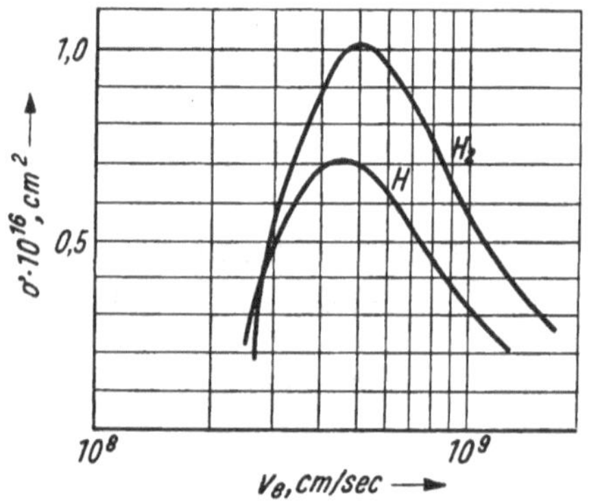

Abb. 17. Wirkungsquerschnitt für die Ionisation des atomaren und des molekularen Wasserstoffs durch Elektronenstoß

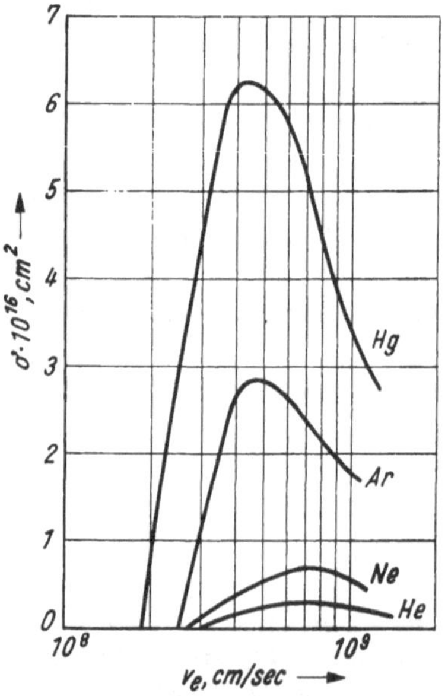

Abb. 18. Wirkungsquerschnitt für die Ionisation verschiedener Elemente durch Elektronenstoß

Von größter Bedeutung für das uns interessierende Problem sind Ionisationsprozesse an Atomen und Molekülen sowie Umladungsprozesse und die von Restgasionen herrührende Strahlung.

Zunächst wollen wir uns den Ionisationsprozessen zuwenden.

Abb. 17 zeigt Meßergebnisse des Wirkungsquerschnittes für die Ionisation von atomarem und molekularem Wasserstoff durch Elektronen in Abhängigkeit von deren Geschwindigkeit v_e. Sie umfassen einen Geschwindigkeitsbereich, der Elektronenenergien zwischen der Schwellenenergie und 400 eV entspricht. Die Ionisationskurve für atomaren Wasserstoff stützt sich auf kürzlich veröffentlichte Meßergebnisse von FITE und BRACKMANN, während die Ionisationsquerschnitte von molekularem Wasserstoff einer älteren Arbeit von TATE und SMITH entnommen wurden. Bei großer Elektronenenergie nehmen die Ionisationsquerschnitte

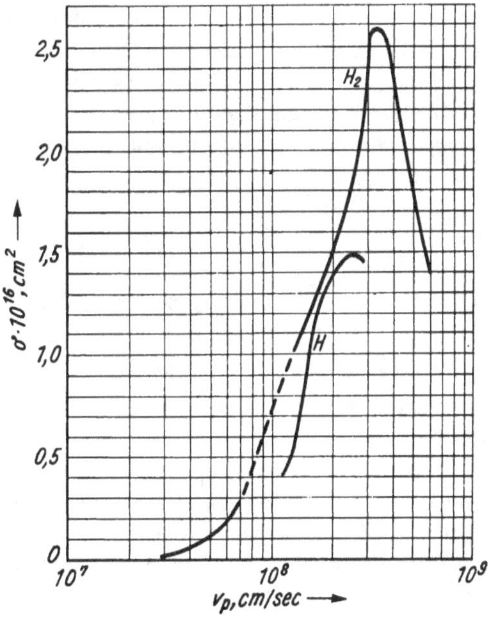

Abb. 19. Wirkungsquerschnitt für die Ionisation des molekularen und des atomaren Wasserstoffs durch Protonen

$\sigma_i(H_2)$ und $\sigma_i(H)$ umgekehrt proportional zu v^2 ab. Das Verhältnis $\sigma_i(H_2)/\sigma_i(H)$ nähert sich dabei dem Wert Zwei. Es ist zu bemerken, daß bei der Ionisation von molekularem Wasserstoff im wesentlichen Molekülionen entstehen. (Für Elektronenenergien, die wesentlich größer als die Schwellenenergie sind, kommen auf ein entstehendes H^+-Ion etwa 10^3 H_2^+-Ionen.) Wirkungsquerschnitte einiger anderer Elemente für die Ionisation durch Elektronenstoß sind in Abb. 18 dargestellt.

In einem Plasma mit genügend hoher Ionentemperatur können auch Stöße mit Ionen zur Ionisation neutraler Atome führen. Abb. 19 zeigt die Abhängigkeit des totalen Ionisationsquerschnittes von molekularem Wasserstoff durch Protonen in Abhängigkeit von der Protonengeschwindigkeit. Diese Kurve wurde nach Meßergebnissen von ILJIN, AFROSIMOW und FEDORENKO (Geschwindigkeitsbereich von

10^8 bis $6 \cdot 10^8$) und GILBODY (Geschwindigkeitsbereich von $3 \cdot 10^7$ bis $7 \cdot 10^7$) zusammengestellt. Der Terminus „totaler Wirkungsquerschnitt“ bedeutet, daß alle Arten von ionisierenden Stößen berücksichtigt sind. Der Ionisationsquerschnitt wächst zunächst mit zunehmender Protonengeschwindigkeit rasch an, erreicht ein Maximum bei $v = 3 \cdot 10^8$ cm/sec und nimmt dann allmählich wieder ab. (Bei hohen Geschwindigkeiten ist die Abnahme wieder umgekehrt proportional zu v^2). Im selben Diagramm sind Meßergebnisse der Ionisationsquerschnitte von atomarem Wasserstoff nach FITE für einen engen Bereich der Protonengeschwindigkeit ($1{,}2 \cdot 10^8$ bis $3 \cdot 10^8$) dargestellt. In grober Näherung ist der Ionisationsquerschnitt von molekularem Wasserstoff für Protonenenergien über 30 keV doppelt so groß wie der Ionisationsquerschnitt von atomarem Wasserstoff.

Ist der Ionisationsquerschnitt eines Atoms oder Moleküls für Elektronen- und Ionenstöße bekannt, so kann man die mittlere Lebensdauer dieses Neutralteilchens und seine Eindringtiefe in das Plasma berechnen. Die mittlere Lebensdauer eines Neutralteilchens, die wir im weiteren als „Ionisationszeit“ bezeichnen werden, ist durch die Gleichung

$$\tau_{\text{ion}} = \frac{1}{n\,(\overline{v_e\,\sigma_e} + \overline{v_i\,\sigma_i})} \tag{2.55}$$

bestimmt. (n: Konzentration des Plasmas, v_e und v_i: Elektronen- bzw. Ionengeschwindigkeit, σ_e bzw. σ_i die entsprechenden Ionisationsquerschnitte.) Die Werte $\overline{v_e\,\sigma_e}$ und $\overline{v_i\,\sigma_i}$ sind über das Geschwindigkeitsspektrum gemittelt.

In einem Wasserstoffplasma mit einer Ionen- und einer Elektronentemperatur von etwa einer Million Grad werden neutrale Wasserstoffatome oder -moleküle praktisch nur durch Elektronenstoß ionisiert. Bei einer Temperatur in der Größenordnung 10^8 Grad (10 keV) werden die neutralen Teilchen im wesentlichen durch Stöße mit Protonen ionisiert. Zur Illustration betrachten wir ein Zahlenbeispiel: Es sei $T_e = T_i = 2 \cdot 10^8$ und $n = 10^{14}$. In diesem Falle ist für ein Wasserstoffatom $\overline{v_e\,\sigma_e} \approx 3 \cdot 10^{-9}$, $\overline{v_i\,\sigma_i} \approx 0{,}8 \cdot 10^{-7}$ und $\tau \approx 1 \cdot 10^{-6}$ sec. Die Abhängigkeit der Ionisationszeit von der Plasmatemperatur ist für ein Wasserstoffatom im Wasserstoffplasma mit $n = 10^{14}$ in Abb. 20 dargestellt. Die Eindringtiefe eines neutralen Atoms in das Plasma ist größenordnungsmäßig gleich $v_0\,\tau_i$, wenn v_0 die Geschwindigkeit bedeutet, mit der das Atom auf die Plasmaoberfläche auftrifft. Wenn wir in unserem Beispiel $v_0 = 2 \cdot 10^5$ cm/sec setzen (was für Wasserstoffatome bei Zimmertemperatur gilt), liegt die Eindringtiefe in der Größenordnung von 1 mm. Atome schwererer Elemente werden noch früher ionisiert, und ihre Eindringtiefe ist kleiner als die der Wasserstoffatome.

Ionen mit $Z \gg 1$, die im Wasserstoffplasma durch den Einfall verschiedener Fremdgasatome entstehen, geben Anlaß zu einer intensiven Ausstrahlung des Plasmas und stellen somit eine zusätzliche Quelle für Energieverluste dar. Die Rolle der Strahlung von Verunreinigungen im energetischen Gleichgewicht des Plasmas wurde in Arbeiten von KNORR, KOGAN, DOLGOW u. a. theoretisch untersucht. Wir wollen hier einige Ergebnisse dieser Arbeiten besprechen.

Fremdgasionen verursachen drei Arten von Strahlung: a) Bremsstrahlung, b) Rekombinationsstrahlung und c) Linienemission angeregter Ionen. Der Energieverlust durch Strahlungsbremsung der Elektronen im Feld der Fremdgasionen ist besonders bei hoher Plasmatemperatur von wesentlicher Bedeutung, denn die Intensität dieser Strahlung wächst proportional zu $Z_{\text{eff}}^2 \cdot \sqrt{T}$. Wenn die mittlere Elektronenenergie im Plasma größer als 10^3 eV ($T > 10^7$) ist, kann die Intensität der Bremsstrahlung nach Gleichung (1.8) bestimmt werden. Darin bedeutet Z die Ordnungszahl des Elementes, dessen Atome als Verunreinigung im Plasma vorhanden sind. Die Abschirmung der Kernladung durch die Elektronenhülle spiegelt sich nur schwach in der Intensität der Bremsstrahlung wieder, wenn die Elektronen hinreichend schnell sind.

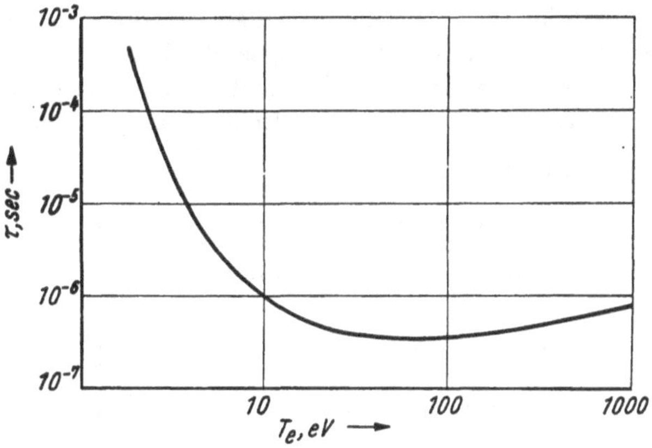

Abb. 20. Ionisationszeit für Wasserstoffatome in einem Wasserstoffplasma

Die Rekombinationsstrahlung gehorcht völlig anderen Gesetzen. Die in der Zeiteinheit durch Rekombinationsakte, an denen Fremdionen und freie Elektronen beteiligt sind, abgestrahlte Gesamtenergie, nimmt umgekehrt proportional zu $\sqrt{T}$ ab. Mit wachsender Ionenladung nimmt sie stark zu. Zur Abschätzung der Energie, die dem Plasma durch zum kontinuierlichen Spektrum gehörende Rekombinationsstrahlung entzogen wird, kann man die Formel

$$Q_{\text{rek}} \sim 5 \cdot 10^{-22}\, n_e \frac{Z_{\text{eff}}^4}{\sqrt{T}} \tag{2.56}$$

verwenden. Darin bedeutet Q_{rek} die von einem Fremdgasion in 1 sec abgestrahlte Energie und Z_{eff} die effektive Ladung des Ions im Plasma. Beim Eintritt in ein Plasma verliert das Fremdgasion ein Elektron nach dem anderen, bis sich ein Gleichgewicht zwischen Rekombinationsakten[1]) mit freien Plasmaelektronen und Elektronenverlust durch Ionisationsakte einstellt. Die effektive Ladung ist um so größer, je höher die Elektronentemperatur ist. Der Grenzwert von Z_{eff} ist bei

[1]) Unter den uns interessierenden Bedingungen (dünnes Plasma) überwiegt die paarweise, d. h. die Strahlungsrekombination.

genügend hoher Elektronentemperatur offensichtlich gleich der Ordnungszahl des Elements.

Der dritte oben erwähnte Strahlungsprozeß beruht auf quantenhaften Übergängen zwischen angeregten Zuständen des Fremdions. Die Strahlung besitzt in diesem Falle ein Linienspektrum. Die Ionen können auf zweierlei Art in einen angeregten Zustand gelangen: Entweder durch Elektronenstoß (dieser Mechanismus ist der wichtigste) oder bei einem Rekombinationsakt, wenn ein Elektron nicht auf das niedrigst-mögliche Energieniveau eingefangen wird. Die Intensität des Linienspektrums ist eine komplizierte Funktion von Z, T_e und der Termordnung des vorliegenden Elements. Diese Strahlung dominiert bei relativ niedriger Plasmatemperatur.

Um die Rolle schwerer Fremdionen im Gleichgewichtszustand eines Wasserstoffplasmas klären zu können, muß man die Gesamtenergie kennen, die durch alle Arten von Strahlung verloren geht. Die gesamte durch kleine Fremdgasbeimischungen ausgestrahlte Energie ist der Konzentration der Fremdionen n^* und der Elektronenkonzentration n_e im Wasserstoffplasma proportional. Es gilt also

$$Q_{\text{rad}} = n_e \, n^* \, f(Z, T_e) \,. \tag{2.57}$$

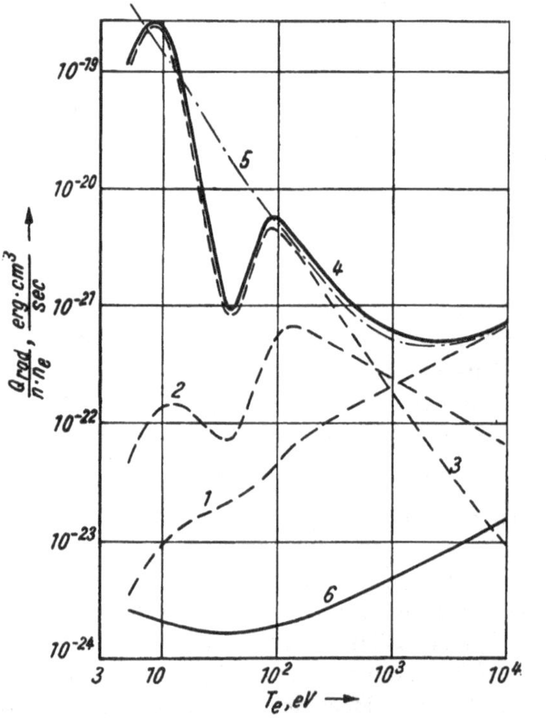

Abb. 21. Graphische Darstellung der emittierten Strahlungsintensität für Kohlenstoff

Die gestrichelten Kurven *1*, *2* und *3* stellen die Intensität der Bremsstrahlung, der Rekombinationsstrahlung und der Linienemission des Kohlenstoffs dar. Die ausgezogene Kurve *4* gibt ihre Summe, d.h. die Gesamtstrahlung als Funktion der Temperatur wieder. Kurve *5* ergibt sich aus der Extrapolationsformel (2.58). Kurve *6* charakterisiert die Intensität der Ausstrahlung des Wasserstoffs

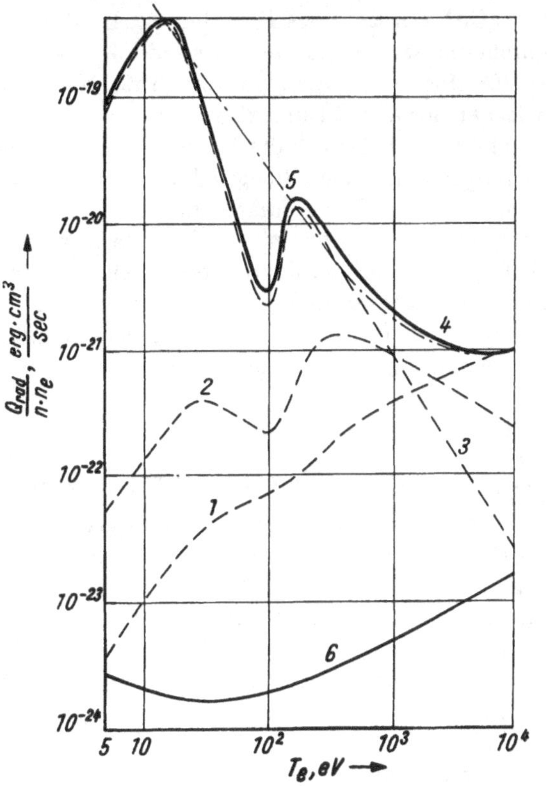

Abb. 22. Graphische Darstellung der emittierten Strahlungsintensität für Sauerstoff
Bezeichnung analog zu Abb. 21

Die Größe Q_{rad} bedeutet die sekundlich von den Fremdgasionen einer Volumeneinheit des Plasmas abgestrahlte Energie. In Abb. 21 und Abb. 22 ist die Funktion $f(Z, T_e)$ für $Z = 6$ (Kohlenstoff) und $Z = 8$ (Sauerstoff) im Gleichgewicht zwischen Ionisation durch Elektronenstoß und Strahlungsrekombination dargestellt. Die Nichtmonotonie der Intensitätskurven der Linien- und Rekombinationsstrahlung bei niedrigeren Temperaturen ist durch die große Differenz der Ionisationspotentiale zwischen äußerer und innerer (heliumähnlicher) Elektronenschale der O- und C-Atome bedingt. Einen wesentlichen Beitrag zur Intensität liefert die Strahlung der lithiumähnlichen Ionen C^{IV} und O^{VI}, die von $2\,s-2\,p$-Übergängen zwischen Energieniveaus gleicher Hauptquantenzahl herrührt. Für diese Übergänge ist $\Delta E \approx 10$ eV. Der entscheidende Faktor, durch den die Linienintensität bestimmt wird ($\exp[-\Delta E/k\,T_e]$) ist in diesem Falle nicht klein, sondern mit Eins vergleichbar.

Von Kogan und Wassiljew wird für $Z \sim 10$ und $T > 10^6$ zur Abschätzung von $f(Z, T_e)$ folgender Ausdruck angegeben:

$$f(Z, T_e) = 1{,}6 \cdot 10^{-27} Z^2 \sqrt{T_e} + 6 \cdot 10^{-22} \frac{Z^4}{\sqrt{T_e}} + 8 \cdot 10^{-17} \frac{Z^6}{T_e^{3/2}}. \qquad (2.58)$$

Darin bedeutet Z die Ordnungszahl des Fremdgases. In dieser Formel wird das Brems- und Rekombinationsspektrum des vollständig ionisierten Atoms berücksichtigt. Für $T < 10^6$ gibt (2.58) nur eine sehr grobe Näherung für die abgestrahlte Energie, wie man aus Abb. 21 und 22 erkennt.

In den gleichen Abbildungen ist auch die Intensität der Strahlung eines reinen Wasserstoffplasmas dargestellt. Die Ordinaten dieser Kurven geben den Wert der Funktion $f(1, T_e)$, die die von der Volumeneinheit des Wasserstoffplasmas in 1 sec bei $n_e = 1$ abgestrahlte Energie mißt. Im reinen Wasserstoffplasma ist oberhalb $T_e = 3 \cdot 10^5$ die Bremsstrahlung der wesentliche Strahlungsprozeß. Ihre Intensität nimmt mit wachsender Elektronentemperatur zu.

Das Verhältnis der durch Fremdgasbeimischungen bewirkten Strahlungsintensität zur Strahlungsintensität des Wasserstoffplasmas beträgt

$$\alpha \frac{f(Z, T_e)}{f(1, T_e)}$$

$\left(\alpha = \frac{n^*}{n_e}\text{: relative Konzentration der Fremdgasatome}\right)$. Die in Abb. 21 und 22 dargestellten Kurven zeigen, daß auch bei relativ niedrigen Z-Werten die von den Fremdionen abgestrahlte Energie um mehrere Größenordnungen größer ist als die Strahlungsenergie, welche auf ein Proton des Wasserstoffplasmas entfällt. Deshalb kann auch eine unbedeutende Beimischung von Fremdatomen die Ausstrahlung eines Wasserstoffplasmas um das mehrfache erhöhen. Wenn zum Beispiel einem relativ kalten Plasma mit einer Temperatur von ca. 10 eV 1%Sauerstoff beigemischt wird, so wächst die Strahlungsintensität etwa um das 1000fache. Daraus folgt, daß für Methoden zur Erzeugung hoher Temperaturen, deren Ausgangszustand ein kaltes Plasma ist, der Energieverlust durch Fremdstrahlung wesentlichen Einfluß auf die Energiebilanz des Plasmaaufheizungsprozesses hat.

Zur eben behandelten Rolle der Fremdstrahlung in der Energiebilanz eines Wasserstoffplasmas ist zu bemerken, daß nur relativ grobe theoretische Berechnungen existieren. Zuverlässige experimentelle Ergebnisse liegen zu dieser Frage bis heute nicht vor.

Für die vollständige Energiebilanz des Aufheizungsprozesses eines verunreinigten Wasserstoffplasmas muß man außer dem Strahlungsverlust auch den Energieaufwand zur Erzeugung eines Ions mit der Gleichgewichtsladung Z_{eff} berücksichtigen. Diese Ladung gewinnt das Ion infolge mehrerer Ionisationsprozesse, wofür thermische Energie der Plasmaelektronen aufgewandt werden muß. Den neu erzeugten Ionen und freien Elektronen wird solange Energie zugeführt, bis sie sich auf der Energie $\frac{3}{2} k\,T$ der Plasmaelektronen bzw. Protonen befinden. Auch diese Energie wird dem Wasserstoffplasma entzogen. Im Mittel wird auf jedes in das Plasma eindringende Fremdgasatom also die Energie

$$\frac{3}{2} k\,T\,(Z_{\text{eff}} + 1) + e \sum V_i \tag{2.59}$$

verwendet. $\sum V_i$ bedeutet die Summe der Ionisationspotentiale für die vom Atom abgelösten Elektronen.

Der erste Term des Ausdruckes (2.59) berücksichtigt die Wärmekapazität der freien Teilchen, der zweite die Anregung innerer Freiheitsgrade. Die Wärmekapazität der Fremdteilchen kann bei großen α-Werten, d. h. bei stark verunreinigtem Plasma, einen wesentlichen Beitrag zur Energiebilanz liefern.

Es sei darauf hingewiesen, daß sowohl die oben angeführten allgemeinen Bemerkungen zum Beitrag der Strahlung und der Wärmekapazität von Fremdgasionen zur Energiebilanz des Plasmas als auch die konkreten Ergebnisse nur dann erfolgreich angewendet werden können, wenn die Dauer des Prozesses zur Einstellung des Gleichgewichtswertes Z_{eff} der Fremdgasionenladung ausreicht. Die zur Einstellung der Gleichgewichtsladung erforderliche Zeit ist gleich der Ionisationszeit für ein Ion mit der Ladung $Z_{\text{eff}} - 1$. In einem Plasma mit $T \approx 10^6$ und $n_e \approx 10^{14}$ beträgt sie etwa 10^{-4} sec. Im Mittel wächst sie mit steigender Plasmatemperatur (wegen der Abhängigkeit des Z_{eff} von T).

§ 10. Umladungsprozesse und ihre Rolle in der Energiebilanz eines Plasmas

Unter bestimmten Bedingungen können Umladungsprozesse von Ionen an neutralen Atomen und Molekülen eine wesentliche Rolle im Hochtemperaturplasma spielen. Ein Umladungsprozeß geht im einfachsten und wichtigsten Falle nach der Gleichung

$$A^+ + B^{(0)} \rightarrow A^{(0)} + B^+$$

vor sich. Ein Ion A^+ überträgt seine Ladung an ein neutrales Teilchen $B^{(0)}$ und wird dabei selbst zu einem neutralen Atom oder Molekül.

Der Umladungsquerschnitt ist eine Funktion der Relativgeschwindigkeit beider Stoßpartner und hängt von der Art der Teilchen ab. Bei niedrigen Geschwindigkeiten erreicht der Umladungsquerschnitt nur dann große Werte, wenn sich die innere Energie des Systems während des Umladungsprozesses nicht ändert. Dieser Fall liegt beim Ladungstausch zwischen einem Atomion und einem Atom des gleichen Elementes (bzw. einem Molekülion und einem Molekül des gleichen Stoffes) vor. Solche Prozesse werden als Resonanzumladung bezeichnet. Beispiele dafür sind

$$H^+ + H \rightarrow H + H^+$$

und

$$H_2^+ + H_2 \rightarrow H_2 + H_2^+ .$$

In Abb. 23 ist die Abhängigkeit des Umladungsquerschnittes von H^+ in Abhängigkeit von der Protonengeschwindigkeit in atomarem Wasserstoff nach Angaben von Fite, Stebbing, Hummer und Brackmann dargestellt. Die experimentellen Ergebnisse zeigen in Übereinstimmung mit der Theorie, daß für die Resonanzumladung ein monotones Anwachsen von σ mit abnehmender Ionengeschwindigkeit v_i charakteristisch ist. Für langsame Protonen in atomarem Wasserstoff erreicht der Umladungsquerschnitt einen Wert von $3 \cdot 10^{-15}\,\text{cm}^2$.

Wenn sich die innere Energie des Systems der stoßenden Teilchen beim Ladungstausch ändert, hat die Kurve $\sigma(v_i)$ einen anderen Verlauf. Zum Vergleich ist in Abb. 23 neben dem Verlauf des Resonanzquerschnittes auch die Abhängigkeit des Umladungsquerschnittes von der Protonengeschwindigkeit für den Prozeß

$$H^+ + H_2 \rightarrow H + H_2^+$$

dargestellt. Der Verlauf dieser Kurve ist typisch für nichtresonante Umladungsprozesse. Mit wachsender Geschwindigkeit nimmt σ zunächst rasch zu, erreicht ein Maximum bei $v \approx 10^8$ cm/sec und fällt dann steil wieder ab. Größenordnungsmäßig unterscheidet sich σ für resonante und nichtresonante Umladungen nur im

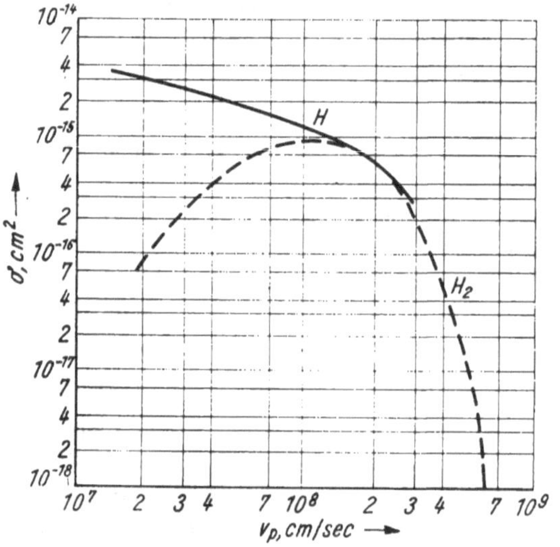

Abb. 23. Wirkungsquerschnitt für die Umladung von Protonen an Atomen oder Molekülen des Wasserstoffs

Bereich niedriger Geschwindigkeiten. Bei hohen Protonenenergien (oberhalb 100 keV) ist für den Umladungsquerschnitt in molekularem Wasserstoff der doppelte Wert von dem in atomarem Wasserstoff zu erwarten. Die Umladungswahrscheinlichkeit für Protonen an einigen schweren Elementen zeigen die Kurven von Abb. 24. Auch diesen nichtresonanten Prozessen entsprechen bei optimalen v_p-Werten relativ große Wirkungsquerschnitte.

Wir wollen uns nun der Abkühlung des Plasmas durch Umladungsprozesse zuwenden. Wenn ein „kaltes" neutrales Atom von außen auf die Oberfläche eines Wasserstoffplasmas auftrifft, kann es durch Umladung eines seiner Elektronen an ein schnelles Proton des Plasmas abgeben, welches dann als schnelles neutrales Wasserstoffatom aus dem Plasma austritt und die kinetische Energie $\frac{3}{2} k\, T_i$ (T_i: Protonentemperatur im Plasma) mitnimmt.

Der Beitrag solcher Prozesse zur Wärmebilanz des Wasserstoffplasmas hängt vom Zustand des Plasmas und von den Grenzbedingungen ab. Wir setzen zunächst voraus, daß man den Einfluß von Fremdgasen vernachlässigen kann. In der Umgebung des Plasmas soll also nur Wasserstoff vorhanden sein. Dieser befindet sich unter Normalbedingungen im molekularen Zustand, und die Oberfläche des Plasmas wird von außen mit H_2-Molekülen bombardiert. Beim Eintritt in das Plasma werden die Moleküle sehr schnell dissoziieren, und die entstehenden Wasserstoffatome werden sich an Elementarakten der Resonanzumladung beteiligen. Diese Prozesse überwiegen bei Plasmatemperaturen unter 100 keV (bei höherer Ionentemperatur kommt es nicht zur Umladung, weil dann die Ionisierungswahrscheinlichkeit des Wasserstoffatoms wesentlich größer ist als die Umladungswahrscheinlichkeit). Die Energie, welche dem Plasma durch austretende schnelle, infolge von Umladungsprozessen entstandene Wasserstoffatome entzogen

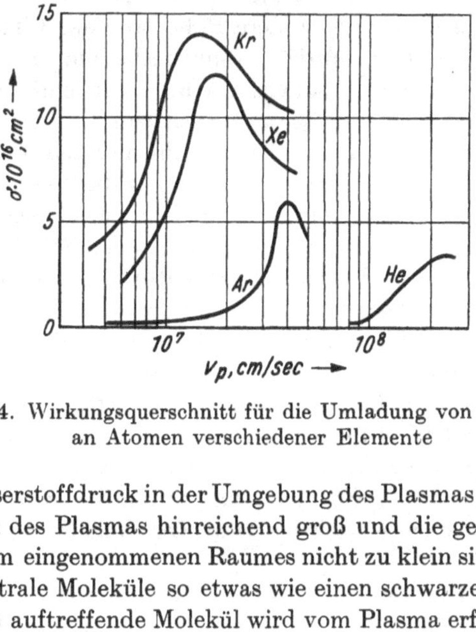

Abb. 24. Wirkungsquerschnitt für die Umladung von Protonen an Atomen verschiedener Elemente

wird, ist dem Wasserstoffdruck in der Umgebung des Plasmas proportional. Wenn die Konzentration des Plasmas hinreichend groß und die geometrischen Abmessungen des von ihm eingenommenen Raumes nicht zu klein sind, stellt die Plasmaoberfläche für neutrale Moleküle so etwas wie einen schwarzen Körper dar: Jedes auf die Oberfläche auftreffende Molekül wird vom Plasma erfaßt. In diesem Falle ist der Energiestrom aus dem Plasma gleich

$$\frac{3}{4} n_0 v_0 k T_i S$$

(n_0: Konzentration der Moleküle im Gas, v_0: ihre mittlere Geschwindigkeit, S: Größe der Plasmaoberfläche).

Das Verhältnis dieser Größe zum Energiebetrag, der das Plasma in Form elektromagnetischer Strahlung verläßt, beträgt

$$6 \cdot 10^{10} \frac{n_0 v_0}{n^2} \sqrt{T_i} \frac{S}{V},$$

(n: Konzentration der Teilchen im Plasma, V: Plasmavolumen). Der Einfachheit halber wurde $T = T_e = T_i$ gesetzt und nur die Bremsstrahlung berücksichtigt.

Zur Illustration betrachten wir ein konkretes Beispiel mit Zahlenwerten, die von praktischem Interesse sein können. Ein Plasma mit der Konzentration $n = 3 \cdot 10^{14}$ und der Temperatur $T = 10^8$ nehme ein Volumen von der Form eines langen Zylinders mit 25 cm Durchmesser ein. In der Umgebung des Plasmas befinde sich Wasserstoff mit der Temperatur 10^3 °K und der Konzentration $3 \cdot 10^9$ (was bei normaler Temperatur einem Druck von 10^{-7} Torr entspricht). Unter diesen Bedingungen fallen in jedem Zentimeter Länge der Plasmasäule sekundlich 10^{17} Moleküle ein, und der Energieverlust durch Umladung beträgt pro Sekunde 170 Watt/cm. In dem betrachteten Beispiel sind also die Energieverluste durch Umladung von der gleichen Größenordnung wie die Bremsstrahlungsverluste im fremdgasfreien Wasserstoffplasma.

In einem kalten Wasserstoffplasma mit einer Temperatur von einigen eV spielen die Umladungsprozesse eine etwas andere Rolle, weil der Wasserstoff in diesem Temperaturbereich nicht völlig ionisiert ist und deshalb in einem Plasma mit relativ hoher Konzentration immer atomarer Wasserstoff enthalten ist. Die Umladung von Protonen an Wasserstoffatomen besitzt im Bereich niedriger Energien einen sehr großen Wirkungsquerschnitt und stellt hier den wichtigsten Wechselwirkungsprozeß zwischen diesen Teilchen dar. Sie sorgt für einen intensiven Wärmeaustausch zwischen der Ionenkomponente und der neutralen Komponente des Wasserstoffplasmas. Deshalb haben Ionen und Atome eines kalten Plasmas mit einer Temperatur von einigen eV gleiche Temperatur, und die gewöhnliche Wärmeleitfähigkeit des neutralen Gases wird zu einer der wichtigsten Ursachen für die Abkühlung des Plasmas. Sie bewirkt eine intensive Ableitung der im Plasma entstehenden Wärme und hemmt somit die Zunahme der Ionentemperatur (wodurch eine beträchtliche Differenz zwischen den Größen T_e und T_i entstehen kann). Im übrigen findet bei niedrigen Temperaturen auch ein intensiver Energieaustausch zwischen den Protonen und Atomen des Plasmas durch elastische Stöße statt, weshalb sich der Energieverlust durch die Wärmeleitfähigkeit der neutralen Plasmakomponente auch bei fehlender Umladung praktisch nicht ändern würde.

Die Umladung an schweren Fremdgasionen kann nur dann einen wesentlichen Einfluß auf die Energiebilanz des Plasmas haben, wenn gleichzeitig zwei Bedingungen erfüllt sind: a) Die Wahrscheinlichkeit für eine Umladung des Fremdgasatoms übertrifft die Wahrscheinlichkeit für seine Ionisierung durch Elektronen- oder Ionenstoß; b) die Konzentration des Plasmas und die linearen Abmessungen des von ihm eingenommenen Raumes sind so beschaffen, daß die Wahrscheinlichkeit für die Ionisation eines Atoms auf seinem Weg durch das Plasma klein ist. Die erste Bedingung ist einleuchtend. Die Notwendigkeit der zweiten Bedingung ist leicht einzusehen, wenn man den Fall betrachtet, in dem sie nicht erfüllt ist. Dann verhält sich die Plasmaoberfläche gegenüber auftreffenden Molekülen auch dann als absolut schwarzer Körper, wenn keine Umladungsprozesse im Plasma stattfinden. Die Zahl der eingefangenen Atome wird durch Umladungsakte nicht erhöht; der durch sie hervorgerufene zusätzliche Energieverlust ($\frac{3}{2} k T_i$ je Umladungsakt) ist merklich kleiner als der Energieaufwand für die Erzeugung von Ionen mit Gleichgewichtsladung.

Ist jedoch die Plasmatemperatur so hoch, daß die Fremdgasatome vollständig ionisiert sind, dann muß man den Energieverlust durch Umladung von Protonen an Fremdgasionen, die einen Rest ihrer Elektronenhülle behalten haben, berücksichtigen. Die Rolle dieses Effektes abzuschätzen, ist schwierig, weil keinerlei Angaben über die Umladung sehr schneller Protonen an mehrfach ionisierten Atomen vorliegen. Man kann sich aber überlegen, daß der Anteil nicht vollständig ionisierter Atome bei langdauernden Prozessen sehr klein wird und ihr Anteil an Umladungsprozessen vernachlässigt werden kann, wenn die mittlere thermische Energie der Elektronen und Protonen von der Größenordnung des höchsten Ionisationspotentials der Fremdgasatome ist.

Die Umladung schwerer Ionen an neutralen Atomen und Molekülen eines Stoffes kann für die Arbeit solcher Anlagen von großer Bedeutung sein, in denen ein Hochtemperaturplasma durch Einschuß schneller Ionen von außen in eine magnetische Falle erzeugt wird. Die Leistung der Ionenquellen ist begrenzt; deshalb ist für die Erzeugung eines dichten Plasmas eine relativ lange Zeit erforderlich. Bei einem Einschußstrom von 0,1 A braucht man zur Erzeugung von 1 m^3 Plasma mit einer Konzentration von 10^{14} eine Zeit von 150 sec (wenn man annimmt, daß sämtliche Teilchen eingefangen werden). Infolgedessen kann die Umladung im Anfangsstadium, wenn die Konzentration des Plasmas noch klein ist, zum Verlust eines großen Teiles der eingeschossenen Ionen führen, sofern die in der Falle vorhandenen Restgase nicht vollständig ionisiert sind.

Man kann sich jedoch auch eine positive Funktion der Umladung vorstellen, wo sie eine wesentliche Rolle beim Einfang von Teilchen in einer Falle spielt. Dieser Fall liegt vor, wenn ein Teilchenstrahl aus schnellen neutralen Atomen in ein Plasma mit niedriger Temperatur und Konzentration, das zuvor im Fallenvolumen erzeugt wurde, eingeschossen wird.

Die schnellen Atome laden sich an langsamen Ionen um, und die Temperatur der Ionenkomponente wächst dank des Ersatzes der langsamen Ionen durch schnelle. Auf die Rolle von Umladungsprozessen in magnetischen Fallen kommen wir noch in den letzten Kapiteln zurück.

Abschließend ist noch eine Bemerkung zu dieser allgemeinen Übersicht zu machen. Die in diesem Paragraphen gegebenen graphischen Darstellungen charakterisieren verschiedene Wechselwirkungsprozesse. Von praktischem Interesse sind jedoch nur Prozesse, die in Deuterium oder in Deuterium–Tritium-Gemischen ablaufen. Es sei aber daran erinnert, daß die Wirkungsquerschnitte aller Wechselwirkungsarten im wesentlichen eine Funktion der relativen Teilchengeschwindigkeit sind. Deshalb gelten die graphischen Darstellungen der Ionisations- und Umladungsprozesse für gewöhnlichen Wasserstoff auch für Deuterium und Tritium, wenn auf der Abszisse die Geschwindigkeit dieser Teilchen aufgetragen wird.

KAPITEL III

Transporterscheinungen im Plasma

§ 11. Elektrischer Strom im Plasma. Elektrische Leitfähigkeit eines vollständig ionisierten Plasmas. Die Dielektrizitätskonstante eines Plasmas

Unter der Wirkung eines elektrischen Feldes, eines Konzentrationsgradienten oder eines Temperaturgefälles entstehen im Plasma gerichtete Teilchen- und Energieströme. Alle Prozesse dieser Art tragen die allgemeine Bezeichnung Transporterscheinungen. Wir betrachten diese zunächst für den Fall, daß kein Magnetfeld vorhanden ist.

Wird im Plasma ein elektrisches Feld $\mathfrak{E}$ erzeugt, so geraten die geladenen Teilchen in Bewegung, und es entsteht ein elektrischer Strom. Im allgemeinen Falle kann die elektrische Feldstärke eine beliebige Funktion der Zeit sein. Wir berechnen jetzt die Dichte des Stromes, der durch das veränderliche Feld $E(t)$ erzeugt wird, wobei wir jedoch nur die Bewegung der Elektronen berücksichtigen, die Ionen hingegen als unbeweglich ansehen wollen.

Die Gleichung der Bewegung eines Elektrons in einem veränderlichen elektrischen Feld hat folgende Form:

$$\ddot{x} = \frac{e}{m_e} E(t) . \tag{3.1}$$

Hierin ist x die Koordinate in Feldrichtung. Durch Integration dieses Ausdrucks vom Zeitpunkt t_0, wo der letzte Zusammenstoß des Elektrons mit einem Ion stattfand, bis zum Zeitpunkt t erhält man

$$\dot{x} = \frac{e}{m_e} \int_{t_0}^{t} E(t)\, dt . \tag{3.2}$$

Hierbei wird angenommen, daß nach jedem Stoß $\dot{x}$ gegen Null geht.

Zur Bestimmung der Stromdichte muß man den Mittelwert von $\dot{x}$ für einen gegebenen Zeitpunkt t aufsuchen. Wir betrachten einen beliebigen, dem Zeitpunkt t vorangehenden Zeitabschnitt von t_0 bis $t_0 + dt_0$. Von der Gesamtzahl der Elektronen erleidet in diesem Zeitintervall der Bruchteil dt_0/τ_{ei} Zusammenstöße mit Ionen. Bis zum Zeitpunkt t erlebt von dieser Gruppe von Elektronen der Bruchteil $e^{-\frac{t-t_0}{\tau_{ei}}}$ nicht den folgenden Stoß. Daher gibt

$$\frac{dt_0}{\tau_{ei}} e^{-\frac{t-t_0}{\tau_{ei}}} \tag{3.3}$$

die relative Anzahl der Elektronen an, die im Zeitabschnitt von t_0 bis $t_0 + dt_0$ das letzte Mal mit Ionen zusammenstießen.

Um den Mittelwert der gerichteten Geschwindigkeit $\dot{x}$ zu bestimmen, muß man (3.2) mit (3.3) multiplizieren und über t_0 von $-\infty$ bis t integrieren. Man erhält so

$$\bar{\dot{x}} = \frac{e}{m_e \tau_{ei}} \int_{-\infty}^{t} e^{-\frac{t-t_0}{\tau_{ei}}} dt_0 \int_{t_0}^{t} E(w)\, dw .$$

Durch partielle Integration kann man diesen Ausdruck in die Form

$$\bar{\dot{x}} = \frac{e}{m_e} \int_{-\infty}^{t} E(w)\, e^{-\frac{t-w}{\tau_{ei}}} dw$$

bringen. Die Stromdichte ist dann

$$j = n e \bar{\dot{x}} = \frac{n e^2}{m_e} \int_{-\infty}^{t} E(w)\, e^{-\frac{t-w}{\tau_{ei}}} dw , \tag{3.4}$$

wobei n die Elektronenkonzentration ist. Gleichung (3.4) läßt sich so umformen, daß E explizit von der Stromdichte j und der Änderungsgeschwindigkeit des Stromes $\frac{dj}{dt}$ abhängt. Durch Differentiation von (3.4) erhalten wir

$$\frac{dj}{dt} = -\frac{n e^2}{m_e} \frac{1}{\tau_{ei}} \int_{-\infty}^{t} E(w)\, e^{-\frac{t-w}{\tau_{ei}}} dw + \frac{n e^2}{m_e} E(t) . \tag{3.5}$$

Durch Multiplikation mit τ_{ei} ergibt sich

$$j + \tau_{ei} \frac{dj}{dt} = \frac{n e^2 \tau_{ei}}{m_e} E(t) . \tag{3.6}$$

Aus den so erhaltenen allgemeinen Formeln läßt sich die komplexe Leitfähigkeit des Plasmas für den Fall bestimmen, daß $E(t)$ eine periodische Funktion der Zeit ist. Es sei $E(t) = E_0\, e^{i \omega t}$. Dann folgt aus (3.6)

$$j = \frac{n e^2 \tau_{ei}}{m_e} \frac{E}{1 + i \omega \tau_{ei}} . \tag{3.7}$$

Für Gleichstrom ist

$$j = \frac{n e^2 \tau_{ei}}{m_e} E. \tag{3.8}$$

Die Größe

$$\sigma = \frac{n e^2 \tau_{ei}}{m_e} \tag{3.9}$$

stellt also die Leitfähigkeit des Plasmas dar.

In diesem Sonderfall kann der Ausdruck für die Leitfähigkeit auch auf einfacherem Wege erhalten werden, und zwar aus der Stationaritätsbedingung des Elektronenstroms. Die Kraft, die auf ein Elektron von Seiten des konstanten elektrischen Feldes wirkt, muß mit der Stoßkraft der Ionen im Gleichgewicht stehen.

Letztere ist gleich der mittleren Größe des Impulses, den das Elektron in der Zeiteinheit durch Zusammenstöße mit Ionen verliert. Das Elektron erleidet in der Sekunde $1/\tau_{ei}$ Stöße; bei jedem gibt es den Impuls $m\,u$ an das Ion ab. u ist die gerichtete Geschwindigkeit des Elektrons. Danach ist also die Stoßkraft $\frac{m_e u}{\tau_{ei}}$, und die Stationaritätsbedingung lautet

$$e\,E = \frac{m_e u}{\tau_{ei}}\,.$$

Daraus folgt für $j = n\,e\,u$ der Ausdruck (3.8). Für ein vollständig ionisiertes Plasma hängt die Größe σ nicht von der Konzentration der Teilchen ab, da τ_{ei} der Teilchenkonzentration n umgekehrt proportional ist. Durch Einsetzen des Ausdrucks für τ_{ei} aus Formel (2.40) finden wir

$$\sigma = 0{,}9 \cdot 10^7\, T_e^{3/2} = 1{,}1 \cdot 10^{13}\, \Theta_e^{3/2}. \tag{3.10}$$

Für $\Theta_e = 1{,}4 \cdot 10^3$ eV ($1{,}6 \cdot 10^7$ Grad) ist die Leitfähigkeit des Wasserstoffplasmas etwa gleich der Leitfähigkeit des Kupfers bei Zimmertemperatur; für $\Theta_e = 1{,}4 \cdot 10^5$ eV beträgt sie das Tausendfache der Leitfähigkeit des Kupfers oder Silbers.

Für Wechselfelder kann man die Gleichung (3.7) wie folgt umschreiben:

$$E = j\,(\varrho_e + i\,\omega\,L). \tag{3.11}$$

Hierin ist $\varrho_e = \frac{1}{\sigma}$ und $L = \frac{m_e}{n\,e^2}$.

Aus diesem Ausdruck geht hervor, daß sich das Plasma in einem Wechselfeld so verhält, als ob es nicht nur einen Widerstand besäße, sondern auch eine eigentümliche „nichtmagnetische" Induktivität. Bei großen ω-Werten kann diese scheinbare Induktivität, die auf der Trägheit der Elektronen beruht, die Stromstärke im Vergleich zu derjenigen in einem konstanten elektrischen Feld beträchtlich herabsetzen.

Führt man die Rechnungen aus, die den Zusammenhang zwischen j und E wiedergeben, so kann man auch eine Dielektrizitätskonstante für das Plasma finden. Per definitionem ist

$$\varepsilon = 1 + 4\,\pi\,\frac{P}{E}\,.$$

Hierin bezeichnet P das elektrische Moment der Volumeneinheit. Das elektrische Feld wollen wir als periodische Funktion der Zeit mit der Frequenz ω annehmen. Unter Vernachlässigung der elektrischen Schwingungen der Ionen (ihrer geringen Beweglichkeit wegen) läßt sich folgender Ausdruck für das elektrische Moment angeben:

$$P = n\,e\,\bar{x} = n\,e \int \bar{\dot{x}}\, dt\,.$$

Hierbei ist nur der veränderliche Teil des Integrals zu berücksichtigen, da der zeitliche Mittelwert von P gleich Null ist. Aus (3.5) und (3.7) folgt

$$P = -\frac{n e^2 E}{m_e \omega^2 \left(1 - \frac{i}{\omega \tau_{ei}}\right)} \tag{3.12}$$

und

$$\varepsilon = 1 - \frac{4 \pi n e^2}{m_e \omega^2} \frac{1}{1 - \frac{i}{\omega \tau_{ei}}}. \tag{3.13}$$

Für ein auf hohe Temperatur erhitztes Plasma ist in einem hochfrequenten elektrischen Feld $\omega \tau_{ei} \gg 1$. Dann ist

$$\varepsilon = 1 - \frac{\omega_0^2}{\omega^2}, \tag{3.14}$$

wo $\omega_0 = \sqrt{\frac{4 \pi n e^2}{m_e}}$ die Frequenz der sogenannten LANGMUIR-Elektronenschwingungen des Plasmas dargestellt. Für $\omega < \omega_0$ bleibt die Dielektrizitätskonstante negativ. Daraus folgt speziell, daß eine elektromagnetische Welle mit einer Frequenz unterhalb ω_0 nicht in das Plasma eindringt, sondern vollständig reflektiert wird, wenn sie auf die Plasmaoberfläche auftrifft.

§ 12. Der Übergang von Elektronen in den Prozeß dauernder Beschleunigung

Für den oben betrachteten Prozeß der Entstehung eines Stromes im Plasma ist charakteristisch, daß der Mittelwert der gerichteten Geschwindigkeit u der Feldstärke proportional ist. Infolge dieses Zusammenhanges zwischen u und E erfüllt der elektrische Strom das OHMsche Gesetz. Ein elektrisches Feld, das im Plasma erzeugt wird, kann auch zu Beschleunigungsprozessen führen, bei denen ein bestimmter Bruchteil von Plasmaelektronen seine Energie unbegrenzt vergrößert. Hervorzuheben ist dabei, daß diese beiden verschiedenen Formen kollektiver Bewegung, die durch ein elektrisches Feld hervorgerufen werden, durchaus keine Alternative darstellen. Bei Vorhandensein eines elektrischen Feldes im Plasma kann ein Teil der Elektronen am Beschleunigungsprozeß teilnehmen, während gleichzeitig der andere Teil den quasistationären OHMschen Strom trägt. Ein solches Nebeneinanderbestehen eines quasistationären Stromes und eines nichtstationären Beschleunigungsprozesses ist im Plasma wegen einer besonders charakteristischen Eigenschaft der COULOMBschen Stöße möglich, die darin besteht, daß der Wirkungsquerschnitt bei der Wechselwirkung zwischen Elektron und Ion sehr schnell mit zunehmender Geschwindigkeit des Elektrons abnimmt. Der Gleichgewichtszustand wird für ein konstantes elektrisches Feld mit Hilfe der Beziehung

$$u = \frac{e E}{m_e} \tau \tag{3.15}$$

charakterisiert. Ein Gleichgewicht stellt sich ein, wenn das Elektron zwischen zwei Stößen eine gerichtete Geschwindigkeit u gewinnt, die klein ist im Vergleich zur

Geschwindigkeit der ungeordneten Wärmebewegung v. u ist proportional v^3, das Verhältnis der gerichteten Geschwindigkeit zur Geschwindigkeit der ungeordneten Wärmebewegung wächst also proportional v^2. Erstreckt sich das Energiespektrum der Elektronen in den Bereich hinreichend hoher Energie, so finden sich Elektronen, die auf einer freien Weglänge eine Geschwindigkeit erreichen, die größer als die Geschwindigkeit der ungeordneten Wärmebewegung ist. Für solche Elektronen gibt es kein Gleichgewicht zwischen der beschleunigenden Wirkung des elektrischen Feldes und der Abbremsung durch COULOMB-Stöße; sie gehen daher in den Zustand stetiger Beschleunigung über. Dies wird verständlich, wenn man sich vergegenwärtigt, daß bei dem COULOMBschen Charakter der Abbremsung der Elektronen das vereinfachende Bild des „Stoßes" mit einem plötzlichen Verlust an gerichteter Geschwindigkeit nur einen begrenzten Anwendungsbereich hat. Für Wechselwirkungen vom COULOMB-Typ ist die mittlere freie Weglänge diejenige Länge, auf der das Elektron allmählich wegen der Vielzahl geringer Winkelabweichungen, die sich statistisch addieren, letztlich die ursprüngliche Richtung seiner Geschwindigkeit verliert. Wenn jedoch gleichzeitig mit diesem Prozeß der Verminderung der gerichteten Geschwindigkeit eine Beschleunigung durch das elektrische Feld stattfindet, so kann ein Zustand eintreten, bei dem sich zwischen den Kräften, die das Elektron beschleunigen, und denen, die es abbremsen, kein Gleichgewicht einstellt.

Die Bedingung für den Übergang der Elektronen in einen Zustand ständiger Beschleunigung lautet

$$\frac{e\,E}{m_e}\,\frac{\lambda(v)}{v} \sim v\,, \tag{3.16}$$

wo $\lambda(v)$ die freie Weglänge des Elektrons bei vorgegebener Geschwindigkeit v ist.

Unter Benutzung der Formel (2.37) läßt sich leicht zeigen, daß diese Bedingung der Beziehung

$$\frac{E\,(\mathrm{V/cm}) \cdot W\,(\mathrm{eV})}{n} \sim 3 \cdot 10^{-12}\,Z^2 \tag{3.16a}$$

äquivalent ist.[1])

Die Bedingung (3.16a) legt die untere Energiegrenze fest, bei der die Elektronen stetig beschleunigt werden. Diese Grenze erniedrigt sich mit Vergrößerung des Verhältnisses E/n. Für große E/n-Werte und eine hohe Elektronentemperatur kann die Beschleunigung den Hauptteil des Energiespektrums der Elektronen erfassen. Dann wird ein Plasmastrom, der dem OHMschen Gesetz gehorcht, fehlen.

Rechnungen von DREICER zeigen, daß ein derartiger Zustand vorliegt, wenn die elektrische Feldstärke einen kritischen Wert übersteigt, der durch

$$E_k = 10^{-8}\,\frac{n\,Z^2}{T_e} \tag{3.17}$$

[1]) Hier wird nur die Bremsung durch Zusammenstöße mit Ionen berücksichtigt. Ist W beträchtlich größer als $k\,T$, d. h. betrachten wir das Verhalten eines Elektrons, das dem „Schwanz" der MAXWELLschen Geschwindigkeitsverteilung angehört, so muß man auch die Bremsung durch Zusammenstöße mit Elektronen, die zum Hauptteil des Energiespektrums gehören, einschließen. Hierbei bleibt (3.16a) qualitativ richtig.

gegeben ist. Dieses Ergebnis steht mit einer groben Abschätzung, die man aus (3.16a) erhalten kann, wenn man für W die mittlere thermische Energie der Elektronen einsetzt, in gutem Einklang. Im entgegengesetzten Falle, wenn also $E \leqq E_k$ ist, ist die Bedingung (3.16a) nur für Elektronen mit Geschwindigkeiten, die wesentlich über der mittleren liegen, erfüllt. Sie gehören zum entfernteren Bereich des Energiespektrums und stellen nur einen kleinen Bruchteil der Gesamtzahl der Plasmaelektronen dar. Man darf jedoch die Effekte, die durch die ununterbrochene Beschleunigung selbst eines kleinen Teils der Elektronen im Plasma bedingt sein können, nicht vernachlässigen. Der dabei entstehende Strom schneller Elektronen kann Schwingungen im Plasma anregen und zum Auftreten verschiedener Formen von Instabilitäten führen.

In elektrodenlosen Systemen mit elektrischen Wirbelfeldern ohne Teilchenabwanderung auf die Wand müssen im Laufe der Zeit alle Plasmaelektronen in den Beschleunigungszustand übergehen. Dies kommt dadurch zustande, daß wegen der Zusammenstöße zwischen den Elektronen derjenige Bereich des Energiespektrums, aus dem sie hervorgehen, schnell Energie aus dem elektrischen Feld entnimmt und sich die ganze Zeit auf Kosten des Hauptteils des MAXWELLschen Spektrums auffüllt. Je größer das Verhältnis E/E_k ist, desto schneller wächst der Strom der Elektronen, die durch das Feld beschleunigt werden. Übrigens ist es auch möglich, daß ein Mechanismus existiert, der einer Zunahme der Intensität der Ströme beschleunigter Elektronen entgegenwirkt. Ein derartiger Effekt kann durch starke Wechselwirkung des gerichteten Strahls schneller Teilchen mit Plasmaschwingungen bedingt sein, wodurch eine anomale Bremsung des Strahls auftritt.

Auf der Beschleunigung der Plasmaelektronen in ringförmigen Entladungen basiert die Idee zur Schaffung eines Starkstromelektronenbeschleunigers. Die ersten Überlegungen dieser Art stammen von STEENBECK, der auch als erster experimentelle Untersuchungen zur Erprobung dieses Beschleunigungsprinzips anstellte. In der Folge wurde dann die Theorie der Beschleunigung von Plasmaelektronen von einer Reihe von Autoren (SPITZER, HÄRM, GIOVANELLI) ausgearbeitet. Höchste Vervollkommnung erfuhr sie durch DREICER, der untersuchte, wie sich im Verlauf der Zeit die Geschwindigkeitsverteilung der Elektronen im unbegrenzten Plasma bei Vorhandensein eines elektrischen Feldes ändert. DREICER berechnete die Zeit, die notwendig ist, um bei gegebener Feldstärke E die Hauptmasse der Plasmaelektronen in den Beschleunigungszustand zu überführen. Sie ist durch den Ausdruck

$$t_a = \tau_{ei}\, f(E/E_k) \tag{3.18}$$

gegeben. $f(E/E_k)$ ist in Abb. 25 dargestellt.

Formel (3.18) wird etwas anschaulicher, wenn man sich klar macht, daß E/E_k gleich dem Verhältnis der mittleren Translationsgeschwindigkeit, die das Elektron unter Stationaritätsbedingungen durch das elektrische Feld E erlangen muß, zu einer thermischen Geschwindigkeit ist.

Unter Benutzung der Beziehungen (3.15) und (3.17) für u und E_k sowie des Ausdrucks (2.40) für τ_{ei} erhält man unschwer die folgende Relation:

$$\frac{u}{v_e} = \frac{E}{E_k}. \tag{3.19}$$

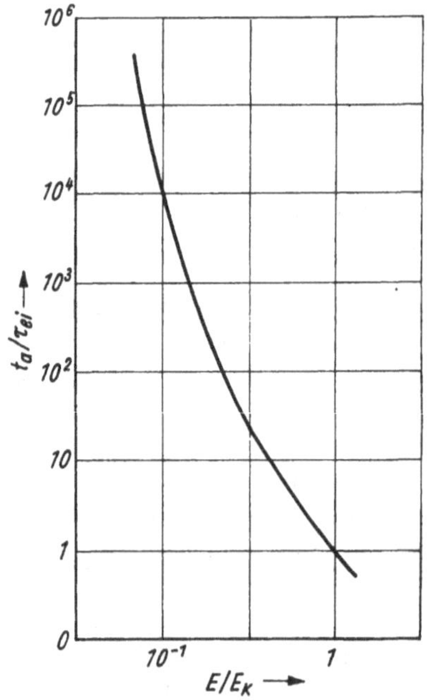

Abb. 25. Zeitkonstante für den Übergang der Hauptmasse der Elektronen in den Zustand dauernder Beschleunigung in Abhängigkeit von E/E_k

Hierin ist $v_e = \sqrt{\frac{3\,k\,T_e}{m_e}}$ der quadratische Mittelwert der thermischen Geschwindigkeit der Elektronen.

Zur Veranschaulichung der oben dargelegten theoretischen Schlüsse wollen wir jetzt ein Zahlenbeispiel betrachten. Es sei $\frac{u}{v_e} = 0{,}1$. Aus Abb. 25 folgt, daß in diesem Falle $f(E/E_k)$ gleich $8 \cdot 10^3$ ist. Danach ist also für den Übergang der Hauptmasse der Elektronen in den Zustand stetiger Beschleunigung eine Zeit notwendig, die einige tausendmal größer ist als die mittlere Zeit zwischen zwei COULOMB-Stößen.

Ferner sei $n = 10^{14}$ und $T_e = 10^6$; dann ist $\tau_{ei} = 4 \cdot 10^{-7}$ und damit $t_a \sim 10^{-3}$ sec. Wie aus (3.19) folgt, ändert sich bei vorgegebenem Wert des Arguments E/E_k die Größe t_a proportional $T_e^{3/2}$. Ist also die Temperatur des Plasmas nicht hoch, so muß das Argument der Funktion $f(E/E_k)$ einen hinreichend kleinen Wert besitzen, wenn ein schneller Übergang aller Elektronen in den Beschleunigungszustand vermieden werden soll. Um dies zu erreichen, genügt es praktisch wegen des außerordentlich schnellen Anwachsens von $f(E/E_k)$ bei Abnahme von E/E_k in jedem beliebigen Temperaturbereich, daß die Feldstärke 25 bis 30mal niedriger als die kritische ist.

In Anordnungen, die zur Aufheizung des Plasmas durch geschlossene Entladungsströme bestimmt sind, stellt die Beschleunigung der Elektronen in Wirbelfeldern einen Störeffekt dar, der für die Entstehung verschiedener Formen von Instabilitäten der Plasmaschleife und zusätzlicher Energieverluste verantwortlich sein kann. Experimentelle Daten über die Entstehung von Beschleunigungseffekten in toroidalen Kammern und anderen elektrodenlosen Anlagen bei Aufheizung des Plasmas durch den darin fließenden Strom folgen in den Kapiteln VI und VIII.

Es sind noch einige Worte zur Wärmeübertragung im Plasma zu sagen. Wie schon in Kapitel I erwähnt, besitzt ein vollständig ionisiertes Plasma bei hoher Temperatur eine sehr große Wärmeleitfähigkeit. Das schnelle Anwachsen der

Wärmeleitfähigkeit mit der Temperatur erklärt sich durch die Vergrößerung der freien Weglänge der Teilchen. Weil bei gleichen Werten von T_e und T_i die Geschwindigkeit der Elektronen diejenige der Ionen um ein Vielfaches übersteigt, erfolgt die Wärmeübertragung durch die Elektronenkomponente des Plasmas. Wenn die Entfernung, in der ein merklicher Temperaturabfall stattfindet, groß ist im Vergleich zur mittleren freien Weglänge der Elektronen, kann man zur Ermittlung des Wärmestromes die übliche Formel

$$Q = -\sigma_T \operatorname{grad} T \tag{3.20}$$

benutzen, wobei man den Koeffizienten der Wärmeleitfähigkeit nach (1.6) ausrechnet.

Ein Wasserstoffplasma besitzt bei $T_e = 10^6$ eine dreißigmal größere Wärmeleitfähigkeit als Kupfer bei Zimmertemperatur.

Formel (3.20) ist nicht anwendbar, wenn die freie Weglänge die Plasmadimenionen (oder den Abstand des Plasmas von den Gefäßwänden) übertrifft.

§ 13. Einfluß des Magnetfeldes auf den im Plasma fließenden Strom. Dielektrizitätskonstante eines Plasmas in gekreuzten Feldern. Wiederherstellung der Leitfähigkeit. Anisotropie der Leitfähigkeit

Ein Magnetfeld beeinflußt die Transportprozesse, die in Richtung der Feldlinien ablaufen, praktisch nicht, wirkt sich jedoch sehr stark auf Prozesse aus, bei denen der Teilchenstrom senkrecht zum $\mathfrak{H}$-Vektor gerichtet ist. Zur Veranschaulichung wollen wir einige Eigenschaften des Plasmas, wie Leitfähigkeit, Diffusion und Wärmeleitfähigkeit näher betrachten.

Die Leitfähigkeit eines vollständig ionisierten, unbegrenzten und homogenen Plasmas in einem völlig stationär gewordenen Zustand ist für $\mathfrak{E} \perp \mathfrak{H}$ gleich Null. Dies läßt sich anhand einfacher Überlegungen, die auf den Gesetzen der Driftbewegung geladener Teilchen im Magnetfeld beruhen, beweisen. Wir bezeichnen die völlig ausgebildete gerichtete Bewegung der Elektronen durch den Geschwindigkeitsvektor $\mathfrak{u}_e$ und die Bewegung der Ionen durch den Geschwindigkeitsvektor $\mathfrak{u}_i$. Die mittlere Bremskraft, die auf ein Elektron von Seiten der Ionen wirkt, ist durch die Bewegungsgröße gegeben, die von dem Elektron an die Ionen durch Zusammenstöße in der Zeiteinheit abgegeben wird. Sie ist proportional der Relativgeschwindigkeit und durch den Ausdruck

$$-m_e \frac{\mathfrak{u}_e - \mathfrak{u}_i}{\tau_{ei}}$$

bestimmt. Die resultierende Kraft, die auf ein Elektron von Seiten des elektrischen Feldes und der Ionen wirkt, ist im Mittel gleich

$$\mathfrak{F}_e = -e\,\mathfrak{E} - \frac{m_e(\mathfrak{u}_e - \mathfrak{u}_i)}{\tau_{ei}}. \tag{3.21}$$

Auf ein Ion wirkt die Kraft $\mathfrak{F}_i = -\mathfrak{F}_e$, und für den völlig stationär gewordenen Zustand entsprechen die Geschwindigkeiten $\mathfrak{u}_e$ und $\mathfrak{u}_i$ genau den Driftbewegungen der Elektronen und Ionen im Magnetfeld unter der Wirkung der nichtmagnetischen Kräfte $\mathfrak{F}_e$ und $\mathfrak{F}_i$. Nach Formel (2.28) sind sie durch

$$\mathfrak{u}_e = -\frac{c}{e\,H^2}\mathfrak{F}_e \times \mathfrak{H} \tag{3.22}$$

und

$$\mathfrak{u}_i = \frac{c}{e\,H^2}\mathfrak{F}_i \times \mathfrak{H} \tag{3.23}$$

gegeben. Danach ist $\mathfrak{u}_e = \mathfrak{u}_i$. Die Elektronen und Ionen driften in gleicher Richtung senkrecht zu $\mathfrak{E}$ und $\mathfrak{H}$ mit der Geschwindigkeit

$$u = \frac{c\,E}{H}\,. \tag{3.24}$$

Dabei findet keinerlei resultierender Ladungstransport statt, d. h., der Strom im Plasma ist gleich Null, während sich das Plasma als Ganzes mit der Geschwindigkeit $\mathfrak{u}$ senkrecht zu $\mathfrak{E}$ und $\mathfrak{H}$ bewegt. Das Verschwinden des Stromes in gekreuzten $\mathfrak{E}$- und $\mathfrak{H}$-Feldern kann man auch dadurch erklären, daß für einen mitbewegten Beobachter die Feldstärke $\mathfrak{E}'$ in einem solchen mit der Driftgeschwindigkeit $\mathfrak{u}$ bewegten Plasma Null ist $\left(\mathfrak{E}' = \mathfrak{E} + \frac{1}{c}\mathfrak{u} \times \mathfrak{H} = 0\right)$.

In Wirklichkeit haben wir es jedoch immer mit einem Plasma zu tun, das ein bestimmtes, begrenztes Volumen ausfüllt. Dann wird die Wirkung zweier gekreuzter Felder auf das Plasma im wesentlichen von den Grenzbedingungen bestimmt. Der Strom wird nur dann gleich Null, wenn diese Grenzbedingungen die freie Bewegung des Plasmas nicht behindern. Dies kann man jedoch nur dann erwarten, wenn die Driftbewegung parallel zur Begrenzung des Plasmas verläuft; z. B., wenn das Plasma ein Volumen in Form eines Hohlzylinders einnimmt, in dem das elektrische Feld radial gerichtet ist und die magnetischen Kraftlinien parallel zur Zylinderachse verlaufen.

Das Fehlen eines stationären Stromes bei Plasmen in gekreuzten Feldern bedeutet, daß sich das Plasma in der zu $\mathfrak{H}$ senkrechten Richtung wie ein Dielektrikum verhält. Hauptcharakteristikum eines solchen Zustandes ist die Dielektrizitätskonstante des Plasmas in gekreuzten Feldern. Zur Bestimmung dieser Größe (die im folgenden mit ε_m bezeichnet wird) benutzen wir die anschaulichste Methode und machen hierbei eine Reihe vereinfachender Annahmen, die keinen Einfluß auf das Endergebnis haben. Das Plasma soll sich in einem ebenen Kondensator unter gleichzeitiger Wirkung eines E- und H-Feldes befinden (Abb. 26). Die Kondensatorlänge nehmen wir in x-Richtung als unendlich an. Wir setzen weiter voraus, daß die Wärmeenergie der Teilchen sehr gering ist. Dann werden sich nach schnellem Einschalten des Feldes die Plasmateilchen auf Zykloiden bewegen. Wie im vorangegangenen Kapitel erwähnt wurde, sind bei zykloidaler Bewegung die Driftgeschwindigkeit und die Geschwindigkeit der Larmor-Präzession gleich, und zwar $c\,E/H$. Wenn man die Driftbewegung durch Übergang zu einem mit dem Plasma mitbewegten Koordinatensystem eliminiert, läßt sich zeigen, daß sich ein Teilchen, welches sich anfangs im Punkte A auf der x-Achse befand, durch die

Wirkung des elektrischen Feldes auf einem Kreis bewegen wird, dessen Mittelpunkt gegenüber der x-Achse um das Stück

$$\Delta y = \frac{m\,c}{q\,H}\,\frac{c\,E}{H} = \frac{m\,c^2\,E}{q\,H^2}$$

verschoben ist. Die Ionen werden sich dabei in der E-Richtung, die Elektronen in entgegengesetzter Richtung verschieben.

Das elektrische Feld bewirkt also eine Polarisation des Plasmas. Das elektrische Moment der Volumeneinheit ist gleich

$$P = n\,e\,(\Delta y_i - \Delta y_e) = \frac{n\,(m_i + m_e)\,c^2\,E}{H^2}.$$

Daraus folgt

$$\varepsilon_m = 1 + \frac{4\,\pi\,P}{E} = 1 + \frac{4\,\pi\,\varrho\,c^2}{H^2}, \qquad (3.25)$$

wobei ϱ die Plasmadichte ist.

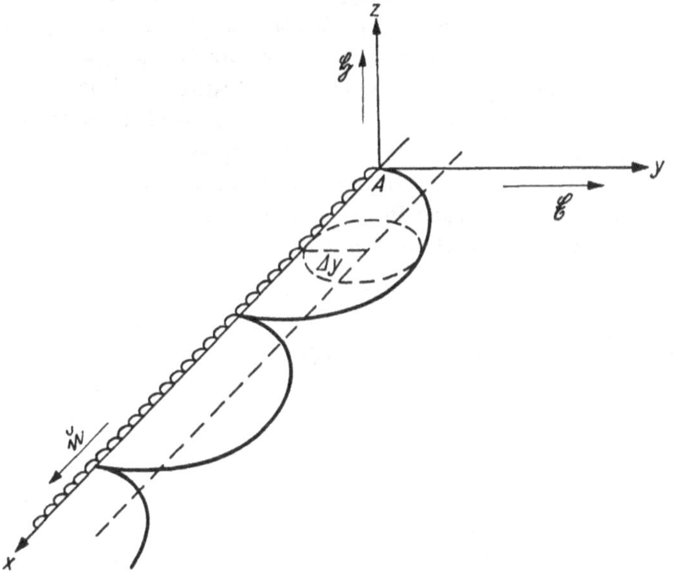

Abb. 26. Zur Entstehung einer elektrischen Polarisation in einem Plasma in gekreuzten Feldern

Selbst in einem verhältnismäßig dünnen Plasma und bei ziemlich hohen H-Werten kann ε_m sehr groß sein. Zum Beispiel ist für $n = 10^{10}$ und $H = 1000$ Oe die Dielektrizitätskonstante eines Deuteriumplasmas von der Größenordnung 10^2. Beim Eindringen in ein frei driftendes Plasma wird also die zum Magnetfeld senkrechte Komponente eines elektrischen Feldes sehr geschwächt.

Gleichung (3.25) läßt sich auch aus den im folgenden Kapitel abgeleiteten allgemeinen magnetohydrodynamischen Gleichungen für ein Plasma herleiten. Dabei zeigt es sich, daß der Ausdruck für ε_m auch zur Beschreibung des Verhaltens eines Plasmas in veränderlichen elektromagnetischen Feldern dienen kann, wenn nur die Frequenz des Feldes klein ist im Vergleich zur LARMORfrequenz der Ionen. Auf der Ausnutzung der hohen Polarisierbarkeit des Plasmas in gekreuzten Feldern beruht die Konstruktion des Plasmakondensators (siehe Kap. VIII, § 58).

Wenn das Plasma senkrecht zu seiner Begrenzung driftet, können Bedingungen entstehen (und in stationären Zuständen geschieht dies in der Regel), die solche Driftbewegung verhindern. Die Drift führt in einem begrenzten Plasma gewöhnlich zu einer Neuverteilung der Teilchenkonzentration, als deren Ergebnis Diffusionsströme auftreten, die der Driftbewegung entgegengerichtet sind. Sind Diffusion und Drift in gekreuzten Feldern im Gleichgewicht, so wird der durch sie hervorgerufene Strom der Ionen und Elektronen in der zu $\mathfrak{E} \times \mathfrak{H}$ parallelen Richtung gleich Null. Die Leitfähigkeit des Plasmas stellt sich wieder ein, und der Strom ist mit der Feldstärke durch dieselbe Beziehung verknüpft wie beim Fehlen eines quergerichteten Magnetfeldes.

Von der Richtigkeit dieser Behauptung kann man sich durch eine Analyse der Ausdrücke für die Geschwindigkeit der Elektronen und Ionen überzeugen.

Wir legen die x-Achse in Richtung des $\mathfrak{E}$-Vektors und die y-Achse in Richtung des $\mathfrak{H}$-Vektors. Die Driftgeschwindigkeit in Richtung $\mathfrak{E}\times\mathfrak{H}$ ist durch die Komponenten der Vektoren $\mathfrak{u}_e$ und $\mathfrak{u}_i$ in Richtung der z-Achse gegeben. Aus (3.22) und (3.23) folgt, daß bei Fehlen einer Drift entlang der z-Achse die Komponenten der Kräfte $\mathfrak{F}_e$ und $\mathfrak{F}_i$ in der x-Richtung Null werden müssen. Die Ursachen für das Aufhören der Driftbewegung in der z-Richtung führen also nicht zum Auftreten irgendwelcher neuer Kräfte in der x-Richtung. Daher können wir schreiben

$$F_{ex} = -F_{ix} = e\,E - \frac{m_e(u_{ex} - u_{ix})}{\tau_{ei}}\,.$$

Durch Nullsetzen dieser Größe erhalten wir

$$j = n\,e\,(u_{ix} - u_{ex}) = \frac{n\,e^2\,\tau_{ei}}{m_e}\,E\,,$$

was zu beweisen war.

Wir wollen uns hier auf diese allgemeinen Überlegungen zur Frage der Wiederherstellung der Leitfähigkeit beschränken. Eingehendere Untersuchungen des Zusammenhanges zwischen Strom und Spannung im Plasma bei Vorhandensein eines Magnetfeldes folgen im nächsten Kapitel. Wir erwähnen nur noch, daß quasistationäre Prozesse, in denen eine Wiedereinstellung der Leitfähigkeit bei $\mathfrak{E} \perp \mathfrak{H}$ erfolgt, typisch sind für die Erzeugung heißer Plasmen mittels starker Plasmaströme.

Die grobe Analyse, die wir eben anstellten, erfaßte einige wesentliche Einzelheiten des Leitfähigkeitsmechanismus nicht. Hierzu sind verfeinerte Theorien nötig. Eines der interessanten Ergebnisse, die eine exaktere Analyse der Transportprozesse in einem vollständig ionisierten Plasma bringt, ist die Voraussage der Anisotropie der Leitfähigkeit. Diese besteht darin, daß bei Vorhandensein eines Magnetfeldes die Leitfähigkeit des Plasmas in $\mathfrak{H}$-Richtung doppelt so groß ist wie die Leitfähigkeit senkrecht dazu (falls diese Leitfähigkeit sich wieder eingestellt hat). Dieser Effekt läßt sich leider nicht anschaulich interpretieren. Man könnte nur dazu sagen, daß er durch den spezifischen Charakter der COULOMBschen Wechselwirkung der stoßenden Teilchen bedingt ist. Die Anisotropie der Leitfähigkeit des Plasmas führt dazu, daß bei Vorhandensein eines magnetischen Feldes die Richtung des Stromes im Plasma nicht mit der Richtung des angelegten elektrischen Feldes zusammenfällt. Bei beliebigen Richtungen von $\mathfrak{E}$ und $\mathfrak{H}$ hat die Stromdichte folgenden Wert:

$$\mathfrak{j} = \sigma_{\parallel} \mathfrak{E}_{\parallel} + \sigma_{\perp} \mathfrak{E}_{\perp} , \tag{3.26}$$

wo $\mathfrak{E}_{\parallel}$ und $\mathfrak{E}_{\perp}$ die Komponenten von $\mathfrak{E}$ in Richtung von $\mathfrak{H}$ und senkrecht dazu sind, und $\sigma_{\parallel}$ und $\sigma_{\perp}$ die entsprechenden Werte der Leitfähigkeit. Da $\sigma_{\parallel} = 2\,\sigma_{\perp}$ ist, ist der $\mathfrak{j}$-Vektor gegen die magnetischen Kraftlinien um einen kleineren Winkel geneigt als der $\mathfrak{E}$-Vektor.

Wie wir noch sehen werden, können die Anisotropie der Leitfähigkeit und die damit zusammenhängenden Effekte bei Prozessen, die bei Impulsentladungen mit großer Stromstärke auftreten, eine wesentliche Rolle spielen.

Die Versuchsergebnisse zeigen, daß in solchen Prozessen $\sigma_{\perp}$ um einige Größenordnungen kleiner ist als $\sigma_{\parallel}$. Dieses Resultat steht zu den oben erwähnten theoretischen Voraussagen in krassem Widerspruch. Das liegt wohl daran, daß ein Plasma, wie es in den Versuchsanordnungen erzeugt werden konnte, nicht stabil genug ist.

§ 14. Diffusion in einem transversalen Magnetfeld. Der Diffusionskoeffizient nach der klassischen Theorie. Anomale Diffusion. BOHMsche Formel. Die SHARINOWschen Versuche

Ein starkes Magnetfeld verändert auch stark den Charakter der Diffusionsprozesse im Plasma, wenn die Diffusion quer zur Feldrichtung erfolgt. Bei Fehlen des Magnetfeldes sind die Stöße zwischen den Teilchen der Faktor, der die Geschwindigkeit der Diffusionsströme herabsetzt. Betrachten wir die Bewegung eines Plasmateilchens quer zu den Kraftlinien eines starken Magnetfeldes, so finden wir die umgekehrte Situation. Würden die Elektronen und Ionen nicht untereinander zusammenstoßen, so könnten sie sich nur entlang der Kraftlinien frei bewegen; eine Diffusion senkrecht zu $\mathfrak{H}$ wäre ausgeschlossen. Eine Bewegung der Teilchen quer zum Feld wird nur durch Zusammenstöße möglich. Eine grobe Abschätzung des Diffusionskoeffizienten erhält man auf Grund einfacher Überlegungen. Im Verlauf eines Zeitabschnittes τ erleidet das Teilchen im Mittel einen Zusammenstoß, bei dem es sich senkrecht zu den Kraftlinien um einen Abstand von der Größenordnung des Radius des LARMORkreises ϱ verschiebt. Nach statistischen Gesetzen addieren sich bei einer großen Zahl von Zusammenstößen die Quadrate der einzelnen Verschiebungen. Nach der Zeit t verschiebt sich das Teilchen senkrecht zum Feld also um die Strecke

$$x \sim \varrho \sqrt{\frac{t}{\tau}} .$$

Diese Verschiebung der Teilchen senkrecht zu $\mathfrak{H}$, die durch Stöße zustande kommt, ist nicht dasselbe wie die BROWNsche Bewegung. Die mittlere Verschiebung nach der Zeit t muß von der Größenordnung $\sqrt{D_\perp t}$ sein, wo $D_\perp$ der Diffusionskoeffizient ist. Folglich ist

$$D_\perp \sim \frac{\varrho^2}{\tau} \sim \lambda v \frac{1}{(\omega \tau)^2}. \tag{3.27}$$

In diesem Ausdruck ist $\tau \sim T^{3/2}$. Daher ist

$$D_\perp \sim \frac{n}{H^2 \sqrt{T}}.$$

Für große H- und T-Werte wird $D_\perp$ sehr klein. Dies bedeutet, daß man in einem Hochtemperaturplasma, das sich in einem starken Magnetfeld in stabilem Gleichgewicht befindet, die Diffusion quer zu den Kraftlinien aus der Zahl der die Lebensdauer der schnellen Teilchen im Plasma begrenzenden Faktoren ausschließen kann.

Entlang der Kraftlinien bewegen sich die Teilchen wie bei $H = 0$. Infolgedessen muß sich in einem starken Magnetfeld das Plasma im Hinblick auf Diffusionsprozesse verhalten wie ein Medium mit stark ausgeprägter Anisotropie.

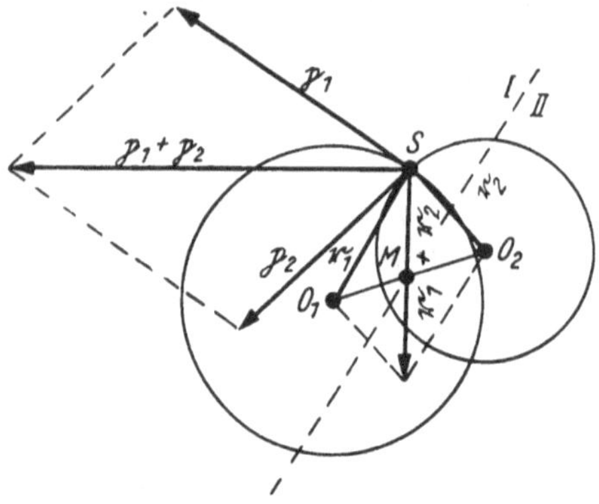

Abb. 27. Vektordiagramm für den Zusammenstoß geladener Teilchen gleichen Vorzeichens

Die oben gebrachte qualitative Abschätzung der Diffusionsgeschwindigkeit quer zum Magnetfeld läßt einige wesentliche Züge des Diffusionsmechanismus ungeklärt. Eine wichtige Besonderheit dieses Prozesses ist, daß die Diffusion nur durch Zusammenstöße verschiedenartiger Teilchen zustandekommt, d. h. durch Zusammenstöße zwischen Ionen und Elektronen. Zusammenstöße zwischen Teilchen der gleichen Art können nicht zu makroskopischen Änderungen der Teilchenverteilung im Raume führen.

Zum Beweis dieser Behauptung erinnern wir uns, daß wir den Radius des LARMOR-Kreises als Vektor $\mathfrak{r}$ ansehen können, der von einem gegebenen Punkt der Bahn zum Zentrum des Kreises gerichtet ist. Dieser Vektor ist in der Länge dem Impuls des Teilchens $\mathfrak{p}$ proportional und gegen diesen um 90° gedreht. Die Richtung dieser Drehung ist für die verschiedenen Teilchen je nach dem Vorzeichen der Ladung verschieden. Beim elastischen Zusammenstoß zweier Teilchen bleibt der Gesamtimpuls erhalten. Wenn daher die beiden zusammenstoßenden Teilchen gleichnamig geladen sind, so bleibt auch der Vektor $\mathfrak{r}_1 + \mathfrak{r}_2$ erhalten. Abb. 27 zeigt, daß in diesem Falle die Mitte der Linie, die die Mittelpunkte der LARMOR-Kreise verbindet, beim Zusammenstoß unbeweglich bleibt.

S ist der Punkt, in dem der Zusammenstoß stattfand, M die Mitte der Linie, welche die Mittelpunkte der LARMOR-Kreise O_1 und O_2 verbindet. Wie oben erwähnt, dreht sich beim Zusammenstoß der Teilchen die Linie $O_1 O_2$ um den Punkt M. Die rechte Linie, die auf der Skizze punktiert durch M gezogen ist, teilt die Ebene senkrecht zu $\mathfrak{H}$ in zwei Bereiche (I und II). Wir sehen, daß durch einen Zusammenstoß keine Neuverteilung der Teilchen zwischen diesen Bereichen stattfindet; denn wenn O_1 vom Bereich I in den Bereich II übertritt, so verschiebt sich O_2 aus dem Bereich II in den Bereich I. Dieser Vorgang vollzieht sich bei jeder beliebigen Richtung der Grenzlinie. Ein solches Verhalten der Teilchen bedeutet, daß eine Diffusion fehlt.

Man kann sich leicht davon überzeugen, daß bei Stößen zwischen verschiedenartigen Teilchen die kinematischen Verhältnisse anders liegen; daher führen derartige Zusammenstöße zu einer Änderung der makroskopischen Verteilung der Teilchen, d. h. zur Diffusion.

Die oben beschriebene Besonderheit des Diffusionsmechanismus ist in der formalen Ableitung des Diffusionskoeffizienten aus der Drifttheorie der Teilchenbewegung im Magnetfeld automatisch berücksichtigt. Bei dieser Ableitung kann man die Bewegung der Teilchen einer Art als durch eine Kraft hervorgerufen ansehen, die durch den Gradienten des Partialdruckes bedingt ist. Auf die in der Volumeneinheit enthaltenen Elektronen wirkt die resultierende Kraft $-\operatorname{grad} p_e$, wobei p_e der Partialdruck der Elektronenkomponente ist. Daher ist die mittlere Kraft, die auf ein Elektron wirkt, $-\frac{1}{n}\operatorname{grad} p_e$. Die mittlere Kraft, die auf ein einzelnes Ion wirkt, ist entsprechend $-\frac{1}{n}\operatorname{grad} p_i$ (p_i: Partialdruck der Ionenkomponente). In voller Analogie zu dem Fall mit gekreuztem $\mathfrak{E}$-Feld ist daher die Diffusionsgeschwindigkeit für Elektronen und Ionen gegeben durch:

$$\mathfrak{u}_e = -\frac{c}{e H^2}\left\{\left(-\frac{\operatorname{grad} p_e}{n} - \frac{m_e(\mathfrak{u}_e - \mathfrak{u}_i)}{\tau_{ei}}\right) \times \mathfrak{H}\right\}, \tag{3.28}$$

$$\mathfrak{u}_i = \frac{c}{e H^2}\left\{\left(-\frac{\operatorname{grad} p_i}{n} + \frac{m_e(\mathfrak{u}_e - \mathfrak{u}_i)}{\tau_{ei}}\right) \times \mathfrak{H}\right\}. \tag{3.29}$$

Verläuft der Druckgradient in x-Richtung, das $\mathfrak{H}$-Feld in z-Richtung, so ist

$$u_{ex} = u_{ix} = \frac{m_e c}{e H \tau_{ei}}(u_{ey} - u_{iy}),$$

$$u_{iy} - u_{ey} = \frac{c}{e H}\frac{1}{n}\frac{dp}{dx}.$$

Hierin ist p der Gesamtdruck.

Wir nehmen der Einfachheit halber an, daß die Temperatur der Elektronen und der Ionen nicht von x abhängt. Dann ist die Geschwindigkeit, mit der die beiden Komponenten des Plasmas in p-Richtung senkrecht zu $\mathfrak{H}$ diffundieren, durch den Ausdruck

$$u_x = -\frac{m_e c^2}{e^2 H^2 \tau_{ei}}\frac{k}{n}(T_e + T_i)\frac{dn}{dx} \tag{3.30}$$

gegeben. Per definitionem ist

$$n\, u_x = -\, D \frac{dn}{dx} \tag{3.31}$$

und folglich

$$D_\perp = \frac{m\, c^2}{e^2 H^2 \tau_{e\,i}}\, k\,(T_e + T_i)\,. \tag{3.32}$$

Aus der Gleichheit von u_{ix} und u_{ex} folgt, daß die Diffusion ambipolar ist. Die Gleichung für $D_\perp$ läßt sich nach einigen einfachen Umformungen in folgende Form bringen:

$$D_\perp = D_0 \frac{T_e + T_i}{T_e} \frac{1}{(\omega_H\, \tau_{ei})^2}\,. \tag{3.33}$$

In diesem Ausdruck ist $D_0 = \frac{\lambda\, v_e}{3}$ der gewöhnliche Wert des Diffusionskoeffizienten aus der kinetischen Gastheorie und ω_H die LARMOR-Frequenz der Elektronen. Formel (3.33) gilt streng nur für $\omega_H\, \tau_{ei} \gg 1$.

Bei Vorhandensein eines $\mathfrak{H}$-Feldes ruft der Druckgradient in Richtung der x-Achse jedoch nicht nur eine Diffusionsbewegung hervor, er ist auch Ursache für das Auftreten eines elektrischen Stromes in Richtung der y-Achse, senkrecht zu grad p und $\mathfrak{H}$. Die Dichte dieses Stromes ist gleich

$$j = n\, e\,(u_{i\,y} - u_{e\,y}) = \frac{c}{H} \frac{\partial p}{\partial x}\,. \tag{3.34}$$

Dieser Strom ist so gerichtet, daß er bestrebt ist, die magnetische Feldstärke in den Gebieten, wo p groß ist, herabzusetzen. Infolge dieses Stromes, der entlang der Linien gleichen Druckes fließt, erscheint das Plasma diamagnetisch. Es ist bestrebt, die magnetischen Kraftlinien des äußeren Feldes aus sich herauszudrängen.

Der durch Formel (3.34) definierte Strom ist noch in einer weiteren Hinsicht bemerkenswert: Er spielt die Hauptrolle bei der Wiedereinstellung der Leitfähigkeit des Plasmas im Falle, wo das elektrische Feld senkrecht zum magnetischen liegt. Wie in § 13 erwähnt, stellt sich die Leitfähigkeit wieder ein, weil die Driftbewegung in gekreuzten Feldern durch einen Diffusionsstrom kompensiert wird. Diese Kompensation findet jedoch nur statt, weil sich im Plasma ein Druckgefälle aufbaut. Dieses Druckgefälle führt zur Ausbildung eines Diffusionsstromes, der proportional $\frac{dp}{dx}$ ist, und erzeugt damit den Strom $\mathfrak{j}$, der, wie man sich leicht überzeugt, in $\mathfrak{E}$-Richtung fließt. Unter den betrachteten Bedingungen ($\mathfrak{E} \perp \mathfrak{H}$) übernimmt also der Strom $\mathfrak{j}$, der durch den Druckgradienten bedingt ist, die Rolle des Leitungsstromes.

Die Einschränkung der Bewegungsfreiheit der Teilchen senkrecht zu $\mathfrak{H}$, setzt auch die Wärmeleitung quer zu den Kraftlinien herab. Der Wärmeleitfähigkeitskoeffizient senkrecht zu $\mathfrak{H}$ ist in starken Feldern um viele Male kleiner als im feldfreien Raum, während er in Richtung der Feldlinien unverändert bleibt. Die

Wärmeleitfähigkeit des Plasmas quer zu einem starken Magnetfeld wird durch die Ionen bestimmt nicht durch die Elektronen. Eine Rechnung, die wir hier nicht ausführen wollen, ergibt für den Koeffizienten der Wärmeleitfähigkeit eines Wasserstoffplasmas senkrecht zu $\mathfrak{H}$ den folgenden Ausdruck:

$$\sigma_T = 2 \cdot 10^{-16} \frac{n^2}{H^2 \sqrt{T}} . \tag{3.35}$$

Gleichung (3.35) mit (1.6) zeigt, daß in einem starken Magnetfeld der Wärmeleitfähigkeitskoeffizient um etwa $50(\omega_i \tau_{ii})^2$ kleiner wird. Für $T_e = T_i = 10^8$, $n = 10^{14}$ und $H = 10^4$ macht diese Abnahme von σ_T 14 Größenordnungen aus.

Obwohl die oben gebrachte „klassische Theorie" der Transportprozesse in einem aufmagnetisierten Plasma schon vor einigen Jahrzehnten entwickelt wurde, ist sie doch bis heute noch nicht richtig experimentell geprüft worden. Darüber hinaus existieren viele Hinweise darauf, daß die Formeln für die Werte des Diffusions- und Wärmeleitfähigkeitskoeffizienten im Querfeld nicht den experimentellen Tatsachen entsprechen oder besser, daß diese Formeln nur unter sehr eng begrenzten Bedingungen gelten, die für uns ohne besonderes Interesse sind (schwach ionisiertes Plasma mit niedriger Elektronenkonzentration, das sich in einem nicht zu starken Magnetfeld befindet).

Bohm gelangte 1948 nach Analyse der Untersuchungsergebnisse an Niederspannungsbogenentladungen in verdünnten Gasen und starken Feldern zu dem Schluß, daß die Diffusion des Plasmas quer zu den Kraftlinien weit schneller stattfindet, als dies aus den klassischen Rechnungen folgt, bei denen zur Erklärung der Diffusion nur Zweierstöße berücksichtigt werden.

Um die Abweichungen zwischen Theorie und Experiment zu erklären, nahm Bohm an, daß neben dem klassischen Diffusionsmechanismus sicher noch ein anderer Mechanismus existiert, der mit den Kollektivbewegungen im Plasma zusammenhängt. Dieser vermutete, jedoch bis heute nicht aufgefundene Mechanismus wird mit einer ziemlich unklaren „Turbulenz"-Hypothese in Verbindung gebracht, die gewissermaßen eine unvermeidbare Eigenart des aufmagnetisierten Plasmas sein soll. Bisher führte die Suche nach einem universellen Mechanismus für Kollektivbewegungen als Ursache erhöhter Diffusion zu keinem Ergebnis. Als einziges Ergebnis liegt bisher der Ausdruck für den Koeffizienten der turbulenten Diffusion vor, der von Bohm ohne jegliche theoretische Begründung postuliert wurde. Er ist von der Form

$$D = \frac{1}{16} \frac{c\,k\,T}{H} .$$

Bis jetzt kann man dieser ihrem Wesen nach empirischen Formel keine große Bedeutung beimessen, da ihre einzige Grundlage alte Versuchsergebnisse sind, deren Deutung man durchaus nicht als eindeutig ansehen kann.[1])

[1]) Allerdings muß man zugeben, daß die Meßergebnisse für den Plasmaverlust in Stellaratoren bei Ohmscher Aufheizung (§§ 51, 52) in genügendem Maße mit der Bohmschen Formel übereinstimmen, wenn wir in dieser den Zahlenfaktor etwa um das Dreifache vergrößern.

In jüngster Zeit wurden eine Reihe experimenteller Arbeiten durchgeführt, die der Erforschung der Diffusionsgesetze bei gewöhnlichen Entladungen kleiner Leistung in verdünnten Gasen im Magnetfeld dienten. Es wurde die Diffusion quer zum Feld in der positiven Säule einer Glimmentladung und in einer Entladung mit Glühkathode untersucht (in letzterem Falle wird das Plasma von einem Strahl schneller Elektronen durchsetzt, die aus der Kathode austreten). Nach den Angaben von LEHNERT entspricht die Diffusionsgeschwindigkeit in der positiven Säule mit geringer Ladungsträgerdichte den Voraussagen der klassischen Theorie, wenn die Feldstärke unterhalb eines bestimmten kritischen Wertes liegt. Beim Überschreiten des kritischen H_z-Wertes nimmt der Diffusionskoeffizient schnell größere Werte an, die die aus Formel (3.32) zu entnehmenden um ein Vielfaches übertreffen. Dabei ändert sich die Form der positiven Säule selbst, sie nimmt eine schraubenförmige Struktur an. KADOMZEW und NEDOSPASSOW erklären diesen Effekt durch eine Instabilität der Plasmasäule, die mit dem radialen Konzentrationsgradienten des Plasmas zusammenhängt. Es handelt sich also in diesem Falle um einen konkreten Mechanismus anomaler Diffusion, der keine direkte Beziehung zu der angenommenen universellen Turbulenz besitzt.

SHARINOW beobachtet mit Hilfe scharfsinniger Fernsehmethoden das Verhalten der Plasmasäule einer intensiven Bogenentladung mit Glühkathode in Wasserstoff. Er entdeckte, daß bei Vorhandensein eines starken Längsfeldes die Plasmasäule keine Zylindersymmetrie besitzt und auch nicht stabil ist. Die Instabilität besteht darin, daß auf einer Seitenfläche der Plasmasäule, die anfangs hinreichend scharf vom umgebenden Raum abgegrenzt war, eigenartige Plasmaprotuberanzen auftreten, die mit großer Geschwindigkeit rotieren (siehe Abb. 28, auf der die aufeinanderfolgenden Stadien der Ausbildung dieser Protuberanzen zu sehen sind). Diese Resultate konnten bisher noch nicht eindeutig erklärt werden, aber man kann sie als Ausdruck einer der möglichen Formen der anomalen Diffusion ansehen. Auch hier können wir keinerlei Übereinstimmung mit der BOHMschen Formel erblicken.

In der Folge werden wir bei der Untersuchung der Prozesse, die in den verschiedenen Anlagen zur Erzeugung und Aufrechterhaltung eines heißen Plasmas auftreten, häufig auf die Diffusionsgesetze für Plasmen im magnetischen Querfeld zurückkommen. Wir werden dabei feststellen, daß man die Art der Diffusionsprozesse nicht getrennt von den konkreten Eigenschaften der untersuchten Systeme und den darin ablaufenden Prozessen betrachten kann, da die Diffusionsgeschwindigkeit von den besonderen Formen der Instabilitäten abhängt, die dem Plasma unter den gegebenen Bedingungen drohen.

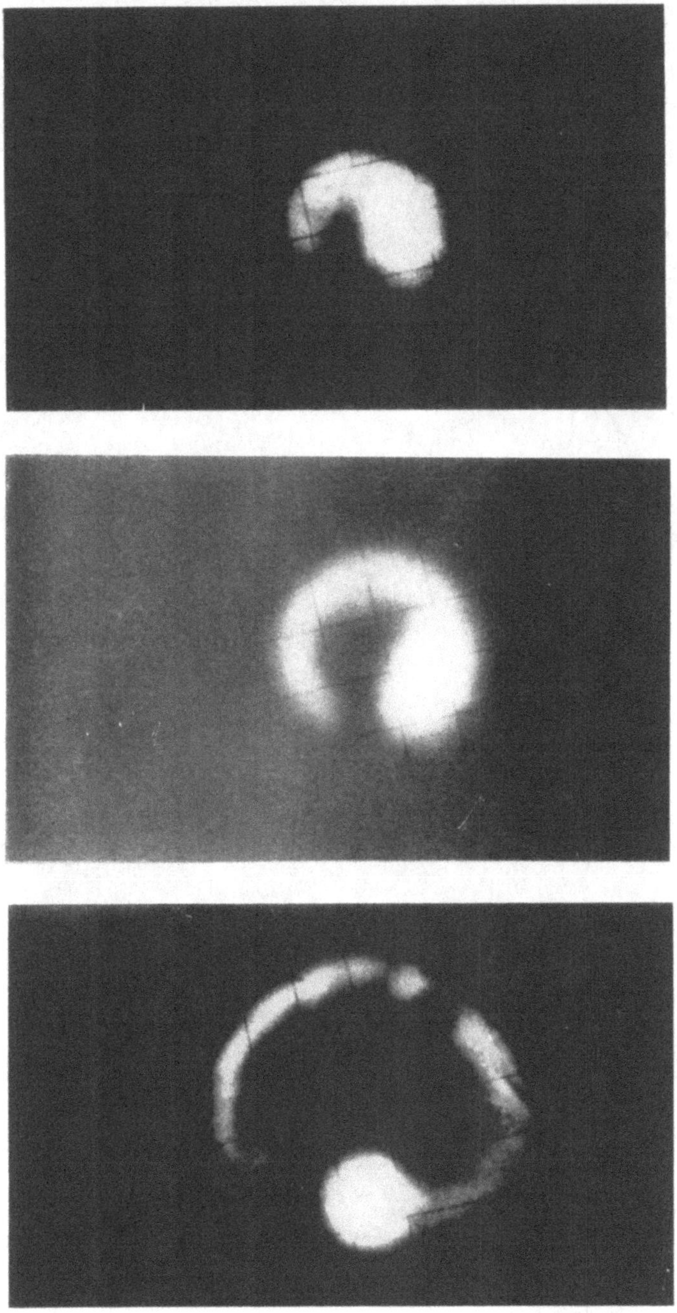

a)

b)

c)

Abb. 28. Entstehung von Plasmaprotuberanzen
in SHARINOWS Experimenten

KAPITEL IV

Magnetohydrodynamische Theorie des Plasmas

§ 15. Die magnetohydrodynamischen Grundgleichungen für ein Plasma

Das vorangegangene Kapitel enthielt die Ergebnisse von theoretischen Rechnungen, die sich auf Transportprozesse im Plasma bei Vorhandensein eines starken Magnetfeldes bezogen. Sie stellen spezielle Beispiele einer allgemeinen Methode dar, die für die Analyse verschiedener Probleme der Statik und Dynamik des Plasmas gut geeignet ist.

Unter Benutzung dieser Methode kann man die Grundgleichungen der Plasmadynamik in einer Form erhalten, die in der Plasmatheorie als magnetohydrodynamische Näherung bezeichnet wird. Dieser Ausdruck wurde gewählt, weil sich das Plasma (wie aus seinen Bewegungsgleichungen folgt) analog einer leitenden Flüssigkeit oder genauer wie eine Mischung zweier leitender Flüssigkeiten verhält. Auf Grund dieser Analogie kann man die Methoden der Magnetohydrodynamik, in der die allgemeinen Eigenschaften einer leitenden Flüssigkeit unter der Wirkung äußerer Felder studiert werden, auf die Analyse der verschiedenen Bewegungsvorgänge im Plasma übertragen.

Die beiden Flüssigkeiten, aus denen das Plasma besteht, sind die Elektronen- und die Ionenkomponente. Wir wollen annehmen, daß sie überall in gleicher Konzentration gemischt sind, so daß das Plasma als Ganzes quasineutral ist. Die Wechselwirkung zwischen beiden Flüssigkeiten findet durch das elektrische Feld statt, welches stets Konzentrationsgleichheit bewirkt, und auch durch Reibungskräfte, die bei der Bewegung der Flüssigkeiten relativ zueinander auftreten.

Die Grundgleichungen der Magnetohydrodynamik, die das Verhalten der beiden Plasmakomponenten charakterisieren, haben folgende Form:

$$\varrho_e \frac{d\mathfrak{v}_e}{dt} = - n e \left(\mathfrak{E} + \frac{1}{c} \mathfrak{v}_e \times \mathfrak{H}\right) - \operatorname{grad} p_e - \mathfrak{F}_{ei} , \tag{4.1}$$

$$\varrho_i \frac{d\mathfrak{v}_i}{dt} = n e \left(\mathfrak{E} + \frac{1}{c} \mathfrak{v}_i \times \mathfrak{H}\right) - \operatorname{grad} p_i + \mathfrak{F}_{ei} . \tag{4.2}$$

In diesen Gleichungen bedeutet ϱ die Dichte, $\mathfrak{v}$ die Geschwindigkeit und p den Druck der Elektronen- bzw. Ionenkomponente. Die Reibungskraft, die auf die in der Volumeneinheit eingeschlossenen Elektronen von Seiten der Ionen wirkt, kommt in $\mathfrak{F}_{ei}$ zum Ausdruck.

Die Gleichungen (4.1) und (4.2) stellen nichts anderes dar als eine spezielle Schreibweise des zweiten Newtonschen Gesetzes, bei der sich alle Größen auf die Volumeneinheit der Elektronen- oder Ionenkomponente des Plasmas beziehen.

Die Größen, die auf der rechten Seite jeder Gleichung stehen, stellen die Kräfte dar, die auf alle Teilchen des jeweiligen Typs in der Volumeneinheit wirken. Sie sind durch das Vorhandensein eines elektromagnetischen Feldes sowie eines Druckgradienten und durch Zusammenstöße mit Teilchen, die der anderen Komponente des Plasmas angehören, bedingt. Es wird angenommen, daß der Druck isotrop ist und daher ein Druckgefälle durch den Gradienten einer skalaren Funktion p charakterisiert werden kann. Diese Bedingungen sind nicht immer realisiert. Sie liegen speziell bei der großen Klasse der sogenannten Flaschen mit magnetischen Pfropfen nicht vor. Man kann also bei der Analyse solcher Systeme die Gleichungen (4.1) und (4.2) nur nach entsprechender Änderung der Druckglieder benutzen. Zustände, in denen die Druckanisotropie berücksichtigt werden muß, werden in Kap. VIII behandelt; in den übrigen Kapiteln werden wir die Gleichungen (4.1) und (4.2) in der oben gebrachten Form anwenden.

Den Ausdruck für den Vektor $\mathfrak{F}_{ei}$, der die Reibungskraft charakterisiert, kann man mit der im Plasma fließenden Stromdichte in Zusammenhang bringen.

Offensichtlich ist

$$\mathfrak{F}_{ei} = \frac{\varrho_e (\mathfrak{v}_e - \mathfrak{v}_i)}{\tau_{ei}}, \quad \varrho_e = m_e\, n\,, \tag{4.3}$$

$$\mathfrak{j} = n\, e\, (\mathfrak{v}_i - \mathfrak{v}_e) \tag{4.4}$$

und infolgedessen

$$\mathfrak{F}_{ei} = -\frac{m_e}{e\, \tau_{ei}}\, \mathfrak{j} = -\frac{n\, e}{\sigma}\, \mathfrak{j}\,. \tag{4.5}$$

Bei der Untersuchung des Verhaltens eines quasineutralen Plasmas ist es nicht notwendig, immer mit den Gleichungen für die Elektronen- und die Ionenkomponente einzeln zu operieren. Da das Plasma quasineutral ist, verhält es sich in erster Näherung gewöhnlich wie eine homogene leitende Flüssigkeit, deren Zustand in jedem Punkte durch die Dichte ϱ und die Vektoren der Geschwindigkeit $\mathfrak{v}$ und der Stromdichte $\mathfrak{j}$ charakterisiert ist. Wir führen die Größen ϱ und $\mathfrak{v}$ durch die Beziehungen

$$\varrho = n\, (m_e + m_i)\,, \qquad n\, m_i = \varrho_i \tag{4.6}$$

und

$$\mathfrak{v} = \frac{1}{\varrho}\, (\varrho_e\, \mathfrak{v}_e + \varrho_i\, \mathfrak{v}_i) \tag{4.7}$$

ein. Praktisch ist in allen Fällen, in denen das Plasma als Ganzes in Bewegung ist, $\mathfrak{v} = \mathfrak{v}_i$.

Bei einer solchen Behandlungsweise muß die Bewegungsgleichung für das Plasma die Geschwindigkeit $\mathfrak{v}$ als Funktion der wirkenden Kräfte bestimmen. Addiert man (4.1) und (4.2) und benutzt die Gleichungen (4.6) und (4.7) für $\mathfrak{v}$ und ϱ, so findet man

$$\varrho\, \frac{d\mathfrak{v}}{dt} = \frac{1}{c}\, \mathfrak{j} \times \mathfrak{H} - \operatorname{grad} p\,. \tag{4.8}$$

Dies ist die Grundgleichung der Magnetohydrodynamik. Die Größe p stellt den Gesamtdruck des Plasmas ($p = p_e + p_i$) dar.

Um ein vollständiges Gleichungssystem zu erhalten, das sowohl die Änderung der Plasmaeigenschaften als auch die durch die Bewegung des Plasmas bedingte Feldänderung beschreibt, müssen wir zu Gleichung (4.8) noch die Kontinuitätsgleichung

$$\frac{\partial \varrho}{\partial t} + \operatorname{div} (\varrho\, \mathfrak{v}) = 0 \tag{4.9}$$

und die MAXWELLschen Gleichungen, die man in folgender Form schreiben kann, hinzufügen:

$$\operatorname{rot} \mathfrak{H} = \frac{4\pi}{c} \mathfrak{j}\,, \tag{4.10}$$

$$\operatorname{div} \mathfrak{H} = 0\,, \tag{4.11}$$

$$\operatorname{rot} \mathfrak{E} = -\frac{1}{c} \frac{\partial \mathfrak{H}}{\partial t}\,, \tag{4.12}$$

$$\operatorname{div} \mathfrak{E} = 4\pi e\,(n_i - n_e)\,. \tag{4.13}$$

In praktisch allen Fällen, die für uns von Interesse sind, kann man den Verschiebungsstrom in den MAXWELLschen Gleichungen vernachlässigen.

Das oben aufgestellte Gleichungssystem ist nicht vollständig, da es keine eindeutige Bestimmung der Parameter, die den Zustand des Plasmas charakterisieren, zuläßt. Aus den MAXWELLschen Gleichungen kann man $\mathfrak{E}$ und $\mathfrak{H}$ bestimmen, wenn die Stromdichte als Funktion der Koordinaten und der Zeit vorgegeben ist. Es bleiben daher zur Bestimmung der vier Parameter, die den Zustand des Plasmas charakterisieren, Stromdichte $\mathfrak{j}$, Druck p, Materiedichte ϱ und Geschwindigkeit $\mathfrak{v}$, nur zwei Gleichungen.

Es fehlt eine Beziehung zwischen Stromdichte und elektrischer und magnetischer Feldstärke. In der Magnetohydrodynamik wird gewöhnlich angenommen, daß in einem Koordinatensystem, das sich mit der Flüssigkeit mitbewegt, das OHMsche Gesetz gilt. Unter dieser Voraussetzung ist

$$\mathfrak{j} = \sigma\, \mathfrak{E}' \tag{4.14}$$

($\mathfrak{E}'$: elektrische Feldstärke in dem sich mitbewegenden Koordinatensystem). Unter Benutzung der Gleichung

$$\mathfrak{E}' = \mathfrak{E} + \frac{1}{c}\, \mathfrak{v} \times \mathfrak{H} \tag{4.15}$$

erhält man dann folgenden Ausdruck für die Stromdichte:

$$\mathfrak{j} = \sigma \left(\mathfrak{E} + \frac{1}{c}\, \mathfrak{v} \times \mathfrak{H} \right). \tag{4.16}$$

Die Herleitung dieser Formel beruht auf der Voraussetzung, daß das magnetische Feld die Leitfähigkeit der Flüssigkeit nicht unmittelbar beeinflußt. Der Einfluß des Magnetfeldes äußert sich nur indirekt, und zwar durch die Änderung der elektrischen Feldstärke in der strömenden Flüssigkeit. Diese Voraussetzung ist dann gerechtfertigt, wenn Erscheinungen betrachtet werden, die in einer gewöhnlichen leitenden Flüssigkeit auftreten (z. B. in flüssigem Metall). Es ist jedoch im voraus keineswegs zu erkennen, ob die Beziehung (4.14) auch für ein ionisiertes Gas gültig bleibt. Wie oben dargelegt wurde, beeinflußt ein Magnetfeld unmittelbar die Leitfähigkeit eines ionisierten Gases, weshalb der Zusammenhang zwischen $\mathfrak{j}$ und $\mathfrak{E}'$ sehr kompliziert sein kann, besonders bei nichtstationären Prozessen. Um die Art dieses Zusammenhanges im allgemeinen Falle zu klären, wenden wir uns erneut den Gleichungen zu, die das Verhalten der beiden Plasmakomponenten beschreiben. Wir multiplizieren (4.1) mit e/m_e und (4.2) mit e/m_i und erhalten durch Subtraktion

$$\frac{d\mathfrak{j}}{dt} - \frac{\mathfrak{j}}{n}\frac{dn}{dt} = \frac{n\,e^2}{m_e}\left(\mathfrak{E} + \frac{1}{c}\,\mathfrak{v}\times\mathfrak{H}\right) - \frac{e}{m_e\,c}\,\mathfrak{j}\times\mathfrak{H} + \frac{e}{m_e}\,\mathrm{grad}\,p_e - \frac{\mathfrak{j}}{\tau_{ei}}. \tag{4.17}$$

Auf der rechten Seite dieses Ausdrucks sind die Glieder der Ordnung m_e/m_i weggelassen. Unter Benutzung von (3.9) und der Annahme, daß die Änderung der Konzentration wesentlich langsamer vor sich geht als die Änderung der Stromdichte $\mathfrak{j}$, kann man (4.17) in folgende Form bringen:

$$\mathfrak{j} + \tau_{ei}\frac{d\mathfrak{j}}{dt} = \sigma\left(\mathfrak{E} + \frac{1}{c}\,\mathfrak{v}\times\mathfrak{H} + \frac{\mathrm{grad}\,p_e}{n\,e} - \frac{1}{n\,e\,c}\,\mathfrak{j}\times\mathfrak{H}\right). \tag{4.18}$$

Diese Beziehung stellt eine Verallgemeinerung des OHMschen Gesetzes für ein Plasma im Magnetfeld dar. In dem Sonderfall, in dem der Strom parallel zum Magnetfeld fließt und das Plasma homogen ist (d. h., ein Druckgradient fehlt), ist der Ausdruck (4.18) mit der im vorigen Kapitel hergeleiteten Beziehung (3.6) identisch mit dem einen Unterschied, daß $\mathfrak{E}$ durch $\mathfrak{E}'$ ersetzt ist.

Wenn man einen Prozeß betrachtet, bei dem eine merkliche Stromdichteänderung erst in einer Zeit erfolgt, die wesentlich größer ist als die mittlere Zeit zwischen zwei Zusammenstößen, so kann man den zweiten Summanden auf der linken Seite von (4.18) vernachlässigen. Doch auch in diesem Falle unterscheidet sich die Gleichung für $\mathfrak{j}$ vom einfachen OHMschen Gesetz durch die zusätzlichen Glieder auf der rechten Seite, von denen das erste proportional dem Gradienten des Elektronendruckes ist und das zweite das Vektorprodukt $\mathfrak{j}\times\mathfrak{H}$ enthält. Diese Zusatzglieder lassen eine einfache physikalische Deutung zu. Die Größe grad p_e erscheint in dem Ausdruck für $\mathfrak{j}$ deshalb, weil der Strom in einem ionisierten Gas nicht nur durch das elektrische Feld erzeugt werden kann, sondern auch durch die Differenz der Elektronendrucke in verschiedenen Raumpunkten. Das Glied mit $\mathfrak{j}\times\mathfrak{H}$ bringt den Einfluß des magnetischen Feldes auf die Elektronenbewegung im Plasma zum Ausdruck.

Infolge des Vorhandenseins dieser Zusatzglieder existiert zwischen der Stromdichte und der Feldstärke kein definierter Zusammenhang. Bei vorgegebenen Werten $\mathfrak{E}' = \mathfrak{E} + \frac{1}{c}\,\mathfrak{v}\times\mathfrak{H}$ und σ kann die Stromdichte die verschiedensten Werte besitzen. Diese Unbestimmtheit wird beträchtlich abgeschwächt, wenn sich das Plasma in quasistationärem Zustand befindet, d. h., wenn die Änderung der Stromdichte in der Zeit τ_{ei} vernachlässigbar ist und gleichzeitig

$$\left|\varrho \frac{d\mathfrak{v}}{dt}\right| \ll |\mathrm{grad}\, p|$$

gilt.

Im quasistationären Zustand nehmen die Grundgleichungen (4.8) und (4.18) die Form

$$\frac{1}{c}\, \mathfrak{j} \times \mathfrak{H} = \mathrm{grad}\, p\,, \tag{4.19}$$

$$\mathfrak{j} = \sigma\left(\mathfrak{E} + \frac{1}{c}\, \mathfrak{v} \times \mathfrak{H} - \frac{1}{n\,e}\,\mathrm{grad}\, p_i\right) \tag{4.20}$$

an. Unter der natürlichen Annahme, daß grad p_e und grad p_i einander parallel gerichtet sind, finden wir aus (4.19), daß grad $p_i \perp \mathfrak{j}$ ist. Kehren wir zu (4.20) zurück, so sehen wir, daß der Vektor $\mathfrak{E}'$ zwei zueinander senkrechte Komponenten $\mathfrak{E}'_{\parallel}$ und $\mathfrak{E}'_{\perp}$ haben muß, von denen $\mathfrak{E}'_{\parallel}$ parallel zu $\mathfrak{j}$, $\mathfrak{E}'_{\perp}$ parallel zu grad p_i verläuft. Aus (4.20) ergibt sich somit

$$\mathfrak{j} = \sigma\, \mathfrak{E}'_{\parallel}\,.$$

Es gilt also für die Komponente $\mathfrak{E}'_{\parallel}$ das Ohmsche Gesetz. Die Komponente $\mathfrak{E}'_{\perp}$ erzeugt keinen Strom. Sie kompensiert die Wirkung des Gradienten des Ionendruckes:

$$\mathfrak{E}'_{\perp} = \frac{\mathrm{grad}\, p_i}{n\,e}\,. \tag{4.21}$$

Den physikalischen Sinn dieser Ergebnisse findet man auf Grund einfacher Überlegungen. Da der Strom von Elektronen getragen wird, wird die Kraft $\mathfrak{j} \times \mathfrak{H}$, mit der das Magnetfeld auf das Plasma wirkt, am Elektronengas angreifen. Diese Kraft verursacht eine Änderung des Elektronendruckes p_e. Wegen der Quasineutralitätsbedingung folgt p_i der Änderung von p_e. Der sich einstellende Gradient von p_i bleibt aber nur dann erhalten, wenn eine Kraft existiert, die den Ausgleich des Ionendruckes verhindert. Sie muß wie grad p_i gerichtet sein, d. h. senkrecht zu $\mathfrak{j}$ und $\mathfrak{H}$. Eine solche Kraft ist $\mathfrak{E}'_{\perp}$. Sie garantiert die Erhaltung der Quasineutralität des Plasmas, da sie nicht zuläßt, daß sich die Ionen von den Elektronen trennen. Für diese Komponente gilt das Ohmsche Gesetz offensichtlich nicht. Ist das Plasma in Ruhe (statischer Fall), gilt aber das Ohmsche Gesetz in der üblichen Form wenigstens für die dem Strom parallele Komponente des elektrischen Feldes:

$$\mathfrak{j} = \sigma\, \mathfrak{E}_{\parallel}\,.$$

Damit schließen wir die allgemeine Untersuchung über den Zusammenhang zwischen Strom und Feldstärke ab. Es sei noch erwähnt, daß in den vorangegangenen Überlegungen die Anisotropie der Leitfähigkeit nicht berücksichtigt wurde (um die Ausführungen nicht allzu kompliziert zu gestalten).

Zur eindeutigen Lösung des Problems der Plasmabewegung im Magnetfeld ist noch mindestens eine weitere Beziehung nötig, die von den obigen unabhängig ist. Eine solche Rolle könnte z. B. eine Formel spielen, die den Zusammenhang zwischen Dichte und Druck im Plasma beschreibt. Es existiert jedoch kein allgemeingültiges Gesetz dieser Art. Darum muß man bei der allgemeinen Fassung des Problems weiter ausholen und die Zustandsgleichung des Plasmas heranziehen. Für den Sonderfall $T_e = T_i = T$ kann man sie in folgender Form schreiben:

$$p = 2\,n\,k\,T\,. \tag{4.22}$$

Es erscheint damit ein weiterer Parameter, nämlich die Temperatur des Plasmas, und somit ergibt sich die Notwendigkeit einer weiteren Gleichung. Eine solche kann sich aus der Analyse des Wärmegleichgewichts im Plasma ergeben. Wir wollen uns jedoch hier nicht damit beschäftigen, da man bei der Untersuchung der konkreten Fälle gewöhnlich einfache integrale Beziehungen, die sich aus den jeweiligen Bedingungen des Problems ergeben, benutzen kann.

Die magnetohydrodynamische Näherung, in der das Plasma als Analogon zu einer leitenden Flüssigkeit behandelt wird, ist nur unter bestimmten Bedingungen anwendbar. Diese sind:

1. Die Abmessungen des Gebietes, das von der Plasmakonfiguration eingenommen wird, muß einen charakteristischen geometrischen Parameter, den Debyeschen Abschirmradius, um viele Male übertreffen. Ist diese Bedingung nicht erfüllt, so bedeutet das, daß die Konzentration der Teilchen zu gering ist, um durch elektrostatische Wechselwirkung die Quasineutralität, eine Grundeigenschaft des Plasmas, zu erzielen.
2. Die Krümmungsradien der Elektronen- und Ionenbahnen im Magnetfeld müssen hinreichend klein sein, sowohl im Vergleich zu den Dimensionen des Plasmas als auch im Vergleich zu den Entfernungen, in denen eine merkliche Änderung der magnetischen Feldstärke auftritt. Streng genommen ist diese Bedingung unnötig, und Abweichungen davon verbieten die Anwendung der Gleichungen der Magnetohydrodynamik bei der Analyse der im Plasma ablaufenden Prozesse nicht. Doch führt die Nichterfüllung dieser Bedingungen dazu, daß der Begriff der Grenze der Plasmakonfiguration seinen klaren Sinn verliert und die anschauliche Analogie zwischen den Eigenschaften des Plasmas und den Eigenschaften einer gewöhnlichen leitfähigen Flüssigkeit fortfällt.

§ 16. Gleichgewicht zwischen Plasma und Magnetfeld. Die Theorie des Pinch-Effektes. Aufheizung eines Plasmas durch Jouлеsche Wärme. Grenzstrom nach Braginski-Peace

Wir gehen nun zur Analyse der Konsequenzen über, die sich aus den den Zustand des Plasmas im elektromagnetischen Feld charakterisierenden Grundgleichungen ergeben. Dabei wollen wir hier nur quasistationäre Zustände betrachten und die Frage nach ihrer Stabilität nicht berühren. In solchen Zuständen liegt der Gradient des Druckes senkrecht zum $\mathfrak{H}$-Vektor. Infolgedessen ist der Plasmadruck längs der Kraftlinien konstant. Für den Fall, daß die Kraftlinien gerade und zueinander parallel sind, kann man aus (4.19) eine einfache Formel für den Zusammenhang zwischen Druck und Feldstärke erhalten. Dazu führen wir ein Koordinatensystem ein, in dem die z-Achse in Richtung der Feldlinien verläuft. Der Vektor $\mathfrak{H}$ hat nur eine z-Komponente, deren Größe eine Funktion von x und y, aber nicht von z ist (wegen der Bedingung $\operatorname{div} \mathfrak{H} = 0$).

Aus (4.10) und (4.19) folgt, daß im quasistationären Zustand

$$\operatorname{grad} p = \frac{1}{4\pi} \operatorname{rot} \mathfrak{H} \times \mathfrak{H} \tag{4.23}$$

ist. Im betrachteten Zustand sind die Komponenten des Gradienten von p gleich

$$\frac{\partial p}{\partial x} = -\frac{1}{4\pi} H_z \frac{\partial H_z}{\partial x} = -\frac{1}{8\pi} \frac{\partial}{\partial x} H_z^2,$$

$$\frac{\partial p}{\partial y} = -\frac{1}{4\pi} H_z \frac{\partial H_z}{\partial y} = -\frac{1}{8\pi} \frac{\partial}{\partial y} H_z^2 .$$

Darum ist

$$\frac{\partial}{\partial x}\left(p + \frac{1}{8\pi} H^2\right) = \frac{\partial}{\partial y}\left(p + \frac{1}{8\pi} H^2\right) = 0$$

und weiter

$$p + \frac{1}{8\pi} H^2 = \text{const}. \tag{4.24}$$

Dieses Ergebnis ist in verschiedener Hinsicht interessant. Erstens folgt daraus, daß das Plasma ein Diamagnetikum darstellt, da die Feldstärke im Plasma niedriger ist als außerhalb seiner Begrenzung. Zweitens stellt (4.24) den mathematischen Ausdruck der Idee der Plasmabegrenzung durch ein Magnetfeld dar. Der magnetische Druck ist außerhalb der Plasmagrenzen gerade um die Größe des Gasdruckes im Plasma größer als im Innern.

Der Plasmadruck erreicht seinen zulässigen Maximalwert dann, wenn das Feld im Innern Null wird. Dieser Maximaldruck wird durch die Stärke des das Plasma umgebenden Magnetfeldes bestimmt. Es ist

$$p_{\max} = \frac{H_0^2}{8\pi}, \tag{4.25}$$

wobei H_0 die Feldstärke an der Plasmagrenze ist.

Die Beziehung (4.25) bleibt auch für ein äußeres Magnetfeld mit gekrümmten Kraftlinien gültig, wenn das Plasma das Magnetfeld vollständig aus dem von ihm eingenommenen Raum verdrängt und daher der Druck p innerhalb des erwähnten Bereiches konstant ist und an seiner Grenze sprunghaft zu Null wird. Für Felder mit gekrümmten Kraftlinien bleibt im allgemeinen Falle die Summe aus Gasdruck und magnetischem Druck nicht konstant. Es ist jedoch unschwer zu zeigen, daß die Beziehung (4.24) gültig bleibt, wenn man sie als Grenzbedingung ansieht. Wenn sich an der Oberfläche des Plasmavolumens der Druck sprunghaft ändert, so muß bei beliebiger Form der Feldlinien die Gleichung

$$p + \frac{H_i^2}{8\pi} = \frac{H_a^2}{8\pi} \tag{4.26}$$

gelten, wo H_i und H_a die Feldstärkewerte an beiden Seiten der Grenze sind.

Unter Benutzung der Ausdrücke (4.10), (4.11) und (4.19) kann man die Existenzbedingungen für eine große Klasse quasistationärer oder, wie man sie gewöhnlich nennt, Gleichgewichtskonfigurationen des Plasmas untersuchen. Einfachstes Beispiel einer solchen Konfiguration ist die unendliche zylindrische Plasmasäule im Vakuum, der sogenannte Pinch. Er wird durch elektrodynamische Kräfte erzeugt, die wegen eines im Plasma fließenden Stromes auftreten.

In diesem Falle hängen $\mathfrak{H}$ und p nur von der Koordinate r ab. Die Stromdichte ist mit der Feldstärke durch die Beziehung

$$j = \frac{c}{4\pi r}\frac{\partial}{\partial r} H\, r$$

verknüpft. Daher nimmt (4.23) die Form

$$-\frac{dp}{dr} = \frac{H}{4\pi r}\frac{d}{dr} H\, r \tag{4.27}$$

an. Wir multiplizieren beide Seiten dieser Gleichung mit r^2 und integrieren von $r = 0$ bis $r = a$, wo a der Radius der Plasmasäule ist:

$$-\int_0^a \frac{dp}{dr} r^2\, dr = \frac{1}{4\pi}\int_0^a H\, r \frac{d}{dr} H\, r\, dr\,. \tag{4.28}$$

Die rechte Seite dieser Gleichung läßt sich durch die Stromstärke im Plasma ausdrücken. Sie ist gleich

$$\frac{1}{8\pi} H^2(a)\; a^2 = \frac{J^2}{2\pi c^2}\,.$$

Die linke Seite von (4.28) kann wie folgt umgeformt werden:

$$-\int_0^a \frac{dp}{dr} r^2\, dr = 2\int_0^a p\, r\, dr = \frac{1}{\pi} S\, \bar{p}\,.$$

Hierin ist $\bar{p}$ der Mittelwert des Plasmadrucks in der Säule und S der Querschnitt der Säule, der gleich $\pi\, a^2$ ist. Infolgedessen gilt unabhängig vom Verteilungsgesetz für Stromdichte und Druck im Plasma die allgemeine Beziehung

$$\bar{p} = \frac{J^2}{2\, c^2\, S}\,. \tag{4.29}$$

Nach (4.22) gilt dann auch

$$\bar{p} = \frac{4\, k}{a^2}\int_0^a n\, T\, r\, dr\,. \tag{4.30}$$

Im allgemeinen Falle bezeichnet T die halbe Summe der Elektronen- und Ionentemperatur in einem gegebenen Punkt des Plasmas.

Die detaillierte Analyse der Wärmeleitungs- und Diffusionsprozesse in der Plasmasäule führt zu dem Schluß, daß trotz des Vorhandenseins des vom Strom herrührenden Magnetfeldes, das die Wärmeleitfähigkeit des Plasmas stark herabsetzt, unter quasistationären Bedingungen der Temperaturausgleich quer zur Säule sehr schnell stattfindet. Die Diffusion hingegen erfolgt außerordentlich langsam. Daher wird der Druckgradient in radialer Richtung nur durch das entsprechende Konzentrationsgefälle bestimmt, während die Temperatur T über den ganzen Querschnitt als praktisch gleich angesehen werden kann. Man kann also in (4.30) T vor das Integralzeichen nehmen, wodurch dieser Ausdruck folgende Form annimmt:

$$p = \frac{2\,k\,T}{\pi\,a^2} \int\limits_0^a 2\,\pi\,n\,r\,dr = \frac{2\,k\,T}{S}\,N\,.$$

Hierin ist N die Gesamtzahl der Teilchen eines Vorzeichens pro Längeneinheit der Plasmasäule. Durch Einsetzen dieses Ausdrucks für $\bar{p}$ in (4.29) erhalten wir

$$T = \frac{J^2}{4\,c^2\,k\,N}\,. \tag{4.31}$$

Es muß betont werden, daß diese Formel unter sehr allgemeinen Voraussetzungen erhalten wurde.

Die Untersuchung des Wärmegleichgewichts im Plasma zeigt, daß für $N \gg 10^{16}$ die Größen T_e und T_i hinreichend nahe beieinander liegen. Unter der erwähnten Zusatzbedingung stellt T einfach die Temperatur des Plasmas dar.

Formel (4.31) erschöpft selbstverständlich nicht die Beschreibung der Eigenschaften einer Plasmasäule. Die vollständige Lösung des Gleichgewichtsproblems besteht darin, alle Grundparameter, die die Eigenschaften des Plasmas charakterisieren, als Funktionen von r und t anzugeben. Insbesondere ist ein Gesetz über die zeitliche Änderung des Säulenradius aufzustellen. Hierfür muß die Gesamtheit der magnetohydrodynamischen Gleichungen sowie die Gleichung des Wärmegleichgewichts herangezogen werden. Eine detaillierte Darstellung der Theorie der stromdurchflossenen Plasmasäule soll jedoch nicht unsere Aufgabe sein. Wir wollen uns mit einigen kurzen Andeutungen begnügen.

An der Energiebilanz des Plasmas sind als Energiequellen die JouLEsche Wärme und die Arbeit der elektrodynamischen Kräfte beteiligt; Energieverluste treten durch Ausstrahlung ein. Wir betrachten den einfachsten Fall mit konstantem Radius der Plasmasäule. Die Strahlungsverluste sollen vernachlässigt werden. Unter diesen Bedingungen wird der Energieinhalt des Plasmas durch die JouLEsche Wärme anwachsen. Damit der Radius a konstant bleibt, muß die Stromstärke ebenfalls mit der Zeit wachsen, da bei konstanter Stromstärke und konstantem Radius dem mit der Zeit zunehmenden Gasdruck nicht durch einen zeitlich konstanten magnetischen Druck das Gleichgewicht gehalten werden kann.

Die Energiebilanz für die Einheitslänge der Plasmasäule hat folgende Form:

$$3\,N\,k\,\frac{dT}{dt} = \int\limits_0^a \frac{j^2}{\sigma}\,2\,\pi\,r\,dr\,. \tag{4.32}$$

σ ist nur von der Temperatur abhängig und kann daher aus dem Integral herausgenommen werden. Der übrigbleibende Faktor

$$2\,\pi\int\limits_0^a j^2\,r\,dr \tag{4.33}$$

hängt von der Stromverteilung im Plasma ab.

Bei Fehlen des Skineffektes ist $j = \text{const}$ und (4.33) wird gleich

$$j^2\,\pi\,a^2 = \frac{J^2}{\pi\,a^2}\,. \tag{4.34}$$

Bei einer Arbeitsweise mit anwachsendem Strom wird jedoch der Skineffekt zu einer Neuverteilung des Stromes innerhalb des Querschnittes führen; daher muß sich der wahre Wert des Integrals (4.33) von (4.34) durch einen Faktor, der größer als 1 ist, unterscheiden. Bezeichnet man diesen Koeffizienten mit f und bestimmt σ aus (3.10), so kann man die Gleichung des Wärmegleichgewichts in folgender Form schreiben:

$$3\,N\,k\,b_0\,T^{3/2}\frac{dT}{dt} = \frac{J^2}{\pi\,a^2}f\,. \tag{4.35}$$

b_0 ist hierbei der Koeffizient aus (3.10). Unter Beachtung von (4.31) erhalten wir

$$\frac{3}{2}\,T^{1/2}\frac{dT}{dt} = \frac{2\,f\,c^2}{\pi\,a^2\,b_0}\,.$$

Durch Integration dieser Beziehung finden wir

$$T^{3/2} = \frac{2\,f\,c^2}{\pi\,a^2\,b_0}\,t\,.$$

Hierin zählt t vom Beginn der Erwärmung an.

Die Temperatur in einer Säule mit konstantem Radius ändert sich also proportional $t^{2/3}$ und demzufolge muß der Strom wie $t^{1/3}$ wachsen:

$$J = A\,t^{1/3}, \quad A = 3{,}6\cdot 10^7\,\frac{N^{1/2}}{a^{2/3}}\,. \tag{4.36}$$

Je kleiner der Radius der Säule ist, desto schneller muß der Strom zunehmen, damit das Gleichgewicht zwischen Gasdruck und magnetischem Druck gewahrt bleibt. Die Stromverteilung im Plasma kann aus der Lösung der MAXWELLschen Gleichungen erhalten werden. Der Koeffizient f ist im betrachteten Falle praktisch gleich 1.

Ändert sich der Radius der Plasmasäule mit der Zeit, so muß in der Energiebilanz auch die Arbeit der elektrodynamischen Kräfte berücksichtigt werden. Wie die Rechnung bei Berücksichtigung dieser zusätzlichen Energiequelle zeigt, bleibt die Beziehung (4.36) zwischen J, a und t auch dann genähert gültig, wenn sich a beim Anwachsen des Stromes ändert. Der Koeffizient f ist dabei allerdings merklich von 1 verschieden.

Bei großer Stromstärke spielen die Energieverluste durch RÖNTGEN-Bremsstrahlung eine wesentliche Rolle. Wir wollen jetzt die Größe dieser Verluste mit der Energie, die als JOULEsche Wärme frei wird, vergleichen. Nach (1.8) ist die Energie, die in der Zeiteinheit pro Längeneinheit der Plasmasäule ausgestrahlt wird, gleich

$$\Delta Q_{\mathrm{rad}} = 1{,}6 \cdot 10^{-27} \pi a^2 \overline{n^2} \sqrt{T}\,.$$

Hierin ist $\overline{n^2}$ der Mittelwert des Quadrats der Plasmakonzentration. Für eine grobe Schätzung kann man annehmen, daß sich n nach einem Parabelgesetz ändert (dies gilt bei Fehlen des Skineffektes). Dann ist $\overline{n^2} = \frac{4}{3} \frac{N^2}{\pi^2 a^4}$ und demzufolge

$$\Delta Q_{\mathrm{rad}} = 2{,}1 \cdot 10^{-27} \frac{N^2}{\pi a^2} \sqrt{T}\,. \tag{4.37}$$

Unter dieser speziellen Voraussetzung ist die als JOULEsche Wärme frei werdende Energie gleich

$$\Delta Q_{\mathrm{Joule}} = \frac{J^2}{\pi a^2 \sigma} = 2{,}2 \cdot 10^{-7} \frac{J^2}{\pi a^2 T^{3/2}}\,. \tag{4.38}$$

Das Verhältnis dieser beiden Größen ist nur eine Funktion der Stromstärke:

$$\frac{\Delta Q_{\mathrm{rad}}}{\Delta Q_{\mathrm{Joule}}} = 0{,}4 \cdot 10^{-13} J^2\,.$$

Es wird zu 1 bei einer Stromstärke, die etwa $2 \cdot 10^6$ A beträgt. Dies ist der sog. BRAGINSKIsche Grenzstrom. Bei Strömen von der Größenordnung 10^5 A spielt die Bremsstrahlung für ein Wasserstoffplasma praktisch keine Rolle.

Die magnetohydrodynamische Theorie der Prozesse, die in einer Plasmasäule bei großer Stromstärke stattfinden, konnte bisher experimentell noch nicht nachgeprüft werden, da noch keine stabile Säule vollständig ionisierten Plasmas auf hinreichend hohe Temperaturen aufgeheizt und nur durch das Magnetfeld des Eigenstromes gehalten werden konnte. Die Versuchsergebnisse an heißer Materie in Systemen mit großen Plasmaströmen werden in den folgenden Kapiteln besprochen.

§ 17. Gleichgewicht einer toroidalen Konfiguration. Stabilisierung der radialen Ausdehnung einer Plasmaschnur mittels einer leitenden Hülle

Vom Gesichtspunkt der praktischen Anwendung aus sind unter den verschiedenen Plasmakonfigurationen die geschlossenen, elektrodenlosen von größtem Interesse. Das einfachste System dieser Art ist der Plasmatorus in einem ringförmigen äußeren Magnetfeld. An einem solchen System wurde der erste Versuch unternommen, die Idee der magnetischen Wärmeisolation eines heißen Plasmas zu realisieren. Wir nehmen an, daß das Magnetfeld nur eine azimutale Komponente H_Θ besitzt. Dann stellen die Kraftlinien Kreise dar, deren Mittelpunkte auf der z-Achse liegen. Die Feldstärke wird im allgemeinen Falle eine Funktion von z und r, ebenso der Druck p.

Aus der Grundgleichung (4.23) folgt

$$\frac{\partial p}{\partial r} = -\frac{H_\Theta}{4\pi r}\frac{\partial}{\partial r} r H_\Theta , \tag{4.39}$$

$$\frac{\partial p}{\partial z} = -\frac{H_\Theta}{4\pi}\frac{\partial H_\Theta}{\partial z} . \tag{4.40}$$

Die zweite dieser Gleichungen läßt sich in die Form

$$\frac{\partial}{\partial z}\left(p + \frac{1}{8\pi} H_\Theta^2\right) = 0$$

bringen. Infolgedessen ist

$$p + \frac{1}{8\pi} H_\Theta^2 = f(r) .$$

Die Differentiation dieser Gleichung nach r ergibt bei Berücksichtigung von (4.39):

$$\frac{\partial p}{\partial r} + \frac{1}{4\pi} H_\Theta \frac{\partial H_\Theta}{\partial r} = -\frac{H_\Theta^2}{4\pi}\frac{1}{r} = f'(r) . \tag{4.41}$$

Folglich hängt H nur von r ab, es ist $\frac{\partial p}{\partial z} = 0$, und p hängt ebenso wie H nicht von z ab. Dieses Ergebnis zeigt, daß in Feldern des betrachteten Typs die Gleichgewichtskonfiguration des Plasmas nur in Form eines Hohlzylinders in Richtung der z-Achse bestehen kann. Eine Gleichgewichtskonfiguration vom Torustyp, die einen begrenzten Raum in einem Magnetfeld einnimmt, dessen Feldstärke nur eine azimutale Komponente besitzt, ist nicht möglich.

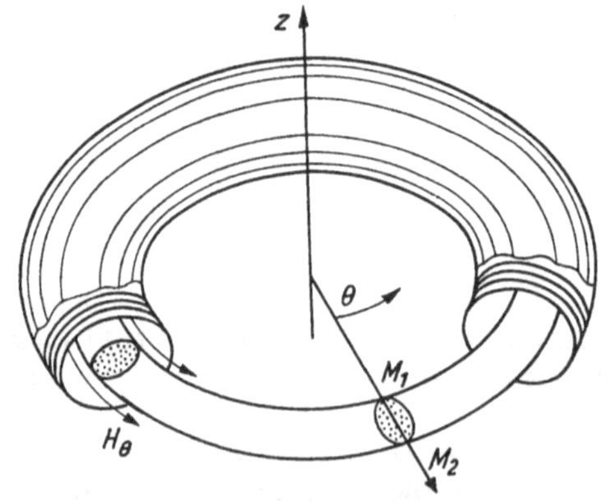

Abb. 29. Plasmasäule im Feld einer toroidalen Spule

Um den Sinn dieses Resultats anschaulich klar zu machen, bringen wir ein einfaches Beispiel. Das Plasma möge sich im Inneren einer torusförmigen Kammer befinden, auf deren Oberfläche eine Wicklung montiert ist, die das Feld H_Θ erzeugt (Abb. 29). Wir nehmen an, daß das Plasma sich in der Kammer ausbreitet und eine ringförmige Windung mit kreisförmigem Querschnitt bildet. Wir nehmen weiter an, daß aus dem Bereich, der vom Plasma eingenommen wird, das Magnetfeld vollkommen verdrängt ist. In einem solchen Falle besteht die Gleichgewichtsbedingung darin, daß an der Grenze des Plasmas $p = \frac{H^2}{8\pi}$ sein muß. Die Feldstärke ist jedoch in den Punkten M_1 und M_2 nahe an der Begrenzung des Plasmas verschieden (sie nimmt wie $1/r$ ab), und daher kann die Gleichgewichtsbedingung nicht an der ganzen Oberfläche des Plasmas erfüllt sein.

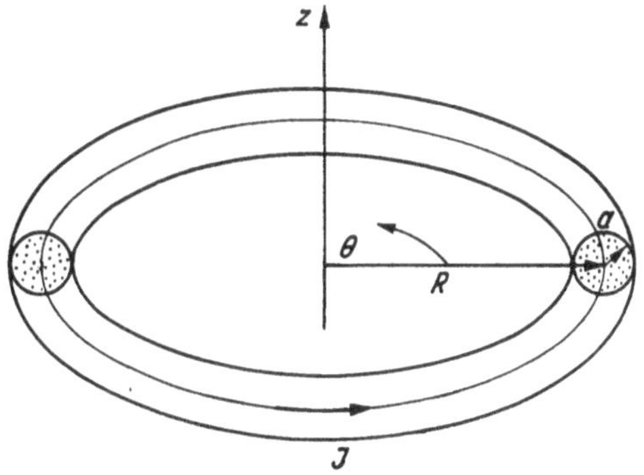

Abb. 30. Plasmaring mit longitudinalem Strom

Bei der Suche nach Gleichgewichtskonfigurationen eines Plasmas im Magnetfeld muß man Systeme mit axialer Symmetrie bei Vorhandensein azimutaler Ströme im Plasma betrachten. Das einfachste System dieser Art ist ein ringförmiger, stromdurchflossener Plasmafaden (Abb. 30). Bei hinreichend kleinem Verhältnis a/R nähert sich der Plasmatorus in seinen Eigenschaften der linearen Plasmasäule, die in § 16 behandelt wurde, und es muß die Beziehung (4.29) erfüllt sein, die das Gleichgewicht zwischen dem Innendruck des Plasmas und dem magnetischen Druck, der durch den Strom zustande kommt, beschreibt.

Zwischen beiden Systemen existiert jedoch ein außerordentlich wichtiger Unterschied: Für die gerade Plasmasäule genügt die Beziehung (4.29) allein als Gleichgewichtsbedingung; für den Plasmatorus sind die Gleichgewichtsbedingungen komplizierter. Der Strom im Plasmatorus erzeugt eine Kraft, die danach strebt, den Radius des Torus R zu vergrößern. Diese Kraft kommt dadurch zustande, daß auf jeden Abschnitt des Stromringes das magnetische Feld des in umgekehrter Richtung auf der gegenüberliegenden Seite des Ringes fließenden Stromes wirkt. Die Tendenz zur Vergrößerung des Radius eines ringförmigen Stromleiters ist ein spezielles Beispiel der allgemeinen Regel, nach der die elektrodynamischen Kräfte

annimmt, daß die Wand der Kammer ideale Leitfähigkeit besitzt und daß außerdem die Ungleichungen $a \ll b_0$ und $b_0 \ll R$ erfüllt sind (b_0 ist der Innenradius des metallischen Gehäuses), so nehmen die Gleichgewichtsbedingungen eine einfache Form an. Ideale Leitfähigkeit bedeutet, daß die magnetischen Kraftlinien die Wand der Kammer nicht durchsetzen können und daher nahe an der Wand parallel zu ihr verlaufen müssen. Das Magnetfeld, das durch den Strom der Plasmawindung erzeugt wird, befriedigt diese Grenzbedingung nur dann, wenn die Windung in der Kammerachse verläuft. Bei einer solchen Lage ist jedoch die komprimierende Kraft, die die Dehnungskräfte kompensieren soll, gleich Null. Diese Kraft tritt erst auf, wenn sich der Plasmaring um einen gewissen Abstand von der Achse nach der Außenseite des Torus hin verschiebt. Damit die oben erwähnte Grenzbedingung erfüllt ist, müssen in der Wand der Kammer Ströme entstehen, die ein Magnetfeld erzeugen, das sich dem Feld des Plasmastromes überlagert. Bei der Suche nach der Stromverteilung auf der Wand gelangen wir zu einem Problem, das mathematisch dem klassischen Problem der Elektrostatik, das Feld zu finden, das von einem geladenen Faden im Inneren eines metallischen Zylinders erzeugt wird, vollkommen äquivalent ist. Benutzen wir dieses und entlehnen aus der Elektrostatik die Spiegelungsmethode, so finden wir, daß die Grenzbedingung an der Oberfläche eines idealen Leiters erfüllt sein wird, wenn es außer dem Feld des Plasmaringes noch ein Feld gibt, das durch einen Ringstrom außerhalb der Kammer erzeugt wird. (In Abb. 31 eingezeichnet.) Der Spiegelstrom muß in seiner Stärke dem Plasmastrom gleich sein, und sein Abstand d von der Torusachse ist durch die Bedingung $\delta \cdot d = b_0^2$ bestimmt. Ist der Torusradius R sehr groß im Vergleich zu b_0, so ist auch bei kleinen Abweichungen des Plasmastroms von der Achsenlinie $d \ll R$. Das Magnetfeld des Spiegelstroms, das auf die Plasmawindung wirkt, ist gleich

$$H_z = \frac{2J}{c} \frac{1}{d - \delta} .$$

Für geringere Abweichungen $\delta \ll d$ ist also

$$H_z = \frac{2J}{c} \frac{\delta}{b_0^2} . \tag{4.49}$$

Um die Größe der Verschiebung zu finden, bei der Gleichgewicht eintreten muß, setzt man den erhaltenen Ausdruck in (4.48) ein. Dabei muß man berücksichtigen, daß die Induktivität einer ringförmigen Plasmaschnur, die in einer leitenden Hülle eingeschlossen ist, sich von der Größe (4.43) unterscheidet. Sie ist in diesem Falle

$$4 \pi R \ln \frac{b_0}{a} .$$

Damit erhält man

$$\delta = \frac{b_0^2}{2R} \ln \frac{b_0}{a} . \tag{4.50}$$

In Wirklichkeit gibt es keine ideale Leitfähigkeit der metallischen Kammerwand und daher auch kein echtes Gleichgewicht der Kräfte. Der Plasmaring muß dauernd seinen Radius vergrößern. Unter Berücksichtigung des endlichen Leitfähigkeitswertes erhält man folgende Formel für die Lebensdauer eines Plasmaringes im Inneren einer Kammer:

$$t \sim \frac{4\pi R \Delta r \sigma}{c^2} \frac{1}{\ln \frac{b_0}{a}}.$$

Hierin ist σ die Leitfähigkeit der Hülle und Δr ihre Dicke.

In Anlagen zur experimentellen Untersuchung von Plasmaringen muß man innerhalb der Metallhülle der Kammer einen oder mehrere Schnitte (Querschnitte) anbringen. Dadurch wird erreicht, daß bei induktiver Anregung des im Plasma fließenden Stromes die Spannung nicht durch die leitende Hülle kurzgeschlossen wird. Berechnungen zeigen, daß bei Vorhandensein von n Schnitten die Verschiebung δ der Plasmaschnur etwa auf das $1 + n \frac{b_0}{2\pi R}$-fache im Verhältnis zu der aus (4.50) bestimmten Größe anwächst.

In den letzten Jahren wurde eine große Zahl theoretischer und experimenteller Arbeiten zur Erforschung der Eigenschaften einer stromdurchflossenen Plasmawindung in einem magnetischen Längsfeld, dessen Richtung mit der Stromrichtung im Plasma zusammenfällt, angestellt. Das Interesse an einem derartigen System rührt daher, daß nach der theoretischen Voraussage ein Plasmaring in einem kombinierten Feld von bestimmten Instabilitäten frei wird, die auftreten, wenn der Ring nur der Feldwirkung des Eigenstromes unterliegt. In diesem Kapitel werden wir die Fragen der Stabilität nicht weiter berühren und daher nur die Gleichgewichtsbedingungen für einen stromdurchflossenen Plasmaring in einem äußeren Längsfeld untersuchen.

Schon im voraus ist klar, daß man auch in diesem Falle nicht ohne die Einführung eines kompensierenden Feldes H_z auskommen kann, da das Längsfeld H_Θ die Vergrößerung des Plasmaringes nicht verhindert.

Bei der Aufstellung der Gleichgewichtsbedingungen für einen stromdurchflossenen Plasmaring im magnetischen Längsfeld muß man zusätzliche Kräfte berücksichtigen, die mit diesem Längsfeld zusammenhängen. Sie entstehen dann, wenn die Feldstärke innerhalb und außerhalb des Ringes ungleich ist. Wir setzen wie oben voraus, daß der Plasmaring ideale Leitfähigkeit und eine sehr geringe Krümmung besitzt, und wir nehmen an, daß sich die Stärke des Längsfeldes an seiner Oberfläche sprunghaft von H_i im Inneren des Plasmas auf H_a außerhalb ändert. Infolgedessen entsteht an der Grenzfläche eine magnetische Druckdifferenz. Unter Berücksichtigung dieses Druckunterschiedes lautet die Gleichgewichtsbedingung für den kleinen Radius a

$$2\pi a^2 p = \frac{J^2}{c^2} + \frac{H_a^2 - H_i^2}{4} a^2 . \tag{4.51}$$

Diese Bedingung gilt auch im allgemeinen Fall für einen Ring mit endlicher Leitfähigkeit, wenn man unter der Größe H_i^2 den Mittelwert des Quadrats der Feldstärke im Innern des Plasmas versteht. Sie kann auch in einer (4.31) analogen Form dargestellt werden:

$$4\,c^2 N\,k\,T = \eta\,J^2, \tag{4.52}$$

wo

$$\eta = 1 + \frac{a^2\,c^2}{4\,J^2}\,(H_a^2 - H_i^2) \tag{4.53}$$

ist.

Zur Aufstellung der Gleichgewichtsbedingung für die Kräfte, die auf eine Änderung des großen Radius hinwirken, wenden wir uns Abb. 32 zu, auf der ein kleiner Abschnitt des Plasmaringes mit der Winkelabmessung $\Delta\Theta$ gezeichnet ist.

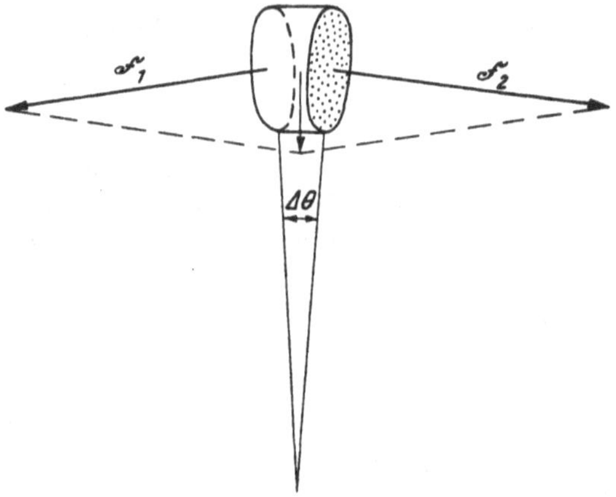

Abb. 32. Auf einen Abschnitt des Plasmaringes wirkende Kräfte

Auf dieses Plasmasegment wirken außer den Kräften, die durch den Gasdruck und die Wechselwirkung des Stromes mit seinem Eigenfeld bedingt sind, auch Kräfte, die dadurch entstehen, daß für $H_a \neq H_i$ die MAXWELLschen Spannungen des Längsfeldes nicht ausgeglichen sind. Die Kraftlinienkreise des Längsfeldes im Inneren des Plasmas streben danach, sich zu verkürzen. Die so entstehenden Kräfte greifen an den Stirnseiten des Windungssegments an. Auf Abb. 32 sind diese Kräfte durch die Vektoren $\mathfrak{F}_1$ und $\mathfrak{F}_2$ gekennzeichnet, die ihrer Größe nach gleich sind und zwischen sich den Winkel $\pi - \Delta\Theta$ einschließen. Dabei ist

$$F_1 = F_2 = \frac{H_i^2}{8\,\pi}\,\pi\,a^2 = \frac{H_i^2\,a^2}{8}\,.$$

Die Resultierende der Kräfte $\mathfrak{F}_1$ und $\mathfrak{F}_2$ ist zum Mittelpunkt des Ringes hin gerichtet. Ihre Größe ist durch den Ausdruck

$$F_1\,\Delta\Theta = \frac{H_i^2\,a^2}{8}\,\Delta\Theta$$

gegeben.

Wäre die Feldstärke außerhalb und innerhalb des Plasmaschlauches gleich, so würde die Resultierende der Längsspannungskräfte durch den Seitendruck der Kraftlinien des Längsfeldes, der von außen an den Seitenflächen des Plasmasegmentes angreift, ausgeglichen. Die Resultierende der Kräfte des Seitendruckes, die vom Mittelpunkt des Ringes fortgerichtet ist, wäre also für $H_i = H_a$ ebenfalls gleich $\frac{H_i^2 a^2}{8} \Delta\Theta$.

Für $H_a \neq H_i$ wird die Resultierende der Seitendruckkräfte jedoch gleich $\frac{1}{8} H_a^2 a^2 \Delta\Theta$.

Es wirkt also für $H_i \neq H_a$ auf ein Element des Plasmaschlauches der Winkelabmessung $\Delta\Theta$ infolge der nicht kompensierten MAXWELLschen Spannungen des Längsfeldes eine zusätzliche radiale Kraft, die gleich

$$\frac{1}{8} a^2 \Delta\Theta (H_a^2 - H_i^2) \tag{4.54}$$

ist. Bezieht man diese Kraft auf den ganzen Ring (man muß hierzu mit $2\pi/\Delta\Theta$ multiplizieren) und addiert diesen Betrag zur linken Seite der Gleichung (4.47), so erhält man die gesamte Dehnungskraft, die durch die Wirkung des H_z-Feldes kompensiert werden muß. Die gesuchte Gleichgewichtsbedingung ist also von der Form

$$2\pi^2 a^2 p + \frac{2\pi J^2}{c^2}\left(\ln\frac{8R}{a} - 1\right) + \frac{H_a^2 - H_i^2}{4}\pi a^2 = \frac{J H_z}{c} 2\pi R .$$

Setzt man noch p aus (4.51) ein, so erhält man eine Gleichung zur Bestimmung von H_z:

$$H_z \frac{J R}{c} = \frac{J^2}{c^2}\left(\ln\frac{8R}{a} - \frac{1}{2}\right) + \frac{H_a^2 - H_i^2}{4} a^2 . \tag{4.55}$$

Wie schon erwähnt, entsteht in einer Kammer mit metallischen Wänden bei geringer Abweichung der Plasmawindung von der Gleichgewichtslage das H_z-Feld automatisch.

Der Betrag der Verschiebung δ der Plasmaschnur aus der Mitte kann in diesem Falle mit Hilfe der Formel

$$\delta = \frac{b_0^2}{2R}\left[\ln\frac{b_0}{a} + \left(1 - \frac{a^2}{b_0^2}\right)\left(\frac{8\pi p}{H_J^2} - \frac{1}{4}\right)\right] \tag{4.55a}$$

bestimmt werden. H_J ist hierbei die vom Strom im Plasma verursachte magnetische Feldstärke an der Oberfläche der Plasmaschnur. Aus dieser Formel folgt unter anderem, daß bei einer Änderung des Verhältnisses zwischen p und H_J bei Aufheizung des Plasmas eine Änderung der Gleichgewichtslage erfolgt.

Die Gleichungen (4.51), (4.55) und (4.55a) bilden die theoretische Grundlage zur Erforschung der Prozesse, die bei quasistationären Entladungen in Ringkammern ablaufen. Diese Prozesse werden in Kap. VI betrachtet.

§ 18. Diffusion des Magnetfeldes in ein Plasma

Die dynamischen Eigenschaften des Plasmas hängen in sehr starkem Maße von seiner elektrischen Leitfähigkeit ab. Ist die elektrische Leitfähigkeit des Plasmas hinreichend groß, werden bei Prozessen nicht zu langer Dauer die bei Bewegung des Plasmas relativ zum Magnetfeld entstehenden Ströme infolge des Skineffektes auf seiner Oberfläche zu finden sein. Daher werden die auf das Plasma wirkenden Kräfte an seiner Begrenzung angreifen, und der ausgleichende Druck muß sich an der Grenze sprunghaft ändern. Vom Gleichgewicht einer Plasmakonfiguration mit scharfer Begrenzung zu sprechen hat also nur dann einen Sinn, wenn die Leitfähigkeit des Plasmas hinreichend groß ist.

Elektrodynamisch und thermodynamisch wird ein derartiger Zustand jedoch niemals im Gleichgewicht sein, da das Magnetfeld im Inneren des Plasmas nur für eine bestimmte Zeit, die durch die Lebensdauer der Skinschicht bestimmt ist, schwächer sein kann als das äußere Feld.

Wir wollen noch etwas näher darauf eingehen, wie sich der Feldstärkesprung an einer Plasmagrenze in einer magnetischen Flasche ohne seitliche elektrodynamische Kräfte zeitlich ändert.

Die Dicke der Skinschicht wächst proportional $\sqrt{\frac{t}{\sigma}}$, wo t die Dauer des Prozesses und σ die Leitfähigkeit ist. Wenn also zu einer beliebigen Anfangszeit auf Grund von Flächenströmen an der Plasmagrenze ein Feldstärkesprung vorhanden ist, so muß in der Folge ein Ausgleich der Felder stattfinden, der alle tieferen Schichten des Plasmas erfaßt. Gleichzeitig mit dem Eindringen des elektromagnetischen Feldes ins Plasmainnere findet durch Diffusion eine geometrische Verschmierung der Grenze statt.

Das Eindringen des Magnetfeldes in das diamagnetische Plasma und die Diffusionsverschmierung der Grenze stellen formal zwei voneinander unabhängige Prozesse dar. In Wirklichkeit existiert jedoch zwischen ihnen ein tiefer, innerer Zusammenhang, da sie zwei Seiten ein und derselben Erscheinung widerspiegeln. Beiden Prozessen liegt derselbe physikalische Mechanismus zugrunde, denn der elektrische Widerstand des Plasmas, durch den die Dicke der Skinschicht wächst und der Ausgleich der Felder erfolgt, und die Diffusion, die die Unschärfe der Plasmagrenze hervorruft, sind beide durch die Zusammenstöße zwischen den Teilchen bedingt. Der Sprung der magnetischen Feldstärke an der Grenze des Plasmas kann sich nur dadurch ausgleichen, daß wegen der Zusammenstöße zwischen den Teilchen das durch das äußere Feld zusammengehaltene Plasma allmählich sein Volumen vergrößert und sein Druck abnimmt.

Man kann dies auch von einem etwas anderen Gesichtspunkt aus verstehen, wenn man bemerkt, daß der Unterschied der magnetischen Feldstärken innerhalb und außerhalb des Plasmas durch den Diamagnetismus der LARMOR-kreise bedingt ist, die von den geladenen Teilchen beschrieben werden. Dieser Diamagnetismus kann nur durch Verminderung der Teilchenkonzentration abgeschwächt werden, d. h. durch den Diffusionsprozeß. Wir gelangen also zu dem Schluß, daß das Eindringen des äußeren Magnetfeldes in das Plasma mit einer Geschwindigkeit erfolgt, die durch die Diffusion des Plasmas bestimmt ist. Wenn zu Beginn die Grenze des Plasmas scharf war, so wird sie nach der Zeit t infolge Diffusion bis zur Tiefe

$$\delta \sim \sqrt{D t}$$

verwaschen. Bis zur selben Tiefe erfolgt der Ausgleich der Magnetfelder. Danach ist also δ die Dicke der Skinschicht. Im allgemeinen Falle fällt sie nicht mit der Größe zusammen, die man aus der klassischen Theorie des Skineffektes für einen Leiter mit fester Begrenzung erhält. Unter Benutzung der Formel (3.32) für D läßt sich unschwer die folgende Beziehung finden:

$$\delta \sim \sqrt{D t} \sim \sqrt{\frac{c^2 t}{4 \pi \sigma}} \sqrt{\frac{8 \pi p}{H^2}} . \tag{4.56}$$

Hierin ist $p = n k (T_e + T_i)$ der Gasdruck des Plasmas. Der erste Faktor auf der rechten Seite von (4.56) stellt die Dicke der Skinschicht nach der klassischen Elektrodynamik dar. Für den Maximalwert des Plasmadruckes, d. h. $p = \frac{H^2}{8 \pi}$, ergibt die gewöhnliche elektrodynamische Formel den richtigen Wert für die Eindringtiefe δ. Ist jedoch der Druck des Plasmas sehr klein im Vergleich zum magnetischen Druck, so nimmt die Geschwindigkeit des Ausgleichs der Felder proportional der Quadratwurzel aus dem Verhältnis dieser Drucke ab. Vom Standpunkt der üblichen Theorie des Skineffektes ist dieses Resultat auf den ersten Blick unverständlich. Um den physikalischen Inhalt zu verstehen, müssen wir berücksichtigen, daß der Ausgleichsvorgang nicht an einer starren Grenze eines normalen Leiters erfolgt, sondern an der Plasmagrenze, wobei sich gleichzeitig das Plasma in Richtung des stärkeren Feldes ausbreitet. Die Diffusion verläuft so, als würde das Plasma die eindringenden Kraftlinien des äußeren Feldes wegschieben. Dadurch ergibt sich eine Reduktion der Geschwindigkeit des Ausgleiches der Felder.

§ 19. Theorie der Grenzschicht zwischen Plasma und Magnetfeld

Im Rahmen der gewöhnlichen Magnetohydrodynamik kann man die Dicke der Grenzschicht zwischen Plasma und Magnetfeld Null setzen, wenn die betrachteten Prozesse so schnell ablaufen, daß ihre Dauer wesentlich kleiner ist als die Zeit der Diffusionsverschmierung der Plasmagrenze. In Wirklichkeit muß diese Schicht natürlich von endlicher Dicke sein. Zu ihrer Abschätzung muß man sich die Mikrostruktur der Grenze vorstellen. Eine allgemeine Lösung des Problems der Grenzschichtstruktur konnte bis heute noch nicht gefunden werden. Vor Erreichung dieses Ziels sind eine Reihe von Schwierigkeiten zu überwinden. von denen einige rein mathematischer Art sind, andere dagegen mit einer nahezu unvermeidlichen Unklarheit und Uneindeutigkeit in der Formulierung der Grenzbedingungen für das allgemeine Problem zusammenhängen. Wir wollen hier nur den Fall untersuchen, in dem das Plasma das Magnetfeld vollständig aus dem von ihm eingenommenen Volumen verdrängt, und annehmen, daß keine Stöße zwischen den Teilchen stattfinden. In diesem Sonderfall bewegen sich die geladenen Teilchen im Innern des Plasmas in hinreichend großem Abstand von der Begrenzung geradlinig. Gelangt ein Ion oder Elektron zur Grenze, so wird es vom Magnetfeld zurückgestoßen und kehrt wieder ins Plasma zurück. Der Bereich, in dessen Grenzen die Umkehr der Bahn stattfindet, stellt die Grenzschicht des Plasmas dar. Wäre das elektrische Feld im Inneren der Grenzschicht gleich Null, so müßten bei vergleichbaren Werten von T_e und T_i Ionen und Elektronen wegen des großen Unterschieds zwischen den Größen ϱ_e und ϱ_i verschieden tief in das Magnetfeld eindringen. Ein Unterschied in der Eindringtiefe von Ionen und Elektronen bedeutet jedoch, daß im Innern der Grenzschicht die Quasineutralität verletzt wird, und ein elektrisches Feld auftritt. Dieses elektrische Feld wird die Form der Trajektorien nur dann nicht wesentlich ändern, wenn die Konzentration des Plasmas so gering ist, daß der DEBYEsche Abschirmradius die mittlere Größe von ϱ_i beträchtlich übertrifft. Wie man sich leicht überzeugen kann, ist dies der Bedingung $\frac{H^2}{4\pi\varrho c^2} \gg 1$ äquivalent.

Praktisch haben wir es meist mit dem entgegengesetzten Grenzfall zu tun. Den allgemeinen Bewegungscharakter von Ionen und Elektronen in der Grenzschicht kann man folgendermaßen skizzieren: Die Elektronen werden in einer Entfernung der Größenordnung ϱ_e vom Magnetfeld reflektiert, während die Ionen nicht wesentlich weiter eindringen können, da sie gewissermaßen durch elektrostatische Kräfte an die Elektronen gebunden sind. Eine Rechnung, die dieses qualitative Bild exakt erfaßt, läßt sich relativ leicht nur für bestimmte Sonderfälle unter speziellen Vereinfachungen durchführen. Wir betrachten hier den einfachsten dieser Fälle, der von CHAPMAN und FERRARO durchgerechnet wurde.

Wir nehmen an, daß alle Teilchen, die in die Grenzschicht gelangen, ein und dieselbe Anfangsgeschwindigkeit v_0 besitzen, die senkrecht zur Grenzfläche gerichtet ist. Die Richtung des Vektors $\mathfrak{v}_0$ wählen wir als x-Achse und legen die z-Achse parallel zu $\mathfrak{H}$. Im Inneren des Plasmas in hinreichender Entfernung von der Grenze (d. h. für $x \to -\infty$) geht die magnetische Feldstärke gegen Null. Im Vakuum jenseits der Grenzschicht ist das Magnetfeld homogen und seine Feldstärke hat den Wert H_0. In der Grenzschicht selbst ist H eine Funktion von x. Das elektrische Feld muß $\mathfrak{v}_0$ entgegengerichtet sein (es bremst die Ionen). Sein Potential φ hängt ebenfalls von x ab. Die Bewegung eines Ions im Inneren des Grenzbereiches vollzieht sich nur unter der Wirkung des elektrischen Feldes. Den Einfluß des Magnetfeldes auf die Ionenbahnen kann man vernachlässigen, da die Dicke der Schicht von der Größenordnung ϱ_e sein muß und das Magnetfeld einen merklichen Einfluß auf die Bewegung der Ionen erst in der Größenordnung ϱ_i ausübt. Danach hat die Geschwindigkeit des Ions in jedem Punkt im Inneren der Schicht nur eine Komponente in x-Richtung, und ihre Größe ist leicht aus dem

Energiesatz

$$v = \sqrt{v_0^2 - \frac{2 e \varphi}{m_i}} \tag{4.57}$$

zu finden.

Die Ionenkonzentration in der Schicht läßt sich aus dem Erhaltungssatz

$$n_0 v_0 = n v \tag{4.58}$$

bestimmen. Hierin ist n_0 die Konzentration der Ionen im Plasma.

Aus (4.57) und (4.58) folgt

$$n = \frac{n_0 v_0}{\sqrt{v_0^2 - \frac{2 e \varphi}{m_i}}} . \tag{4.59}$$

Die x-Komponente der Elektronengeschwindigkeit läßt sich aus einer Gleichung bestimmen, die zu (4.57) analog ist. Die Ionen- und Elektronenströme sind in jedem beliebigen Punkt im Inneren der Schicht einander gleich, und da die Konzentration der Teilchen beiderlei Vorzeichens nach der Quasineutralitätsbedingung nahezu gleich sein muß, so muß die x-Komponente der Geschwindigkeit eines Elektrons gleich der Geschwindigkeit eines Ions in demselben Punkt sein. Daher dringen in dem betrachteten Spezialfall alle Teilchen auch gleich tief in das Magnetfeld ein und werden an ein und derselben Ebene ins Plasma reflektiert. Wählen wir das Koordinatensystem so, daß die Spiegelebene mit der yz-Ebene zusammenfällt, dann geht für $x = 0$ die Geschwindigkeitskomponente in Normalenrichtung für alle Teilchen gegen Null.

Wir stellen nun die Bewegungsgleichungen für die Elektronen auf. Sie haben die folgende Form:

$$m_e \frac{dv}{dt} = e \frac{\partial \varphi}{\partial x} - \frac{e}{c} v_y H , \tag{4.60}$$

$$m_e \frac{dv_y}{dt} = \frac{e}{c} v H . \tag{4.61}$$

Hierin ist enthalten, daß die Geschwindigkeitskomponente der Elektronen v_x der Geschwindigkeit der Ionen v gleich ist. In (4.60) kann man das Glied auf der linken Seite vernachlässigen. Da $m_i \frac{dv}{dt} = - e \frac{\partial \varphi}{\partial x}$ ist, muß die Größe $m_e \frac{dv}{dt}$ sehr klein im Vergleich zu der Kraft sein, die auf ein Elektron von seiten des elektrischen Feldes wirkt. Man kann also Gleichung (4.60) in die einfachere Form

$$\frac{\partial \varphi}{\partial x} = \frac{v_y H}{c} \tag{4.62}$$

bringen.

Im stationären Zustand kann man alle Größen, die in den Bewegungsgleichungen auftreten, als Funktion von x ansehen. Speziell ist

$$\frac{dv_{ye}}{dt} = \frac{dv_{ye}}{dx} v \,.$$

Setzt man den Ausdruck für $\frac{dv_{ye}}{dt}$ in Gleichung (4.61) ein, so erhält man

$$m_e \frac{dv_{ye}}{dx} = \frac{e}{c} H \,. \tag{4.63}$$

Der Zusammenhang zwischen magnetischer Feldstärke und Stromdichte liefert eine weitere die Eigenschaften der Grenzschicht charakterisierende Gleichung. Sie hat folgende Form:

$$\frac{dH}{dx} = -\frac{4\pi}{c} j_y = \frac{4\pi n e v_{ye}}{c} \,. \tag{4.64}$$

Das Problem besteht jetzt in der Lösung der drei Differentialgleichungen (4.62), (4.63) und (4.64) für die Unbekannten φ, H und v_y. Aus (4.62) und (4.63) folgt:

$$\frac{d\varphi}{dx} = \frac{m_e}{e} v_{ye} \frac{dv_{ye}}{dx} \,; \quad \varphi = \frac{1}{2} \frac{m_e}{e} v_{ye}^2 + \text{const} \,.$$

Für $x \to -\infty$ strebt v_{ye} gegen Null. Nimmt man an, daß im Inneren des Plasmas das elektrostatische Potential gleich Null ist, so ergibt sich

$$v_{ye}^2 = \frac{2 e \varphi}{m_e} \,. \tag{4.65}$$

Mit Hilfe dieser Gleichung formen wir (4.59) um:

$$n = \frac{n_0 v_0}{\sqrt{v_0^2 - \frac{m_e}{m_i} v_{ye}^2}} \,. \tag{4.66}$$

Unter Benutzung von (4.63) und (4.66) läßt sich n und H aus (4.64) eliminieren. Im Endergebnis erhält man als Bestimmungsgleichung für v_{ye}:

$$\frac{m_e c^2}{4\pi n_0 e^2} \frac{d^2 v_{ye}}{dx^2} = v_0 \frac{v_{ye}}{\sqrt{v_0^2 - \frac{m_e}{m_i} v_{ye}^2}} \,. \tag{4.67}$$

Die Grenzbedingungen für $x \to -\infty$ haben die Form

$$v_{ye} \to 0 \text{ und } \frac{dv_{ye}}{dx} \to 0 \,. \tag{4.68}$$

Die Integration der Gleichung (4.67) mit den Grenzbedingungen (4.68) ergibt einen Ausdruck, der x und v_y in folgender Form verknüpft:

$$x = \sqrt{\frac{m_e c^2}{4\pi n_0 e^2}} f(v_{ye}) \,. \tag{4.69}$$

Hierin ist

$$f(v_{ye}) = \sqrt{2} \cdot \sqrt{1 + \sqrt{1 - \frac{m_e}{m_i} \frac{v_{ye}^2}{v_0^2}}} - 1 + \ln \frac{(\sqrt{2}+1)\sqrt{1 - \sqrt{1 - \frac{m_e}{m_i} \frac{v_{ye}^2}{v_0^2}}}}{\sqrt{2} + \sqrt{1 + \sqrt{1 - \frac{m_e}{m_i} \frac{v_{ye}^2}{v_0^2}}}}. \tag{4.70}$$

Dieser Ausdruck ist sehr unanschaulich. Wir wollen daher hier die entsprechenden Formeln für φ und n nicht herleiten. Wesentlich klarer ist eine graphische Darstellung von v_y, n und φ in der Grenzschicht als Funktion von x. Diese Kurven sind in Abb. 33 zu sehen. Die wesentliche Änderung aller Größen tritt in einem Abstand von der Größenordnung der kritischen, der LARMOR-Frequenz der Elektronenschwingungen entsprechenden Wellenlänge auf, d. h. in einem Abstand der Größenordnung $\sqrt{\frac{m_e c^2}{4 \pi n_0 e^2}}$. Das war zu erwarten, da im betrachteten Spezialfall die kritische Wellenlänge in der Größenordnung des LARMOR-Radius des Elektrons liegt. Der Umstand, daß im Punkte $x = 0$ die Konzentration der Teilchen gegen Unendlich geht, darf uns nicht wundern. Es hängt damit zusammen, daß bei den vereinfachenden Annahmen, die wir unserer Rechnung zugrunde legten, für alle Teilchen des Plasmas die Umkehrpunkte der Bahnen bei $x = 0$ liegen. Unter realen Bedingungen ist dies wegen der Geschwindigkeitsverteilung nicht der Fall, und die Kurve für n als Funktion von x glättet sich.

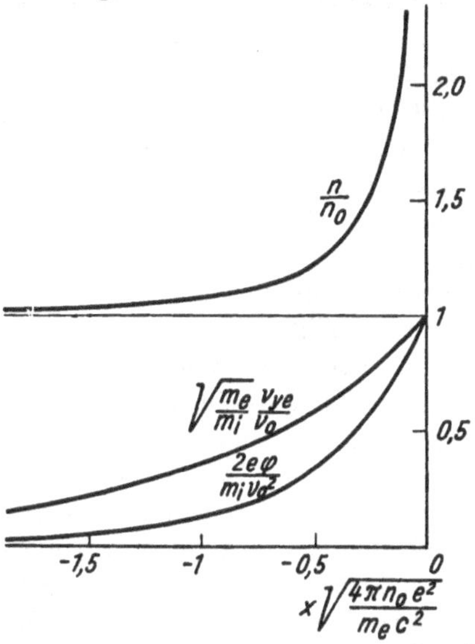

Abb. 33. Konzentration, Potential und Tangentialkomponente der Geschwindigkeit in der Nähe der Plasmagrenze

Für die eben durchgeführte Rechnung ist die Annahme, daß alle Teilchen aus dem Unendlichen an die Grenze des Plasmas kommen und durch Reflexion die Grenzschicht wieder verlassen, sehr wesentlich. Man kann sich jedoch auch den Fall vorstellen, daß sich die Teilchen die ganze Zeit als eingefangene Teilchen im Wirkungsbereich eines starken Magnetfeldes aufhalten. Das Vorhandensein derartiger Teilchen kann den Grenzbereich ziemlich stark verschmieren, da man die eingefangenen Teilchen willkürlich über den Bereich des Magnetfeldes verteilen kann. Im Grunde genommen bedeutet das, daß es neben Zuständen des Plasmas mit einer scharfen Grenze auch Plasmakonfigurationen mit ziemlich kontinuierlichem Abfall der Dichte und des Druckes in der Grenzschicht geben kann. Wie schon im vorangegangenen Paragraphen erwähnt, wird sich eine zunächst scharfe Grenze zwischen Plasma und Magnetfeld durch die Stöße zwischen den Teilchen langsam verwischen, denn die Stöße führen dazu, daß allmählich alle Ionen und Elektronen ihren Bewegungszustand ändern und in das Stadium der eingefangenen Teilchen übergehen.

§ 20. Einfrieren der Kraftlinien im Plasma. Das Mitreißen des Feldes durch ein sich kontrahierendes Plasma

Das Bild der elektrodynamischen Prozesse für ein bewegtes Plasma ist nur bei sehr guter elektrischer Leitfähigkeit, für deren Existenz eine hohe Elektronentemperatur notwendig ist, relativ einfach. Im Magnetfeld besitzt ein gut leitendes Plasma ausgeprägte Anisotropie. Es strömt frei entlang der Feldlinien, kann aber nicht senkrecht zu $\mathfrak{H}$ diffundieren. Eines der charakteristischen Phänomene bei der Bewegung eines gut leitenden Plasmas im Magnetfeld ist das Einfrieren der Kraftlinien. Der Ausdruck deutet darauf hin, daß sich die Kraftlinien so mit der strömenden Materie verschieben, als wären sie mit ihr verheftet. Benutzt man diese Vorstellungen von den eingefrorenen Linien, so läßt sich ein sehr anschauliches Bild der Feldänderung für die verschiedenen Fälle der Plasmabewegung geben. Man darf dabei jedoch nicht vergessen, daß man solche anschaulichen Bilder nur mit Vorbehalt benutzen darf, denn der Kraftlinienbegriff ist nur ein geeignetes Hilfsmittel für die Darstellung der Geometrie des statischen Feldes. Die Erweiterung seines Anwendungsbereiches auf das sich bewegende Feld verlangt eine gewisse Vorsicht und kann streng nur für die einfachsten Fälle derartiger Bewegungen durchgeführt werden.

Um das Gesetz der Feldänderung in einem sich bewegenden leitenden Medium zu erforschen und die Bedingungen für das Einfrieren der Kraftlinien aufzustellen, betrachten wir eine Konfiguration mit einfachen geometrischen Eigenschaften. Wir nehmen an, daß der Feldstärkevektor überall parallel zur z-Achse gerichtet ist. In diesem Falle folgt aus der Bedingung $\operatorname{div} \mathfrak{H} = 0$, daß die Feldstärke nicht von z abhängt und sich nur in einer Richtung ändern kann, die senkrecht zu den Kraftlinien verläuft. Wir setzen weiter voraus, daß die Materie hoher Leitfähigkeit so im Raum verteilt ist, daß ihre Dichte ϱ genau wie H nicht von z abhängt, jedoch eine beliebige Funktion der Koordinaten x und y sein kann. Aus irgendeinem Grunde möge eine Deformation der Materie eintreten, die ihre Dichte ändert. Wir grenzen in der $x\,y$-Ebene ein Flächenelement ds_1 ab. Die Materie, die sich zur Zeit t_1 in den Grenzen des zylindrischen Bereiches mit dem Querschnitt ds_1 befindet, wird infolge der Deformation zur Zeit t_2 einen Zylinder mit dem Querschnitt ds_2 füllen. Es muß also die Gleichung

$$\varrho_1\, ds_1 = \varrho_2\, ds_2 \tag{4.71}$$

gelten, wo ϱ_1 und ϱ_2 die Dichten im betrachteten Bereich zur Zeit t_1 bzw. t_2 sind.

Ist die Leitfähigkeit der Materie sehr groß und geht die Deformation nicht zu langsam vor sich, so bleibt der magnetische Fluß durch den Querschnitt des deformierten Zylinders unverändert. Tatsächlich entsteht, wenn der Strom eine geringe Änderung erfährt, nach dem Induktionsgesetz in der die Fläche einschließenden Kontur eine elektromotorische Kraft. Diese EMK führt bei sehr hoher Leitfähigkeit der Materie zum Auftreten eines starken Stromes, dessen Magnetfeld die anfängliche Flußänderung gerade kompensiert. Es muß also neben (4.71) auch folgende Gleichung gelten:

$$H_1\, ds_1 = H_2\, ds_2, \tag{4.72}$$

wo H_1 und H_2 die magnetischen Feldstärken zur Zeit t_1 bzw. t_2 sind. Aus (4.71) und (4.72) folgt

$$\frac{H_1}{\varrho_1} = \frac{H_2}{\varrho_2} = \text{const}\,. \tag{4.73}$$

Dieses Ergebnis stellt eine quantitative Formulierung der Vorstellung vom Einfrieren der Kraftlinien dar. Die Konstanz des Verhältnisses H/ϱ ist kein allgemeines Gesetz. Es ist nur für schnelle Plasmadeformationen, die quer zu den Kraftlinien stattfinden, streng gültig. Beim Zerfließen der Plasmamasse in Richtung der Kraftlinien kann sich das Verhältnis H/ϱ in ziemlich weiten Grenzen ändern.

Da das Plasma kein idealer Leiter ist, ist das im Plasma eingefrorene Feld bei dessen Bewegung bestrebt, seine ursprüngliche Konfiguration wieder einzunehmen. Die Geschwindigkeit, mit der die eingefrorenen Kraftlinien auftauen und aus dem Bereich starker Kompression herausstreben, ist durch die für den Skineffekt charakteristische Zeit bestimmt. Nach der Zeit t ist das elektromagnetische Feld in einem Leiter mit der elektrischen Leitfähigkeit σ bis zu einer Tiefe von der Größenordnung $c\sqrt{\frac{t}{4\pi\sigma}}$ eingedrungen. Sind die geometrischen Abmessungen des Plasmas in der zum $\mathfrak{H}$-Vektor senkrechten Richtung durch die Größe x bestimmt, so gleicht sich also das Feld in einer Zeit der Größenordnung $\frac{4\pi\sigma x^2}{c^2}$ aus. Um eine Vorstellung von der Einfrierdauer zu vermitteln, bringen wir ein Beispiel: Für $T = 10^8$ und $x = 10$ cm beträgt die Ausgleichszeit etwa 12 sec.

Eingefrorene Kraftlinien kann man insbesondere in Systemen beobachten, die für unser Hauptproblem von besonderem Interesse sind. So finden sie sich z. B. in einem zylindrischen Plasma hoher Leitfähigkeit im konstanten äußeren Magnetfeld (H_z in Abb. 34), wenn ein Strom in Richtung der Kraftlinien des äußeren Feldes fließt und schnell anwächst. Dieser Strom erzeugt ein magnetisches Eigenfeld, dessen ringförmige Kraftlinien den Plasmaleiter umschlingen und zusammendrücken. Zusammen mit dem Plasma wird das darin eingeschlossene H_z-Feld komprimiert. Wächst der Strom hinreichend schnell an und ist die Leitfähigkeit des Plasmas groß, so fließt der Strom nur in einer dünnen Plasmaschicht und man kann annehmen, daß die Kompression durch auf die Oberfläche des Plasmazylinders wirkende Kräfte bewirkt wird. Beim quasistationären Kompressionsprozeß (d. h. ohne Bildung von Stoßwellen) kann man die Dichte des Plasmas als konstant über seinen Querschnitt annehmen; daher muß auch H_z in allen Punkten der Plasmasäule gleich groß sein und sich im Laufe der Zeit proportional zu $1/a^2$ ändern, wo a der Radius des Plasmaleiters ist.

Experimentell wurde die Kompression der Plasmasäule unter Mitnahme des in ihrem Innern eingeschlossenen Längsfeldes in Versuchen beobachtet, die im Moskauer Institut für Atomenergie von 1953 bis 1954 bei der Erforschung von Stabilisierungsmethoden für Impulsentladungen großer Leistung angestellt wurden. Auf diese Arbeiten kommen wir im nächsten Kapitel zurück. Sie beziehen sich auf Fälle, die von der Stationaritätsbedingung ziemlich weit entfernt sind.

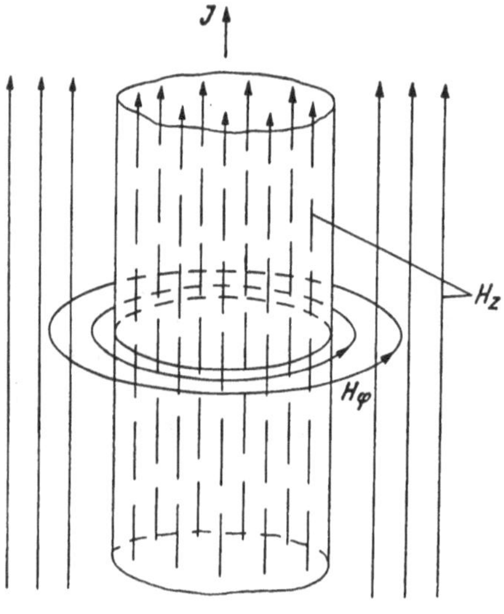

Abb. 34. Einfrieren der magnetischen Feldlinien in einem kontrahierenden Plasma

§ 21. Schwingungen und Wellen in einem Plasma. Langmuirsche Elektronenschwingungen. Ionenschall. Alfvénsche Wellen

Bei Deformationen, die eine Abweichung des Plasmas vom Gleichgewichtszustand hervorrufen, können im Plasma verschiedene Arten von Schwingungen und Wellen auftreten. Man kann daher das Plasma als elastisches Medium ansehen. Die Entstehung quasielastischer Kräfte, die bestrebt sind, das deformierte Plasma in die Gleichgewichtslage zurückzubringen, hängt vom Charakter der Deformation ab. Diese Kräfte können elektrostatischer Natur sein oder von der „Elastizität" der Kraftlinien des Magnetfeldes herrühren, die sich in einem gut leitenden Plasma ja zusammen mit der Materie verschieben. Außerdem existiert im Plasma ebenso wie in jedem beliebigen anderen Gas eine Elastizität gegenüber Druckänderungen.

Zunächst wollen wir die Entstehung von Schwingungen und Wellen in einem Plasma, das sich außerhalb eines Magnetfeldes befindet, kurz charakterisieren und danach den Einfluß des Magnetfeldes auf die Welleneigenschaften des Plasmas betrachten.

Plasmaschwingungen einfachsten Typs sind longitudinale Elektronenschwingungen, die nach ihrem Entdecker Langmuir-Schwingungen genannt werden. Um den Entstehungsmechanismus dieser Schwingungen zu erklären, nehmen wir an, daß in einem homogenen, unbegrenzten Plasma eine Deformation auftritt, bei der sich alle Elektronen, die sich anfangs rechts von einer bestimmten Ebene befanden, in Richtung der Normalen zu dieser Ebene um die Entfernung Δx nach rechts verschieben (Abb. 35), während die Ionen unbeweglich bleiben.

Dabei entsteht in einer Schicht der Dicke Δx, die an die erwähnte Ebene grenzt, ein Überschuß an positiven Ladungen. Die Größe dieser Ladung pro Flächeneinheit ist gleich $e\,n\,\Delta x$, wo n die ursprüngliche Teilchenkonzentration im ungestörten Plasma ist.

Das auf die verschobenen Elektronen wirkende elektrische Feld muß demnach von der Stärke $4\,\pi\,n\,e\,\Delta x$ sein (links von der positiven Ladung ist das elektrische Feld gleich Null). Die Bewegungsgleichung für Elektronen, die der Wirkung dieses elektrischen Feldes ausgesetzt sind, hat eine für harmonische Schwingungen charakteristische Form:

$$m_e\,\Delta\ddot{x} = -\,4\,\pi\,n\,e^2\,\Delta x\,.$$

Die Eigenfrequenz der Schwingungen, die sogenannte LANGMUIR-Frequenz, ist durch

$$\omega_0 = \sqrt{\frac{4\,\pi\,n\,e^2}{m_e}} \qquad (4.74)$$

gegeben.

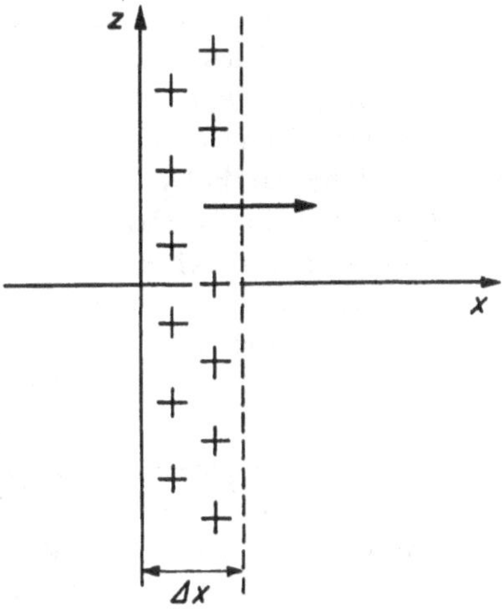

Abb. 35. Verschiebung der Elektronen im Plasma

Wegen der großen Masse der Ionen kann ihre Bewegung vernachlässigt werden. Wenn sich derartige Schwingungen im Plasma ausbreiten, werden sie den Charakter longitudinaler elektrostatischer Wellen haben. In diesem Falle existiert kein Zusammenhang zwischen der Frequenz ω_0 (sie hat einen festen Wert) und der Wellenlänge λ oder der Wellenzahl $k = \frac{2\pi}{\lambda}$. Darum ist die Phasengeschwindigkeit der Wellen der Wellenzahl umgekehrt proportional:

$$v_{ph} = \frac{\omega}{k} = \frac{\omega_0}{k}\,. \qquad (4.75)$$

Die Unabhängigkeit der Frequenz von der Wellenzahl trifft jedoch nur dann zu, wenn man die Wärmebewegung der Elektronen nicht berücksichtigt. Eine derartige Vernachlässigung ist solange gerechtfertigt, wie die Wellenlänge hinreichend groß ist und die Phasengeschwindigkeit der Wellenausbreitung die mittlere thermische Geschwindigkeit der Plasmaelektronen um ein Vielfaches übertrifft. Für $v_{ph} \sim v_e$ wird die Wärmebewegung einen wesentlichen Einfluß auf die Ausbreitung der LANGMUIR-Wellen haben. Tatsächlich ist in diesem Falle $k \sim \frac{\omega}{v_e}$, und das bedeutet, daß die Wellenlänge größenordnungsmäßig mit dem DEBYEschen Radius vergleichbar wird. Die Fluktuationen der Mikrofelder im Plasma werden demzufolge einen beträchtlichen Einfluß auf die Ausbreitung der elektrostatischen Longitudinalwellen haben.

Die exakte Theorie der Wellenprozesse im Plasma, die die Rolle der Wärmebewegung der Elektronen berücksichtigt, zeigt, daß die Frequenz der Longitudinalwellen von der Wellenzahl nach dem Gesetz $\omega^2 = \omega_0^2 (1 + 3 k^2 r_D^2)$ abhängt, wo r_D der DEBYEsche Radius ist. Dieses Gesetz ist übrigens nur für $\lambda > r_D$ gültig. Im Plasma können Longitudinalschwingungen mit einer Wellenlänge, die kleiner als der DEBYEsche Radius ist, nicht angeregt werden.

Großes Interesse beansprucht offensichtlich eine andere Besonderheit. Nach theoretischen Voraussagen kann infolge der Wärmebewegung die Energie der Längsschwingungen selbst bei Fehlen von Stößen vom Plasma absorbiert werden (LANDAU-Dämpfung). Der physikalische Inhalt dieser Erscheinung besteht in Folgendem: Die Elektronen oder Ionen, deren Geschwindigkeit nach Größe und Richtung der Phasengeschwindigkeit der Welle hinreichend nahekommt, entziehen der Welle, wenn sie sich lange Zeit mit ihr fortbewegen, Energie, was eine Dämpfung zur Folge hat. Es ist klar, daß sich in einem im Gleichgewicht befindlichen Plasma mit MAXWELLscher Geschwindigkeitsverteilung für $v_{ph} \gg v_e$ sehr wenig solcher Teilchen befinden, die tatsächlich der Welle Energie entziehen können, indem sie sich mit ihr zusammen bewegen. Der Bruchteil derartiger Teilchen ist proportional $e^{-(m v_{ph}^2/2kT)}$.

Daher wird für $v_{ph} \gg v_e$ auch das Dämpfungsdekrement exponentiell klein sein, das von dem erwähnten Effekt herrührt. Gehorcht die Geschwindigkeitsverteilung der Teilchen im Plasma aber nicht dem MAXWELLschen Gesetz, so können Bedingungen entstehen, bei denen der Energieaustausch zwischen Welle und Teilchen sogar ein anderes Vorzeichen hat, anstatt einer Dämpfung tritt dann ein Anwachsen der Amplitude ein. Wir betrachten diesen Fall im Kapitel VI bei der Behandlung einiger Formen von Plasmainstabilitäten, die mit der Bildung von Elektronen- und Ionenstrahlen verbunden sind.

Einen wichtigen Einfluß auf die Ausbreitung von Wellen in einem Plasma mit niedriger Elektronentemperatur haben die Stöße zwischen Elektronen und Ionen. Bei derartigen Stößen nimmt die Energie der geordneten Elektronenbewegung, d. h. auch die Energie der Welle, ab; es findet eine Dämpfung der Welle statt. Dieser gewöhnliche Dämpfungsmechanismus tritt sowohl bei der Ausbreitung von Longitudinalwellen im Plasma (Elektronenschwingungen vom LANGMUIR-Typ) als auch beim Durchgang von elektromagnetischen Transversalwellen durch das Plasma auf.

Neben den LANGMUIR-Schwingungen der Elektronen im Plasma können auch Longitudinalschwingungen der Ionen angeregt werden. Im Grunde genommen stellen diese Schwingungen, an denen die ganze Plasmamaterie teilnimmt, nichts anderes als Schallausbreitung dar. Bekanntlich hat es in einem gewöhnlichen Gas nur dann einen Sinn, von Schallschwingungen zu sprechen, wenn die Wellenlänge des Schalls wesentlich größer als die mittlere freie Weglänge der Atome oder Moleküle ist. Es hat sich jedoch gezeigt, daß im Plasma wegen des Vorhandenseins weitwirkender COULOMBscher Kräfte Schallschwingungen auch im entgegengesetzten Grenzfall existieren können, d. h. dann, wenn die Schallwellenlänge beträchtlich kleiner ist als die freie Weglänge. Bei Schallschwingungen im Plasma, die mit wesentlich niedrigeren Frequenzen und Geschwindigkeiten als die Elektronenschwingungen erfolgen, bewahrt das Plasma seine Quasineutralität, d. h., die Elektronen folgen in ihren Bewegungen den Ionen. Wir weisen hier nur auf einige Ergebnisse der theoretischen Analyse des Schalldurchgangs durch verdünnte Plasmen hin, ohne bei den Folgerungen aus diesen Resultaten und ihrer exakten Deutung zu verweilen. Die Ausbreitungsgeschwindigkeit der Schallwellen kann man nach der gewöhnlichen Formel $v_{Sch} = \sqrt{\frac{dp}{d\varrho}}$ abschätzen, wo p der Druck, ϱ die Dichte der Materie ist. Für ein quasineutrales Plasma ist $p = \frac{k}{m_i}(T_i + Z\, T_e)\varrho$ und infolgedessen $v_{Sch} \sim \sqrt{\frac{k\,(T_i + Z\, T_e)}{m_i}}$. Wenn $T_e \approx T_i$ ist, ist die Schallgeschwindigkeit von der Größenordnung der mittleren thermischen Geschwindigkeit der Ionen. In diesem Falle wird die Zahl der Ionen mit Geschwindigkeiten, die hinreichend nahe bei der Schallgeschwindigkeit liegen, so groß, daß der LANDAUsche Dämpfungsmechanismus außerordentlich wirksam wird. Die Theorie zeigt, daß unter diesen Bedingungen der Schall sogar bei Fehlen von Stößen in einer Entfernung, die mit der Wellenlänge vergleichbar ist, verschwindet. Es ist klar, daß dabei der Begriff der Schallwelle seinen Sinn verliert. Wenn jedoch $Z\, T_e \gg T_i$ ist, so übersteigt die Geschwindigkeit der Welle beträchtlich die thermische Geschwindigkeit der Ionen, und die Zahl der Ionen, die am Dämpfungsmechanismus teilnehmen, wird sehr klein. Derartige Schallschwingungen können im Prinzip jede beliebige Frequenz haben, die kleiner als $\omega_{0i} = \sqrt{\frac{4\,\pi\, n\, e^2}{m_i}}$ ist. (Diese Größe nennt man die LANGMUIR-Ionen-Frequenz.) Bei der Annäherung von ω an ω_{0i} nähert sich die Wellenlänge der Schallschwingungen dem DEBYEschen Radius. Das Plasma erscheint dann im Schwingungsprozeß nicht mehr quasineutral. Die strenge Theorie zeigt, daß für $\omega > \omega_{0i}$ Schallschwingungen fehlen.

Ein starkes Magnetfeld muß sich beträchtlich auf die Schwingungseigenschaften des Plasmas auswirken, da es den Charakter der Wellenbewegung von Ionen und Elektronen einschneidend verändert. Insbesondere können durch ein Magnetfeld im Plasma neue Schwingungstypen entstehen. Die wichtigsten davon sind die ALFVÉNschen magnetohydrodynamischen Wellen. Ihr Auftreten ist eng mit der Änderung der dielektrischen Eigenschaften des Plasmas im Magnetfeld verbunden. Wie in Kapitel III erwähnt, ist in einem Plasma ohne Magnetfeld die Dielektrizitätskonstante ε kleiner als 1. Ist ω gleich der Frequenz der LANGMUIR-Schwingungen, geht ε gegen Null, und noch kleineren Frequenzen entsprechen negative ε-Werte. Demgegenüber besitzt ein Plasma in einem Magnetfeld eine positive Dielektrizitätskonstante, die immer größer als 1 ist. Dieser Wert der Dielektrizitätskonstanten charakterisiert das Verhalten des Plasmas in elektrischen Feldern, die sich langsam im Vergleich zur LARMOR-Präzession der Ionen ändern (d. h., er entspricht Frequenzen, die wesentlich kleiner als die Ionenzyklotronfrequenz ω_{Hi} sind).

Betrachten wir jetzt eine elektromagnetische Welle mit $\omega < \omega_{Hi}$, die sich längs der Kraftlinien des Magnetfeldes ausbreitet. Das Verhalten des Plasmas einer derartigen Welle gegenüber wird durch die Dielektrizitätskonstante ε_m charakterisiert. Daher ist die Phasengeschwindigkeit der Welle durch den Ausdruck

$$v_{ph} = \frac{c}{\sqrt{\varepsilon_m}} = \frac{H_0}{\sqrt{4\pi\varrho}} \frac{1}{\sqrt{1 + \frac{H^2}{4\pi\varrho c^2}}} \tag{4.76}$$

bestimmt.

In einem hinreichend dichten Plasma ist $H^2 \ll 4\pi\varrho c^2$; infolgedessen ist die Ausbreitungsgeschwindigkeit gleich $H_0/\sqrt{4\pi\varrho}$. Diese Größe wird ALFVÉNsche Geschwindigkeit genannt. In einem stark verdünnten Plasma nähert sich die Größe v_{ph} der Lichtgeschwindigkeit. Somit stellen die magnetohydrodynamischen Wellen einfach verlangsamte elektromagnetische Transversalwellen dar. Weil $\varepsilon_m \gg 1$ ist, ist die Amplitude des elektrischen Wechselfeldes in der ALFVÉNschen Welle sehr klein im Vergleich zur Amplitude des magnetischen Wechselfeldes.

Bei Annäherung von ω an ω_{Hi} ändert sich der Charakter des Wellenprozesses. Wir wollen nicht auf Einzelheiten der mathematischen Theorie eingehen, sondern uns nur mit der qualitativen Seite der Erscheinungen befassen, die die Haupteigenschaften der transversalen elektromagnetischen Wellen im Plasma für $\omega \sim \omega_{Hi}$ bestimmen. Die einfachste linear polarisierte Welle, die sich in Richtung des konstanten Magnetfeldes ausbreitet, kann man als Superposition zweier zirkular polarisierter Wellen mit entgegengesetzter Drehrichtung des Polarisationsvektors darstellen. Ist $\omega \ll \omega_{Hi}$, so sind beide Wellen mit entgegengesetzter zirkularer Polarisation in ihren Eigenschaften vollkommen identisch. Mit Annäherung an die LARMOR-Frequenz der Ionen ändert sich die Lage. Diejenige der Wellen, deren elektrischer Vektor sich um das konstante Feld in einer Richtung dreht, die mit der Richtung der LARMOR-Präzession der Ionen zusammenfällt, muß im Bereich, wo $\omega \approx \omega_{Hi}$ ist, anomale Dispersion erfahren, weil diese Erscheinung immer in Resonanznähe beobachtet wird. Die Phasengeschwindigkeit dieser Welle (in der Optik wird sie ordentliche Welle genannt) nimmt bei ω_{Hi} rasch ab. Dagegen vergrößert die sogenannte außerordentliche Welle mit entgegengesetzter Drehrichtung des elektrischen Vektors im Frequenzbereich um ω_{Hi} ihre Phasengeschwindigkeit bei Vergrößerung von ω. Man muß also bei Frequenzwerten um ω_{Hi} Doppelbrechung im Plasma beobachten.

Abb. 36 zeigt die graphische Darstellung der Abhängigkeit des Brechungskoeffizienten $\sqrt{\varepsilon}$ von der Frequenz der zirkular polarisierten Wellen (der Index α bezieht sich auf die ordentliche Welle, der Index β auf die außerordentliche). Im Bereich kleiner Frequenzen fallen beide Kurven zusammen; das entspricht dem Übergang zur ALFVÉNschen magnetohydrodynamischen Welle. Bei sehr großen Frequenzen, die mit der LARMOR-Frequenz der Elektronen ω_{He} vergleichbar sind, muß anomale Dispersion für die außerordentliche Welle beobachtet werden, weil sich bei ihr der elektrische Vektor um das Magnetfeld im selben Sinne dreht wie die Plasmaelektronen. Die anomale Dispersion ist immer von anomaler Absorption begleitet (d. h. von einem plötzlichen Anstieg der Dämpfung der Welle). Im Plasma ist diese Absorption dadurch bedingt, daß bei einer Frequenz der ordentlichen Welle nahe ω_{Hi} die Ionen die ganze Zeit mit dem elektrischen Feld der Welle in Resonanz stehen; sie werden vom Feld beschleunigt und entziehen ihm auf diese Weise stetig Energie. Diese Erscheinung wird bei der sogenannten Zyklotronresonanzaufheizung des Plasmas ausgenützt. Mit der außerordentlichen Welle geschieht genau dasselbe bei $\omega = \omega_{He}$.

Ein konstantes Magnetfeld kann auch auf die Longitudinalschwingungen des Plasmas einen Einfluß ausüben. Für die LANGMUIR-Elektronenschwingungen ist

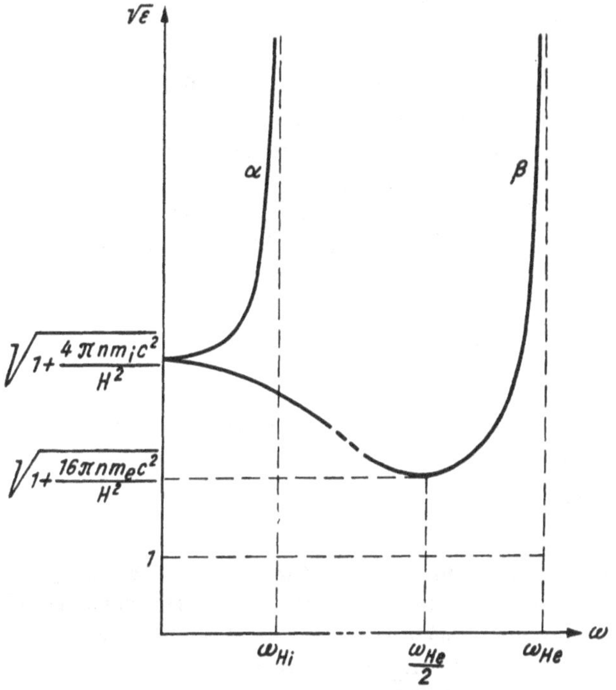

Abb. 36. Frequenzabhängigkeit des Brechungsindex (schematisch)

dieser Einfluß unter gewöhnlichen Bedingungen sehr klein. Die Frequenz dieser Schwingungen übertrifft die LARMOR-Frequenz ω_{He} in der Regel beträchtlich. Daher gelingt es dem Magnetfeld nicht, einen merklichen Einfluß auf die schnelle Schwingung der Elektronen auszuüben. Im Gegensatz dazu können die Schallschwingungen des Plasmas ihren Charakter in Anwesenheit eines starken Magnetfeldes wesentlich ändern. Ein Magnetfeld wird zwar auf die Schallschwingungen nicht wirken, die entlang der Linien des $\mathfrak{H}$-Vektors verlaufen. Wenn sich jedoch der Schall quer zum Magnetfeld ausbreitet, muß jede Kompression oder Expansion des Plasmas auch zu einer Kompression oder Verdünnung der Kraftlinien führen, da diese gewissermaßen fest mit den Teilchen verheftet sind und sich zusammen mit ihnen bewegen. Auf diese Weise verleiht das Magnetfeld dem Plasma eine zusätzliche Elastizität, die zu einer Vergrößerung der Schallgeschwindigkeit führt. Für Frequenzen, die beträchtlich kleiner sind als die LARMOR-Frequenz der Ionen, kann man die Ausbreitungsgeschwindigkeit dieser Wellen (sie werden oft als Magneto-Schallwellen bezeichnet) aus der Beziehung $v = \sqrt{\frac{\partial p}{\partial \varrho}}$ finden, indem man jedoch für p die Summe aus Plasmadruck und Druck des Magnetfeldes $p_m = \frac{H^2}{8\pi}$ einsetzt. Bei der Differentiation muß berücksichtigt werden, daß infolge des Einfrierens des Magnetfeldes H proportional zu ϱ ist. Es ist also

$$\frac{\partial H}{\partial \varrho} = \frac{H}{\varrho} \quad \text{und} \quad \frac{\partial p_m}{\partial \varrho} = \frac{H^2}{4\pi\varrho}. \tag{4.77}$$

Bei der Bestimmung des Plasmadrucks muß man außerdem beachten, daß bei langsamen Schallschwingungen ($\omega \ll \omega_{Hi}$) bei jedem Teilchen das Verhältnis $W_\perp/H$ eine konstante Größe bleibt. Infolgedessen muß sich die „Temperatur“ T, die den Mittelwert der kinetischen Energie für die zu den Kraftlinien senkrechte Bewegung bestimmt, bei Schallschwingungen proportional H ändern. Es möge $p_0 = n\,k\,(T_e + T_i)$ der Druck des Plasmas sein. Diese Größe ist proportional $\varrho \cdot H$. Da H proportional zu ϱ ist, muß der Druck proportional zu ϱ^2 sein. Demnach ist

$$\frac{\partial p_0}{\partial \varrho} = \frac{2\,p_0}{\varrho} = \frac{2\,k\,(T_e + T_i)}{m_i}. \tag{4.78}$$

Unter Benutzung von (4.77) und (4.78) kann man folgenden Ausdruck für die Schallgeschwindigkeit angeben:

$$v_{Sch}^2 = \frac{2\,k\,(T_e + T_i)}{m_i} + \frac{H^2}{4\pi\varrho}. \tag{4.79}$$

Praktisch haben wir es immer mit solchen Fällen zu tun, wo der Gasdruck des Plasmas nur einen kleinen Bruchteil des magnetischen Drucks ausmacht. Unter dieser Bedingung kann man das erste Glied in (4.79) vernachlässigen, und es ergibt sich, daß die Schallgeschwindigkeit der Wellen mit der Geschwindigkeit der magnetohydrodynamischen Wellen ALFVÉNs zusammenfällt.

KAPITEL V

Impulsprozesse kurzer Dauer

§ 22. Anlagen und Meßmethoden zur Untersuchung von Impulsentladungen

In diesem Kapitel werden die Ergebnisse der experimentellen und theoretischen Untersuchungen von Plasmaaufheizungsprozessen behandelt, in denen die Beschleunigung der Materie durch elektrodynamische Kräfte die Hauptrolle spielt. Eine ganze Reihe von Jahren wurden die Gesetzmäßigkeiten starker elektrischer Entladungen, bei denen sowohl Wärmeisolation als auch Aufheizung von dem im Plasma selbst fließenden Strom herrührt, intensiv erforscht. Die Wärmeisolation muß zustandekommen, weil die elektrodynamischen Kräfte das Plasma komprimieren und so eine von der Wand der Entladungskammer getrennte Plasmasäule erzeugen. Die von diesen Kräften geleistete Arbeit und die JOULEsche Wärme stellen die Quellen für die Aufheizung des Plasmas dar.

Am Beginn der Erforschung starker Impulsentladungen herrschte die Überzeugung, daß der Prozeß des Stromdurchganges durch das Plasma quasistationären Charakter besitzt und der Gasdruck des Plasmas durch elektrodynamische Kräfte kompensiert wird. Unter diesen Voraussetzungen erschienen die Aussichten, in einem Pinch thermonukleare Reaktionen zu erhalten, recht günstig. Man konnte bei periodischen Zyklen der Plasmaaufheizung in jedem Zyklus mit allmählich von Null bis zu einem bestimmten Maximalwert $J_{\max}$ anwachsender Stromstärke rechnen. Bei Verstärkung des Stromes mußte die Temperatur des Plasmas entsprechend wachsen. Ein einfaches Zahlenbeispiel zeigt, daß sehr hohe Werte der Plasmatemperatur bei $J_{\max}$-Werten erhalten werden können, die technisch erreichbar sind. So beträgt für $J_{\max} = 10^6$ A und $N = 10^{17}$ die Temperatur des Plasmas, wie sie aus Formel (4.31) hervorgeht, $1{,}8 \cdot 10^8$ Grad (16 keV). Bei einer solchen Temperatur wird das Plasma eine gewaltige Quelle thermonuklearer Reaktionen. In jedem Zyklus der Plasmaaufheizung durch einen Strom von einigen Millionen Ampère Stärke muß eine Anregung von thermonuklearen Prozessen stattfinden, besonders intensiv in der Phase maximaler Stromstärke.

Die Berechnung des erwarteten thermonuklearen Effekts führte zu einem auf den ersten Blick unerwarteten Resultat: Es zeigte sich, daß bei den vorgegebenen Werten von N und $J_{\max}$ die Gesamtzahl der Elementarakte pro Zyklus nicht von der Dauer des Zyklus, d. h. von der Geschwindigkeit des Anwachsens des Stromes von 0 bis $J_{\max}$ abhängt. Dies ist leicht zu erklären. Nach (4.36) sind für ein gegebenes $J_{\max}$ die Zeit t des Anwachsens des Stromes und der Radius des Querschnittes der Plasmasäule a durch die Beziehung

$$\frac{t}{a^2} = \mathrm{const}$$

verknüpft. Wenn auch die Gesamtzahl der Teilchen pro Längeneinheit der Plasmasäule vorgegeben ist, so wird die Dichte des Plasmas zu a^2 umgekehrt proportional sein. Die Zahl der Reaktionen, die in der Zeiteinheit innerhalb des Einheitsabschnittes der Plasmasäule stattfinden, ist proportional dem Produkt aus dem Quadrat der Dichte und der Fläche des Querschnitts, d. h., sie ändert sich umgekehrt proportional zu a^2. Daher muß die Ausbeute an Reaktionen während der ganzen Zeit der Stromzunahme proportional t/a^2 sein, und diese Größe hängt nur von J_{max} ab.

Die Prozesse, die bei Impulsentladungen kurzer Dauer in verdünnten Gasen ablaufen, waren Gegenstand einer großen Zahl von Forschungsarbeiten. Bei Stromanstiegszeiten von einigen Mikrosekunden lassen sich Versuche mit geraden Entladungsrohren günstig durchführen, nicht so gut mit elektrodenlosen torusförmigen Kammern. Die Energieverluste aus dem Plasma an die Elektroden kann man in der ersten Etappe der experimentellen Forschungen vernachlässigen. Gleichzeitig kann man bei gleichen Energiequellen und gleichem Entladungsrohr eine größere Stromamplitude erhalten als in Toruskammern, da das Rohr direkt im Eingangskreis liegt, während in der Toruskammer der Strom durch Induktion zustandekommt.

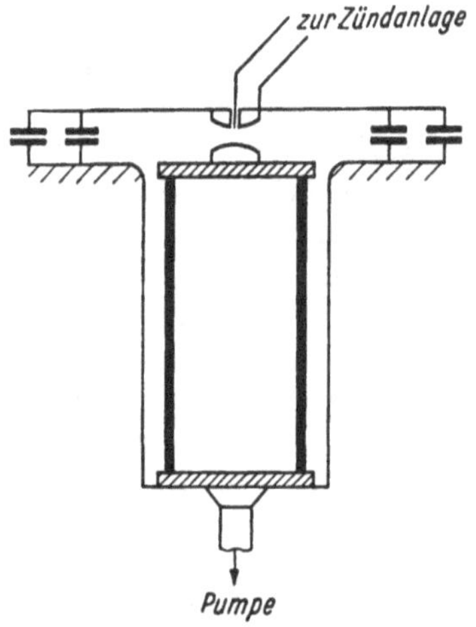

Abb. 37. Schema einer Anordnung für Impulsentladungen kurzer Dauer

In Abb. 37 ist das typische Schema einer Versuchsanlage für Kurzzeitentladungen zu sehen. Eine Batterie von parallel geschalteten Hochspannungskondensatoren dient als Energiequelle. Die Spannung wird von der Kondensatorbatterie über eine Schaltfunkenstrecke mit unabhängiger Zündeinrichtung an das Rohr gegeben. Auf der Skizze ist die einfachste der möglichen Konstruktionen einer Funkenstrecke mit zwei Kugeln dargestellt. In Wirklichkeit wurden kompliziertere Konstruktionen benutzt. Der durch das Rohr fließende Strom geht durch einen Rückleiter, einen das Rohr koaxial umschließenden Metallzylinder, zur Kondensatorbatterie zurück. Die Schaltelemente, die den Strom von den Kondensatoren zum Entladungsrohr führen, sind so konstruiert, daß sie ein Minimum an parasitärer Induktivität im Kreis aufweisen, die ja die Stärke des Stromes und die Geschwindigkeit seines Anwachsens begrenzt. In den Versuchen, die bisher durchgeführt wurden, schwankte die maximale Entladungsstromstärke von einigen zehn Kiloampère bis zu zwei Millionen Ampère und die Anfangsgeschwindigkeit der Stromzunahme von 10^{10} bis 10^{12} A/sec. Es wurden Kondensatoren mit Spannungen von 3 bis 120 kV bei einem allgemeinen Energievorrat in der Batterie bis zu 10^6 J benutzt. In den Fällen, wo Prozesse mit maximalem Stromanstieg zu erforschen waren, konnte die parasitäre Induktivität im Kreis bis auf

0,01···0,02 μ H gesenkt werden. Die Grundversuche wurden mit Entladungsrohren aus isolierenden Materialien angestellt. Derartige Rohre sind Zylinder aus Glas, Quarz oder Porzellan, die in metallische Flansche eingefügt sind, zwischen denen auch die Entladung stattfindet.

Die Abmessungen der Entladungsrohre schwankten in sehr weiten Grenzen: die Länge von einigen Zentimetern bis zu 2 Metern und der Durchmesser von einigen Zentimetern bis zu 60 cm.

Besonderes Interesse besteht an der Erforschung des Stromdurchgangs durch Wasserstoff und Deuterium. Darum liegt auf diesem Gebiet besonders umfangreiches Untersuchungsmaterial vor. Die Messungen wurden bei H- bzw. D-Anfangsdrucken von $5 \cdot 10^{-3}$ Torr bis zu einigen Zehnteln Torr vorgenommen. Auch in Helium, Argon und Xenon sowie in Gasgemischen (D-He, D-Ar, D-Xe) mit verschiedenem Gehalt der Komponenten wurden starke Impulsentladungen durchgeführt.

Die experimentelle Erforschung des Plasmas bei Impulsentladungen besteht in der Messung einer großen Zahl von Parametern, die die Eigenschaften des Plasmas charakterisieren. Die Grundforderung an die Meßmethoden besteht darin, daß sie ermöglichen müssen, die Änderungen der Plasmaeigenschaften während der Prozeßdauer (einige Mikrosekunden) zu registrieren. Die Messungen müssen also im wesentlichen oszillographisch durchgeführt werden. Die Hauptschwierigkeit hierbei besteht im Kampf mit den starken elektrischen Störungen, die unausweichlich bei Impulsentladungen großer Leistung entstehen.

In den Versuchen zur Erforschung der Impulsentladungen wird die oszillographische Registrierung folgender Größen durchgeführt:

1. *Entladungsstrom.* Er wird mit Hilfe einer ROGOWSKI-Spule gemessen. Wenn man direkt die in der Spule induzierte Spannung oszillographiert, so wird unter der Wirkung des magnetischen Feldes, das der Strom erzeugt, nicht J, sondern $\frac{dJ}{dt}$ registriert. Um im Oszillogramm direkt den J-Verlauf zu haben, wird die ROGOWSKI-Spule durch einen kleinen, induktionsfreien Widerstand kurzgeschlossen. Dieser Widerstand bildet zusammen mit der Induktivität der Spule L ein Integrationsglied. Die veränderliche Spannung, die am Widerstand bei Impulsprozessen kurzer Dauer abgenommen wird, ist dann proportional zu J.
2. *Spannung am Entladungsrohr.* Sie wird mit einem niederohmigen Spannungsteiler, der der Röhre parallel geschaltet ist, gemessen.
3. *Magnetische Feldstärke* an verschiedenen Orten im Plasma.
   Sie wird mit magnetischen Sonden gemessen; das sind kleine Spulen, die im Inneren der Entladungskammer angeordnet sind. Diese Meßmethode, die von ANDRIANOW in der UdSSR als Erstem ausgearbeitet wurde, liefert außerordentlich wertvolle Resultate. Bei sehr intensiven Entladungen halten die magnetischen Sonden jedoch nicht mehr als einen Entladungsimpuls aus.
4. *Elektrische Feldstärke.* Die longitudinale Komponente von $\mathfrak{E}$ läßt sich auf der Grundlage des Induktionsgesetzes mit Hilfe spezieller magnetischer Sonden,

die Schleifen in radialer Richtung haben, bestimmen. Zur Messung des elektrischen Feldes können auch elektrische Doppelsonden benutzt werden. Es muß jedoch erwähnt werden, daß beide Methoden nur ein sehr grobes, gemitteltes Bild von der Feldverteilung im Plasma ergeben.

5. *Intensität der Spektrallinien der Plasmastrahlung.* Sie wird mit einer Apparatur gemessen, die aus Monochromator und Elektronenvervielfacher besteht. Zur Bestimmung der Intensität der Spektrallinien und der Strahlung des kontinuierlichen Spektrums werden mit Erfolg auch photographische Registriermethoden mit zeitlicher Auflösung des Spektrums durch einen rotierenden Spiegel angewandt. Darauf wird in § 23 näher eingegangen. Die erwähnte Apparatur wird auch zur Messung der Linienbreite zu verschiedenen Zeitpunkten benutzt.
6. *Röntgen- und Neutronenstrahlung des Plasmas.* Die Messung erfolgt mit Szintillationszählern. Zur Bestimmung der Energie der Röntgenstrahlung wurde auch eine WILSON-Kammer mit Magnetfeld benutzt. Das Energiespektrum der Neutronen wird aus der Reichweite von Rückstoßprotonen in dicken Photoemulsionen bestimmt. Man kann auch direkt die Energie der schnellen Elektronen und Ionen, die in der Kammer entstehen, messen, indem man einen Strahl dieser Teilchen durch eine Öffnung in den Elektroden oder der Stirnwand der Kammer austreten läßt und ihn nach der Parabelmethode oder seine Auslenkung im Magnetfeld untersucht.
7. *Druck im Plasma.* Die Druckimpulse werden mit Hilfe von Piezoelementen, die im Inneren der Kammer angebracht sind, gemessen. Die quantitative Auswertung der so erhaltenen Daten ist eine schwierige Aufgabe. Es gelang auf diesem Wege vorerst nur, die Zeiten des Auftretens großer Drucke im Plasma und die Größenordnung des Druckes zu bestimmen.

Außer der oszillographischen Methodik zur Untersuchung der Impulsentladungen ist auch eine Apparatur für überschnelle Filmaufnahmen (bis zu 2 Millionen Bilder pro Sekunde) und ihre Variante, die sog. Photoregistrierung, weit verbreitet. Bei dieser Methode schneidet ein senkrecht zur Achse der Entladungsröhre verlaufender Spalt einen kurzen Abschnitt der Entladungsstrecke heraus, dessen Bild mit Hilfe eines rotierenden Spiegels vor der Kinolinse bewegt wird. Zur schnellen Photographie der Entladung werden auch Kerrzellen benutzt, die mit Spezialverschlüssen ausgerüstet sind.

Alle hier aufgezählten Methoden zur Registrierung des Plasmazustandes finden sich auch bei der Untersuchung quasistationärer Entladungen, von denen im nächsten Kapitel die Rede sein wird.

Es ist klar, daß die experimentelle Bestimmung der für das Plasma charakteristischen Grundgrößen, wie Elektronenkonzentration n_e, Ionentemperatur T_i und Elektronentemperatur T_e von größtem Interesse ist. Wir betrachten die Methoden zur Bestimmung der Temperatur und Konzentration des Plasmas im folgenden Paragraphen im Zusammenhang mit der Beurteilung der Ergebnisse, die bei der Erforschung der Impulsentladungsprozesse erhalten wurden.

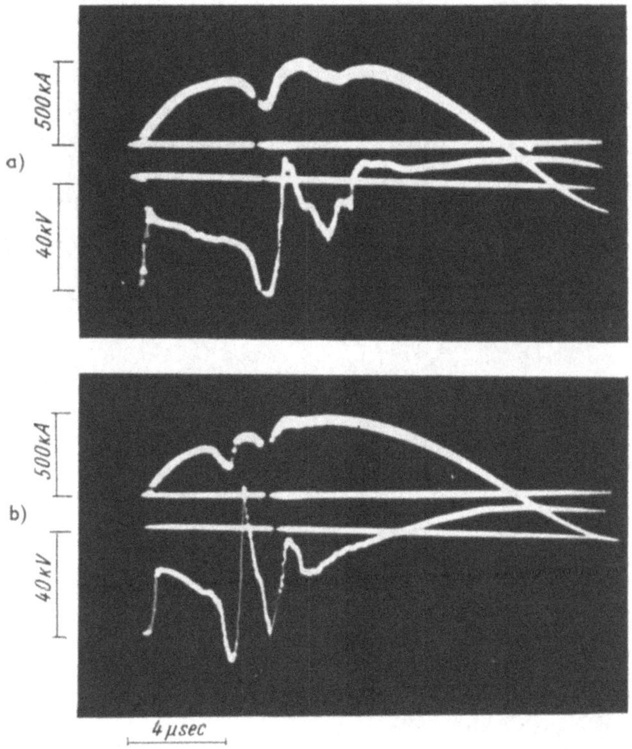

Abb. 38. Strom- und Spannungsoszillogramme von Entladungen in Deuterium

a) für $p_0 = 0{,}2$ Torr und $J_{max} = 450$ kA;
b) für $p_0 = 0{,}05$ Torr und gleiches J_{max}

§ 23. Wesentliche Charakteristika von kurzzeitigen Impulsentladungen

Eine typische Impulsentladung kurzer Dauer, die in einem Kreis mit Kondensatorbatterie als Energiequelle angeregt wird, trägt den Charakter eines periodischen Prozesses mit starker Dämpfung. Im Verlauf der ersten Halbperiode wird im Entladungsrohr ein beträchtlicher Teil der Energie umgesetzt, die anfangs in der Kondensatorbatterie gespeichert war. Wie das Studium der spektralen Zusammensetzung der Plasmastrahlung zeigt, ändert sich in starken Impulsentladungen wegen der großen Wechselwirkung des Plasmas mit den Wänden des Entladungsrohres schon in einem ziemlich frühen Stadium die Gasatmosphäre beträchtlich durch das Auftreten von Verunreinigungen. Je niedriger der Anfangsdruck des Gases und je höher die Leistung ist, die in der Röhre umgesetzt wird, desto früher beginnen die Verunreinigungen in Erscheinung zu treten. In allen praktisch interessierenden Fällen spielen sie schon vor Ende der ersten Halbperiode eine merkliche Rolle.

Die Hauptaufgabe besteht also in der Erforschung der ersten Phase der Entladung, in der der Strom im Plasma anwächst. Die Dauer dieser Phase in schnellen Entladungen beträgt 1 μsec bis 10 μsec. Oszillogramme von Strom und Spannung zeigen, daß die Entladung in dieser Phase eine Reihe von Stadien durchläuft. Im allerersten Stadium, unmittelbar nach dem Durchschlag, wachsen sowohl Strom als auch Spannung stetig an. Dann wird auf der Stromkurve ein Knick beobachtet. Im selben Augenblick fällt die Spannung sprunghaft. Nach diesem charakteristischen Zeitpunkt steigen Spannung und Strom schnell wieder an; nach einer gewissen Zeit zeigt die Stromkurve aber einen zweiten Knick, der von einem zweiten jähen Spannungsabfall begleitet ist. In einigen Fällen beobachtet man drei aufeinanderfolgende Knicke.

Der typische Charakter des Verlaufes von Strom und Spannung bei einer starken Impulsentladung ist in Abb. 38 wiedergegeben. Sie gibt Oszillogramme einer Entladung in Deuterium wieder, die unter verschiedenen Anfangsbedingungen mit einem Zweistrahloszillographen aufgenommen wurden. Der obere Strahl schreibt den Strom, der untere die Spannung. Auf diesen Aufnahmen sind im Stromverlauf deutlich zwei Knicke zu erkennen und dementsprechend zwei Sprünge im Oszillogramm der Spannung. Die erwähnten charakteristischen Züge der Impulsentladungen hoher Stromstärke sind besonders deutlich, wenn die Entladung in einem Gas mit geringem Atomgewicht (Wasserstoff, Deuterium) stattfindet und der Anfangsdruck des Gases niedrig ist.

Wenn man den Zusammenhang zwischen Strom und Spannung für das Anfangsstadium einer schnellen Impulsentladung analysiert, kann man in erster Näherung den Ohmschen Spannungsabfall neben dem induktiven vernachlässigen. Eine solche Vernachlässigung ist gerechtfertigt, weil alle sich daraus ergebenden Folgen mit dem Experiment im Einklang stehen. Die Induktivität der Entladungsstrecke ist zeitabhängig. Daher hat der Zusammenhang zwischen Strom und Spannung in der Entladung folgende Form:

$$V = \frac{d}{dt} L J . \tag{5.1}$$

Hierin ist V die Spannung am Entladungsrohr, J der Strom im Plasma und L die Induktivität der Entladung. Aus (5.1) folgt

$$L = \frac{1}{J} \int V\, dt . \tag{5.2}$$

Mit Hilfe dieser Beziehung kann man L aus dem Strom- und dem Spannungsoszillogramm finden. Unter der Annahme, daß die Plasmasäule, in der der Strom fließt, zylindrische Form besitzt, kann man bei Kenntnis von L die Größe des effektiven Radius der Plasmasäule a aus folgender Formel finden:

$$L = 2\, l \ln \frac{b}{a} . \tag{5.3}$$

Hierin ist l die Länge der Entladungsstrecke und b der Abstand zwischen der Achse des Entladungsrohres und dem koaxialen Rückleiter. Die Analyse des Oszillogramms ergibt, daß bis zum ersten Knick in der Stromkurve eine Vergrößerung der Induktivität des Plasmas stattfindet. Das bedeutet, daß sich der Radius der Plasmasäule verkleinert. Das Plasma zieht sich also zur Achse des Entladungsrohres hin zusammen (Pinch-Effekt). In dem Augenblick, wo der Knick im Stromoszillogramm entsteht, zieht sich die Plasmasäule zu einem dünnen Faden zusammen und der Radius erreicht sein Minimum. Danach dehnt sich die Plasmasäule wieder aus. Später folgt das Stadium der zweiten Kompression. Aus der Analyse des Oszillogramms folgt also, daß das Plasma im Verlauf der ersten Halbperiode des Entladungsimpulses schnelle radiale Pulsationen ausführt. Diese radialen Pulsationen des Plasmas kann man besser aus sehr schnell aufeinanderfolgenden Fotographien der Entladung erkennen. Wir sehen solche Fotos der Entwicklung einer Entladung in Deuterium auf Abb. 39. Sie wurden im Abstand von 0,5 μsec aufgenommen und zeigen, wie die Kompression des Plasmas und die erneute Ausdehnung vor sich geht. Die Aufnahmen erfassen ein Zeitintervall um den Knick in der Stromkurve. Sie lassen sich mit den Oszillogrammen synchronisieren. Dabei findet man volle Übereinstimmung zwischen den Werten für die Radiusvariation der Plasmasäule, die man nach zwei verschiedenen Methoden erhält (aus der Größe L und aus der Messung der Breite des leuchtenden Bereiches auf den Aufnahmen der Entladung). Die Aufnahme, auf der der Durchmesser der leuchtenden Säule am kleinsten ist, entspricht tatsächlich dem Zeitpunkt des Stromknicks.

Auf Abb. 40 ist die zeitauflösende Aufnahme einer Entladung zu sehen, die von einer Entladung in Deuterium mit einer Maximalstromstärke von $1{,}6 \cdot 10^6$ A gemacht wurde. Der Anfangsdruck des Deuteriums betrug 1 Torr. Der Augenblick der maximalen Kompression des Plasmas ist sehr deutlich zu erkennen. Man erkennt auch die nachfolgende Ausdehnung der Plasmasäule und die zweite Einschnürung.

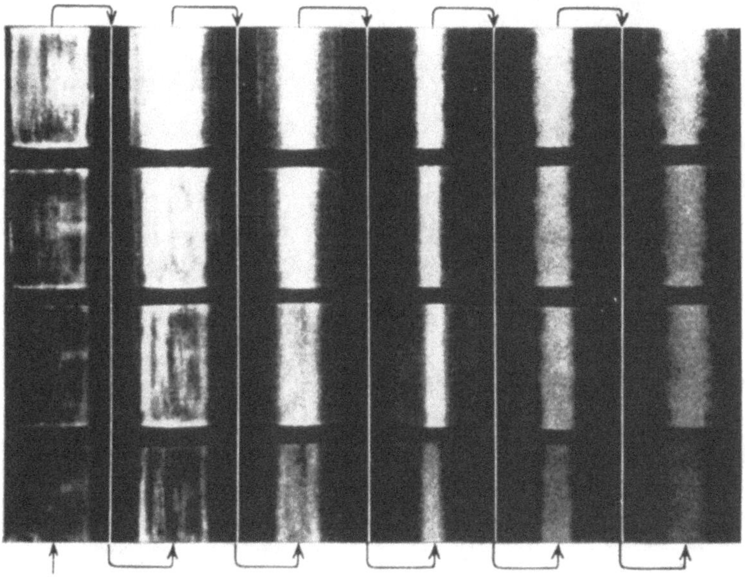

Abb. 39. Bilder der ultraschnellen Filmaufnahme einer Entladung

Deuteriumanfangsdruck: 1 Torr, $J_{max} = 380$ kA.
Die Bildfolge ist durch Pfeile kenntlich gemacht

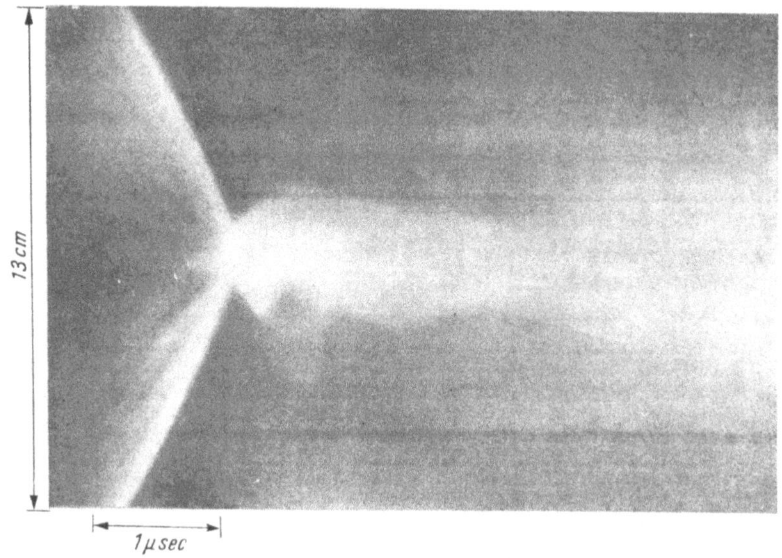

Abb. 40. Zeitauflösende Aufnahme einer Entladung mit Hilfe einer Schmierkamera

Die Systematisierung des umfangreichen Versuchsmaterials, das bei der Bearbeitung der Strom- und Spannungsoszillogramme erhalten wurde, ergibt, daß die Prozesse, die in dem sich kontrahierenden Plasma ablaufen, ganz bestimmten Gesetzmäßigkeiten unterliegen. Die Dauer der Phase der ersten Kompression nimmt zu bei Vergrößerung der Gasdichte und nimmt ab bei Vergrößerung der anfänglichen Geschwindigkeit des Stromanstieges (die Wachstumsgeschwindigkeit des Stromes zu Beginn des Prozesses ist proportional zur Spannung, die am Entladungsrohr liegt). Folgende Abhängigkeit wurde empirisch gefunden:

$$t_c \sim \sqrt[4]{M} \left(\frac{dJ}{dt}\right)_0^{-1/2} \tag{5.4}$$

Hierin ist t_c die Zeit der ersten Kompression, M die Masse des Gases pro Längeneinheit des Rohres und $\left(\frac{dJ}{dt}\right)_0$ die Geschwindigkeit des Stromanstiegs im Anfangsstadium der Entladung. Auf Abb. 41 ist die Abhängigkeit des t_c von M graphisch

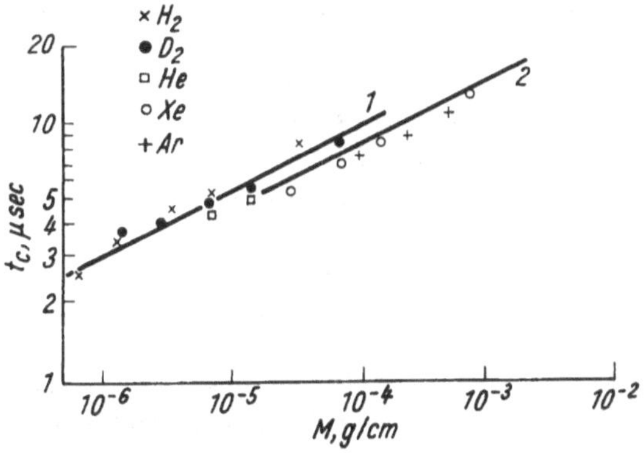

Abb. 41. t_c als Funktion von M

Die Daten für H und D (Gerade *1*) entsprechen einem etwas geringerem Wert des anfänglichen Stromanstieges als die Daten für He, Ar und Xe (Gerade *2*)

dargestellt, wie sie experimentell bei der Untersuchung von Impulsentladungen in H_2, D_2, He, Ar und Xe gefunden wurde. Das Gesetz $t_c \sim \sqrt[4]{M}$ ist in weiten Grenzen von M (von 10^{-6} bis 10^{-3} g/cm) gut erfüllt.

Wertvolle Informationen über die Dynamik der elektromagnetischen Prozesse bei Impulsentladungen erhält man durch magnetische Sonden, wie sie in den Arbeiten von Andrianow, Basilewskaja und Prochorow weitgehend verwendet wurden. Mißt man mit Hilfe von magnetischen Sonden die magnetische Feldstärke in verschiedenen Abständen von der Achse des Entladungsrohres, so kann man für jeden Augenblick die Geometrie des Feldes bestimmen und die Verteilung der Stromdichte über den Entladungsquerschnitt feststellen. Die Feldstärkemessungen im Plasma zeigen, daß bis zum Ende der ersten Kompression die Stromdichteverteilung Zylindersymmetrie besitzt, wenn man den Bereich um die Achse nicht mit betrachtet, für den definierte Daten über Feldstärke und Stromdichte schwierig zu erhalten sind. Daher ist die Stromdichte $j(r)$ mit der Feldstärke $H(r)$ durch die Beziehung

$$j(r) = \frac{c}{4\pi r} \frac{d}{dr} r H(r) \tag{5.5}$$

verknüpft. In Ermangelung einer besseren kann man diese Beziehung nach der ersten Kompression zur Bestimmung von $j(r)$ benutzen, aber nur unter dem Vorbehalt, daß sie den Mittelwert der Stromdichte über Azimut und Länge der Plasmasäule ergibt.

Die Untersuchungsergebnisse führen zu folgendem Bild von der Stromverteilung im Plasma. Nach dem Durchschlag stellt der vom Strom erfaßte Bereich infolge des Skineffektes eine relativ dünne zylindrische Schicht dar, die an der Wand des Entladungsrohres anliegt. Diese Schicht zieht sich erst langsam, dann schneller zur Achse hin zusammen. Der Zeitpunkt, in dem der Strom bis zur Achse gelangt ist, fällt praktisch mit dem ersten Knick in seinem Oszillogramm zusammen. Die Stromdichte nahe der Entladungsachse ist in diesem Augenblick einige zehn mal größer als die über den Rohrquerschnitt gemittelte; die Kurve der Stromverteilung hat jedoch eine scharfe Kante, und auf die zentrale Zone von einigen Zentimetern Radius entfällt weniger als die Hälfte des Gesamtstromes. Bei den folgenden Dilatationen und Kompressionen bleibt die Stromdichte in der zentralen Zone sehr hoch, obwohl sie beträchtliche Schwankungen erfährt.

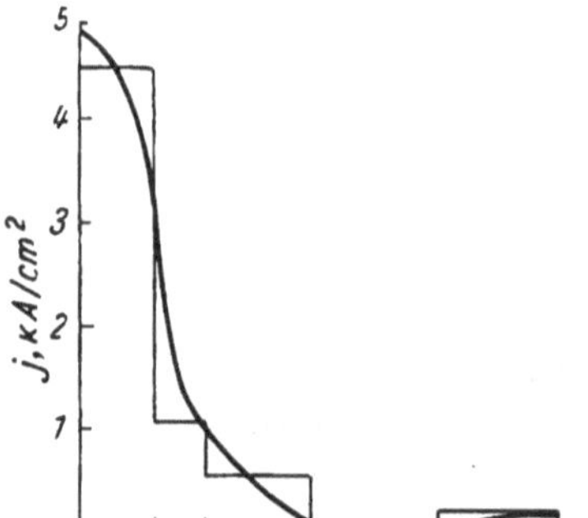

Abb. 42. Verteilung der Stromdichte in einer Entladung

Auf Abb. 42 ist als typisches Beispiel die Stromverteilung über den Rohrquerschnitt bei einer Entladung in Deuterium mit dem Anfangsdruck von 0,05 Torr und einer Anfangsfeldstärke von 450 V/cm dargestellt. Sie entspricht der Phase der zweiten Kompression des Plasmas. Charakteristische Besonderheit dieser Verteilung ist, daß der Strom in einer bestimmten Zone der Entladung seine Richtung umkehrt (wegen des Skineffektes). Kennt man die Verteilung des Feldes zu verschiedenen Zeiten, so kann man die Geschwindigkeit v bestimmen, mit der sich die innere Grenze des vom Strom eingenommenen Bereichs in der Phase der ersten Kompression zur Achse hin bewegt. Die größten v-Werte werden in einem Augenblick erreicht, der sehr nahe bei der Phase der maximalen Kompression liegt. Die Messungen zeigen, daß diesem Zeitpunkt im untersuchten Intervall der Anfangsbedingungen bei Entladungen in Wasserstoff und Deuterium v-Werte entsprechen, die zwischen $1 \cdots 3 \cdot 10^6$ und $2 \cdots 3 \cdot 10^7$ cm/sec liegen. Die Geschwindigkeit vergrößert sich mit wachsendem $\left(\frac{dJ}{dt}\right)_0$ und nimmt ab bei größer werdendem Anfangsdruck des Gases im Rohr.

Die Größe der auf die geschilderte Weise gefundenen Geschwindigkeit charakterisiert unmittelbar die Bewegung des elektromagnetischen Feldes und nicht die Bewegung der Materie. Doch unterscheidet sich bei einer schnellen Impulsentladung die Geschwindigkeit der Plasmabewegung nicht sehr von der Geschwindigkeit, mit der sich das Feld verschiebt. Der Unterschied zwischen diesen beiden Geschwindigkeiten kann nur durch die unzureichende Leitfähigkeit des Plasmas bedingt sein. Eine entsprechende Abschätzung zeigt, daß in typischen kurzzeitigen Prozessen die Geschwindigkeit der Feldverschiebung und die Geschwindigkeit der Bewegung der Materie von etwa gleicher Größe sein müssen. Als direkte experimentelle Bestätigung dieses Schlusses kann die Tatsache angesehen werden, daß die Geschwindigkeit der Bewegung der inneren Grenze des Stromes mit der Ausbreitungsgeschwindigkeit der piezoelektrisch registrierten Druckwelle zusammenfällt. Nahe der Achse ist bis zum Augenblick der Kompression der Plasmadruck verschwindend klein. Wenn jedoch der Strom die Achse erreicht, wächst der Druck in der zentralen Zone für einige zehntel Mikrosekunden zu sehr hohen Werten an.

Bei einem Anfangsdruck von etwa 0,2 Torr und einer Geschwindigkeit der Stromzunahme von $4 \cdot 10^{11}$ A/sec erreicht der Druck im Augenblick der maximalen Kompression nach Messungen von Filippow 200 Atm., d. h., er vergrößert sich im Vergleich zu seinem Ausgangswert um das Millionenfache. In Abb. 43 ist das Oszillogramm des Signals eines Piezogebers zusammen mit dem Entladungsstrom für ein Zeitintervall nahe dem Zeitpunkt der ersten Kompression zu sehen.

Wenn man v als Geschwindigkeit der Plasmabewegung deutet, so können in einer starken Impulsentladung die Ionen in der Phase der Kompression ziemlich hohe kinetische Energien erreichen. So ist beispielsweise bei Kompressionsgeschwindigkeiten von $2{,}5 \cdot 10^7$ cm/sec, wie sie in starken Entladungen erreicht werden, die kinetische Energie der gerichteten Bewegung der Deutonen im Plasma gleich 600 eV. Das Auftreten großer gerichteter Geschwindigkeiten von Plasmaionen ist eines der Hauptcharakteristika für schnelle Impulsentladungen.

§ 24. Mechanismus der Impulsentladungen kurzer Dauer (schneller linearer Pinch). Die Theorie von Leontowitsch und Ossowez. Berechnung der Charakteristika mittels numerischer Integration an elektronischen Rechenmaschinen

Die dargelegten experimentellen Tatsachen führen zu folgenden Vorstellungen über die Prozesse in Impulsentladungen. Bei schnellem Anwachsen des Stromes in der Anfangsphase können die elektrodynamischen Kräfte, die proportional J^2/a zunehmen (entgegen den ursprünglichen theoretischen Vorstellungen vom quasistationären Charakter des Prozesses) nicht durch den inneren Druck des ionisierten Gases kompensiert werden. Eine Kompensation ist darum unmöglich, weil in dieser Phase der Entladung der Strom zu Anfang nur nahe der Rohrwand fließt und sich innerhalb einer dünnen zylindrischen Plasmaschicht Gas befindet, das durch den Einfluß der Entladung nicht gestört wird und seinen niedrigen Anfangsdruck beibehält. Daher erfährt unter der Wirkung der elektrodynamischen Kräfte die zylindrische Plasmaschicht, die an den Wänden des Rohres anliegt, eine Beschleunigung, die zur Achse des Rohres hin gerichtet ist.

Ein beträchtlicher Teil der Arbeit, die von den elektrodynamischen Kräften in diesem Stadium des Prozesses geleistet wird, geht in gerichtete Bewegungsenergie der Teilchen über, die zu der konvergierenden Plasmaschicht gehören. Verschieden geladene Teilchen bewegen sich mit einheitlicher Geschwindigkeit. Darum gewinnen die Ionen eine große kinetische Energie, während sich die Energie der Elektronen wegen ihrer geringen Masse fast nicht ändert. Den Prozeß der Kompression kann man als Bildung einer Stoßwelle ansehen, die zur Achse hin läuft. Vor der inneren Front dieser Welle befindet sich anfangs neutrales Gas. Bei der Bewegung der Plasmaschicht wird das Gas von den geladenen Teilchen des Plasmas mitgerissen (hauptsächlich infolge von Ladungsaustauschprozessen) und ionisiert. Die Masse der Materie, die sich in Bewegung befindet, nimmt also allmählich zu, und die Gesamtzahl der Ionen und Elektronen im Plasma vergrößert sich schnell.

Das letzte Stadium der Kompression tritt ein, wenn das durch das Magnetfeld beschleunigte Plasma die Achse erreicht (oder mit anderen Worten, wenn die Kumulation der konvergierenden Stoßwelle erfolgt). In diesem Augenblick wandelt sich der größte Teil der Energie der gerichteten Bewegung in Wärme um und erhöht plötzlich Druck und Temperatur des Plasmas. Vom sehr schnellen Anwachsen der Temperatur und der Konzentration des Plasmas bei der Kumulation zeugen die Daten der Spektralanalyse. Sie ergeben, daß zum erwähnten Zeitpunkt im Spektrum der Entladung Linien auftreten, die zu mehrfach geladenen Ionen schwerer Beimengungen gehören. Derartige Ionen können nur in einem Plasma mit hoher Konzentration der schnellen Elektronen auftreten. Darum bedeutet das Erscheinen der ihnen zuzuschreibenden Linien zu einem Zeitpunkt, der sehr nahe bei der Kumulation liegt, daß in diesem Augenblick eine sehr schnelle Vergrößerung der Elektronentemperatur stattfindet.

Eine eindrucksvolle Demonstration der Erscheinungen, die zum Zeitpunkt der ersten maximalen Kompression stattfinden, geben zeitauflösende Spektrogramme der Entladung. Mit Hilfe derartiger Spektrogramme gelang es Lukjanow und Sinizyn, festzustellen, daß im Augenblick der ersten maximalen Kompression im ganzen untersuchten Spektralgebiet ein jähes Aufleuchten des Kontinuums beobachtet wird. Dieses Aufleuchten ist auf der hier wiedergegebenen Aufnahme sehr deutlich zu erkennen (Abb. 44). Auf ihr ist ein zeitaufgelöstes Spektrogramm einer Entladung in Wasserstoff bei einem Anfangsdruck von 0,1 Torr und einer Anfangsfeldstärke von 450 V/cm zu sehen. Ein Oszillogramm, das die Änderung der Intensität der Kontinuumsstrahlung im roten Spektralgebiet wiedergibt, wie sie mit Hilfe eines Monochromators und Photovervielfachers aufgenommen wurde, zeigt Abb. 45.

Das kontinuierliche Spektrum, das zum Zeitpunkt der maximalen Kumulation erscheint, ist das Resultat von Elektronenbremsstrahlung und Rekombinationsleuchten (Einfang eines Elektrons durch ein Proton mit Ausstrahlung der freiwerdenden Energie). Unabhängig davon, welcher der erwähnten Mechanismen

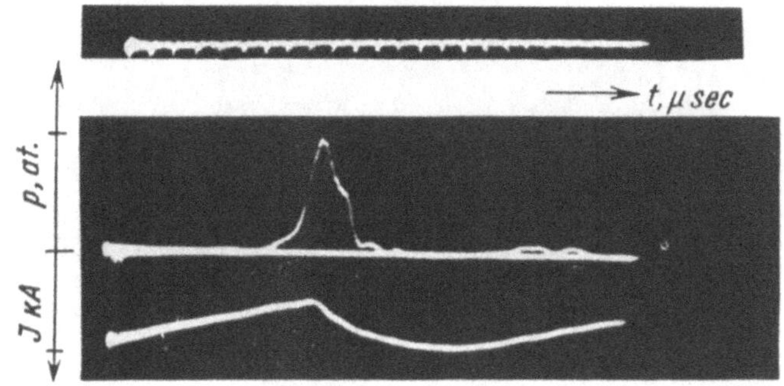

Abb. 43. Oszillogramme des Signals eines Piezoempfängers mit zugehörigem Stromoszillogramm

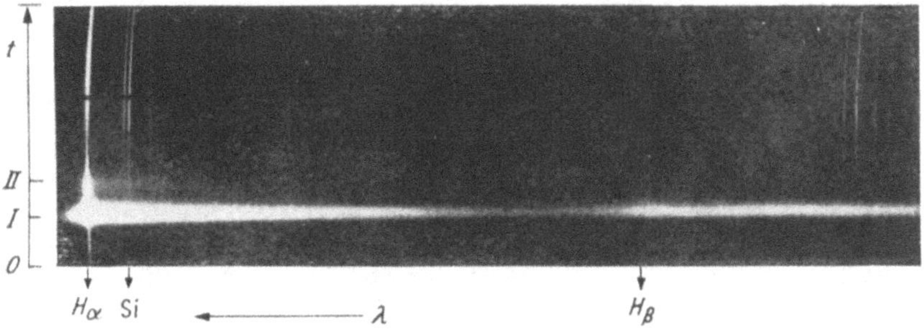

Abb. 44. Zeitaufgelöstes Spektrum des Plasmas

Die Marken auf der t-Achse kennzeichnen den Zeitpunkt der ersten bzw. zweiten Kumulation

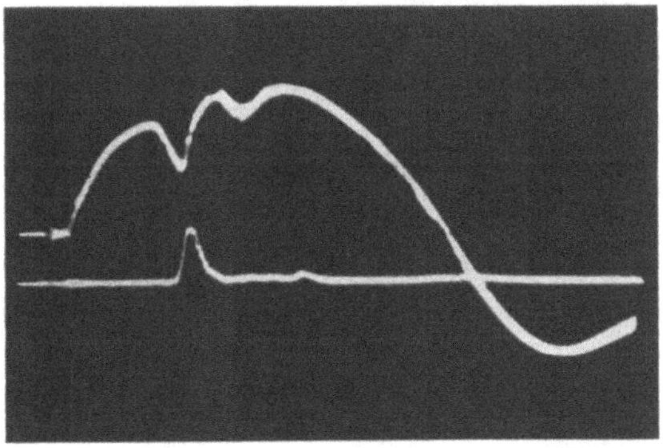

Abb. 45. Oszillogramm der Kontinuumsstrahlung im roten Spektralgebiet mit zugehörigem Stromoszillogramm (obere Kurve)

die Hauptrolle spielt, kann das plötzliche Aufleuchten des Kontinuums nur dadurch erklärt werden, daß in dem Augenblick, wo die Stoßwelle bis zur Achse der Entladung vorgedrungen ist, der Ionisationsgrad des Plasmas sprunghaft wächst und demzufolge auch die Konzentration der freien Elektronen. Der Zustand des Plasmas im Stadium der maximalen Verdichtung ist von besonderem Interesse für die experimentellen Untersuchungen, da dann für eine sehr kurze Zeit das Plasma seine Maximaltemperatur besitzt und praktisch vollständig ionisiert ist. Es soll daher kurz auf die Methoden und Ergebnisse der Temperatur- und Dichtebestimmung für den Zeitpunkt der maximalen Kompressione ingegangen werden.

Eine grobe Schätzung von T zum Zeitpunkt der maximalen Kompression kann erstens auf Grund der Annahme, daß die kinetische Energie der gerichteten Bewegung im Augenblick der Kumulation der Stoßwelle in Wärme übergeht, zweitens aus der Messung des Druckes und einem Vergleich der Werte von Druck und Konzentration, die spektroskopisch ermittelt wurden, und drittens aus der Breite der Spektrallinien (unter der Annahme, daß sie durch die Wärmebewegung der strahlenden Atome und Ionen bedingt sind) erfolgen.

Zur Schätzung der Temperatur auf Grund der Annahme des Überganges der kinetischen Energie der gerichteten Bewegung der schweren Teilchen (Ionen und Atome) in Wärme gehen wir von der Beziehung

$$W_i = 3\,k\,T$$

aus. Hierin ist W_i die kinetische Energie der gerichteten Bewegung der Ionen vor dem Augenblick der maximalen Kompression; sie ist bekannt aus Messungen der Kompressionsgeschwindigkeit. Dabei wird vorausgesetzt, daß im Kumulationsprozeß dank der großen Materiedichte ein Temperaturausgleich zwischen Ionen und Elektronen stattfindet, obwohl bis zu diesem Augenblick die kinetische Energie der Elektronen klein ist im Vergleich zur Energie der Ionen. Daher verteilt sich die kinetische Energie der gerichteten Bewegung, die ursprünglich nur die Ionen allein besaßen, in Form von Wärmeenergie zu gleichen Teilen unter Ionen und Elektronen (auf derselben Annahme beruht die Bestimmung der Plasmatemperatur aus der Gleichung des Wärmegleichgewichts und den Daten über die Größe des Plasmadrucks). Auf diese Weise erhält man einen zu kleinen Wert für T, da in Wirklichkeit die Aufheizung der Materie noch während der Kompression der Plasmasäule erfolgt. Während der Kompression bleibt die Masse der Materie, die in Bewegung ist, nicht konstant; sie wächst allmählich. Darum kann die Arbeit der elektrodynamischen Kräfte, die das Plasma verdichten, sich nicht vollständig in kinetische Energie gerichteter Bewegung umwandelt. Ein beträchtlicher Teil der Arbeit der elektrodynamischen Kräfte wird bis zum Augenblick der Kumulation in Wärmeenergie übergehen.

Die Bestimmung der Temperatur aus Druck und Konzentration beruht auf der Beziehung $p = 2\,n\,k\,T$. Der Druck läßt sich durch einen Piezogeber bis auf den Faktor 1,2···1,3 genau messen. Mit etwa derselben oder vielleicht noch etwas größerer relativer Genauigkeit kann man n messen. Daher kann die erwähnte

Methode den Wert der Temperatur in einer Impulsentladung um den Faktor 1,5···2 falsch ergeben, wobei im voraus schwierig zu sagen ist, in welcher Richtung dieser Fehler liegt. Bisher konnte noch kein Versuch gemacht werden, die Meßergebnisse für den Plasmadruck, die mit Piezogebern erhalten wurden, zu systematischen Bestimmungen der Temperatur des Plasmas zu benutzen. Es existieren nur einige lückenhafte Daten über T-Werte, die auf diese Weise erhalten wurden.

Die oben betrachteten Methoden liefern einen Temperaturwert, der ein Mittel zwischen Ionen- und Elektronentemperatur darstellt. Die Methode der Temperaturbestimmung aus der DOPPLER-Verbreiterung der Spektrallinien hat daher besonderen Wert, weil sie im Prinzip unmittelbar die Bestimmung der Größe T_i ermöglicht. Das Hauptproblem bei dieser Methode ist die Elimination des Einflusses der gerichteten Geschwindigkeit. In erster Näherung kann man dies erreichen, wenn man die Beobachtung der Plasmastrahlung längs der Plasmasäule durch eine Öffnung in einer der Elektroden des Entladungsrohres durchführt.

Man kann annehmen, daß in der ersten Phase der Entladung die Plasmasäule Zylinderform besitzt und daher die Geschwindigkeit der gerichteten Bewegung keine Komponente parallel zur Achse des Entladungsrohres hat. Daraus folgt, daß bei Beobachtung der Strahlung in Richtung der Rohrachse die Linienverbreiterung nicht durch den Einfluß der gerichteten Bewegung zustandekommt.

Unter anderen Ursachen, die eine Linienverbreiterung hervorrufen können, ist der sog. HOLTSMARK-Effekt zu nennen. Er besteht darin, daß die fluktuierenden elektrischen Mikrofelder im Plasma die Energieniveaus der strahlenden Atome oder Ionen (infolge des STARK-Effektes) verschmieren, wodurch eine Verbreiterung der Spektrallinien erfolgt. Die Aufspaltung der Niveaus, die durch den STARK-Effekt bei Wasserstoffatomen und wasserstoffähnlichen Ionen vom Typ He^+, Li^{++} usw. hervorgerufen wird, hängt linear und für alle übrigen atomaren Systeme quadratisch vom elektrischen Feld ab.

Bei den Feldstärkewerten der fluktuierenden elektrischen Mikrofelder im Plasma kann nur ein linearer Effekt zu einer merklichen Verbreiterung der Spektrallinien führen. Daher wird der HOLTSMARK-Effekt nur an Linien des Wasserstoffspektrums oder wasserstoffähnlicher Spektren beobachtet. Die durch ihn verursachte Linienverbreiterung ist proportional der Stärke des Mikrofeldes und ändert sich daher wie $n^{2/3}$. Zur Charakterisierung der Rolle dieses Effektes erwähnen wir, daß bei einer Plasmakonzentration von der Größenordnung 10^{15} die Verbreiterung der Wasserstofflinien durch den HOLTSMARK-Effekt bis hinauf zu einer Temperatur von der Größenordnung 10^5 wesentlich größer ist als beim DOPPLER-Effekt. Aus diesem Grunde kann die Messung der Breite der BALMER-Linien zur Bestimmung der Plasmakonzentration und der Temperatur des Plasmas dienen.

Bei sorgfältiger Untersuchung der Form der Spektrallinien können wir auch in das Gebiet eindringen, in welchem beide untersuchten Effekte einen vergleichbaren Beitrag zur Linienbreite liefern. Wir können so gleichzeitig die Konzentration und die Temperatur des Plasmas bestimmen.

Für Linien, die nicht zum Wasserstoffspektrum gehören, ist die Linienverbreiterung praktisch nur durch den DOPPLER-Effekt bestimmt. Wird daher der

Einfluß gerichteter Bewegungen durch die Beobachtungsbedingungen ausgeschaltet, so ist die Linienbreite ein Maß für die Ionentemperatur. Man muß jedoch berücksichtigen, daß der Bewegungscharakter der Teilchen im Plasma durch das Vorhandensein verschiedener Formen dynamischer Instabilitäten gestört sein kann, die zuweilen nicht nur schwierig vorauszusehen, sondern auch schwierig aufzufinden sind. Um also den Ergebnissen der Temperaturbestimmung aus der DOPPLER-Verbreiterung der Spektrallinien trauen zu können, muß man sich davon überzeugen, daß die Linien, die von Atomen (oder Ionen) mit verschiedener Masse ausgestrahlt werden, zum gleichen Temperaturwert führen. Wenn die Verbreiterung zum Teil durch die allgemeine gerichtete Bewegung der Teilchen im Plasma bedingt ist, an der Ionen und Atome mit verschiedener Masse teilnehmen, so erhält man die „Temperatur", die sich aus der Linienbreite ergibt, um so höher, je größer die Masse des strahlenden Atoms ist.

Prinzipiell die beste direkte Methode zur Bestimmung von T_i ist die Messung der Intensität der thermonuklearen Neutronenstrahlung. Da die Neutronenemission exponentiell von der Temperatur abhängt, kann man durch Messung des Neutronenstromes die Größe T_i mit hinreichender Genauigkeit finden, selbst wenn die Konzentration des Plasmas nur größenordnungsmäßig bekannt ist. Um jedoch diese Methode anwenden zu können, muß man sich davon überzeugen, daß die beobachtete Neutronenstrahlung tatsächlich durch thermonukleare Effekte bedingt ist und nicht das Ergebnis komplizierter Beschleunigungsprozesse darstellt, die für Impulsentladungen charakteristisch sind. Bisher ist es noch nicht gelungen, solche Bedingungen zu schaffen, unter denen die Neutronenstrahlung hauptsächlich durch Kernreaktionen zustandekommt. Daher konnte die auf diesem Effekt basierende Methode zur Temperaturbestimmung bisher noch nicht sinnvoll angewendet werden.

Wir wollen nicht die einzelnen Daten über die Höhe der Temperatur des Plasmas, wie sie nach den verschiedenen Methoden und unter den verschiedenen Bedingungen erhalten wurden, anführen, weil sie viel zu stark streuen, um quantitative Gesetzmäßigkeiten erkennen zu lassen. Wir bemerken nur, daß unter typischen Versuchsbedingungen die Temperatur des Plasmas im Augenblick der maximalen Kompression (nach vorsichtigen Schätzungen) $1 \cdot 10^6$ bis $3 \cdot 10^6$ Grad beträgt.

Zur vollständigen Charakterisierung des Verlaufs einer Impulsentladung ist die Bestimmung der Plasmatemperatur in den verschiedenen Stadien des Prozesses von großem Interesse. Die Bestimmung der Temperatur als Funktion der Zeit ist ein außerordentlich kompliziertes Problem, und bis heute wurden noch keine ernsthaften Schritte zu seiner Lösung unternommen.

Wenden wir uns jetzt der Frage nach der Teilchenkonzentration im Plasma zu. Eine direkte Methode zur Bestimmung von n_e ist die Sondierung des Plasmas durch einen gerichteten Strahl von Radiostrahlung sehr kleiner Wellenlänge. Die prinzipiellen Grundlagen dieser Methode, ebenso wie die Ergebnisse ihrer Anwendung, werden im folgenden Kapitel beschrieben, in dem das Problem der Aufheizung des Plasmas durch quasistationäre Ströme behandelt wird.

Für starke Impulsentladungen, die in Gasen mit nicht zu geringem Anfangsdruck stattfinden, kann das Studium des Durchgangs von Radiowellen durch das Plasma nicht zu interessanten Ergebnissen führen. Wegen der sehr hohen Konzentration des Plasmas (besonders im Stadium nahe der maximalen Kompression) wird die Plasmasäule bei derartigen Entladungen selbst für die kürzesten Wellen, die heute benutzt werden können, undurchsichtig. Daher muß auch zur Messung von n bei starken, kurzzeitigen Entladungen die spektroskopische Beobachtung des Plasmas herangezogen werden. Die einwandfreieste Methode der spektroskopischen Bestimmung von n besteht in der Messung der Intensität der Strahlung des kontinuierlichen Spektrums. Wie die Untersuchungsergebnisse, von denen bereits die Rede war, zeigen, ist die Intensität des kontinuierlichen Spektrums in fast allen Stadien der Entwicklung der Impulsentladung mit Ausnahme der ersten maximalen Kumulation sehr klein.

Wenn die Elektronentemperatur eines Wasserstoffplasmas ca. 30 eV übersteigt, kommt die Strahlung des kontinuierlichen Spektrums praktisch nur durch den Mechanismus der Strahlungsbremsung der Elektronen im COULOMB-Feld der Kerne zustande. Die spektrale Dichte dieser Strahlung ist unter der Voraussetzung, daß das Plasma vollständig ionisiert ist, durch (1.9) gegeben. Mißt man den Absolutwert der Energie der Strahlung in einem bestimmten Spektralbereich, so kann man unter Benutzung von (1.9) den Wert für n im Augenblick der maximalen Kompression des Plasmas finden. Wenn der Frequenzbereich, in dem die Messungen der Strahlungsintensität durchgeführt werden, dem sichtbaren Spektralbereich angehört, so ist $h\nu \ll k\,T_e$. In diesem Falle wächst der Korrekturfaktor in (1.9) logarithmisch mit Vergrößerung von T_e, und das Produkt dieses Faktors mit $T_e^{-1/2}$ ergibt eine Funktion, die sich nur sehr langsam mit der Temperatur ändert. Daher wirkt sich die Willkür in der Wahl von T_e praktisch nicht auf die Bestimmung von n_e aus den Messungen der Intensität im langwelligen Spektralbereich des Kontinuums aus.[1])

Die vereinzelten Messungen der Plasmakonzentration, die bisher nach der genannten Methode durchgeführt wurden, stellen ein zuverlässiges experimentelles Material zur Prüfung der Konsequenzen der Theorie der schnellen Entladungen dar. Bei einem Anfangsdruck des Deuteriums von $5 \cdot 10^{-2}$ Torr und einer Anfangsgeschwindigkeit der Stromzunahme von der Größenordnung 10^{11} A/sec ist die Konzentration des Plasmas im Augenblick der Kumulation von der Größenordnung 10^{17}, was einer Vergrößerung der Materiedichte um das Zehnfache und mehr entspricht.

Die emittierte Bremsstrahlung kann ebenfalls zur Bestimmung der Elektronentemperatur des Plasmas benutzt werden. Man muß dabei jedoch zur Messung der Intensität des kontinuierlichen Spektrums im Bereich höherer Frequenzen übergehen, wo die Abhängigkeit der spektralen Dichte im wesentlichen durch den Faktor $e^{-h\nu/k\,T_e}$ bestimmt wird. Derartige Messungen, die sich auf den Bereich

---

[1]) In der letzten Zeit konnten durch Intensitätsmessung des vom Plasma im fernen Infrarot ausgestrahlten kontinuierlichen Spektrums die Möglichkeiten zur spektroskopischen Bestimmung von n_e und T_e wesentlich erweitert werden (siehe § 33).

der weichen Röntgenstrahlung erstrecken, lassen sich mit Hilfe eines Vakuumgitterspektrographen durchführen.

Der Charakter der Prozesse nach der ersten (maximalen) Kompression ist noch nicht recht geklärt. Es ist jedoch offensichtlich, daß infolge der Kompression eine auslaufende Stoßwelle entstehen muß, die das Plasma in Richtung zur Wand durchläuft. Die auslaufende Welle muß unter der Wirkung der die Entladung komprimierenden elektrodynamischen Kräfte schnell gedämpft werden, wodurch erneut eine Kompressionsphase entsteht, auf die wiederum eine Ausdehnungsphase folgt. Während der Ausdehnung wird die kinetische Energie des Magnetfeldes verbraucht. Diese Umwandlung der Energie ist leicht zu erkennen, wenn man Abb. 46 ansieht, auf der die Änderung der Größen $\int J\,V\,dt$ und $\frac{1}{8\pi}\int H^2 d\Omega$ für eine typische Impulsentladung dargestellt ist. Die erste von ihnen stellt die Gesamtenergie dar, die aus der elektrischen Energiequelle stammt, die zweite

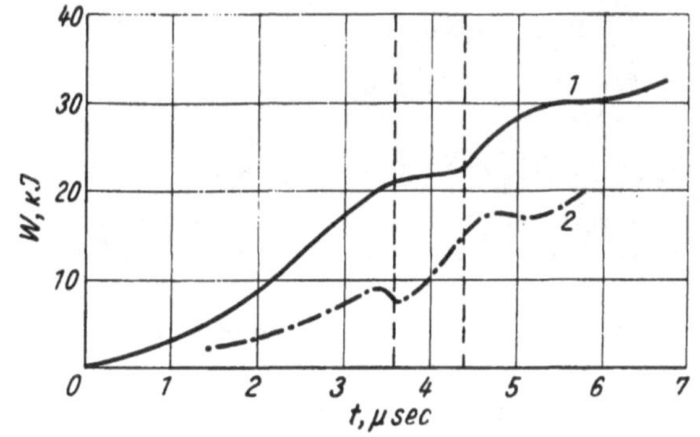

Abb. 46. Veränderung der Komponenten des Energiegleichgewichts
Kurve *1* stellt $\int J\,V\,dt$ dar, Kurve *2* die im Magnetfeld gespeicherte Energie

Größe die im Magnetfeld gespeicherte Energie. Wir sehen, daß in der Ausdehnungsphase nach der ersten maximalen Kompression (auf Abb. 46 entspricht dies dem Bereich von 3,6 bis 4,4 μsec) die Energie, die von außen in das Entladungsrohr gelangt, praktisch gleich Null ist und der Energiezuwachs des Magnetfeldes im wesentlichen durch die Abkühlung und Abbremsung des sich ausdehnenden Plasmas bedingt ist.

Im Stadium der Expansion und der zweiten Kompression beginnen sich verschiedene Instabilitäten zu entwickeln, die für eine Plasmasäule mit hoher Stromstärke charakteristisch sind. Die Form der Säule kann sich dabei stark ändern. Anzeichen dafür lassen sich vor allem mit magnetischen Sonden erkennen. Die Sondenoszillogramme zeigen, daß zum Zeitpunkt der zweiten Kompression gewöhnlich schon die azimutale Symmetrie des Feldes verloren geht, weil dann Komponenten des $\mathfrak{H}$-Vektors auftreten, die in Bezug auf die Achse des Entladungsrohres axial und radial liegen.

Wie spektrometrische Daten zeigen, treten in dieser Phase im Spektrum des Plasmas die Linien von Verunreinigungen auf, deren Intensität sehr schnell wächst.

Auf Abb. 47 ist das Oszillogramm der Intensität typischer Linien von Verunreinigungen (Si^{II}, $\lambda = 4128$ Å) zusammen mit dem Stromoszillogramm wiedergegeben.

Hauptgrund für das Auftreten von Verunreinigungen im Entladungsraum ist die Wechselwirkung der Entladung mit den Wänden des Rohres. Ein beträchtlicher Teil des Stromes fließt während des ganzen Prozesses nahe an den Wänden. Die beim Durchgang dieses Stromes abgegebene Energie wird zu einem beträchtlichen Teil zur Aufheizung der Wände und Verdampfung ihres Materials ver-

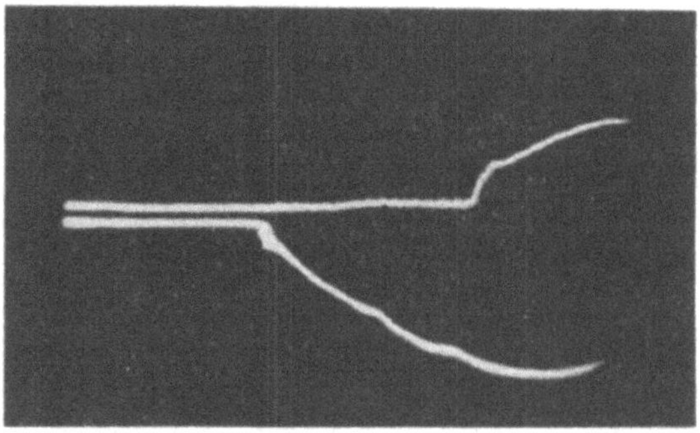

Abb. 47. Oszillogramm der Linienintensität der Beimischungen (oben) mit zugehörigem Stromoszillogramm (unten)

braucht. Mit Vergrößerung der Leistung der Entladungsimpulse durch eine höhere Anfangsfeldstärke im Rohr nimmt auch die Rolle der Verunreinigungen im Entladungsprozeß zu.

Es gibt keine radikalen Mittel gegen das Auftreten von Verunreinigungen bei der Entwicklung einer starken Impulsentladung. Man kann lediglich auf eine gewisse Herabsetzung der Wechselwirkung mit der Rohrwand durch Ausbildung einer magnetischen Schutzschicht hoffen. Ein solcher Schutz besteht darin, daß mit Hilfe äußerer Stromquellen nahe der Seitenfläche des Rohres sehr starke örtliche Magnetfelder erzeugt werden, die die Wände gegen zu starke Wechselwirkung mit der Entladung abschirmen.

Die theoretische Analyse der Erscheinungen, die im Plasma bei kurzzeitigen starken Entladungen auftreten, stellt eine Weiterentwicklung und Präzisierung des groben qualitativen Bildes von der Beschleunigung einer zylindrischen Plasmahülle unter der Wirkung elektrodynamischer Kräfte dar, das wir oben entwarfen. Diese Analyse erfolgt in zwei Schritten. Zunächst wurde zur Veranschaulichung der Dynamik der Plasmasäule ein stark vereinfachtes Modell benutzt, mit dessen Hilfe die Bewegung der gesamten Masse ionisierten Gases unter der Wirkung elektrodynamischer Kräfte leicht berechnet werden konnte. Wir fassen die Grundvoraussetzungen und die Ergebnisse dieser Richtung, in der die wichtige Rolle der Trägheitskräfte erstmalig berücksichtigt wurde, kurz zusammen.

Infolge des Skineffektes fließt im Anfangsstadium des Prozesses der Strom in einer verhältnismäßig dünnen Hülle. Daher beschleunigen die elektrodynamischen Kräfte, die nicht durch den inneren Druck des ungestörten Neutralgases kompensiert werden können, die Plasmahülle. In einer sehr groben ersten Näherung kann man den Druck des Plasmas im Anfangsstadium der Kompression vernachlässigen und die Bewegungsgleichung in folgender Form aufstellen:

$$\frac{d}{dt} m \dot{a} = -\frac{H^2(a)}{4} a . \tag{5.6}$$

Hierin ist a der Radius der Plasmasäule, m die Masse des sich bewegenden Plasmas pro Längeneinheit der Säule und $H(a)$ die Stärke des durch den Strom erzeugten Magnetfeldes an der Oberfläche des Plasmas (bei hinreichend hoher Leitfähigkeit des Plasmas kann man die magnetische Feldstärke im Inneren zu Null annehmen). Bei dieser Schreibweise wird vorausgesetzt, daß das bewegte Plasma in einer sehr dünnen zylindrischen Schicht konzentriert ist. Während der Kompression vergrößert sich die in Bewegung befindliche Masse der Säule stetig. Die sich zusammenziehende zylindrische Hülle erfaßt bei ihrer Bewegung zur Achse hin das vor ihr befindliche Gas und bezieht es in den Kompressionsprozeß ein. Benutzt man dieses vereinfachte Modell, dann kann man folgenden Ausdruck für die Größe m hinschreiben:

$$m = \pi (a_0^2 - a^2) \varrho_0 . \tag{5.7}$$

Drückt man die magnetische Feldstärke durch die Stromstärke aus, so erhält man

$$\frac{H^2(a)}{4} a = \frac{J^2(t)}{c^2 a} . \tag{5.8}$$

Aus (5.6), (5.7) und (5.8) folgt

$$\frac{d}{dt} (a_0^2 - a^2) \dot{a} = -\frac{J^2(t)}{\pi c^2 \varrho_0 a} . \tag{5.9}$$

Zusammen mit den Anfangsbedingungen

$$a(0) = a_0 \quad \text{und} \quad \dot{a}(0) = 0$$

beschreibt Gleichung (5.9) den Verlauf der Kompression für den Fall, daß der Gasdruck klein ist im Vergleich zu den elektrodynamischen Kräften. Diese Bedingung kann man genähert als erfüllt ansehen, solange die Breite der ringförmigen Zone, in der der Strom fließt, hinreichend klein im Vergleich zum Radius dieser Zone ist.

Um aus (5.9) den Radius a zu finden, muß man J in Abhängigkeit von der Zeit kennen. Streng genommen muß man hierzu Gleichung (5.9) zusammen mit der elektrotechnischen Gleichung lösen, die den Strom im Entladungskreis beschreibt, da sich bei einer Änderung von a auch die Induktivität des Entladungsrohres ändert. Um jedoch das Problem nicht noch komplizierter zu gestalten, nehmen wir an, daß während des uns interessierenden Stadiums der Strom linear mit der Zeit wächst:

$$J(t) = \left(\frac{dJ}{dt}\right)_0 t\,. \tag{5.10}$$

Wir führen jetzt die dimensionslosen Variablen x und τ wie folgt ein:

$$x = \frac{a}{a_0} \quad \text{und} \quad \tau = \frac{t}{t_1}\,.$$

Die Größe t_1 charakterisiert dabei den Zeitmaßstab des Kompressionsvorganges. Um Gleichung (5.9) in eine möglichst einfache Form zu bringen, setzen wir

$$t_1 = \left[\frac{a_0\, c}{\left(\frac{dJ}{dt}\right)_0}\right]^{1/2} M^{1/4}\,. \tag{5.11}$$

Hierin ist M die Masse des Gases, die auf die Längeneinheit des Rohres entfällt ($M = \pi\, a_0^2\, \varrho_0$). Bei zeitlinearer Stromzunahme hat die die Kompression beschreibende Gleichung in dimensionslosen Veränderlichen folgende Form:

$$\frac{d}{d\tau}(1 - x^2)\,\dot{x} = -\frac{\tau^2}{x}\,. \tag{5.12}$$

Dieser Gleichung entsprechen die Anfangsbedingungen

$$x(0) = 1 \quad \text{und} \quad \dot{x}(0) = 0\,.$$

Die Lösung von (5.12) durch numerische Integration ergibt als Resultat die in Abb. 48 dargestellte ausgezogene Kurve.

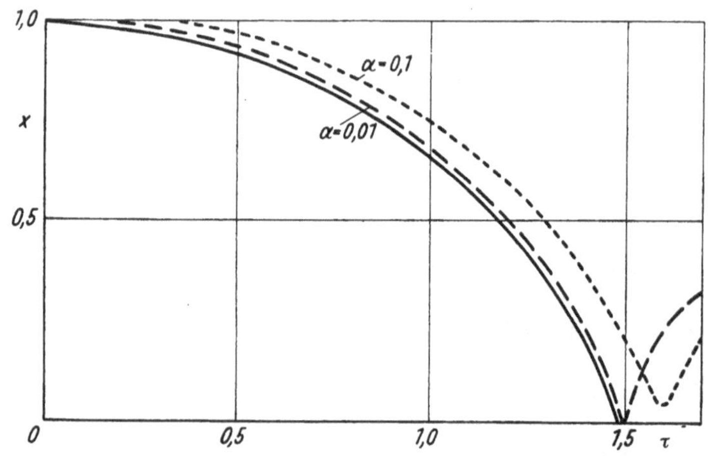

Abb. 48. Kompressionsverlauf für verschiedene α-Werte

Der Radius der Plasmaschnur geht für $\tau = 1{,}5$, d. h. zum Zeitpunkt

$$t_c = 1{,}5\left[\frac{a_0\,c}{\left(\frac{dJ}{dt}\right)_0}\right]^{1/2} M^{1/4}\,, \tag{5.13}$$

gegen Null. Dieser Augenblick muß dem Auftreten des ersten Knicks im Stromoszillogramm entsprechen.

In der eben angestellten Rechnung ist das Bild des Prozesses weitgehend schematisiert. Nach der Phase der ersten Kompression kann es nicht mehr benutzt werden, da aus Gleichung (5.12) folgt, daß für $a = 0$ die Geschwindigkeit gegen Unendlich geht. Dieses Ergebnis steht unmittelbar damit im Zusammenhang, daß in der durchgeführten Rechnung der Plasmadruck für die ganze Kompressionsphase zu Null angenommen wird. In Wirklichkeit kann man jedoch den Druck selbst im Rahmen des betrachteten einfachen Modells nicht vollständig vernachlässigen, da der Einfang von Gas durch die sich zusammenziehende Plasmahülle einen unelastischen Vorgang darstellt, der von einer Aufheizung der Materie begleitet ist.

Multipliziert man die linke Seite der Gleichung (5.6) mit da und integriert, so findet man, daß die Arbeit der elektrodynamischen Kräfte bei der Kompression der Säule vom ursprünglichen Radius auf einen Radius der Größe a gleich

$$\int \dot{a}\,\frac{d}{dt}\,m\,\dot{a}\,dt = \frac{m\,\dot{a}^2}{2} + \frac{1}{2}\int \dot{a}^2\,dm \tag{5.14}$$

ist. Das erste Glied auf der rechten Seite stellt die kinetische Energie des in Bewegung gesetzten Plasmas dar, das zweite Glied die beim Einfang von Materie im Kompressionsprozeß freiwerdende Wärme. Es ist evident, daß wenigstens im letzten Stadium der Kompression der Druck einen wesentlichen Einfluß auf den Verlauf des Prozesses hat. Daher muß er in der Gleichung, die diesen Prozeß beschreibt, auch berücksichtigt werden. Man muß also auf der rechten Seite der Gleichung (5.6) $2\pi\,a\,p$ hinzufügen (unter der Annahme, daß der Druck über den ganzen Querschnitt des Fadens konstant ist). Wir gehen zu dimensionslosen Veränderlichen über und erhalten

$$\frac{d}{d\tau}(1 - x^2)\,\dot{x} = -\frac{\tau^2}{x} + \frac{p}{p_1}\,x\,. \tag{5.15}$$

Hierin ist p_1 eine Größe von der Dimension eines Druckes:

$$p_1 = \frac{a_0^2\,\varrho_0}{2\,t_1^2}\,. \tag{5.16}$$

Für eine qualitative Abschätzung der Rolle des Druckes muß man eine zusätzliche Beziehung einführen, die die Änderung von p mit der Änderung von a verknüpft. Die einfachste (wenn auch ganz unbegründete) Annahme ist die, daß sich der Druck nach einem Gesetz ändert, das für die adiabatische Kompression eines einatomigen Gases gilt:

$$p\,\Omega^{5/3} = \text{const}\,. \tag{5.17}$$

Für einen Zylinder ist $\Omega \sim a^2$. Daher ist

$$p = p_0 \, x^{-10/3} \,. \tag{5.18}$$

Hierin ist p_0 der Anfangsdruck. Nach Einsetzen dieses Ausdrucks für p nimmt (5.15) die Form

$$\frac{d}{d\tau} (1 - x^2) \, \dot{x} = - \frac{\tau^2}{x} + \alpha \, x^{-7/3} \tag{5.19}$$

an.

Der dimensionslose Koeffizient α ist gleich p_0/p_1. Ist der Anfangsdruck des Plasmas nicht gleich Null, so kann der Kompressionsprozeß nicht beginnen, ehe der Strom bis zu einer Größe angewachsen ist, welche die rechte Seite der Gleichung (5.19) positiv werden läßt. In dimensionslosen Veränderlichen haben die Anfangsbedingungen daher dann die Form

$$x = 1 \,, \quad \frac{dx}{d\tau} = 0 \quad \text{für} \quad \tau = \sqrt{\alpha} \,.$$

Die Lösung von Gleichung (5.19) für verschiedene α-Werte und die erwähnten Anfangsbedingungen sind auf Abb. 48 durch die punktierten Kurven dargestellt. Diese Kurven unterscheiden sich selbst für relativ große α-Werte bis zum Augenblick der maximalen Kompression relativ wenig von der Kurve, die den reinen Beschleunigungsprozeß charakterisiert. Daher bedarf die Formel (5.13) für den Zeitpunkt der maximalen Kompression nur einer unwesentlichen Korrektur für α-Werte, die von Null verschieden sind. Unter vernünftigen Annahmen über den Parameter α besteht die erwähnte Korrektur in einer Vergrößerung des Zahlenkoeffizienten in der Formel für t_1 um einige Prozent.

Die Methode, nach der in der dargelegten Theorie der Einfluß des Druckes berücksichtigt wird, beruht auf willkürlichen Annahmen und ist ganz unnatürlich. Es wird aber mit ihrer Hilfe möglich, den Rahmen der quantitativen Analyse des Prozesses so zu erweitern, daß sie nicht nur die erste Phase der Kompression, sondern auch die folgenden Phasen der radialen Schwingungen der Plasmasäule enthält.

Für einen von Null verschiedenen Anfangsdruck p_0 zieht sich die Plasmasäule bis zu einem minimalen Radius zusammen, woraufhin wieder eine Ausdehnung, dann eine Abbremsung unter Wirkung der elektrodynamischen Kräfte und wieder eine Kompression erfolgt. Der Plasmadruck erreicht sein Maximum beim Minimum des Säulenradius. Wie aus (5.15) folgt, übersteigt zu diesem Zeitpunkt der Druck den Wert $J^2/2\pi a^2$, welchen er beim quasistationären Prozeß haben würde. Das ist dadurch bedingt, daß die Größe, die auf der linken Seite der Gleichung steht, im Augenblick der maximalen Kompression positiv ist. Der physikalische Sinn dieses Verhaltens besteht darin, daß im Stadium der maximalen Kompression eine schnelle Abbremsung des beschleunigten Plasmas stattfindet, die als Folge der Wirkung von Trägheitskräften erscheint, welche zu den elektrodynamischen Kräften hinzukommen und die Kompression des Plasmas verstärken. Es ist evident, daß die Temperatur in einer Plasmasäule, die sich bis zum Minimalradius zusammengezogen hat, auch höher ist als bei gleicher Stromstärke im quasistationären Fall. Grobe Abschätzungen, die auf einer halbphänomenologischen Theorie basieren, zeigen, daß wegen der zusätzlichen Wirkung von Trägheitskräften die Temperatur im Augenblick der maximalen Kompression bei kleinem p_0 den Wert, der sich aus Gleichung (4.31) ergibt, um das 1,5- bis 2fache übersteigen kann. Ein so hoher Temperaturwert kann aber nur für einen sehr kurzen Augenblick auftreten. Danach wird eine Abkühlung des sich wieder ausdehnenden Plasmas stattfinden.

Die oben skizzierte Theorie der Erscheinungen, die sich bei starken, kurzzeitigen Entladungen im Plasma abspielen, wurde 1953 von Leontowitsch und Ossowez vorgelegt.[1]) Sie kann weder Anspruch auf Vollständigkeit und noch viel weniger auf Exaktheit erheben, sondern stellt nur den ersten Entwurf eines Bildes jener Grundvorgänge dar, die das Verhalten einer Plasmasäule bestimmen. Nichtsdestoweniger spielte diese Theorie eine wichtige Rolle in der Entwicklung unserer Vorstellungen über die Natur schneller Entladungen. In ihr wurden zum erstenmal die Hauptfaktoren, die den Verlauf des Prozesses beeinflussen, richtig angesetzt.

Heute erscheinen die Grundannahmen, die den Rechnungen von Leontowitsch und Ossowez zugrundeliegen, als evident, weil sie ihrem Wesen nach aus der einfachen Beobachtung hervorgehen, daß wegen des Skineffektes im Anfangsstadium der Entladung das Gleichgewicht der auf das Plasma wirkenden Kräfte gestört sein muß.

Es sei jedoch erwähnt, daß im ersten Stadium der theoretischen Untersuchungen, als die Idee von der quasistationären Entwicklung der Prozesse im Plasma vorherrschte, die Rolle des Skineffektes in der Dynamik der schnellen Entladungen vollständig ignoriert wurde. Das Verdienst der Autoren der neuen Theorie ist, daß sie bei ihren Bestrebungen, eine Erklärung für das Abweichen der Versuchsergebnisse von den Folgerungen der quasistationären Theorie zu finden, als Erste zu der Überzeugung kamen, daß im Anfangsstadium der Kompression Trägheitskräfte, deren Auftreten auf das engste mit dem Skineffekt zusammenhängt, eine große Rolle spielen.

Wie oben erwähnt, kann man die theoretische Berechnung der Trägheitskompression etwas präzisieren, wenn man zur Bestimmung der Größen, die einen solchen Prozeß charakterisieren, außer der Grundgleichung (5.19) auch die Gleichung für den Entladungskreis benutzt, in der sich der Einfluß der Änderung des Radius a auf die Stärke des Entladungsstromes $J(t)$ widerspiegelt. Eine derartige Vervollkommnung der Theorie gestattet, sie auch für einen breiteren Spielraum der Anfangsbedingungen anzuwenden, als dies sonst zulässig ist, wenn man im voraus annimmt, daß $J(t)$ proportional zur Zeit wächst.

Das grundlegende quantitative Resultat der Theorie, das mit dem Experiment verglichen werden kann, besteht in der Formel für die Kompressionszeit t_c. Der

[1]) Sie wird hier in etwas veränderter Form gebracht. Erwähnt sei auch, daß etwas später Rosenbluth und Longmire in den USA unabhängig davon zu denselben Schlüssen gelangten.

Vergleich der sich aus dieser Formel ergebenden Daten mit den Meßergebnissen zeigt gute Übereinstimmung. Davon kann man sich an Hand von Abb. 41 überzeugen, auf der die theoretischen Werte von t_c durch die ausgezogene Linie dargestellt sind. Bei der Weiterentwicklung der theoretischen Vorstellungen wurde der Versuch unternommen, eine strengere Berechnung der Kompression und der radialen Schwingungen der Plasmasäule durchzuführen, die sowohl die Bildung einer Stoßwelle im Plasma als auch die zeitliche Änderung der Masse des strömenden Gases berücksichtigt. Eine solche Rechnung wurde auf der Grundlage der magnetohydrodynamischen Gleichungen durchgeführt, zu denen noch die Gleichungen für den das Entladungsrohr einschließenden Stromkreis hinzugefügt wurden. Das Plasma wurde als einatomiges Gas mit einem festen Wert der elektrischen Leitfähigkeit σ_e angesehen. Dabei wurde angenommen, daß während des Kompressionsprozesses und bei den folgenden radialen Pulsationen das neutrale Gas vollständig durch die strömenden Ionen mitgerissen wird (wegen der Umladungsprozesse); darum ist die Bewegungsrichtung für Atome und Ionen gleich. Die Energieverluste durch Strahlung, Wärmeabgabe an die Wände sowie durch Ionisation und Anregung der Atome wurden nicht berücksichtigt.

Selbst bei einer derartig stark idealisierten Vorstellung führt das Problem zu einem komplizierten System von partiellen Differentialgleichungen. Es kann nur durch numerische Integration auf großen elektronischen Rechenmaschinen gelöst werden. Als Ergebnis erhält man (bei vorgegebenen Anfangsbedingungen) Angaben über die Temperatur, Dichte und Geschwindigkeit der gerichteten Bewegung für jeden Abschnitt der Plasmasäule in den verschiedenen Stadien sowie Angaben über die Verteilung der Stromdichte und der elektrischen und magnetischen Feldstärke. Der Umfang dieser theoretischen Aussagen übersteigt beträchtlich das, was die experimentellen Methoden zur Messung der verschiedenen Entladungsparameter liefern können.

In einigen Punkten kann jedoch die Aussagekraft der theoretischen Ergebnisse durch Vergleich mit dem Experiment nachgeprüft werden. Dies gilt für die Verteilung der Stromdichte und die Geschwindigkeit der radialen Bewegung des Plasmas, da zahlreiche Versuchsergebnisse über Größe und Änderung der erwähnten Parameter vorliegen. Die Gegenüberstellung von Theorie und Praxis wurde für eine Reihe von Sonderfällen durchgeführt, wobei eine befriedigende Übereinstimmung zwischen den Resultaten festgestellt wurde, zumindest für das Anfangsstadium einer Impulsentladung bis zur zweiten Kompression. Daher kann man die Benutzung der theoretischen Daten zur Bestimmung der Größen, die vorerst noch nicht experimentell mit hinreichender Genauigkeit gemessen werden können, als gerechtfertigt ansehen. Die wichtigsten Größen zur Beschreibung des Plasmazustandes sind die Temperatur zum Zeitpunkt der maximalen Kumulation der Stoßwelle und die Dichteverteilung in diesem Augenblick. Die Lösung der magnetohydrodynamischen Gleichungen hat gezeigt, daß die Temperatur des Plasmas zum Zeitpunkt der maximalen Kompression sich nach der Formel

$$\overline{T} = 4{,}6 \cdot 10^{13} \frac{J^2}{N} \tag{5.20}$$

abschätzen läßt, wo J die Stromstärke in diesem Augenblick ist. Dieser Ausdruck stellt den Mittelwert der Plasmatemperatur unter der Annahme der Gleichheit von T_e und T_i dar. $\overline{T}$ übersteigt die Temperatur, die man bei gleichen Werten von J und N im quasistationären Prozeß erhalten würde, um das Zweieinhalbfache. Wie schon erwähnt, folgt dieses Resultat qualitativ auch aus dem vereinfachten Modell der Kompression, das den Einfluß der Trägheitskräfte grob berücksichtigt. Die Temperaturverteilung über den Querschnitt in der Plasmasäule ist für eine Entladung mit typischen Anfangsbedingungen schematisch auf Abb. 49 dargestellt. Die punktierte Linie bezeichnet den Mittelwert der Temperatur $\overline{T}$. In geringer Entfernung von der Achse wächst die Temperatur infolge des Kumulationseffektes, der durch die konvergierende Stoßwelle hervorgerufen wird, jäh an und kann den Mittelwert um ein Mehrfaches übertreffen. Wenn man die Abhängigkeit der Temperatur von r berücksichtigt, so wird deutlich, daß die Benutzung der Gleichung (5.20) offensichtlich nicht zu einer zu hohen Abschätzung der Temperatur der Ionen in einer realen Plasmasäule führen kann.

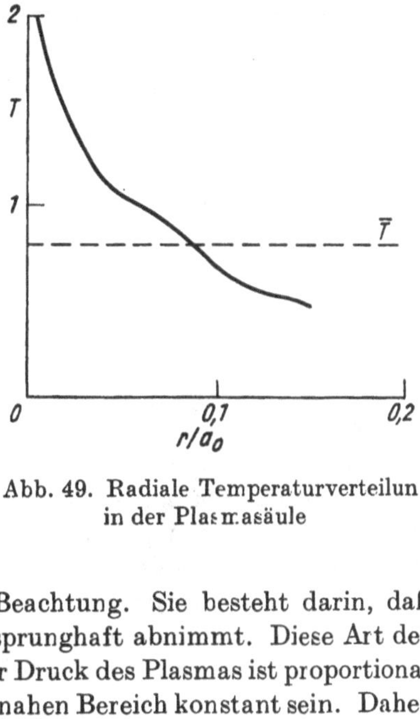

Abb. 49. Radiale Temperaturverteilung in der Plasmasäule

Die Dichteverteilung des Plasmas zum Zeitpunkt der Kumulation ist auf Abb. 50 dargestellt. Der Maximalwert der Dichte ist zu diesem Zeitpunkt 30 bis 40mal größer als die Anfangsdichte des Gases. Dieses Ergebnis wird durch spektroskopische Messungen der Plasmakonzentration bestätigt. Dabei verdient eine interessante Besonderheit der Dichteverteilung Beachtung. Sie besteht darin, daß nahe der Achse der Plasmasäule die Dichte sprunghaft abnimmt. Diese Art der Dichteänderung ist unschwer zu erklären. Der Druck des Plasmas ist proportional $\varrho \cdot T$; er muß in einem der Achse hinreichend nahen Bereich konstant sein. Daher muß das schnelle Anwachsen von T bei Annäherung an die Achse von einer entsprechenden Abnahme von ϱ begleitet sein.

Man kann natürlich nicht erwarten, daß die magnetohydrodynamische Theorie, der eine ganze Reihe stark vereinfachender Annahmen zugrundeliegen, in allen ihren Folgerungen durch das Experiment bestätigt wird. Die Theorie berücksichtigt nicht die Wechselwirkung der Entladung mit der Wand und kann daher auch nicht die Aufrechterhaltung der großen Stromstärke nahe der Wand erklären. In den theoretischen Rechnungen ist ebenso kein Platz für eine Instabilität, und daher ergibt die Theorie ein zu idealisiertes Bild von den Schwingungen der Plasmasäule nach der ersten Kompression. Aus den theoretischen Rechnungen folgt speziell, daß die Temperatur des Plasmas während der zweiten

Kompression beträchtlich höher sein muß als im Augenblick der ersten. Dafür liegt jedoch bisher keinerlei experimentelle Bestätigung vor. Ebenso ist die Behauptung der Theorie, daß bei der zweiten Kompression die Dichte des Plasmas erneut sehr hohe Werte erreicht, nicht bestätigt.

Zum Abschluß dieser Erörterungen im Zusammenhang mit der Theorie der Plasmasäule ist noch eine Bemerkung über den Charakter der Mikroprozesse im Plasma notwendig. In den vorangegangenen Darlegungen wurde mehrfach erwähnt, daß bei der Trägheitskompression der Plasmasäule die Arbeit der elektrodynamischen Kräfte die kinetische Energie der Ionen übertrifft und bei der Ausdehnung der Säule die kinetische Energie der Ionen in Energie des Magnetfeldes umgewandelt wird. Die Elektronenkomponente des Plasmas hat also in der Energiebilanz der Entladung nebensächliche Bedeutung. Das heißt jedoch

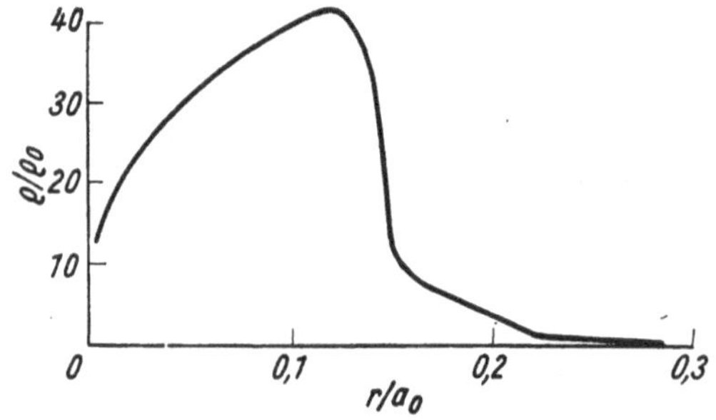

Abb. 50. Radiale Dichteverteilung in der Plasmasäule

durchaus nicht, daß die Elektronen nicht auch aktive Funktionen in der Dynamik des pulsierenden Plasmas erfüllen. In Wirklichkeit sind die Elektronen und nicht die Ionen in allen Kompressions- und Expansionsprozessen der Plasmasäule das wichtigste Agens, da die elektrodynamischen Kräfte, die den radialen Druck erzeugen, gerade auf die Elektronen wirken, denn diese leiten im Plasma den Strom. Sie bewegen sich mit einer bestimmten mittleren Geschwindigkeit u. Die Größe u ist gleich $j/n_e e$ (j: Stromdichte). Die Kraft, die auf ein Elektron von seiten des Magnetfeldes des Stromes wirkt, ist im Mittel gleich $\frac{e\,u}{c}\,H$ und radial zur Achse der Plasmasäule hin gerichtet. Sobald unter der Wirkung dieser Kraft die Elektronen beginnen, sich im Inneren zu verschieben, entsteht ein radiales elektrisches Feld, durch das die Ionen den Elektronen nachgezogen werden. Dieses Feld beschleunigt die Ionen. Es muß fast vollständig die LORENTZ-Kraft kompensieren, die auf ein Elektron wirkt. Man kann daher seine Größe aus der Beziehung

$$e\,E = e\,\frac{u\,H}{c}$$

bestimmen. Andererseits ist

$$e\,E = m_i\,\dot{v}_i$$

(da man wegen der geringen Geschwindigkeit der Ionen die Kraft, die auf sie von seiten des Magnetfeldes wirkt, vernachlässigen kann). Die Stärke des radialen elektrischen Feldes liegt unter den für Impulsentladungen typischen Bedingungen zwischen einigen zehn und einigen tausend Volt pro Zentimeter.

§ 25. Die Bildung von Neutronen und harter Röntgenstrahlung bei Impulsentladungen. Der mutmaßliche Mechanismus dieser Erscheinungen. Perspektiven für die Verwendung des schnellen linearen Pinch-Effektes zum Erreichen extrem hoher Temperaturen

Einer der charakteristischsten Züge starker Impulsentladungen in verdünnten Gasen mit niedrigem Atomgewicht ist der, daß die Entladung unter bestimmten Bedingungen zur Quelle harter Strahlung wird. 1952 wurde in der UdSSR erstmalig eine Neutronenstrahlung bei Impulsentladungen in Deuterium festgestellt. Bald darauf wurde entdeckt, daß gleichzeitig mit den Neutronen auch harte Röntgenstrahlung ausgesandt wird. Röntgenstrahlung mit großer Energie der Quanten (bis 350 keV) entsteht auch in gewöhnlichem Wasserstoff.

Wir wollen zuerst die Eigenschaften der Neutronenstrahlung etwas näher betrachten.

In den üblichen Entladungsrohren mit Porzellan-, Quarz- oder Glaswänden wird Neutronenemission beobachtet, wenn der Anfangsdruck im Intervall von einigen Tausendstel bis 0,3···0,5 Torr liegt. Die Zahl der Neutronen, die während des Stromdurchgangs entstehen, schwankt stark von einem Impuls zum anderen. Die Neutronenemission erreicht nur dann merkliche Größe, wenn das Entladungsrohr vorher durch vorangegangene Entladungen in Wasserstoff, Deuterium oder Helium gereinigt wurde. Bei maximaler Stärke des Entladungsstromes (200 bis 500 kA) und einem Anfangsdruck des Deuteriums von etwa 0,1 Torr schwankt die Zahl der Neutronen pro Entladungsimpuls gewöhnlich in den Grenzen von 10^6 bis 10^8. Auf die Intensität der Neutronenstrahlung haben schon kleine Verunreinigungen durch Fremdgase einen außerordentlich starken Einfluß. Wenn man zum Deuterium bei einem Druck der Größenordnung 0,1 Torr einige Zehntel Prozent Sauerstoff, Argon oder Xenon hinzufügt, treten keine Neutronen mehr auf.

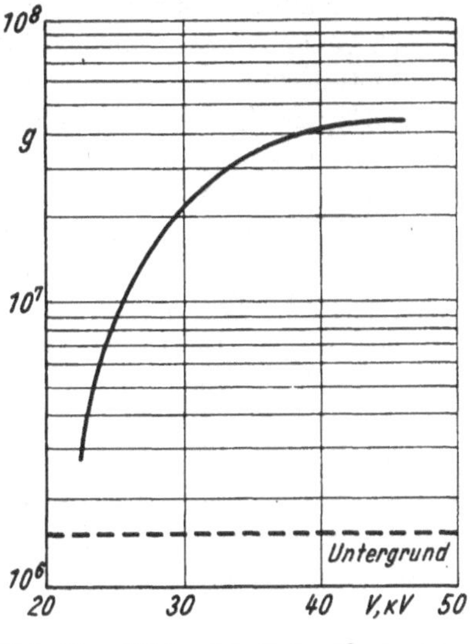

Abb. 51. Abhängigkeit der Neutronenausbeute von der Anfangsspannung am Entladungsrohr

Die Unregelmäßigkeit der Neutronenstrahlung erschwert die Aufstellung von Gesetzmäßigkeiten, die die Abhängigkeit der Neutronenausbeute von den Entladungsparametern beschreiben. Diese Gesetzmäßigkeiten tragen eher qualitativen als quantitativen Charakter. Auf Abb. 51 ist die Abhängigkeit der Neutronenausbeute g von der Anfangsspannung am Rohr dargestellt, wie sie in einer Reihe von Versuchen mit langen Porzellanentladungsrohren in Deuterium bei einem Anfangsdruck von 0,02 Torr erhalten wurde.

Die in dieser Darstellung enthaltenen Daten sind Mittelwerte aus einer großen Zahl einzelner Messungen. Sie veranschaulichen gut die Gesetzmäßigkeit, welche die Änderung von g bei Vergrößerung von V charakterisiert. Es erfolgt zunächst eine sehr schnelle Zunahme der Neutronenausbeute, worauf dann die Sättigung erreicht wird. Ganz analoge Kurven der Abhängigkeit des g von V erhält man bei anderen Drucken. Der Anfangsdruck, dem ein Maximum der Neutronenausbeute entspricht, liegt für die üblichen Entladungsrohre im Intervall von 0,05···0,1 Torr.

Messungen, die zur Klärung der Geometrie der Strahlung durchgeführt wurden, haben gezeigt, daß die Neutronenquellen auf die ganze Länge der Entladungsstrecke verteilt sind und im Inneren des Rohres einen bestimmten Bereich nahe der Achse einnehmen. Daraus folgt, daß die beobachtete Strahlung kein trivialer Effekt ist, der durch die Annahme erklärt werden könnte, daß Deuteronen, welche an der Grenze des Plasmas beschleunigt wurden, das von den Elektroden oder Wänden des Rohres adsorbierte Deuterium bombardieren. Die oszillographische Untersuchung der Neutronenstrahlung zeigt, daß in allen Fällen kurze Impulse mit steilen Fronten auftreten. Die Dauer eines Impulses beträgt gewöhnlich nicht mehr als 0,3···0,5 μs. Die Neutronenimpulse treten nur in bestimmten Abschnitten der Entwicklung der Entladung auf, die den Phasen der maximalen Kompression der Plasmaschnur entsprechen.

Die Analyse umfangreichen oszillographischen Materials zeigt, daß bei einer Anfangsfeldstärke im Rohr von nicht mehr als 200···300 V/cm die Neutronenemission beginnt, wenn die zweite maximale Kompression des Plasmas stattfindet. Bei der ersten Kompression treten keine Neutronen auf, doch werden zuweilen zwei Neutronenimpulse, und zwar bei der zweiten und dritten maximalen Kompression beobachtet. Der zweite Neutronenausbruch wird dann registriert, wenn das Stadium der dritten Kompression auf den Strom- und Spannungsoszillogrammen hinreichend deutlich ausgeprägt ist. Dies ist der Fall in Entladungen mit niedrigem Anfangsdruck.

Auf Abb. 52a und b sind zur Veranschaulichung der eben geschilderten Vorgänge zwei Oszillogramme der Neutronenstrahlung wiedergegeben, die mit einem Zweistrahloszillographen gleichzeitig mit dem Stromoszillogramm aufgenommen wurden. Auf dem ersten Oszillogramm ist ein Neutronenimpuls im Augenblick der zweiten Kompression zu sehen, auf dem zweiten erkennt man zwei aufeinanderfolgende Neutronenimpulse.

Bei Vergrößerung der Leistung der Entladungsimpulse durch Erhöhung von E_0 auf 1500···2500 V/cm beginnt auch im Augenblick der ersten maximalen Kompression ein Neutronenimpuls aufzutreten.

Für die Aufklärung des Mechanismus, der die Neutronenstrahlung erzeugt, spielt die Analyse des Energiespektrums der Neutronen eine wesentliche Rolle, da

a)

b)

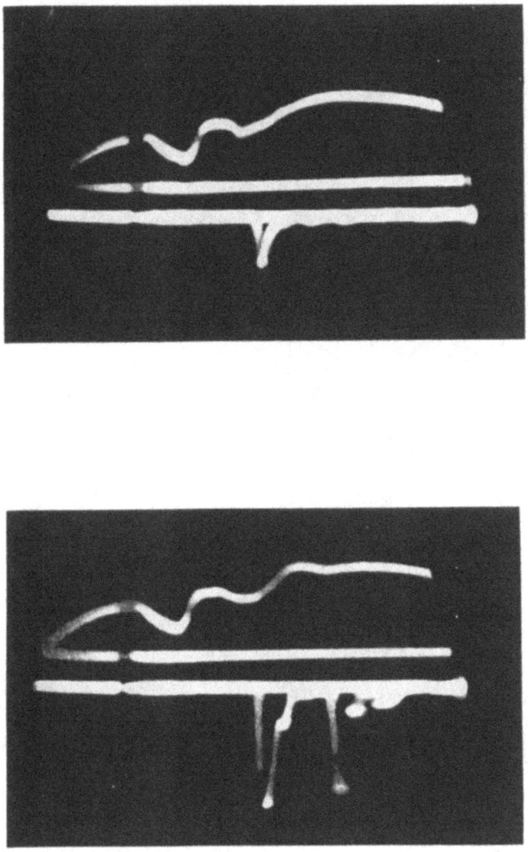

Abb. 52. Oszillogramme der Neutronenstrahlung (unten) mit zugehörigen Stromoszillogrammen (oben)

dieses Spektrum die Energie jener Deutonen charakterisiert, die für die Auslösung von Kernreaktionen im Plasma verantwortlich sind. Die Untersuchung der Winkelabhängigkeit des Energiespektrums der Neutronen erlaubt noch weitergehende Schlüsse. Wenn eine Winkelabhängigkeit beobachtet wird, so zeugt sie davon, daß es eine Vorzugsrichtung in der Bewegung der schnellen Deutonen, die an den Reaktionen teilnehmen, gibt. Die Analyse der Kinematik der Kernreaktion $d + d \rightarrow He^3 + n$ zeigt, daß in einem Koordinatensystem, in dem sich eines der Deutonen vor dem Zusammenstoß in Ruhe befand, die kinetische Energie des entstehenden Neutrons durch den Ausdruck

$$W_n = W_0 + \frac{1}{\sqrt{2}} \sqrt{W_0 W_k} \cos \varphi \tag{5.21}$$

gegeben ist.

In diesem Ausdruck ist W_0 die Energie des Neutrons, das der Reaktion zweier Deutonen mit den Geschwindigkeiten Null entstammt. Sie ist gleich 2,4 MeV. W_k bezeichnet die kinetische Anfangsenergie des stoßenden Deutons (das andere ist lt. Voraussetzung in Ruhe). Der Winkel φ, der in dieser Formel auftritt, bestimmt die Flugrichtung des Neutrons gegenüber der Anfangsrichtung des schnellen Deutons. Formel (5.21) gilt für $W_k \ll W_0$.

Wenn die Kernreaktionen als Folge eines Prozesses entstehen, bei dem sich eine bestimmte Gruppe schneller Deutonen in einer bestimmten Richtung in einem relativ kalten Plasma bewegt, muß sich dies nach (5.21) in den Meßergebnissen des Neutronenspektrums in verschiedenen Richtungen widerspiegeln. Die größte Verschiebung zwischen den Neutronenspektren muß bei einem Vergleich der Energie von Neutronen, die in der ursprünglichen Bewegungsrichtung der schnellen Deutonen und denen, die nach der entgegengesetzten Richtung fliegen, auftreten. Der Unterschied der Neutronenenergien in diesem Falle beträgt $\sqrt{2 W_0 W_k}$. In diese Größe geht die kinetische Energie der Deutonen unter der Wurzel ein, daher muß selbst bei relativ kleiner Energie der gerichteten Deutonenbewegung die Verschiebung der Spektren im Versuch in Erscheinung treten (für $W_k = 1$ keV beträgt sie ca. 70 keV).

Die Untersuchung des Energiespektrums der Neutronen erfolgt durch Messung der Reichweite von Rückstoßprotonen in dickschichtigen Photoemulsionen, die während der Impulsentladungen in einer bestimmten Entfernung vom Entladungsrohr exponiert werden. Aus diesen Messungen werden diejenigen Spuren von Rückstoßprotonen zur Bearbeitung ausgewählt, deren Richtung einen kleinen Winkel mit der Bewegungsrichtung der Neutronen bildet.[1])

Alle bisher durchgeführten Messungen der Neutronenenergie in starken, kurzzeitigen Impulsentladungen zeigen, daß Beschleunigungsprozesse, in deren Ergebnis im Plasma zu bestimmten Zeitpunkten Deutonen auftreten, die bis zu Energien der Größenordnung einiger zehn Kilovolt beschleunigt werden, die Hauptursache für die Neutronenstrahlung sind.

[1]) Die Messung des Neutronenenergiespektrums bei Impulsentladungen wurde erstmalig von COLGATE nach dieser Methode durchgeführt.

Die Neutronenenergieverteilung für verschiedene Richtungen im Raum zeigt auch, daß die beschleunigten Deutonen sich vorzugsweise entlang der Achse des Entladungsrohres in Richtung von Anode zu Kathode bewegen. Zur Veranschaulichung dieses Sachverhalts sind auf Abb. 53 Histogramme der Energieverteilung der Neutronen, die aus dem Entladungsrohr nach der Seite der Kathode und der Seite der Anode austreten, abgebildet. Trotz der großen Breite der Energieverteilung kann man zweifellos erkennen, daß die Neutronen, die in Richtung zur Kathode fliegen, im Mittel höhere Energien aufweisen. Der direkte Nachweis schneller Deutonen im Plasma wurde durch massenspektroskopische Analyse der in einer Impulsentladung entstehenden Teilchen erbracht. Es wurden die $\frac{e}{m}$-Werte und die Energien der Ionen, die aus dem Rohr durch eine Öffnung in der Seitenwand oder der Elektrode austreten, nach der Parabelmethode gemessen. Es wurde dabei festgestellt, daß in Entladungen, die unter den üblichen Bedingungen

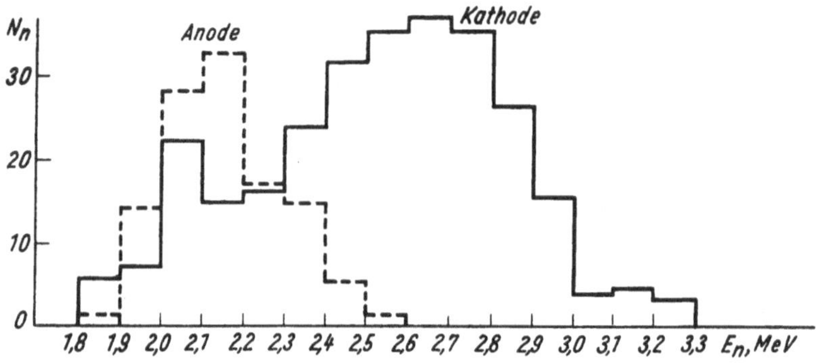

Abb. 53. Neutronenspektrum in Kathodennähe (ausgezogen) bzw. Anodennähe (punktiert)

stattfinden, im Ionenspektrum Deutonen mit einer Energie bis zu 200 keV vorkommen.

Bei der Beschreibung der Eigenschaften der bei Impulsentladungen auftretenden Neutronenstrahlung ist auch deren Abhängigkeit vom äußeren Magnetfeld zu erwähnen. Erzeugt man im Entladungsrohr ein konstantes Magnetfeld parallel zur Achse, so fällt die Intensität der Neutronenstrahlung jäh ab. Eine Verminderung der Neutronenausbeute wird schon bei Anfangsfeldstärken von 50···100 Oe merkbar. In einem Magnetfeld von mehr als hundert Oerstedt verschwindet die Neutronenstrahlung vollständig.

Eine Impulsentladung mit sehr schnellem Stromanstieg ist auch Quelle harter Röntgenstrahlung. Wie die Neutronenstrahlung, erscheint auch die Röntgenstrahlung immer in kurzen Impulsen, deren Dauer nicht über einige zehntel μsec hinausgeht. Zur Untersuchung ihrer Eigenschaften und Gesetzmäßigkeiten können verschiedenartige Untersuchungsmethoden angewendet werden. Der Zeitpunkt des Auftretens eines Röntgenimpulses kann mit einem Szintillationszähler festgestellt werden. Die Energie der Quanten wird entweder nach der Absorptionsmethode unter Benutzung von Filtern aus leichten und schweren Elementen oder aus den Spektren der COMPTON-Elektronen und Photoelektronen in einer WILSON-Kammer oder in dicken Photoemulsionen gemessen.

Harte Röntgenstrahlung wird in Wasserstoff und Deuterium beobachtet. Das Oszillogramm der Röntgenimpulse zeigt, daß diese in Deuterium gleichzeitig mit den Neutronen auftreten. Den überzeugendsten Beweis hierfür liefern Versuche, in denen Neutronen- und Röntgenimpulse, die durch ein und denselben Szintillationszähler aufgenommen werden, wegen der unterschiedlichen Flugdauer

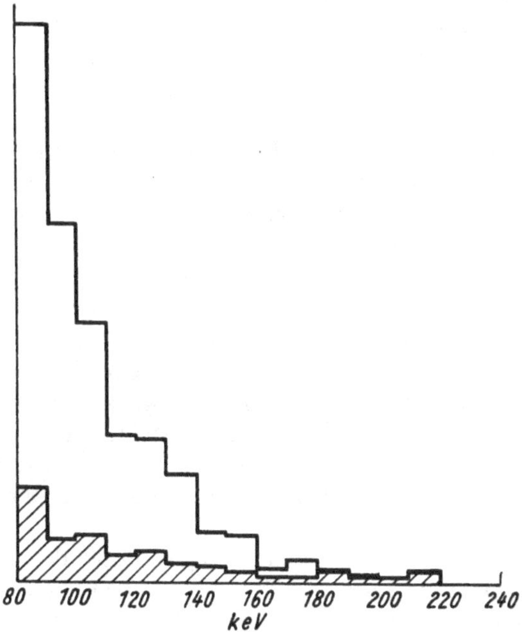

Abb. 54. Energieverteilung der durch die Röntgenstrahlung der Entladung gebildeten Elektronen
Schraffierter Bereich: Untergrund der WILSON-Kammer

von Neutronen und Röntgenquanten auseinanderrücken. Je größer der Abstand des Zählers vom Entladungsrohr, um so größer ist diese Verschiebung der Röntgen- und Neutronenimpulse gegeneinander. Die Messungen der Verschiebung zwischen den Impulsen zeigen, daß diese tatsächlich nur durch die Differenz der Flugzeiten bedingt ist (mit einer Meßgenauigkeit von einigen hundertstel Mikrosekunden).

Die Impulse harter Röntgenstrahlung treten gewöhnlich im Augenblick der zweiten und dritten maximalen Kompression auf. Bei Erhöhung der Anfangsfeldstärke auf 1000…2500 V/cm werden schmale Impulse harter Röntgenstrahlung (von etwa 0,3 μsec) auch bei der ersten Kompression beobachtet. In der Intensität sind die Röntgenstrahlenausbrüche noch unterschiedlicher als die der Neutronenstrahlung. Daher lassen sich nur qualitative Aussagen über die Gesetzmäßigkeiten machen, welche die Abhängigkeit der Strahlungsintensität von den Grundparametern der Entladung charakterisieren. Die Intensität der Röntgenausbrüche ändert sich von Entladung zu Entladung um ein bis zwei Größenordnungen. Als grobe Charakteristik kann man angeben, daß bei optimalem Druck des Gases die Gesamtzahl der harten Quanten etwa $10^{10} \cdots 10^{11}$ pro Entladung beträgt (gemeint sind Quanten mit einer Energie über 100 keV). Die Abhängigkeit der Strahlungsintensität vom Druck besitzt etwa denselben Charakter wie bei der Neutronenstrahlung. Die Intensität eines Ausbruches erreicht bei einem Druck von etwa 0,1 Torr ein Maximum.

Die Registrierung und Messung von Spuren in der WILSON-Kammer, die im untersuchten Energiebereich hauptsächlich von den durch die Röntgenstrahlen freigesetzten Elektronen herrühren, ermöglichen eine Schätzung der maximalen Quantenenergie dieser Strahlung.

Auf Abb. 54 ist eine typische Energieverteilungskurve für Elektronen, die während einer Impulsentladung in Wasserstoff bei $p_0 = 0{,}05$ Torr und $E_0 = 400$ V/cm in der WILSON-Kammer entstehen, wiedergegeben. Sie wurde von PODGORNY und KOWALSKI aufgenommen.

Zur Abschätzung der Maximalenergie der Röntgenquanten ist ein Vergleich des durch diese Quanten erzeugten Elektronenspektrums mit einem analogen Spektrum einer Röntgenstrahlungsquelle, deren Eigenschaften gut bekannt sind, am geeignetsten. Als eine solche Quelle kann eine gewöhnliche Röntgenröhre dienen. Ein Vergleich zeigt, daß im Spektrum der Röntgenstrahlung, die bei Impulsentladungen in Wasserstoff und Deuterium entsteht, offenkundig Quanten mit einer Energie bis zu 300 keV vorkommen. Erwähnt sei, daß im Augenblick der Emission dieser Quanten die Spannung, die außen am Rohr liegt, 10⋯15 kV nicht überschreitet.

Die Röntgenstrahlung einer Impulsentladung ist durch den üblichen Mechanismus der Strahlungsbremsung schneller Elektronen, die in bestimmten Phasen der Entladung auftreten, bedingt. Diese schnellen Elektronen kann man direkt beobachten, wenn man sie aus dem Entladungsrohr durch eine Öffnung in der Elektrode (Anode) austreten läßt. Die Messung des Energiespektrums dieser Elektronen zeigt, daß die Grenze in einem Energiebereich um 200 keV liegt. Die schnellen Elektronen, die in der Entladung auftreten, haben eine vollkommen definierte Bewegungsrichtung; sie bewegen sich in Richtung auf die Anode (genauer gesagt, in Richtung derjenigen Elektrode, die in der ersten Halbperiode des Impulsprozesses die Funktion der Anode erfüllt).

Eine abschließende und allgemeingültige Theorie, die den Mechanismus des Auftretens harter Strahlung erklärt, gibt es bis heute noch nicht. Nichtsdestoweniger lassen sich einige Züge dieses Mechanismus klar umreißen.

Wie schon erwähnt, deutet die Untersuchung der Geometrie der Neutronenstrahlung daraufhin, daß sich der Strom schneller Deutonen in einem schmalen Bereich nahe der Achse des Entlandungsrohres bewegt. Dasselbe gilt auch für den Strom schneller Elektronen. Führt man die Elektronen aus dem Entladungsrohr durch eine Öffnung in der Anode heraus, kann man den Radius dieser Beschleunigungszone abschätzen. Ihre Breite ist von der Größenordnung einiger Millimeter. Aus den Versuchsdaten folgt also, daß die Beschleunigung der Teilchen in starken elektrischen Längsfeldern stattfindet, die nahe der Achse der Plasmasäule in der Phase der maximalen Kumulation entstehen. Zur Klärung des Ursprungs der schnellen Teilchen ist es notwendig, die Ursache für das Auftreten starker elektrischer Felder zu finden. Das elektrische Feld im Plasma entsteht hauptsächlich durch Induktion; es ist vor allem durch die radialen Schwingungen der Plasmasäule bedingt. Wir setzen zunächst voraus, daß die Plasmasäule im Verlauf des ganzen Prozesses Kreiszylinderform bewahrt. Dann ist die elektrische Feldstärke durch den Ausdruck

$$E_z = \frac{j}{\sigma} - \frac{\dot{r}}{c} H_\varphi(r) \tag{5.22}$$

definiert, der aus (4.16) folgt. In der Phase der Kompression ist $\dot{r} < 0$. Unter Vernachlässigung des OHMschen Spannungsabfalls kann man schreiben

$$E_z \approx \frac{v_r}{c} H_\varphi, \tag{5.23}$$

worin v_r die Kompressionsgeschwindigkeit ist. Für $H \sim 10^4$ und $v \sim 10^7$ ist die elektrische Feldstärke von der Größenordnung 1000 V/cm. Wenn die Länge der Entladungszone 100 cm beträgt, ist die Gesamtspannung an der Plasmasäule ungefähr 100 kV. Das würde bedeuten, daß hier die Ursache für das Auftreten schneller Teilchen zu suchen ist. Die Beschleunigung der Elektronen und Ionen kann durch die Spannung bedingt sein, die bei der radialen Kompression der Plasmasäule entsteht. In Wirklichkeit jedoch ist dieses Problem wesentlich komplizierter.

Wir erwähnen zunächst, daß wegen der Invarianz der Größe $W_\perp/H$ die Beschleunigung der Teilchen senkrecht zum Magnetfeld nicht in einem Bereich beginnen kann, in dem H groß ist, da das Anwachsen der Energie mit der Zunahme von H parallel gehen muß. Daher können in den Beschleunigungsprozeß nur diejenigen Elektronen und Ionen einbezogen werden, die sich zu Beginn nahe der Achse befanden. Zusammen damit folgt aus (5.23), daß E seinen Maximalwert in dem Bereich besitzt, den man unter Vorbehalt als die Grenze der Plasmasäule bezeichnen kann. Bei Annäherung an die Achse nehmen v und H etwa proportional r ab (wenn man nicht die zusätzliche Schwächung von H durch den Skineffekt berücksichtigt), und infolgedessen ändert sich die Stärke des elektrischen Längsfeldes wie r^2. Der mittlere Wert des Radius der Plasmasäule im Moment der maximalen Kompression beträgt unter typischen Versuchsbedingungen einige Zentimeter. Bei einer derartigen Dicke der Plasmasäule kann ein Teilchen, das nahe der Achse beschleunigt wird, keine große Energie gewinnen, da seine Bewegung in einem Gebiet geringer Feldstärke zustandekommt.

Für Elektronen tritt dies besonders deutlich in Erscheinung, da selbst bei großen Energiewerten der Krümmungsradius der Bahn sehr klein ist im Vergleich zum Radius der Plasmasäule. Die Schwierigkeit besteht also darin, daß bei großem Radius der Plasmasäule zum Zeitpunkt der maximalen Kumulation das elektrische Feld nahe der Achse zu klein wird für eine wirksame Beschleunigung der Teilchen. Es sei dem noch hinzugefügt, daß Messungen der Größe E unter gewöhnlichen Bedingungen (Anfangsfeldstärke im Entladungsrohr von der Größenordnung 400 V/cm, Gasdruck von der Größenordnung 0,05 Torr) zeigen, daß für $r \approx 3 \cdots 5$ cm ihr Mittelwert zum Zeitpunkt der ersten Kompression einige Hundert V/cm erreicht und auf 100···200 V/cm in den Augenblicken der zweiten und dritten Kompression abfällt, d. h. gerade dann, wenn Elektronen und Ionen mit einer Energie von 200···300 keV auftreten. Demnach muß also das Auftreten schneller Teilchen im Plasma durch einen komplizierteren Mechanismus verursacht werden. Es ist ziemlich wahrscheinlich, daß die Feldstärke, die durch die einfache radiale Kompression des Plasmas bedingt ist, unzureichend für die Beschleunigung der Ionen und speziell der Elektronen bis zu so hohen Energien ist, wie sie im Experiment beobachtet werden.

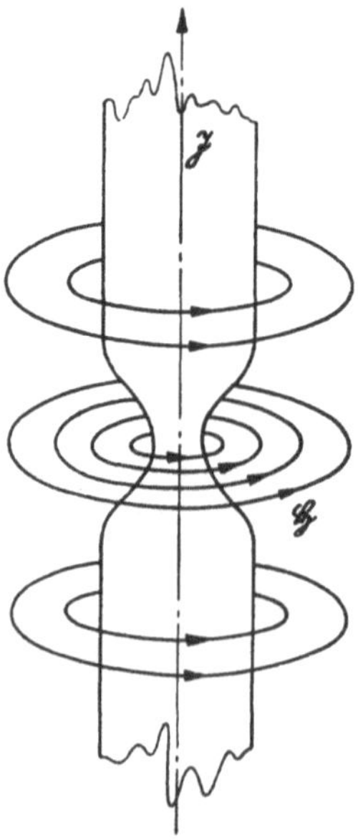

Abb. 55
Lokale Einschnürung einer Plasmasäule

Man muß also nach Prozessen suchen, die zum Auftreten großer elektrischer Überspannungen in der Nähe der Entladungsachse führen und die Eigenschaft besitzen, mit den üblichen Beobachtungsmethoden schlecht nachweisbar zu sein. Solche Überspannungen können durch den Einfluß verschiedener Arten von Instabilitäten entstehen, die für Plasmasäulen mit hoher Stromstärke charakteristisch sind.

Hier wird eine ganz bestimmte Form dieser Instabilitäten eine wesentliche Rolle spielen. Sie besteht darin, daß zufällige Fluktuationen des Radius der Plasmasäule, die zum Auftreten geringer Verengungen und Verdickungen an ihrer Oberfläche führen (Abb. 55), nicht wieder verschwinden, wenn sie einmal entstanden sind, sondern sich im Gegenteil sehr schnell vergrößern. Dadurch bilden sich in einzelnen Abschnitten der Plasmasäule starke Verengungen. Der Mechanismus, der zur Entstehung derartiger Instabilitäten führt, ist leicht zu erklären: Am Ort der Verengung der Säule ist der magnetische Druck $H_\varphi^2/8\,\pi$ größer als in benachbarten Abschnitten, da H_φ umgekehrt proportional r ist. Die Vergrößerung des elektrodynamischen Druckes wird nicht durch eine entsprechende Vergrößerung des Plasmadruckes an der Verjüngungsstelle kompensiert, da das Plasma frei in benachbarte, breitere Abschnitte der Säule hinüberströmen kann. Die Bildung einer engen Stelle ist im letzten Stadium mit einer sehr großen Geschwindigkeit der radialen Plasmabewegung verbunden (wegen des schnellen Anwachsens des magnetischen Druckes). Daher kann im Bereich der Verjüngung H_φ Werte erreichen, die sich um Größenordnungen von den Feldstärken in Gebieten mit mittlerem Plasmasäulenradius unterscheiden. Die so entstehenden elektrischen Überspannungen in den Verengungsgebieten der Säule sind offensichtlich der Grund für die Entstehung schneller Elektronen und Ionen im Plasma.

Von diesem Gesichtspunkt aus kann man auch auf die Frage antworten, warum Neutronen und harte Röntgenstrahlen bei nicht so großen V-Werten nur in der zweiten und dritten Phase der Kompression auftreten. Die Antwort ist, daß für die Entwicklung von Instabilitäten der Säule eine bestimmte Zeit erforderlich ist. Die Abschätzung dieser Zeit auf der Grundlage theoretischer Betrachtungen ist zu grob, als daß man sie dazu benutzen könnte, die Entwicklung der Instabilität gerade der zweiten und nicht der ersten Phase zuzuschreiben. Oszillographische Aufnahmen der Felder im Plasma mit Hilfe magnetischer Sonden erlauben jedoch, den Zeitabschnitt festzustellen, in dem die intensive Entwicklung der Instabilität in der Plasmasäule beginnt. Aus diesen Daten kann man schließen, daß bis zum Beginn der zweiten Kompressionsphase die Säule praktisch stabil ist und ihre zylindrische Form bewahrt. Im Augenblick der zweiten Kompression ist die Abweichung des Feldes von der Zylindersymmetrie deutlich auf den Sondenoszillogrammen zu erkennen.

Die hier gebrachten Vorstellungen über die Natur der Beschleunigungsprozesse machen den Einfluß des magnetischen Längsfeldes auf die Intensität der Neutronenstrahlung verständlich. Bei Bewegung zur Achse drückt eine zylindrische Schicht des Plasmas das darin eingeschlossene magnetische Längsfeld zusammen, wodurch die Stärke dieses Feldes schnell zunimmt. Darin besteht der eigentümliche dynamische Paramagnetismus des Plasmafadens, der durch das Einfrieren der Kraftlinien bedingt ist. Wenn die Größe des magnetischen Flusses erhalten bleibt, so wächst die Feldstärke im Plasma proportional $1/a^2$, während sich der durch das Feld erzeugte Gegendruck wie $1/a^4$ ändert. Daher wirkt das Längsfeld selbst bei geringer Anfangsstärke der Bildung von Verengungen, die nach dem von uns eingenommenen Standpunkt eine entscheidende Rolle in der Erzeugung starker, die Ionen beschleunigender elektrischer Felder spielen, kräftig entgegen.

Bei sehr großen Anfangswerten der elektrischen Feldstärke reicht zur Deutonenbeschleunigung anscheinend die Spannung aus, die durch den Effekt einfacher, zylindrischer Kompression bedingt ist. Daher kann Neutronenstrahlung in diesem Falle auch im Augenblick der ersten Kompression auftreten. Wir erinnern uns in diesem Zusammenhang daran, daß nach der Theorie (s. Abb. 50) die Materiedichte nahe der Achse zum Zeitpunkt der maximalen Kumulation sehr gering ist, weswegen ein Teilchen nicht durch Zusammenstöße gehindert wird, Energie im elektrischen Feld aufzunehmen.

In den Beschleunigungsprozessen kann man eine eigentümliche Form des Fermi-Mechanismus, über den wir in Kap. II sprachen, beobachten. Zu seiner Erklärung betrachten wir das Verhalten eines Teilchens, das sich am Schluß der Kompressionsphase nahe bei der Achse des Plasmafadens befindet. In diesem Bereich ist die magnetische Feldstärke niedrig; daher fliegt das Teilchen ohne merkliche Abweichung hindurch. Das Teilchen kann jedoch nicht weit fort von der Achse, da es auf die zusammenlaufende Innenwand des magnetischen Kanals stößt, der durch die Skinschicht gebildet wird und durch den der Strom in der Plasmasäule fließt (jenseits dieser Wand existiert das starke äußere Magnetfeld der Säule). Das Teilchen muß also eine Reihe aufeinanderfolgender Reflexionen von der auf es zueilenden Wand des magnetischen Kanals erfahren, und bei jeder Reflexion wird sich seine kinetische Energie vergrößern.

Die oben gebrachten allgemeinen Betrachtungen über die Teilchenbeschleunigung in einer zylindrischen Plasmasäule erheben keinen Anspruch auf eine erschöpfende Erklärung aller Erscheinungen. Eine exakte quantitative Theorie der Beschleunigungsprozesse gibt es bis heute nicht. Sie kann wahrscheinlich auch erst dann entwickelt werden, wenn die experimentelle Technik erlaubt, feinere Einzelheiten dieser Prozesse zu erfassen.

Als Ursache für das Entstehen schneller Elektronen kommt auch ein ganz anderer Mechanismus in Frage, der ebenfalls mit einer besonderen Form der Instabilität, die für eine Plasmasäule mit hoher Stromstärke charakteristisch ist, zusammenhängt. Es handelt sich um eine spiralige Aufwicklung der Säule, wodurch ein magnetisches Längsfeld entsteht, das etwa ebenso stark ist wie das vom Strom erzeugte azimutale Feld.[1]) Im Augenblick seiner Entstehung induziert das magnetische Längsfeld eine elektrodynamische Kraft, welche die Plasmaelektronen beschleunigt. Nach groben Schätzungen kann ein derartiger Betatronmechanismus zu Energien von der Größenordnung einiger Hundert keV in der für die Entwicklung der Instabilität charakteristischen Zeit von einigen zehntel Mikrosekunden führen. Zur Deuteronenbeschleunigung hat die Spiralinstabilität anscheinend keine Beziehung, da die Energie, die ein Teilchen bei der Induktionsbeschleunigung gewinnt, umgekehrt proportional seiner Masse ist.

Obwohl die Neutronenstrahlung unter den bisherigen Versuchsbedingungen hauptsächlich durch Beschleunigungsprozesse zustande kam, ist es doch nicht ausgeschlossen, daß ein Bruchteil dieser Strahlung echten thermonuklearen Ursprungs ist. Dies bezieht sich speziell auf Impulsentladungen in Rohren mit metallischer Seitenwand. In solchen Entladungen, die eingehend von Philippow und Morossow erforscht wurden, entsteht eine starke Kompression des Plasmas in einem kleinen Gebiet nahe der Rohrachse, und in dieser Kompressionszone wird eine sehr hohe Temperatur und Dichte erreicht. Auf Abb. 56 ist die Aufnahme dieser Zone im weichen Röntgeneigenlicht des Plasmas gezeigt. Sie wurde mit einer Lochkamera durch ein mit Berylliumfolie verschlossenes Fenster gemacht. Messungen der Intensität der weichen Röntgenstrahlung des Plasmas im Augenblick der maximalen Kumulation zeigen, daß die Elektronentemperatur in diesem Augenblick den Wert $\approx 10^7$, die Konzentration $\approx 10^{18}$ erreicht. Die Ionentemperatur kann unter diesen Bedingungen offensichtlich nicht niedriger sein als die Elektronentemperatur, da die Elektronen die Energie bei der Kumulation der Stoßwelle von den Ionen erhalten.

Anscheinend kann man die Intensität der thermonuklearen Reaktionen beträchtlich vergrößern, wenn man zu höherer Spannung und erhöhter Stromwachstums-

[1]) Die Spiralinstabilität ist ein Sonderfall der Knickinstabilitäten der Plasmasäule. In ihrer Entwicklung offenbart sich die Tendenz des Plasmas zur Bildung von kräftefreien magnetischen Konfigurationen (s. das folgende Kapitel).

Abb. 56. Photografie der Kompressionszone im Röntgenlicht des Plasmas (vergrößerte Wiedergabe)

geschwindigkeit übergeht. Mit Vergrößerung von $\left(\frac{dJ}{dt}\right)_0$ wächst auch die kinetische Energie der Teilchen, die sich zur Achse der Plasmasäule hin bewegen, und infolgedessen die Temperatur des Plasmas im Augenblick der Kumulation. Man muß jedoch im Auge behalten, daß sich mit dem Anwachsen von $\left(\frac{dJ}{dt}\right)_0$ auch die im Entladungsrohr verbrauchte Leistung erhöht; es wird sich damit auch die Gasabgabe der Wände vergrößern, die zur Verunreinigung des Deuteriums durch schwere Beimischungen führt. Es ist also beim Übergang zu Versuchen mit größeren elektrotechnischen Parametern gleichzeitig notwendig, für eine effektive Erniedrigung der Gasabgabe der Wände zu sorgen.

Wir wollen annehmen, daß es gelingt, diese technologischen Schwierigkeiten zu überwinden. Welche Perspektiven hat dann die Methode der Erzeugung von thermonuklearen Reaktionen durch Ausnutzung starker Impulsentladungen? Um diese Frage beantworten zu können, erinnern wir uns daran, daß als Maß des energetischen Wirkungsgrades eines thermonuklearen Generators die Größe $H^2\,\tau$ gilt, wo H die Stärke des das Plasma komprimierenden Magnetfeldes ist und τ die Dauer des Kompressionszustandes angibt. Für einen Generator mit positiver Energieausbeute, der mit einer Mischung aus Deuterium und Tritium zu gleichen Teilen arbeitet, darf die Größe $H^2\,\tau$ (bei optimaler Temperatur) nicht unterhalb 10^8 liegen. Im uns interessierenden Falle ist

$$H \approx \frac{0{,}2\,J_a}{a_{\min}}, \quad \tau \approx \frac{a_{\min}}{v_T}.$$

Hierin ist J_a der Strom im Augenblick der maximalen Kompression in Ampere und $a_{\min}$ der kleinste Radius der Plasmasäule in der Kumulationsphase. v_T bezeichnet die thermische Geschwindigkeit der Ionen bei optimaler Temperatur, die für eine Mischung aus Deuterium und Tritium $\approx 10^8$ beträgt. Eine positive Energieausbeute kann man erhalten, wenn die Bedingung $J_a > 10^9 \sqrt{a_{\min}}$ erfüllt ist. Aus der allgemeinen Theorie der Stoßwellen folgt, daß die maximale Materiedichte im Augenblick der Kumulation die Anfangsdichte nicht um mehr als einige dutzendemal übersteigen kann. Daher darf der kleinste Radius des Fadens nicht weniger als ein zehntel des Radius des Entladungsrohres a_0 betragen. Beim Übergang zu Entladungen höherer Leistung gelingt es kaum, gleichzeitig die Größe a_0 zu verkleinern. Selbst bei großem Optimismus kann man für den Rohrradius nicht weniger als 10 cm nehmen. Einem solchen Wert entspricht ein $a_{\min}$ von der Größenordnung 1 cm und eine Stromstärke in der komprimierten Säule von der Größenordnung 10^9 A. Nimmt man an, daß die Länge der Entladungsstrecke einige Zentimeter beträgt, so ist die in dem Entladungsrohr konzentrierte Energie von der Größenordnung 10^{10} Joule. Diese gewaltige Energie, die anfangs als Vorrat in den Energiequellen gespeichert sein muß, wird nach einem kurzen Zeitraum in Wärmeenergie und magnetische Energie der Plasmasäule umgewandelt und geht dann in der Expansionsphase der Säule in Energie der Stoßwellen über, die die Apparatur zerstört. Nach groben Schätzungen ist ein derartiger Prozeß der Explosion einiger Tonnen TNT äquivalent.

Dieses Ergebnis demonstriert hinreichend gut die technische Aussichtslosigkeit der Auslösung von Kernreaktionen in kurzzeitigen Impulsentladungen, für die die Dauer des Kompressionszustandes durch die Flugzeit eines schnellen Teilchens durch die Plasmasäule bestimmt ist (das bedeutet im wesentlichen, daß das Magnetfeld hier die Funktion der Kompression ausübt, nicht jedoch die Funktion der Plasmaeinschließung).

Dieses hoffnungslose Resumée soll jedoch kein Grabgesang auf die Untersuchung an schnellen Impulsentladungen sein, und auf keinen Fall darf man etwaigen Gedanken Raum lassen, die Ergebnisse der oben geschilderten Untersuchungen seien wertlos. Es gibt bisher keine wirksamere Methode zur Erzeugung eines dichten Plasmas mit heißen Ionen als die der schnellen Trägheitskompression, die in den Impulsentladungen kurzer Dauer gefunden wurde. Wie wir im weiteren sehen werden, führten alle Versuche, heiße Ionen in einem durch JOULEsche Wärme aufgeheizten Plasma zu erhalten, vorerst zu keinem positiven Ergebnis. Darüber hinaus lieferte die Benutzung der Trägheitskompression als Anfangsphase der Plasmaaufheizung in Systemen vom Typ des „Θ-Pinches", über die in einem der folgenden Paragraphen dieses Kapitels berichtet wird, hoffnungsvolle Ergebnisse. Zweifellos ist die Gesamtheit der Ergebnisse, die in den Arbeiten mit Impulsentladungen erhalten wurden, von großem wissenschaftlichen Wert für die Plasmaphysik, speziell durch die Entdeckung solch interessanter Erscheinungen wie z. B. der Erzeugung schneller Teilchen. Unter anderem können diese Erscheinungen auch als selbständige Modelle für einige astrophysikalische Prozesse von Interesse sein. Das ist zum Beispiel bei den Sonnenausbrüchen der Fall, bei denen hochenergetische Ladungsträger gebildet werden.

Schließlich sei auch erwähnt, daß die Untersuchungen starker kurzzeitiger Impulsentladungen einen ersten Überblick über die Stabilität der verschiedenen Plasmakonfigurationen gaben. Die hierbei erhaltenen Ergebnisse tragen allerdings nur grob orientierenden Charakter; man darf sie nicht vorbehaltlos auf quasistationäre Zustände langer Dauer extrapolieren. Aber ihr heuristischer Wert für die Aufsuchung wirksamer Methoden zur Stabilisierung des Plasmas steht außer Zweifel, da sie vieles vorwegnahmen, was später beim Studium der sogenannten langsamen Entladungen festgestellt wurde. Speziell bezieht sich das auf die Ergebnisse jener zahlreichen Untersuchungen zur Aufklärung des Einflusses äußerer Magnetfelder auf die Stabilität des Plasmas bei schnellen Entladungen.

Ein beachtlicher Teil dieser Arbeiten wurde auf der Genfer Konferenz 1958 vorgelegt. In ihrer Mehrzahl wurden sie mit Hilfe einfacher Methoden durchgeführt und trotz ihrer scheinbaren äußeren Vielfalt, die noch durch eine Vielzahl von Deckbezeichnungen verstärkt wurde, beinhalteten sie die Untersuchung einiger einfacher Fälle der Wirkung eines magnetischen Längsfeldes auf die elektrische Entladung in einem geraden Entladungsrohr. Wenn man die Ergebnisse dieser Untersuchungen summiert, so führen sie im wesentlichen zu dem Ergebnis, daß bei Vorhandensein eines äußeren stabilisierenden Feldes einige der häufigsten Formen von Instabilitäten der Plasmasäule verschwinden, andere beträchtlich abgeschwächt erscheinen. Außerdem konnte in allen Fällen ein sehr schneller Energieverlust aus dem Plasma, eine niedrige Leitfähigkeit und keine hohe Temperatur des Plasmas festgestellt werden.

Heute haben diese Angaben nur mehr historisches Interesse, da sie durch die Ergebnisse, die beim Studium sogenannter quasistationärer oder langsamer Entladungen in toroidalen Kammern mit besserer Experimentiertechnik und sauberen Versuchsbedingungen gewonnen wurden, überschattet werden. Die Ergebnisse dieser Versuche werden im folgenden Kapitel gebracht, und wir wollen hier nicht länger bei den frühen Arbeiten zur Stabilisierung einer geraden Plasmasäule im magnetischen Längsfeld verweilen.

§ 26. Hohlpinch

Besondere Beachtung verdient eine Variante des Pinchs, die bisher noch nicht unter den Bedingungen quasistationärer Entladungen realisiert wurde. Das System, von dem die Rede ist, ist auf Abb. 57 dargestellt. Das Plasma bildet einen Hohlzylinder, der vom Längsstrom J_p durchflossen wird. Im Inneren dieser zylindrischen Schicht befindet sich ein Metallstab, der den Strom J_1 in umgekehrter Richtung führt. Das Magnetfeld dieses Stromes verhindert die Kompression der Plasmaschicht durch die Wirkung ihres Eigenfeldes und ermöglicht es, das Plasma im Gleichgewichtszustand in einem bestimmten Abstand von der Achse zu halten.

Die Gleichgewichtsbedingungen haben eine besonders einfache Form, wenn man annimmt, daß das Plasma das Magnetfeld vollkommen aus sich verdrängt und außerdem die Dicke der Plasmaschicht sehr klein im Vergleich zu ihrem Radius ist. Für das Gleichgewicht ist notwendig, daß an der Innengrenze der Schicht die Gleichung

$$p = \frac{H_1^2}{8\pi} \tag{5.24}$$

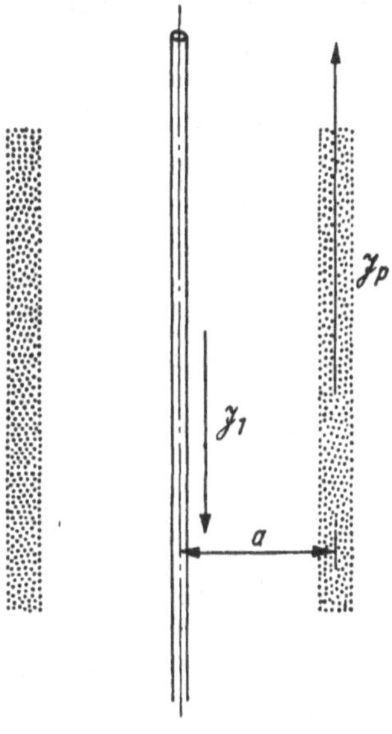

Abb. 57. Plasmahohlzylinder

erfüllt ist, wobei H_1 die Feldstärke ist, die durch den Strom im Stab entsteht. An der äußeren Grenze muß die Gleichung

$$p = \frac{(H_2 - H_1)^2}{8\pi} \tag{5.25}$$

gelten mit H_2 als Feldstärke des Stromes, der im Plasma fließt. Da wir die Plasmaschicht als sehr dünn annehmen, beziehen sich alle Feldstärkewerte, die in (5.24) oder (5.25) vorkommen, auf ein und denselben Wert der Koordinate r, und zwar auf den Schichtradius a:

$$H_1 = \frac{2 J_1}{c a} \quad \text{und} \quad H_2 = \frac{2 J_p}{c a}.$$

Aus (5.24) und (5.25) folgt, daß $H_2 - H_1 = H_1$ ist, d.h. $H_2 = 2 H_1$. Das bedeutet, daß bei Gleichgewicht der Strom im Plasma doppelt so groß sein muß wie der im Stab.

Es ist auch leicht eine Beziehung zwischen der mittleren Temperatur des Plasmas und der Stromstärke zu finden, die der Gleichung (4.31) für den gewöhnlichen Pinch analog ist. Wir setzen der Einfachheit halber voraus, daß Temperatur und Dichte des Plasmas über den ganzen Querschnitt der Plasmaschicht gleich sind; dann können wir unter Berücksichtigung der Beziehung zwischen J_1 und J_p (5.24) in die Form

$$J_p^2 = 16\, c^2 \pi\, a^2\, n\, k\, T \tag{5.26}$$

bringen.

Die der Teilchenkonzentration n ist gleich dem Verhältnis der Gesamtzahl N der Teilchen eines Vorzeichens pro Längeneinheit der Schicht zu ihrer Fläche S, d. h. $n = \frac{N}{S}$. Infolgedessen ist

$$J_p^2 = 16\, c^2 \frac{\pi\, a^2}{S} N\, k\, T\,. \tag{5.27}$$

Vergleicht man diese Beziehung mit (4.31) und beachtet, daß für eine hohle Plasmaschnur die Größe a^2 beträchtlich größer als die Fläche S ist, die das Plasma einnimmt, so sieht man, daß bei gleicher Größe der Ströme und gleichen N-Werten die Temperatur des Plasmas in einer dünnen zylindrischen Schicht weit niedriger bleibt als in einem gewöhnlichen Pinch.

Es muß erwähnt werden, daß die Voraussetzungen, unter denen die erwähnten Gleichgewichtsbedingungen abgeleitet werden, implizit auch die Annahme der idealen Leitfähigkeit des Plasmas enthalten (da nur ein ideal leitendes Plasma das Feld aus dem von ihm eingenommenen Raum verdrängen kann). Wenn man auf diese Forderungen verzichtet, dann charakterisieren die Gleichungen (5.24) und (5.25) nicht mehr Gleichgewichtsbedingungen. Unter Benutzung von (4.19) kann man jedoch zeigen, daß für eine hinreichend dünne Plasmaschicht bei beliebigen Werten ihrer Leitfähigkeit als notwendige Gleichgewichtsbedingung die Forderung bleibt, daß die Größe J_1 sich wenig von $J_p/2$ unterscheidet. Diese Forderung ist für den allgemeineren Fall nicht mehr gewahrt, wenn außer den azimutalen Feldern auch ein magnetisches Längsfeld vorhanden ist.

Für die betrachtete Plasmakonfiguration kann man eine Theorie entwickeln, die der Theorie des gewöhnlichen Pinch-Effektes analog ist, und den Charakter der Änderung der Grundparameter erklären, die das Verhalten des Plasmas sowohl für den quasistationären Fall als auch für eine schnelle Entladung, in der die Beschleunigung der Materie durch elektromagnetische Kräfte die Hauptrolle spielt, charakterisieren.

Wir wollen jedoch nicht bei der theoretischen Analyse der Eigenschaften einer zylindrischen Plasmaschicht verweilen. Erwähnt sei nur, daß eine solche Schicht in der Kombination mit einem magnetischen Längsfeld hinsichtlich bestimmter Formen der Deformation, die in einer gewöhnlichen Plasmasäule die charakteristischsten Arten von Instabilitäten erzeugen, stabil sein kann. Eine hohle, zylindrische Plasmaschicht wurde in der UdSSR und in den USA als eine jener Plasmakonfigurationen erkannt, die zur Herstellung eines auf sehr hohe Temperaturen aufgeheizten Plasmas benutzt werden kann. Bei uns wurden jedoch mit einem System dieses Typs nur orientierende Versuche durchgeführt. In den USA dagegen wurden schnelle Entladungen mit zylindrischer Plasmaschicht an einer Versuchsanlage, die den Namen Triax erhielt, eingehend erforscht. Diese Anlage, die in Berkeley von Anderson, Baker und anderen amerikanischen Physikern gebaut

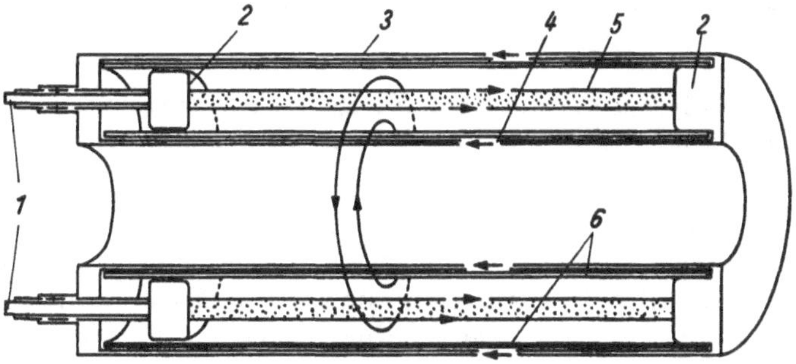

Abb. 58. Schema des Entladungsgefäßes der Triax-Anlage

1 — Stromzuführung, *2* — Elektroden, *3* — Außenleiter, *4* — Innenleiter, *5* — Plasma, *6* — Isolator

wurde, ist in Abb. 58 schematisch dargestellt. Die Entladung erfolgt in einem Hohlzylinder aus Quarz. Der im Gas fließende Strom läuft durch den inneren Metallzylinder 4 und die äußere Hülle 3 zurück. In den Versuchen wurden Rohre von ungefähr 1 m Länge benutzt. Der äußere Durchmesser des Entladungsraumes war etwas kleiner als 10 cm. Der Innendurchmesser des Leiters betrug bei den verschiedenen Messungen 5, 2,5 und 1,25 cm. Die Messung der Grundgrößen, welche die Entladung charakterisieren (Spannung, Strom, Ableitung des Stromes, Intensität der Spektrallinien usw.), erfolgte bei Deuteriumanfangsdrucken von 0,05 bis 1 Torr und einer maximalen Stärke des Entladungsstromes von $1{,}3 \cdot 10^6$ A. Die Zeit zwischen Strom-Null und dem Maximalwert betrug $2 \cdots 3\ \mu$sec.

Wie die Versuche zeigen, hängt das Verhalten der zylindrischen Plasmaschicht stark von der Größe des Verhältnisses des maximalen magnetischen Druckes $H^2/8\pi$ zur Größe des Gasdruckes im Rohr ab. Wenn das Verhältnis dieser Größen $5 \cdot 10^4$ nicht übersteigt (das ist der Fall bei Anfangsdrucken oberhalb 0,2 Torr), zeigt die Plasmaschicht keine merklichen Instabilitäten.

Nach (5.27) ist unter den genannten Versuchsbedingungen die Plasmatemperatur nicht hoch. Zum Beispiel wird die Maximaltemperatur einer komprimierten Plasmaschicht bei $p_0 = 0{,}5$ Torr und $J_{max} = 6 \cdot 10^5$ A theoretisch 15···20 eV nicht übersteigen. Bestimmt man diese Temperatur aus Werten der elektrischen Leitfähigkeit, so liegt sie im Augenblick der maximalen Kompression nahe bei 15 eV. Mit Vergrößerung des Verhältnisses der elektrodynamischen Kräfte zu p_0 beginnen sich die Eigenschaften der Entladung allmählich zu ändern. In erster Linie kommt dies durch das Auftreten deutlicher Anzeichen von Instabilitäten in Form scharfer Knicke und Sprünge auf den Oszillogrammen von Strom und Spannung zum Ausdruck, denen Impulse der Neutronenstrahlung entsprechen. Im weiteren wurden die experimentellen Untersuchungen der Eigenschaften von Plasmahohlzylindern in den USA, in England und Frankreich mit einer Reihe von Anlagen durchgeführt. Von der Vielzahl der angewendeten Anlagen ist die Toroidanlage, die von COLGATE konstruiert wurde (siehe § 38), am interessantesten.

§ 27. Die Kompression eines Plasmas durch ein schnell anwachsendes äußeres Feld (Θ-Pinch). Experimentelle Mittel zur Untersuchung dieses Prozesses; Versuchsergebnisse

Die Plasmaprozesse, in denen eine Beschleunigung der Materie durch elektrodynamische Kräfte die Hauptrolle spielt, bilden eine große Vielfalt von Erscheinungen. Bisher betrachteten wir nur spezielle Fälle, wo das Magnetfeld, das die Plasmasäule zusammenschnürt, durch einen Längsstrom erzeugt wird. Wir gehen jetzt zur Diskussion von Untersuchungen über, die sich mit anderen interessanten Erscheinungen, die zur selben allgemeinen Klasse gehören, befassen.

Zur Wahrung der natürlichen Reihenfolge bei der Schilderung ist es nötig, zunächst Prozesse der schnellen Kompression des Plasmas unter der Wirkung eines anwachsenden äußeren Stromes zu beschreiben. In der amerikanischen Literatur wird zur Kennzeichnung dieser Prozesse häufig der Terminus Θ-Pinch gebraucht. Ihrer physikalischen Natur nach stehen sie neben dem linearen Pinch-Effekt, dem die vorangegangenen Abschnitte dieses Kapitels gewidmet waren. Auf Abb. 59 ist zum Vergleich das Schema des linearen Pinch-Effektes (a) und der Prozeß der Kompression einer zylindrischen Säule unter der Wirkung von Kräften, die auf Grund eines äußeren magnetischen Längsfeldes an ihr angreifen (b), gebracht. Im ersten Falle tritt die Kompressionskraft infolge der Wechselwirkung des azimutalen Feldes H_φ mit dem in Längsrichtung verlaufenden Strom J_z auf, im zweiten Falle durch die Wechselwirkung des Feldes H_z mit den azimutalen Strömen J_φ. Die Analogie zwischen beiden Kompressionsprozessen wäre vollständig, wenn die Ströme nur in einer dünnen Oberflächenschicht des Plasmas flössen und die Felder im Inneren des Plasmas in beiden Fällen gleich Null wären. Unter dieser Bedingung, die theoretisch in Prozessen hinreichend kurzer Dauer erfüllt sein kann (weil die Skinschicht sehr dünn ist), greift an der Oberfläche des Plasmas der magnetische Druck, der $H_\varphi^2/8\pi$ oder $H_z^2/8\pi$ ist, an. Bei gleicher Geschwindigkeit des Anwachsens der Feldstärke werden in Plasmasäulen mit gleichem Anfangsradius und gleicher Anfangsmasse die Kompressionsprozesse in gleicher Weise ablaufen, unabhängig davon, ob sich die Säule unter der Wirkung des azimutalen oder longitudinalen Feldes zusammenzieht.

Die für eine solche vollkommene Analogie notwendigen Voraussetzungen sind jedoch nur bei sehr schnellen Kompressionen der Plasmasäule erfüllt. Andernfalls ist wegen der relativ schlechten Leitfähigkeit der Skineffekt unzureichend ausgeprägt. Infolgedessen ist die Verteilung des magnetischen Druckes in den Prozessen *a* und *b* verschieden. Auf Abb. 60 ist sie für einen Fall gezeichnet, wo der Skineffekt nur sehr schwach wirksam ist. Der Druck, der durch das H_φ-Feld

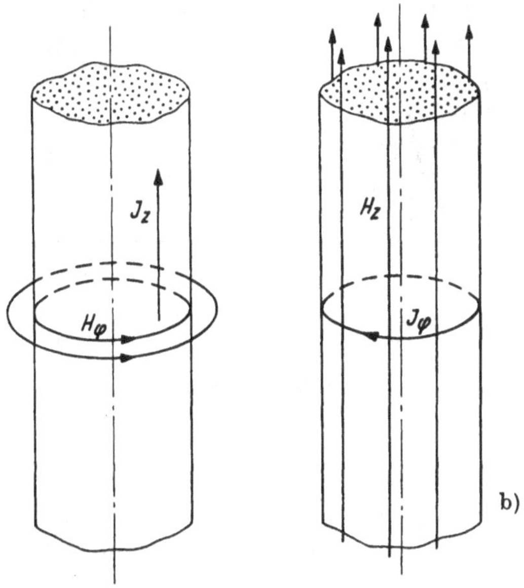

Abb. 59. Plasmasäule, die von einem azimutalen (a) bzw. einem longitudinalen (b) Magnetfeld komprimiert wird

erzeugt wird, beschränkt sich, grob ausgedrückt, auf die Oberfläche der Plasmaschicht und ist im Inneren der Säule klein. Demgegenüber ändert sich der Druck des longitudinalen Feldes H_z nur wenig über den Säulenquerschnitt. Daher werden, falls in den graphischen Darstellungen *a* und *b* die Feldstärkewerte an der Plasmagrenze gleich gewählt sind, die Kompressionskräfte ihrer Größe nach ganz verschieden. Beim gewöhnlichen Pinch-Effekt wird, weil das Feld im Inneren der Säule relativ klein ist, die elektrodynamische Kraft einen größeren Wert haben als bei Kompression der Säule durch ein longitudinales Feld, welches im Falle unzureichender Leitfähigkeit leicht in das Plasma diffundiert und einen Gegendruck erzeugt, der den größeren Teil der Kompressionskraft kompensiert.

Man kann heute schon eine ganze Reihe von Arbeiten nennen, die der Klärung der Gesetze der schnellen Kompression des Plasmas in einem äußeren Feld gewidmet sind. In den USA wurden Forschungen in dieser Richtung von Tuck in Los Alamos und Kolb im Marine-Forschungslaboratorium in Washington durchgeführt. Arbeiten ähnlicher Art wurden in England im Forschungszentrum Aldermaston von Niblett und Green unternommen. In der UdSSR beschäftigten sich Kwarzchawa und seine Mitarbeiter im Physikalischen Institut der Grusinischen Akademie der Wissenschaften mit der Untersuchung der schnellen Kompression des Plasmas in äußeren Feldern.

Die Konstruktion der Anlagen und ihre Speisung ist in allen zitierten Forschungsinstituten in den Grundzügen gleich.

Eine Kondensatorbatterie mit einer Anfangsspannung von einigen zehn kV und minimaler innerer Induktivität wird über eine Spule aus einer oder zwei

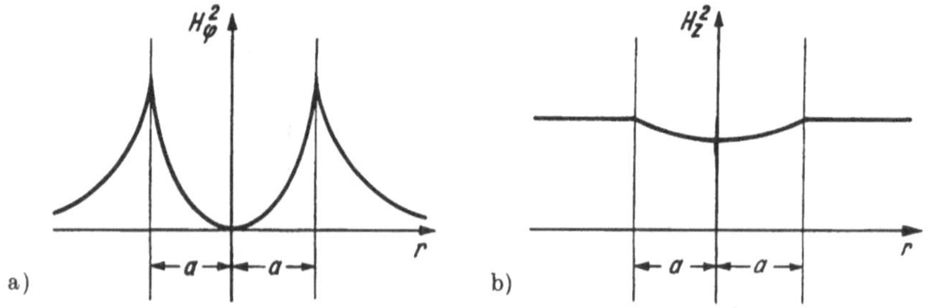

Abb. 60. Radiale Verteilung des magnetischen Druckes, falls kein starker Skineffekt wirkt

Windungen entladen, die ein starkes Magnetfeld erzeugt, welches die Kompression des Deuteriumplasmas bewirkt. Der anfängliche Energievorrat der Kondensatorbatterie kann mehrere zehn und sogar mehrere hundert Kilojoule betragen.

In Abb. 61 ist eine der ersten Spulenkonstruktionen, die bei der Scyllaanlage in Los Alamos verwendet wurde, schematisch dargestellt. Die Spule besteht aus einer massiven Windung, welche das Keramikrohr mit dem Deuterium umgibt. Die Form des Magnetfeldes, welches in solchen Anlagen erzeugt wird, wählt man in der Regel so, daß sich die Kraftlinien an den Enden verdichten und magnetische Pfropfen bilden. Das wird deshalb getan, um den Kompressionseffekt zu verstärken und außerdem um den zu raschen Austritt des erhitzten Plasmas aus der Zone, in der es der Wirkung des komprimierenden Feldes ausgesetzt ist (in axialer Richtung), zu verhindern. Wie wir aber im weiteren sehen werden, ist die zweite Funktion, die durch die magnetischen Pfropfen ausgeübt wird, nicht absolut notwendig, da unter normalen Versuchsbedingungen beim Kompressionsprozeß im Plasma Magnetfeldkonfigurationen gebildet werden, die von selbst dem Austritt der Teilchen entgegenwirken.

Grundparameter, die die Funktion der Anlagen charakterisieren, sind die Wachstumsgeschwindigkeit der magnetischen Feldstärke und deren Maximalwert. Die Mitarbeiter der Los-Alamos-Gruppe Elmore, Little und Quinn machen in ihrem Bericht auf der Genfer Konferenz im Jahre 1958 Angaben, aus denen folgt, daß ihre Anlage Magnetfelder bis zu 100000 Oe bei einem zeitlichen Anwachsen der Feldstärke von Null bis zum Maximum in etwa 1,3 μsec zuließ. In den Versuchen von Kolb wurden Felder bis zu 200000 Oe erzeugt, wobei bis zum Erreichen des Maximums 5···10 μsec benötigt wurden.

In allen diesen Untersuchungen war aber die Länge des komprimierten Plasmaklumpens sehr klein, und das Entweichen des Plasmas in beiden Richtungen entlang der Achse war somit von wesentlichem Einfluß. Auf Grund dieser Tatsache war in der Folgezeit eine Tendenz zum Bau von Anlagen mit langen Spulen und langen Kompressionskammern vorhanden. Die größte von ihnen ist die Phoerosanlage, die vor kurzem durch Kolb in Betrieb genommen wurde. Bei dieser neuen Anordnung beträgt der Energievorrat in den Batterien rund zwei Millionen Joule. Das Magnetfeld mit einer Feldstärke bis zu 150000 Oe, das in ca. 14 μsec anwächst, wird durch eine Spule mit einer Länge von 180 cm und einem inneren

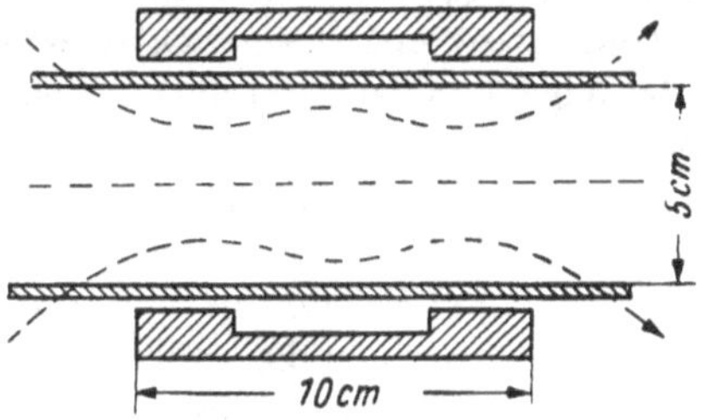

Abb. 61. Spule aus einer Windung, wie sie in der Scyllaanlage verwendet wird
Der Kraftlinienverlauf ist punktiert eingezeichnet

Durchmesser von 10,5 cm erzeugt. Die Feldstärke in den Pfropfen ist doppelt so groß wie im zentralen Gebiet.[1])

Wie oben erwähnt, spielt bei den Versuchen zur schnellen Kompression das Feld im Inneren des Plasmas die Hauptrolle. Man kann keine günstigen Versuchsergebnisse erwarten, wenn das in der Spule auftretende Magnetfeld auf neutrales Gas wirkt, das beim Anwachsen des Magnetfeldes erst ionisiert werden muß und sich dann zusammenzieht. Unter diesen Bedingungen kann das Feld im Anfangsstadium des Prozesses frei in den Raum eindringen, der vom Gas oder von schlecht leitendem Plasma erfüllt ist. Dabei erfolgt die Bildung dichten Plasmas mit großer Verzögerung erst in der zweiten oder dritten Halbperiode der Magnetfeldschwingung.

Eine gewisse Verbesserung der Anfangsbedingungen wird erreicht, wenn eine Hochfrequenzvorionisation des Gases stattfindet. Doch erweist sich die gewöhnliche Hochfrequenzentladung als zu schwach, um von Anfang an ein Plasma mit hinreichend hoher Leitfähigkeit ausbilden zu können. Kolb ging daher etwas weiter, indem er einen Zwischenschritt einführte: Vor dem Impuls des komprimierenden Hauptfeldes wird das Plasma der Wirkung eines schwächeren Wechsel-

[1]) Aus den angeführten Zahlen folgt unter anderem, daß nach der auf eine Volumeneinheit kommenden Leistung die Anlagen zur schnellen Kompression in ihrer Stärke alle anderen Anlagen bei weitem übertreffen, die bei den gegenwärtigen Untersuchungen über gesteuerte thermonukleare Reaktionen sonst verwendet werden.

feldes ausgesetzt, das gewissermaßen vorheizt. Dazu dient eine Hochspannungskondensatorbatterie mit relativ kleiner Kapazität. Sie entlädt sich über dieselbe Spule, in der das komprimierende Feld bei Entladung der Hauptbatterie mit großem Energievorrat erzeugt wird. Das Einschalten der Hilfsbatterie erfolgt kurze Zeit vor dem Hauptimpuls des Magnetfeldes. Die Länge dieser Zeit kann durch Verzögerungsleitungen reguliert werden. Das Magnetfeld, das durch den Hilfskreis erzeugt wird, schwingt mit einer Frequenz, die einige Male größer als die Frequenz des Hauptkreises ist. Im Augenblick des Einschaltens des Hilfskreises ist das Gas schon durch die vorausgegangene hochfrequente Entladung ionisiert. Daher läßt es sich schnell aufheizen und erreicht eine Temperatur von der Größenordnung einiger zehn Elektronenvolt. Dabei erfolgt unausweichlich ein teilweiser Einfang des Feldes. Ist das anfangs mitgenommene Feld demjenigen, das durch den folgenden Impuls erzeugt wird, entgegengerichtet, so übt es einen günstigen Einfluß auf den Prozeß der folgenden Kompression aus und erhöht die Elektronen- und Ionentemperatur des Plasmas. Bei der neuen Phoerosanlage wird zur Erzielung der besten Anfangsbedingungen für die Kompression folgender komplizierte Vorgang des Einschaltens verschiedener Magnetfelder verwendet. Zu Anfang wird mit Hilfe eines hochfrequenten Feldes eine Vorionisation des Gases erzielt. Danach wird eine Kondensatorbatterie an die Spule angeschlossen, die ein quasistatisches Magnetfeld mit einer Feldstärke bis zu 10000 Oe erzeugt. Dieses Magnetfeld ist beim Kompressionsprozeß im Plasma eingefroren. Die Richtung dieses sich langsam ändernden Feldes kann parallel oder antiparallel zum komprimierenden Feld gewählt werden. Sofort nach dem Einschalten des quasistatischen Feldes wird die Kondensatorbatterie über die Spule entladen, die zum Vorwärmen des Plasmas dient. Die Impulsdauer des von der Batterie kommenden Stromimpulses beträgt einige Mikrosekunden. In diesem Zeitintervall erfolgt der Durchschlag, wobei eine Erhöhung des relativen Ionisationsgrades bis auf ca. 50%, und eine Aufheizung des Plasmas bis auf ca. 1 eV erfolgt. Das Plasma wird hierbei von den Wänden der zylindrischen Vakuumkammer abgerissen. Die Hauptkondensatorbatterie wird über die Spule nach vorangegangener Aufheizung und bei vorhandenem quasistatischen Magnetfeld entladen. In den ersten Versuchen wurde mit der soeben angeführten Anlage nur der Fall untersucht, in welchem das quasistatische Feld antiparallel zum Feld der Hauptbatterie gerichtet ist.

Alle grundlegenden Untersuchungen der schnellen Kompression des Plasmas in einem äußeren Feld wurden mit Deuterium durchgeführt, dessen Anfangsdruck 0,1⋯0,5 Torr betrug. Einen Überblick über das Verhalten des Plasmas bei solchen Prozessen erhält man mit Hilfe folgender Methoden: 1. zeitauflösende Photographie der Plasmastrahlung, woraus auf die Änderung des vom Plasma eingenommenen Volumens geschlossen werden kann; 2. Messung der Intensität des sichtbaren kontinuierlichen Spektrums, wodurch eine Abschätzung der Plasmakonzentration möglich wird (siehe § 24); 3. die Untersuchung der weichen Röntgenstrahlung zur Bestimmung der Elektronentemperatur und zur unabhängigen Bestimmung von n_e; 4. die Registrierung der vom Plasma ausgesandten Neutronen und die Messung

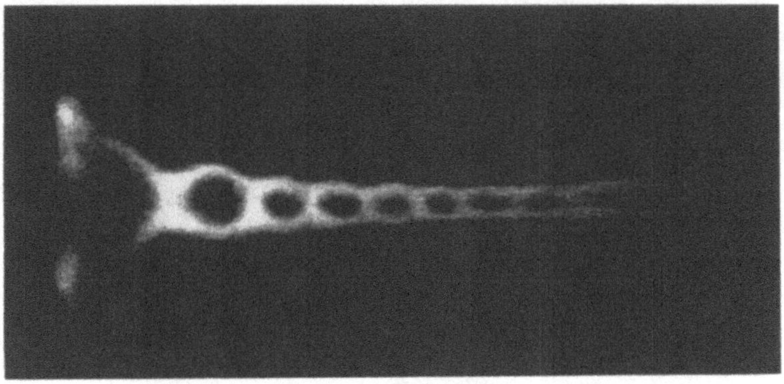

Abb. 62. Zeitauflösende Schmierkameraaufnahme des Plasmaleuchtens zur Veranschaulichung des Feldeinfanges durch das Plasma

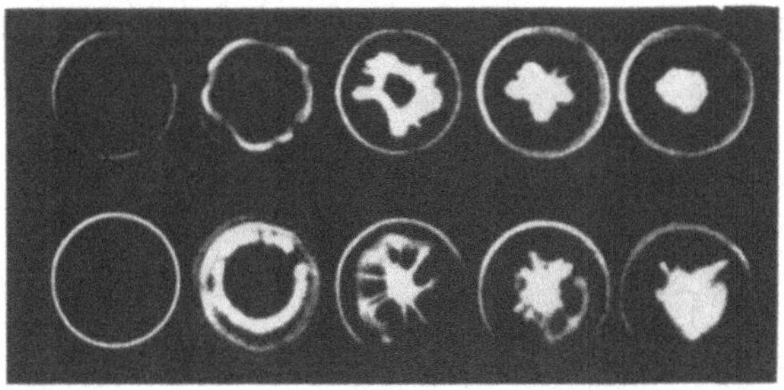

Abb. 63. Aufnahmen des Leuchtens des kontrahierenden Plasmas

Die obere Reihe stammt von einer Entladung in Luft, die untere von einer Entladung in Helium. Der zeitliche Abstand zwischen aufeinanderfolgenden Bildern beträgt 2 µsec

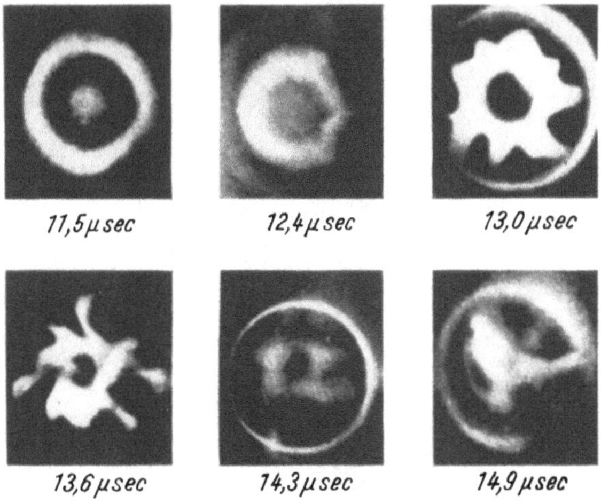

Abb. 64. Aufnahmen des sich bei einer Entladung in Deuterium bildenden Plasmas

Anfangsdruck 0,1 Torr

ihrer räumlichen Verteilung sowie ihres Energiespektrums (massenspektroskopische Analyse schneller Teilchen, Protonen und Tritiumkerne, die aus *dd*-Reaktionen stammen). Magnetische Sonden und Piezogeber, die mit Erfolg bei der Untersuchung des linearen Pinch-Effektes verwendet wurden, können nicht mit demselben Erfolg bei der schnellen Kompression eines Plasmas durch starke äußere Felder eingesetzt werden, da ein ins Plasma eingebrachter kleiner Geber mit einem Schlage zerstört würde. Trotzdem brachten einige Messungen, die mit magnetischen Sonden durchgeführt wurden, sehr wertvolle Hinweise auf die Konfiguration des Magnetfeldes in der Nähe des komprimierten Plasmas für den Fall, daß das eingefangene Feld dem äußeren, komprimierenden Feld entgegengerichtet ist.

Das bisher erhaltene lückenhafte Versuchsmaterial ist nicht geeignet, ein treffendes allgemeines Bild der Erscheinungen zu geben.

Wir sind hier bemüht, jene Resultate zu bringen, die man heute als mehr oder weniger gut gesichert ansehen kann, natürlich mit allen Vorbehalten, die man machen muß, wenn man den Forschungscharakter dieser Arbeiten berücksichtigt.

Zeitauflösende Aufnahmen der Plasmastrahlung zeigen, daß unter Bedingungen, wo die Hauptkompression gleich nach dem einleitenden Impuls stattfindet, im Plasma zunächst eine konvergierende Stoßwelle entsteht, die sich mit einer Geschwindigkeit von $1 \cdots 2 \cdot 10^7$ cm/sec ausbreitet (auf den Aufnahmen zeigt sie sich als dünne, leuchtende Hülle, die zur Achse hin läuft). Danach erfolgt eine schnelle Expansion des Plasmas, die durch eine relativ langsame Kompression abgelöst wird. Alle diese Phasen der radialen Bewegung liegen in einem Zeitabschnitt, der kürzer als eine Viertelperiode ist. Zum Zeitpunkt, wo der Strom sein Maximum erreicht, hat das leitende Plasma die Form eines dünnen Fadens (oder das Leuchten verschwindet ganz). Manchmal kann man auch auf den Aufnahmen die Entstehung unregelmäßiger Plasmaschwingungen während der langsamen Kompression erkennen.

Wenn keine Vorheizung erfolgt und man nur die HF-Ionisation des Gases ausnutzt, liegt der Beginn der Kompression in der zweiten Halbperiode nach Einschalten des Magnetfeldes, doch bleibt der allgemeine Charakter des Prozesses erhalten. Zeitauflösende Aufnahmen der Strahlung des sich zusammenziehenden Plasmas unter verschiedenen Versuchsbedingungen lassen eine Vielzahl individueller Besonderheiten erkennen, welche die Deutung der allgemeinen Gesetzmäßigkeiten erschweren. Nichtsdestoweniger muß erwähnt werden, daß in der Mehrzahl der Fälle derartige Aufnahmen auf den Einfang des Feldes durch das Plasma hindeuten. Dafür spricht die Schwächung der Strahlung im Inneren der hellen Hülle des Plasmagebildes (siehe Abb. 62, die den Arbeiten von Bodin, Green, Niblett und Peacock entnommen ist und auf der in zeitauflösender Darstellung die Plasmastrahlung durch einen Spalt in der Seitenwand des Entladungsrohres aufgenommen ist).

Eine deutliche Vorstellung von der Form des durch ein schnell wachsendes Magnetfeld komprimierten Plasmas vermitteln die Bilder schneller Filmaufnahmen in Richtung der Achse des magnetischen Systems. Man erhält dann eine Darstellung des Plasmas in der Ebene senkrecht zu $\mathfrak{H}$. Die Aufnahme der Strahlung erfolgt in diesem Falle durch ein Fenster, das ein Ende der zylindrischen Entladungskammer abschließt. In dieser Projektion wurde die Bildung und Entwicklung eines Θ-Pinches erstmalig von KWARZCHAWA aufgenommen. Zwei seiner Aufnahmeserien zeigt Abb. 63. Sie beziehen sich auf Entladungen in Luft und in Helium bei einem Anfangsdruck von etwa 0,1 Torr. In der Folge wurden derartige Aufnahmen von anderen Autoren auch für Entladungen in Wasserstoff und Deuterium erhalten (siehe Abb. 64, die einer Arbeit von JOSEPHSON entnommen wurde). Betrachtet man die Aufnahmen auf Abb. 63 und Abb. 64, so sieht man, daß der Prozeß der Ausbildung des Plasmas mit der Entstehung eines feinen leuchtenden Rings nahe der Seitenwand der Kammer beginnt. Danach fängt der Ring an, sich in radialer Richtung zusammenzuziehen und nach einigen Mikrosekunden bildet sich in der Kammer ein dichter Plasmaklumpen mit ganz unregelmäßiger Begrenzung.

Im Schnitt erinnert er etwa an einen Tintenklecks. Die kleinen Zungen, die man ganz am Anfang an dem dünnen Plasmaring erkennen kann, verwandeln sich nach kurzer Zeit gewissermaßen in Fühler, die die Form des Klumpens vollkommen verändern. Offensichtlich tritt hier eine für die Entstehung des Θ-Pinches typische Instabilität auf. Über die Ursachen der Entstehung dieser Instabilität werden wir noch sprechen.[1])

In vielen Fällen kann man auf Filmaufnahmen, die durch ein Fenster am Ende des Entladungsrohres gemacht wurden, eine jähe Schwächung der Strahlung im Inneren des Plasmaklumpens beobachten, die auch noch für eine bestimmte Zeit nach der Phase der ersten maximalen Kompression erhalten bleibt.

Wie schon erwähnt, wird ein analoger Effekt, der anscheinend durch den Einfang des Magnetfeldes durch das Plasma hervorgerufen wird, auch auf zeitauflösenden Aufnahmen der Strahlung durch einen Spalt in der Seitenwand des Entladungsrohres beobachtet.

Messungen der Leuchtintensität in den verschiedenen Bereichen des optischen Kontinuums weisen darauf hin, daß wir im Kompressionsprozeß ein Plasma sehr hoher Dichte erhalten (in den letzten Experimenten von KOLB an der Phoeros wurde eine Dichte bis zu $4 \cdot 10^{17}$ erreicht). Die Elektronentemperatur im komprimierten Plasmaklumpen (die mittels der Absorption von Röntgenstrahlen bestimmt wird) kann in Abhängigkeit von den Anfangsbedingungen 200···300 eV bis 2···3 keV betragen. Der Druck im komprimierten Plasmaklumpen, welcher auf der Grundlage der Messungen von n_e und T_e abgeschätzt werden kann, ist mit dem magnetischen Druck $H^2/8\pi$ in der Größenordnung vergleichbar. Die Zeitspanne vom Moment des Auftretens der Kompression des Plasmaklumpens bis zum Moment, wo dieser seine bestimmte geometrische Form verliert und intensiv mit der Wandung in Wechselwirkung tritt, betrug bei verschiedenen Ver-

[1]) In den Arbeiten, welche in der letzten Zeit veröffentlicht wurden, wird darauf hingewiesen, daß die Entwicklung dieser Instabilität sehr stark von den Anfangsbedingungen der Entladung abhängt. Bei guter Anfangsionisation (vor Einsetzen des komprimierenden Feldes) werden die Plasmazungen später gebildet und treten schwächer ausgeprägt auf.

suchen, die an verschiedenen Anlagen durchgeführt wurden, bisher einige Mikrosekunden (etwa bis 10 μsec bei den ersten Versuchen mit der Phoerosanlage).

In den Versuchen amerikanischer Physiker mit schneller Plasmakompression im äußeren Feld wurde der dabei auftretenden Neutronenstrahlung sehr große Aufmerksamkeit gewidmet. Bei hinreichend großen Parametern des Prozesses, d. h. bei schnellem Feldanstieg und großem H_{max} wird in jedem Experiment Neutronenemission in einem breiten Intervall des Deuteriumanfangsdrucks (0,05 bis 0,5 Torr in den Versuchen der Los Alamos-Gruppe) beobachtet. Sowohl in den Versuchen mit der Scyllaanlage in Los Alamos als auch in den von Kolb durchgeführten Versuchen erwies sich ein Druck von 0,1 Torr für die Neutronenemission als optimal. Bei diesem Druck erreicht die Gesamtzahl der Neutronen in einem Ausbruch den Maximalwert von etwa $10^7 \cdots 10^8$ bei einer maximalen Feldstärke von 70000···80000 Oe. Die Intensität der Neutronenemission hängt stark von der maximalen Feldstärke ab und wächst schnell mit deren Vergrößerung. Der Zeitpunkt des Auftretens der Neutronen hängt von den Versuchsbedingungen ab. Wenn keine einleitende Aufheizung des Plasmas durch einen kurzzeitigen Kompressionsimpuls aus einer Quelle relativ geringer Leistung erfolgt, entsteht die Neutronenstrahlung in der Regel erst in der zweiten Halbwelle des Primärstromes. Sie kann sich in diesem Falle auch in der dritten Halbwelle wiederholen. Die Dauer eines derartigen Impulses liegt gewöhnlich zwischen einigen zehn und 1···2 μsec.

Neutronenstrahlung wird nur dann zuverlässig beobachtet, wenn eine vorangehende Aufheizung des Plasmas vor der Hauptkompression erfolgt, wobei sich der Hauptimpuls dem einleitenden Kompressionsimpuls in der Gegenphase überlagert. Unter diesen Bedingungen tritt der Neutronenimpuls in der ersten Halbwelle der Hauptentladung bis zu dem Zeitpunkt auf, wo die Feldstärke durch das Maximum geht. In kurzen Rohren mit magnetischen Pfropfen an den Enden dauert der Neutronenimpuls einige Mikrosekunden. Das Spektrum der emittierten Neutronen wird in allen erwähnten Experimenten durch Messung der Rückstoßprotonenspuren in Kernplatten erfaßt. Außerdem wurde unlängst in Los Alamos die Messung der Energie von Protonen und Tritonen, die in den Reaktionen entstehen, mit einem speziell für diesen Zweck konstruierten magnetischen Spektrographen durchgeführt.

Die bisher angestellten Untersuchungen des Energiespektrums der Neutronen und anderer Reaktionsprodukte widersprechen offensichtlich nicht der Vermutung, daß sie im Plasma durch dessen hohe Temperatur entstehen. Jedoch kann man die Meßergebnisse auch mit einem hypothetischen Beschleunigungsmechanismus in Einklang bringen.

§ 28. Mechanismus der Vorgänge beim Θ-Pinch. Kumulative Kompression. Einfang des Gegenfeldes. Erzeugung von Neutronen

Wir werden jetzt einige allgemeine Überlegungen behandeln, die zur Interpretation der experimentellen Ergebnisse, die bei Untersuchungen an schnellen Θ-Pinchen erhalten werden, dienen können. Zur Vereinfachung des Problems gehen wir zunächst von sehr groben Vorstellungen über den Mechanismus des Prozesses aus und nehmen insbesondere an, daß das Magnetfeld im Inneren des sich zusammenziehenden Plasmas von Anfang an gleich Null ist. Wenn man den möglichen Einfluß der magnetischen Pfropfen nicht berücksichtigt (in einigen Anlagen fehlen sie überhaupt), kann man die erste Phase der schnellen Kompression genähert durch eine (5.9) analoge Gleichung darstellen. Diese ist, wie man leicht erkennt, von der Form

$$\pi \varrho_0 \frac{d}{dt} (r_0^2 - r^2) \frac{dr}{dt} = -2 \pi r \frac{H^2}{8\pi}, \tag{5.28}$$

wo r_0 der Anfangsradius des Plasmazylinders ist und ϱ_0 die Anfangsdichte des Gases. Setzt man an, daß das Magnetfeld linear mit der Zeit wächst und führt man dimensionslose Veränderliche ein, so läßt sich die Kompressionsgleichung in folgende Form umschreiben:

$$\frac{d}{d\tau} (1 - u^2) \frac{du}{d\tau} = - u \tau^2 . \tag{5.29}$$

Hierin ist $u = \frac{r}{r_0}$ und $\tau = \frac{t}{t_0}$; t_0 stellt einen charakteristischen Zeitmaßstab dar, der von r_0, ϱ_0 und der Wachstumsgeschwindigkeit des Feldes abhängt. Es ist:

$$t_0 = \sqrt[4]{4\pi} \frac{r_0^{1/2} \varrho_0^{1/4}}{\left(\frac{dH}{dt}\right)^{1/2}} . \tag{5.30}$$

Bei den bestehenden Versuchsanlagen ist t_0 von der Größenordnung einiger 10^{-7} sec. Die Funktion $u(\tau)$, welche die Gleichung (5.29) mit den Anfangsbedingungen $u(0) = 1$ und $u'(0) = 0$ befriedigt, läßt sich durch eine Reihe der Form

$$u(\tau) = 1 - \frac{\tau^2}{\sqrt{12}} + \frac{\tau^4}{360} + \cdots \tag{5.31}$$

darstellen. Praktisch kann man sich auf die ersten beiden Glieder der Entwicklung beschränken, da bei den äußerst idealisierten Voraussetzungen, die dem betrachteten Schema der Trägheitskompression zugrundeliegen, eine genauere Bestimmung der Funktion $u(\tau)$ unnötig ist.

Die zylindrische Plasmaschicht, die sich unter der Wirkung des anwachsenden äußeren Feldes zusammenzieht, erreicht die Achse bei $\tau \approx \sqrt[4]{12}$. Die kinetische Energie der gerichteten Ionenbewegung hat zu diesem Zeitpunkt ihr Maximum. Sie ist durch folgende Formel gegeben:

$$W = 10^{11} m_i \frac{r_0 \frac{dH}{dt}}{\varrho_0^{1/2}} \text{eV} . \tag{5.32}$$

In den Versuchen von Kolb und der Los Alamos-Gruppe erreichte W etwa diese Größe, nämlich 100···200 eV. Wenn der Prozeß nach dem Zeitpunkt der maximalen Kompression des Plasmas ebenfalls rein mechanischen Charakter trüge, so ließe sich der weitere Verlauf durch die Gleichung

$$\frac{d^2u}{d\tau^2} = -u\,\tau^2 \tag{5.33}$$

beschreiben.

In dieser Gleichung fehlt der Koeffizient $1 - u^2$, welcher die allmähliche Vergrößerung der Masse des Gases, das in Bewegung gerät, berücksichtigt. Nach dem Augenblick der maximalen Kompression muß ja die Größe der Masse konstant bleiben, da sich das ganze Gas in Bewegung mit einheitlicher, gerichteter Geschwindigkeit befindet. Gleichung (5.33) beschreibt also den Prozeß der radialen Schwingungen der zylindrischen Plasmaschicht, welcher auf die erste Phase der

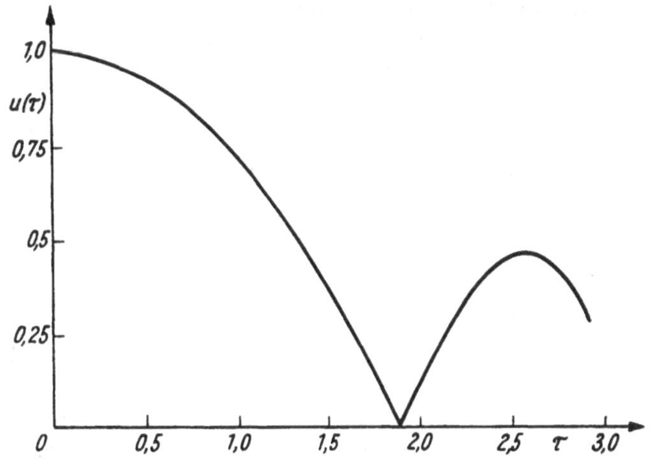

Abb. 65. Zeitliche Änderung des Radius eines Plasmavolumens bei trägheitsbetonter Kompression

Kompression folgt. Auf Abb. 65 ist $u(\tau)$ graphisch dargestellt. Bis zum ersten Nullwerden bestimmen sich die Werte $u(\tau)$ aus der Reihe (5.31), nach diesem Zeitpunkt durch numerische Integration der Gleichung (5.33). Man kann natürlich nicht erwarten, daß das vereinfachte Schema selbst eine qualitative Beschreibung der Dynamik des Prozesses in jenen Entwicklungsstadien geben kann, die der ersten Kompression folgen. Schon zum Zeitpunkt der ersten Kumulation geht ein beträchtlicher Teil der Energie der gerichteten Bewegung in Wärme über, und eine rein mechanische Behandlung des Prozesses ist nicht mehr zulässig.

Die Aufnahmen der Plasmastrahlung, von der wir schon oben sprachen, zeigen, daß nach einer oder maximal zwei Pulsationen, die „weicher" sind, als dies auf der Grundlage des mechanischen Modells zu erwarten war, eine weitaus längere Kompressionsphase beginnt. Sie dauert bis zu dem Augenblick, wo die Feldstärke den Maximalwert erreicht. Diese Erscheinung wird mindestens dann beobachtet, wenn das Plasma vor dem Hauptimpuls des Magnetfeldes kurzzeitig durch die Wirkung eines Feldes geringerer Stärke vorgeheizt wird. Die Aufnahmen der Strahlung, die von KOLB in seinem Bericht auf der Genfer Konferenz vorgelegt wurden (sie sind typisch zur Veranschaulichung der Gesetzmäßigkeiten des Prozesses), zeigen, daß die Phase der langsamen Kompression etwa eine Mikrosekunde nach dem Einschalten des komprimierenden Hauptfeldes beginnt. Zu diesem Zeitpunkt erreicht H etwa 20···25% seines Höchstwertes, während der Radius des Bereiches, der vom Plasma eingenommen wird, etwa gleich dem halben Rohrradius ist. Nimmt man an, daß sich zum erwähnten Zeitpunkt ein Gleichgewicht zwischen magnetischem und Gasdruck einstellt, so kann man die Temperatur des Plasmas abschätzen. Für $p_0 = 0{,}1$ Torr und $H_{\max} = 65000$ Oe beträgt dann die Temperatur des Plasmas zu Beginn der langsamen Kompression ungefähr 100 eV.

Nimmt man an, daß die langsame Kompression des Plasmas adiabatisch erfolgt, so wird die nachfolgende Temperaturänderung proportional $H^{4/5}$ gehen (da für ein einatomiges Gas $T \sim p^{2/5}$ und $p \sim H^2$ ist). Man kann daher erwarten, daß zu dem Zeitpunkt, wo H seinen Höchstwert erreicht, die Temperatur ungefähr dreimal so groß ist wie zu Beginn der Kompressionsphase, d. h. also 300···600 eV. Dabei nimmt der Radius des vom Plasma eingenommenen Bereiches um das Zweieinhalbfache ab.

Die Photographien der Strahlung zeigen jedoch, daß sich das Plasma in Wirklichkeit wesentlich stärker zusammenzieht. Zum Zeitpunkt maximaler Feldstärke bleibt der Radius des leuchtenden Bereiches unter 10% seines Anfangswertes. Dieser Sachverhalt erklärt sich durch das Ausfließen des heißen Plasmas durch die magnetischen Pfropfen, wodurch sich die Materiedichte und damit auch ihr Widerstand gegen die komprimierende Kraft erniedrigt. Auf diese Weise kann die Temperatur der Plasmamenge, die noch im Entladungsrohr verbleibt, bei $H = H_{\max}$ höher sein, als dies für einen adiabatischen Prozeß ohne Verluste zu erwarten war, da die Arbeit des Magnetfeldes, die es bei der Kompression des Plasmas bis zum kleinsten Radius leistet, zur Aufheizung einer ganz geringen Materiemenge verbraucht wird.

Um die Rolle zu charakterisieren, die das Ausströmen der Teilchen aus dem Plasma im langsamen Kompressionsprozeß spielt, versuchen wir, den Zusammenhang zwischen Volumen, Temperatur und Druck des Plasmas bei veränderlicher Teilchenzahl zu finden. Wir nehmen an, daß in jedem gegebenen Augenblick die mittlere kinetische Energie der Teilchen, die das Plasma verlassen, gleich der mittleren kinetischen Energie der verbleibenden Teilchen ist. Unter diesen Bedingungen führt das Ausströmen der Teilchen weder zu einer Abkühlung noch zu einer Erwärmung des Plasmas. Den Energieerhaltungssatz für ein Plasma, das sich unter der Wirkung eines äußeren Feldes zusammenzieht, kann man in der Form

$$- p\, d\Omega = d(N\, \overline{W}) - \overline{W}\, dN \tag{5.34}$$

schreiben, wo N die Gesamtzahl der Teilchen und $\overline{W}$ ihre mittlere Energie, die gleich 3/2 $k\,T$ ist, bedeutet. Aus (5.34) folgt

$$-\,p\,d\Omega = N\,d\overline{W} = \frac{3}{2}\,N\,k\,dT\,. \tag{5.35}$$

Der Druck des Plasmas ist gleich $\frac{1}{\Omega}\,N\,k\,T$. Setzt man diesen Ausdruck für p in (5.35) ein, so erhält man

$$-\,\frac{T}{\Omega}\,d\Omega = \frac{3}{2}\,dT\,, \qquad T\,\Omega^{2/3} = \text{const}\,. \tag{5.36}$$

Der Zusammenhang zwischen Temperatur und Volumen ist also in diesem Falle derselbe wie bei konstanter Teilchenzahl. Gleichung (5.36) und der Ausdruck für den Druck p ermöglichen die Aufstellung einer Beziehung zwischen T und p. Sie hat die Form

$$T \sim \left(\frac{p}{N}\right)^{2/5}. \tag{5.37}$$

Bei vorgegebenem magnetischem Druck ändert sich die Temperatur des Plasmas umgekehrt proportional $N^{2/5}$. Eine zehnfache Abnahme von N muß die Temperatur um das Zweieinhalbfache erhöhen. Man muß jedoch berücksichtigen, daß die Ableitung der Formel (5.37) auf einer Reihe von expliziten und impliziten Annahmen beruht, die das Bild des Prozesses vereinfachen. In Wirklichkeit kann der Zusammenhang zwischen T und p wesentlich komplizierter sein, weil unter realen Versuchsbedingungen die Arbeit der äußeren Kräfte nicht nur zur Erhitzung des Plasmas dient, sondern auch zur Vergrößerung der Energie des Feldes, das sich im Inneren der sich zusammenziehenden Plasmahülle befindet. Außerdem kann sich eine Neuverteilung der Energie zwischen Ionen und Elektronen (Ausgleich der Ionen- und Elektronentemperatur) auf den Charakter der Abhängigkeit zwischen T und p auswirken, ebenso die Änderung der Längsabmessungen des vom Plasma eingenommenen Bereiches (bei Vorhandensein magnetischer Pfropfen, die mit wachsendem H einen zusätzlichen Längsdruck erzeugen). Aus diesen Gründen hat die Formel (5.37) rein illustrativen Wert und kann nur qualitativ den Einfluß des Abströmens der Teilchen auf die Plasmatemperatur charakterisieren.

Die Frage nach den Ursachen für das Ausströmen der Teilchen ist ziemlich kompliziert, nicht weil diese Ursachen schwierig aufzufinden wären, sondern vielmehr darum, weil die Rolle der verschiedenen Faktoren, die einen Teilchenabgang bewirken können, in hohem Maße von der Konzentration und Temperatur des Plasmas sowie von den Abmessungen des Systems und der Konfiguration des Magnetfeldes abhängt. Wir nehmen zunächst an, daß das Plasma einen zylindrischen Bereich in einem Feld ausfüllt, dessen Kraftlinien überall parallel zur Achse verlaufen. Dies ist der Fall, wenn das magnetische System keine Pfropfen hat. In diesem einfachsten Falle strömt das Plasma aus beiden Stirnseiten des Entladungsrohres mit einer Geschwindigkeit aus, die gleich der Längsgeschwindigkeit der Ionen ist. Bei einer Plasmakonzentration der Größenordnung 10^{16} und einer Temperatur von einigen Hundert eV wird sich nach dem Anwachsen des komprimierenden Feldes von Null bis zum Maximalwert, also nach einigen Mikrosekunden, die Verteilung der Geschwindigkeit zwischen den verschiedenen Richtungen vollkommen ausgleichen. Daher ist die Ausströmgeschwindigkeit des Plasmas durch die Stirnflächen von der Größenordnung 10^7 cm/sec.

In Systemen mit magnetischen Pfropfen sind die geladenen Teilchen zwischen Bereichen mit höherer Feldstärke eingeschlossen und können aus dem Plasma nur infolge von Zusammenstößen untereinander austreten, bei denen sich der Winkel zwischen dem Geschwindigkeitsvektor und den Kraftlinien ändert. Bei niedriger Plasmakonzentration ist der Teilchenstrom durch die Pfropfen proportional der Zahl der COULOMBschen Zusammenstöße pro Zeiteinheit, d. h.

$$-\dot{N} \sim \frac{N^2}{\Omega} \sigma v \sim \frac{N^2}{\Omega T^{3/2}}. \tag{5.38}$$

Dieses Verfahren zur Abschätzung von $\dot{N}$ wird dann angewandt, wenn die Länge des vom Plasma eingenommenen Bereiches wesentlich kleiner als die mittlere freie Weglänge eines Ions ist (das Ion tritt aus der Flasche aus, nachdem es genau einen Zusammenstoß erfahren hat). Im anderen Falle geht das Ausströmen der Teilchen so vor sich, wie die freie Ausdehnung des Gases im Vakuum stattfindet, und der Teilchenstrom durch den Pfropfen ist durch den Ausdruck

$$\dot{N} \sim \frac{n_i v_i S}{2} \tag{5.39}$$

gegeben, wo S der Querschnitt des Bereiches ist, der vom Plasma im Gebiet der Pfropfen eingenommen wird, und n_i die Konzentration der Teilchen in diesem Bereich. Die genannten Verfahren zur Bestimmung von $\dot{N}$ haben bei der Anwendung auf die tatsächlichen Versuchsbedingungen leider nur sehr begrenzten Wert, da sie die Änderungen in der geometrischen Struktur der Kraftlinien, die mit dem Einfang des Feldes durch das Plasma verbunden sind, nicht berücksichtigen.

Auf Grund der experimentellen Daten, die mit Hilfe der überschnellen Photographie und zahlreicher magnetischer Messungen erhalten wurden, kann man annehmen, daß die Konfiguration des Feldes in einem sich zusammenziehenden Plasma eine Form hat, wie sie schematisch in Abb. 66 gezeichnet ist. Diese Form der magnetischen Kraftlinien ist die notwendige Folge des Einfangs des

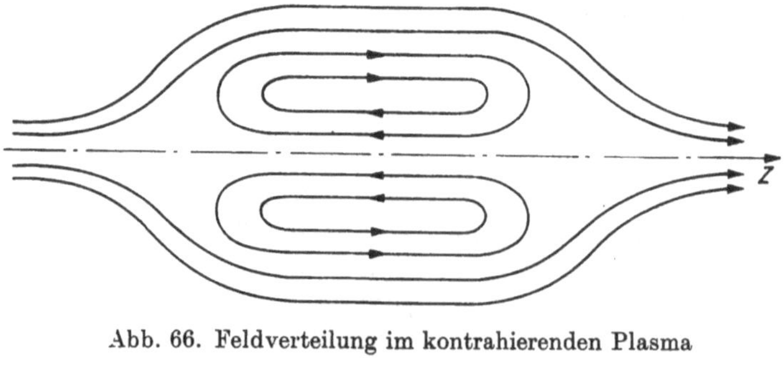

Abb. 66. Feldverteilung im kontrahierenden Plasma

Feldes in der Phase, die dem Hauptkompressionsimpuls vorausgeht (beim einleitenden Aufheizen oder in der vorangehenden Halbperiode der Feldänderung). Die Stärke des eingefangenen Feldes H_1 im Anfangsstadium der Kompression kann relativ klein sein, muß aber mit abnehmendem Radius des Bereiches, der vom Plasma eingenommen wird, schnell anwachsen, da infolge des Einfrierens der Kraftlinien die Größe des magnetischen Flusses in der Materie annähernd konstant bleibt. Bei der erwähnten Feldkonfiguration ist schwierig vorauszusagen, wie die Form des Plasmas sein wird und wie sich Dichte und Temperatur im Raume ändern werden. Naheliegend ist die Annahme, daß ein großer Teil des sich zusammenziehenden Plasmas sich im Inneren eines Bereiches befindet, der durch geschlossene Kraftlinien begrenzt ist. Das Ausströmen von Teilchen aus diesem Bereich entlang der Kraftlinien ist nicht möglich. Wenn daher beim Kompressionsprozeß das Plasma stabil bleibt, bleibt auch die Gesamtzahl dieser Teilchen erhalten. Aus dem System austreten könnten in diesem Falle nur Teilchen, die sich ganz am Anfang jenseits der Grenzen des Bereiches mit geschlossenen Kraftlinien befinden. Offensichtlich kann man jedoch keine Stabilität beim Kompressionsprozeß erwarten.

Die Rolle des eingefangenen Feldes in der Dynamik des komprimierten Plasmaklumpens ist bereits ziemlich lange Gegenstand einer lebhaften Diskussion, die bisher aber noch nicht zu endgültigen Resultaten geführt hat. Der Grund hierfür liegt in sehr starkem Maße darin, daß nur wenige und meistenteils auch nicht übereinstimmende experimentelle Daten zur Verfügung stehen. Die folgenden Fakten können als mehr oder minder zuverlässig angesehen werden. Die Kompression eines Plasmas erfolgt nur dann genügend schnell (in Übereinstimmung mit der Trägheitstheorie), wenn zu Anfang des Prozesses innerhalb des Plasmaklumpens ein schwaches entgegengerichtetes Feld existiert. Wenn in der Anfangsphase ein solches Feld nicht existiert, so ist die Temperatur des komprimierten Plasmaklumpens relativ niedrig. Bei den bisher durchgeführten Experimenten wurde nur dann eine Elektronentemperatur von 1 keV erreicht, wenn zu Anfang innerhalb des Plasmas ein entgegengerichtetes Feld existiert hat. Wahrscheinlich ist die Temperaturerhöhung eines Plasmas in diesem Falle direkt oder indirekt damit verbunden, daß während einer Zwischenphase der Kompression eine Relaxation des Gegenfeldes erfolgt. Diese Prozesse stehen auch in direkter Beziehung zu verschiedenen nichtstationären Deformationen der Plasmaklumpen, die während einer Übergangsphase der Kompression beobachtet werden.

Beim Versuch, diese angeführten experimentellen Fakten zu interpretieren, müssen zunächst die Ursachen für die schnelle Relaxation des inneren Feldes und der Einfluß dieses Effektes auf die Aufheizung des Plasmas geklärt werden. Das einfachste Modell für einen Relaxationsprozeß des inneren Feldes kann auf der Voraussetzung aufgebaut werden, daß die Wärmeverluste im Plasmaklumpen diesen Prozeß verursachen. Bei der Form des Feldes, welche in Abb. 66 dargestellt ist, muß innerhalb des durch geschlossene Kraftlinien begrenzten Bereiches ein azimutaler Strom fließen, durch den die untersuchte magnetische Konfiguration erhalten wird. Auf Grund der endlichen Leitfähigkeit des Plasmas muß der Strom gedämpft werden, was zur Aufhebung des eingefangenen Magnetfeldes führt. Die Verkleinerung der Feldenergie führt zur Aufheizung des Plasmas; das ist auch der Grund dafür, daß während der Relaxation des inneren Feldes eine Vergrößerung von T_e erfolgt.

Wenn wir den Prozeß etwas idealisieren, so können wir für die Relaxationszeit des Feldes und die relative Änderung von T_e einfache Abschätzungen erhalten. Wir nehmen an, daß der Plasmaklumpen ein langer Hohlzylinder mit den Anfangsgrößen a_0 für den inneren und b_0 für den äußeren Radius ist. Innerhalb des Gebietes mit dem Radius a_0 befindet sich das eingefangene Gegenfeld, das eine Stärke hat, die dem Betrage nach gleich der Feldstärke an der äußeren Plasmaoberfläche ist. Wir nehmen weiterhin an, daß der Druck des Plasmas gleich dem äußeren magnetischen Druck ist, welchen wir der Einfachheit halber als konstant annehmen; wir untersuchen also einen quasistationären Prozeß. Wenn wir die Energiebilanz für unser System aufstellen und berücksichtigen, daß der magnetische Gesamtfluß innerhalb der Spule erhalten bleibt, so können wir für die relative Änderung von T_e folgende Abschätzung angeben:

$$\frac{T_e(1) - T_e(0)}{T_e(0)} \approx 1{,}6 \frac{a_0^2}{b_0^2 - a_0^2}\,.$$

$T_e(0)$ und $T_e(1)$ bezeichnen hierbei die Elektronentemperaturen am Anfang und am Ende des Prozesses. Die Temperaturänderung kann wesentlich stärker ausgeprägt sein, wenn der Anfangsdruck des Plasmas wesentlich kleiner als der Druck des magnetischen Feldes ist. In diesem Falle ist nämlich der Energievorrat im Plasma relativ klein.[1]) Aus dem Gesagten folgt, daß die Vergrößerung der Elektronentemperatur um das 2- bis 3fache im Prozeß der Relaxation des inneren Feldes bei vernünftigen Voraussetzungen durch das Verhältnis a_0/b_0 erklärt werden kann.

In diesem Zusammenhang wollen wir auch bemerken, daß dann, wenn die Werte a_0 und b_0 miteinander vergleichbar sind, die Relaxation des inneren Feldes nicht mehr von der gleichzeitig erfolgenden Diffusion des äußeren Feldes ins Plasma zu trennen ist. Die Relaxationszeit τ_r wird größenordnungsmäßig gleich $\bar{\sigma}\, a_0^2/c^2$. Hierbei ist $\bar{\sigma}$ ein Mittelwert für die Leitfähigkeit während des Prozesses. Bei $\bar{\sigma} \approx 1 \cdot 10^{17}$ (was einer mittleren Elektronentemperatur von etwa 500 eV entspricht) und $a_0 = 0{,}3$ cm beträgt die Relaxationszeit $\approx 10^{-5}$ sec. Dieser Wert ist viel größer als die Zeit des Anwachsens der Elektronentemperatur, welche in Versuchen mit langen Spulen ermittelt wurde. Dennoch dürfen wir hieraus noch nicht schlußfolgern, daß das angenommene Schema des Prozesses auf Grund der sehr starken Abhängigkeit der Größe τ_r von den geometrischen Parametern und der Größe $\bar{\sigma}$ (sowie auf Grund des extrem groben Charakters der angeführten Abschätzungen) dem Experiment vollkommen widerspricht.

Es ist auch eine vollkommen andere Erklärung für die Relaxation des Feldes möglich, die auf der longitudinalen Aufteilung des vollen Plasmaklumpens auf Grund seiner Instabilität aufbaut.

---

[1]) Die Größe $8\,\pi\, p/H^2$ darf aber nicht sehr klein sein, da sich der hohle Plasmaklumpen mit dem Gegenfeld sonst nicht in einem quasistationären Zustand befindet.

Die Instabilität eines sich schnell zusammenziehenden Plasmas ist vom Gesichtspunkt der neuesten Theorien eine ganz natürliche Erscheinung. Die einzige Schwierigkeit ist, daß es zuviel verschiedene Mechanismen gibt, von denen jeder einzelne diese Instabilität verursachen kann. Wir wollen nur einen dieser Mechanismen erwähnen, der demjenigen, den wir beim linearen Pinch-Effekt besprachen (siehe § 23), ganz analog ist. Ein Plasma, das sich in einem von geschlossenen Kraftlinien umgebenen Bereich befindet, stellt einen ringförmigen Leiter mit starkem azimutalen Strom dar (mit dem die ringförmigen Feldlinien verknüpft sind). Dieser Plasmaleiter muß gegenüber Abschnürungsdeformationen instabil sein. Im vorliegenden Falle bedeutet die Entstehung von Einschnürungen, daß sich an der Oberfläche des Plasmas Längsfalten bilden, wodurch das Plasma im Querschnitt eine Form annimmt, die an ein Zahnrad erinnert, genau wie es die Photos zeigen. Das Schlußstadium der Entwicklung derartiger Deformationen besteht in einem Sprengen des Ringes und einem plötzlichen Verschwinden des inneren Feldes. Dabei muß eine sehr große elektrische Feldstärke auftreten, und man kann einen Ausbruch harter Röntgenstrahlung und eines Neutronenimpulses erwarten. Alle diese Effekte werden im Versuch auch tatsächlich beobachtet.

Im allgemeinen bleibt das Bild der Prozesse, die sich in Systemen vom Typ des Θ-Pinches abspielen, recht dunkel. Insbesondere ist die wahre Größe der Ionen- und Elektronentemperatur, die man in derartigen Systemen erhält, schwierig zu bestimmen. Man kann etwa annehmen, daß in den Versuchen von Kolb und der Los Alamos-Gruppe die Ionentemperatur im Augenblick der maximalen Kompression von der Größenordnung 1 keV war. Auf alle Fälle stellt die Kompression des Plasmas in einem starken äußeren Feld zweifellos eine weit wirksamere Methode zur Erzeugung hoher Temperaturen dar als der lineare Pinch. Man darf also hoffen, daß die Erforschung dieser Methode intensiv weiter betrieben wird. Experimente, die so durchgeführt würden, daß nach dem Erreichen des Maximums das Magnetfeld noch lange mit konstanter Stärke erhalten bleibt, wären von sehr großem Interesse.

Es sind noch einige Worte über die Natur der kurzzeitigen Ausbrüche von Neutronenstrahlung zu sagen, die während der Kompression des Plasmas beobachtet werden, da diese Frage ständiges Thema der Abhandlungen einiger amerikanischer Physiker ist. Das betrifft die Arbeiten der Los Alamos-Gruppe, deren Autoren sich hauptsächlich für die Gesetzmäßigkeiten der Neutronenstrahlung interessieren und dem Erhalt der charakteristischen physikalischen Daten des kontrahierenden Plasmas weniger Beachtung schenken. Es erscheint zum jetzigen Zeitpunkt kaum zweckmäßig, sich mit der detaillierten Beurteilung der Frage zu beschäftigen, ob es bisher irgendwie gelang, im Θ-Pinch Neutronen aus Kernreaktionen zu erhalten oder nicht. Man braucht nur die Schwierigkeiten zu erwähnen, denen man bei der Lösung dieser Frage, die von einem begrenzten, rein sportlichen Interesse ist, begegnet. In allen Versuchen, deren Resultate bisher veröffentlicht wurden, wurden außer Neutronen auch harte Röntgenstrahlen mit Energien bis zu einigen Hundert keV beobachtet. Es ist also durchaus vorstellbar, daß in einem kontrahierenden Plasma schnelle Teilchen auch durch Beschleunigungsprozesse entstehen können.

Einer der möglichen Beschleunigungsmechanismen ist leicht zu erkennen. Wie schon mehrfach erwähnt, hat das vom Plasma eingefangene Feld eine Richtung, die der des äußeren Feldes entgegengesetzt ist. An der Grenze beider Felder wird es also eine ringförmige Zone geben, in der die Feldstärke durch Null geht. Die Teilchen, die sich in der Nähe dieser Zone aufhalten, werden in einem elektrischen Wirbelfeld beschleunigt und können eine ganz beträchtliche Energie gewinnen (siehe Abb. 67, auf der eine der möglichen Bahnen eines solchen Teilchens gezeichnet ist). Ergänzend ist zu bemerken, daß es in einem durch ein äußeres Feld komprimierten Plasma einen weiteren gut bekannten Mechanismus für die Neutronenstrahlung gibt: die Beschleunigung von Deutonen in Instabilitäten vom Einschnürungstyp. Es ist aber auch nicht ausgeschlossen, daß eine sehr kleine Menge heißen Plasmas, das sich zum Zeitpunkt der maximalen Kompression in der Kammer befindet, eine so hohe Temperatur annimmt, daß es zur Quelle von Kernstrahlung wird.

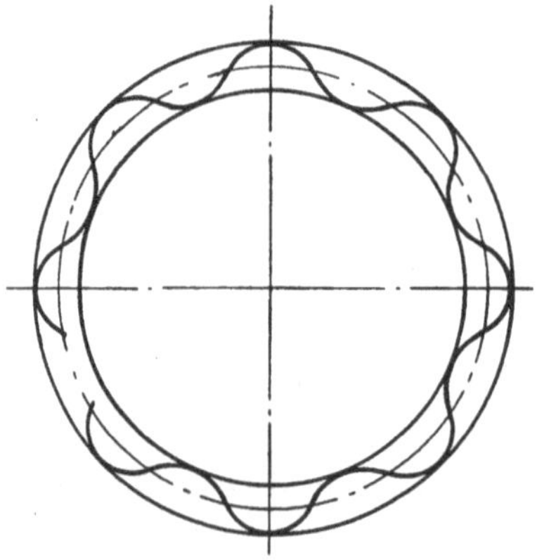

Abb. 67. Mögliche Teilchenbahnen in einem Gebiet, wo die Feldstärke ihr Vorzeichen wechselt

§ 29. Plasmaring im schnell anwachsendem Feld. Theorie und Versuchsergebnisse

Unter den Arbeiten über schnelle Prozesse nehmen die von Ossowez und seinen Mitarbeitern eine besondere Stellung ein. Sie studierten das Verhalten eines Plasmaringes in einem transversalen magnetischen Wechselfeld. Das magnetische Wechselfeld erfüllt in diesem Falle zwei Funktionen: Es erzeugt einen Plasmaring (durch elektrodenlose Entladung) und hält ihn für eine gewisse Zeit im Gleichgewicht.

Wir betrachten die theoretischen Überlegungen, die sich auf ein derartiges System beziehen, wollen dabei jedoch das allererste Stadium des Prozesses außer Acht lassen. Es werde mit Hilfe eines Leitersystems in einem Gas mit niedrigem Druck ein Magnetfeld erzeugt, das axiale Symmetrie besitzt (Abb. 68). Bei der Entstehung dieses Feldes tritt auch ein elektrisches Wirbelfeld auf, dessen Kraftlinien in einer zur Achse des magnetischen Systems senkrechten Ebene liegen. Wir nehmen weiter an, daß unter der Wirkung des Wirbelfeldes im Gas eine Entladung entsteht und sich ein ringförmiges Plasma bildet. Dieser Ring möge in dem Augenblick entstehen, wo die magnetische Feldstärke sehr klein ist; außerdem möge das Plasma ideale Leitfähigkeit besitzen. Unter diesen Bedingungen bleibt der magnetische Fluß durch den Ring die ganze Zeit gleich Null. J sei die

Stromstärke im Plasmaring und L seine Selbstinduktivität; mit $\overline{H}$ bezeichnen wir den Mittelwert der Feldstärke des äußeren Feldes im Inneren des Ringes, mit R den Ringradius. Dann lautet die Bedingung für das Nullwerden des Gesamtflusses:

$$LJ = -\pi R^2 c \overline{H} = -2\pi c \int_0^R H r \, dr \, . \tag{5.40}$$

Die Induktivität des Ringes ist durch folgenden Ausdruck gegeben:

$$L = 4\pi R\left(\ln\frac{8R}{a} - 2\right) = 2\pi R \mu \, ; \tag{5.41}$$

dabei ist a der kleine Ringradius.

Der Plasmaring ist im Gleichgewicht, wenn die Summe der auf ihn wirkenden elektrodynamischen Kräfte gleich Null ist, da wir bei schnellen Prozessen den

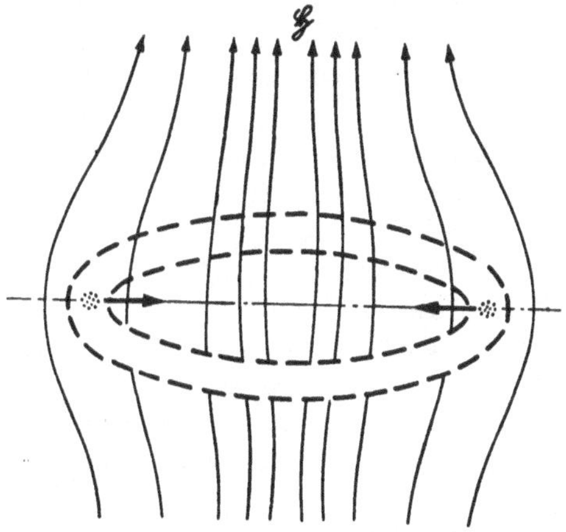

Abb. 68. Plasmaring im anwachsenden Längsfeld

Druck des Plasmas in der Windung vernachlässigen können. Es gilt also im Gleichgewichtsfall

$$2\pi R J H + \frac{J^2}{2c}\frac{\partial L}{\partial R} = 0 \, , \tag{5.42}$$

wo H die Stärke des äußeren Feldes am Ringumfang ist. Unter Beachtung von (5.40) und (5.41) ist aus (5.42) leicht die folgende Beziehung zwischen der Stärke des äußeren Feldes am Ring und seinem Mittelwert im Inneren herzuleiten:

$$H = \frac{\overline{H}}{4}\left(1 + \frac{2}{\mu}\right). \tag{5.43}$$

In dieser anschaulichen Form zeigt die Gleichgewichtsbedingung für den Plasmaring große Ähnlichkeit mit der bekannten Bedingung für die Gleichgewichtsbahn im Betatron:

$$H = \frac{1}{2}\overline{H}\,. \tag{5.44}$$

Die Größe $2/\mu$ liegt gewöhnlich zwischen 0,2 und 0,3. Ein Vergleich der Formeln (5.43) und (5.44) zeigt, daß für das Gleichgewicht des Plasmaringes im erzeugenden äußeren Feld ein steilerer radialer Feldabfall notwendig ist als im Betatron.

Diese theoretischen Überlegungen stellen eine sehr starke Idealisierung dar. Hauptbestandteil dieser Idealisierung ist die Annahme, daß der Widerstand des Plasmas vernachlässigt werden kann. Gibt man diese Annahme auf, so werden die Gleichungen, die das Verhalten der Windung beschreiben, wesentlich komplizierter. Doch kann man wenigstens in qualitativer Hinsicht voraussehen, wozu die Berücksichtigung einer endlichen Leitfähigkeit führt.

Eine Plasmaschnur, für welche zu Anfang die Bedingung (5.43) erfüllt war, wird in Wirklichkeit nicht vollkommen im Gleichgewicht sein. Ihr Radius wird im Laufe der Zeit kleiner, zunächst langsam, dann mit zunehmender Geschwindigkeit. Eine bestimmte Zeit nach seiner Entstehung zieht sich also der Plasmaring zur Achse des Magnetfeldes hin zusammen und ist bestrebt, sich in einen Plasmaklumpen umzuwandeln.

Bei endlicher Leitfähigkeit ist auch die auf den Ring wirkende elektromotorische Kraft, die gleich dem Produkt aus Stromstärke und Widerstand des Ringes ist, endlich. Daraus folgt, daß der magnetische Fluß, der im Inneren des ringförmigen Plasmastromes eingeschlossen ist, nicht genau gleich Null ist (er ist vielmehr gleich dem zeitlichen Integral der elektromotorischen Kraft). Daher muß das Plasma bei hinreichend schneller Kontraktion zur Achse hin das in seinem Inneren eingeschlossene magnetische Feld komprimieren. Für diese Feldkompression wird ein Teil der Arbeit der elektrodynamischen Kräfte verbraucht und es steht nur ein Teil dieser Arbeit für die Erhöhung der kinetischen Energie des sich zusammenziehenden Plasmas zur Verfügung. Der Gegendruck des Feldes, das vom Plasma eingefangen ist, begrenzt ebenfalls den Grad der Kompression des Plasmas und verhindert eine Verdichtung des Plasmas zu einem Klumpen mit kleinem Durchmesser.

In Abb. 69 ist eine Anlage zur Durchführung von Versuchen mit Plasmaringen mit wachsendem magnetischem Transversalfeld dargestellt. Die Entladung erfolgt in einer Vakuumkammer aus Porzellan oder Glas, die die Form eines kurzen Zylinders hat (Abb. 69). Das Magnetfeld wird durch ein System erzeugt, das in Abb. 70 in zwei Projektionen gezeichnet ist. Die ringförmige Windung A umfaßt die Seitenflächen der Kammer, während die Scheiben B und C auf ihren Stirnflächen angebracht sind. Wie man auf der Skizze sieht, sind alle Windungen einander parallel geschaltet. Dem Magnetfeld kann man die benötigte Konfiguration durch geeignete Wahl der geometrischen Parameter des Systems (D_1, D_2, D_3, H und h) geben. Zur Untersuchung der Stromverteilung im Plasma sind im Kammerinneren Meßspulen angebracht. Durch oszillographische Aufnahme der Ströme durch die verschiedenen Meßsysteme kann man verfolgen, wie der Plasmaring entsteht und wie er sich bewegt. System I registriert die Gesamtstärke des ringförmigen Gasstromes. Die Systeme *II* und *III* definieren die Grenzen, in denen sich zum gegebenen Zeitpunkt der Plasmaring befindet oder wenigstens der Hauptteil des Stromes, der im Ring fließt.

Der Anfangsdruck des Gases (Wasserstoff oder Deuterium) beträgt in der Regel etwa 0,1 Torr. Die Analyse der Oszillogramme und der Kinoaufnahmen zeigt, daß

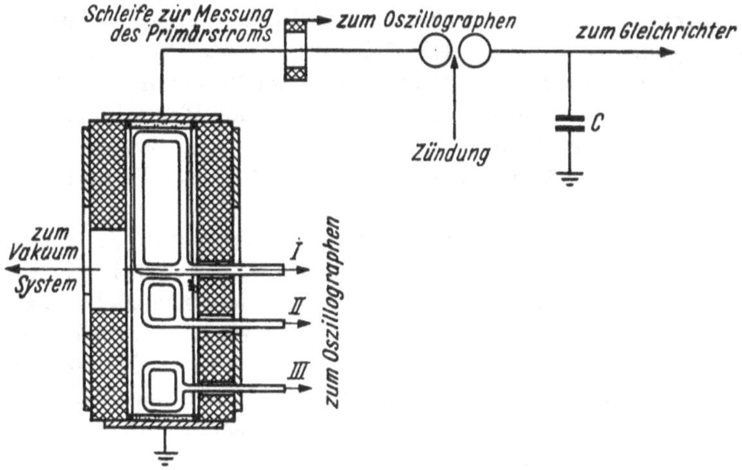

Abb. 69. Entladungskammer mit Strommeßschleifen

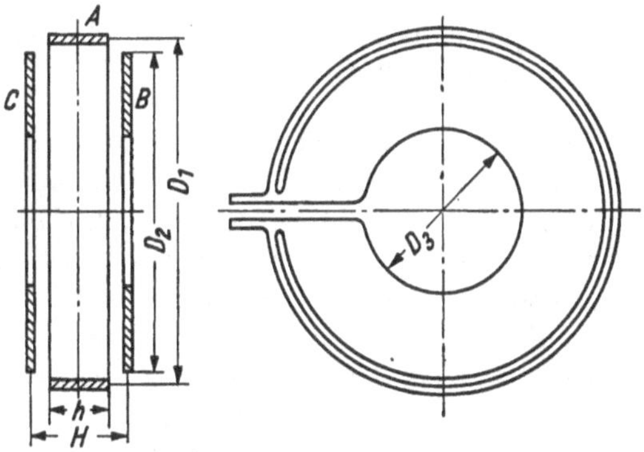

Abb. 70. System zur Magnetfelderzeugung

der Prozeß der Bildung und Kompression des Plasmaringes in guter Übereinstimmung mit den Voraussagen der Theorie erfolgt. Die Kompressionsgeschwindigkeit liegt bei typischen Versuchsbedingungen in den Grenzen von 10^6 bis 10^7 cm/sec. Die maximale Energie der Deuteronen in einem Plasmaklumpen beträgt somit einige eV bis einige zehn eV.

Die Gesamtzahl der Teilchen im Plasmaring in den verschiedenen Phasen seiner Existenz konnte bisher nicht experimentell bestimmt werden. Es ist naheliegend, anzunehmen, daß sich in dem Klumpen, der sich am Schluß der Kompressionsphase bildet, etwa ebensoviel Teilchen befinden, wie am Anfang in dem Bereich, der durch den Plasmaring im Gleichgewicht erfaßt wurde, da das Plasma während seiner Kontraktion das Gas, das in diesem Bereich eingeschlossen ist, ionisiert und mitreißt. Dieses Volumen ist gleich $\pi a^2 \cdot 2\pi R$, wo a der kleine Radius des Plasmaringes ist. Für $a \approx 1{,}5$ cm, $R = 20$ cm und $p = 0{,}1$ Torr muß die Gesamtzahl der Teilchen in dem sich zusammenziehenden Plasmaring etwa 10^{19} betragen.

Wenn es gelänge, den ganzen Ablauf des Prozesses so abzuändern, daß in der Kompressionsphase das Magnetfeld im Inneren der Plasmawindung kompensiert wäre, so könnte man auf höhere Geschwindigkeiten und Plasmaklumpen größerer Dichte und höherer Temperatur rechnen. In diesem Falle müßte der größte Teil der elektrodynamischen Energie $L\, J_z^2/2$ in der Schlußphase in Wärme umgewandelt werden.

Erste Versuche, in denen die Methoden zur Kompensation des magnetischen Flusses, der von der Plasmawindung umschlossen ist, ausprobiert wurden, haben gezeigt, daß bei Vorhandensein kompensierender Felder sich ein Plasmaklumpen geringeren Durchmessers bildet als in dem Falle, wo eine Kompensation fehlt. Versuche zur Untersuchung der Betriebsbedingungen bei Kompensation des inneren Feldes sind vorläufig noch im Anfangsstadium. Man kann erwarten, daß es bei weiterer Vervollkommnung der Kompensationsmethoden in Anlagen mit großen Strömen gelingen wird, Plasmaklumpen mit außerordentlich hoher Temperatur zu erhalten.

§ 30. Plasmaeinschuß mittels Beschleunigung der Plasmaklumpen durch elektrodynamische Kräfte

In der reinsten Form tritt die Beschleunigung des Plasmas durch elektrodynamische Kräfte in Anlagen in Erscheinung, die Plasma-Injektoren genannt werden. Der Zweck eines solchen Injektors ist, sehr dichte Plasmaklumpen mit großer Geschwindigkeit zu erzeugen, die dann in eine magnetische Flasche dieses oder jenes Typs eingeschossen werden. Dem Wesen nach stellt jede konkrete Anlage dieses Typs ein Hilfsorgan dar, und man muß es als Teil eines Systems ansehen, in dem das Grundelement die magnetische Flasche ist.

In diesem Kapitel jedoch soll uns in der Hauptsache die primäre Funktion des Plasmainjektors interessieren, die Erzeugung beschleunigter Plasmaklumpen. Wir werden uns daher an dieser Stelle nicht damit befassen, wie die Plasmaklumpen am besten in die magnetischen Flaschen eingeschossen werden. Im Prinzip das einfachste System zur Beschleunigung des Plasmas ist offensichtlich eine Anlage vom Schienentyp, die im Institut für Atomenergie 1953 erforscht wurde. Sie ist in Abb. 71 dargestellt.

Zwei parallele feste Leiter (Schienen) sind über eine Schaltfunkenstrecke mit einer Kondensatorbatterie verbunden. Zwischen diesen Leitern ist ein dünner Metalldraht a—b gespannt. Beim Schalten der Funkenstrecke fließt durch den Draht ein Strom, und in ihm wird plötzlich eine sehr große Energie frei, die zu seiner Verdampfung und zur Ionisation der gebildeten Dampfwolke führt. Der Draht verwandelt sich also in einen Plasmafaden. Infolge der Wechselwirkung des in ihm fließenden Stromes mit dem Magnetfeld der Zuführungsleitungen entsteht eine elektrodynamische Kraft, die das Plasma entlang der Schienen beschleunigt. Diese Kraft ist durch

$$F = \frac{1}{2\,c^2} J^2 \frac{dL}{dx} \tag{5.45}$$

gegeben, wo L die Induktivität des Kreises ist. Sie ist eine Funktion der Strecke x, die vom Plasma vom Beginn seiner Bewegung an zurückgelegt wurde.

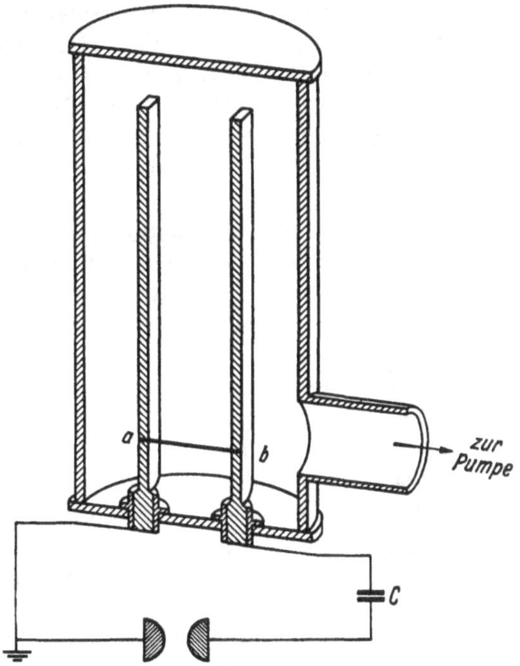

Abb. 71. Anordnung zur Plasmabeschleunigung vom Schienentyp

Wenn man das Problem sehr vereinfacht, kann man annehmen, daß das sich im Vakuum bewegende Plasma die ganze Zeit über ein Faden mit unendlicher Leitfähigkeit bleibt. Dann läßt sich die Geschwindigkeit des Plasmas entlang der Schiene leicht berechnen. Wir wollen hier nicht die Rechnung für den vorliegenden Sonderfall des Systems durchführen sondern nur die Ergebnisse bringen. Sie können dahingehend zusammengefaßt werden, daß man in Anlagen des betrachteten Typs Geschwindigkeiten der Plasmabewegung von der Größenordnung $10^7 \cdots 10^8$ cm/sec erreichen kann. Solche Geschwindigkeiten werden erreicht beim Verglühen metallischer Leiter vom Durchmesser einiger zehn Mikron und einer Schienenlänge von einigen zehn Zentimetern. Im Prinzip ist eine derartige Beschleunigungsmethode nicht nur auf Plasmen anwendbar, die sich beim Verdampfen eines Leiters bilden. Auf diese Weise kann man z. B. auch Wasserstoff- oder Deuteriumplasmen beschleunigen, indem ein Strahl des Gases quer zur Schiene im Augenblick des Spannungsstoßes injiziert wird.

In den Versuchen, die mit einem solchen einfachen System durchgeführt wurden, wurden gewöhnlich Kupferdrähtchen verdampft. Die Geschwindigkeit der Plasmabewegung wurde mit Hilfe magnetischer Sonden und durch schnelle Filmaufnahmen des Plasmaleuchtens gemessen. Aus diesen Messungen folgt, daß man das Plasma, das beim Verdampfen eines Kupferdrähtchens von 20 μ Durchmesser entsteht, auf einer Weglänge von 30 cm bis zu einer Geschwindigkeit $1 \cdots 2 \cdot 10^7$ cm/sec beschleunigen kann. Die Versuchsdaten widersprechen jedoch in vielem den Ergebnissen der Rechnung, die auf der elementaren Theorie der Bewegung eines Plasmafadens basieren. Speziell erwiesen sich die erreichbaren Geschwindigkeiten als wesentlich kleiner, als es aus der Theorie folgt. Die schnellen Filmaufnahmen des Prozesses haben gezeigt, daß entlang der Schiene keine Bewegung einer begrenzten leuchtenden Wolke erfolgt; es verschiebt sich vielmals ein leuchtender Streifen mit unscharfen Grenzen.

Die beschriebenen Versuche, in denen die Beschleunigung des Plasmas an einem System aus zwei parallelen metallischen Stäben erfolgt, trugen reinen Forschungscharakter. In späteren experimentellen Untersuchungen, die in der UdSSR und in den USA durchgeführt wurden, wurden zur elektrodynamischen Beschleunigung von Plasmaklumpen Einrichtungen benutzt, in denen das Plasma im Raum zwischen zwei koaxialen Zylindern gebildet und beschleunigt wird. In diesem Falle vollzieht sich die Entladung in einem Gas, das zu einem bestimmten Zeitpunkt durch ein schnell wirkendes Ventil in das System eingebracht wird. Damit das System mit einem möglichst hohen Nutzeffekt arbeitet, ist es notwendig, für ein Minimum an parasitärer Induktivität im Kreis zu sorgen, weil diese die Anfangsgröße des Stromanstieges reduziert. Notwendig ist auch, daß die Zeitpunkte des Gaseinschusses und des Anlegens der Spannung an die koaxialen Elektroden genau übereinstimmen.

Wenn die Entladung zu früh beginnt, wird nur eine kleine Gasmenge beschleunigt, da nicht das ganze Gas in den Raum des Injektors ausfließt. Wird jedoch die Spannung zu spät angelegt, so gelingt es dem Gas, sich nicht nur entlang des ganzen koaxialen Systems auszubreiten, sondern es verteilt sich auch jenseits von dessen Grenzen und stellt im weiteren Verlauf des Prozesses einen Widerstand für den Plasmaklumpen dar, der aus dem Injektor geschleudert wird. Aus dem Gesagten wird deutlich, daß für den Erhalt guter Resultate die richtige Wahl der Konstruktion des schnell wirkenden Ventils, welches das Gas in den Vakuumraum des Plasmainjektors einläßt, die Hauptrolle spielt. Bei der Entwicklung einer derartigen Konstruktion besteht das Hauptziel darin, eine minimale Einströmzeit des Gases zu erreichen. Auf Abb. 72 ist die Konstruktion eines Injektors mit schnell wirkendem Ventil gezeichnet, der nach einem Vorschlag von Marshall (Los Alamos, USA) angefertigt wurde. Der rohrförmige Stab *1*, der von einer

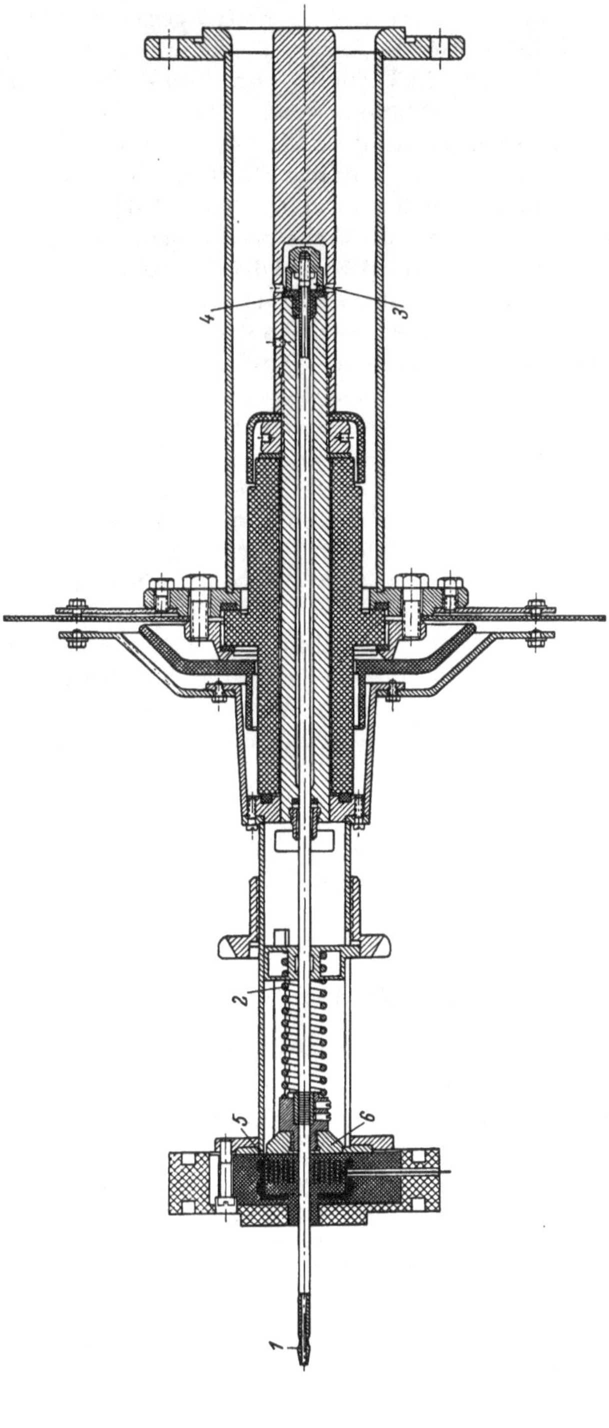

Abb. 72. Konstruktionsskizze eines koaxialen Plasmainjektors

starken Feder *2* gehalten wird, drückt die Klappe *3* gegen eine Teflonbuchse *4*. Unter der Klappe befindet sich die Gasmenge, die in den Plasmainjektor eingelassen werden soll. Der Einschuß kommt durch einen elektrodynamischen Stoß am entgegengesetzten Ende des Stabes zustande. Dieser Stoß erfolgt beim schnellen Einschalten des Kreises, der die Spule *5* speist. Das Magnetfeld des Stromes, der in der Spule anwächst, erzeugt einen jähen Druckimpuls, der auf einen mit dem Stab verbundenen Aluminiumteller *6* wirkt. Mit Schallgeschwindigkeit wird dieser Impuls an das andere Ende des Stabes weitergeleitet, wodurch die Klappe aufgeht und sich zwischen ihren Rändern und der Teflonbuchse ein Spalt bildet, durch den das Gas in den Raum des Injektors eindringt. Die Zeit, in der das Ventil geöffnet ist, beträgt 100 μsec. Nach dieser Zeit ist das Gas höchstens 5 bis 10 cm vom Ort des Einschusses entfernt. Durch Wahl des Zeitraumes zwischen Öffnen des Ventils und Einschalten der Hochspannung kann man die Anfangsbedingungen des Beschleunigungsprozesses in weiten Grenzen variieren. Zur Vereinfachung der Rechnung werden wir im weiteren annehmen, daß zum Zeitpunkt des Einschaltens der Spannung das Gas gleichmäßig auf die ganze Länge des Injektors verteilt ist. Wenn die Entladung ganz am Anfang des koaxialen Systems beginnt, so wird sich die anfangs entstehende ringförmige Plasmaschicht unter der Wirkung der auf sie wirkenden elektrodynamischen Kräfte entlang des Injektors verschieben.

Eine grobe Charakteristik der Plasmabewegung in einem koaxialen Injektor kann durch eine vereinfachte theoretische Analyse erhalten werden, deren Grundideen aus der Theorie der schnellen Kompression der Plasmasäule entlehnt sind, wie sie in § 24 behandelt wurde. Die Bewegungsgleichung des Plasmas hat die Form

$$\frac{d}{dt} m \dot{x} = \frac{1}{2 c^2} J^2 \frac{dL}{dx} . \tag{5.46}$$

Bei Bewegung entlang des linearen Leitersystems ist die Induktivität durch den Ausdruck

$$L = L_0 + \xi x \tag{5.47}$$

gegeben, wo L_0 die parasitäre Induktivität des Kreises und ξ eine Induktivität pro Längeneinheit ist. Für das koaxiale System ist $\xi = 2 \ln \frac{r_2}{r_1}$, wenn r_1 und r_2 die Radien der inneren bzw. äußeren Elektrode sind. Ist die Länge des koaxialen Systems groß im Vergleich zur Dicke der Skinschicht, so kann man annehmen, daß der Strom durch das Gas nur innerhalb einer dünnen Plasmaschicht fließt. Beim Verschieben entlang des koaxialen Systems sammelt diese Schicht das Gas auf und ionisiert es. Daher nimmt die Masse des sich bewegenden Plasmas proportional dem Abstand x zu. Infolgedessen ist

$$m = S \varrho_0 x , \tag{5.48}$$

wo ϱ_0 die Anfangsdichte und $S = \pi (r_2^2 - r_1^2)$ die Fläche des freien Querschnittes des koaxialen Systems ist.

Unter Berücksichtigung des oben Gesagten kann man (5.46) in folgende Form bringen:

$$\frac{S\varrho_0}{2}\frac{d^2}{dt^2}x^2 = \frac{\xi}{2c^2}J^2 . \tag{5.49}$$

Die beiden folgenden Gleichungen erhalten wir, wenn wir die Änderung von Spannung und Stromstärke im Kreis betrachten:

$$-C\frac{dV}{dt} = J , \tag{5.50}$$

$$V = \frac{1}{c^2}\frac{d}{dt}(L_0 + \xi x) J . \tag{5.51}$$

Da das von uns gewählte elementare Modell wegen der vereinfachenden Annahmen nur ein qualitatives Bild des Beschleunigungsprozesses im Plasma geben kann, ist es kaum zweckmäßig, auf das Verhalten der Lösungen der Gleichungen (5.49) bis (5.51) unter allgemeinen Bedingungen einzugehen. Es reicht aus, sich auf einen einfachen Spezialfall zu beschränken. Wir nehmen an, daß sich während der Beschleunigung des Plasmas im System die Spannung an der Kondensatorbatterie nur wenig ändert. Das ist dann der Fall, wenn die Kapazität der Batterie hinreichend groß ist. Außerdem wollen wir voraussetzen, daß $L_0 \gg \xi x$ ist. In diesem Fall ist

$$J = \frac{V_0 t}{L_0} c^2 . \tag{5.52}$$

Hierin ist V_0 der Anfangswert der Spannung. Durch Einsetzen von (5.52) in (5.49) finden wir

$$x = \frac{\gamma}{2} t^2 , \quad \dot{x} = \gamma t . \tag{5.53}$$

Die Konstante γ bestimmt die Größe der Beschleunigung des Plasmas. Sie hängt von den Parametern des Systems auf folgende Weise ab:

$$\gamma = \sqrt{\frac{1}{3}\frac{\xi V_0^2 c^2}{S\varrho_0 L_0^2}} . \tag{5.54}$$

Die Plasmageschwindigkeit kann man als Funktion des zurückgelegten Weges ausdrücken:

$$\dot{x} = \sqrt[4]{\frac{4\xi V_0^2 x^2 c^2}{3 S\varrho_0 L_0^2}} . \tag{5.55}$$

Zur Charakterisierung des Prozesses ist gerade dieser letzte Ausdruck von größtem Interesse, da man mit seiner Hilfe die Geschwindigkeit finden kann, die das Plasma nach Durchlaufen eines gegebenen Abschnittes der koaxialen Leiter erlangt hat. Für einen Injektor mit vorgegebenen Parametern ist die Geschwindigkeit des Plasmas proportional der Größe $\sqrt[4]{\frac{V_0^2}{\varrho_0}}$. Im Zusammenhang damit sei erwähnt, daß für Prozesse, in denen die Beschleunigung des Plasmas die Hauptrolle spielt, diese Abhängigkeit der Geschwindigkeit von der Anfangsspannung im Kreis und der Gasdichte bis zu einem gewissen Grade universellen Charakter besitzt. Einer derartigen Abhängigkeit zwischen v, V_0 und ϱ_0 begegnen wir auch bei der Betrachtung der Anfangsphase des linearen Pinch-Effektes und dem Beginn der Plasmakompression. Diese Allgemeingültigkeit der Ergebnisse hängt damit zusammen, daß in allen erwähnten Prozessen die elektrodynamischen Kräfte am Anfang proportional zu t^2 sind.

Zur Veranschaulichung der oben erhaltenen Beziehungen betrachten wir ein konkretes Beispiel. In einem Injektor von 30 cm Länge wird durch das Ventil 0,1 cm^3 Deuterium unter atmosphärischem Druck eingelassen, das sich zu Beginn des Prozesses gleichmäßig im ganzen koaxialen Leiter verteilt. Die Spannung an der Kondensatorbatterie beträgt 30 kV, die parasitäre Induktivität 0,1 μH und $\xi = 0{,}5$. Bei diesen Werten der Grundparameter muß das Plasma am Ende des Leiters eine Geschwindigkeit von $3 \cdot 10^7$ cm/sec erreichen, was einer Energie der gerichteten Bewegung der Deutonen von 900 eV entspricht. Die Gesamtzahl der Deutonen im beschleunigten Plasma beträgt $6 \cdot 10^{18}$ (bei vollständiger Ionisation des neutralen Gases). Eine weitere Vergrößerung von v kann durch Erniedrigung der parasitären Induktivität und Erhöhung der Spannung an der Kondensatorbatterie erreicht werden. Die Verminderung der Anfangsdichte der Materie ist nur von geringem Einfluß wegen der schwachen Abhängigkeit des v von ϱ_0 und auch deswegen, weil sich bei kleinem ϱ_0 der Einfang des Gases durch das sich bewegende Plasma verschlechtert.

Die dargelegte elementare Theorie dient nur zu orientierenden Abschätzungen. Auf eine Reihe von Fragen ist sie nicht imstande zu antworten. Insbesondere findet sich im Rahmen dieser Theorie keine befriedigende Antwort auf die Frage nach dem Einfluß der radialen Abhängigkeit des magnetischen Druckes (die Größe des magnetischen Druckes in der Plasmaschicht verringert sich vom inneren Zylinder zum äußeren umgekehrt proportional zu r^2) auf den Beschleunigungsprozeß. Ohne tiefere physikalische Analyse kann man auch nicht die Rolle abschätzen, welche die Wechselwirkung der sich bewegenden Plasmaschicht mit den Wänden spielen kann. Die Frage nach der Stabilität des Prozesses bleibt ebenfalls im wesentlichen offen bis zur Entwicklung einer modernen magnetohydrodynamischen Theorie. Auf der Grundlage allgemeiner Überlegungen, die in Kap. VII folgen, muß man annehmen, daß die Rückfront der Plasmawolke im Zylinder instabil wird.

Die bisher durchgeführten Experimente haben gezeigt, daß koaxiale Injektoren einem Plasma, das $10^{17}\cdots10^{18}$ Deutonen enthält, eine Geschwindigkeit bis zu $3\cdots5 \cdot 10^7$ cm/sec erteilen können. Wahrscheinlich wird es bei weiterer Verbesserung der Konstruktion und des Systems der elektrischen Speisung der Injektoren gelingen, zu Plasmageschwindigkeiten von etwa 10^8 cm/sec zu gelangen. Das beschleunigte Plasma kann man fast vollständig von der neutralen Komponente reinigen, wenn man es eine hinreichend große Entfernung im Vakuum durchlaufen läßt.

Theoretisch sind die Längsabmessungen einer ringförmigen Plasmaschicht im Injektor durch die Dicke der Skinschicht bestimmt, und unter gewöhnlichen Versuchsbedingungen sind das höchstens einige Zentimeter. Wegen der Geschwindigkeitsstreuung der Teilchen zieht sich jedoch der beschleunigte Plasmaklumpen nach dem Austritt aus dem Injektor sehr in die Länge, und seine Dichte verringert sich entsprechend. In einer Entfernung von der Größenordnung eines Meters vom Injektor ist die maximale Teilchenkonzentration gewöhnlich nicht größer als ca. 10^{15}. Ausgehend von der Vorstellung der eingefrorenen Kraftlinien kann man erwarten, daß das azimutale Magnetfeld für eine bestimmte Zeit im Inneren des Klumpens, der aus dem Injektor austritt, erhalten bleibt. Doch relaxiert infolge der relativ geringen Leitfähigkeit des beschleunigten Plasmas dieses Feld schnell. Den Einfang des Feldes kann man beträchtlich abschwächen, wenn man die Anfangsbedingungen des Prozesses so wählt, daß im Augenblick des Austritts des Plasmaklumpens aus dem Injektor der Strom zu Null wird.

Neben Systemen vom Typ der Schienen oder koaxialen Zylinder können zur Plasmabeschleunigung auch Anordnungen anderer Art, die auf der kumulativen Kompression der Plasmasäule basieren, verwendet werden. Es seien hier noch einige Worte zu dieser Injektionsmethode gesagt. Ihre Grundidee besteht darin, unter Benutzung geeigneter Anfangsbedingungen eine Variante des Pinch-Effektes zu realisieren, bei der sich das kontrahierende Plasma in seiner Form einem Konus nähert und sich so etwas wie eine Art kumulativer Strahl bildet, der in Richtung der Achse des Entladungsrohres herausgeschleudert wird. Das Studium der verschiedenen Formen des Pinch-Effektes zeigt, daß die Bedingungen, unter denen die Bildung eines solchen kumulativen Effekts begünstigt wird, bei Impulsentladungen in Rohren mit metallischen Wänden und auch in keramischen Rohren konischer Form gegeben sind. Die Untersuchung der Stromverteilung und der Bewegung der leuchtenden Front in Kammern mit metallischen Wänden zeigt, daß in diesem Falle die Kompression des Plasmas in einem der Anode nahen Bereich beginnt und sich dieser Prozeß dann in Richtung zur Kathode mit einer Geschwindigkeit bis zu $3 \cdot 10^7$ cm/sec bei einem Anfangsdruck des Deuteriums von 0,1 Torr ausbreitet. Auf Abb. 73 ist die Verschiebung der Front des Stromes in Richtung auf die Kathode schematisch dargestellt (die Lage dieser Front ist für aufeinanderfolgende Zeitpunkte durch punktierte Linien angegeben). Mit Verschiebung der Stromfront muß offensichtlich eine Bewegung des Plasmas in derselben

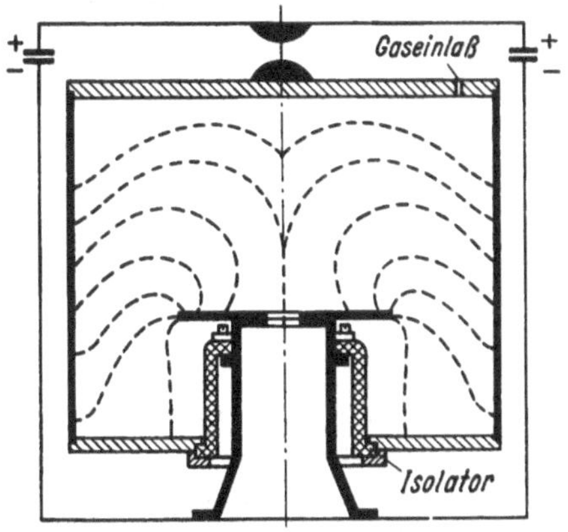

Abb. 73. Begrenzung des stromführenden Gebietes in einem Entladungsgefäß mit metallischen Seitenwänden, dargestellt in zeitlicher Folge

Richtung verbunden sein. Man kann daher annehmen, daß durch eine kleine Öffnung in der Elektrode ein Strahl beschleunigten Plasmas nach außen tritt.

Die experimentelle Nachprüfung dieser Annahme hat gezeigt, daß der Austritt eines Plasmastrahls durch die Öffnung im Zentrum der Kathode tatsächlich stattfindet, wobei die Geschwindigkeit des Plasmas, die (aus dem DOPPLER-Effekt) in Entladungen großer Leistung gemessen wurde, $2 \cdot 10^7$ cm/sec erreichen kann. Doch überstieg die Masse der Materie, die mit so großer Geschwindigkeit emittiert wird, in den ersten Injektionsanlagen des betrachteten Typs einige zehntel Prozent der Gesamtmasse des Gases in der Entladungskammer nicht. Es ist möglich, daß eine weitere Vervollkommnung der Injektionsmethode den Wirkungsgrad noch wesentlich erhöhen kann, wodurch es gelänge, Plasmaklumpen beträchtlich größerer Masse und Dichte zu erhalten. Zur Verhinderung der schnellen Ausdehnung auf Grund der großen Quergeschwindigkeit der Teilchen wird der Plasmastrahl in ein Gebiet mit hinreichend starkem magnetischen Längsfeld eingeschossen.

KAPITEL VI

Aufheizung und Einschließung eines Plasmas in elektrischen Entladungen mit langsamem Stromanstieg

§ 31. Methoden zur Stabilisierung von Instabilitäten einer Plasmaschnur. Klassifikation der Deformationen einer Plasmaschnur. Kriterium für die Stabilität einer Plasmaschnur (KRUSKAL-SCHAFRANOW-Kriterium). SUYDAM-Kriterium für die Stabilität

Die Idee der Plasmaeinschließung durch das Magnetfeld des Eigenstromes und seiner Aufheizung durch JOULEsche Wärme und Eigenkompression wird durch das Fehlen praktischer Perspektiven für die Ausnutzung von Impulsentladungen mit großer Anstiegsgeschwindigkeit des Stromes nicht kompromittiert.

Schnelle Entladungen können zwar nicht zur Ausbildung eines quasistationären Gleichgewichtszustandes führen, bei dem die ponderomotorischen Kräfte des Magnetfeldes im Gleichgewicht mit dem inneren Druck des auf hohe Temperatur gebrachten Plasmas stehen. Daraus folgt jedoch nicht, daß solche Zustände in Gasentladungen hoher Leistung praktisch nicht realisierbar sind.

Bei genügend langsamem Stromanstieg im Plasma kann man mit der Ausbildung von Zuständen rechnen, die sich grundsätzlich von denen unterscheiden, die einer schnellen Stromzunahme entsprechen. Als quantitatives Kriterium für die Einteilung der Entladungen in langsame und schnelle kann das Verhältnis der Anstiegszeit des Stromes zur Schwingungsdauer der radialen Schwingungen des Pinches dienen. Bei Entladungen in verdünnten Gasen mit einer maximalen Stromstärke von $10^5 - 10^6$ A und einer Dauer der ersten Periode von einigen Millisekunden (oder mehr) entfallen auf eine Halbperiode mehrere hundert Schwingungen. Solche Entladungen wollen wir als langsame bezeichnen im Gegensatz zu den schnellen, wo während des Stromanstiegs von Null bis zum Maximalwert nur 2–3 Radialschwingungen auftreten.

In langsamen Entladungen ist ein Gleichgewicht zwischen den elektrodynamischen Kräften und dem gaskinetischen Druck des Plasmas zu erwarten. Die Temperatur im Pinch steigt wegen der JOULEschen Wärme und unter bestimmten Bedingungen auch wegen der von den ponderomotorischen Kräften des Magnetfeldes geleisteten Arbeit allmählich an. Damit ein solcher Gleichgewichtszustand zur Aufheizung eines Plasmas auf sehr hohe Temperaturen ausgenutzt werden kann, müssen die drei folgenden Bedingungen erfüllt sein:

a) Energieverluste an den Elektroden müssen vermieden werden, d. h., die Plasmaschnur (der Pinch) muß geschlossen sein.
b) Das Plasma muß von den Gefäßwandungen isoliert sein.
c) Der Gleichgewichtszustand muß stabil sein.

Die erste Forderung bedeutet, daß die Entladungen elektrodenlos sein müssen. Im folgenden wollen wir annehmen, daß sie in toroidförmigen Kammern stattfinden und durch Induktion erregt werden.

Die zweite Forderung ist für gewisse Anfangsbedingungen automatisch erfüllt, weil der Pinch, der anfangs das ganze Entladungsgefäß ausfüllt, eingeschnürt wird. Dies ist dann der Fall, wenn entweder überhaupt kein äußeres Magnetfeld vorhanden ist oder aber nur ein relativ schwaches Longitudinalfeld. Diese Variante der Erzeugung einer quasistationären Entladung wird im § 34 ausführlich diskutiert. Wenn die Entladung in einem sehr starken Magnetfeld stattfindet, dessen Feldstärke die des Eigenfeldes des Entladungsstromes um das mehrfache übersteigt, so ist ein isolierter Pinch sehr schwer zu erreichen, weil sich der Pinch bei Anwesenheit eines starken Longitudinalfeldes nur wenig einschnürt. Zu diesem Fall kehren wir in § 36 zurück.

Die wichtigste, und wie langwierige experimentelle Untersuchungen zeigen, schwierigste Aufgabe bei der quasistationären Aufheizung eines Plasmas ist die Erzeugung von Plasmakonfigurationen mit stabilem Gleichgewicht. Die wesentlichen Gleichgewichtsbedingungen für quasistationäre Pinchentladungen wurden bereits im § 17 untersucht. Wenn auch bei der Herleitung der Gleichungen für den Gleichgewichtszustand eines Ringpinches stark idealisierende Voraussetzungen über seine Eigenschaften gemacht wurden (insbesondere wurde angenommen, daß das Plasma scharf begrenzt ist und daß der Pinchradius klein gegenüber dem Radius der Toroidkammer ist), so können wir doch die gewonnenen Ergebnisse als Grundlage und erste Näherung einer Theorie der quasistationären Entladungen ansehen.

Es ist von vornherein klar, daß die gefährlichsten und am schwersten zu überwindenden Hemmnisse bei der Realisierung einer quasistationären Plasmaaufheizung durch Stabilitätsprobleme gegeben sind. Ein Plasma stellt ein System mit unendlich vielen Freiheitsgraden dar. Streng genommen ist deshalb das Stabilitätsproblem theoretisch nicht lösbar, und die Frage nach der Existenz stabiler Zustände kann nur direkt durch Versuche geklärt werden. Man darf deshalb aber noch keineswegs auf die theoretische Untersuchung spezieller Probleme, in die die allgemeine Frage nach der Stabilität von Plasmakonfigurationen zerfällt, verzichten. Im konkreten Falle, wenn man eine bestimmte Klasse quasistationärer Plasmazustände betrachtet, kann man gewöhnlich schon voraussehen, welche Störungen eine gute Wärmeisolation des Plasmas am meisten gefährden. Gerade diese Störungen müssen den Gegenstand theoretischer Untersuchungen bilden: Es ist zu klären, ob das Auftreten einer solchen Störung zur Verletzung der Stabilität führt, d. h. zum zeitlichen Anwachsen der ursprünglichen Abweichung vom Gleichgewichtszustand, oder ob die Störung nur Schwingungen um den Gleichgewichtszustand mit begrenzter Amplitude zur Folge hat.

Wir wollen uns nun unmittelbar der Frage nach der Stabilität eines Pinches mit starkem Eigenmagnetfeld zuwenden. Bei diesen Untersuchungen werden wir uns auf die magnetohydrodynamische Näherung beschränken, d. h., wir werden das Plasma mit einer leitenden Flüssigkeit identifizieren. Dabei bleiben Instabilitäten, die durch die Mikrostruktur des Plasmas und den spezifischen Charakter der Wechselwirkungen zwischen den Plasmateilchen bedingt sind, unberücksichtigt. Von ihnen wird erst im folgenden Kapitel die Rede sein.

Zur vorbereitenden Orientierung sind anschauliche qualitative Betrachtungen von großem Nutzen. In Abb. 55 und 74 sind die zwei einfachsten Beispiele für die Störung der Form eines linearen Pinches dargestellt. Die erste stellt eine lokale Verengung, die zweite eine Verbiegung dar. Wenn kein äußeres stabilisierendes Magnetfeld vorhanden ist, ist ein isolierter Pinch, der durch das Magnetfeld des Eigenstromes zusammengeschnürt wird, gegen beide Störungsarten instabil. Auf die Instabilität gegenüber der ersten Störung wurde bereits an früherer Stelle hingewiesen (in § 17). Sie ist dadurch bedingt, daß der zunehmende magnetische Druck am Ort der Verengung nicht durch ein entsprechendes Anwachsen von p kompensiert wird, weil das Plasma frei von einem Abschnitt des Pinches in den anderen fließen kann, und deshalb der Betrag von p überall gleich ist. Jede zufällig auftretende Deformation wird also mit der Zeit anwachsen bis schließlich der Pinch am Ort der Verengung zerreißt.

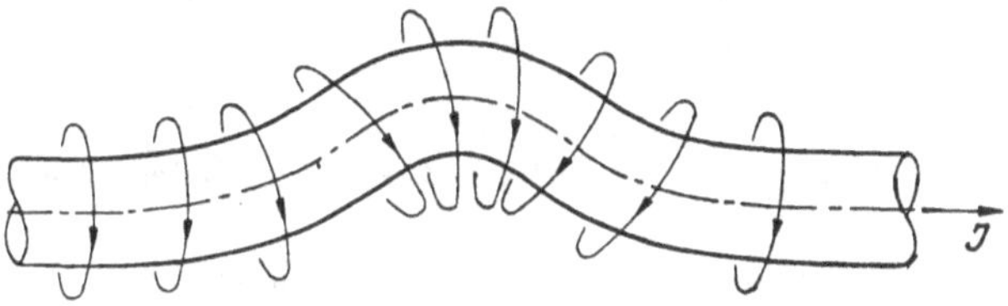

Abb. 74. Knickdeformation einer Plasmasäule

Bei einer Verbiegung von der in Abb. 74 dargestellten Form ist die vom Eigenstrom erzeugte Feldstärke auf der Außenseite der Biegung kleiner als auf der Innenseite. Deshalb wird die Deformation solange wachsen, bis der Pinch am Ort der Verbiegung die Wand des Entladungsgefäßes berührt. Die Instabilität eines Pinches gegenüber Verengungen und Verbiegungen ist eine Folge der Maxwellschen Spannungen. Die von einem Strom erzeugten magnetischen Kraftlinien sind gedehnten elastischen Ringen äquivalent, die bestrebt sind, sich zusammenzuziehen und gleichzeitig gegenseitig abzustoßen. Die Verkürzung dieser Ringe führt zu Einschnürungen und bezüglich ihrer gegenseitigen Abstoßung kann man sie mit einer zusammengedrückten Spiralfeder vergleichen, die ja bekanntlich auch instabil gegenüber Verbiegungen ist.

Zur Stabilisierung des Pinches, d. h. zur Beseitigung seiner Instabilität, kann man entweder ein longitudinales Magnetfeld oder eine äußere leitende Hülle verwenden. Wir wollen zunächst den Mechanismus der stabilisierenden Wirkung eines Longitudinalfeldes klären. Der Einfachheit halber nehmen wir an, daß der Pinch supraleitend ist und deshalb die elektrodynamischen Kräfte nur an seiner Oberfläche wirksam sind. Das longitudinale Magnetfeld sei zunächst innerhalb des Plasmazylinders homogen und außerhalb seiner Grenzen gleich Null. Es erzeugt dann im Inneren des Pinches einen magnetischen Druck, der dem Druck des vom Strom selbst erzeugten Magnetfeldes entgegengerichtet ist. Das Longitudinalfeld wird also die Entstehung von Einschnürungen hemmen. Wenn sich der

Radius des Pinches an irgendeinem Ort von seinem Gleichgewicht a auf den Wert $a - \delta a$ ändert, so wächst dort der vom Feld H_J des Stromes erzeugte magnetische Druck auf den Wert

$$\frac{H_J^2}{8\pi}\frac{2\,\delta a}{a}.$$

Da das Longitudinalfeld im Pinch eingefroren ist, bleibt die Größe $H_z\,a^2$ bei der Deformation konstant, und der magnetische Druck dieses Feldes ändert sich folglich umgekehrt proportional zu a^4 (d. h. stärker als der durch das Feld des Stromes bedingte Druck). Bei einer Abnahme des Pinchradius um δa beträgt der Druckzuwachs im Pinch

$$\frac{H_z^2}{8\pi}\frac{4\,\delta a}{a}.$$

Dies wirkt einer weiteren Abnahme des Pinchradius entgegen. Falls Bedingung

$$H_z^2 > \frac{1}{2}H_J^2$$

erfüllt ist, ist der Pinch gegenüber Deformationen der betrachteten Art stabilisiert.

Ein im Pinch eingefrorenes longitudinales Magnetfeld wirkt auch gegenüber Verbiegungen stabilisierend. Bei einer Verbiegung wird der Pinch länger und die Kraftlinien, die sich wie gedehnte Gummischnüre verhalten und deshalb bestrebt sind, sich zu verkürzen, bewirken eine Ausrichtung des verbogenen Bereiches. Ein solches Feld ist jedoch zur Stabilisierung von Verbiegungen weniger wirksam als zur Stabilisierung von Einschnürungen des Pinches. Die Rechnung zeigt, daß die Kraft des Eigenfeldes, die bestrebt ist, die Deformation zu vergrößern, nicht in jedem Falle durch die infolge der Dehnung der Feldlinien des Longitudinalfeldes auftretende Gegenkraft kompensiert wird. Dieser Fall liegt vielmehr nur dann vor, wenn die den Verlauf der Deformation über die Pinchlänge charakterisierende Wellenlänge λ nicht sehr groß gegenüber dem Radius des Pinches ist. Bei der maximalen Feldstärke des Longitudinalfeldes, d. h. bei $H_z = H_J$ (in diesem Falle ist der Druck des Plasmas gleich Null), werden nur solche Verbiegungsdeformationenstabilisiert, für die $\lambda < 14 \cdot a$ ist.

Für langwelligere Verbiegungen erweist sich die stabilisierende Wirkung eines inneren Longitudinalfeldes im Pinch als unzureichend. Das bedeutet jedoch nicht, daß die mit derartigen Formänderungen des Pinches verbundenen Schwierigkeiten unüberwindbar sind. Ein sehr wirksames Mittel zur Stabilisierung langwelliger Verbiegungen kann eine metallische Hülle sein. Über den Mechanismus der stabilisierenden Wirkung einer leitenden Hülle wurde bereits in Kap. IV gesprochen. Bei einer Verlagerung des Pinches darf sich der magnetische Fluß zwischen ihm und der Metallhülle nicht ändern (die Kraftlinien können nicht in das Metall eindringen). Deshalb wirkt das Feld des Stromes einer Deformation entgegen. Auf der Seite, nach der sich der Pinch verlagert, wird es komprimiert, also verstärkt, während es auf der entgegengesetzten Seite geschwächt wird. Die dadurch hervorgerufene Kraft drängt den verbogenen Bereich des Pinches in seine Ausgangsanlage zurück. In Kap. IV haben wir ein anschauliches Bild von der Wirkung einer Metallhülle entworfen, indem wir uns der Bildströme bedienten. Diese anschauliche Darstellung der stabilisierenden Wirkung einer Hülle ist dem Bild von der Deformation der Kraftlinien bei einer Verlagerung des Pinches physikalisch völlig äquivalent. Sie kann deshalb unbedenklich auf die Analyse von Stabilitätserscheinungen angewandt werden. Man kann sagen, daß eine Verbiegung des Pinches in der Hülle Bildströme hervorruft, deren Feld die Deformation zu beseitigen sucht.

Eine metallische Hülle wirkt aber nur für solche Verbiegungsdeformationen stabilisierend, die durch eine genügend große Wellenlänge charakterisiert sind. Sie muß mindestens so groß wie der Hüllenradius sein. Die bei einer Verbiegung auftretende Verzerrung des Magnetfeldes erfaßt einen Bereich mit einem Radius in der Größenordnung der Wellenlänge λ. Bei kleinen λ-Werten wirkt sie sich deshalb nicht auf das Verhalten der Feldlinien in der Nähe der Hüllenoberfläche aus und ruft somit keine merklichen Bildströme hervor, die die Verbiegung stabilisieren. Man kann sich auch leicht davon überzeugen, daß eine Metallhülle ohne Einfluß auf die Stabilität eines Pinches gegenüber radialen Pulsationen vom Einschnürungstyp ist. Bei solchen Deformationen bleibt das Feld außerhalb des Plasmas wegen der azimutalen Symmetrie unverändert und es können keine Foucault-Ströme auftreten, durch die diese Pulsation gedämpft würde. Die Stabilisierung eines Pinches setzt also die gleichzeitige Anwendung beider Mittel, longitudinales Magnetfeld und Metallhülle, voraus. Durch ersteres werden kurzwellige Verbiegungen und Einschnürungen stabilisiert und durch das zweite die langwelligen Verbiegungen.

Zur Stabilisierung von Verbiegungen beliebiger Wellenlänge muß noch eine weitere Bedingung erfüllt sein: die Wellenlängenbereiche, in denen die angegebenen stabilisierenden Faktoren wirksam sind, müssen sich überlappen. Das ist nur dann möglich, wenn der Radius des Pinches a nicht zu klein gegenüber dem Radius b der Metallhülle ist. Bei sehr kleinem Verhältnis a/b gibt es einen Wellenlängenbereich, innerhalb dessen eine Stabilisierung von Verbiegungen nicht möglich ist. Dieser Bereich ist dadurch gekennzeichnet, daß das Verhältnis λ/a zu groß für einen Einfluß des Longitudinalfeldes, aber zu klein für eine merkliche Einwirkung der in der Metallhülle entstehenden Bildströme ist. Die Rechnung zeigt, daß in dem hier betrachteten idealisierten Fall (unendlich große Leitfähigkeit des Plasmas und vollständiges Einfrieren des äußeren Feldes) der gesamte λ-Bereich stabilisiert ist, wenn a/b einen gewissen Wert überschreitet, der mit wachsendem Verhältnis H_J/H_z zunimmt. Der minimal zulässige Wert von a/b beträgt 1/5 bei $H_J/H_z = 1$, d. h. dann, wenn der vom Feld des Stromes hervorgerufene magnetische Druck nur zur Einschließung des umschlossenen Longitudinalfeldes verwendet wird, und der Druck des Plasmas gleich Null ist. Bei $\left(\frac{H_J}{H_z}\right)^2 = 0{,}5$, also $\frac{H_J}{H_z} = 0{,}7$ ist der minimal zulässige Wert von a/b gleich 0,4.

Die Stabilität eines Pinches wird schlechter, wenn außer einem Longitudinalfeld in seinem Inneren noch ein Longitudinalfeld der gleichen Größenordnung außerhalb desselben vorhanden ist. In Abb. 75 ist nach SCHAFRANOW ein theoretisches Stabilitätsdiagramm für verschiedene Werte des Verhältnisses $\varepsilon = \frac{H_a}{H_i}$ [1]) dargestellt. Der Bereich, innerhalb dessen sich ein ideal leitender Pinch im stabilen Gleichgewichtszustand befindet, beginnt bei vorgegebenem ε mit einem bestimmten Wert des Verhältnisses a/b und ist nach oben durch eine Gerade begrenzt, die

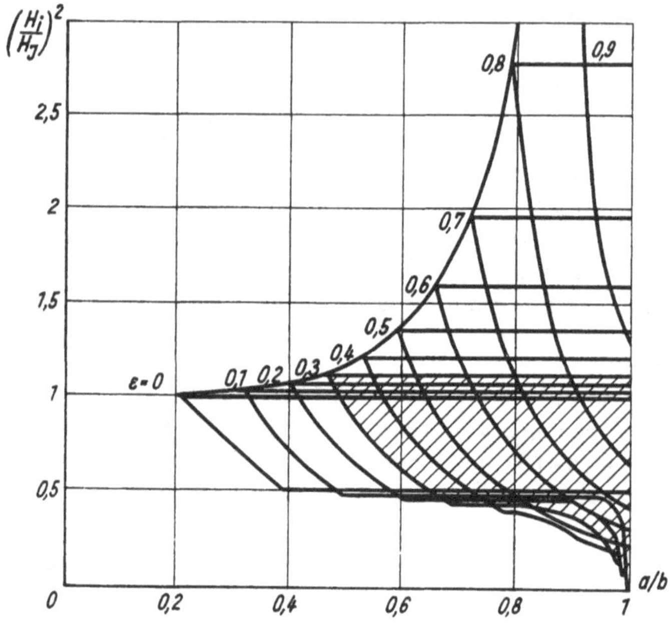

Abb. 75. Stabilitätsdiagramm für eine ideal leitende zylindrische Plasmasäule

dem nach der Gleichgewichtsbedingung maximal zulässigen Wert von H_i/H_J entspricht. Dieser Wert ist durch die Bedingung

$$H_J^2 = H_i^2 - H_a^2 = H_i^2\,(1 - \varepsilon^2)$$

bestimmt.

An der oberen Grenze des Stabilitätsbereiches ist der Plasmadruck gleich Null. Der Stabilitätsbereich für den Spezialfall $\varepsilon = 0{,}3$ in Abb. 75 ist schraffiert. Aus dem allgemeinen Stabilitätsdiagramm ist zu ersehen, daß der Bereich zulässiger a/b-Werte mit wachsendem Verhältnis H_a/H_i eingeengt wird. Im starken Longitudinalfeld kann man dann nur einen stabilen Zustand des Pinches erreichen, wenn dessen Oberfläche die Metallhülle fast berührt. Das bedeutet, daß unter diesen Bedingungen eine Stabilisierung praktisch nicht realisiert werden kann.

[1]) Die Bezeichnungen sind die gleichen wie in § 17.

Der Grund für die Verschlechterung der Stabilitätsbedingungen bei Vorhandensein eines Longitudinalfeldes auch außerhalb der Grenzen des Pinches hängt mit der veränderten Geometrie des Magnetfeldes zusammen. Bei $H_a \neq 0$ bilden die Feldlinien außerhalb des Pinches eine Schraubenlinie mit der Steigung $2\pi a\left(\frac{H_a}{H_J}\right)$ auf der Pinchoberfläche, wie man sich leicht überzeugen kann. Die Steigung wird mit wachsender Stärke des Longitudinalfeldes größer. Unter den möglichen Störungen sind nun solche am gefährlichsten, bei denen die Deformation längs einer Schraubenlinie mit der Steigung der Feldlinien auftritt (Abb. 76). Durch sie wird das Feld außerhalb des Pinches am wenigsten beeinflußt, denn das Plasma kann sich zwischen den Kraftlinien hindurchzwängen, indem es sie ein wenig auseinanderschiebt. In größerem Abstand von der Pinchoberfläche bleibt dabei das Feld fast ungestört. Deshalb wirkt eine Hülle gegenüber solchen Deformationen nur dann stabilisierend, wenn sie vom Pinch nahezu berührt wird.

Abb. 76. Spiraldeformation der Säule

Aus dem in Abb. 75 dargestellten Diagramm ergeben sich folgende Forderungen für das optimale Stabilisierungssystem: das Feld außerhalb des Pinches muß Null sein; die Stärke des eingeschlossenen Feldes H_i muß in der Größenordnung von H_J liegen. Ein solches Regime kann dann eintreten, wenn der sich zusammenziehende Pinch einen großen Teil des magnetischen Flusses des anfänglich im Kammervolumen erzeugten Longitudinalfeldes einschließt. Die Stärke des Longitudinalfeldes innerhalb dieser paramagnetischen Plasmaschnur beträgt annähernd $H_0 \cdot \left(\frac{b}{a}\right)^2$, wenn H_0 die ursprüngliche Stärke dieses Feldes bedeutet.

Zur Realisierung des angegebenen Regimes ist gerade eine relativ niedrige anfängliche Stärke des Longitudinalfeldes erforderlich. Ein weiterer Vorteil dieses Regimes ist, daß es eine natürliche Phase in der Ausbildung einer Impulsentladung darstellt. Die anfangs über den ganzen Kammerquerschnitt brennende Entladung zieht dann die Feldlinien des Longitudinalfeldes mit sich. Eine notwendige Bedingung für die Aufrechterhaltung dieses Regimes ist eine hohe Leitfähigkeit des Plasmas. Die Dauer, für die sich der Pinch im paramagnetischen Zustand befindet, wird durch die Gesetze des Skineffektes bestimmt. Sie ist größenordnungsmäßig gleich der Zeit, während der das eingefangene Feld aus dem Pinch ausfließt.

Die beschriebene Stabilisierungsmethode ist (auch im Rahmen der dargelegten Theorie) nicht die einzig mögliche. Um sich davon zu überzeugen, muß man berücksichtigen, daß sich unsere bisherigen theoretischen Stabilitätsbetrachtungen auf einen unendlich langen Pinch beziehen. In einem unendlich langen Pinch können Störungen mit beliebig großer Wellenlänge auftreten. Unter realen Bedingungen, etwa im Falle eines Ringpinches in einer Toroidkammer, kann die die longitudinale Verteilung der Deformationen charakterisierende Wellenlänge einen bestimmten Wert, nämlich den Umfang des Plasmaringes, nicht überschreiten. Berücksichtigen wir dies, so finden wir schließlich, daß ein gut leitender Pinch nicht nur unter den Bedingungen $H_i < H_J$ und H_a sehr klein stabil sein kann, sondern auch dann, wenn die Stärke des Longitudinalfeldes innerhalb und außerhalb des Pinches praktisch gleich und einige Male größer als H_J ist. In diesem Falle besteht die Stabilitätsbedingung darin, daß die Wellenlänge der gefährlichen Schraubendeformation größer als die Länge des Pinches sein muß. Wenn diese Bedingung erfüllt ist, kann eine derartige Deformation überhaupt nicht auftreten. Nach dem oben Gesagten kann diese Bedingung durch die Ungleichung

$$2\pi a \frac{H_a}{H_J} > 2\pi R \tag{6.1}$$

ausgedrückt werden. Zur Stabilisierung eines Ringpinches durch ein starkes Magnetfeld wird also gefordert, daß das Verhältnis H_a/H_J größer als R/a ist. Die Bedingung (6.1) wurde unabhängig voneinander von KRUSKAL und SCHAFRANOW gefunden. Einige Formen der Störung eines Pinches bleiben jedoch auch noch unstabilisiert, wenn diese Bedingung erfüllt ist. Es handelt sich dabei um sogenannte Deformationen höheren Modus. Von ihnen wird etwas später die Rede sein.

Im betrachteten Falle ist das Magnetfeld über den gesamten Kammerquerschnitt verteilt und ändert sich nicht merklich an seinen Grenzen. Ein Vorzug dieser Methode zur Stabilisierung einer Entladung ist, daß die Existenzdauer dieses Regimes nicht mit der Zeitkonstante des Skineffektes verknüpft ist, sondern nur durch die Zeit bestimmt wird, während der die Größen H_a und J erhalten bleiben. Dieser Vorzug wird aber sehr teuer erkauft, weil man mit sehr starken Magnetfeldern arbeiten muß.

Bei unseren Betrachtungen über Pinchstabilität haben wir uns nicht mit dem mathematischen Apparat der Theorie beschäftigt, sondern nur ihre Ergebnisse angeführt. Es muß aber noch einiges zu der in der Theorie gebräuchlichen Klassifikation der elementaren Pinchdeformationen gesagt werden. Das erleichtert dem Leser, der sich erstmalig mit den hier dargelegten Problemen befaßt, das Studium der speziellen Literatur, in welcher häufig ohne Erklärung mit den für die Klassifikation der Pinchdeformationen eingeführten Termini operiert wird. Die Kenntnis dieser Terminologie ist auch zur Formulierung von Kriterien für die Stabilität eines Pinches gegenüber Oberflächendeformationen von komplizierterem Typ, als es Einschnürungen und Verbiegungen sind, nötig.

Wenn der Pinch eine scharfe Grenze besitzt und der Strom nur an der Oberfläche fließt, so ist das Bild einer Deformation vollständig durch die Änderung der Oberflächengestalt des Pinches bestimmt. Im Gleichgewicht hat er die Form eines Zylinders mit dem Radius a_0. Wird seine Oberfläche deformiert, so ist er nicht mehr zylindersymmetrisch. Der Abstand eines Punktes auf der Oberfläche von der Achse ändert sich bei kleinen Deformationen um den Betrag Δr. Diese Verschiebung ist im allgemeinen eine beliebige Funktion der longitudinalen Koordinate z, des Azimuts φ und der Zeit t. Man kann Δr als Superposition von Elementarverschiebungen der Form

$$\delta r = \xi_0 \, e^{-i(kz + m\varphi - \omega t)}$$

darstellen, worin ξ_0 die Amplitude der Elementarverschiebung bedeutet. Die Größen k, m und ω im Exponentialfaktor haben einen einfachen physikalischen Sinn. Der Koeffizient k bezeichnet die Wellenzahl, durch die die longitudinale Periodizität der elementaren Störung charakterisiert wird. Er ist mit der Wellenlänge der Deformationen durch die Beziehung $k = \frac{2\pi}{\lambda}$ verknüpft. Der Koeffizient m wird als Modus der Störung bezeichnet; er bestimmt die φ-Abhängigkeit von δr. Bei einer Änderung des Azimuts um 2π nimmt die Größe δr wieder ihren Ausgangswert an. Deshalb kann m nur ganzzahlige Werte annehmen ($m = 0, \pm 1, \pm 2, \ldots$). Bei $m = 0$ hängt die Verschiebung nicht vom Azimut ab. Dies entspricht dem uns bereits bekannten Fall der Einschnürungen. Der Wert $m = 1$ entspricht den gefährlichen Verbiegungsdeformationen, bei denen die Pinchachse die Form einer Schraubenlinie annimmt. Bei $|m| > 1$ haben die Deformationen gleichfalls eine Schraubenstruktur. In diesem Falle verschiebt sich die Pinchachse nicht und sie stellt eine Schraubenachse mit einer Symmetrie m-ter Ordnung dar. Diese Form des Pinches erinnert an ein aus mehreren Fäden zusammengedrehtes Tau. In Abb. 77a—c sind die den Werten $m = 2, 3$ und 4

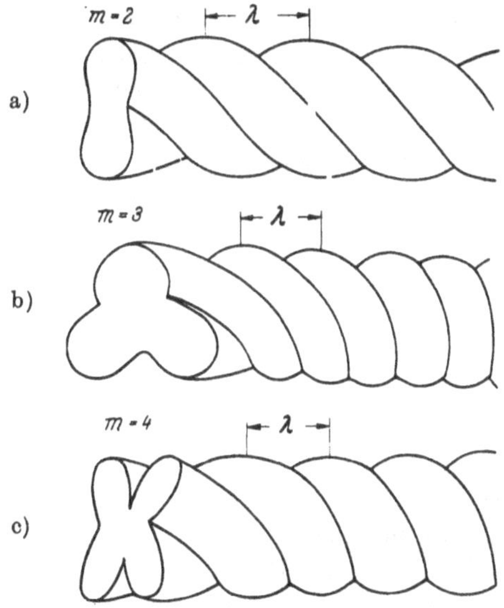

Abb. 77. Deformationen höheren Modus ($|m| > 1$)

entsprechenden Deformationen schematisch dargestellt. Wenn ω, das die Zeitabhängigkeit der Verschiebung δr charakterisiert, reell ist, so bleibt die Amplitude einer Störung begrenzt, d. h., der Pinch ist gegenüber dem vorliegenden Störungstyp stabil. Wenn aber ω imaginäre oder komplexe Werte annimmt, ist der Pinch instabil.

Es ist Aufgabe der Theorie, Kriterien anzugeben, durch die für jedes Wertepaar m und k das Gebiet der charakteristischen Parameter bestimmt wird, innerhalb dessen der Pinch stabil ist. Die wichtigsten dieser Kriterien wurden bereits weiter oben angegeben. Durch sie wurde die Stabilität eines Pinches gegenüber den gefährlichsten Deformationen mit den Moden $m = 0$ und $m = 1$ charakterisiert. Wenn auch die den höheren Moden entsprechenden Deformationen weniger gefährlich erscheinen, so kann man doch ihre Rolle bei der Wärmeabgabe eines Pinches von vornherein schwer abschätzen. Es ist möglich, daß die Instabilität eines Pinches gegenüber solchen Störungen eine Erhitzung des Plasmas auf hohe Temperaturen unter gewissen Bedingungen sehr erschwert. Die Kenntnis von Stabilitätskriterien für Störungen mit $|m| > 1$ ist also sehr wünschenswert. Wir wollen sie hier für den praktisch wichtigsten Fall $H_z \gg H_J$ angeben. Durch Betrachtungen, die uns zu der Beziehung (6.1) geführt haben, erhalten wir für die Stabilität eines Ringpinches gegenüber Deformationen vom Modus m die Ungleichung

$$\frac{H_z}{H_J} > m \frac{R}{a}.$$

Diese Bedingung kann offensichtlich nicht für jedes m erfüllt werden. Auch bei beliebig großem Verhältnis H_z/H_J wird es Deformationen mit so großen m geben, für die diese Deformationen nicht zu einem katastrophalen Abwandern von Teilchen und Energie aus dem Pinch führen, weil der Pinch als Ganzes seine Lage in der Kammer nicht ändert und keine Tendenz zum Zerreißen besitzt.

Diese Ergebnisse einer theoretischen Analyse der Pinchstabilität deuten darauf hin, daß es prinzipiell möglich ist, ein Regime der Plasmaaufheizung durch den Eigenstrom zu realisieren, bei dem man von vornherein eine Stabilisierung der gefährlichsten Arten von Instabilitäten erwarten kann. Diese Ergebnisse führen zu einer optimistischen Einschätzung der Arbeiten, die sich mit dem Studium langsamer elektrodenloser Entladungen beschäftigen. Man darf aber nicht vergessen, daß die Folgerungen aus der vereinfachten magnetohydrodynamischen Stabilitätstheorie auf einem äußerst schematisierten Bild der Entladung basieren und deshalb zahlreiche wichtige Details unberücksichtigt bleiben. Die besprochene Theorie ist streng genommen nur dann gültig, wenn der Pinch ideal leitend ist und seine Grenzschicht deshalb als unendlich dünn angenommen werden kann. Pinchdeformationen, die durch eine Wellenlänge charakterisiert sind, die kleiner als die Dicke der Skinschicht ist, bleiben dabei unbeachtet. Eine detailliertere Analyse zeigt, daß auch diese Deformationen zu einer Instabilität führen können. Anscheinend können sie nicht durch Methoden, wie sie zur Stabilisierung langwelliger Deformationen angewendet werden, stabilisiert werden.

In den vergangenen 2 bis 3 Jahren sind zahlreiche Untersuchungen mit dem Ziel einer weiteren Vervollkommnung der Stabilitätstheorie des Pinches veröffentlicht worden. In diesen Arbeiten wurde die reale Struktur mit unscharfer Grenze berücksichtigt. Darüber hinaus wurden nicht nur Deformationen des Plasmas als ganzem, sondern auch lokale Abweichungen aus dem Gleichgewichtszustand, also Deformationen, die sich in einem gewissen Bereich innerhalb des Plasmas ausbilden, berücksichtigt. Diese Arbeiten sind bisher noch nicht soweit gediehen, daß man ihre Ergebnisse als neue Etappe in der Entwicklung der Stabilitätstheorie ansehen kann. Einige Resultate der strengeren Theorie können jedoch künftig große Bedeutung gewinnen, sofern sie vom Experiment bestätigt werden.

Eine interessante Folgerung aus der theoretischen Behandlung der lokalen Eigenschaften eines Pinches ist das von SUYDAM gefundene Stabilitätskriterium. Danach muß innerhalb eines zylindrischen Pinches in jedem Punkt die Ungleichung

$$\frac{8\pi}{H_z^2}\frac{dp}{dr} + \frac{r}{4}\left(\frac{1}{\mu}\frac{d\mu}{dr}\right)^2 > 0 \tag{6.2}$$

erfüllt sein, wenn der Pinch stabil sein soll. Darin bedeuten r = Abstand von der Pinchachse und $\mu = \frac{H_\varphi}{2 H_z}$ (H_φ = Stärke des azimutalen vom Strom erzeugten Feldes im gegebenen Punkt). Aus der Herleitung der Ungleichung (6.2) folgt, daß sie nur eine notwendige Bedingung ist. Für den Experimentator hat das Kriterium von SUYDAM den Vorteil, daß es zur Überprüfung der Instabilität eines beliebigen Zustandes angewendet werden kann, wenn nur die Verteilung von p und μ über den Pinchradius bekannt ist. Aus der Ungleichung (6.2) folgt, daß die Ableitung von μ überall hinreichend groß sein muß, damit das positive zweite Glied das negative erste Glied, das den Druckgradienten im Plasma enthält, kompensieren kann. Die Untersuchung konkreter Fälle zeigt, daß eine solche Kompensation bei einer verwaschenen Grenze des Plasmas nur in einer Entladung mit starkem Longitudinalfeld $H_z \gg H_\varphi$ erreicht werden kann. Das Kriterium von SUYDAM wird auch dann erfüllt, wenn das äußere Feld seine Richtung an den Grenzen des Plasmas stark ändert. In diesem Falle ist der Pinch aber instabil gegenüber Störungen, deren Wellenlänge größer als die Dicke der Skinschicht ist.

Wenn auch der Optimismus in Bezug auf derzeit laufende Untersuchungen an quasistationären Entladungen durch die sich aus dem Kriterium von SUYDAM ergebenden Konsequenzen stark gedämpft wird, so sollte man doch aus diesem Grunde die experimentellen Arbeiten in dieser Richtung nicht vernachlässigen. Beim derzeitigen Entwicklungsstand der Theorie der Pinchentladungen ist eine wirklich zuverlässige Aussage über die Stabilität oder Instabilität eines konkreten Zustandes nicht zu erwarten. Zu dieser Ansicht kam der Autor nach zahlreichen Konsultationen mit Theoretikern. Wenn sich das Gespräch auf die Zweckmäßigkeit der Untersuchung irgendeines konkreten Regimes bezog, waren die Diagnosen über die Stabilität stets sehr ausweichend. In der gegenwärtigen Situation sind also die Hände des Experimentators keinesfalls durch Voraussagen der Theorie gebunden. Vielmehr besteht die wichtigste Aufgabe des Experiments heute darin, feste Anhaltspunkte für eine Weiterentwicklung der theoretichen Vorstellungen zu finden. Dazu sind langwierige und umfassende Untersuchungen der Plasmaeigenschaften in langsamen Entladungen mit verschiedenen Stabilisierungsmethoden durch äußere Felder nötig.

§ 32. Konstruktion von experimentellen Anlagen, die zur Untersuchung von Toroidentladungen verwendet werden

Experimentelle Untersuchungen der Prozesse, die im Plasma bei langsamem Anwachsen des in ihm fließenden Stromes ablaufen, kann man prinzipiell sowohl in langen Entladungsröhren als auch in toroidförmigen Kammern durchführen. In der Praxis kommen aber lineare Entladungsrohre nur für orientierende Versuche mit sehr begrenzter Zielsetzung in Frage. Die große Energiekonzentration auf den Elektroden führt zur Zerstäubung und Verdampfung des Elektrodenmaterials. Die dadurch entstehende Verunreinigung des Gases hat einen wesentlichen Einfluß auf den Verlauf der Entladungen mit langsamem Stromanstieg, im Gegensatz zu den im vorigen Paragraphen besprochenen kurzzeitigen Entladungen. Die wertvollsten experimentellen Ergebnisse über quasistationäre

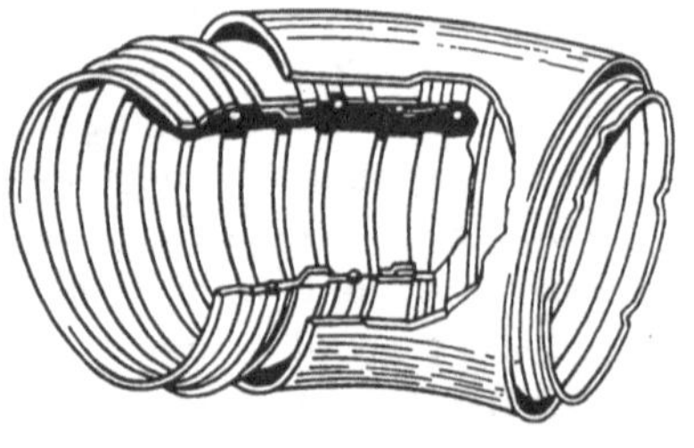

Abb. 78. Aus gegeneinander isolierten ringförmigen Sektoren aufgebaute Kammer

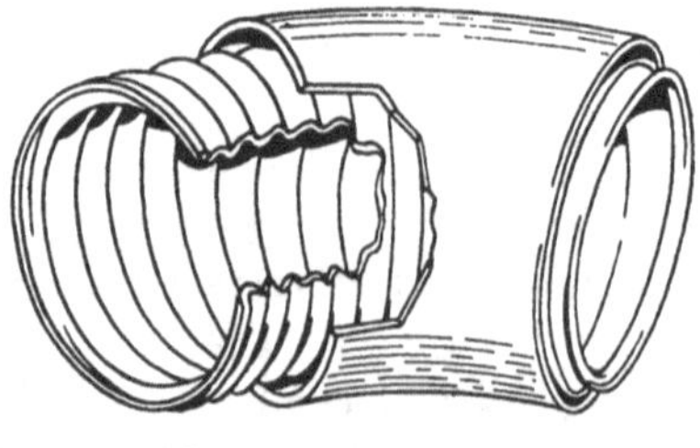

Abb. 79. Durchgehend metallische Kammer

Zustände eines Plasmas in langsamen Entladungen werden deshalb in Anlagen mit toroidförmigen Entladungskammern gewonnen.

Im Anfangsstadium wurden die Untersuchungen sowohl in der UdSSR als auch in England und den USA in Kammern durchgeführt, deren Wände aus Isoliermaterial hergestellt waren (Glas, Keramik, Quarz). Wegen der starken Gasabgabe der Wände kann man mit derartigen Kammern nur bei relativ hohem Füllgasdruck und Entladungen mit sehr großer Leistung saubere Ergebnisse erzielen. In den modernen großen Experimentieranlagen zur Untersuchung quasistationärer Prozesse werden durchweg Metallkammern verwendet. Sie bestehen entweder aus einer Reihe voneinander isolierter Ringabschnitte (Abb. 78) oder aus einem durchgehenden Metalltorus aus dünnem Material mit nicht zu großer elektrischer Leitfähigkeit und guten Vakuumeigenschaften (Abb. 79). Unmagnetischer Edelstahl ist für diese Zwecke beispielsweise gut geeignet. Eine durchgehende Metallkammer kann man entgasen, indem man sie bei gutem Vakuum erhitzt. Dadurch werden ihre Vakuumeigenschaften wesentlich verbessert, und die Entladung findet unter sauberen Bedingungen statt. Bei der Wahl der Materialdicke muß man einen Kompromiß zwischen zwei Forderungen eingehen: Die Konstruktion muß mechanisch hinreichend stabil sein, der Widerstand für den im Metall längs des Torus fließenden Strom soll aber möglichst groß sein (denn dieser Strom shuntet die Entladung und stellt somit eine zusätzliche Belastung für die Stromquelle dar). Für große Experimentieranlagen mit einem Kammerquerschnitt von über zehn Zentimetern darf die Dicke des Edelstahls einige zehntel Millimeter nicht überschreiten. Die Kammer hält dann einem Druck von einer Atmosphäre nicht mehr stand und muß deshalb mit einer Vakuumhülle umgeben werden. Die Hülle kann allerdings aus dickem Material mit guter elektrischer Leitfähigkeit hergestellt werden. Sie erfüllt dann gleichzeitig die Funktion einer stabilisierenden Hülle. Um parasitäre Entladungen zwischen der inneren Kammer und der Außenhülle zu vermeiden, wird der Zwischenraum durch spezielle Pumpen auf Hochvakuum evakuiert. Die gesamte Anlage stellt somit ein System mit getrenntem Vakuum dar. Dadurch wird die Gaseinströmung in das Kammerinnere sehr klein gehalten.

Auch bei der anderen konstruktiven Variante, wenn die Kammer aus einzelnen Metallabschnitten und isolierenden Zwischenstücken besteht, muß die Kammer zur Stabilisierung des Pinches mit einer leitenden Hülle umgeben sein. Sie dient dann gleichzeitig als Vakuumhülle für ein System mit getrennten Pumpen. Bei genügend großer Wandstärke der Metallabschnitte kann man erreichen, daß der magnetische Fluß des Longitudinalfeldes innerhalb der Kammer konstant ist. Deshalb werden solche Anlagen zu Untersuchungen an paramagnetischen Pinchen verwendet.

Die innere Entladungskammer in Anlagen mit getrenntem Pumpsystem für den Zwischenraum wird als Liner (engl.) bezeichnet. Dieser Terminus hat sich heute allgemein durchgesetzt. In Abb. 80 ist eine Anlage mit durchgehendem Liner (einschließlich der wesentlichen Elemente des Vakuumsystems) dargestellt. Das elektrische Versorgungssystem ist in dieser Abbildung nicht dargestellt, um die Zeichnung übersichtlicher zu machen.

Der Strom in dem die Kammer ausfüllenden Gas wird durch Induktion erzeugt. Der Gasring in der Kammer bildet die Sekundärwicklung eines Transformators. Die Primärwicklung wird in allen bisher gebauten Maschinen aus einer leistungsfähigen Kondensatorbatterie gespeist. Im einfachsten Falle ist die Primärwicklung eine einzige Windung, die durch eine die Kammer umschließende Metallhülle gebildet wird (Abb. 81).[1])

Ein solches System ist aber nur zur Erzeugung sehr kurzzeitiger Entladungen geeignet. Wenn Entladungen mit einer Dauer von Millisekunden und länger untersucht werden sollen, muß das Übersetzungsverhältnis durch Erhöhung der Zahl

---

[1]) Experimentelle Untersuchungen von Ringentladungen mit großer Stromstärke, die an Anlagen solcher Konstruktion durchgeführt wurden, wurden zuerst in den Arbeiten von Ware im Jahre 1951 veröffentlicht.

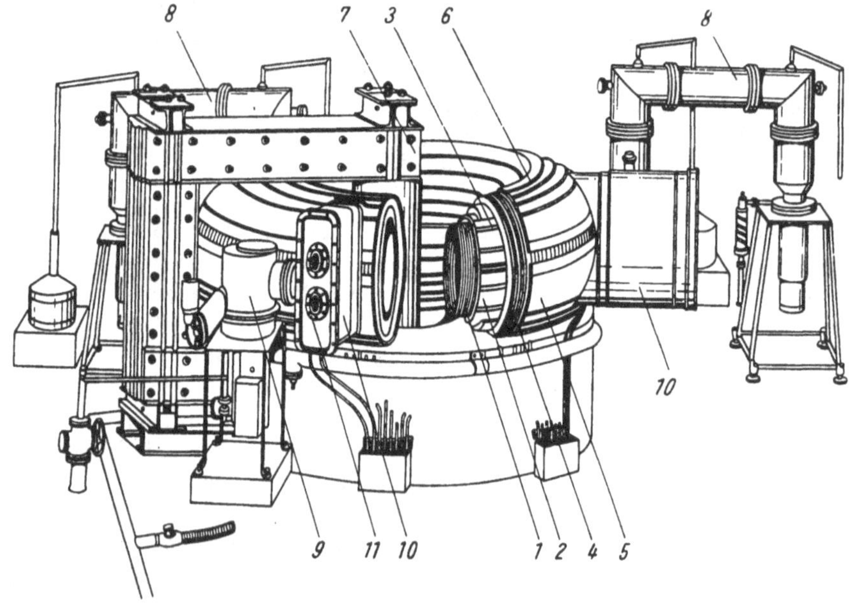

Abb. 80. Anordnung mit durchgehend metallischem Liner (Tokamak)

1 — *liner*, *2* — Vakuumkammer, *3* — Röhrensystem zur Kühlung der Kammer mit Wasser, *4* — Längsfeldspulen, *5* — äußere Hülle, *6* — Primärwicklung des Transformators, *7* — Eisenjoch, *8*, *9* — Pumpen zur Evakuierung des *liners* bzw. des Raumes zwischen *liner* und Vakuumkammer (*2*), *10* — Pumpstutzen, *11* — Öffnungen zum Einbringen von Meßsystemen

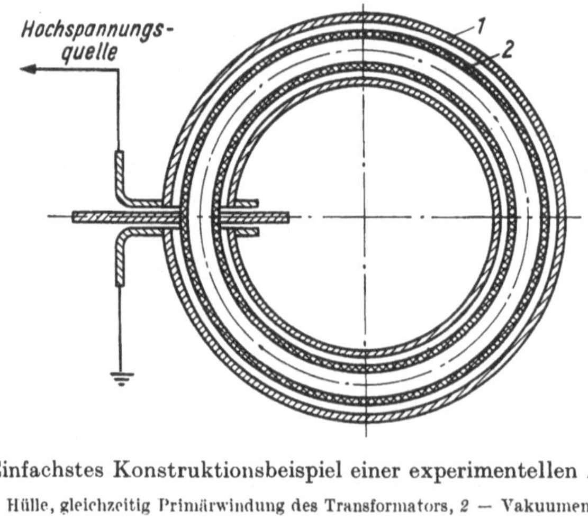

Abb. 81. Einfachstes Konstruktionsbeispiel einer experimentellen Anordnung

1 — metallische Hülle, gleichzeitig Primärwindung des Transformators, *2* — Vakuumentladungskammer

der Primärwindungen verändert werden. Die Möglichkeiten, der zur Zeit vorhandenen Kondensatoren können rationeller genutzt werden, wenn man ein Übersetzungsverhältnis von 5:1 oder 10:1 anwendet. Die Konstruktion des Transformators hängt in erster Linie davon ab, ob zur Erzeugung des magnetischen Wechselfeldes ein Eisenkern verwendet wird oder nicht. In eisenlosen Anlagen werden die Primärwicklungen der besseren Kopplung wegen unmittelbar an der Oberfläche der Entladungskammer angebracht. Auf diese Weise kann man einen Kopplungskoeffizienten zwischen Primärwicklung und Entladung von 0,6 bis 0,65 erreichen. Ein Nachteil des eisenlosen Transformators ist das starke magnetische Streufeld der Primärseite. Dieses Streufeld dringt teilweise in die Entladungskammer ein. Infolgedessen wird das Magnetfeld innerhalb der Kammer (das durch den Strom im Plasma und den Strom in den Stabilisierungswicklungen erzeugt wird) gestört. Auf diese Weise können sich die Bedingungen für die magnetische Wärmeisolation des Pinches sehr verschlechtern.

Einen wirksamen Schutz vor Streufeldern erhält man durch Anbringung von Metallabschirmungen auf der Außenseite der Entladungskammer. Diese Rolle übernimmt zum Teil die Metallhülle der Kammer, deren Hauptfunktion natürlich die Stabilisierung der Entladung mit Hilfe der Bildströme bleibt. Zur vollständigen Unterdrückung der Streufelder reicht diese Hülle jedoch nicht aus. Deshalb muß die Kammer mit einer zusätzlichen Abschirmung versehen werden.

Im Transformator mit Eisenkern kann der Kopplungskoeffizient zwischen Primärwicklung und Entladung praktisch zu Eins gemacht werden und das Streufeld der Primärwicklung ist bei richtig gewähltem Regime der Anlage vernachlässigbar. Richtiges Regime heißt, daß der Eisenkern weit von der Sättigung entfernt bleibt bzw. daß die Induktion während des Arbeitszyklus wesentlich unter dem für die verwendete Eisensorte zulässigen Werte $B_{\max}$ liegt.

Aus dem Gesagten gelangt man zu der Ansicht, daß der Transformator mit Eisenkern für große Experimentieranlagen dem eisenlosen vorzuziehen ist. Dabei muß man aber berücksichtigen, daß ein Eisenkern nur dann vorteilhaft ist, wenn die Kammerdimensionen auf das vorgesehene Regime der Entladung abgestimmt sind. Zur Realisierung eines bestimmten Entladungsregimes muß das elektrische Feld im Plasma für ein bestimmtes Zeitintervall t, zum Beispiel vom Beginn des Prozesses bis zum Nulldurchgang des Stromes, einen mittleren Wert $\bar{E}$ haben. Nach dem Induktionsgesetz ist

$$2\pi R \bar{E} t = \pi R_m^2 \frac{1}{c} (B_1 - B_0) \tag{6.3}$$

(R: Radius der Plasmaschleife, R_m: Radius des Kernes (Abb. 82)). Die Größen B_1 und B_0 bedeuten die Induktion im Kern am Anfang und am Ende des Zeitintervalles. Wenn der Anfangswert der Induktion im Eisen gleich Null ist, so folgt aus Gleichung (6.3)

$$\frac{R_m^2}{R} > \frac{2 c \bar{E} t}{B_{\max}}. \tag{6.4}$$

Wenn zum Beispiel $B_{max} = 1{,}5 \cdot 10^4$ Oe, $t = 2 \cdot 10^{-3}$ sec und $\bar{E} = 3 \cdot 10^{-3}$ (d. h. ca. 1 V/cm) beträgt, erhält man aus (6.4) $R_m^2 > 24 \cdot R$. Andererseits folgt aus Abb. 82, daß $R_m < R - b$ sein muß, wobei b den Radius des Kammerquerschnittes bedeutet. Wenn man $b = 30$ cm annimmt, so beträgt der minimale Wert von R, für den beide Ungleichungen erfüllt sind, 72 cm.

Die Bedingungen für die minimalen Abmessungen der Kammer werden günstiger, wenn man die Ummagnetisierung des Kernes während der Entladung ausnutzt. Wir nehmen an, daß zu dem Zeitpunkt, in dem an die Primärwicklung die Spannung der Kondensatorbatterie angelegt wird (Zeitpunkt Null), die magnetische Induktion im Eisen gleich $-B_{max}$ sei. Dieser Anfangswert der Induktion werde durch eine zusätzliche Wicklung des Transformators erzeugt, die aus einer getrennten Gleichstromquelle (Gleichstromgenerator oder Gleichrichter) gespeist wird. Wenn man annimmt, daß der durch die Primärwicklung fließende Wechsel-

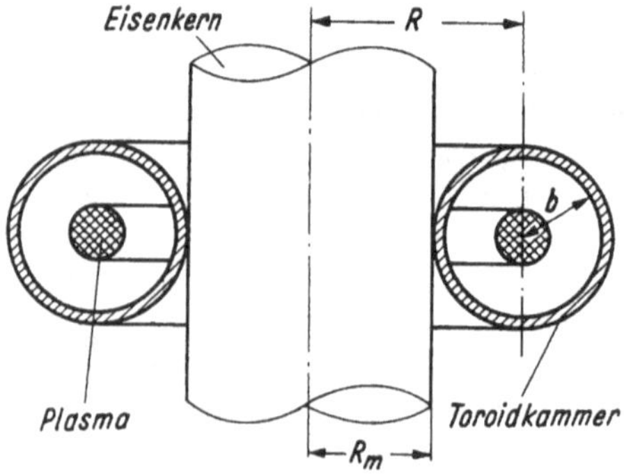

Abb. 82. Schematischer Schnitt durch Kammer und Entladung

strom in der Zeit t eine Änderung der Induktion von $-B_{max}$ auf $+B_{max}$ hervorruft, so wird die rechte Seite der Bedingung für das Verhältnis R_m^2/R um den Faktor 1/2 herabgesetzt. Dies führt zu einer entsprechenden Abnahme der minimal zulässigen Werte von R_m und R.

Als Beispiel für ein rationelles Speisesystem, in dem ein Transformator mit Eisenkern verwendet wird, kann die elektrische Anlage des ZETA-Gerätes dienen. In Abb. 83 ist der Aufbau des Transformators dieser Anlage dargestellt. Er besteht aus zwei getrennten Kernen, durch deren Öffnung die Entladungskammer hindurchgeht. Die Kerne sind aus einzelnen Ringabschnitten mit einer Breite von 10 cm, einem Außendurchmesser von 3 m und einem Innendurchmesser von 1,5 m zusammengesetzt. Jeder dieser Abschnitte ist aus einem dünnen Band aus Transformatorstahl hergestellt, der sich wie eine zusammengedrückte Uhrfeder zusammenrollt. Die Windungen der Primärwicklung sind gleichmäßig über die Oberfläche beider Kerne verteilt. Durch Zusammenschalten einzelner Abschnitte der Wicklungen kann man das Übersetzungsverhältnis von 1:1 bis 27:1 verändern. Um die maximal mögliche Änderung des magnetischen Flusses ausnutzen zu können, werden die Kerne durch Gleichstrom vormagnetisiert. Für den Schutz der Vormagnetisierungsseite vor der Hochspannung, die bei der Entladung der Kondensatorbatterie über die Primärwicklung entsteht, sorgt eine große Induktivität, die mit den Vormagnetisierungswindungen in Reihe geschaltet ist.

Im Speisesystem des ZETA-Gerätes ist ein besonderer Kreis für die Speicherung der im Transformator angesammelten magnetischen Energie und die Ver-

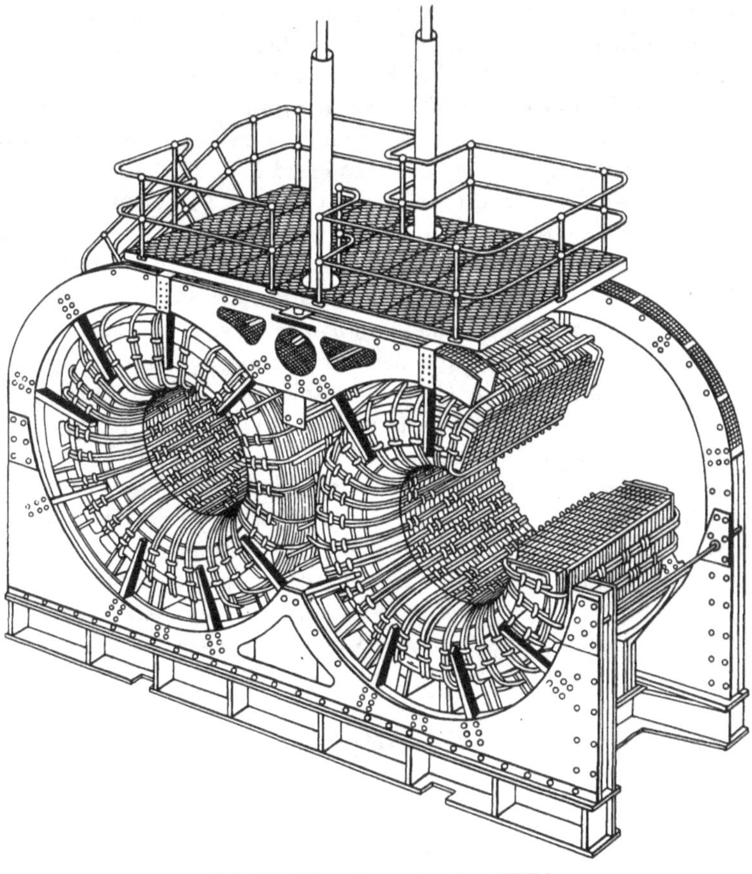

Abb. 83. Transformator der ZETA

längerung des ersten Stromimpulses in der Entladungskammer vorgesehen. Dieser elektrische Kreis besteht aus Ignitrons und in Reihe mit ihnen geschalteten nicht sehr großen OHMschen Widerständen. Er shuntet die Primärwicklung des Transformators. Die Ignitrons werden gezündet, wenn die Spannung in der Primärwicklung durch Null geht. Dadurch wird diese praktisch kurzgeschlossen. Es ist klar, daß dann auch die Sekundär-(Entladungs-)Seite kurzgeschlossen ist. Die

Stromänderung im Plasma wird dann nur durch die Induktivität und den OHMschen Widerstand der Entladung bestimmt. Durch diese Maßnahme nimmt der Strom wesentlich langsamer ab, als wenn die Primärwicklung nicht kurz geschlossen wäre und die Spannung ihr Vorzeichen ändern könnte.

Eine rein experimentelle Schwierigkeit, die bei der Untersuchung des Verhaltens von Pinchen in toroidförmigen Entladungskammern auftritt, besteht darin, daß man eine Entladung nur in einem sehr begrenzten Bereich des anfänglichen Gasdruckes zünden kann. Bei Drücken unterhalb 10^{-4} Torr ist die Durchschlagsspannung in Wasserstoff so hoch, daß man einen Durchschlag mit den beschriebenen Mitteln nicht erreichen kann. Zur Überwindung dieser Schwierigkeit verwendet man häufig mit Erfolg eine Hochfrequenzentladung in der Kammer. Die Methoden der Einführung der HF-Spannung in die Kammer sind so unterschiedlich, daß wir darauf nicht näher eingehen wollen. Diese Entladung erzeugt bei relativ niedriger Leistung eine genügend hohe Vorionisation des Gases, so daß beim Anlegen der eigentlichen Speisespannung die notwendigen Anfangsbedingungen für die Ausbildung eines Pinches mit großem und schnell anwachsendem Strom erfüllt sind. Auf diese Weise kann man die untere Grenze für den Anfangsdruck, bei dem ein Pinch entsteht, wesentlich herabsetzen.

Man kann sich auch andere Verfahren vorstellen, die für eine ausreichende Vorionisation und somit Herabsetzung der Durchschlagsspannung sorgen. Wenn beispielsweise eine Elektronenquelle in der Nähe der Kammeroberfläche angebracht wird, die einen längs des Torus gerichteten Elektronenstrahl aussendet, werden sich die Elektronen bei Anwesenheit eines Longitudinalfeldes in Kammerrichtung und gleichzeitig (wegen der Drift im inhomogenen Feld) zur gegenüberliegenden Wand bewegen. Ein solcher Elektronenstrahl erleichtert den Durchschlag im Gas allein durch seine Anwesenheit, weil mit ihm eine gewisse Anfangskonzentration geladener Teilchen im Kammervolumen verbunden ist. Darüberhinaus ist zu beachten, daß die Ladungsträgerkonzentration wegen der Ionisierung längs des Elektronenstrahles noch um Größenordnungen erhöht wird.

§ 33. Messung der den Prozeß charakterisierenden Grundgrößen

Die experimentelle Technik der Untersuchung quasistationärer Entladungen ist noch weit von der Vollkommenheit entfernt. Das gilt sowohl für die Vielfalt der verwendeten Mittel als auch für die Genauigkeit der Meßergebnisse. Diese Unzufriedenheit mit dem Zustand der Meßmethodik erklärt sich aber teilweise aus den übertriebenen Forderungen. Durch die spezifischen Eigenschaften des zu untersuchenden Objektes — des Plasmas — wird die Gewinnung zuverlässiger und genauer Charakteristika aller seiner Parameter außerordentlich erschwert. Etwas vorgreifend wollen wir bemerken, daß ein Pinch, mit dem wir es bei langsamen Entladungen mit großer Stromstärke zu tun haben, tatsächlich wenig Recht darauf hat, als quasistationär zu gelten. Eine Wolke Zigarettenqualm hat jedenfalls viel eher Anrecht auf diese Bezeichnung. In einem Pinch ändern sich alle wesentlichen physikalischen Parameter wie Druck, Dichte, Temperatur, Stromdichte, elektrische Leitfähigkeit usw. innerhalb sehr weiter Grenzen sowohl von Ort zu Ort als auch — für ein gegebenes Volumenelement — von Zeitpunkt zu Zeitpunkt. Wegen der starken Inhomogenität des Plasmas und der sehr schnellen Änderung seiner lokalen Eigenschaften läßt die Mehrzahl der heute angewandten experimentellen Methoden nur eine sehr grobe Messung der Charakteristika des Plasmazustandes zu.

Es gibt noch einen weiteren Umstand, der die experimentelle Untersuchung der Plasmaeigenschaften in Entladungen mit langsamem Stromanstieg sehr erschwert: Um die Entladung unter möglichst sauberen Bedingungen erzeugen zu können, ist man zu einer Konstruktion der Kammern und der gesamten Anlagen gekommen, bei denen die ringförmige Plasmawindung allseitig mit einer mehrschichtigen Metallhülle umgeben ist. Durch diese Hülle, die sich außerdem noch auf hoher Temperatur befindet, kann man schwer mit einem Meßinstrument an das Plasma gelangen.

Trotzdem erlauben die vorhandenen und neu ausgebreiteten Meßmethoden bei ihrer Anwendung auf quasistationäre Entladungen zumindest im Prinzip eine wesentlich vollständigere Information über den Zustand des Plasmas, als wenn man sie auf die Untersuchung der im vorigen Paragraphen besprochenen schnellen Entladungen anwenden würde.

Die heute angewandte experimentelle Technik gestattet die Untersuchung der Form eines Pinches, die Messung der elektrischen und magnetischen Charakteristika einer Entladung (Spannung, Stromstärke, räumliche Verteilung des Magnetfeldes), die Bestimmung der mittleren Konzentration der Ladungsträger im Plasma sowie die Untersuchung der Strahlung eines Plasmas in einem breiten Wellenlängenbereich und die Messung der Strahlungsverluste.

Die Methoden zur Bestimmung der Stromstärke, der Spannung und der Verteilung des Magnetfeldes im Pinch wurden im vorigen Kapitel beschrieben. Sie bedürfen keiner wesentlichen Abänderung beim Übergang zu langandauernden Prozessen. In Entladungen mit langsamer Stromzunahme ist der Ohmsche Spannungsabfall in der Plasmawindung ϱJ nicht mehr klein gegenüber $\frac{d}{dt} L J$. Damit bietet sich eine Möglichkeit zur Bestimmung des Widerstandes der Plasmawindung. Zur Messung von ϱ muß man die Größen V, J und L als Funktionen der Zeit kennen. Eine sehr genaue Bestimmung des Selbstinduktionskoeffizienten ist dabei nicht erforderlich. Man kann ihn aus der einfachen Formel

$$L = 4\pi R \ln \frac{b}{a}$$

berechnen. Sie enthält als einzigen geometrischen Parameter des Pinches den Pinchradius a, gegen dessen genaue Bestimmung die bekannten Bedenken bestehen.

magnetischen Wellen den Strahl in verschiedenen Abständen von seiner Achse durchsetzen. Derartige Versuche sind aber bisher noch nicht durchgeführt worden.

Die beschriebene Methode zur Bestimmung der Elektronenkonzentration ist nur der erste Schritt bei der Anwendung radiotechnischer Mittel zur Plasmadiagnostik. Wesentlich vollkommener ist die radiointerferometrische Methode zur Konzentrationsbestimmung. Dabei wird die Phasenverschiebung kurzwelliger Strahlung gemessen, die zwei Kanäle durchläuft, von denen einer einen Abschnitt enthält, der mit dem Plasma gefüllt ist. Das Prinzipschema eines Radiointerferometers zur Messung der Plasmakonzentration zeigt Abb. 85. Die von einem Klystron-Generator erzeugte Strahlung läuft längs eines Wellenleiters, verzweigt sich und breitet sich danach längs zweier paralleler Zweige aus. Im unteren Zweig durchläuft die Strahlung das zu untersuchende Plasma. Der Brechungskoeffizient des Plasmas ist eine Funktion der Frequenz (s. Gleichung (3.14)). Diese Abhängigkeit führt zur Entstehung einer Phasenverschiebung proportional zur Weglänge der elektromagnetischen Wellen im Plasma und der Abweichung des Brechungs-

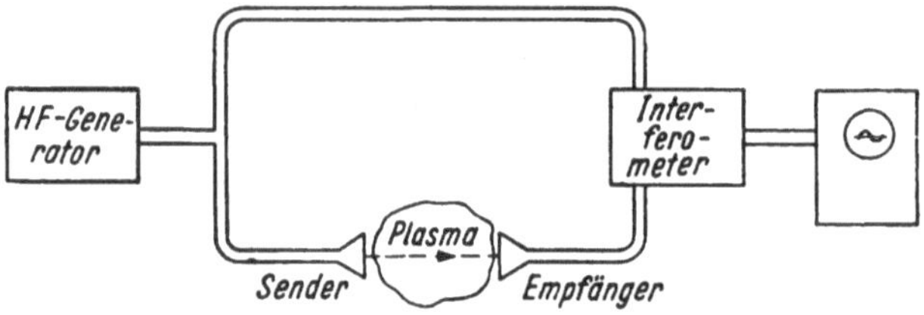

Abb. 85. Prinzipschema eines Radiointerferometers zur Messung der Plasmakonzentration

koeffizienten des Plasmas von Eins. Die durch beide Zweige laufenden Wellen werden anschließend gemischt, wobei sie miteinander interferieren. Die Amplitude der resultierenden Welle hängt dann von der Phasenverschiebung zwischen beiden Komponenten, d. h. von der Konzentration des Plasmas ab.

Wenn auch das Prinzipschema dieser Methode sehr einfach ist, so ist doch ihre konkrete Realisierung mit einem ziemlich großen elektronischen Aufwand verbunden. Wir wollen uns bei den verschiedenen Varianten zur Beobachtung der Interferenzeffekte nicht länger aufhalten, weil diese ständig vervollkommnet werden und schnell wechseln.

Unter den in letzter Zeit entwickelten radiotechnischen Plasmadiagnostikmethoden ist noch die Radiolokalisierungsmethode zur Messung der Bewegung der Plasmagrenze zu erwähnen. Sie wurde im Leningrader Physikalisch-Technischen Institut zur Untersuchung der Bewegung des Pinches in der Alpha-Anlage entwickelt. Die Methode begründet sich darauf, daß ein Radiosignal mit der Wellenlänge λ, das in ein Plasma eindringt, an der Oberfläche von Bereichen reflektiert wird, in denen die Konzentration geladener Teilchen größer ist als $n_{\text{krit}} = \frac{1{,}12 \cdot 10^{13}}{\lambda^2}$. Durch Analyse von Amplitude und Form der empfangenen reflektierten Signale kann man die Lage der reflektierenden Grenzfläche bestimmen und untersuchen, wie sie sich während des Prozesses verändert.

Eine breite Anwendung bei der Untersuchung quasistationärer Entladungen finden auch spektroskopische Methoden. Dies gilt sowohl für Spektrographen im sichtbaren Gebiet (7000—4000 Å) als auch für Quarzspektrographen im nahen UV (4000—2000 Å) und Vakuumspektrographen mit Diffraktionsgittern zur Untersuchung der Plasmastrahlung im fernen UV und weichen Röntgengebiet (1200 bis 60 Å). Durch Anbringen eines schnell wirkenden Verschlusses im Strahlengang kann man Spektren für sehr kurze Intervalle während einer gewählten Phase des Prozesses erhalten. Zu diesem Zweck kann man die Intensität der Spektrallinien photographisch registrieren oder auf einem Oszillographenschirm abbilden. Prismenspektrographen registrieren das durch ein Glas- oder Quarzfenster in der Kammerwand austretende Licht. Für Messungen im fernen UV und im Gebiet weicher Röntgenstrahlung darf zwischen dem Spektrographen und der Kammer kein absorbierendes Medium liegen.

Die spektroskopisch gewonnenen Daten dienen in erster Linie zur Bestimmung der Gaszusammensetzung im Entladungsraum. Im Prinzip ist diese Bestimmungsmethode für den Verunreinigungsgrad sehr einfach. Es wird die Intensität irgendeiner Spektrallinie, die von den Atomen eines Fremdgases emittiert wird, mit der Intensität der gleichen Spektrallinie bei dosierter Zugabe des betreffenden Gases in den Entladungsraum verglichen. Leider wurden aber solche direkten Bestimmungen des Fremdgasgehalts bisher nicht systematisch durchgeführt. Vielmehr wurde der Fremdgasanteil nur aus der relativen Linienintensität verschiedener Elemente abgeschätzt, weshalb die gewonnenen Resultate mit einer großen Ungenauigkeit behaftet sind.

Durch spektroskopische Messungen kann man auch wertvolle Auskünfte über die Ionengeschwindigkeit und die Elektronentemperatur im Plasma erhalten. Die spektroskopische Methode zur Abschätzung der Elektronentemperatur beruht auf der Bestimmung der relativen Linienintensität von Atomen und Ionen, die sich in verschiedenen Anregungszuständen befinden. Dabei berücksichtigt man, daß die Intensität der Spektrallinien der Besetzungszahl des Quantenzustandes, von dem aus der optische Übergang erfolgt, proportional ist. Im Ausdruck für die relative Intensität zweier Linien tritt deshalb ein Faktor $\exp(-\Delta E/k\,T_e)$ auf, worin ΔE die Energiedifferenz der beiden Ausgangszustände bedeutet. Die Interpretation der gemessenen relativen Linienintensitäten wird dadurch erschwert, daß die Übergangswahrscheinlichkeit für einen optischen Übergang nicht nur durch den angegebenen Exponentialfaktor bestimmt wird, sondern auch von den Quantenzahlen des Ausgangs- und Endzustandes abhängt, wobei diese Abhängigkeit in den meisten Fällen unbekannt ist. Darüberhinaus gilt die exponentielle Abhängigkeit der Spektrallinienintensität von $\Delta E/T_e$ nur für ein Maxwellsches Geschwindigkeitsspektrum der Elektronen. Aus diesen Gründen kann man heute auf spektroskopischem Wege nur die Größenordnung der Elektronentemperatur in Pinchen bestimmen.

Wie bereits im vorigen Kapitel erwähnt, stellt die Spektrallinienbreite einen wichtigen Indikator für die Bewegung der Ionen und Atome im Plasma dar. An die Auswertung gemessener Linienbreiten muß man jedoch mit Vorsicht herangehen. Insbesondere gilt dies für alle Versuche, aus der Linienbreite die Ionentemperatur zu bestimmen. Solche Versuche sind oft gescheitert, weil sich im Plasma nichtstationäre Zustände ausbilden können, die einen gerichteten Strom von sehr schnellen Atomen und Ionen zur Folge haben. Durch schnelle Änderung von Richtung und Geschwindigkeit der Teilchenbewegung tritt bei nichtstationären Zuständen eine Verbreiterung der Spektrallinien auf. Um sicher zu sein, daß die Linienverbreiterung durch die Wärmebewegung und nicht durch gerichtete Teilchenströme bedingt ist, muß man daher durch Kontrollversuche zeigen, daß erstens die aus der Linienverbreiterung bestimmte Temperatur für Ionen verschiedener Masse gleich ist, daß zweitens die Linienkontur unabhängig von der Richtung ist, unter der das ausgestrahlte Licht beobachtet wird und daß drittens die Linienkonturen die für die Dopplerverbreiterung durch Wärmebewegung typische Form besitzen.

Mit spektralanalytischen Mitteln kann auch der Energieanteil bestimmt werden, der das Plasma in Form elektromagnetischer Strahlung im sichtbaren Spektralbereich sowie im nahen und fernen UV und im Gebiet weicher Röntgenstrahlung verläßt. Es ist dafür eine Apparatur erforderlich, die eine Absolutmessung der Intensität von Linienspektren und kontinuierlichen Spektren gestattet. Die einfachste, aber auch sehr grobe Methode zur Bestimmung der Strahlungsverluste beruht auf der Verwendung von Luminophoren, die den wesentlichen Teil der Strahlung eines Plasmas, der im fernen UV liegt, in sichtbares Licht umwandeln. Zu diesem Zweck bringt man (im Vakuum) in den Weg der Strahlung, die aus einer Öffnung in der Kammerwand austritt, eine dünne Schicht lumineszierenden Stoffes. Der Luminophor absorbiert die gesamte auf ihn auftreffende UV-Strahlung und wandelt einen bestimmten Teil der absorbierten Energie in sichtbare Strahlung um, deren Intensität mit Hilfe gewöhnlicher Photoelemente oder aus der Schwärzung einer Photoschicht, die hinter dem lumineszierenden Schirm angebracht ist, bestimmt werden kann. Zur Absolutbestimmung der Strahlungsverluste nach dieser Methode muß man die Energieverteilung der vom Plasma emittierten Strahlung und den Wirkungsgrad des verwendeten Lumineszenzstoffes für die Umwandlung von UV-Strahlung in sichtbares Licht kennen.

Im Zusammenhang mit der Anwendung einer neuen spektroskopischen Methodik, die von HARDING und Mitarbeitern in England ausgearbeitet wurde, ergeben sich interessante Möglichkeiten zur Untersuchung der Eigenschaften von dichten Plasmen unter quasistationären Bedingungen. Es handelt sich hierbei um die Messung der Plasmastrahlung im fernen Infrarot, das an den Radiofrequenzbereich angrenzt. Die Plasmastrahlung mit Wellenlängen der Größenordnung von 0,1 bis 1 mm gehört zum langwelligen Teil des kontinuierlichen Spektrums, welcher durch Strahlungsbremsung der Elektronen im COULOMB-Feld der Ionen hervorgerufen wird. Die spektrale Dichte für diese Strahlung wird durch Formel (1.9) gegeben.

Bei $h\nu \ll k\,T_e$ ist der Faktor $\varphi\left(\frac{h\nu}{k\,T_e}\right)$ gleich

$$\frac{\sqrt{3}}{\pi}\ln\left(2{,}24\,\frac{k\,T_e}{h\,\nu}\right).$$

Wenn das Plasma eine genügend große Dichte hat, so müssen wir die Strahlungsabsorption in der Plasmaschnur berücksichtigen. Im langwelligen Bereich des Spektrums können wir den linearen Absorptionskoeffizienten aus

$$\mu = 0{,}01 \cdot \frac{n_e \cdot n_i Z^2 \cdot \ln\left(2{,}24 \cdot \frac{k \cdot T_e}{h\,\nu}\right)}{T_e^{3/2} \cdot \nu^2}$$

entnehmen.

Im Bereich sehr großer Wellenlängen, wo das Produkt zwischen μ und der Dicke der emittierenden Schicht größer Eins wird, muß sich die Intensität der Plasmastrahlung der Strahlung eines schwarzen Körpers der gleichen Temperatur annähern. Die Messung der spektralen Dichte der Strahlung in einem solchen Wellenlängenbereich kann im Prinzip eine direkte Methode zur Bestimmung der Temperatur der Elektronen des Plasmas liefern. Wenn wir T_e durch Messungen im Bereich sehr langer Wellen ermittelt haben, so können wir n_e aus der Intensität der Strahlung in einem Gebiet des Infraroten, in dem wir die Absorption vernachlässigen können, bestimmen.

Betrachten wir einen konkreten Fall. Bei einer Plasmatemperatur von 10 eV und einer Konzentration von 10^{15} beträgt der Absorptionskoeffizient für Strahlung mit einer Wellenlänge von 1 mm etwa 0,03. Folglich strahlt die Plasmaschnur bei der angegebenen Wellenlänge fast wie ein schwarzer Körper. Wenn wir unter Beibehaltung der gleichen Werte für Temperatur und Konzentration zu einer Wellenlänge von 0,1 mm übergehen, so können wir die Absorption praktisch vernachlässigen. Das bedeutet aber, daß wir die Intensität der Strahlung pro 1 cm³ durch Formel (1.9) mit dem oben gegebenen Wert für $\varphi\left(\frac{h\nu}{k \cdot T_e}\right)$ beschreiben können.

Harding und Mitarbeiter verwandten als empfindliches und nur mit geringer Trägheit behaftetes Registrierinstrument für infrarote Strahlung einen Photowiderstand aus SbIn, welchen sie in ein starkes Magnetfeld setzten und mit flüssigem Helium kühlten. Sie waren die Ersten, die diese Methode zur Bestimmung der Grundkonstanten eines Plasmas bei quasistationären Entladungen und $n_e \sim 10^{15}$ mit Erfolg verwendeten. Für wesentlich kleinere Konzentrationen ist die getrennte Bestimmung der Werte für n_e und T_e auf Grund der Kleinheit von μ im gesamten untersuchten Intervall des Spektrums sehr schwierig. Schon bei $n_e \sim 10^{14}$ kann man diese Methode kaum noch anwenden.

Von großem Interesse ist die Kenntnis des integralen Energieflusses auf die Kammerwände in Abhängigkeit von der Zeit. Um diese Größe messen zu können, braucht man einen Energieempfänger, der erstens universell und zweitens trägheitsarm ist. Von ANDRIANOW wurde für diesen Zweck die Wärmestrahlung einer dünnen Folie vorgeschlagen, die vom Energiezufluß aus dem Plasma erhitzt wird. Bei kurzzeitigen Prozessen ist die Temperaturänderung des Folienblättchens der von seiner Oberfläche absorbierten Energiemenge proportional, weil man Wärmeleitungsverluste in diesem Falle vernachlässigen kann. Die Intensitätsänderung der von der Folie emittierten Wärmestrahlung, die man mit einem Multiplier registrieren kann, ist der Temperaturänderung ΔT proportional und hängt stark von der absoluten Temperatur der Folie ab. Man kann deshalb die Empfindlichkeit dieser Anordnung um zwei bis drei Größenordnungen erhöhen, indem man die Folie durch elektrischen Strom zusätzlich heizt. Bei einer Anfangstemperatur der Folie von 300 bis 600 °K ist die Empfindlichkeit der Anordnung proportional T_0^7. Eine Meßanordnung dieses Typs wurde von PROCHOROW aufgebaut und untersucht. Als Energieempfänger verwandte er eine Platinfolie von 6 μ Dicke, die auf eine Temperatur von ca. 800 °C erhitzt wurde. Bei einer Zeitauflösung von etwa 0,5 μsec war ein Energiestrom von $3 \cdot 10^{-3}$ Joule/cm² noch nachweisbar. Diese Empfindlichkeit ist völlig ausreichend zur Untersuchung der Energiebilanz langsamer Hochleistungsentladungen, weil in diesem Falle der Energiestrom auf die Kammerwand Hunderte bis Tausende Watt/cm² beträgt.

Eine merkliche Rolle beim Energieaustausch zwischen dem Plasma und der Kammerwand können schnelle Neutralgasströme spielen, die in den äußeren Schichten des Pinches durch Umladung langsamer Atome (die aus den Kammerwänden herausgeschlagen und verdampft wurden) mit schnellen Plasmaionen entstehen. Das Energiespektrum der umgeladenen Atome steht in direkter Beziehung zur Energieverteilung der Ionen. Daraus ergibt sich die Forderung nach einer Meßmethode, die es gestattet, den Neutralgasstrom aus dem Plasma in ein Energie- und Massenspektrum zu zerlegen. Eine solche Methode wurde im Leningrader Technisch-Physikalischen Institut von AFROSSIMOW, GLADKOWSKI, GORDEJEW, KALINKEWITSCH und FEDORENKO zur Untersuchung des Neutralgasstromes in der Alpha-Anlage ausgearbeitet. Eine schematische Darstellung dieses Gerätes zeigt Abb. 86. Der Neutralgasstrom aus dem Plasma wird im Kondensator C_1 von geladenen Teilchen getrennt und gelangt in die Umladungskammer K, die mit

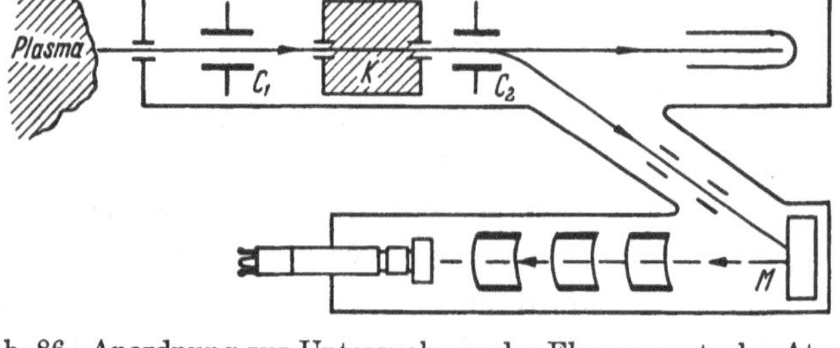

Abb. 86. Anordnung zur Untersuchung des Flusses neutraler Atome

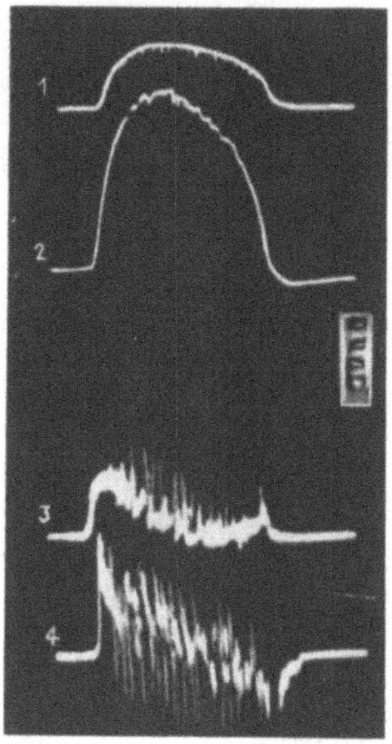

Abb. 87. Oszillogramme einer Entladung in der ZETA

1 – Primärstrom im Transformator, 3 – Entladungsspannung,
2 – Sekundär (Entladungs)Strom, 4 – zeitliche Ableitung des Entladungsstromes

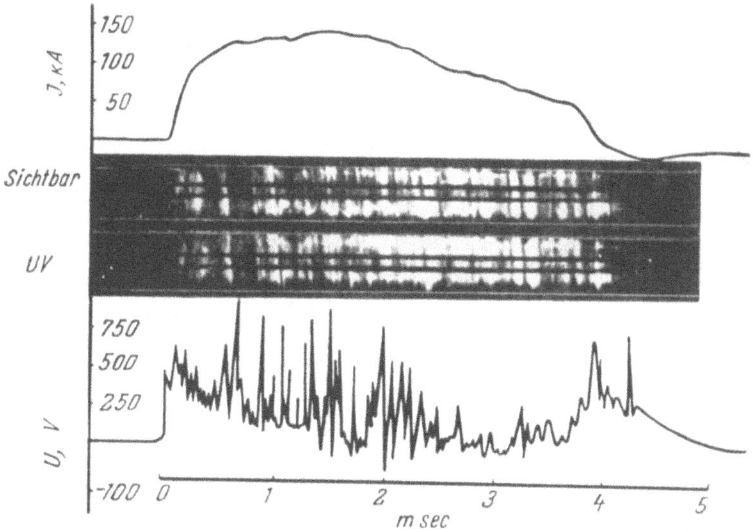

Abb. 88. Schmierkameraaufnahme des Leuchtens der Entladung
Über der Schmieraufnahme ist der Verlauf des Entladungsstromes, unterhalb der Verlauf der Entladungsspannung wiedergegeben

Stickstoff von 10^{-5} bis 10^{-4} Torr gefüllt ist. Ein Teil der schnellen Atome wird in der Kammer durch Stöße mit Stickstoffmolekülen ionisiert. Der Kondensator C_2 lenkt diese Ionen auf das Target M. Die durch den Ionenbeschuß des Targets entstehenden Sekundärelektronen werden auf 10···20 keV beschleunigt und von einem Szintillationszähler, der aus einem Szintillationsplast und einem SEV besteht, registriert. Mit diesem Gerät können neutrale Atome mit einer Energie von 100 eV bis über 10 keV nachgewiesen werden.

§ 34. Versuchsergebnisse mit einer paramagnetischen Plasmaschnur (bei Stabilisierung durch ein schwaches äußeres Feld) an ZETA, SCEPTRE und Alpha

Wir wollen uns nun mit den Ergebnissen experimenteller Untersuchungen an Plasmen in langsamen Entladungen befassen und beginnen mit den Versuchsergebnissen an Systemen, in denen der Pinch durch den Einfang eines longitudinalen Magnetfeldes stabilisiert und dann komprimiert wird. Derartige Untersuchungen wurden zuerst von englischen Physikern an der ZETA-Anlage und der analogen, aber etwas kleineren SCEPTRE-Anlage durchgeführt. Auch in der UdSSR sind zahlreiche interessante Messungen an der Alpha-Anlage (die nach dem Vorbild der ZETA aufgebaut wurde) durchgeführt worden.

Die Entladungskammer der ZETA hat einen Durchmesser von 100 cm und eine mittlere Länge von ungefähr 1200 cm. Die wichtigsten Messungen an der ZETA wurden bei automatisch arbeitendem Speisesystem mit einer Entladungsimpuls-Folgefrequenz von 1/12 Hz durchgeführt. Die maximale Spannung an der Primärwicklung des Transformators wurde zwischen 9 und 18 kV variiert. Bei einem Übersetzungsverhältnis von 9:1 betrugen die entsprechenden Spannungswerte an der Entladungskammer 1···2 kV. Die maximale Stromstärke J_m im Gas war bei vorgegebenen Werten des Anfangsdruckes p_0 und der anfänglichen Feldstärke des stabilisierenden Magnetfeldes H_0 proportional zu der in der Kammer induzierten Spannung. Die Abhängigkeit der Stromstärke von p_0 ist sehr schwach. Mit wachsendem p_0 steigt der Strom zunächst leicht an und ändert sich dann praktisch nicht mehr.

Bei den Untersuchungen an der ZETA-Anlage variiert J_m zwischen 70 und 200 kA. Es wurden im wesentlichen Entladungen in Deuterium mit einem Anfangsdruck von 10^{-4} bis 10^{-3} Torr untersucht. H_0 lag bei diesen Versuchen zwischen 100 und 350 Oe. Die meisten Messungen wurden bei recht streng fixierten Parametern durchgeführt: $H_0 = 160$ Oe, $J_m = 140\cdots200$ kA und ca. $1{,}2 \cdot 10^{-4}$ Torr Deuteriumdruck. Zur Vermeidung elektrischer Überschläge wurde dem Deuterium gewöhnlich 5% Stickstoff zugesetzt (empirisch gefundene Arznei).

Typische Oszillogramme für den Strom in der Deuteriumentladung und die Spannung an der Kammer zeigt Abb. 87. Es sei daran erinnert, daß diese Oszillogramme mit einem Speisesystem aufgenommen wurden, dessen charakteristische Besonderheit ist, daß die Primärwicklung des Transformators bei Nulldurchgang der Spannung automatisch kurzgeschlossen wird. Deshalb ändert der Entladungsstrom sein Vorzeichen während des gesamten Prozesses nicht. Nachdem die Primärspannung durch Null gegangen ist, wird der Strom in der Kammer durch die elektromotorische Kraft der Selbstinduktion aufrechterhalten. Blieben die Induktivität und der Widerstand der Entladung konstant, so würde der Strom jetzt nach einem Exponentialgesetz abnehmen. Weil sich aber ϱ und L mit der Zeit ändern, nimmt er nach einem komplizierteren Gesetz ab. Beim Anblick der Oszillogramme fällt sofort ins Auge, daß sie sich mit der Vorstellung eines quasistationären Prozesses nicht vereinbaren lassen.

Wenn man den Verlauf von J gerade noch als glatt bezeichnen kann, so ist das Oszillogramm für V typisch für einen stark nichtstationären Vorgang. Die Amplitude der hochfrequenten Spannungsspitzen ist vergleichbar mit dem Mittelwert der Spannung an der Kammer. Ihre Frequenz liegt im Bereich von 10^5 bis 10^6 Hz.

Die Instabilität des Pinches kann man unmittelbar beobachten, indem man die Entladung mit einer zeitauflösenden Kamera photographiert. In Abb. 88 ist eine solche Aufnahme der Lichtentwicklung des Pinches dargestellt, die durch einen engen Spalt photographiert wurde. Die obere Aufnahme wurde im sichtbaren Licht gemacht, die untere im nahen UV. Die hellen horizontalen Linien stellen die Grenzen des Entladungsraumes (Kammerwände) dar. Man sieht, daß die im Abstand von einigen Mikrosekunden aufeinander folgenden hellen vertikalen Lichtausbrüche den ganzen Kammerraum bis an die Wände heran erfassen.

Nach Angaben der Autoren dieser Experimente wurde in den meisten Fällen eine zeitliche Korrelation zwischen den Lichtausbrüchen und den hochfrequenten Spannungsspitzen auf dem Spannungsoszillogramm der Entladung beobachtet. Erhöht man die Zeitkonstante der Meßanordnung, so kann man die hochfrequenten Schwingungen herausfiltern und erhält dann auf dem Oszillographenschirm den gemittelten zeitlichen Verlauf der untersuchten Größe. Diese Mittelung ist speziell zur Bestimmung des Pinchwiderstandes notwendig.

Unter der Voraussetzung, daß die Induktivität in dem Moment, in dem der Strom sein Maximum erreicht, konstant bleibt, kann man den Widerstand aus der Formel $V = J_m \varrho$ bestimmen. Unter Standardbedingungen ($p_0 = 1 \cdot 10^{-4}$ Torr, $H_0 = 160$ Oe) schwankte der auf diesem Wege bestimmte Pinchwiderstand zwischen $3 \cdot 10^{-3}$ und $3{,}8 \cdot 10^{-3}\,\Omega$.

Um aus ϱ die Leitfähigkeit des Plasmas bestimmen zu können, muß man den Querschnitt des Pinches kennen, durch den der Strom fließt. Den stromdurchflossenen Querschnitt und die Stromverteilung über den Pinchquerschnitt kann man mit Hilfe magnetischer Sonden bestimmen. Unter Standardbedingungen ergab sich der Pinchradius zu annähernd 15 ··· 20 cm (wenn man als Radius den Abstand zwischen der Pinchachse und dem Punkt annimmt, in dem das Magnetfeld des Stromes ein Maximum erreicht. Innerhalb dieser Grenzen ist der Strom völlig gleichmäßig verteilt, und es sind keine Anzeichen eines Skineffektes festzustellen. Aus dem spezifischen Widerstand ϑ ergibt sich für die Leitfähigkeit ein Mittelwert von $3 \cdots 4 \cdot 10^{14}$ CGS-Einheiten.

Die Messungen mit magnetischen Sonden ergaben eine Reihe interessanter und in mancher Hinsicht unerwarteter Resultate. In groben Zügen kann man folgendes aussagen:

1. Im Anfangsstadium fließt der Strom im gesamten Kammerquerschnitt. Die Einschnürung des stromführenden Kanals beginnt 100 bis 200 μsec nach der Zündung und endet, wenn der Strom seinen Maximalwert erreicht.
2. Die Stromdichte ist in der Nähe der Pinchachse am größten. Sie übersteigt in diesem Gebiet den Mittelwert um das 1,5- bis 2,5fache. Deshalb ist auch die Leitfähigkeit des Plasmas auf der Pinchachse wesentlich größer als der oben angegebene Mittelwert.
3. Die Stärke des vom Pinch während des Einschnürungsprozesses eingeschlossenen longitudinalen Magnetfeldes wächst monoton an. In dem Moment, wo der in Richtung der Pinchachse fließende Strom seinen Maximalwert erreicht, ist H_z in der Pinchachse 12- bis 15mal größer als H_0.
4. Mit wachsendem Abstand von der Pinchachse fällt H_z schnell ab und wird in einem bestimmten Gebiet außerhalb der Grenzen des Pinches negativ (d. h., die axiale Komponente des Feldes kehrt ihre Richtung um).

Diese experimentellen Ergebnisse können qualitativ mehr oder weniger befriedigend erklärt werden. Die Ursache dafür, daß der Skineffekt nicht merklich in Erscheinung tritt, liegt in der niedrigen Leitfähigkeit des Plasmas. Aus dem angegebenen Wert für σ und der Anstiegszeit des Stromes von Null bis zum Maximum ($t \sim 1$ μsec) ergibt sich für die Dicke der Skinschicht ein Wert von ca. 20 cm, d. h., sie ist vergleichbar mit dem Pinchradius.

In einem schlecht leitenden Plasma kann kein Einfrieren der magnetischen Kraftlinien stattfinden. Deshalb zieht der durch elektrodynamische Kräfte komprimierte Pinch keine Kraftlinien des Longitudinalfeldes mit sich. Auf die Frage, wodurch denn in diesem Falle die Zunahme von H_z innerhalb des Pinches bedingt ist, kann man folgende Antwort geben: diese Tatsache erklärt sich aus der Anisotropie der Leitfähigkeit, die mit einer Instabilität des Pinches verknüpft ist. In einem schraubenförmigen Magnetfeld mit den Komponenten H_z und H_φ wird der Strom wegen der starken Anisotropie der Leitfähigkeit gleichfalls schraubenförmig fließen. Infolgedessen tritt außer der axialen Komponente J_z auch eine azimutale Stromkomponente J_φ auf. Diese Komponente erzeugt ein zusätzliches Longitudinalfeld, das sich dem ursprünglichen Feld H_0 überlagert.

Es gibt aber noch eine weitere sehr eigenartige Erscheinung, die man weder durch die Anisotropie der Leitfähigkeit, noch auf der Grundlage eines Skineinfanges des longitudinalen Feldes erklären kann — die Entstehung eines entgegengesetzt gerichteten Longitudinalfeldes in der Nähe der inneren Kammerwand. Dieses dem äußeren Feld entgegengerichtete Longitudinalfeld entsteht dann, wenn das ursprüngliche Feld relativ klein ist und man erwarten kann, daß der Pinch sich an der Grenze der Stabilität gegenüber Verwindungen befindet. Dem Anschein nach hängt diese Erscheinung in erster Linie mit der Entstehung von schraubenförmigen Störungen des Pinches zusammen, bei denen sich das azimutale Feld in ein longitudinales verwandeln kann, also sozusagen ein zusätzliches Longitudinalfeld erzeugt wird.

Aus den Ergebnissen der magnetischen Messungen kann man den wichtigsten physikalischen Parameter, der die Eigenschaften eines Plasmas bestimmt, den Druck p errechnen oder zumindest abschätzen. Unter Vernachlässigung der toroidalen Form des Pinches kann man folgende Beziehung für p angeben:

$$-\frac{\partial p}{\partial r} = \frac{1}{c}\,(j_z H_\varphi - j_\varphi H_z)\,. \tag{6.7}$$

Das ist ein Spezialfall des allgemeinen Gesetzes (4.19). Drückt man die Stromdichtekomponenten durch H_z und H_φ aus, so wird

$$-\frac{\partial p}{\partial r} = \frac{1}{4\pi}\left(\frac{H_\varphi}{r}\frac{\partial}{\partial r}\,r\,H_\varphi + H_z\frac{\partial H_z}{\partial r}\right). \tag{6.8}$$

Im rechten Teil dieser Gleichung treten nur die unmittelbar meßbaren Funktionen H_z und H_φ sowie deren Ableitungen nach dem Pinchradius auf. Wenn man in Gl. (6.8) und den sich daraus ergebenden integralen Beziehungen die an der ZETA gewonnenen experimentellen Ergebnisse einsetzt, zeigt sich, daß der gaskinetische Druck im Pinch sehr klein ist und nur eine untergeordnete Rolle in der Bilanz der auf das Plasma wirkenden Kräfte spielt. Diese Tatsache findet ihren Ausdruck unter anderem darin, daß im vorliegenden Falle der Koeffizient in Gleichung (4.52), der die Stromstärke mit T verknüpft, klein gegenüber Eins ist. In einem Vortrag englischer Physiker über die ZETA-Anlage wurde mitgeteilt, η sei nicht größer als 1/3. Wahrscheinlich ist auch diese Abschätzung für die obere Grenze von η noch zu optimistisch.

Bei den beschriebenen Experimenten wird also der durch den im Plasma fließenden Strom erzeugten elektrodynamischen Kompressionskraft im wesentlichen durch den Gegendruck des Longitudinalfeldes im Pinch das Gleichgewicht gehalten, und nur ein sehr kleiner Teil dieser Kraft wird durch den Druck des Plasmas kompensiert. Wegen der Kleinheit von p folgt aus Gleichung (6.7), daß $\frac{j_z}{j_\varphi} \approx \frac{H_z}{H_\varphi}$ ist. Das bedeutet, daß die Richtung des Stromes den Kraftlinien des Magnetfeldes folgt. Eine solche magnetische Konfiguration kann man als kräftefrei bezeichnen, weil $\mathfrak{j}\times\mathfrak{H}$ sehr klein ist. Einer kräftefreien Feldkonfiguration entspricht phänomenologisch ein großer Unterschied der Leitfähigkeit senkrecht und parallel zur Richtung des $\mathfrak{H}$-Vektors ($\sigma_\parallel \gg \sigma_\perp$). In einer solchen Konfiguration sind H_z und H_φ unter stationären Bedingungen eindeutig durch den Längsstrom J und die Stärke des Longitudinalfeldes an der Plasmagrenze bestimmt. Bei Kenntnis dieser Größen kann man die Verteilung der Felder berechnen.

Da der Plasmadruck im paramagnetischen Pinch klein ist, kann auch die Temperatur im Plasma nicht hoch sein. Die Elektronentemperatur kann erstens aus der elektrischen Leitfähigkeit und zweitens aus den Ergebnissen spektroskopischer Messungen bestimmt werden. Aus Gl. (6.5) erhält man, wenn man berücksichtigt, daß dem Deuterium unter Standardbedingungen 5% Stickstoff beigemischt sind, bei dessen Ionisation 3- und 4-fach geladene Ionen entstehen, unter Vernachlässigung anderer Beimischungen eine Elektronentemperatur von 10···15 eV. Die spektroskopischen Messungen ergeben einen etwas höheren Wert für T_e. Die Frage nach der bisher tatsächlich im paramagnetischen Pinch erreichten Ionentemperatur ist noch nicht ganz geklärt. Man kann T_i lediglich aus der Spektrallinienbreite der Fremdgasionen ermitteln. Wenn man annimmt, daß die Linienbreite allein durch die Wärmebewegung der Ionen bedingt ist, erhält man aus den experimentellen Werten unerwartet hohe Ionentemperaturen. Es zeigt sich aber, daß diese Werte wesentlich davon abhängen, welche Spektrallinien zu ihrer Bestimmung verwendet werden. Bereits bei den ersten Bestimmungen der Ionentemperatur an der ZETA wurde festgestellt, daß die aus der Linienbreite des dreifach geladenen Stickstoffs bestimmte Temperatur etwa halb so groß ist wie die aus der Linienbreite des vierfach geladenen Stickstoffs bestimmte Temperatur.

Sehr umfangreiche spektroskopische Analysen der Ionentemperaturen wurden von Saidel und Mitarbeitern an der Leningrader Alpha-Anlage durchgeführt. Diese Messungen ergaben, daß die Abhängigkeit der aus der Linienverbreiterung bestimmten Ionentemperatur von der Ionenladung einen durchaus gesetzmäßigen Charakter trägt.

In Abb. 89 sind einige Ergebnisse der Ionentemperaturbestimmung aus der Breite verschiedener Linien mehrfach geladener Ionen des Kohlenstoffs, Stickstoffs und Sauerstoffs wiedergegeben. Jeder Punkt entspricht einer Ionentemperatur, die sich aus der Breite einer bestimmten Linie des angegebenen Ionentyps ergibt. Die Werte für das Hauptgas, das Deuterium, fehlen in dieser Darstellung, weil die neutralen Deuteriumatome im wesentlichen in den äußersten Bereichen der Ent-

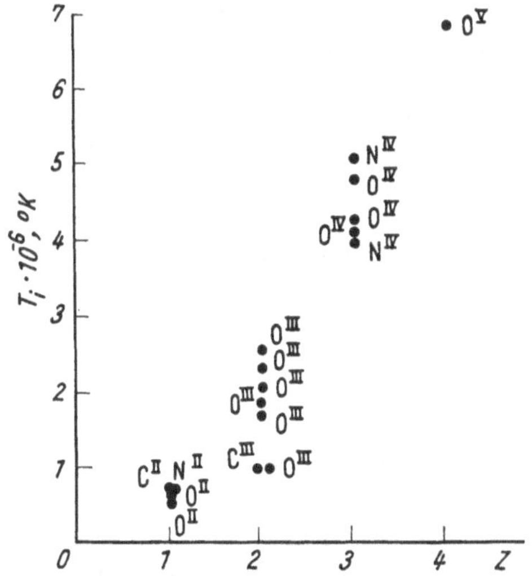

Abb. 89. Ergebnisse der Ionen„temperatur"messung in der Alpha

Auf der Abszisse ist die Ionenladungszahl abgetragen

ladung konzentriert sind und die Messung ihrer Temperatur deshalb keine richtige Vorstellung von der Temperatur der Deuteriumionen im Plasma gibt. Ungeachtet der ziemlich großen Streuung der zu verschiedenen Messungen gehörenden Punkte kommt der Charakter der Gesetzmäßigkeit klar zum Ausdruck: Je größer Z, desto höher T_i. Dennoch haben neue Messungen der Spektrallinienbreite von Fremdionen, die im Jahre 1961 an der Zeta durchgeführt wurden, zu vollkommen anderen Resultaten geführt. Wenn wir die Linienbreiten von Linien verschiedener Ionen, die durch ein Plasma im Bereich ein und desselben schmalen Zeitintervalls ausgestrahlt werden, miteinander vergleichen, so sind die nach ihnen bestimmten Werte der Temperatur T_i von Z unabhängig und erweisen sich als lineare Funktion der Masse der Ionen, d. h., es gilt $T_i = A + B\,m_i$; A und B kann man im fixierten Zeitintervall als konstant annehmen. Hierbei ist für nicht allzu schwere Ionen (vom Deuterium bis Sauerstoff) A wesentlich größer als $B\,m_i$. Das zeugt davon, daß zwischen verschiedenartigen Ionen ein schneller Temperaturausgleich stattfindet.

Falls dieses Resultat, das bisher nur auf der Grundlage einer relativ geringen Zahl von Messungen weniger Spektrallinien erarbeitet wurde, allgemeine Bestätigung findet, so wird das experimentelle Material der Abb. 89 neu interpretiert werden müssen. Eine solche Interpretation kann darauf beruhen, daß die Größe T_e in einem bestimmten Maße mit der Größe T_i korreliert ist, weil die Aufheizung der Elektronen teilweise durch Energieübertragung von den Ionen erfolgt, welche ihrerseits die Energie aus fluktuierenden elektrischen Feldern, die mit einer Instabilität verbunden sind, erhalten. Bei Richtigkeit der angeführten Voraussetzung muß dann, wenn die Ionentemperatur am höchsten ist, mit der größten Wahrscheinlichkeit die Bildung und die Anregung von Ionen mit hoher Ladung erfolgen (auf Grund der Erhöhung von T_e). In Abb. 89 ist also die Ursache auf der Ordinatenachse und die Folge auf der Abszissenachse abgetragen.

Mit spektroskopischen Mitteln kann man nicht nur die Breite, sondern auch die Verschiebung der Linien messen und daraus die Richtung der Ionenbewegung bestimmen. Diese Messungen zeigten, daß die Geschwindigkeit der gerichteten Ionenbewegung um ein vielfaches kleiner als die Geschwindigkeit der ungeordneten Bewegung ist, aus der die Ionentemperatur T_i bestimmt wird.

Wir wollen die Beurteilung der spektroskopischen Meßergebnisse für die Ionentemperatur auf den nächsten Paragraphen verschieben und uns an dieser Stelle nicht weiter mit der Frage befassen, inwieweit in dieser Situation der Terminus Temperatur überhaupt gerechtfertigt ist. Wir wollen nur feststellen, daß unabhängig von weiteren Interpretationen ein wichtiges Ergebnis allgemeinen Charakters vorliegt. Es besteht darin, daß die kinetische Energie der Ionen im paramagnetischen Pinch wesentlich größer als die mittlere Energie der Elektronen ist.

Daß die Plasmaionen über verhältnismäßig hohe Energien verfügen können, folgt auch aus Messungen des Energiespektrums der auf die Kammerwände auftreffenden neutralen Atome. Solche Messungen wurden zuerst an der Alpha nach einer an früherer Stelle beschriebenen Methode durchgeführt. Sie zeigten, daß der Strom neutraler Teilchen im wesentlichen aus Deuteriumatomen besteht. Eine typische Kurve der Energieverteilung der aus dem Plasma austretenden Atome zeigt Abb. 90. Sie entspricht in keiner Weise einer MAXWELLschen Geschwindigkeitsverteilung. Weiterhin sieht man, daß ein beträchtlicher Teil der Atome eine Energie von mehreren Tausend eV besitzt. Dieses Resultat zeugt davon, daß eine große Zahl der Deuteriumionen im Plasma über eine Energie von dieser Größenordnung verfügt.

Messungen der Elektronenkonzentration im Pinch ergaben, daß in Entladungen mit einer Stromstärke von über 100 kA das Plasma offenbar praktisch vollständig ionisiert ist. Die Dichteverteilung über den Pinchquerschnitt ist jedoch bisher noch ungeklärt. Auch ein Gesetz für die zeitliche Änderung von n kennt man zur Zeit noch nicht.

Die Ausbildung der Entladung in Deuterium und anderen leichten Gasen ist von einer relativ intensiven Röntgenstrahlung mit einem sehr breiten Energiespektrum (gemessene Photonenenergie von 1 keV bis zu 1⋯2 MeV) begleitet. Diese Strahlung entsteht mit großer Wahrscheinlichkeit infolge der Bombardierung der inneren Kammeroberfläche mit Elektronen, die von dem elektrischen Feld in der ringförmigen Plasmawindung abgestoßen werden. Wenn diese Vermutung zutrifft, so kann man versuchen, aus der Intensität der Röntgenstrahlung den Anteil der schnellen Elektronen am Entladungsstrom zu bestimmen. In der ZETA-Anlage ist dieser Anteil unter den Standardbedingungen sehr klein. Er beträgt größenordnungsmäßig 10^{-4}.

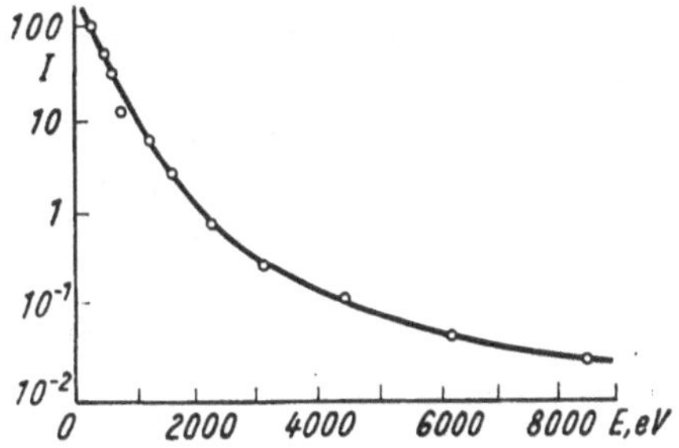

Abb. 90. Energiespektrum der die Wand bombardierenden neutralen Atome

Ein paramagnetischer Pinch mit hoher Stromstärke sendet in der Regel auch Neutronen aus. Dieser Effekt löste zunächst die Hoffnung aus, daß man echte thermonukleare Reaktionen im Plasma beobachtet hätte. Der dadurch hervorgerufene Optimismus ist aber schnell wieder verklungen. Aus der Energieverteilung der Neutronen ergab sich, daß diese in Anlagen vom ZETA-Typ genau wie in schnellen Entladungen infolge von Beschleunigungsprozessen entstehen. Die mittlere Energie der Deutonen, die für diese Neutronenstrahlung verantwortlich sind, beträgt einige zehn keV.

Von großer Bedeutung für das Verständnis der im Pinch ablaufenden Prozesse sind die Ergebnisse der Untersuchungen der Energiebilanz der Entladung. Wir wollen analysieren, wie sich die von der äußeren Quelle gelieferte Energie bis zu dem Moment aufteilt, wo der Strom seinen Maximalwert erreicht. Die in der Kammer freiwerdende Energie beträgt $\int J\, V\, dt$. Ein Teil wird für den Aufbau des Magnetfeldes und die Verstärkung des Longitudinalfeldes im Pinch verbraucht. Die gesamte magnetische Energie ohne die ursprünglich vorhandene

Energie des Longitudinalfeldes beträgt

$$\frac{1}{8\pi}\int\limits_{\Omega}(H_\varphi^2 + H_z^2)\,d\Omega - \frac{\overline{H_0^2}}{8\pi}\,\Omega\,. \tag{6.9}$$

Darin bedeutet Ω das Gesamtvolumen der Vakuumkammer und $d\Omega$ ein Element dieses Volumens. Der Strich über H_0^2 soll die Mittelwertbildung andeuten, mit der die Inhomogenität des ursprünglichen Feldes berücksichtigt wird, die sich aus der toroidalen Form der Vakuumkammer ergibt. Die Energiedifferenz zwischen dem Integral über $J \cdot V$ und der Größe (6.9) wird teilweise im Plasma als kinetische Energie der Teilchen und Ionisationsenergie akkumuliert, teilweise wird sie zur Deckung der Energieverluste aufgewendet, d. h. auf die Kammerwände übertragen. Das Verhältnis zwischen diesen beiden Komponenten der Energiebilanz ist von besonderem Interesse. Eine qualitative Aussage über dieses Verhältnis kann man sehr einfach gewinnen. Sie zeigt, daß die Energieverluste des Plasmas um ein Vielfaches größer sind als der nützliche Energieanteil, der im Plasma als kinetische Energie der Teilchen vorliegt. Diese sehr allgemeine aber leider unzweifelhaft richtige Feststellung wollen wir durch ein Zahlenbeispiel illustrieren. Bei $p_0 = 1{,}2 \cdot 10^{-4}$ Torr, $H_0 = 160$ Oe und $J_m = 200$ kA wird in der Vakuumkammer des ZETA-Gerätes eine Energie von $2 \cdot 10^5$ Joule freigesetzt. Weniger als die Hälfte dieser Energie entfällt auf den Aufbau des Magnetfeldes. Der Rest wird vom Plasma absorbiert. Die kinetische Energie der thermischen Bewegung der Elektronen und Ionen des Plasmas kann aus

$$W = \frac{3}{2} N\,k\,(T_e + T_i)\,l = 0{,}75 \cdot 10^{-2}\,\eta\,l\,J_A^2 \tag{6.10}$$

abgeschätzt werden. An früherer Stelle wurde bereits darauf hingewiesen, daß η sicher kleiner als 1/3 ist. Wenn wir $\eta = 1/3$ annehmen, erhalten wir deshalb einen zu hohen Wert für W. Doch auch mit diesem η-Wert ergeben sich für die im Pinch gespeicherte Energie nur etwa 10^4 Joule: das ist weniger als 10% der absorbierten Energie. Es zeigt sich also, daß mehr als 90% der im Pinch freiwerdenden Energie zur Deckung der Energieverluste des Plasmas aufgewendet werden müssen.

Ein volles Verständnis dieser Verluste fehlt zur Zeit noch. Messungen an der Alpha-Anlage zeigten, daß der durch Korpuskularströme auf die Kammerwände übertragene Energieanteil größer ist als der aus dem Plasma in Form von Strahlung entweichende (bei dem die Fremdionen den Hauptanteil verursachen). Wenn das eben Gesagte zutrifft, so bedeutet dies, daß eine magnetische Wärmeisolation in dem betrachteten System praktisch fehlt. Tatsächlich müßten die Ionen und Elektronen des Plasmas, wenn sie einen beträchtlichen Teil der Energie abtransportieren sollen, während einer Entladung mehr als zehnmal quer zu den magnetischen Feldlinien zur Kammerwand kommen.

§ 35. Interpretation der Meßwerte, die bei Versuchen mit einer paramagnetischen Plasmaschnur erhalten wurden

Aus den mitgeteilten Angaben über das Verhalten eines Plasmas in einem paramagnetischen Pinch kann man einige Schlußfolgerungen allgemeiner Art ziehen. In erster Linie ist die Instabilität eines paramagnetischen Pinches zu konstatieren. Äußere Anzeichen für diese Instabilität sind die hochfrequenten Schwingungen auf den Spannungsoszillogrammen und die hellen Lichtausbrüche, die bis an die Kammerwände heranreichen. Einen direkten Beweis für die Instabilität liefert das Energiespektrum der Ionen. Wir haben bereits festgestellt, daß die Ionen im paramagnetischen Pinch heißer sind als die Elektronen. Die mittlere Energie mehrfach geladener Fremdionen liegt in der Größenordnung von 10^2 eV und wächst mit wachsender Ladungszahl. Außerdem sind im Plasma zahlreiche Ionen mit einer Energie von 1 keV bis zu mehreren Zehnern keV vorhanden, was davon zeugt, daß die Energieverteilung der Ionen sich stark von einem MAXWELLschen Energiespektrum unterscheidet. Alle diese Tatsachen können nicht mit einer quasistationären Plasmaaufheizung durch JOULEsche Wärme erklärt werden, weil kalte Elektronen keine Energie auf heiße Ionen übertragen können. Die schnellen Ionen müssen ihre Energie also in Beschleunigungsprozessen gewinnen, die bei der Ausbildung instabiler Pinchdeformationen entstehen. Wenn das Plasma nicht vollständig stabil ist, bleibt das Gleichgewicht der Kräfte am Pinch nur im Mittel erhalten, während es in einzelnen Abschnitten laufend gestört wird. Das Plasma befindet sich also im Zustand makroskopischer, äußerst ungeordneter Bewegung. Diese Bewegungen sind durch die Bezeichnung Turbulenz sehr gut charakterisiert. Der einzige Nachteil dieses Terminus ist, daß er häufig zur Bemäntelung noch ungeklärter Effekte verwendet wird.

Bei stark ausgeprägter Turbulenz stellen die Bewegungen im quasistationären paramagnetischen Pinch eine statistische Überlagerung von Prozessen des Typs der Trägheitspulsationen dar, die charakteristisch für die im vorigen Kapitel besprochenen schnellen Entladungen sind. Diese Pulsationen können in verschiedenen Abschnitten des Pinches praktisch unabhängig voneinander sein. Daher ist die Entstehung zahlreicher sehr schneller Ionen nicht verwunderlich, denn sie können mit Hilfe des FERMI-Mechanismus erzeugt werden, der im stark turbulenten Plasma sehr ausgeprägt in Erscheinung tritt.

Die Abhängigkeit der kinetischen Energie der Ionen von m_i und Z wird durch den Charakter des Spektrums der elektrischen Felder, die mit der Turbulenz des Plasmas verknüpft sind, bestimmt. Die Analyse der hochfrequenten Schwingungen auf den Entladungsoszillogrammen zwingt zu der Annahme, daß elektrische Felder mit einer Frequenz, die kleiner ist als die Frequenz der LARMOR-Rotation der Ionen, eine wesentliche Rolle in der Dynamik der Plasmaschnur spielen. In solchen zu $\mathfrak{H}$ senkrechten elektrischen Feldern bewegen sich die Ionen mit Geschwindigkeiten nahe der Driftgeschwindigkeit $c\,E/H$. Hieraus folgt, daß die Energie dieser Ionen proportional zu ihrer Masse und unabhängig vom Wert der

Ladung ist. Weil alle Teilchen in einem Plasmaelement, in dessen Grenzen die Felder ihren gegebenen Wert und ihre Richtung beibehalten, die gleiche Geschwindigkeit haben, haben wir zwischen diesen Teilchen keinen Energieaustausch. Ein anderes Bild ergibt sich für die Prozesse, bei welchen die Ionen unter Einwirkung elektrischer Felder beschleunigt werden; es geht hier um elektrische Felder, welche dem Teil des Spektrums zugehören, in dem die Frequenz mit der LARMOR-Frequenz der Ionen ω_{H_i} vergleichbar oder größer ist. Im Grenzfall $\omega \gg \omega_{H_i}$ erfolgt der elementare Beschleunigungsvorgang so, als wäre überhaupt kein Magnetfeld vorhanden. Die maximale kinetische Energie, welche Ionen in einem solchen Prozeß unter der Einwirkung eines elektrischen Feldes von $E = E_0 \sin(\omega t)$ aufnehmen, ist gleich

$$\frac{1}{2} \cdot \frac{Z^2 \cdot e^2 E_0^2}{m_i \omega^2}.$$

Diese Energie ist kleiner als diejenige, welche sie unter der Einwirkung eines sich langsam ändernden Feldes mit der gleichen Amplitude E_0 aufnehmen. Der Unterschied wird durch $(\omega_{H_i}/\omega)^2$ gegeben. Auf Grund des guten Wärmekontaktes unter den Ionen geht die von ihnen in hochfrequenten Feldern aufgenommene kinetische Energie sehr bald in die Energie der chaotischen Wärmebewegung über und verteilt sich unter den Ionen verschiedener Masse und Ladung gleichmäßig. Diese additive Komponente der Ionenenergie vergrößert sich also stetig auf Kosten der Energie hochfrequenter elektrischer Schwingungen. Sie wird lediglich durch Wärmeverluste (einschließlich der Verluste, welche durch Energieabgabe der Ionen an die Elektronen des Plasmas entstehen) beschränkt. Einen bestimmten Beitrag zu dieser Energie können auch Zusammenstöße zwischen den einzelnen Plasmaelementen leisten, die sich mit verschiedenen Geschwindigkeiten bewegen. Ein weiterer Beitrag kann dadurch bedingt werden, daß Ionen mit großem m_i/Z aus dem Bereich mit einem E-Wert in einen benachbarten Bereich übergehen, wo E einen anderen Wert hat.

Aus dem Gesagten folgt, daß wir die kinetische Energie der Ionen mit genügender Nährung als eine lineare Funktion ihrer Massen darstellen können, wenn im Spektrum der elektrischen Schwingungen eines Plasmas die relativ kleinen Frequenzen dominieren ($\omega < \omega_{H_i}$). Das ist auch in Übereinstimmung mit den Ergebnissen, die vor kurzem bei spektroskopischen Untersuchungen an der ZETA ermittelt wurden. Hierbei stellt der Teil der Energie, der von m_i unabhängig ist, die wirkliche Energie des Plasmas dar. Je stärker die Turbulenz ausgeprägt ist, um so größer muß im Ausdruck für die mittlere Energie das zweite zu m_i proportionale Glied relativ zum ersten Glied sein. Auf Grund des intensiven Wärmeaustausches zwischen den Ionen und Elektronen eines Plasmas kann die additive Komponente der Ionenenergie als eine wesentliche zusätzliche Energiequelle zum Aufheizen der Elektronen dienen.

Wir sehen also, daß bei einem turbulenten Plasma die aufeinanderfolgende Kette von Energieumwandlungen einen eigenartigen Charakter hat. Die Energie des elektrischen Stromkreises, welche zur Speisung der Entladung dient, wird unmittelbar den Elektronen des Plasmas übergeben. Ein kleiner Teil dieser Energie wird in Form von Wärme im Elektronengas akkumuliert, das seinerseits nur eine geringe Temperatur hat. Der wesentlich größere Teil wird zur Anregung von Schwingungen und Wellen im Plasma verwendet. Der Mechanismus für diese Anregungen ist bisher noch nicht geklärt. Die Ionen entnehmen ihre Energie diesen Schwingungen und Wellen. Hierbei heizt sich die Ionenkomponente wesentlich stärker auf als die Elektronenkomponente und gibt einen Teil ihrer Energie an das Elektronengas zurück. Hieraus folgt unter anderem, daß, weil ein Mechanismus der Energieübertragung von den Elektronenströmen zu den Wellen im Plasma besteht, hiermit auch eine Impulsübertragung verbunden sein muß, d. h. eine zusätzliche Streuung der Elektronen. Deshalb muß der elektrische Widerstand des Plasmas größer sein, als nach der Formel (3.10) zu erwarten wäre, da in dieser Formel nur die Coulomb-Streuung berücksichtigt wird (diese Korrektur theoretisch abzuschätzen ist aber bisher noch nicht möglich gewesen). Das wird durch Meßergebnisse bestätigt, die bei Untersuchungen an der ZETA im Jahre 1961 ermittelt wurden. Bei diesen Messungen wurde festgestellt, daß bei Entladungen mit stark ausgeprägter Turbulenz eine Störung des Verhältnisses zwischen σ und T_e und im Plasma ein zusätzlicher anomaler Widerstand auftritt.

Diese allgemeinen Bemerkungen müssen den Ausgangspunkt für alle theoretischen Untersuchungen der komplizierten Materiebewegungen im paramagnetischen Pinch bilden. Die Untersuchungen müssen das Geschwindigkeitsspektrum der gerichteten Bewegungen ergeben und zeigen, wie durch deren Dissipation eine Aufheizung der Ionenkomponente bewirkt wird. Weiterhin müssen sie eine Beziehung zwischen der gerichteten und der thermischen Geschwindigkeit der Teilchen ergeben. In dieser Richtung wurde aber bisher fast nichts unternommen.

Die Turbulenz des Plasmas in Anlagen vom ZETA-Typ kann eine Reihe von Ursachen haben. Die wichtigste davon ist die magnetohydrodynamische Instabilität eines paramagnetischen Pinches mit unscharfer Grenze. Aus der Theorie folgt, daß ein Pinch nur dann stabil ist, wenn sich das Longitudinalfeld nicht mit dem vom Strom erzeugten Magnetfeld vermischt, d. h., wenn sich die Raumgebiete, in denen H_φ und H_z von Null verschieden sind, nicht merklich überlappen. Es wurde bereits darauf hingewiesen, daß man experimentell keinen Skineffekt im paramagnetischen Pinch feststellen kann. Deshalb sind H_φ- und H_z-Felder praktisch nicht voneinander getrennt. Für diese Feldverteilung kann die Bedingung von Suydam nur dann erfüllt werden, wenn der Plasmadruck nur einige Prozent des Magnetfelddruckes beträgt. Sowie der Plasmadruck diese Größe überschreitet, wird der Pinch instabil, und es bilden sich lokale Pulsationen aus, die die überschüssige Energie an die Kammerwand abfließen lassen.

Die hellen Streifen auf den zeitauflösenden Pinchaufnahmen sind möglicherweise durch solche Instabilitäten bedingt. Eine dieser Instabilitäten entspricht Deformationen, bei denen das Plasma längs der schraubenförmigen magnetischen Feldlinien auf der Pinchoberfläche aus dem Pinch herausgepreßt wird. Da in der Nähe der Oberfläche $H_\varphi \gg H_z$ ist, können diese Deformationen bei ihrer Betrachtung durch einen engen Spalt äußerlich die Form von senkrecht zum Pinch verlaufenden Ausbrüchen haben.

Eine gewisse Rolle kann bei der Ausbildung von Instabilitäten prinzipiell auch die Beschleunigung von Elektronen im elektrischen Feld des Pinches spielen. In Kap. III wurde gezeigt, daß der Übergang von Elektronen in den Zustand ununterbrochener Beschleunigung vom Verhältnis der mittleren Geschwindigkeit in Richtung des elektrischen Feldes u zur thermischen Geschwindigkeit v_e abhängt. Die Zahl der ununterbrochen beschleunigten Elektronen wächst sehr rasch für $\frac{u}{v_e} > 0{,}07$. In Anlagen vom ZETA-Typ ist die Elektronentemperatur offensichtlich sehr klein. Deshalb ist bei großen Werten von J eine intensive Elektronenbeschleunigung zu erwarten. Wenn man zum Beispiel annimmt, daß T_e ca. 10 eV beträgt, so nimmt das Verhältnis u/v_e bei $N \sim 5 \cdot 10^{16}$ und einer Stromstärke von 200 kA den Wert von 0,1 an. Die Zeit für den Übergang aller Elektronen des Plasmas in den Zustand ununterbrochener Beschleunigung ergibt sich in diesem Falle aus Abb. 19 zu 300 μsec.

Wie bereits früher erwähnt, scheinen die Experimente diese Schlußfolgerung nicht zu bestätigen, denn die Zahl der auf hohe Energie beschleunigten Elektronen ist äußerst niedrig. Möglicherweise erklärt sich das aus der starken Abbremsung der beschleunigten Elektronen durch den Anregungsmechanismus der Plasmaschwingungen. Die Elektronenbeschleunigung kann auch durch die Turbulenz des Pinches gehemmt werden. Infolge dieser Turbulenz diffundieren die schnellen Elektronen nämlich aus dem Plasmainneren an die Pinchoberfläche. In der Nähe der Oberfläche ist H_φ wesentlich größer als H_z. Deshalb findet in der Nähe der Pinchoberfläche keine Elektronenbeschleunigung im elektrischen Longitudinalfeld der Entladung statt und die schnellen Elektronen werden gebremst. Schließlich kann die Beschleunigung der Elektronen durch mehrfach geladene Ionen im Plasma, an denen die Elektronen stark gestreut werden, gedämpft werden.

Wenn man die Ergebnisse der Untersuchungen an ZETA, SCEPTRE, Alpha u. a. hinsichtlich der Perspektiven für die Erzeugung gesteuerter thermonuklearer Reaktionen betrachtet, erhält man ein sehr pessimistisches Bild. Aus allen Versuchen folgt, daß entgegen den anfänglichen Hoffnungen der paramagnetische Pinch instabil ist und beträchtliche Energiemengen an die Kammerwände abgibt. Obgleich der Widerstand des Pinches wesentlich größer ist als man erwarten konnte, reicht die Aufheizung durch JouLesche Wärme nicht aus, um die Elektronentemperatur auf über 10···20 eV zu heben, weil die Energie sehr rasch abfließt. In wissenschaftlicher Hinsicht sind jedoch die physikalischen Informationen, die man aus Experimenten mit paramagnetischen Pinchen in schwachen Magnetfeldern gewinnen kann, noch nicht voll ausgeschöpft. Das bezieht sich vor allem auf Transportprozesse im instabilen Plasma und auf die Mechanismen, welche für die Entstehung von Feldern, die Ionen beschleunigen, verantwortlich zeichnen.

§ 36. Toroidale Systeme mit starkem Longitudinalfeld (Tokamak). Meßergebnisse, die mit Hilfe dieser Systeme erhalten wurden

Viel weniger als der Untersuchung von Systemen mit paramagnetischen Pinchen hat man sich bisher den Eigenschaften von toroidalen Systemen mit sehr großem H_z/H_φ-Verhältnis gewidmet. In dieser Richtung wurde das wichtigste experimentelle Material aus dem Institut für Atomenergie der UdSSR von Jawlinski und seinen Mitarbeitern geliefert. Abb. 80 zeigt eine der Anlagen, die zur Untersuchung von quasistationären Entladungen im sehr starken Longitudinalfeld gebaut wurden. Diese Anlagen, welche bei uns als Tokamak bezeichnet werden, unterscheiden sich voneinander durch ihre geometrischen Ausmaße und den Wert der maximalen Feldstärke des Longitudinalfeldes, der in ihnen erreicht werden kann. In konstruktiver Sicht sind sie aber untereinander gleich. In Abb. 91 ist die Konstruktion einer Entladungskammer, wie man sie auch in den Tokamak verwendet, schematisch dargestellt.

Die Anlagen vom Typ Tokamak haben in den Grundzügen vieles mit den Anlagen, welche im vorangegangenem Paragraphen besprochen wurden, gemeinsam. Der wichtigste Unterschied zwischen den einzelnen Typen besteht in dem Wert der Feldstärke des magnetischen Longitudinalfeldes. Wenn in Systemen wie ZETA die Feldstärke einige hundert Oerstedt beträgt, so beträgt sie in den Tokamak, die zur Untersuchung der Eigenschaften von durch ein starkes äußeres Feld stabilisierten Plasmaschnüren bestimmt sind, einige tausend Oe bis zu einigen zehntausend Oe. Damit ist auch der wesentlich kompliziertere Aufbau der Spulen für das Longitudinalfeld verbunden. Sie müssen über eine extreme mechanische Festigkeit verfügen (bei einem $H_z = 5 \cdot 10^4$ Oe müssen sie einer Belastung bis 100 kg/cm² standhalten). Für H_z-Werte unter 12000 bis 15000 Oe ist die zweckmäßigste Energiequelle für die Spulen eine Kondensatorbatterie mit großer Kapazität. Das Magnetfeld ist in diesem Falle zwar nicht zeitlich konstant, es ändert sich aber genügend langsam im Vergleich zur Entwicklung der Entladung. So ändert sich zum Beispiel die Feldstärke der in Abb. 80 gezeigten Anlage mit einer Periode von 0,16 sec, während die Dauer der ersten Halbperiode des Stromes in der Entladungskammer 5···10 msec beträgt. Damit das longitudinale Wechselfeld frei in die Entladungskammer eindringen kann, muß letztere einen hinreichend großen Widerstand für Ströme besitzen, die in der Oberfläche des Torus senkrecht zur Kammerachse fließen. Diese Bedingung läßt sich erfüllen, wenn man die innere Entladungskammer aus dünnem Edelstahl herstellt und die äußere Kupferhülle mit einem isolierenden Schnitt längs des gesamten Torusumfanges versieht (siehe Abb. 80).

Da in Systemen des betrachteten Typs das Verhältnis zwischen dem Magnetfeld des Stromes und dem longitudinalen Magnetfeld klein sein muß, damit Instabilitäten unterdrückt werden (siehe Ungleichung (6.1)), tritt während der Entladung keine starke Kompression des Pinches auf. Denn, wenn der Pinch sich nach seiner Entstehung stark zusammenziehen würde, würde das zu einer Verstärkung des Longitudinalfeldes führen. Da aber $H_J^2 \ll H_z^2$ ist, könnte schon bei relativ geringer Erhöhung von H_z innerhalb des Pinches der wachsende Druck des Longitudinalfeldes im Plasma nicht mehr durch den vom Feld des Stromes erzeugten Druck kompensiert werden. Daraus ergeben sich Schwierigkeiten bei der Erzeugung eines von den Kammerwänden losgelösten Pinches.

Wenn sich die Entladung zu Beginn über den gesamten Kammerquerschnitt ausbilden würde, könnte man den Pinch nur durch ein stark anwachsendes äußeres Longitudinalfeld von den Wänden trennen. Diese Methode zur Loslösung des Pinches von den Wänden setzt eine schnelle Zunahme der Stärke des Magnetfeldes in einem großen Volumen voraus und ist deshalb technisch schwer zu verwirklichen.

Ein wesentlich einfacherer Weg zur Erreichung dieses Zieles besteht darin, daß man in der Kammer Blenden anbringt, deren Öffnung wesentlich kleiner als der Kammerquerschnitt ist (s. Abb. 91). Die Erfahrung zeigt, daß bei einer solchen

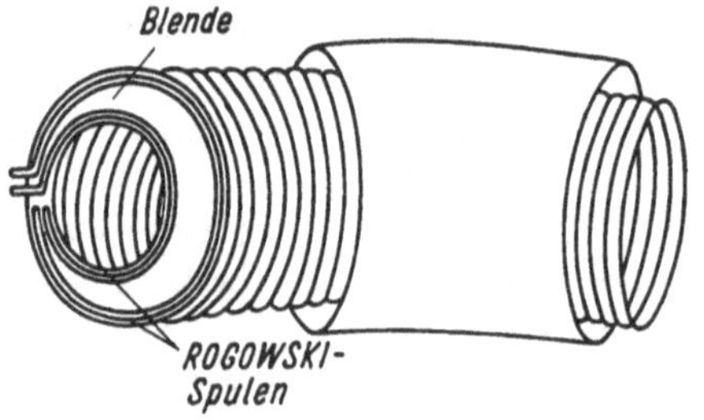

Abb. 91. Konstruktionsschema der im Text besprochenen Entladungskammer

Kammerkonstruktion der Entladungsquerschnitt durch die Abmessungen der Blendenöffnung begrenzt ist. Damit der Pinch nicht teilweise auf die Blendenränder auftrifft, müssen die Blendenöffnungen etwas in Richtung zur äußeren Kammerwand hin verschoben sein, weil der Pinch in der Gleichgewichtslage um einen Abstand δ, der sich in erster Näherung aus Formel (4.50) ergibt, gegenüber der Kammerachse verschoben ist. Eine genauere Bestimmung der günstigsten Lage der Öffnung in der Blende ist mit Hilfe direkter Experimente möglich. Falls die Öffnung nicht richtig liegt, hinterläßt der Pinch Spuren auf der Blende.

Um ein reines Wasserstoff- und Deuteriumplasma mit minimalem Fremdionengehalt zu bekommen, muß man sehr strenge vakuumtechnische Anforderungen an die Anlagen stellen. Für den Aufbau des Liners und der gesamten Vakuumanlage dürfen keine organischen Stoffe verwendet werden. Außerdem muß der Liner durch Ausheizung bei höchst zulässiger Temperatur über längere Zeit entgast werden. Im Rahmen der hier beschriebenen Untersuchungen wurden Entladungen unter verschiedenen Vakuumbedingungen durchgeführt: 1. Mit kaltem Liner, der zuvor über mehrere hundert Stunden mit Wechselstrom auf 400—450 °C erhitzt war; 2. mit heißem Liner, dessen Temperatur in der gleichen Größenordnung lag. Die Messungen zeigten, daß die Verunreinigung durch Fremdgase in beiden Fällen annähernd gleich war. Der Restgasdruck in der Kammer vor der Entladung betrug normalerweise $1 \cdot 10^{-7}$ bis $1 \cdot 10^{-6}$ Torr.

Hauptgegenstand der experimentellen Untersuchungen war das Deuteriumplasma. Außerdem wurden auch Plasmen untersucht, die sich bei Entladungen im Wasserstoff und Argon bildeten. Die Anfangsparameter variierten in Versuchen, die an verschiedenen Anlagen ausgeführt wurden, innerhalb der folgenden Grenzen: Anfangsdruck des Gases $p_0 = 2 \cdot 10^{-4}$ bis $2 \cdot 10^{-3}$ Torr, $H_z = 2 \cdot 10^3$ bis $2 \cdot 10^4$ Oe, anfängliche Stärke des elektrischen Feldes $E_0 = 0{,}05$ bis $0{,}6$ V/cm, Zeitintervall zwischen dem Einschalten der Spannung bis zu ihrem Abfall auf Null (Viertelperiode der Spannung) 3 bis 10 msec. Die Dauer der ersten Phase der Entladung in den hier besprochenen Experimenten ist im bestimmten Maße auch von anderen Anfangsparametern abhängig. Unter anderem wird sie zum Beispiel bei sehr großen E_0-Werten kürzer. Zur Untersuchung von quasistationären Entladungen im starken äußeren Feld wird im wesentlichen die gleiche Meßtechnik angewendet, die bereits im vorangegangenem Paragraphen besprochen wurde. Die erforderlichen Angaben erhält man aus den Oszillogrammen der Entladung, aus Aufnahmen der Plasmaschnur, aus Spektrogrammen der Plasmastrahlung im sichtbaren und ultravioletten Bereich, aus der Intensität der harten Röntgenstrahlung und aus Werten radiointerferometrischer Messungen.

Trotz vieler Meßdaten ist es bisher noch nicht möglich, eindeutige Aussagen über die „reinen Plasmaeigenschaften" zu machen, weil die Meßergebnisse noch sehr von der Anlage, an der sie gewonnen wurden, abhängen. Das liegt an vielen noch unbekannten Einflüssen, an den nicht genau bekannten Anfangsbedingungen und an den beschränkten Möglichkeiten einer direkten Messung am Plasma. So kann man zum Beispiel auf der Grundlage der gegebenen Werte nicht eindeutig mit genügender Genauigkeit den Betrag der Konzentration n_e: der geladenen Teilchen und die Änderung der Größe n_e im Verlaufe des Prozesses bestimmen. Bei radiointerferometrischen Messungen erhalten wir nämlich nicht n_e, sondern immer das Produkt $n_e d$, wobei d der Durchmesser der Plasmaschnur ist. Bezüglich der Größe d können wir aber lediglich behaupten, daß sie nicht größer als ein bestimmter Grenzwert ist (Durchmesser der Blende). Exakte quantitative Angaben über den wirklichen Wert von d und seine zeitliche Änderung haben wir aber bisher nicht. Erst wenn die Methode der radiointerferometrischen Analyse für verschiedene Wellenlängen abgestimmt sein wird, werden wir vollkommen eindeutige Meßergebnisse erhalten.

Das angeführte Beispiel ist kein Sonderfall. Die Mehrdeutigkeit, die durch das Fehlen genauer Angaben über den Durchmesser der Plasmaschnur bedingt wird, äußert sich auch bei der Bestimmung der Leitfähigkeit eines Plasmas aus dem Wert des Widerstandes der Plasmaschnur. Weiter bleibt die Frage offen, welcher Teil der Energie und des Stromes auf die schnellen Elektronen, die in die Phase stetiger Beschleunigung übergehen, entfällt. Die Unbestimmtheit dieser Frage macht die Bestimmung der Plasmatemperatur aus der Leitfähigkeit mehrdeutig, da man a priori nicht als ausgeschlossen annehmen darf, daß ein beträchtlicher Teil des Stromes von einer relativ geringen Zahl sehr schneller Elektronen getragen wird.[1]) Wie wir weiter sehen werden, existiert auch Unklarheit in der Frage, wie Teilchen aus einem Plasma verlorengehen. Hieraus folgt dann, daß auch über den Charakter der Diffusionsprozesse in Anlagen vom Typ der Tokamak bisher nur Hypothesen aufgestellt werden können.

Erstes experimentelles Material wurde mit Hilfe der praktisch in ihrer Konstruktion (und auch in ihren Maßen) identischen Anlagen T-1 und T-2 der Tokamak-Serie erhalten. Die Entladungskammern dieser Anlagen haben die folgenden Ausmaße: großer Durchmesser des Toroids 125 cm, Durchmesser des Querschnittes des Liners 40 cm, Durchmesser der Blendenöffnungen 20–25 cm. Die maximale Stärke des magnetischen Longitudinalfeldes beträgt etwa 10 kOe. Wir führen im Weiteren die wesentlichsten Versuchsergebnisse an, die bei Experimenten an T-1 und T-2 erhalten wurden.

Abb. 92 zeigt Aufnahmen des Leuchtens eines Pinches, das mit Hilfe einer Trommelkamera zeitlich aufgelöst wurde. Dabei wird ein sehr einfaches optisches System vom Typ einer Camera Obscura angewendet: Das Licht eines kleinen Pinchabschnittes dringt durch schmale Schlitze, die quer zur Entladung verlaufen, in eine Vakuumkammer, in der ein auf eine Trommel aufgezogener Film rotiert, der mit einem Luminophor sensibilisiert wurde. Die Abbildung auf dem rotierenden Film wird durch die Gesamtstrahlung des Pinches erzeugt (vom sichtbaren Bereich bis zum fernen UV und dem Gebiet der Röntgenstrahlung). Die drei in Abb. 92 dargestellten Aufnahmen beziehen sich auf Entladungen bei verschiedenen H_z/H_J-Werten. H_z/H_J wird von der oberen Aufnahme zur unteren kleiner, und parallel dazu ändert sich die transversale Ausdehnung des Pinches. In der oberen Aufnahme liegt das Leuchten des Pinches innerhalb des von den Blendenrändern abgegrenzten Gebietes (durch gestrichelte Linien angedeutet). In der mittleren Aufnahme überschreitet der Pinch diese Grenzen in dem Moment, wo der Strom sein Maximum erreicht, und in der unteren Aufnahme wird die Aufweitung des Pinches noch augenfälliger.

Um diese Tatsachen mit den theoretischen Berechnungen vergleichen zu können, stellen wir fest, daß die Größe

$$q = \frac{H_z}{H_J} \frac{a}{R}$$

ein Maß für die Stabilität eines Pinches im starken Longitudinalfeld ist. H_J bedeutet dabei die Feldstärke des vom Strom J erzeugten Magnetfeldes, wenn J sein Maximum erreicht. Wenn q eine bestimmte ganze Zahl m überschreitet, ist der Pinch stabil gegenüber allen Schraubendeformationen, deren Ordnung kleiner oder gleich m ist. Je größer also q ist, desto größer ist die Stabilitätsreserve des Pinches. (Bei $q < 1$ ist er schon instabil gegenüber der gefährlichsten Schraubendeformation mit $m = 1$.) Diese theoretischen Folgerungen werden durch die Auf-

[1]) Auch wenn eine solche Annahme unwahrscheinlich ist.

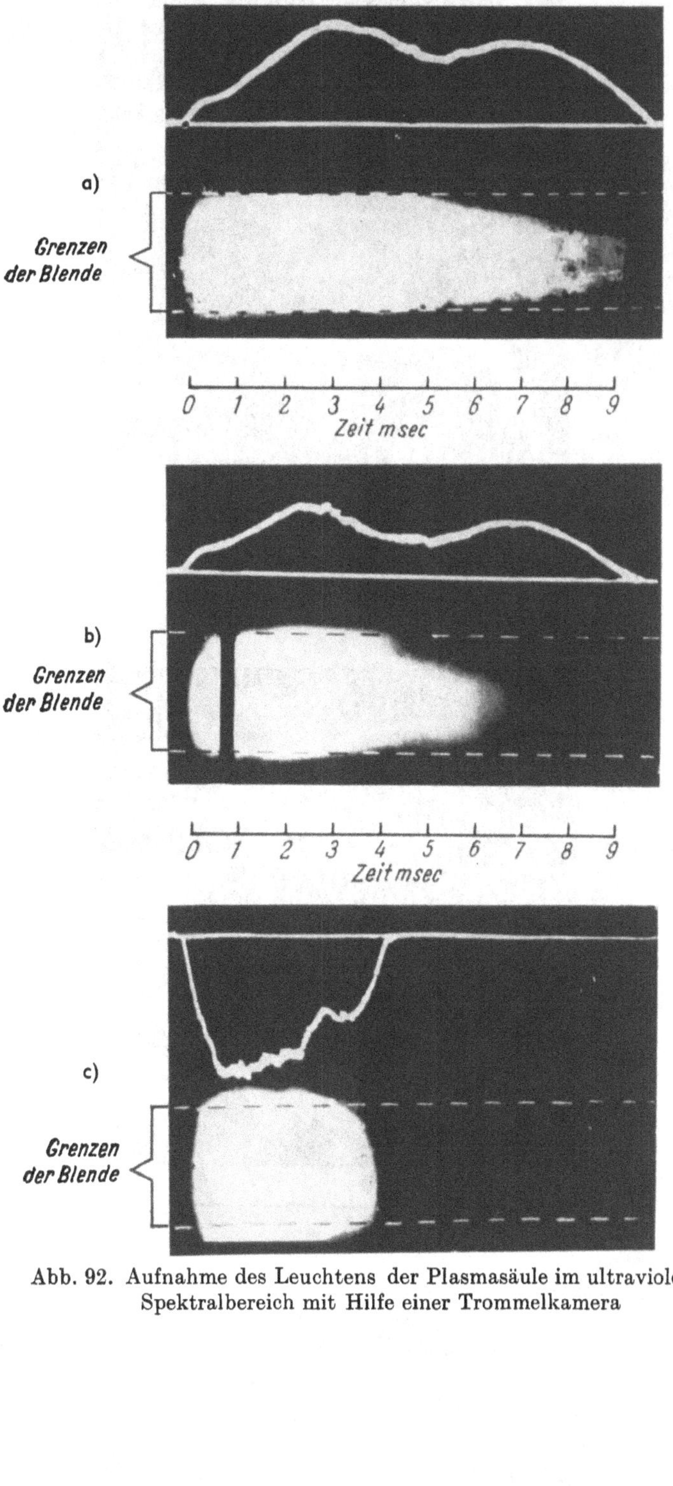

Abb. 92. Aufnahme des Leuchtens der Plasmasäule im ultravioletten Spektralbereich mit Hilfe einer Trommelkamera

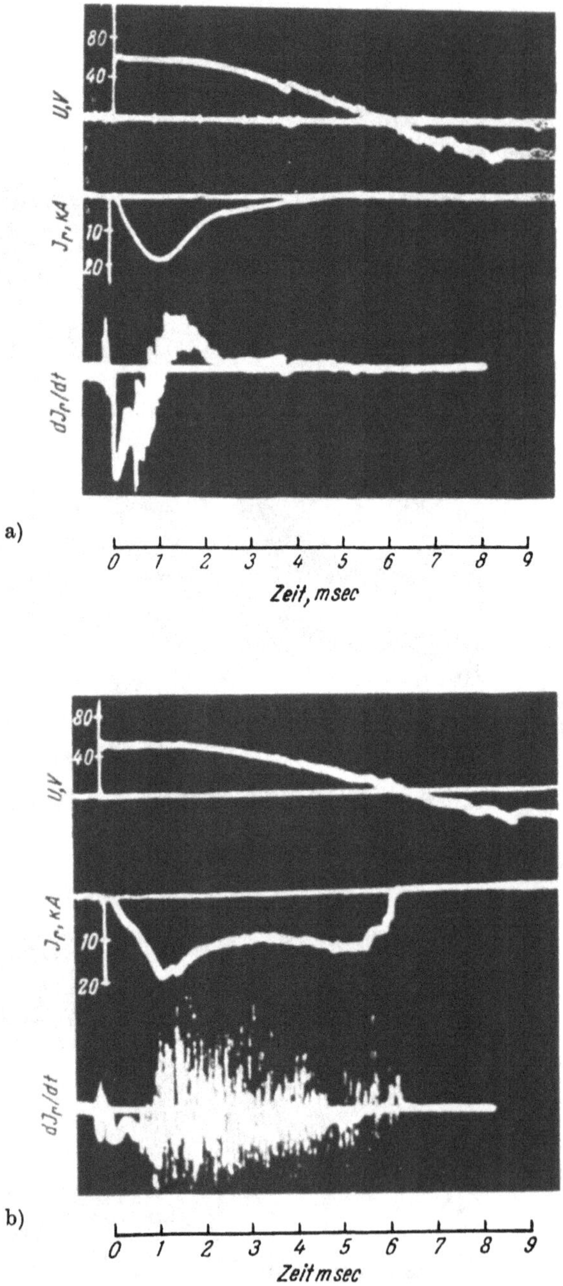

Abb. 94. Entladungsoszillogramme bei verschiedener Vakuumvorbehandlung der Kammerwand

a) „schmutzige" Kammer; b) „saubere" Kammer; $H_0 = 6$ kOe, $p_0 = 5 \cdot 10^{-4}$ Torr D_2

nahmen des Leuchtens der Entladung gut illustriert. Die obere Aufnahme entspricht einem $q = 4,1$, die mittlere $q = 3,5$ und die untere $q = 1,5$. Wir sehen, daß sich bei genügend großer Stabilitätsreserve keinerlei Anzeichen für eine Pinchverbreiterung oder das Auftreten von Ausbrüchen und Protuberanzen bemerkbar machen, wie sie bei den Untersuchungen des paramagnetischen Pinches in Anlagen vom ZETA-Typ beobachtet wurden.

Zur Messung des Stromes in der Entladungskammer werden ROGOWSKI-Spulen verwendet, die auf den Blenden liegen (s. Abb. 91). Die innere Spule, deren Durchmesser gleich dem der Blendenöffnung ist, mißt den Strom in dem Teil des Pinches, der die Blende nicht berührt. Mit der äußeren Spule kann man den Gesamtstrom

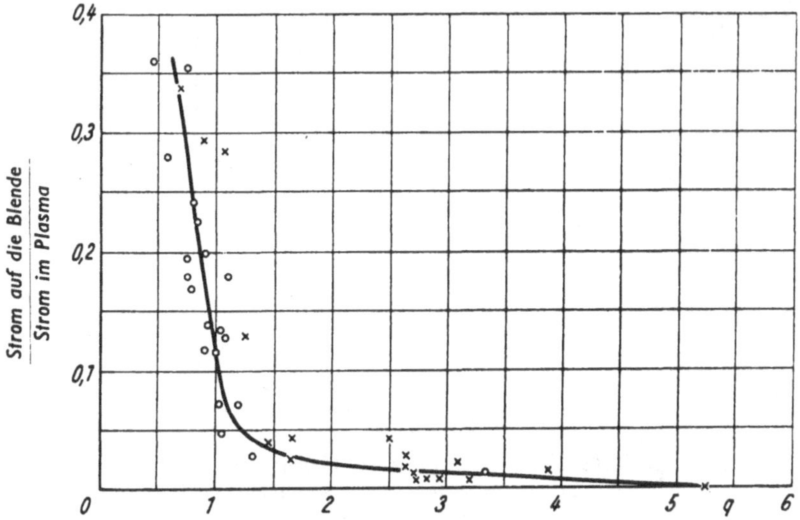

Abb. 93. Relative Größe des Stromes auf die Blende
Kreuzchen und Kreise gehören zu zwei verschiedenen Meßreihen

im Gas messen. Die Differenz zwischen beiden Meßwerten ergibt den Teil des Stromes, der in der äußeren Schicht des Plasmas fließt und die Blende berührt. Die Abhängigkeit dieses Stromanteiles von der Größe q für typische experimentelle Bedingungen ist in Abb. 93 dargestellt. Das Verhältnis des Stromes auf die Blende zum Strom im Gas nimmt mit wachsendem q rasch ab und beträgt bei $q = 2$ nur noch 4%. Dieses Resultat bestätigt die Schlußfolgerungen, die sich aus den Aufnahmen der Lichtentwicklung des Plasmas ergeben.

Die Oszillogramme der Entladung hängen sehr empfindlich von der Sauberkeit der Vakuumbedingungen ab. Sie haben unterschiedliche Formen bei Entladungen in schlecht entgasten Linern und in Linern, die einer längeren Wärmebehandlung unterzogen wurden. Zum ersten Typ gehören die Oszillogramme von J, $\dot{J}$ und U in Abb. 94a, zum zweiten die in Abb. 94b. Sie entsprechen gleichen Anfangsparametern. Wir sehen, daß das Stromoszillogramm bei sauberen Vakuumbedingungen, die man durch längeres Entgasen des Liners erreicht, ausgedehnter ist und zwei Maxima besitzt. Während in einer schlecht vorbehandelten Kammer der Entladungsstrom früher verschwindet als die Spannung den Wert Null erreicht, wird er in einer sauberen Kammer erst wesentlich später unterbrochen. Unter gewissen Anfangsbedingungen wird er erst am Beginn der zweiten Halbperiode zu Null (s. Abb. 96). Im weiteren wollen wir uns nur mit solchen Resultaten beschäftigen, die unter günstigen Vakuumbedingungen gewonnen wurden.

Die Stromstärke im zweiten Maximum der zweihöckrigen Kurve wächst monoton mit wachsendem H_z auch noch bei sehr hohen H_z-Werten (bis zu $H_z = 10^4$ Oe). Das Anwachsen von J_m mit H_z bedeutet, daß die Leitfähigkeit des Plasmas zunimmt. Die in Abb. 95 aufgetragenen σ-Werte gelten für den Moment, wo der

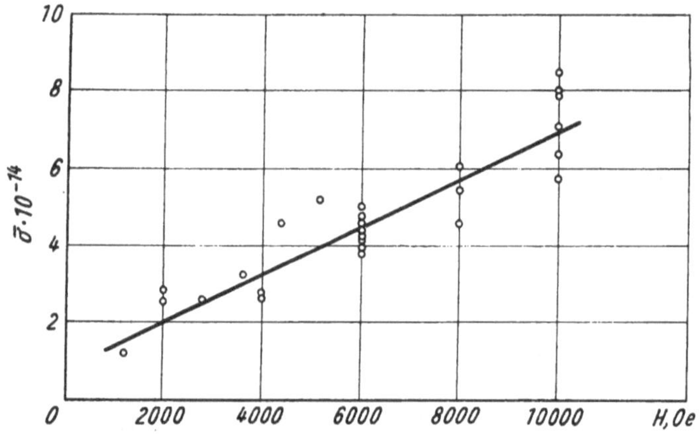

Abb. 95. Elektrische Leitfähigkeit des Plasmas im ersten Maximum des Entladungsstromes in Abhängigkeit von H

Strom sein erstes Maximum erreicht, und es wird weiter angenommen, daß der Strom gleichmäßig über den Pinchquerschnitt, der durch die Blenden ausgeschnitten wird, verteilt ist. Bei $H_z = 10^4$ Oe beträgt $\sigma \approx 7 \cdot 10^{14}$ CGSE. Das entspricht einer Elektronentemperatur von 15···20 eV. Da die Geschwindigkeit des Temperaturausgleiches zwischen der Elektronen- und Ionenkomponente des Plasmas unter diesen Bedingungen sehr groß ist, kann man mit einer Ionentemperatur T_i rechnen, die sich von T_e nicht sehr unterscheidet.

Wesentlich höhere Werte für die Leitfähigkeit erhält man im zweiten Maximum der Stromkurve. Die Bestimmung des σ-Wertes in diesem Zeitpunkt wird dadurch erschwert, daß die Spannung sehr klein und der Pinchquerschnitt unbekannt ist. Aus den Aufnahmen des Pinchleuchtens kann man schließen, daß der Querschnitt im zweiten Maximum beträchtlich reduziert ist. Eine vorsichtige Abschätzung zeigt, daß die Plasmaleitfähigkeit im zweiten Maximum etwa um eine Größenordnung größer als im ersten ist. Man kann deshalb annehmen, daß die dem zweiten Maximum entsprechende Elektronentemperatur nicht unter 50 eV liegt.

In dieser Phase der Entladung ist es aber auf Grund der plötzlichen Verkleinerung von n_e nicht ausgeschlossen, daß der Prozeß der stetigen Beschleunigung von Elektronen eine wesentliche Rolle spielt, ein großer Teil des Stromes durch schnelle Elektronen getragen wird und die Temperatur des Plasmas dabei gleichzeitig niedrig bleibt.

In allen $\dot{J}$-Oszillogrammen, die bei gut entgaster Kammer aufgenommen wurden, kann man äußerst intensive Schwingungen bei 10···100 kHz feststellen, deren chaotischer Charakter zeigt, daß sie mit der Ausbildung irgendwelcher nichtstationärer Prozesse im Plasma zusammenhängen. Die Intensität dieser Schwingungen (ihre Amplitude) ändert sich sehr stark im Verlauf jedes Entladungsimpulses.

Im Anfangsstadium der Entladung haben die Schwingungen auf der $\dot{J}$-Kurve eine relativ kleine Amplitude. Sie wächst sprunghaft nach einer bestimmten Zeit, die eine Funktion von E_0/p_0 ist und gewöhnlich hundert bis mehrere hundert Mikrosekunden beträgt. Die große Amplitude der HF-Schwingungen zeigt, daß auch ein sehr starkes Magnetfeld kein ideales Mittel zur Erzielung vollständiger Stabilität der Plasmasäule ist.

Die Schwingungen hängen offenbar mit einer Instabilität vom magnetohydrodynamischen Typ zusammen, denn aus der Analyse der Oszillogramme kann man schließen, daß das sprunghafte Anwachsen der HF-Amplitude gerade dann erfolgt, wenn das Verhältnis J/H_z einen extremalen Wert annimmt. Der diesem Verhältnis J/H_z entsprechende q-Wert ist aber sehr groß. Deshalb können die Schwingungen nicht durch Schraubeninstabilitäten mit $m = 1$ oder $m = 2$ verursacht sein. Es ist aber durchaus möglich, daß die Plasmaschnur nicht die ganze Blendenöffnung ausfüllt, wodurch die Instabilität bei niedrigeren Stromwerten entsteht als man auf der Grundlage der a priori-Abschätzung der Größe a erwarten könnte.

Die Energiebilanz von Entladungen im starken Magnetfeld ist noch nicht restlos klar. Will man sie aufstellen, so muß man die im Plasma akkumulierte Energie und die Energie, die mit der Änderung des Longitudinalfeldes bei der Entstehung des Pinches zusammenhängt, kennen. Prinzipiell kann man diese Größen für einen quasistationären Prozeß aus der Verteilung des Magnetfeldes in der Entladungskammer bestimmen. Um aber mit Hilfe magnetischer Sonden ein gutes Bild von der Verteilung beider Komponenten des Magnetfeldes in der Kammer für den Fall $H_z \gg H_J$ zu erhalten, muß man eine sehr große Meßgenauigkeit fordern, weil die Variation der Feldstärke sehr klein gegenüber ihrer absoluten Größe ist. Die Größenordnung der Änderung der longitudinalen Feldkomponente kann man abschätzen, wenn man annimmt, daß der Gegendruck des Longitudinalfeldes die Wirkung der elektrodynamischen Kräfte des Stromes kompensieren soll. In diesem Falle ist $2\,H_z \cdot \Delta H_z \sim H_J^2$ und folglich

$$\frac{\Delta H_z}{H_z} \sim \frac{1}{2}\left(\frac{H_J}{H_z}\right)^2.$$

Soll der Pinch stabil sein, so muß die rechte Seite kleiner als $\frac{1}{2}\left(\frac{a}{R}\right)^2$ sein. Praktisch bedeutet das $\Delta H_z \ll 10^{-2}\,H_z$.

Wenn man die experimentellen Schwierigkeiten berücksichtigt, die bei der Messung kleiner Feldstärkeänderungen auftreten, so wird klar, daß die Verwendung von magnetischen Sonden zur Bestimmung des Wärmeinhaltes eines Plasmas aus der Druckbilanz nicht günstig ist. Zur Aufstellung der Druckbilanz (und damit auch der Energiebilanz) für den Fall $H_z \gg H_J$ ist die Kenntnis des ganzen Bildes der Feldverteilung im Raum gar nicht erforderlich; es reicht vielmehr aus, daß man eine einzige integrale Charakteristik dieser Verteilung kennt. Als solche Charakteristik kann die Änderung des Magnetfeldes in der Grenzfläche des Pinches dienen. Diese Methode ist aber bisher noch nicht angewendet worden, wir wollen uns deshalb nicht weiter damit beschäftigen.

Wenn wir auch bisher noch nicht über die notwendigen Ergebnisse magnetischer Messungen zur quantitativen Bestimmung der Wärmeenergie im Plasma verfügen, so können wir uns doch leicht ein qualitatives Bild von der Energiebilanz der Entladung machen. Durch größenordnungsmäßige Abschätzung des Temperaturgleichgewichts im Plasma und Vergleich mit der Energie, die der Entladung aus einer äußeren Quelle zugeführt wurde, können wir uns davon überzeugen, daß bei den bisher untersuchten Arbeitsweisen die Energieverluste wesentlich größer sind als die im Plasma gespeicherte Energie. Als konkretes Beispiel betrachten wir eine Entladung, deren Oszillogramme in Abb. 94 b dargestellt sind. Die dem Plasma vom Strom Null bis zum Maximalwert zugeführte Energie beträgt in diesem Falle $5 \cdot 10^2$ Joule (ohne die magnetische Energie des Stromes), während der Wärmeinhalt des Plasmas zu maximal 60 Joule abgeschätzt wird. Etwa 90% der verbrauchten Energie werden also zur Deckung der Energieverluste aufgewendet.

Ein beträchtlicher, möglicherweise sogar der größte Teil der im Anfangsstadium der Entladung vom Plasma absorbierten Energie geht durch Strahlung der Fremdionen verloren. Diese Strahlung liegt im wesentlichen im fernen UV und besteht in einer gut entgasten Kammer aus relativ wenigen Linien der Ionen von C, N und O. Grobe Messungen der gesamten Lichtenergieausbeute unter Verwendung von Luminophoren zur Umwandlung der UV-Strahlung in sichtbares Licht wurden bereits in einem frühen Stadium des Experimentierens durchgeführt. Sie zeigten, daß für Entladungen in einer schlecht ausgeheizten Kammer die UV-Strahlung die wichtigste Verlustquelle darstellt. Auf Grund des Übergangs zu sauberen Vakuumbedingungen bedürfen diese Angaben einer Überprüfung. Es ist aber sehr wahrscheinlich, daß die Strahlung der Fremdionen auch in gut entgasten Kammern eine wichtige Rolle in der Energiebilanz der Entladung spielt. Für diese Annahme sprechen insbesondere Abschätzungen der Strahlungsintensität, die man mit Hilfe der in Abb. 21 und 22 dargestellten Kurven ausführen kann. Es zeigt sich, daß unter den eben genannten Bedingungen 5% Sauerstoff- oder Kohlenstoffatome ausreichen, um die gesamte Energie, die in einem Wasserstoffplasma während der Entladung frei wird, durch Strahlung abzuführen.

Die spektroskopische Untersuchung von Entladungen im starken Longitudinalfeld steckt noch in den Anfängen. Sie liefert aber schon wertvolle Auskünfte über die Änderung der Plasmaeigenschaften während der Entladung. In Abb. 96

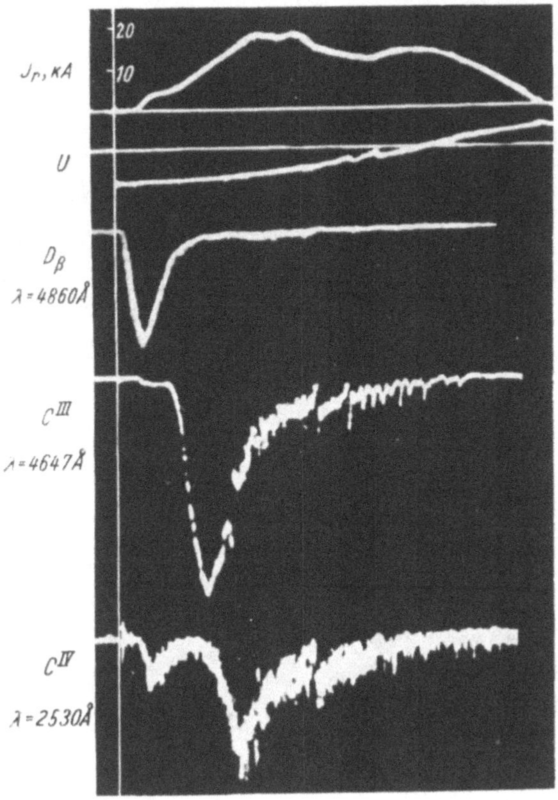

Abb. 96. Oszillogramm einiger Spektrallinienintensitäten

$E_0 = 0{,}09$ V/cm; $p_0 = 5 \cdot 10^{-4}$ Torr D_2; $H = 10$ kOe

sind Oszillogramme der Spektrallinienintensitäten angeführt, die zu Deuterium, C^{III} und C^{IV} gehören. Außerdem zeigt sie den zeitlichen Verlauf von Strom und Spannung. Wir sehen, daß die drei Linien im zeitlichen Wechsel auftreten, weil sie verschiedenen Anregungsniveaus entsprechen. Im Anfangsstadium, wenn die Elektronentemperatur noch niedrig ist, treten Linien des Deuteriums auf. Sie verschwinden, wenn der größte Teil des Gases ionisiert ist. Die Linie des doppelt geladenen Kohlenstoffs (C^{III}) ist erst wesentlich später zu bemerken. Ihre Intensität nimmt ab, bevor der Strom seinen Maximalwert erreicht. Daraus kann man schließen, daß beim Durchgang des Stromes durch das Maximum bereits ein großer Teil der Kohlenstoffionen dreifach geladen ist. Die nächste Stufe in der Ionisation des Kohlenstoffs scheint in der Nähe des Strommaximums erreicht zu sein, denn von diesem Zeitpunkt ab beginnt die Intensität der C^{IV}-Linie abzunehmen. Die Ionisationsenergie für den Übergang von C^{IV} zu C^{V} beträgt 64 eV. Die minimale Anregungsenergie für C^{V} liegt bei 300 eV. Deshalb kann diese Linie in einem Plasma mit einer Temperatur von 20···30 eV nur eine sehr kleine Intensität haben.

Die Gesetze der zeitlichen Änderung der Spektrallinienintensität stehen in Einklang mit der Annahme, daß die Strahlung angeregter Fremdionen ein wesentlicher Faktor in der Energiebilanz des Plasmas ist. Wenn man alle anderen Arten von Energieverlusten ausschließt, kann man den Plasmaaufheizungsprozeß in groben Zügen wie folgt darstellen: Das elektrische Feld überträgt Energie auf die Elektronen, die eine Anregung und Ionisierung der Fremdgasatome und -ionen bewirken. In der Anfangsphase, d. h., wenn die Elektronentemperatur noch sehr niedrig ist, sind die Verluste im wesentlichen durch Anregung und Ionisation neutraler Atome bedingt. Die Elektronentemperatur bleibt dabei praktisch konstant, solange nicht alle neutralen Atome in einfach geladene Ionen umgewandelt worden sind (wie die Wassertemperatur in einem kochenden Teekessel). Wenn die erste Stufe der Ionisation abgeschlossen ist, nimmt die Temperatur wieder zu. Es beginnt das zweite Stadium der Prozesse: die einfach geladenen Ionen werden zunächst angeregt und danach wird das zweite Elektron aus der Hülle entfernt. In der Zeit, in der ein großer Teil der einfach geladenen Ionen in zweifach geladene überführt wird, stabilisiert sich die Elektronentemperatur des Plasmas erneut. Sie steigt weiter an, wenn die zweite Stufe der Ionisation abgeschlossen ist, und fast alle Fremdgasionen doppelt geladen sind. Existiert der Pinch noch länger, so kann sich die Ionisation des Fremdgases und die damit verbundene allmähliche Zunahme der Elektronentemperatur weiter fortsetzen.

In Wirklichkeit haben die Aufheizungsprozesse komplizierteren Charakter, denn die Energieverluste sind nicht nur durch Strahlung, sondern auch durch anomal schnelles Abwandern von Teilchen aus dem Plasma bedingt. Darüber werden wir an späterer Stelle sprechen. Eine gewisse Rolle bei der Abkühlung des Plasmas spielen außerdem Umladungsprozesse von heißen Ionen an kalten Neutralatomen, die von den Kammerwänden abdampfen oder zwischen Plasma und Kammerwand vorhanden sind. Über die Größe des Anteils dieser Prozesse an der Energiebilanz der Entladung kann man zur Zeit noch nichts Bestimmtes sagen.

Die Form des Stromoszillogrammes aus der T-1 und der T-2 ist natürlich vollkommen überraschend und zieht selbstverständlich sofort besondere Aufmerksamkeit auf sich.

Eine einfache und gut mit der Vielzahl von experimentellen Daten übereinstimmende Erklärung besteht in folgendem: Die Ströme, welche durch die primäre Wicklung des Transformators fließen (sie ist an der äußeren Oberfläche der Vakuumkammer angebracht) und auch der durch den Liner fließende Strom schaffen unter den Bedingungen der toroidalen Geometrie ein Magnetfeld mit ziemlich komplizierter Struktur (das ist insbesondere dann der Fall, wenn der Eisenkern nahe an der Sättigung ist). Dieses Feld hat innerhalb der Vakuumkammer eine kleine zeitlich veränderliche Komponente $H_{\perp}$ die senkrecht zur Ebene des Plasmaringes liegt. Auch das sich langsam ändernde Longitudinalfeld, welches durch die Spulen erzeugt wird, leistet einen bestimmten Beitrag zur Komponente $H_{\perp}$. Hierzu addiert sich noch das Magnetfeld der Konterwicklung, die mit der Spule in Reihe geschaltet ist und die die gesamte Kammer umgibt (die Konterwicklung dient dazu, die Kopplung zwischen dem Entladungskreis und dem Kreis für das Longitudinalfeld zu beseitigen). Die Wechselwirkung zwischen dem Plasmastrom und $H_{\perp}$ führt zum Auftreten einer zusätzlichen Kraft, welche eine radiale Dehnung oder Kompression der Plasmaschnur bewirkt. Auf Grund dieser Tatsache tritt während der Entladung (siehe Kap. IV) eine Veränderung des Wertes der Gleichgewichtsverschiebung ein (dieser Wert wird auch durch eine Änderung des Verhältnisses p/J^2 beeinflußt). Im Anfangsstadium der Entladung erfolgt sicherlich eine Verschiebung der Plasmaschnur nach außen, was dann zu einer starken Wechselwirkung zwischen dem Plasma und dem Rand der Blende führt. Hierbei tritt eine Verkleinerung des Radius der Plasmaschnur und eine Abkühlung des Plasmas ein. Auf Grund dieser Tatsache findet eine Stromabnahme statt. Danach tritt auf Grund der Veränderung von p und $H_{\perp}$ eine Verschiebung der Schnur nach innen auf. Dadurch kann die sekundäre Zunahme des Plasmastromes und die Erhöhung der Leitfähigkeit erklärt werden. Falls sich diese Annahme bestätigt (was sehr wahrscheinlich ist[1])), so eröffnet sich damit eine neue Möglichkeit zur Erhöhung der Leitfähigkeit (und folglich auch der Temperatur eines Plasmas): mittels Steuerung der Lage der Plasmaschnur durch hierfür speziell bestimmte elektrische Stromkreise.

Die eben gegebene Deutung der Form des Stromoszillogrammes können wir als typisches Beispiel für einen Apparatureffekt betrachten. Unter anderem muß man hierbei erwähnen, daß an Anlagen mit einer vollkommeneren Konstruktion der Spulen für das Longitudinalfeld und mit einer besseren Abschirmung gegen magnetische Wechselfelder, die Stromoszillogramme nur die normale einfach gekerbte Form aufweisen. Höchstwahrscheinlich ist in diesem Falle die radiale Bewegung der Plasmaschnur wesentlich geringer ausgeprägt.

Wenn wir annehmen, daß der Durchmesser der Schnur unverändert und der Öffnung in den Blenden gleich ist, so können wir mittels radiointerferometrischer Messungen n_e als Funktion der Zeit bestimmen.

---

[1]) Siehe [23] sowie weitere z. Z. im Druck befindliche Arbeiten (Anm. d. dtsch. Red.).

In Abb. 97 ist eine typische Kurve, die auf diese Weise erhalten wurde, dargestellt. Die Elektronenkonzentration in der Plasmaschnur nimmt in der Anfangsphase des Prozesses schnell zu (wie zu erwarten ist) und fällt nach dem Erreichen eines maximalen Wertes exponentiell ab (was vollkommen unerwartet ist). Die Geschwindigkeit dieser Abnahme verringert sich mit Vergrößerung des Magnetfeldes. Bei $H_z = 5600$ Oe und einem Anfangsdruck von ca. $5 \cdot 10^{-4}$ Torr fällt innerhalb von 0,5 msec die Konzentration etwa auf den halben Wert. Der maximale Wert der Konzentration ist viel kleiner als der Wert, der erreicht werden müßte,

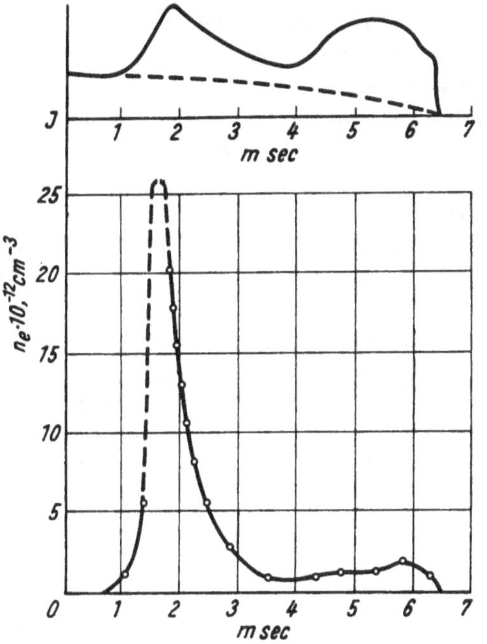

Abb. 97. Verlauf der Elektronenkonzentration im Plasma in der ersten Halbperiode der Entladung

Im gleichen Bild ist das Oszillogramm des Kammerstromes (Entladungsstrom + Linerstrom) wiedergegeben
$E_0 = 0{,}15$ V/cm; $p_0 = 5 \cdot 10^{-4}$ Torr D_2; $H_0 = 5{,}4$ kOe

wenn alle in der Kammer befindlichen Teilchen anfänglich in der Plasmaschnur enthalten wären.

Wir müssen in diesem Zusammenhang auf eine interessante Besonderheit bei der Änderung der Plasmakonzentration hinweisen. Nachdem sich n_e bis auf 1 bis $2 \cdot 10^{12}$ verringert hat, kann es erneut anwachsen und erreicht seine maximale Größe zu einem Zeitpunkt, der nahe dem zweiten Maximum des Entladungsstromes liegt. Radiointerferometrische Messungen in verschiedenen Teilen des Querschnittes zeigen, daß das sekundäre Anwachsen von n_e dadurch bedingt wird, daß innerhalb der Plasmaschnur ein Gebiet mit höherer Teilchenkonzentration vorhanden ist. Die sekundäre Vergrößerung der Konzentration fällt vollkommen in dieses

Gebiet. Zur gleichen Zeit nimmt auf der Peripherie die Plasmakonzentration monoton ab. In der Nähe des zweiten Strommaximums kommt n_e im Entladungskern nahe an den Wert 10^{13} (d. h. etwa 20% der maximalen Anfangsgröße). Es ist unter anderem auch möglich, daß dieser Charakter der n_e-Veränderung mit radialen Verschiebungen der Plasmaschnur im Zusammenhang steht. Falls das stimmt, sind die Versuche, eine quantitative Interpretation der Abnahme und des folgenden n_e-Anstieges zu geben, nicht von Interesse.

In quantitativer Sicht kann man die Meßergebnisse für n_e höchstwahrscheinlich als Beweis für eine eigenartige Instabilität des untersuchten Plasmazustandes betrachten, die sich in einer anomalen Teilchendiffusion und dem schnellen Austritt von Ionen und Elektronen aus der Plasmaschnur an der Blende der Entladungskammer äußert. Eine anloge Tatsache wurde das erste Mal bei experimentellen Untersuchungen an magnetischen Fallen, die als Stellaratoren bezeichnet werden, festgestellt. Wir werden an dieser Stelle keine weiteren Überlegungen über den Mechanismus des anomalen Teilchenaustritts anführen und die eingehende Erörterung dieses schwierigen Problems im Kapitel VIII bringen.

Von den anderen experimentellen Tatsachen, die bei der Untersuchung von Ringentladungen im starken Longitudinalfeld festgestellt wurden, müssen wir die Emission von harten Röntgenstrahlen erwähnen. Sie wird durch die Beschleunigung der Elektronen verursacht. Diese Strahlung, deren maximale Energie bis zu einigen Millionen Elektronenvolt betragen kann, tritt im Anfangsstadium der Entladung auf und wird noch bis zu dem Zeitpunkt beobachtet, in dem der Strom sein Maximum erreicht. Auffallend ist hierbei die Tatsache, daß im Augenblick wo die Röntgenstrahlung verschwindet, auf dem Stromoszillogramm intensive hochfrequente Schwingungen auftreten.

Die durch die schnellen Elektronen hervorgerufene Strahlung kann als wichtiger Indikator für in der Plasmaschnur ablaufende Prozesse dienen. Um die Meßwerte dieses Indikators interpretieren zu können, müssen wir vor allem den allgemeinen Charakter der Bewegung dieser schnellen Elektronen im Plasma klären. Nachdem das Elektron sich bezüglich seiner Geschwindigkeit von der Maxwell-Verteilung getrennt hat und unter Einwirkung des elektrischen Feldes eine Energie in der Größenordnung von einigen zehn Kiloelektronenvolt angenommen hat, wird seine Bewegung in einem Plasma praktisch nicht mehr durch den Einfluß der Zusammenstöße mit anderen Teilchen beeinflußt. Das bedeutet aber, daß die Bewegung eines solchen Elektrons nur noch durch die Wirkung des elektrischen Wirbelfeldes und der magnetischen Felder, die durch die Spule und den Plasmaring hervorgerufen werden, beherrscht wird. Für den Fall, daß $\frac{H_J}{H_z} \ll 1$ ist, hat diese Bewegung einen besonders einfachen Charakter. Wir können sie als Resultierende aus der Addition von zwei Bewegungen betrachten: der Verschiebung entlang der Kraftlinien und der Drift im inhomogenen Longitudinalfeld. (Eine Abschätzung zeigt, daß wir die vom Feld des Stromes im Plasma verursachte Drift vernachlässigen können, wenn die Kruskal-Schafranow-Bedingung erfüllt wird.)

Der Impuls des schnellen Elektrons bildet mit der Richtung des Longitudinalfeldes einen kleinen Winkel und wird durch die Gleichung

$$m \cdot v = e \int_{t_0}^{t} E \cdot dt$$

bestimmt. E ist hierbei die Feldstärke des elektrischen Wirbelfeldes in der Plasmaschnur. Die in die Feldstärke eingehende induktive Komponente wird vernachlässigt. Das Integral wird über die Zeit der Beschleunigung gerechnet.

Wir untersuchen nun die Projektion der Elektronenbahn auf eine Ebene, die senkrecht zu den Kraftlinien steht und sich mit dem Elektron um die Hauptachse des Toroids dreht. Falls keine Drift vorhanden ist, müßte diese Projektion einen Kreis mit dem Mittelpunkt auf der Achsenlinie der Plasmaschnur darstellen. Die Rechnung zeigt, daß bei Berücksichtigung der Drift eine Verschiebung des Kreismittelpunktes um ein δ zur äußeren Wand der Entladungskammer hin erfolgt. Die Größe δ ist von der Geometrie des H_J-Feldes abhängig, d. h. von der Verteilung des Plasmastromes über den Querschnitt der Plasmaschnur. Wenn wir voraussetzen, daß die Stromdichte auf dem gesamten Querschnitt der Plasmaschnur konstant ist, so erhalten wir für δ folgenden Näherungsausdruck:

$$\delta = \frac{m\,v\,c}{e\,H_J(a)} \cdot \frac{a}{R}\,.$$

$H_J(a)$ ist hierbei die Stärke des vom Strom erzeugten magnetischen Feldes an der Grenze der Plasmaschnur. Unter Berücksichtigung der Stromverteilung erhalten wir für die Projektionen der Bahnen der stetig beschleunigten Elektronen auf die Flächen senkrecht zum Longitudinalfeld eine Schar konzentrischer Kreise. Das gemeinsame Zentrum dieser Kreisschar ist von der Achsenlinie der Plasmaschnur um die Entfernung δ verschoben. Den Wert δ können wir nach der oben angeführten Formel bestimmen, wenn wir den Impuls des schnellen Elektrons in äquivalenter Schreibweise durch $\int E\,dt$ ausdrücken. Unter typischen Versuchsbedingungen muß δ in der Größenordnung von einigen Zentimetern liegen. Natürlich nimmt es mit der Zeit zu.

Die Form der Bahn schneller Elektronen ist unmittelbar mit der Größe und der Struktur des vom Strom erzeugten Magnetfeldes verknüpft. Deshalb müssen sich im Verhalten der Elektronen während der Entladung die Änderungen in dieser Feldkomponente widerspiegeln, die ihrerseits eine Folge der Änderung von Betrag und Verteilung der Plasmaströme bzw. der Lage und der Dimension der Plasmaschnur sind. Hieraus folgt zum Beispiel, daß eine intensive, kurze Emission von Röntgenstrahlung auf Grund der Entwicklung von Instabilitäten magnetohydrodynamischen Charakters erfolgen kann. Bei einer solchen Entwicklung von Instabilitäten ändert sich die Stromverteilung im Plasma, so daß die schnellen Elektronen, welche sich ursprünglich auf Bahnen bewegten, die innerhalb einer Plasmaschnur lagen, jetzt auf die Oberfläche übergehen und an die Blende kommen. Falls keine Instabilitäten vorhanden sind, die die Struktur des Feldes stören und auch keine schnellen radialen Bewegungen der Plasmaschnur stattfinden, kann die Röntgenstrahlung im Verlaufe eines wesentlichen Teiles der ersten Halbperiode des Stromes auftreten. Der Grund hierfür besteht in der Tatsache, daß sich die Elektronen bei Vergrößerung von δ allmählich auf die Außenseite der Plasmaschnur verschieben und sich hierbei der Blende nähern. In diesem Zusammenhang muß man auch mit der wenig wahrscheinlichen Korrelation zwischen der Röntgenstrahlung und der Entwicklung solcher Formen von Instabilitäten rechnen, die zwar zu einer anomalen Diffusion führen, die Struktur des Magnetfeldes aber nicht stören. Instabilitäten dieser Arten, die in sehr breitem Maße in theoretischen Überlegungen der letzten Zeit behandelt wurden, müssen zur Bildung elektrischer Felder führen, welche in verschiedenen Teilen der Plasmaschnur unterschiedliche Größe und Richtung haben. Auf Grund ihrer hohen Geschwindigkeit ist die Gruppe der beschleunigten Elektronen gegenüber solchen Feldern unempfindlich. Das schnelle Elektron integriert in einem kurzen Zeitintervall auf einem langen Weg über das elektrische Wechselfeld und erfährt somit keine merkbare Drift.

Die oben angeführten experimentellen Daten wurden bei Toroidentladungen im starken Longitudinalfeld der T-1 und der T-2 erhalten. Bei den an diesen Anlagen durchgeführten Versuchen war H_z nicht größer als 10 kOe (in der Regel sogar kleiner) und auch die Magnetfeldgeometrie war von der idealen Form sehr weit entfernt. Im Jahre 1962 wurden unsere Kenntnisse über das Verhalten von ringförmigen Plasmaschnüren durch erste experimentelle Resultate bereichert, die mit Hilfe einer neuen Anlage TM (Tokamak, kleines Modell) bei hohen H_z-Werten und einer wesentlich verbesserten Konstruktion der Entladungskammer und der das Magnetfeld erzeugenden Spulen erhalten wurden. Der Durchmesser der Toriodkammer beträgt in der TM 80 cm. Der Durchmesser des Linerquerschnittes ist 20 cm. Die Primärwicklung des Entladungskreises ist an den Seitenflanken des Jochs angebracht. Die Spule für das Longitudinalfeld ist in konstruktiver Hinsicht viel genauer als bei T-1 und T-2 ausgeführt und auch die Stärke der Streufelder, die die Plasmaschnur verschieben, ist auf ein Minimum reduziert. Bei bisher an der TM durchgeführten Versuchen betrug das maximale H_z 22 kOe. Als Stromquellen für die Entladung sowie für die Erzeugung des Longitudinalfeldes dienen Kondensatorbatterien. Die Dauer der ersten Halbperiode des Stromes liegt in der Größenordnung von 3 msec. Der Anfangsdruck p_0 des Deuteriums wurde in den Grenzen von $5 \cdot 10^{-4}$ Torr (Minimalwert p_0 bei welchem ein Durchschlag des Gases auftritt) bis $3 \cdot 10^{-3}$ Torr variiert. Durch die Veränderung der Kopplung zwischen der primären und der sekundären Wicklung des Entladungstransformators (da die Primärwicklung auf den Seitenflanken des Jochs angebracht ist), wird auch die Form der Oszillogramme des Entladungsstromes und der Entladungsspannung (im Vergleich zu T-1 und T-2) verändert.

In Abb. 98 sind zwei Reihen von Oszillogrammen wiedergegeben, die das Verhalten der Plasmaschnur in der TM bei zwei verschiedenen Werten der Anfangsparameter (als solche kommen hier H_z und die Anfangsspannung E_0 in Frage) charakterisieren. Wir sehen, daß in den Spannungsoszillogrammen die einzelnen Stadien der Entladung sehr gut zu erkennen sind. Das Stromoszillogramm ist seiner Form nach etwa eine einfache Sinuskurve. Bei relativ kleinem Wert des Verhältnisses H_z/E_0 (erste Serie der Oszillogramme) erfährt die Spannung in einer gewissen Zeit nach dem Durchschlag starke und ziemlich reguläre Schwankungen. Synchron mit der Spannung schwankt auch die Intensität des von der Plasmaschnur ausgestrahlten Lichtes (in Abb. 98 sind die Oszillogramme der Intensität

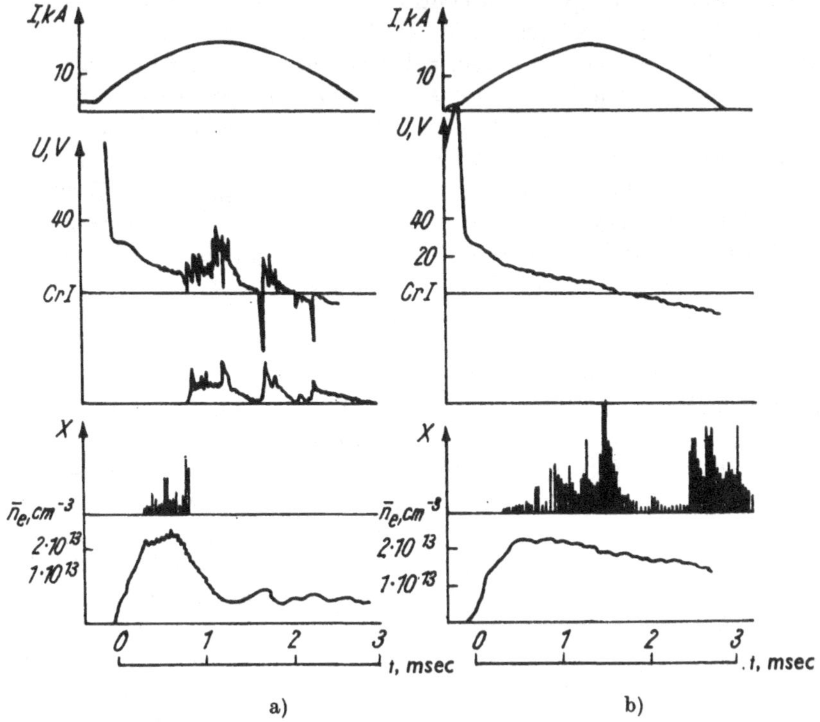

Abb. 98. Oszillogramme einer Entladung im Wasserstoff, die an der TM aufgenommen wurden

Die Oszillogramme der linken Seite wurden bei $H_z = 11$ kOe, die Oszillogramme der rechten Seite bei $H_z = 22$ kOe erhalten. Anfangsdruck und Spannung waren in beiden Fällen die gleichen: $p_0 = 1 \cdot 10^{-3}$ Torr; $E_0 = 0{,}1$ V/cm

von Fremdatolminien eingezeichnet). Die harte Röntgenstrahlung von einigen Millionen Elektronenvolt tritt in Form einzelner Ausbrüche bis zum Einsetzen der starken Schwankungen auf. In den folgenden Zeitabschnitten fehlt sie vollständig. Anscheinend haben wir es unter den gegebenen Bedingungen mit der Entwicklung von magnetohydrodynamischen Instabilitäten zu tun (zum Beispiel mit Schraubendeformationen). Dieser Zustand würde etwa den Erscheinungen entsprechen, die wir bereits bei Versuchen an der T-1 und der T-2 festgestellt haben. Das Oszillogramm für n_e zeigt deutlich, daß nach dem Beginn der Schwankungen die Elektronenkonzentration sehr schnell abnimmt. Wenn wir versuchen, mit Hilfe dieses Oszillogramms die Lebensdauer des Plasmas abzuschätzen, so erhalten wir Werte in der Größenordnung von 0,5 msec.

Die zweite Serie von Oszillogrammen, die bei Vorhandensein eines sehr starken Longitudinalfeldes ($H_z = 22$ kOe) erhalten wurden, ist charakteristisch für das Verhalten einer „stabilen" Plasmaschnur. In diesem Falle sind auf dem Spannungsoszillogramm keine starken Schwankungen vorhanden, die Röntgenstrahlung ist fast während der gesamten Zeitdauer, in welcher der Strom existiert, vorhanden und die Elektronenkonzentration fällt nach Erreichen des Maximums nur langsam ab. Die mittlere Lebensdauer der Teilchen im Plasma ist unter diesen Bedingungen etwa gleich der Dauer des Entladungsimpulses (nach einer Abschätzung auf der Grundlage des n_e-Oszillogrammes erhält man einen Wert der größer als 3 msec ist). Bei stabilem Betrieb beträgt die Plasmaleitfähigkeit für den Augenblick des Strommaximums, unter der Voraussetzung, daß die Plasmaschnur den gesamten freien Querschnitt der Blende ausfüllt (die Durchmesser der Öffnung ist gleich 16 cm), etwa $5 \cdot 10^{15}$ CGSE-Einheiten, was einer Temperatur von $T_e = 60$ eV entspricht. Höchstwahrscheinlich ist aber der wirkliche Durchmesser der Plasmaschnur beim Strommaximum wesentlich kleiner als 16 cm. Wir können deshalb annehmen, daß die Elektronentemperatur, die in TM erreicht wird, in Wirklichkeit nicht kleiner als 100 eV ist.

Dieser Rekordwert für T_e übersteigt die bei Messungen an der T-1 und der T-2 erhaltenen um ein Vielfaches. Die Erhöhung der Elektronentemperatur ist die Folge von zwei Ursachen: der Vergrößerung von H_z und der Verbesserung der Magnetfeldgeometrie. Damit hängt auch der wesentlich günstigere Charakter der Energiebilanz der Entladung in den Anlagen vom Typ TM zusammen. Bei stabilem Betrieb werden etwa 30% der elektrischen Energie, die im Augenblick des Strommaximums in die Entladung eingespeist werden, im Plasma als kinetische Energie der Teilchen akkumuliert (unter der Voraussetzung, daß $T_e \approx T_i$ ist). Aus diesem Grunde ist unter solchen Bedingungen die Elektronentemperatur gegenüber der Plasmadichte sehr empfindlich; sie verkleinert sich beim Anwachsen des Anfangsdruckes des Gases. Das steht im Gegensatz zu dem, was wir bei Entladungen mit einem relativ kleinen Wert des Verhältnisses H_z/E_0 beobachtet haben, wo die Tatsache, daß σ und T_e von p_0 unabhängig sind, charakteristisch war. Insgesamt können wir sagen, daß die neuen Resultate, die mit der TM erhalten wurden, ungeachtet ihrer Unvollkommenheit und ihres informativen Charakters, uns hoffen lassen, daß die weiteren Arbeiten mit Systemen von Typ Tokamak sehr gute Perspektiven haben.

§ 37. Auswertung der Versuche, die mit der Tokamak durchgeführt wurden. Die weiteren Perspektiven für Untersuchungen an Anlagen dieses Typs

Wir analysieren nun die Ergebnisse experimenteller Untersuchungen an quasistationären Entladungen in starken Magnetfeldern. Ein Vergleich der Eigenschaften eines Pinches im starken äußeren Feld mit denen eines paramagnetischen Pinches, wie er sich in Anlagen vom ZETA-Typ ausbildet, zeigt, daß ein starkes äußeres Feld die Stabilität des Plasmas wesentlich erhöht. Davon zeugen Aufnahmen der Lichtentwicklung des Plasmas, aus denen man bei genügend großem H_z/H_J keinerlei Instabilität ersehen kann, und Messungen der Leitfähigkeit. Obwohl bei Versuchen mit starken Magnetfeldern nur eine relativ geringe Energie auf das Plasma übertragen wird, ist die mittlere elektrische Leitfähigkeit doch größer als die Leitfähigkeit des Plasmas in ZETA und Alpha. Wenn auch die spektroskopischen T_i-Messungen in Systemen mit starken Magnetfeldern bisher nur vorläufigen Charakter haben, so bestätigen sie doch, daß die Ionentemperatur in solchen Systemen nicht größer als die Elektronentemperatur ist.[1]) Der feste Rumpf der Kraftlinien des Longitudinalfeldes im Plasma verhindert Pinch-Deformationen, die zu einer schnellen Verbiegung der Kraftlinien führen würden, auch bei niedriger Leitfähigkeit des Plasmas. Deshalb können im energetischen Gleichgewicht beim Pinch im starken Longitudinalfeld Ionenbeschleunigungsprozesse, die ja mit stark ausgeprägten Instabilitäten verbunden sind, keine merkliche Rolle spielen. Die übrigbleibende Instabilität vom Typ der anomalen Diffusion stellt zwar ein ernsthaftes Hindernis auf dem Wege zu sehr hohen Temperaturen dar, kann aber nicht zu einer solch starken Abkühlung des Pinches führen wie der unmittelbare Kontakt eines heftig pulsierenden Plasmas mit den Kammerwänden in ZETA und Alpha.

Wegen des ungünstigen Verhältnisses zwischen der im Plasma gespeicherten und der zur Deckung der Verluste erforderlichen Energie kann der gaskinetische Druck im Plasma die auf Grund des im Pinch fließenden Stromes auftretenden Kompressionskräfte nicht kompensieren. Abschätzungen zeigen, daß unter üblichen experimentellen Bedingungen der Plasmadruck nicht mehr als 5···10% des vom Entladungsstrom erzeugten elektrodynamischen Druckes ausmacht. Deshalb muß das Plasma in intensiven Entladungen mit starkem Longitudinalfeld über paramagnetische Eigenschaften verfügen (wie in Anlagen vom ZETA-Typ). Dabei müssen die durch den Entladungsstrom bedingten Kompressionskräfte durch den Druck des Longitudinalfeldes im Pinch kompensiert werden, d. h., es muß die Beziehung

$$\frac{j_z}{j_\varphi} \approx \frac{H_z}{H_\varphi}$$

gelten, die eine kräftefreie magnetische Konfiguration charakterisiert. Das heißt, im Pinch muß ein azimutaler Strom fließen. Zur Entstehung dieses Stromes ist eine EMK erforderlich und unsere Aufgabe besteht nun darin, die Herkunft dieser azimutalen EMK zu klären.

Wir nehmen zunächst an, die Leitfähigkeit des Plasmas sei isotrop, d. h., sie sei parallel zu $\mathfrak{H}$ ebenso groß wie senkrecht zu $\mathfrak{H}$. In diesem Falle ist einer azimutalen Stromkomponente ein azimutales elektrisches E_φ-Feld zugeordnet, das mit der Richtung des Entladungsstromes ein Rechtsschraubensystem bildet. Ein elektrisches Feld dieser Richtung kann nur infolge der Kompression des Pinches

[1]) Innerhalb der Fehlergrenzen findet man $T_i \approx T_e$.

entstehen. In Wirklichkeit findet jedoch im Anfangsstadium der Entladung keine merkliche Kompression statt; eher kann man von einem umgekehrten Prozeß einer Aufweitung des Pinches wegen der anomal großen Diffusionsgeschwindigkeit sprechen. Aus den Aufnahmen der Lichtentwicklung des Plasmas kann man dies allerdings nicht ersehen, weil die äußeren Schichten des sich ausdehnenden Plasmas laufend mit den Blenden kollidieren; man kann aber die Geschwindigkeit der Diffusion aus dem Abfall der Konzentration geladener Teilchen entnehmen. Wir stellen also fest, daß im Falle eines sich aufweitenden Pinches das Vorzeichen von E_φ entgegengesetzt zu dem ist, das zur Aufrechterhaltung eines azimutalen Stromes in einer kräftefreien paramagnetischen Konfiguration erforderlich ist.

Die Schwierigkeit, welche bei dem Versuch einer Interpretation des Druckgleichgewichtes auftritt, wird besonders anschaulich, wenn man die Druckänderungen abschätzt, die sich als Folge von azimutalen Strömen ergeben. Ein elektrisches Feld, das dadurch entsteht, daß ein sich in radialer Richtung bewegendes Plasma Kraftlinien des Magnetfeldes schneidet, hat den Betrag $v\,H_z/c$, wenn v die Plasmageschwindigkeit bedeutet. Dieses Feld bedingt einen Strom der Dichte

$$j_\varphi = \frac{1}{c}\,\sigma\, v\, H\,.$$

Wegen des Auftretens eines azimutalen Stromes ändert sich die Stärke des Longitudinalfeldes nach dem Gesetz

$$\frac{dH_z}{dr} = \frac{4\,\pi\,\sigma\, v\, H_z}{c^2}\,.$$

Die Differenz der magnetischen Drücke auf der Peripherie und auf der Achse des Pinches beträgt also

$$\frac{H_z^2(a)}{8\,\pi} - \frac{H_z^2(0)}{8\,\pi} = \frac{H_z^2\,\sigma}{2\,c^2}\int\limits_0^a v\,dr = \frac{H_z^2\,\sigma\,\bar{v}\,a}{2\,c^2}\,.$$

Hierin bedeutet $\bar{v}$ die mittlere Geschwindigkeit in radialer Richtung. Es wird vorausgesetzt, daß die Änderung des Feldes klein gegenüber seiner absoluten Größe ist. In Übereinstimmung mit den experimentellen Ergebnissen kann man setzen $\sigma \approx 5\cdot 10^{14}$, $\bar{v} \approx 10^4$ cm/sec, $H = 10^4$ Oe und $a = 10$ cm [1]). Für diese speziellen Parameterwerte beträgt die Differenz der magnetischen Drücke $3\cdot 10^6$ dyn/cm^2. Wenn man hingegen den Maximalwert des Plasmadruckes p abschätzt, der mit der magnetischen Kompressionskraft im Gleichgewicht stehen muß, so erhält man einen Wert kleiner als 10^4. Wir kommen somit zu einem Widerspruch: der außerordentlich starke Diamagnetismus, der durch die azimutalen Ströme in der expandierenden Materie hervorgerufen wird, müßte einer weiteren Expansion entgegenwirken und einen umgekehrten Materiestrom hervorrufen, was in Wirklichkeit nicht beobachtet wird.

---

[1]) Diese Angaben beziehen sich auf Versuche mit T-1 und T-2.

Man kann versuchen, einen Ausweg aus diesem Widerspruch zu finden, indem man auf die Voraussetzung, die Leitfähigkeit sei isotrop, verzichtet und annimmt, $\sigma_\perp$ sei um ein vielfaches kleiner als $\sigma_\parallel$. Für diese Annahme kann man ein weiteres unabhängiges Argument anführen. Wenn die Teilchen auf Grund der turbulenten Bewegung schnell von der Achse nach außen diffundieren, so bedeutet das, daß die Turbulenz gewissermaßen eine Erhöhung der Zahl der Zusammenstöße der Teilchen imitiert. Nur auf Kosten dieser erhöhten Zahl der Zusammenstöße, d. h. der verringerten freien Weglänge, können sich die Teilchen schnell senkrecht zu einem starken Magnetfeld fortbewegen. Da aber die Leitfähigkeit proportional zur freien Weglänge ist, kann man die anomale Diffusion phänomenologisch durch eine entsprechende Änderung von $\sigma_\perp$ beschreiben.

Wir setzen $\sigma_\perp = \varepsilon\,\sigma_\parallel$ und nehmen an, ε sei sehr klein gegenüber Eins. In Analogie zu (3.26) kann man nun schreiben

$$\mathfrak{j} = \sigma_\parallel\,(\mathfrak{E}_\parallel + \varepsilon\,\mathfrak{E}_\perp)\,. \tag{6.11}$$

Zur Bestimmung der Komponenten von $\mathfrak{E}$ und $\mathfrak{j}$ senkrecht und parallel zu $\mathfrak{H}$ bedienen wir uns der Abb. 99. Sie zeigt das Vektordiagramm der Felder und Ströme. Die azimutale Komponente des Magnetfeldes, hervorgerufen durch den

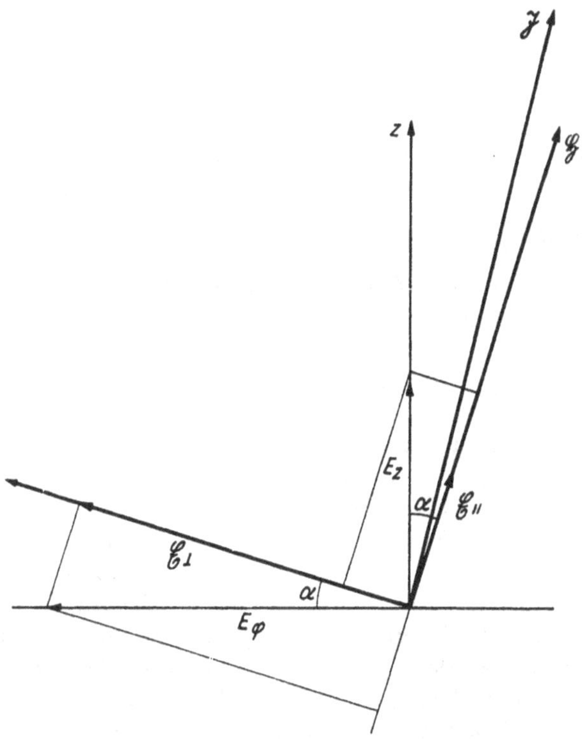

Abb. 99. Vektordiagramm für E-Feld und Stromdichte im Plasma

longitudinalen Strom der Entladung, ist klein gegen H_z. Deshalb ist auch der Winkel α, der vom $\mathfrak{H}$-Vektor und der z-Achse aufgespannt wird, klein. Das elektrische Feld im expandierenden Plasma hat zwei Komponenten. Die longitudinale Komponente E_z ist gleich $E_0 + \frac{v_r H_\varphi}{c}$, wobei E_0 die im Pinch von außen eingeprägte Feldstärke bedeutet. Die azimutale Komponente E_φ beträgt $v_r H_z/c$ und hat die Richtung des Uhrzeigers (d. h. die Richtung zu kleineren φ). Wenn wir berücksichtigen, daß $\alpha \ll 1$ ist, erhalten wir folgende Ausdrücke für die Stromkomponenten in Richtung des Vektors $\mathfrak{H}$ und senkrecht dazu im stationären Fall:

$$j_{\|} = \sigma_{\|} (E_z - \alpha E_\varphi) \approx \sigma_{\|} E_0, \quad j_{\perp} = \sigma_{\|} \varepsilon E_\varphi = \sigma_{\|} \varepsilon \frac{v_r H_z}{c}. \tag{6.12}$$

Unter Versuchsbedingungen liegt die longitudinale Komponente des elektrischen Feldes in der Größenordnung von 0,1 V/cm, und die azimutale Komponente beträgt (am Rande des Pinches) etwa 0,5 V/cm. ε kann man größenordnungsmäßig aus dem Druckgleichgewicht bestimmen. Die resultierende auf das Plasma wirkende Kraft beträgt $j_{\perp} H/c$ und muß durch den Druckgradienten im Gleichgewicht kompensiert werden. Deshalb ist

$$-\frac{dp}{dr} = \frac{\sigma_{\|} \varepsilon E_\varphi H}{c}.$$

Setzt man

$$-\frac{dp}{dr} \approx \frac{p}{a},$$

so erhält man folgende grobe Abschätzung von ε:

$$\varepsilon = \frac{p c}{a \sigma_{\|} E_\varphi H}.$$

Für $p \sim 3 \cdot 10^3$, $\sigma_{\|} \sim 5 \cdot 10^{14}$, $H = 5 \cdot 10^3$ Oe und $a = 10$ cm liegt ε in der Größenordnung von 10^{-3}. Aus (6.12) folgt

$$\frac{j_{\perp}}{j_{\|}} = \frac{\varepsilon E_\varphi}{E_0}. \tag{6.13}$$

Dies ist größenordnungsmäßig gleich 10^{-2}.

Bei der hier durchgeführten Analyse der Druckbilanz kann man Bedenken gegen die Verwendung von Gleichgewichtsbeziehungen für einen Pinch mit turbulenter Diffusion geltend machen. Dazu ist folgendes zu bemerken: Unter der Bedingung, daß die Diffusionsgeschwindigkeit um mehrere Größenordnungen kleiner als die thermische Geschwindigkeit der Ionen ist (diese Bedingung ist im betrachteten Fall erfüllt), können die Trägheitsglieder in den Grundgleichungen der Dynamik vernachlässigt werden; das Plasma kann man deshalb als im makroskopischen Gleichgewicht befindlich ansehen. Die Instabilität vom Typ der anomalen Diffusion erfaßt den gesamten Pinch nur langsam und ist deshalb nicht in der Lage, die Wirkung der magnetischen Wärmeisolation vollständig zu liquidieren. Dank dieses Umstandes ist die Lebensdauer der Teilchen im Plasma um mehrere hundertmal größer als die Flugzeit durch den Pinch. Aus dem Gesagten scheint zu folgen, daß die oben gezogenen Schlußfolgerungen gerechtfertigt sind. Die Abschätzung für $\sigma_\perp$ ruft trotzdem noch starke Bedenken hervor. Im Prinzip kann man sich folgendes vorstellen: Wegen der Instabilität fließt das Plasma in dünnen Fäden nach außen, während sich gleichzeitig der Pinch als Ganzes langsam zusammenzieht. Unter diesen Bedingungen kann die magnetische Konfiguration auch bei $\sigma_\perp \approx \sigma_\parallel$ kräftefrei sein (weil der Mittelwert von v_r kleiner Null ist). Der Pinch besitzt jedoch dann keine azimutale Symmetrie mehr. Die bisher vorliegenden experimentellen Daten reichen noch nicht aus, um die Frage nach der wirklichen Größe von $\sigma_\perp$ für ein Plasma im Zustand starker Turbulenz beantworten zu können. Die Lösung gerade dieser Frage ist von großer Bedeutung für das Verständnis der Prozesse, die die Turbulenz hervorrufen (d. h. die anomale Diffusion).

Die Perspektiven für die weitere Untersuchung von Plasmen, die durch den Strom in Ringkammern mit starkem Longitudinalfeld aufgeheizt werden, sind heute völlig klar. Das wichtigste Ziel besteht in der Ermittlung der Grenztemperatur, bis zu welcher man ein Plasma unter diesen Bedingungen durch die vom Entladungsstrom erzeugte JouLEsche Wärme aufheizen kann. Gegenwärtig befinden wir uns in einem Stadium, wo der größte Teil der von einer äußeren Quelle gelieferten Energie als Strahlung entweicht. Um die durch die Strahlungsverluste bedingte Energiebarriere zu durchbrechen, muß man zwei Dinge tun. Man muß die Vakuumtechnologie verbessern, um zu erreichen, daß die Gasabgabe der Wände minimal wird, und muß außerdem die Stärke des Longitudinalfeldes erhöhen.

Nach dem Kruskal-Schafranow-Kriterium wird durch die Größe von H_z die maximale Stromstärke bestimmt, bei der man einen gegenüber den gefährlichsten Deformationen stabilen Pinch erhält. Durch Erhöhung von H_z können wir J_m vergrößern und somit die elektrische Leistung in der Entladung steigern. Man hat berechnet, daß es bei genügend großem H_z und J_m möglich ist, die oberen Ionisationsstufen der Fremdgasatome schnell zu durchlaufen und so zu erreichen, daß die eingespeiste Energie hauptsächlich zur Erhöhung der kinetischen Energie der Teilchen beiträgt. Mit wachsendem H_z ist noch ein weiterer Vorteil verbunden: eine Reduktion der anomalen Diffusionsgeschwindigkeit. Dies führt zu einer größeren Lebensdauer der Teilchen im Plasma und gestattet somit eine Erhöhung der Aufheizdauer.

In den bisher benutzten Anlagen kann das stabilisierende Feld ohne große Schwierigkeiten bis auf $2 \cdot 10^4$ Oe erhöht werden. Bei diesem H_z-Wert ist der Stabilitätsvorrat für Pinche mit einer Stromstärke kleiner als 50 kA ausreichend. Einer solchen Entladung kann während der ersten Viertelperiode maximal eine Energie von 3000 bis 4000 Joule zugeführt werden. Ein großer Teil dieser Energie entweicht aus dem Plasma in Form von harten UV-Quanten. Um die Temperaturbarriere, die durch die Fremdgase erreicht wird, zu überwinden und die Temperatur der Teilchen auf einen Wert in der Größenordnung von 100 eV zu erhöhen, muß man die (auf ein Teilchen bezogene) im Plasma freiwerdende Energie aber mindestens auf das 10 bis 20fache steigern. Das kann nur dadurch geschehen, daß man die Feldstärke des Longitudinalfeldes auf 40 bis 50 Oe heraufsetzt.

Nachdem im Institut für Atomenergie eine neue Anlage (T-3) errichtet wurde — die größte Anlage aus der Tokamak-Serie — sind die Experimente mit Feldern solcher Dimensionen aus der fernen Perspektive zu Aufgaben der nächstliegendsten Zeit geworden. An dieser Anlage, die im Jahre 1961 aufgestellt wurde, sind bereits die ersten Versuche gelaufen; sie wurde Mitte 1962 für laufende Versuche freigegeben. Eine Aufnahme der T-3-Anlage ist in Abb. 100 wiedergegeben.

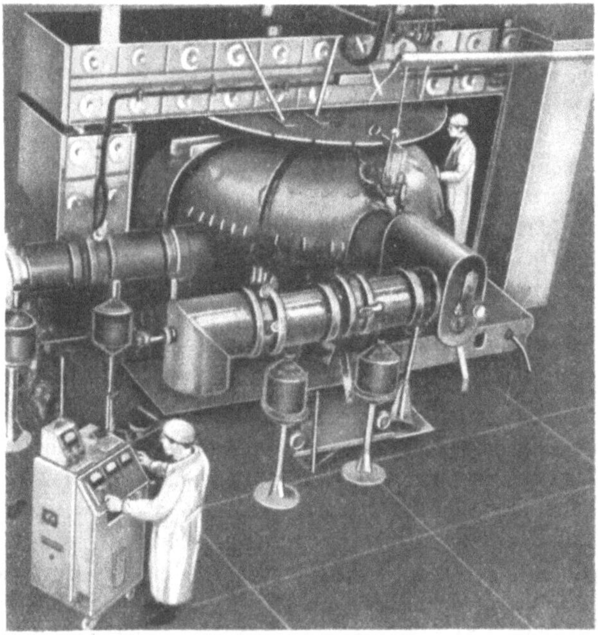

Abb. 100. T-3-Anlage

Der mittlere Durchmesser der Toroidkammer beträgt 200 cm, der Durchmesser des Linerquerschnittes 40 cm und der Durchmesser des Querschnittes der äußeren Kammerhülle 50 cm. Der Liner wird über zwei seitlich angebrachte Rohre mit Hochvakuumpumpen bis auf einen Druck von ca. $3 \cdot 10^{-8}$ Torr ausgepumpt. Zwei andere Hochvakuumpumpen schaffen im Spalt zwischen dem Liner und der äußeren Hülle ein Vakuum der Größenordnung 10^{-6} Torr. Das magnetische Longitudinalfeld wird durch acht Spulen erzeugt. Jede Spule stellt eine Einheit mit 352 Windungen dar, die mit Harz vergossen sind. Der äußere Durchmesser der Spulen beträgt etwa 100 cm. Zum Speisen der Spulen wird ein Stoßgenerator mit einer Impulsleistung bis zu 75000 kVA verwendet. Die Konstruktion der Spulen und das Speiseschema sind so berechnet, daß man Magnetfelder bis zu 40 kOe erzeugen kann. Die Dauer einer Halbperiode der Änderung des Longitudinalfeldes beträgt 0,1 sec. Mit Hilfe des E-förmigen Transformators können Entladungsströme bis zu 250 kA erhalten werden. Die Dauer der ersten Halbperiode des Entladungsstromes bei einfachster Betriebsweise (ohne Vormagnetisierung des Joches, die entsprechend dem Projektplan vorgesehen ist) kann sich zwischen 10 und 20 μsec bewegen.

Mit der T-3-Anlage wurde eine Reihe von Messungen bei einer Stärke des longitudinalen Magnetfeldes von weniger als 22...23 kOe durchgeführt. Bei Entladungen im Wasserstoff bei $5 \cdot 10^{-4} \ldots 10^{-3}$ Torr war es bei diesen H_z-Werten in einer gut orientierten Kammer ohne weiteres möglich, die Leitfähigkeit des Plasmas bis auf $0{,}5 \ldots 1{,}2 \cdot 10^{16}$ zu treiben.

Eine Vorstellung von den optimalen Perspektiven, die man beim Übergang zu großen H_z-Werten zu erwarten hat, liefert die Berechnung der Plasmaaufheizung durch den Entladungsstrom bei Vernachlässigung aller Verluste. Zur Vereinfachung der Rechnung setzen wir voraus, die Temperatur sei über den Pinchquerschnitt konstant (zu ihrem Ausgleich reicht eine schwache Turbulenz aus).

Außerdem wollen wir annehmen, daß die Ionentemperatur gleich der Elektronentemperatur ist. Diese Gleichheit der Temperaturen können wir durch Wahl eines genügend großen N-Wertes erreichen. Die Zunahme der Wärmeenergie ist durch Formel (4.35) gegeben, die auch gilt, wenn sich das Plasma in einem äußeren Feld befindet. Setzen wir $f = 1$ und integrieren (4.35), so erhalten wir

$$\frac{6}{5} N k \pi a_0^2 b_0 T^{5/2} = \int_0^t J^2 \, dt \,. \tag{6.14}$$

Es sei

$$J = J_m \sin \omega t \,.$$

Wenn wir das Integral auf der rechten Seite von (6.14) mit dem Strommaximum als obere Grenze berechnen, so erhalten wir folgenden Ausdruck für T:

$$T = \left(\frac{5 J_m^2 \tau}{12 N k \pi a_0^2 b_0}\right)^{2/5}, \tag{6.15}$$

τ: Dauer der ersten Viertelperiode. Für ein vorgegebenes H_z ist das maximale J_m, das noch mit der Stabilitätsforderung vereinbar ist, durch den Ausdruck

$$J_m = \frac{a^2 c}{2 q R} H_z \tag{6.16}$$

gegeben. Darin bedeutet R den großen Radius der Toroidkammer und q den vorgegebenen Wert des magnetohydrodynamischen Stabilitätsvorrates. Nehmen wir $q = 2$ an und setzen (6.16) in (6.15) ein, so erhalten wir

$$T = 5 \cdot 10^4 \left(\frac{a^2 H_z^2 \tau}{N_1 R^2}\right)^{2/5}. \tag{6.17}$$

N_1 bedeutet hierbei die Zahl der Teilchen gleichen Vorzeichens im Querschnitt des Pinches in Einheiten von 10^{16} ($N = N_1 \cdot 10^{16}$). Mit $H_z = 5 \cdot 10^4$ Oe, $\tau = 0{,}01$ sec, $N_1 = 5$ und $\frac{a}{R} = \frac{1}{10}$ erhält man für die Plasmatemperatur einen Wert von etwa $4 \cdot 10^6$, d. h. 400 eV.

Bei Benutzung der in Kap. II hergeleiteten Formel für die Energieübertragung von den Elektronen auf die Ionen kann man sich leicht davon überzeugen, daß für die angegebenen Parameter der Entladung die Elektronentemperatur T_e sehr dicht bei der Ionentemperatur T_i liegt. Nach Formel (6.16) beträgt die maximale Stromstärke zur Realisierung eines solchen Regimes annähernd 120 kA. Da die gerichtete Geschwindigkeit der Elektronen in diesem Falle um zwei Größenordnungen kleiner als die thermische ist, kann eine durch schnelle Beschleunigung der Elektronen bedingte Instabilität nicht auftreten. Es ist klar, daß diese Abschätzungen nur dann zutreffen, wenn die Geschwindigkeit der anomalen Diffusion mit wachsendem H_z schnell abnimmt und bei höheren Temperaturen nicht merklich ansteigt. Wenn diese optimistischen Erwartungen nicht bestätigt werden sollten, wird man auch in Anlagen mit sehr starkem Longitudinalfeld keine Plasmen auf Temperaturen von einigen Millionen Grad aufheizen können.

Die Antwort auf die Frage, inwieweit eine Plasmaaufheizungsmethode wirksam ist, in der der Strom in einem durch ein starkes Longitudinalfeld stabilisierten Plasma als Energiequelle dient, wirksam ist, hat große Bedeutung für das gesamte Problem der gesteuerten thermonuklearen Synthese. Auf der Anwendung dieser Aufheizungsmethode beruht z. B. die Anfangsphase des Prozesses zur Erzielung eines Hochtemperaturplasmas im Stellarator (siehe Kap. VIII); deshalb berühren sich die experimentellen Untersuchungen, von denen in diesem Kapitel die Rede war, eng mit den Arbeiten am Stellaratorprogramm. Da die bestehende Theorie nicht voraussagen kann, wie sich die anomale Diffusion bei größerem H_z und T verhält, kann man eine Antwort auf die oben gestellte Frage nur durch unmittelbare Versuche an Anlagen mit Toroidkammern und Stellaratoren erhalten. Der Autor ist der Ansicht, daß die Ringkammern bei der Klärung der Wirksamkeit der Plasmaaufheizung durch den Entladungsstrom den Stellaratoranlagen in methodischer Hinsicht vorzuziehen sind. Dieser Vorzug ergibt sich daraus, daß bei gleichem H_z in Stellaratoren wesentlich schwieriger ein genügend großes a/R realisiert werden kann als in Ringkammern, deren Konstruktion bedeutend einfacher ist. Deshalb wird, falls das Problem der Verunreinigungen und Instabilitäten sich erfolgreich lösen läßt, die durch JOULEsche Wärme maximal erreichbare Plasmatemperatur in Anlagen mit toroidförmigen Kammern höher sein als in Anlagen vom Stellarator-Typ.

Hierzu muß ergänzt werden, daß auf Grund des großen Wertes von a/R bei Anlagen vom Typ Tokamak einige Formen von Instabilitäten, die durch die gegenwärtige Theorie vorausgesagt werden, ungefährlich sind. Das bezieht sich unter anderem auch auf Instabilitäten, die mit der Inhomogenität des Plasmas verknüpft sind, d. h. mit dem Vorhandensein eines Konzentrationsgradienten in der Nähe der Grenze der Plasmaschnur. In langen Anlagen mit dünner Plasmaschnur (solche Anlagen sind zum Beispiel Stellaratoren, siehe § 45 und § 52) äußert sich eine solche Instabilität in einer plötzlichen Vergrößerung des Diffusionskoeffizienten.

Die Untersuchung quasistationärer Entladungen im starken Longitudinalfeld ist, abgesehen von allen möglichen praktischen Perspektiven, auch von großer Bedeutung für die Plasmaphysiker. In solchen Entladungen haben wir erstmals ein Plasma mit hoher Ladungsträgerkonzentration und Temperatur vor uns, das eine definierte geometrische Form besitzt und frei von den katastrophalen Deformationen ist, die in wenigen Mikrosekunden sämtliche Parameter der schnellen stromstarken Entladungen verändern. Die relativ große Stabilität des Pinches ermöglicht die Untersuchung der Diffusionsprozesse, die die Lebensdauer eines heißen Plasmas begrenzen. In dieser Hinsicht befinden wir uns zur Zeit im Stadium des Sammelns und Systematisierens erster experimenteller Übersichtswerte.

Um die Natur der im Plasma auftretenden Erscheinungen auch nur qualitativ verstehen zu können, bedarf es noch einer großen Zahl neuer und zuverlässiger experimenteller Informationen. Erstens muß die relative Rolle verschiedener Effekte beim Energieverlust des Plasmas und ihre Abhängigkeit von der Zeit und den Anfangsparametern der Entladung geklärt werden. Zweitens muß die Abhängigkeit der anomalen Diffusionsgeschwindigkeit von der Stromstärke in der Entladung, vom Anfangsdruck und von H_z bestimmt werden. Drittens müssen optische und andere Methoden zur Bestimmung der Ionentemperatur erprobt und angewandt werden. Außerdem muß die Röntgenstrahlung, die bei der schnellen Beschleunigung der Elektronen entsteht, systematisch untersucht werden, ebenso die Intensität und das Energiespektrum der neutralen Teilchen, die durch Umladung in den peripheren Gebieten des Pinches entstehen. Schließlich muß man versuchen, durch Sondenmessungen und integrale Messungen direkte Informationen über die Struktur des Magnetfeldes zu erhalten. Dies sind die wichtigsten Themen für die weiteren experimentellen Untersuchungen auf diesem Gebiet in nächster Zeit.

§ 38. Aufheizung von Plasma in Toroidkammern mit zeitlich anwachsendem longitudinalem Magnetfeld. Stabilisierung eines Plasmahohlringes im Levitron

Am Schluß dieses Überblicks über die Eigenschaften langsamer Entladungen soll noch etwas über Methoden zur Aufheizung und Wärmeisolation von Plasmaschnuren gesagt werden, die sich zur Zeit in Entwicklung oder im Stadium der experimentellen Überprüfung befinden.

Die vom Entladungsstrom erzeugte Wärme ist nicht die einzig mögliche Quelle zur Aufheizung eines Plasmas in Toroidkammern. Man kann die Temperatur des Plasmas auch erhöhen, indem man die Stärke des Longitudinalfeldes H_z ansteigen läßt. Mit einigen Beispielen für die Anwendung schnell anwachsender Felder zur Erzeugung eines Hochtemperaturplasmas haben wir uns bereits in Kap. V befaßt. Diese Methode kann auch auf langsame Entladungen mit ringförmigen Pinchen übertragen werden.

Wir nehmen an, daß zu einem bestimmten Zeitpunkt t_0 die Stärke des zuvor konstanten Longitudinalfeldes zu wachsen beginnt. Wegen der Änderung von H_z tritt ein azimutales elektrisches Feld E_φ auf, das eine Drift der Teilchen zur Achse hin bewirkt. In Kap. II wurde gezeigt, daß die Geschwindigkeit der radialen Bewegung gleich $-\frac{r}{2}\frac{1}{H_z}\frac{dH_z}{dt}$ ist. Ist diese größer als die Geschwindigkeit der

Diffusionsaufweitung der Säule, so nimmt deren Radius umgekehrt proportional zu $\sqrt{H_z}$ ab. Die Geschwindigkeit der anomalen Diffusion liegt bei normalen experimentellen Bedingungen ($H_z \approx 10^4$ Oe und $r \approx 10$ cm) in der Größenordnung von 10^4 cm/sec. Deshalb überwiegt die durch das Anwachsen des äußeren Feldes bedingte Schrumpfung der Säule nur dann das Auseinanderfließen durch Diffusion, wenn die relative Änderung von H_z in einer Zeit von weniger als 10^{-3} sec hinreichend groß ist. Dieses schnelle Anwachsen von H_z in Kammern mit großem Volumen stellt eine technisch schwer lösbare Aufgabe dar; denn dafür ist eine Stromquelle hoher Leistung erforderlich, die der Anlage in zehntel Millisekunden eine Energie von einigen zehn Millionen Joule zuführen kann.

Die Aufheizung des Plasmas durch das wachsende H_z-Feld ist durch die Beschleunigung der Elektronen und Ionen im elektrischen Wirbelfeld bedingt. Zwischen zwei COULOMB-Stößen kann jedes Teilchen mehrere Umläufe im Magnetfeld ausführen. Deshalb muß, entsprechend dem Prinzip der adiabatischen Invarianz, die kinetische Energie der transversalen Teilchenbewegung $W_\perp$, zwischen den Stößen proportional zu H_z zunehmen. Daraus folgt, daß der Zuwachs der kinetischen Energie pro Zeiteinheit

$$\frac{W_\perp}{H_z} \frac{dH_z}{dt}$$

beträgt.

Die Rolle der Stöße besteht darin, daß durch sie die aus dem Wirbelfeld gewonnene Energie auf alle Geschwindigkeitskomponenten verteilt und so die zunächst gestörte Isotropie der Geschwindigkeitsverteilung wieder hergestellt wird. Wenn die Zeit des Feldanstieges wesentlich größer als τ_{ei} ist (und dies ist zur Zeit in allen experimentellen Anlagen der Fall), so wird die Anisotropie durch Stöße vollständig rückgängig gemacht und $W_\perp$ wird im Mittel 2/3 der gesamten kinetischen Teilchenenergie W betragen. Wir können also schreiben

$$\frac{dW}{dt} = \frac{2}{3} \frac{W}{H} \frac{dH}{dt}. \tag{6.18}$$

Daraus folgt

$$\frac{W}{W_0} = \left(\frac{H}{H_0}\right)^{2/3}. \tag{6.19}$$

Die Temperatur des Plasmas wächst also proportional mit $H^{2/3}$. Dieses Gesetz gilt natürlich nur dann, wenn man alle anderen Energiequellen und Energieverluste vernachlässigen kann. Dieser Fall liegt nur bei sehr schneller Feldstärkezunahme vor. Im allgemeinen Fall muß man die durch Gleichung (6.18) bestimmte Größe dW/dt als Zusatzterm für die Wärmebilanz der Säule ansehen.

Ein Anwachsen des Longitudinalfeldes in Systemen mit Toroidpinchen macht sich nicht nur dadurch bemerkbar, daß es eine zusätzliche Aufheizung des Plasmas bewirkt, sondern auch dadurch, daß es auf Grund der stärkeren Kompression einer Berührung der Säule mit den Wänden oder den Blendenrändern entgegenwirkt. Neben einer Verbesserung der Wärmebilanz bewirkt es also auch eine Verringerung der Verluste.

Über den Einfluß eines äußeren Wechselfeldes auf den Pinch liegen bisher noch keine zuverlässigen experimentellen Ergebnisse vor, die unter genügend sauberen Bedingungen gewonnen wurden. Deshalb müssen wir uns hier auf die angeführten allgemeinen Betrachtungen beschränken. Es sei noch bemerkt, daß sie nur Gültigkeit haben, wenn $\sigma_\perp$ nicht zu klein ist. Ein Plasma mit niedriger transversaler Leitfähigkeit kann nur im sehr schnell anwachsenden Feld stark komprimiert werden.

Neben den im vorangehenden Paragraphen ausführlich besprochenen einfachsten Methoden zur Stabilisierung eines stromführenden Pinches gibt es noch andere Varianten zur Lösung dieser Aufgabe. Es gibt verschiedene Vorschläge für die Wärmeisolation durch Einführung zusätzlicher stabilisierender Elemente, die die Magnetfeldkonfiguration in der Kammer modifizieren. Wir wollen uns hier nur mit einer Idee befassen, die zuerst von Sacharow im Jahre 1952 geäußert wurde. In dieser Zeit befand sich die theoretische Analyse der magnetischen Wärmeisolation noch im Anfangsstadium. Die Idee Sacharows besteht darin, daß man den fundamentalen Nachteil der einfachsten toroidalen magnetischen Falle — die Drift der Teilchen zu den Kammerwänden — beseitigen kann, indem man in die Kammer einen ringförmigen stromdurchflossenen Leiter bringt, der ein starkes Magnetfeld erzeugt (Abb. 101). Bei dieser Magnetfeldkonfiguration

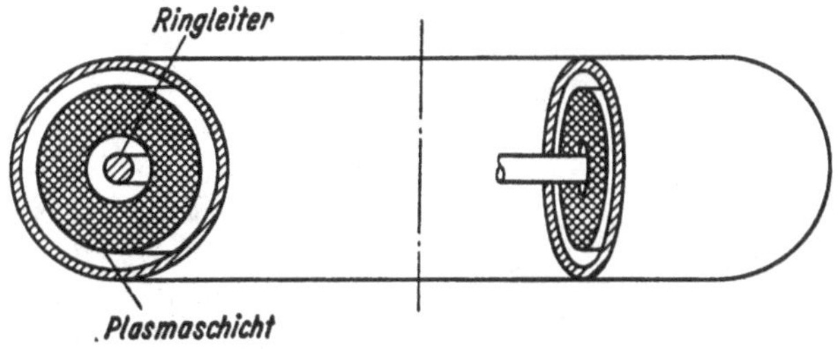

Abb. 101. Schema des Levitrons

wird ein geladenes Teilchen mit nicht zu hoher Energie innerhalb der Kammer festgehalten; es nähert sich weder den Wänden noch dem Innenleiter. In solchen Systemen wird das Plasma den Raum zwischen den Kammerwänden und dem frei im Vakuum hängenden festen Leiter ausfüllen und einen toroidförmigen Hohlzylinder bilden (in Abb. 101 gestrichelt).

Diese Idee wurde in letzter Zeit einer näheren Überprüfung unterzogen bei der Suche nach Plasmakonfigurationen, die theoretisch (in magnetohydrodynamischer Näherung) am stabilsten sind.

Colgate kam bei der Betrachtung verschiedener Stabilisierungsmethoden zu dem Schluß, daß toroidale Systeme, in denen das Magnetfeld eine H_z- und eine H_φ-Komponente hat, über eine große magnetohydrodynamische Stabilität verfügen, weil man durch eine solche Feldkombination die wichtigsten theoretischen Kriterien befriedigen kann, deren Erfüllung für die Stabilität des Plasmas erforderlich ist.

Für ein ideal leitendes Plasma ist die magnetohydrodynamische Stabilität der gezeigten Konfiguration bei einem Feldstärkeverlauf, wie er in Abb. 102 schematisch dargestellt ist, gesichert. Mit punktierten Linien sind die Grenzen des mit einem Plasmazylinder ausgefüllten Gebietes eingezeichnet. Der Strom in diesem Gebiet fließt in einer Richtung, die der Stromrichtung im Kern entgegengesetzt ist. Das longitudinale Magnetfeld wird im Sinne einer äußeren Stütze für die Plasmaschicht verwendet. Dennoch aber zeigen die vor kurzem von REBUT[1]) durchgeführten Berechnungen, daß die Stabilität der Plasmaschicht bei Berücksichtigung der endlichen Leitfähigkeit eines Plasmas ungünstiger wird. Entsprechend dieser theoretischen Berechnung kann ein System nur dann stabil sein, wenn die Bedingung

$$\frac{4\,\pi\, j^2\, a^2}{c^2 \cdot p} < 1$$

erfüllt wird.

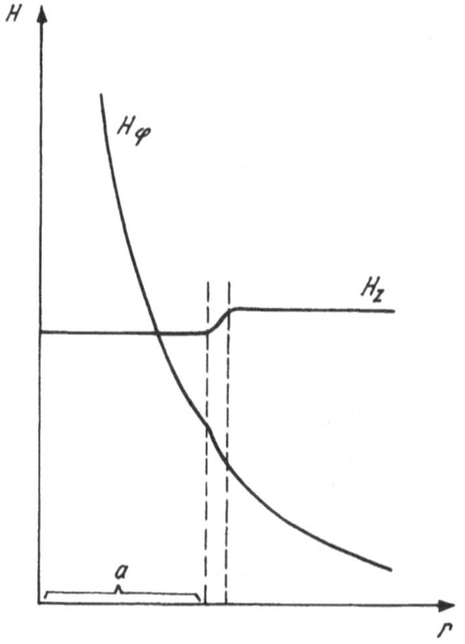

Abb. 102. Magnetfeldverlauf für ein System mit zylindrischer Plasmaschicht

In diesem Ausdruck ist j die Dichte des im Plasma fließenden longitudinalen Stromes, p der Plasmadruck und a der Radius der Schicht (es wird vorausgesetzt, daß die Dicke der Schicht im Verhältnis zu a klein ist). Aus der Bedingung folgt, daß eine Plasmaschicht nur dann stabil sein kann, wenn das Verhältnis zwischen dem Plasmadruck und dem magnetischen Druck, der durch äußere Felder bedingt wird, klein ist.

Systeme mit einem ringförmigen metallischen Leiter in einer toroidförmigen Kammer werden als Levitrons bezeichnet, obgleich noch keines praktisch realisiert ist. Sie können zur Realisierung einer Folge von Plasmaaufheizungszyklen verwendet werden, wobei die Dauer eines Zyklus die Zeit bestimmt, während der der Ringleiter seine Lage in der Nähe der Achse der Toroidkammer beibehält. Flösse durch den Leiter kein Strom, so würde er unter der Wirkung seines Gewichts einfach nach unten fallen. Fließt aber ein Strom hindurch, so tritt beim Fallen des Leiters ein durch FOUCAULT-Ströme bedingter Bremsmechanismus in Aktion und es entsteht eine Situation, die dem Fall der Ausdehnung eines strom-

[1]) Vortrag auf dem Symposium über Fragen der Plasmastabilität, Harwell 1962.

durchflossenen Plasmaringes analog ist. Eine einfache Rechnung zeigt, daß unter diesen Bedingungen der Ring (nach einer kleinen Auslenkung nach unten) ungefähr so lange schwebt, wie ein Strom durch den Leiter fließt. Diese Zeit ist größenordnungsmäßig gleich L/R, wenn L die Induktivität und R den Widerstand des Metallringes bedeuten. In allen praktisch interessierenden Fällen sind das Bruchteile einer Sekunde. Es ist möglich, daß nach Durchführung des Levitron-Projektes in Stabilitätsfragen und Erzeugungsmethoden für Hochtemperaturplasmen weitere Fortschritte erzielt wurden. Es ist allerdings fraglich, ob dieses so künstliche System jemals praktische Verwendung finden wird.

KAPITEL VII

Magnetische Fallen. Allgemeine Prinzipien

§ 39. Unterschied zwischen magnetischen Fallen und Systemen mit Pinch-Effekt. Fallen für einzelne Teilchen

Als magnetische Falle kann man im Grunde genommen jede beliebige Anordnung zur Erzeugung und Einschließung eines heißen Plasmas bezeichnen, in der eine magnetische Wärmeisolation wirksam ist. Es erweist sich aber als zweckmäßig, diese Bezeichnung einem spezielleren Typ von Systemen vorzubehalten.

In den vorangegangenen Kapiteln haben wir Methoden zur Erzeugung eines Hochtemperaturplasmas mit Hilfe verschiedener Formen des Pinch-Effektes betrachtet. Dabei spielte der im Plasma fließende, durch eine äußere Spannungsquelle aufrechterhaltene Strom die wichtigste Rolle. In solchen Anlagen bleiben die Teilchen zusammen wegen des von ihnen selbst erzeugten Magnetfeldes. Ein äußeres Magnetfeld erfüllt lediglich die Funktion eines Stabilisators gegen verschiedene Störungen, die sonst das Plasma instabil machen. Doch auch mit Hilfe äußerer stabilisierender Felder ist es in solchen Anlagen schwer, alle Arten von Instabilitäten zu beseitigen. Das gilt insbesondere für den Fall, daß der gaskinetische Druck des Plasmas p in der gleichen Größenordnung liegt wie der elektrodynamische Druck $H^2/8\pi$, der durch das stabilisierende Feld erzeugt wird. Es tritt dann eine starke Rückwirkung des Plasmas auf die Verteilung des äußeren Magnetfeldes ein, die die Entstehung charakteristischer Instabilitäten zur Folge haben kann. Außerdem reicht bei $8\pi p/H^2 \approx 1$ der Stabilitätsvorrat des äußeren Feldes nicht mehr zur Unterdrückung einiger Formen der Pinchinstabilität aus.

Im Unterschied zu den Systemen, die mit dem Pinch-Effekt arbeiten, wollen wir als magnetische Fallen solche Anlagen bezeichnen, in denen die Funktion der Plasmaeinschließung auf das äußere Feld übertragen wird und die Leitungsströme im Plasma zumindest im Prinzip keine entscheidende Rolle spielen. Aus dieser Definition folgt, daß in magnetischen Fallen auch Arbeitsweisen möglich sind, wo $\beta = 8\pi p/H^2$ beliebig klein gegenüber Eins ist; das verdünnte Plasma hat dann keinen wesentlichen Einfluß auf das starke äußere Magnetfeld.

Da in magnetischen Fallen das äußere Magnetfeld die Einschließung des Plasmas übernimmt, wird die Erzeugung eines Hochtemperaturplasmas zu einer unabhängigen Aufgabe. Ihre Lösung hängt sehr von der speziellen Form der magnetischen Falle ab. Um in der magnetischen Falle ein Hochtemperaturplasma zu erzeugen, kann man verschiedene Wege einschlagen. Einer davon besteht darin, daß man die Falle mit schnellen Ionen füllt, die aus einer starken Ionenquelle injiziert werden und dank irgendeines irreversiblen Mechanismus im Magnetfeld steckenbleiben.

Man kann auch (zuvor beschleunigte) Plasmaklümpchen in die Falle einschießen oder die Falle mit kaltem Plasma füllen und dieses dann durch die komprimierende Wirkung eines zeitlich schnell anwachsenden Magnetfeldes oder mit Hilfe elektrodynamischer HF-Felder aufheizen. Eine weitere Methode zur Erzeugung schneller Ionen unmittelbar in der Falle besteht darin, daß man die Ionen eines zuvor erzeugten kalten Plasmas durch ein starkes elektrisches Feld beschleunigt.

An die Behandlung magnetischer Fallen geht man zweckmäßigerweise so heran, daß man zunächst die Bewegung eines Teilchens analysiert, um Magnetfelder aufzufinden, die das Teilchen in einen begrenzten Raumbereich einschließen. Nachdem man eine befriedigende Methode zur Einschließung eines Teilchens gefunden hat, kann man zur Untersuchung des Verhaltens mehrerer Teilchen im vorgegebenen Feld übergehen und dann nach und nach den Einfluß der (die Quasineutralität sichernden) elektrischen Felder, der Stöße der Teilchen untereinander usw. in die Betrachtung einbeziehen. Dieses Vorgehen hat den Nachteil, daß man von vornherein nicht sagen kann, ob ein Magnetfeld, das ein einzelnes Teilchen einfangen kann, auch ein Plasma einschließen wird. Dafür ist es aber sehr anschaulich, und man kann auf diese Weise außerdem die Schwierigkeiten umgehen, die die Entwicklung einer Theorie des Plasmas in Feldern komplizierter Form bereitet. Offenbar sind alle bisher untersuchten Typen von magnetischen Fallen (sie sind nicht sehr zahlreich) als Resultat einer Analyse der Bewegung einzelner Teilchen in Magnetfeldern verschiedener Konfiguration entstanden.

Die Frage nach den konstruktiven Möglichkeiten für eine magnetische Falle zur langwährenden Einschließung eines heißen Plasmas wurde bereits vor längerer Zeit gestellt. Im Verlauf einer Reihe von Jahren haben sich unabhängig voneinander sowjetische, amerikanische und englische Physiker um ihre Lösung bemüht. Sie waren dabei durch Geheimhaltungsschranken voneinander getrennt. Nachdem diese Schranken beseitigt waren, zeigte es sich, daß die in diesen Ländern entwickelten Ideen sich im wesentlichen deckten. In der Sowjetunion wurden die ersten Schritte auf diesem Gebiet von Sacharow und Tamm unternommen, die im Jahre 1950 das erste Modell einer thermonuklearen Anlage mit magnetischer Wärmeisolation entwarfen. Sie schlugen vor, ein verdünntes Deuteriumplasma in einer toroidförmigen Kammer zu erzeugen, in der mit einer um die Kammer gewickelten Spule ein starkes Longitudinalfeld erregt wird. Dieser Form einer magnetischen Falle haftet aber ein prinzipieller Defekt an. Im inhomogenen Feld innerhalb der Kammer führen die Teilchen eine Driftbewegung senkrecht zur Richtung der Kraftlinien des Feldes aus (siehe § 5). Diese Driftbewegung bewirkt, daß alle Teilchen auf die Kammerwand auftreffen. Auf diesen Defekt wurde zuerst von den Autoren dieses ersten thermonuklearen Generators selbst hingewiesen. Sie schlugen vor, zur Beseitigung entweder das Magnetfeld des Plasmastromes oder das Feld eines frei in der Kammer schwebenden metallischen Leiters zu verwenden. Zu der Erkenntnis, daß man ein Plasma nicht durch das Feld einer Toroidspule isolieren kann, führt übrigens auch die magnetohydrodynamische Analyse der Gleichgewichtsbedingungen, die in § 17 durchgeführt wurde.

Im Verlauf der weiteren Untersuchungen wurden einige Arten von magnetischen Systemen gefunden, mit deren Hilfe man Teilchen in einem begrenzten Volumen einschließen kann. Daraus ergab sich die Möglichkeit zur experimentellen Erarbeitung verschiedener magnetischer Fallen.

In diesem Kapitel werden wir uns im wesentlichen mit magnetischen Fallen beschäftigen, in denen zur Plasmaeinschließung konstante Magnetfelder verwendet werden. Systeme, die auf der Anwendung elektromagnetischer Hochfrequenzfelder beruhen (allein oder kombiniert mit einem konstanten Feld), wollen wir in den letzten Paragraphen untersuchen.

Die bisher untersuchten Varianten von magnetischen Fallen mit konstanten (oder langsam veränderlichen) Magnetfeldern kann man in zwei Klassen einteilen: geschlossene Fallen mit reduzierter Drift und Fallen mit magnetischen Pfropfen (Spiegeln).

§ 40. Das Problem der Driftkompensation oder Driftbegrenzung. Die „ideale" Falle. Magnetische Konfiguration vom Achtertyp. Runzeltorus

Bei der Konstruktion einer Falle, die zur ersten der beiden Klassen gehört, besteht die wichtigste Aufgabe in der Auffindung von Bedingungen, unter denen das Teilchen infolge seiner Driftbewegung nicht aus dem abgegrenzten Raum entweicht. Die einfachste Falle dieses Typs ist ein geschlossener stromführender Leiter von der Form eines Ringes. Wenn das vom Strom erzeugte Feld hinreichend stark ist, so sind die Teilchen, die sich in nicht zu großer Entfernung von dem Leiter befinden, in einem begrenzten Raum eingeschlossen. Jedes Teilchen wird sich, wenn sein Larmor-Radius genügend klein ist, längs der Kraftlinien des den Leiter umschließenden Magnetfeldes bewegen und gleichzeitig eine Driftbewegung längs des Leiters ausführen. Die allgemeine Form der Bahn eines geladenen Teilchens ist schematisch in Abb. 103 dargestellt.

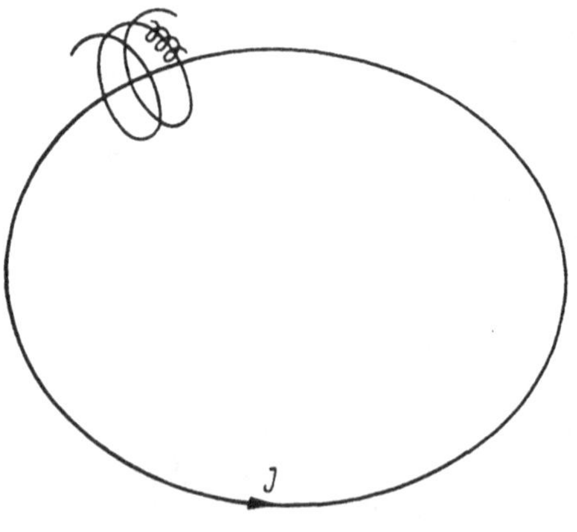

Abb. 103. Die Bahn geladener Teilchen im Felde eines stromführenden Ringleiters

Dieses einfachste System ist ein Beispiel für eine „ideale“ Falle, d. h. eine Anlage, mit deren Hilfe man Teilchen mit beliebiger Bewegungsrichtung in einem begrenzten Volumen festhalten kann, sofern ihre Energie einen bestimmten Betrag nicht überschreitet. Ein stromführender Leiterring ist ein spezielles Beispiel für ein axialsymmetrisches System. Zur Untersuchung des Verhaltens der Teilchen in Systemen, die zu der genannten Klasse gehören, kann man die allgemeinen Bewegungsgleichungen verwenden und davon Gebrauch machen, daß sich diese Gleichungen dank der Axialsymmetrie der Felder wesentlich vereinfachen und auf anschauliche Weise interpretieren lassen. Eine mathematische Analyse dieser Gleichungen wird in § 41 durchgeführt. An dieser Stelle wollen wir nur kurz qualitative Ergebnisse diskutieren.

Eine Vorstellung vom Charakter der Teilchenbewegung in Systemen mit einem axialsymmetrischen Magnetfeld vermittelt Abb. 104. Sie zeigt die Projektion einer Teilchenbahn auf eine r, z-Ebene, die sich zusammen mit dem Teilchen um die Achse des magnetischen Systems dreht. Für Ionen und Elektronen genügend niedriger Energie verwandelt sich der Bereich, innerhalb dessen die Projektion der Bahn liegt, in einen engen Streifen, der längs einer Kraftlinie des Feldes verläuft. Solche Streifen, die den das Magnetfeld erzeugenden stromführenden Leiter ringförmig umschließen, bilden die erlaubten Zonen für Teilchen, deren LARMOR-Radius klein gegenüber dem Abstand der Bahn von der Achse ist. Ist diese Bedingung nicht erfüllt, so können diese Zonen eine andere Form besitzen. So können z. B. Teilchen, deren LARMOR-Kreise an die magnetische Achse „gekettet“ sind, unter bestimmten Bedingungen auf einen Bereich zulässiger z-Werte begrenzt sein, der den Leiter nicht umschließt (siehe §41).

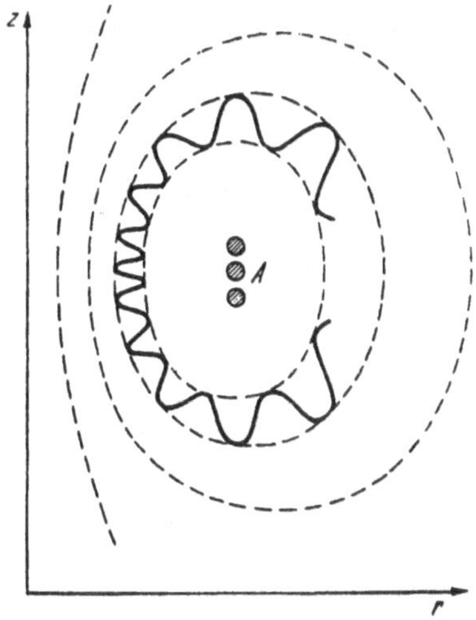

Abb. 104. Projektion einer Teilchenbahn auf eine r, z-Ebene

A – Projektion der stromführenden Leiter

Als ideale Falle kann im Prinzip nicht nur ein stromführender Leiterring sondern auch ein beliebiges axialsymmetrisches System dienen, das einen begrenzten Raum einnimmt. Ein axialsymmetrisches System kann auch dann die Eigenschaften einer idealen Falle behalten, wenn es in ein durch andere Quellen erzeugtes äußeres magnetisches Feld gebracht wird. So kann man sich z. B. ein magnetisches System vorstellen, das aus einem Ringstrom und einem auf dessen Achse liegenden linearen stromführenden Leiter besteht. Dieser Leiter wird ein Magnetfeld mit ringförmigen Kraftlinien erzeugen. Ein solches System ist bezüglich der Struktur des Feldes einer Toroidspule äquivalent, in der innen ein Ringstrom fließt, denn die Konfiguration der Felder ist in der Nähe des stromführenden Ringes in beiden Fällen gleich.

Im Feld eines linearen Leiters oder einer Toroidspule würden geladene Teilchen entlang der z-Achse driften. Durch die Anwesenheit des Feldes des Ringstromes wird aber das Bild der Bewegung geändert. Die Kraftlinien des resultierenden Magnetfeldes umschließen schraubenförmig den Ringstrom. Die Form der Teilchenbahnen ist infolgedessen ähnlich der, die sie bei Fehlen einer azimutalen Komponente im Feld eines Kreisstromes haben würden. Eine ausführliche Untersuchung dieses Falles zeigt, daß sich Form und Abmessung der Gebiete erlaubter Bewegung für Teilchen mit hinreichend kleinem LARMOR-Radius beim Einschalten eines azimutalen Magnetfeldes nur unwesentlich ändern, d. h., die Falle behält ihre Eigenschaften bei.

Im frühen Stadium der Untersuchungen wurden Systeme, in denen die Überlagerung von zwei Feldern verschiedenen Charakters vorgesehen ist, als Vervollkommnung der ursprünglichen Variante der Teilcheneinschließung mit Hilfe nur eines toroidförmigen Feldes betrachtet. In diesem Zusammenhang ist aber zu bemerken, daß das toroidförmige Feld vom Standpunkt der reinen Mechanik keine wesentliche Rolle spielt und in gewissem Sinne überflüssig ist. Dies gilt aber nur solange, wie man die Bewegung eines Einzelteilchens im vorgegebenen äußeren Feld betrachtet. Es wurde bereits in den vorhergegangenen Kapiteln darauf hingewiesen, daß im Falle, daß der Ringstrom durch die Bewegung der geladenen Teilchen des Plasmas selbst gebildet wird, dieser wegen seiner Instabilität die Einschließung der Teilchen nicht sichern kann und ein starkes äußeres Feld zur Stabilisierung des Plasmas unbedingt erforderlich ist.

Bei der Untersuchung der Einschließung von Teilchen in Magnetfeldern haben wir bisher die Grenzen, die durch die praktischen Möglichkeiten der Magnetfelderzeugung gesetzt sind, unberücksichtigt gelassen.

Für die Lösung unserer Aufgabe sind aber nur solche Magnetsysteme interessant, die technisch realisiert werden können. Von diesem Standpunkt aus ist das Feld eines ringförmigen Gleichstromes eine mathematische Abstraktion. Um einen Gleichstrom im Ring aufrecht zu erhalten, muß man an ihn eine Spannung anlegen. Der Kreis muß also an irgendeinem Punkt aufgeschnitten und die Enden müssen seitlich herausgeführt werden. Wenn man aber das Verhalten der Teilchen in der Nähe der Zuführungsleitungen genauer untersucht, so findet man, daß bei beliebiger Art der Stromzuführung ein unvermeidlicher Teilchenabfluß stattfindet, der durch die Driftbewegung längs der Zuführungsleitungen (oder unmittelbar durch das Auftreffen der Teilchen an ihre Oberfläche) bedingt ist. Das gleiche gilt auch für alle anderen axialsymmetrischen Magnetsysteme, die die Funktion einer magnetischen Falle erfüllen sollen.

Im Prinzip sind aber Varianten zur Realisierung von axialsymmetrischen Fallen denkbar, bei denen die Notwendigkeit von Zuführungsleitungen entfällt. Auf zwei dieser Varianten sei an dieser Stelle hingewiesen:

1. Der Strom im Ringleiter wird durch Induktion erzeugt und der Leiter selbst durch elektrodynamische Kräfte im Vakuum festgehalten. Das geschieht entweder durch einen äußeren Stromkreis oder aber durch die FOUCAULT-Ströme,

die in einer Metallumhüllung entstehen. Diese Idee wurde bereits im Jahre 1950 von SACHAROW geäußert. Sie liegt auch der Konstruktion des Levitrons zugrunde, das im vorigen Kapitel besprochen wurde. Auch verschiedene Varianten der Verbindung des hängenden Ringleiters mit Feldern anderer Form, z. B. dem Feld einer ihn umschließenden Toroidspule, sind möglich.

2. Der Ringstrom kann auch durch Injektion eines intensiven relativistischen Elektronenstrahles in das Magnetfeld senkrecht zur Richtung des $\mathfrak{H}$-Vektors erzeugt werden. Der Strahl bildet dann im Vakuum so etwas wie ein Solenoid, dessen Wirkung durch die Spiralbahnen der eingeschlossenen Elektronen gebildet wird. Diese Idee liegt der Astron-Anlage zugrunde, die von CHRISTOFILOS in den USA vorgeschlagen wurde. Sie wird in § 61 beschrieben.

Es sind auch völlig andere Methoden zur Begrenzung der Driftbewegung in Toroidkammern möglich. Bei diesen Methoden wird die Verdrehung der Kraftlinien, die zur Kompensation der Driftbewegung nötig ist, ohne Zuhilfenahme eines geschlossenen Stromes innerhalb der Kammer erreicht. Das einfachste Beispiel für ein solches System zeigt Abb. 105. Es stellt einen Torus dar, der zu einer

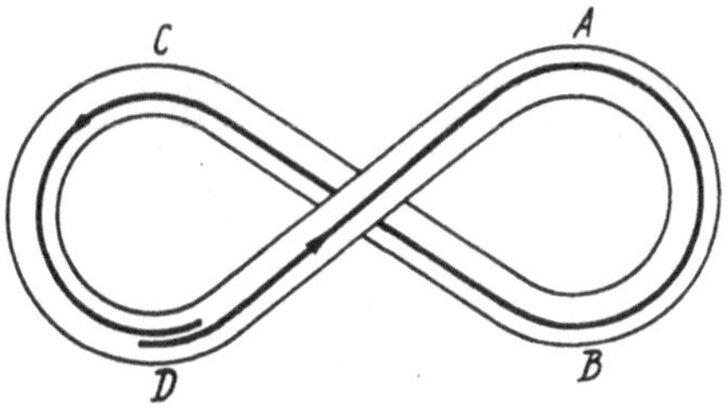

Abb. 105. Magnetische Konfiguration vom Achtertyp

Acht deformiert ist. Diese Modifikation des Toroidsystems wurde von SPITZER im Jahre 1950 und unabhängig davon vom Autor im Jahre 1955 vorgeschlagen. Ein solches System ist keine ideale Falle, denn es kann nur solche Teilchen einschließen, deren Geschwindigkeitsvektor innerhalb eines erlaubten Richtungsbereiches liegt. Ein Teilchen wird eingeschlossen, wenn sein Geschwindigkeitsvektor keinen zu großen Winkel mit der Richtung der Kraftlinien bildet. Unter dieser Bedingung wird ein Teilchen wegen seiner Driftbewegung beim Durchlaufen eines krummlinigen Abschnittes der Kammer (z. B. AB) nicht auf die Kammerwand auftreffen, sondern sich in Richtung des zweiten krummlinigen Teiles (CD) bewegen, wo die Driftbewegung die umgekehrte Richtung hat. Die Driftverschiebungen in beiden krummlinigen Abschnitten kompensieren sich also, und das Teilchen kann eine unendlich große Zahl von Umläufen in der Kammer ausführen, ohne auf die Wand aufzutreffen. Wenn jedoch das Verhältnis der longitudinalen Geschwindigkeitskomponente zur transversalen klein ist, so wird sich das Teilchen langsam längs der Kraftlinien verschieben und beim ersten Durchgang durch einen krummlinigen Abschnitt der Kammer durch die Driftbewegung an die Wand gelenkt werden. Das Schicksal eines Teilchens in einer Kammer vom Achtertyp hängt also von der Größe

$$x = \frac{b \cos \alpha}{\pi \varrho}$$

ab. Darin bedeuten b den Radius des Kammerquerschnittes, ϱ den LARMOR-Radius des Teilchens und α den Winkel zwischen der Richtung des Geschwindigkeitsvektors und dem $\mathfrak{H}$-Vektor. Wenn x sehr klein gegen Eins ist, geht das Teilchen verloren; ist x hingegen wesentlich größer als Eins, so ist es eingeschlossen. Obgleich diese Betrachtung die Eigenschaften der betrachteten Falle im wesentlichen richtig charakterisiert, ist sie doch ziemlich oberflächlich. Wir haben dabei

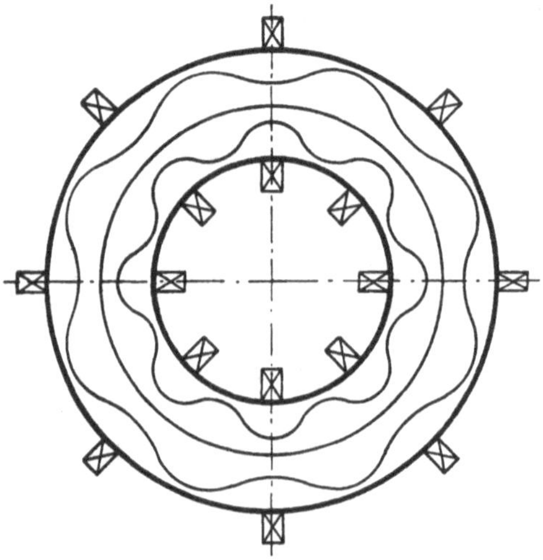

Abb. 106. Runzeltorus (Magnetfeld örtlich moduliert)

ihre wichtigste Eigenschaft außer acht gelassen, dank der sie besondere Bedeutung als erster Vertreter einer großen Klasse von magnetischen Fallen erhält, die man als Stellaratoren bezeichnet. Allen Systemen dieser Klasse liegt die Idee der Rotationstransformation der magnetischen Kraftlinien zu Grunde, die von SPITZER und seinen Mitarbeitern in Princeton erarbeitet wurde. Der Darlegung dieser Idee und des großen Komplexes der damit verbundenen theoretischen und experimentellen Untersuchungen werden wir uns in den §§ 47 bis 52 zuwenden.

Eine Begrenzung der Driftbewegung muß auch dann vorliegen, wenn das Longitudinalfeld in der Toroidkammer durch ungleichmäßige Bewicklung der Kammeroberfläche gerunzelt oder räumlich moduliert wird. Eine Kammer mit moduliertem Feld ist in Abb. 106 dargestellt. Ein Teilchen, das sich in diesem Feld bewegt, vollführt eine drehende Driftbewegung, infolge der sich die Bahn um die Achsenlinie der Kammer windet. Deshalb kann sich ein in der Kammer umlaufendes Teilchen der Wand nicht nähern (die durch die Inhomogenität des

Feldes in longitudinaler Richtung bedingte Drehung der Bahn kompensiert die toroidale Drift). Systeme dieses Typs wurden zuerst von Budker und Kadomzew untersucht. Die wichtigsten Ergebnisse zur Theorie der Teilchenbewegung in derartigen Fällen stammen von Morosow und Solowjew. Sie zeigen, daß ein modulierter Torus in Driftnäherung für Teilchen mit hinreichend kleinem Larmor-Radius eine „quasiideale" Falle darstellt. Wenn aber die Falle mit Plasma angefüllt wird, gehen ihre idealen Eigenschaften offenbar verloren. Die theoretische Analyse zeigt, daß eine Plasmasäule in einem modulierten Feld instabil ist (siehe § 42).

§ 41. Bewegung von Ladungsträgern in Magnetfeldern mit axialer Symmetrie

In diesem Paragraphen werden die allgemeine Theorie der Bewegung geladener Teilchen in axialsymmetrischen Magnetfeldern und einige auf Fallen bezogene Konsequenzen dieser Theorie dargelegt.

Für das vorliegende Problem ist es zweckmäßig, das Magnetfeld durch das Vektorpotential $\mathfrak{A}$ zu charakterisieren, das durch rot $\mathfrak{A} = \mathfrak{H}$ definiert ist. Im axialsymmetrischen Falle hängt der $\mathfrak{A}$-Vektor ebenso wie der $\mathfrak{H}$-Vektor nur von den Koordinaten r und z ab. In Zylinderkoordinaten führt die Beziehung zwischen $\mathfrak{A}$ und $\mathfrak{H}$ deshalb zu folgenden Gleichungen:

$$H_r = -\frac{\partial A_\varphi}{\partial z}, \tag{7.1}$$

$$H_z = \frac{1}{r}\frac{\partial r A_\varphi}{\partial r}. \tag{7.2}$$

In diese Formeln geht nur die azimutale Komponente des Vektorpotentials ein, die wir im folgenden einfach mit A bezeichnen werden. Zwischen dem Betrag von A und der Form der magnetischen Kraftlinien besteht ein unmittelbarer Zusammenhang. Die Gleichung der Kraftlinien $\frac{dr}{dz} = \frac{H_r}{H_z}$ kann mit Hilfe von (7.1) und (7.2) auf die Form

$$\frac{1}{r}\frac{\partial r A}{\partial r} dr + \frac{1}{r}\frac{\partial r A}{\partial z} dz = 0$$

gebracht werden. Daraus folgt, daß die Größe $r A$ längs einer Kraftlinie konstant ist, d. h., die Gleichung der Kraftlinien hat die Form

$$r A = \text{const}. \tag{7.3}$$

Für ein vorgegebenes Feld, das durch irgendeine Leiterkonfiguration erzeugt wird, kann man A auf verschiedene Weise bestimmen. Wenn die Feldstärke auf der Achse des Systems als Funktion der z-Koordinate vorgegeben ist, kann man die Komponenten des $\mathfrak{H}$-Vektors und die Größe des Vektorpotentials $\mathfrak{A}$ mit Hilfe der Reihen

$$H_z = H(z) - \frac{r^2}{4} H''(z) + \cdots + (-1)^n \frac{1}{(n!)^2} \left(\frac{r}{2}\right)^{2n} H^{2n}(z) , \tag{7.4}$$

$$H_r = -\frac{r}{2} H'(z) + \frac{r^3}{16} H'''(z) - \cdots + (-1)^n \frac{1}{(n-1)!n!} \times \left(\frac{r}{2}\right)^{2n-1} H^{2n-1}(z) , \tag{7.5}$$

$$A = \frac{r}{2} H(z) - \frac{r^3}{16} H''(z) + \cdots + (-1)^{n+1} \frac{1}{(n-1)!n!} \times \left(\frac{r}{2}\right)^{2n-1} H^{2n-2}(z) \tag{7.6}$$

berechnen. In diesen Ausdrücken bedeutet $H(z)$ die Feldstärke auf der Achse. Es ist zu beachten, daß die angegebenen Ausdrücke nur für wirbelfreie Felder gelten. Sie können deshalb nicht mehr angewendet werden, wenn der gesamte Raum mit einem Plasma angefüllt ist, dessen Dichte so groß ist, daß es die Feldstärke wesentlich verändert.

Die Gleichungen für die Bewegung eines geladenen Teilchens in einem axialsymmetrischen Feld haben die Form

$$\ddot{z} = -\frac{q}{m c} r \dot{\varphi} H_r , \tag{7.7}$$

$$\ddot{r} - r \dot{\varphi}^2 = \frac{q}{m c} r \dot{\varphi} H_z , \tag{7.8}$$

$$\frac{d}{dt} r^2 \dot{\varphi} = \frac{q}{m c} r (\dot{z} H_r - \dot{r} H_z) . \tag{7.9}$$

Unter Benutzung von (7.1) und (7.2) können wir den rechten Teil der Gleichung (7.9) auf folgende Weise umformen:

$$r(\dot{z} H_r - \dot{r} H_z) = -\dot{z} \frac{\partial r A}{\partial z} - \dot{r} \frac{\partial r A}{\partial r} = -\frac{d}{dt} r A . \tag{7.10}$$

Benutzen wir dieses Ergebnis und integrieren (7.9), so erhalten wir

$$-r^2 \dot{\varphi} = \frac{q}{m c} r A + C_1 . \tag{7.11}$$

Die Konstante C_1 ist durch die Anfangsbedingungen bestimmt. Wenn wir den Ausdruck für $\dot{\varphi}$ in (7.7) und (7.8) einsetzen, können wir diese Gleichungen nach einfachen Umformungen in der Form

$$\ddot{z} = -\frac{\partial}{\partial z} \frac{1}{2 r^2} \left(\frac{q}{m c} r A + C_1\right)^2 , \tag{7.12}$$

$$\ddot{r} = -\frac{\partial}{\partial r} \frac{1}{2 r^2} \left(\frac{q}{m c} r A + C_1\right)^2 \tag{7.13}$$

aufschreiben. In dieser Schreibweise erhalten die Gleichungen für z und r einen neuen Inhalt: sie beschreiben die Bewegung des Teilchens in der (r, z)-Ebene unter der Einwirkung von Kräften, die Funktionen der Koordinaten sind. Im Feld dieser Kräfte besitzt das Teilchen eine potentielle Energie, für die man den folgenden Ausdruck anschreiben kann:

$$U_p = \frac{m}{2\,r^2}\left(\frac{q}{m\,c}\,r\,A + C_1\right)^2. \tag{7.14}$$

Die Größe U_p wird als „Meridionalpotential" bezeichnet.

Die gewonnenen Ergebnisse können die Analyse der Teilchenbewegung in verschiedenen Spezialfällen erleichtern. Einige charakteristische Züge dieser Bewegung kann man manchmal klären, ohne (7.12) und (7.13) zu lösen, indem man den Verlauf der Potentialfunktion U_p analysiert. Auf diesem Wege kann man die Grenzen für die erlaubte Teilchenbewegung auffinden und die geometrische Form dieser Gebiete bestimmen.

Zu Beginn untersuchen wir die Bewegung eines Teilchens, dessen LARMOR-Radius klein gegenüber seinem Abstand von der magnetischen Achse ist. In diesem Fall gilt die Ungleichung

$$|r^2\,\dot{\varphi}| \ll \frac{q}{m\,c}\,|r\,A|\,. \tag{7.15}$$

Nach Gleichung (7.6) ist nämlich das Vektorpotential $\mathfrak{A}$ von der Größenordnung $r\,H$ und andererseits $|r^2\,\dot{\varphi}| \sim r\,v$, wobei v die Gesamtgeschwindigkeit des Teilchens bedeutet. Deshalb gilt

$$\left|\frac{r^2\,\dot{\varphi}}{\dfrac{q}{m\,c}\,r\,A}\right| \sim \frac{r\,v}{\dfrac{q}{m\,c}\,r^2\,H} = \frac{m\,v\,c}{q\,H}\cdot\frac{1}{r} = \frac{\varrho}{r}\,. \tag{7.16}$$

Die Größe ϱ/r ist laut Voraussetzung wesentlich kleiner als Eins. Damit ist die Gültigkeit der Ungleichung (7.15) bewiesen.

Wir kehren zurück zur Beziehung (7.11). Sie kann nur dann gleichzeitig mit (7.15) erfüllt sein, wenn

$$C_1 \approx -\frac{q}{m\,c}\,r\,A$$

ist.

Damit dies entlang der ganzen Teilchenbahn gesichert ist, muß $r\,A$ längs der Bahn praktisch konstant bleiben. Nach (7.3) bedeutet die Konstanz von $r\,A$, daß das Teilchen bei seiner Bewegung im (r, z)-Raum einer von ihm ausgewählten Kraftlinie des Feldes folgt und auf dieser die stromführenden Leiter umläuft.

Diese Schlußfolgerung kann auch etwas anders interpretiert werden. Der Bereich der r- und z-Werte, innerhalb dessen sich das Teilchen bewegen kann, ist durch das Relief der Potentialfunktion U_p bestimmt. In diese Funktion geht als Faktor die Größe $[(q/m\,c)\,r\,A + C_1]^2$ ein. Man kann nun eine Kraftlinie aussuchen, an welche das Teilchen gewissermaßen gebunden ist und längs derer die angegebene Größe und damit auch U_p Null ist. Bei einer kleinen Verschiebung senkrecht zur Kraftlinienrichtung wächst U_p sehr rasch an (proportional dem

Quadrat der Verschiebung). Man kann deshalb sagen, daß sich das Teilchen in einer ringförmigen Potentialmulde bewegt, die längs einer der Kraftlinien verläuft. Bei seiner Bewegung innerhalb dieser Mulde wird das Teilchen abwechselnd an der Innen- und Außenwand des Potentialwalles reflektiert; seine Bahn wird deshalb eine schnell oszillierende Kurve darstellen (s. Abb. 103).

Wir wollen nun die Bewegung eines Teilchens betrachten, dessen LARMOR-Radius vergleichbar mit dem Abstand der Bahn von der z-Achse ist. Zur Vereinfachung der Rechnung nehmen wir an, daß sich das Teilchen in einem Gebiet nahe der z-Achse bewegt. Dann kann A gleich $(r/2)\,H(z)$ gesetzt werden.[1]) Unter dieser Bedingung gilt

$$-\,r^2\,\dot{\varphi} = \frac{\omega}{2}\,r^2 + C_1\,.$$

Die LARMOR-Frequenz ω ist eine Funktion von z. Die Konstante C_1 hängt von den Anfangsbedingungen ab. Bezeichnen wir mit r_0, $\dot{\varphi}_0$ und ω_0 die Werte von r, $\dot{\varphi}$ und ω am Bahnanfang, so erhalten wir

$$C_1 = -\,r_0^2\left(\dot{\varphi}_0 + \frac{\omega_0}{2}\right).$$

Es wird also

$$-\,r^2\,\dot{\varphi} = \frac{\omega}{2}\,r^2 - r_0^2\left(\dot{\varphi}_0 + \frac{\omega_0}{2}\right).$$

Der linke Teil dieser Gleichung kann nicht größer als $r\,v_0$ werden, wenn v_0 die Gesamtgeschwindigkeit des Teilchens bedeutet. Deshalb ist die Bewegung auf den Raum begrenzt, in dem die Bedingung

$$\frac{\omega}{2}\,r^2 - r_0^2\left(\dot{\varphi}_0 + \frac{\omega_0}{2}\right) < r\,v_0$$

erfüllt ist. Um die Grenzen dieses Bereiches aufzufinden, muß man ein Gleichheitszeichen setzen und die so erhaltene Gleichung nach r auflösen. Man erhält

$$r = \frac{v_0}{\omega}\left[1 \pm \sqrt{1 + \frac{\omega\,r_0^2}{v_0^2}\,(2\,\dot{\varphi}_0 + \omega_0)}\,\right]. \tag{7.17}$$

Eine Analyse dieses Ausdruckes zeigt, daß die Form des Gebietes erlaubter Bewegung in erster Linie von dem Verhältnis zwischen $\dot{\varphi}_0$ und ω_0 abhängt. Ist $-\,\dot{\varphi}_0 < \omega_0/2$, so ist der unter der Wurzel stehende Ausdruck für alle positiven ω-Werte positiv und deshalb werden beide Werte von r reell. Im Falle $-\,\dot{\varphi}_0 > \omega_0/2$ ist die Wurzel nur in dem Raumgebiet reell, in dem die Bedingung

$$\frac{\omega\,r_0^2}{v_0^2}\,|2\,\dot{\varphi}_0 + \omega_0| < 1 \tag{7.18}$$

erfüllt ist.

---

[1]) Es wird angenommen, daß im betrachteten Raumbereich $H(z) > 0$ ist.

Um den Inhalt dieser Ungleichung zu verdeutlichen, sei festgestellt, daß sie bei vorgegebenen Anfangsbedingungen der Größe ω und damit der magnetischen Feldstärke Beschränkungen auferlegt. Wir nehmen an, ein Teilchen bewege sich von einem Punkt mit der Feldstärke H_0 aus in Richtung wachsender H. Dann wird die linke Seite der Ungleichung (7.18) größer und erreicht bei einem bestimmten $H = H_1$ den Wert Eins. Die Größe H_1 stellt dann gerade die Grenze des Bereiches der erlaubten Teilchenbewegung dar. Wenn z. B. das Feld längs der z-Achse nach beiden Seiten hin anwächst, so wird das Teilchen entlang der Achse in einem Gebiet schwingen, in dem $H < H_1$ ist. Die Größe H_1 ist durch

$$\frac{H_1}{H_0} \frac{\omega_0 r_0^2}{v_0^2} (2\dot{\varphi}_0 + \omega_0) = -1 \tag{7.19}$$

bestimmt. Wenn wir die Bezeichnungen $\frac{r_0 \dot{\varphi}_0}{v_0} = \gamma$ und $-\frac{2\dot{\varphi}_0}{\omega_0} = q$ einführen, können wir (7.19) in der Form

$$\frac{H_1}{H_0} = \frac{1}{\gamma^2} \frac{q^2}{4(q-1)} \tag{7.20}$$

schreiben.

In dem betrachteten Fall ist $q > 1$. Wie man sich leicht überzeugen kann, bedeutet dies, daß die Teilchenbahn bei jedem Umlauf auf dem LARMOR-Kreis die Achse umschließt. In Abb. 107 sind die Projektionen der Teilchenbahnen in die Ebene senkrecht zur z-Achse für verschiedene Anfangsbedingungen dargestellt.

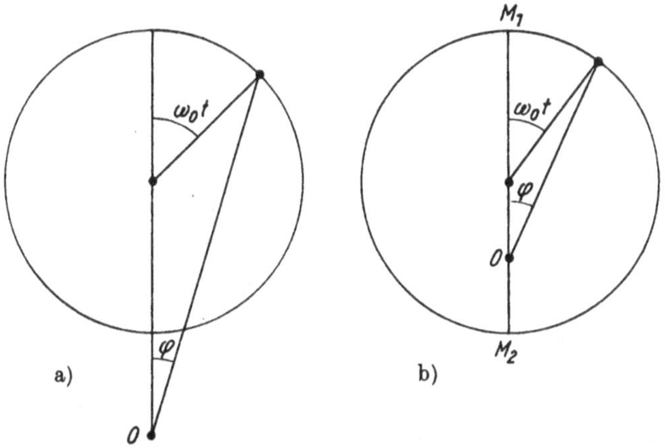

Abb. 107. Projektion der Teilchenbahnen in eine zur magnetischen Achse senkrechte Ebene

Diese Projektionen stellen leicht deformierte Kreise dar (streng genommen sind sie nicht geschlossen). Im Falle a) liegt die Achse des Magnetfeldes außerhalb der Bahn des Teilchens. Der Azimut φ_0 ist dabei kleiner als die Hälfte des Winkels $\omega_0 t$, gerechnet vom Zentrum des LARMOR-Kreises, d. h., es ist $-\dot{\varphi}_0 < \frac{\omega_0}{2}$ und $q < 1$. Im Falle b) ist, wie man sich leicht überzeugen kann, $-\dot{\varphi}_0 > \frac{\omega_0}{2}$, d. h. $q > 1$.

Wenn also die Feldstärke eines Magnetfeldes von einem mittleren Bereich aus in Richtung der z-Achse nach beiden Seiten hin zunimmt, so wird ein Teilchen unter bestimmten Anfangsbedingungen in einer Potentialmulde eingeschlossen, die einen Teil des magnetischen Systems einnimmt. Eine solche Potentialmulde (d. h. Zone der erlaubten Bewegung) in der r, z-Ebene ist in Abb. 108 dargestellt. In den Punkten, wo die Bedingung (7.20) erfüllt ist, fallen die beiden durch (7.17) bestimmten r-Werte zusammen. Diese Punkte bilden die Grenzen der Zone in axialer Richtung.

Die Möglichkeiten der Teilcheneinschließung in Systemen mit magnetischen Pfropfen folgt auch unmittelbar aus der adiabatischen Invarianz der Größe $W_{\perp}/H$. Ein schwacher Punkt der Betrachtungen, die zu diesem Schluß führen, ist aber die Frage nach der Dauer der Erhaltung der adiabatischen Invarianz, die im Rahmen einer Näherungstheorie nicht befriedigend beantwortet werden kann.

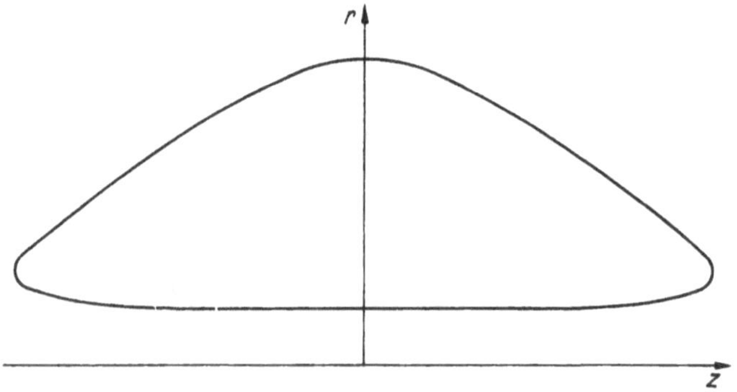

Abb. 108. Für die Teilchenbewegung erlaubtes Gebiet in der r, z-Ebene

Wenn man aber die Antwort auf diese Frage nicht kennt, kann man auch die Aufenthaltszeit des Teilchens in der Falle nicht bestimmen.

Die oben dargelegte strengere Theorie bringt uns in dieser Hinsicht einen Schritt weiter. Sie zeigt, daß man in axialsymmetrischen Systemen tatsächlich ein Teilchen für unbegrenzt lange Zeit zwischen zwei Gebieten mit hoher Feldstärke einschließen kann und daß dies für einen relativ breiten Bereich der Anfangsbedingungen gilt. Gegen diesen Schluß kann man einwenden, daß die oben durchgeführte Untersuchung des Charakters der Teilchenbewegung in der Umgebung der magnetischen Achse des Systems nicht streng genug ist, weil dabei nur das erste Glied der Reihenentwicklung nach r und A berücksichtigt wurde. Eine detaillierte Analyse konkreter Fälle zeigt jedoch, daß diese Beschränkung keinen Einfluß auf die qualitative Seite des Resultats hat, denn durch die Glieder höherer Ordnung wird wegen der Kleinheit von r die Form der Zone der erlaubten Bewegung nicht wesentlich verändert. Die Beziehung (7.20), durch welche die Grenzen der Zone der erlaubten Bewegung festgelegt werden, ist der entsprechenden Beziehung (2.10), die sich aus der Bedingung der adiabatischen Invarianz ergibt, sehr ähnlich. Diese Ähnlichkeit kommt besonders klar zum Ausdruck, wenn man den Bahnanfang in den Punkt M_1 (oder M_2) in Abb. 107 legt, in dem die radiale Geschwindigkeitskomponente verschwindet und die Größe $r_0 \dot{\varphi}_0$ deshalb die senkrecht zur Richtung des Magnetfeldes verlaufende Geschwindigkeitskomponente darstellt ($r \dot{\varphi} = v_\perp$). Bei dieser Wahl der Anfangsbedingungen ist $\gamma = \sin \alpha_0$, wenn α_0 den Winkel zwischen der Richtung der Anfangsgeschwindigkeit und dem $\mathfrak{H}$-Vektor bedeutet. Die Beziehung (7.20) kann dann in der Form

$$\frac{H_1}{H_0} = \frac{1}{\sin^2 \alpha_0} \frac{q^2}{4(q-1)} \tag{7.21}$$

geschrieben werden.

Bei $q = 2$, d. h. für den Fall, daß das Zentrum des LARMOR-Kreises anfangs auf der z-Achse liegt, ist dieser Ausdruck für H_1/H_0 identisch mit (2.10). Für den allgemeinen Fall $q \neq 2$ ergeben beide Formeln verschiedene Werte von H. Das ist nicht verwunderlich. Die Beziehung (2.10), die sich aus der adiabatischen Invarianz von $W_\perp/H$ ergibt, gibt die reale Lage der Punkte an, in denen die Bahn ihre Richtung umkehrt, während die Beziehung (7.21) den Grenzwert für die Tiefe angibt, in die ein Teilchen in das starke Feld eindringt, ohne daß dabei der Energieerhaltungssatz für die Bewegung in der (r, z)-Ebene verletzt wird. Es ist klar, daß die Beschränkungen, die der Teilchenbewegung durch den Energieerhaltungssatz auferlegt werden, nicht so streng sind wie diejenigen, die aus einer detaillierten Analyse der Bahnform folgen. Deshalb ist es ganz natürlich, daß man aus (7.21) stets höhere Werte für H_1 erhält als aus (2.10). Für den Fall $q < 1$ erweist sich eine Analyse der Formel (7.17) als weniger aufschlußreich: sie führt nicht zu Ergebnissen, die man als Hinweis dafür auslegen könnte, daß das Teilchen am starken Feld reflektiert wird. Daraus folgt natürlich nicht, daß das Teilchen in diesem Falle das Gebiet hoher Feldstärke frei durchlaufen kann. Die aus der adiabatischen Invarianz von $W_\perp/H$ folgende Beziehung (2.10) behält ihre Aussagekraft sowohl bei $q > 1$ als auch bei $q < 1$.

Die in diesem Paragraphen behandelte Theorie stellt den notwendigen Apparat zur genauen Bahnberechnung bei beliebigem Verhältnis zwischen dem LARMOR-Radius und den Abmessungen des magnetischen Systems dar. In jedem speziellen Fall besteht die Aufgabe in der Lösung der Differentialgleichungen (7.12) und (7.13) für eine vorgegebene Funktion A, die man aus der Feldverteilung längs der Achse des magnetischen Systems (oder aber nach den bekannten Formeln der Elektrodynamik) ermitteln kann. Eine genaue Bahnberechnung ist besonders für die Analyse verschiedener Injektionsmethoden von schnellen Ionen in Fallen mit axialsymmetrischen Feldern von Interesse.

§ 42. Das Problem der Plasmastabilität. Stabile und instabile Grenze bei $\beta = 1$. Stabilität eines Plasmas geringer Dichte. Rinnendeformationen. Stabilitätsbedingung für dünne Plasmen bezüglich der Rinnendeformationen

Bei jeder Methode, die zur Erzeugung eines Hochtemperaturplasmas vorgeschlagen werden kann, besteht das Hauptproblem in der Stabilität der Plasmakonfiguration. Einige spezielle Fragen zu diesem Thema wurden im vorangegangenen Kapitel im Zusammenhang mit der Untersuchung quasistationärer Entladungen hoher Leistung kurz behandelt. Von noch größerer Bedeutung ist die Stabilitätsanalyse für ein in einer magnetischen Falle eingeschlossenes Plasma. Man kann erwarten, daß auch in diesem Falle verschiedene Arten von Instabilitäten auftreten.

Eine einigermaßen vollständige und allgemeine Theorie der Stabilität eines Plasmas im Magnetfeld gibt es zur Zeit noch nicht; deshalb muß man sich mit einigen speziellen Resultaten der theoretischen Analyse zufriedengeben. Diese Resultate können gewöhnlich nicht in so kategorischer Form formuliert werden, daß man mit ihrer Hilfe bestimmte Typen magnetischer Fallen mit Sicherheit verwerfen und umgekehrt die Stabilität eines Plasmas in magnetischen Systemen anderen Typs garantieren könnte. Für die praktische Anwendung gibt die Stabilitätstheorie eher vorsichtige Empfehlungen als strenge Regeln.

Allgemein kann man das Stabilitätsproblem auf folgende Weise formulieren: Ein Plasma, das über eine Reihe charakteristischer Parameter (Dichte, Druck, Geschwindigkeitsspektrum der Elektronen und Ionen) verfügt, befinde sich im Zustand makroskopischen Gleichgewichts. Kann dieser Zustand über ein genügend langes Zeitintervall aufrecht erhalten werden, oder führen kleine Fluktuationen der Parameter zu schnell anwachsenden Störungen des Plasmazustandes, die einen Teilchenabfluß aus dem Volumen, in dem das Plasma eingeschlossen ist, zur Folge haben?

Es ist wichtig zu unterstreichen, daß uns nicht beliebige Änderungen des Plasmazustandes interessieren, sondern nur solche, die zu einer Störung der magnetischen Wärmeisolation, also zu einer Bewegung des Plasmas senkrecht zur Richtung der Kraftlinien des Magnetfeldes führen. Jedes spezielle Stabilitätsproblem fordert die Untersuchung der Änderung des Plasmazustandes bei Störung irgendeines Parameters. Diese Störungen können für eine erste grobe Orientierung in zwei Kategorien eingeteilt werden. Zur ersten Kategorie gehören Verletzungen des Gleichgewichtszustandes, die man als magnetohydrodynamische bezeichnen kann. Das bedeutet, daß sich das Plasma wie eine homogene Flüssigkeit (oder das Gemisch zweier Flüssigkeiten) verhält. Die zweite Kategorie umfaßt die feineren Effekte, die mit dem Geschwindigkeitsspektrum der Elektronen und Ionen zusammenhängen. Dazu gehört zum Beispiel die Entstehung schneller Elektronen durch die Einwirkung elektrischer Felder auf den Teil des Elektronenspektrums, der zum fernen Schwanz der MAXWELL-Verteilung gehört. Wir können zu dieser Gruppe auch die Anfachung von Elektronen- und Ionenschwingungen zählen, die durch gerichtete Elektronen- oder Ionenströme bedingt sein kann bzw. bei einer bestimmten Form des Geschwindigkeitsspektrums der geladenen Teilchen auftritt. Man kann diese zweite Kategorie als Störung vom kinetischen Typ bezeichnen. Die hier durchgeführte Einteilung erweist sich als sinnvoll, obwohl unter realen Bedingungen auch solche Störungen auftreten können, bei denen sowohl die magnetohydrodynamischen als auch die kinetischen Eigenschaften des Plasmas zur Wirkung kommen. Dessen ungeachtet werden wir eine Unterscheidung zwischen den beiden Arten der Störung des Gleichgewichts treffen, weil dadurch die Interpretation der Resultate der theoretischen Analyse erleichtert wird.

Wir beginnen mit der am besten untersuchten Frage: der Stabilität des Plasmas gegenüber Störungen vom magnetohydrodynamischen Charakter. Dabei wollen wir zunächst annehmen, das Plasma sei ideal leitend und das Magnetfeld aus dem Plasmavolumen vollständig verdrängt. Unter diesen Voraussetzungen kann man sagen, daß das Plasma eine scharfe Grenze besitzt, an welcher das Feld sich sprunghaft von Null bis auf irgendeinen Endwert ändert. Ein Gleichgewicht zwischen dem Plasma und dem äußeren Feld liegt dann vor, wenn an dieser Grenze $p = H^2/8\pi$ ist. Wie in Kap. IV gezeigt wurde, folgt aus dieser Bedingung, daß der Druckgradient senkrecht auf $\mathfrak{H}$ steht, und daß die Plasmagrenze längs der Kraftlinien des äußeren Feldes verläuft. Um Klarheit darüber zu erhalten, unter welchen Bedingungen ein solches Gleichgewicht stabil ist, wollen wir annehmen, daß die Plasmagrenze eine kleine Deformation erleidet, indem sie sich leicht in Richtung des äußeren Feldes ausbeult. Bei dieser Deformation bleibt der Plasmadruck unverändert, während die Feldstärke an der Grenze des defor-

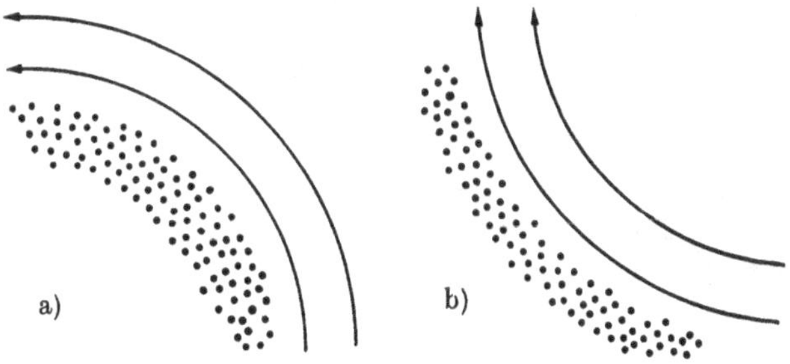

Abb. 109. Instabile und stabile Form der Plasmagrenze

mierten Bereiches entweder zunimmt oder abnimmt, je nachdem, ob H mit wachsendem Abstand von der Grenze steigt oder fällt. Im ersten Falle führt die ursprüngliche Deformation dazu, daß p kleiner als $H^2/8\pi$ wird; deshalb wird der verbogene Bereich der Grenze in seine Ausgangslage zurückgedrängt. Es liegt also ein stabiles Gleichgewicht vor. Im zweiten Falle nimmt das Ausmaß der Deformation zu, d. h., die Plasmagrenze ist instabil.

Der Charakter der $\mathfrak{H}$-Änderung in der Nähe der Plasmagrenze ist mit der Geometrie der Kraftlinien verknüpft. Dieser Zusammenhang trägt meist einen einfachen Charakter; deshalb reicht gewöhnlich eine Betrachtung des Kraftlinienbildes in der Nähe der Plasmaoberfläche aus, um entscheiden zu können, ob Stabilität vorliegt. Im Falle, daß die Kraftlinien in der Nähe der Plasmagrenze eine Schar glatter Kurven bilden, wächst $\mathfrak{H}$ in Richtung der konkaven Seite dieser Kurven, d. h., der Gradient von $\mathfrak{H}$ hat die Richtung der inneren Normalen der Kraftlinien. Folglich ist ein Plasma instabil, wenn es eine konvexe Oberfläche besitzt (Abb. 109a) und stabil, wenn die Oberfläche konkav ist (Abb. 109b). Unter den angegebenen Bedingungen hat die Stabilität oder Instabilität lokalen Charakter, denn sie ist nur durch die Geometrie des äußeren Feldes in der Nähe eines Oberflächenelementes bestimmt.

Aus den oben angegebenen Kriterien folgt, daß von verschiedenen Plasmakonfigurationen mit scharfer Grenze nur solche stabil sind, bei denen die gesamte Oberfläche konkav ist. Das einfachste Beispiel für eine solche Konfiguration ist ein Plasma, das sich in einer Falle mit hyperbolischer Feldgeometrie befindet. Ein beliebiges System, in dem ein wenn auch kleiner Bereich der Oberfläche konvex ist, ist instabil.

Dieses wenig erfreuliche Resultat trifft aber nur auf den Fall zu, daß das in der Falle befindliche Plasma eine scharfe Grenze besitzt und das Magnetfeld aus dem Plasmavolumen vollständig verdrängt ist. Diese letzte Bedingung ist am wichtigsten. Wenn man sie fallen läßt, und den entgegengesetzten Fall $p < H^2/8\pi$ annimmt, können sich die Stabilitätskriterien wesentlich ändern. Die Frage nach der Stabilität eines Plasmas, dessen Druck wesentlich kleiner als der Druck des Magnetfeldes ist, wurde von Rosenbluth und Longmire in den USA und von Kadomzew in der UdSSR untersucht. Es wird wieder vorausgesetzt, daß das Plasma ein idealer Leiter ist. Diese Bedingung wird bei genügend schnell ablaufenden Deformationen fast stets erfüllt sein.

Wenn ein nicht zu großes Plasmaklümpchen in ein Magnetfeld gebracht wird, fließt es längs der Kraftlinien auseinander und füllt eine Feldröhre aus. Da laut Voraussetzung $p < H^2/8\pi$ ist, bleibt das Magnetfeld beim Auseinanderfließen des Plasmas nahezu unverändert. Wegen der idealen Leitfähigkeit des Plasmas kann man das Magnetfeld außerdem als eingefroren ansehen; es wird sich also bei einer beliebigen Deformation zusammen mit dem Plasma verschieben. Durch diesen Umstand wird der Charakter der möglichen Deformationen stark eingeschränkt.

Die vom Plasma erfüllte Feldröhre kann keine starken Verbiegungen erleiden, weil die damit verbundene Verbiegung der Kraftlinien zu einer beträchtlichen Zunahme der magnetischen Energie führen würde, was bei kleinerem β nicht durch den gaskinetischen Druck kompensiert werden kann. Dadurch sind lokale Deformationen, die einen begrenzten Bereich einer Feldröhre erfassen, automatisch stabilisiert. Es können in diesem Falle nur solche Deformationen des Plasmas auftreten, bei denen das Magnetfeld ungestört bleibt. Dies bedeutet, daß die mit Plasma angefüllte Feldröhre so deformiert wird, daß das von ihr verdrängte Magnetfeld durch sein Eigenfeld ersetzt wird, ohne daß $\mathfrak{H}$ sich ändert.

Ein Plasma, das sich in einer Feldröhre befindet, nimmt ein Volumen $\Omega = \int S\, dl$ ein, wenn S den Querschnitt der Röhre bedeutet und das Integral sich längs einer Kraftlinie erstreckt. Da der magnetische Fluß in der Röhre konstant bleiben soll, ist $S H = \text{const}$ und folglich $\Omega = C \int dl/H$, worin C eine Konstante ist. Die plasmagefüllte Röhre ist bestrebt, sich so zu bewegen, daß sich das Volumen Ω vergrößert, denn dies entspricht der natürlichen Tendenz eines Gases zur Expansion. Dies bedeutet, daß die Größe $U = -\int dl/H$ bei Verlagerung des Plasmas die Rolle der potentiellen Energie spielt. Das Plasma wird sich solange in Richtung fallender U-Werte bewegen, bis es entweder einen Bereich erreicht, wo U ein Minimum hat, oder einen bereits mit Plasma von höherem Druck angefüllten Bereich.

Der hier betrachtete Deformationstyp ist dadurch charakterisiert, daß sich ganze Feldröhren gegeneinander verschieben, indem sie ihre Plätze gegenseitig tauschen. Sie werden gewöhnlich als Austauschdeformationen oder als Deformationen vom konvektiven Typ bezeichnet. Die Plasmaoberfläche erhält durch sie eine geriffelte bzw. rinnenförmige Struktur (Abb. 110). Deshalb spricht man gelegentlich auch von Rinnendeformationen. Das ist aber nur dann sinnvoll, wenn das Plasma eine scharfe Grenze besitzt. Für Rinnendeformationen besteht die Stabilitätsbedingung darin, daß die „potentielle Energie“ des in der Kraftröhre befindlichen Plasmas beim Austritt einer Feldröhre aus der Plasmaoberfläche zunehmen muß. Man kann diese Bedingung in der Form

$$\delta \int \frac{dl}{H} < 0 \qquad (7.22)$$

schreiben. Die Variation wird dabei mit zwei in der Richtung der Oberflächennormalen unendlich dicht benachbarten Kraftlinien ausgeführt.

Abb. 110. Rinnendeformation der Plasmagrenze. Die Pfeile deuten den Verlauf der magnetischen Feldlinien an

Das obige Stabilitätskriterium charakterisiert die Eigenschaften der Oberflächenschicht des Plasmas und hat nur Sinn für ein Plasma mit scharfer Grenze. Man kann auch eine allgemeinere Stabilitätsbedingung für den Fall herleiten, daß sich der Plasmadruck räumlich stetig ändert. Nach ROSENBLUTH und KADOMZEW hat sie die Form

$$\operatorname{grad} p \cdot \operatorname{grad} U < -\gamma\, p\, U \left(\frac{\operatorname{grad} U}{U}\right)^2. \qquad (7.23)$$

Darin bedeutet γ den Adiabatenexponenten. Bei Anwendung dieser Ungleichung ist zu beachten, daß U stets negativ ist.

Als anschauliches Beispiel für die Anwendung der Bedingungen (7.22) und (7.23) kann das Verhalten eines Plasmas dienen, das einen linearen stromführenden Leiter umschließt. In diesem Falle ist $H = \frac{2J}{cr}$ und folglich $U = -\left(\frac{2\pi r}{H}\right) l = -\left(\frac{\pi c}{J}\right) r^2 l$ (l = Länge des Leiters). Aus dem Kriterium (7.22) kann man schließen, daß eine zylindrische Plasmaschicht im Feld eines linearen Leiters eine stabile innere Oberfläche für beliebige Werte von r hat, daß aber seine äußere Grenze stets instabil ist. Aus der allgemeineren Bedingung (7.23) für die konvektive Stabilität folgt hingegen, daß, wenn das Plasma keine scharfe

Grenze besitzt und der Druck in ihm mit wachsendem Achsenabstand monoton abnimmt, eine Stabilität erreicht werden kann, sofern p nicht schneller als $r^{-2\gamma}$ abfällt.

Leider hat dieses Herangehen an das Stabilitätsproblem eines dünnen Plasmas den Nachteil, daß es nur auf Systeme mit relativ einfacher Geometrie der Kraftlinien und mit der Voraussetzung der Isotropie des Plasmadruckes angewendet werden kann. Für Systeme, in denen eine Kraftlinie ständig rotierend die ganze Oberfläche erfassen kann (wie es z. B. im Stellarator der Fall ist), verliert der Begriff der Austauschdeformation seinen einfachen physikalischen Inhalt. Auch die Nichtanwendbarkeit der dargelegten Vorstellungen bei anisotropem Plasmadruck (Falle mit magnetischen Pfropfen), ist leicht einzusehen, denn in diesem Falle kann man nicht von einem freien Auseinanderfließen des Plasmas längs einer Feldröhre sprechen. Man kann jedoch die Stabilitätsfrage für ein Niederdruckplasma von einem völlig anderen Standpunkt aus behandeln, indem man eine Methode anwendet, die auf der Analyse der Bahn einzelner Teilchen in inhomogenen Magnetfeldern basiert. Diese Methode ist natürlich nicht so allgemein wie die, mit deren Hilfe wir die oben angegebenen Stabilitätsbedingungen abgeleitet haben. Dafür hat sie den Vorteil großer Anschaulichkeit und kann außerdem auch dann angewendet werden, wenn der Druck im Plasma nicht isotrop ist.

Wir beschränken uns auf die Anwendung dieser Methode zur Untersuchung der Stabilität des Plasmas in Systemen mit axialsymmetrischem Magnetfeld und betrachten zunächst den Fall, daß die Deformation an der äußeren Oberfläche des Plasmas stattfindet. Wir setzen voraus, daß das Plasma im Gleichgewichtszustand einen Rotationskörper bildet, der durch eine zur Achse symmetrische Kraftlinien-

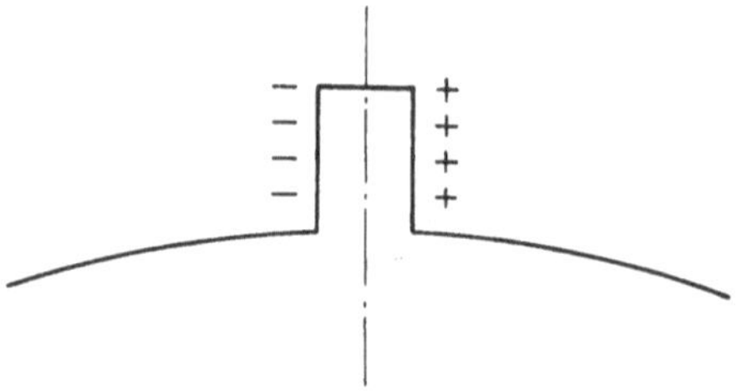

Abb. 111. Rechtwinklige Rippe auf der Plasmagrenzfläche (der $\mathfrak{H}$-Vektor liegt senkrecht zur Zeichenebene)

schar begrenzt ist. Ferner wollen wir annehmen, dieses Gleichgewicht werde durch eine Oberflächendeformation gestört, die eine längs der Kraftlinien verlaufende Rippe mit rechteckigem Querschnitt verursacht (Abb. 111). Die Bildung einer solchen Rippe ist ein Spezialfall der Rinnendeformation. Zunächst wollen wir klären, wie sich die Teilchen innerhalb der Rippe bewegen. Infolge der Inhomogenität werden sie eine Drift in Richtung senkrecht zu $\mathfrak{H}$ und zu grad $\mathfrak{H}$ erfahren. Da im vorliegenden Falle beide Vektoren in der r, z-Ebene liegen, wird die Drift in azimutaler Richtung stattfinden. Die Driftrichtungen für Ionen und Elektronen sind dabei entgegengesetzt. In Gebieten, wo die Kraftlinien konvex sind (d. h., wo das Feld mit wachsender Entfernung von der Achse abnimmt), verläuft die Driftbewegung der Ionen entgegen dem Uhrzeigersinn, wenn man in Richtung der Kraftlinien schaut. In Gebieten, wo die Feldstärke mit wachsendem r zunimmt, verläuft die Richtung der Ionendrift hingegen im Uhrzeigersinn. Infolge der Driftbewegung wandern die Ionen auf die eine Seite der rechteckigen Rippe und die Elektronen auf die andere. Auf diese Weise treten auf den Flanken Überschußladungen mit entgegengesetztem Vorzeichen auf. Die in der Zeiteinheit auf einem Flankenelement der Länge dl gesammelte Ladung beträgt $e\,n\,(u_i - u_e)\,dl\,\delta h$, wenn n die Konzentration des Plasmas, u_i und u_e die Projektionen der Driftgeschwindigkeiten der Ionen bzw. Elektronen auf die Richtung der Normalen der Seitenflächen und h die Höhe der Rippe bedeuten. Das Vorzeichen der Ladung hängt vom Vorzeichen der Krümmung der Kraftlinien ab, die die Plasmagrenze bilden. Wenn die Plasmaoberfläche eine große Ausdehnung in Richtung der Kraftlinien hat und die Krümmung der Kraftlinien in dem vom Plasma eingenommenen Bereich das Vorzeichen ändert, so können prinzipiell in einigen Bereichen positive Überschußladungen und in anderen negative auftreten.

Nach Voraussetzung soll das Plasma aber ideal leitend sein. Deshalb können sich die Ladungen in Richtung der Kraftlinien frei bewegen, und eine Potentialdifferenz in dieser Richtung wird momentan ausgeglichen. Das Vorzeichen der elektrischen Ladung auf einer Seite des Vorsprungs wird also längs der ganzen Kraftlinie gleich sein. Die auf einer Seite des Vorsprungs pro Zeiteinheit gesammelte Ladung beträgt

$$Q = e \int n\,(u_i - u_e)\,\delta h\,dl\,, \tag{7.24}$$

wobei die Integration längs einer Kraftlinie ausgeführt wird.

Nach dem oben Gesagten hängt das Vorzeichen des Integranden in (7.24) vom Vorzeichen der lokalen Krümmung der Kraftlinien ab. Die an beiden Seiten des deformierten Oberflächenelements auftretenden elektrischen Ladungen mit entgegengesetztem Vorzeichen erzeugen ein azimutales elektrisches Feld $\mathfrak{E}$, das eine Driftbewegung der Teilchen mit der Richtung $\mathfrak{E} \times \mathfrak{H}$ bewirkt. Wenn die Kraftlinien längs der ganzen Plasmaoberfläche konvex sind, ist der durch die Ladungstrennung bedingte $\mathfrak{E}$-Vektor gerade so gerichtet, daß die entstehende Drift die Deformation verstärkt (d. h. die Teilchen zum Abwandern in radialer Richtung veranlaßt.) Wenn hingegen die Kraftlinien der Plasmagrenze überall konkav sind, wird die Drift im elektrischen Feld die Oberflächendeformation stabilisieren, indem sie die Teilchen ins Plasma zurücklenkt. Im allgemeinen Falle sind die Kraftlinien in einigen Abschnitten der Oberfläche konvex und in anderen konkav. Die Stabilität oder Instabilität der Oberfläche hängt dann vom Vorzeichen der resultierenden Ladung Q ab, die durch (7.24) gegeben ist.

Wir wollen dieses Integral nun auf eine Form bringen, die eine direkte Berechnung bei Kenntnis der Druckverteilung des Plasmas und der Form des Magnetfeldes gestattet. Die Driftgeschwindigkeiten stellen über die Geschwindigkeitsverteilungen der Ionen und Elektronen gemittelte Werte dar. Aus (2.15) folgt

$$\begin{aligned} e\,n\,u_i &= \frac{c}{H\,R}\,n\,m_i\left(\overline{v_\parallel^2} + \frac{1}{2}\,\overline{v_\perp^2}\right)_i, \\ e\,n\,u_e &= -\,\frac{c}{H\,R}\,n\,m_e\left(\overline{v_\parallel^2} + \frac{1}{2}\,\overline{v_\perp^2}\right)_e. \end{aligned} \tag{7.25}$$

Wenn wir das Plasma im allgemeinen Falle als anisotropes Medium ansehen, können wir folgende Ausdrücke für die longitudinale und die transversale Komponente des Druckes des Elektronen- und Ionengases aufschreiben:

$$\begin{aligned} p_{\parallel i} &= 2\,n\,m_i\,\overline{v_{\parallel i}^2}, \qquad & p_{\perp i} &= n\,m_i\,\overline{v_{\perp i}^2}, \\ p_{\parallel e} &= 2\,n\,m_e\,\overline{v_{\parallel e}^2}, \qquad & p_{\perp e} &= n\,m_e\,\overline{v_{\perp e}^2}. \end{aligned} \tag{7.26}$$

Die unterschiedlichen Zahlenfaktoren in den Ausdrücken für die longitudinale und transversale Druckkomponente rühren daher, daß die longitudinale Bewegung nur einen Freiheitsgrad hat, die transversale aber zwei.

Unter Verwendung der Ausdrücke (7.25) und (7.26) erhalten wir

$$n\,e\,(u_i - u_e) = \frac{c}{H\,R}\,(p_\parallel + p_\perp)\,. \tag{7.27}$$

Hierin bedeuten $p_\parallel$ und $p_\perp$ die gesamte Größe der longitudinalen bzw. transversalen Komponente des Druckes des anisotropen Plasmas.

Um die Abhängigkeit der Driftrichtung von der Krümmung berücksichtigen zu können, nehmen wir an, daß der Krümmungsradius einer Kraftlinie positiv in den Abschnitten ist, wo die Linie konkav und negativ, wo sie konvex ist. Die Höhe δh des deformierten Oberflächenelements ändert sich längs der Kraftlinie. Zur Klärung der Gesetzmäßigkeit dieser Änderung stellen wir fest, daß der magnetische Fluß innerhalb der rechteckigen Rippe über die Kraftlinienlänge konstant sein muß, weil die Rippe eine plasmagefüllte Feldröhre darstellt. Folglich ist $H\,\delta h\,dS = \text{const}$.

Im axialsymmetrischen Magnetfeld nimmt die Rippenbreite dS den Bruchteil des Kreisumfanges ein, der sich im Schnitt senkrecht zur Systemachse zeigt. Deshalb ändert sich dS proportional zu $\mathfrak{r}$, wenn $\mathfrak{r}$ den Radiusvektor des Aufpunktes auf der Grenze bedeutet. Es ist also $\delta h \sim 1/Hr$. Mit Hilfe dieses Resultats und der Beziehung (7.27) können wir den Ausdruck für Q auf die Form

$$Q \sim c \int \frac{p_\parallel + p_\perp}{H^2\,R\,r}\,dl \tag{7.28}$$

bringen.

Mit der oben getroffenen Festlegung des Vorzeichens von R entspricht positiven Q-Werten eine gegenüber rechteckigen rippenförmigen Störungen stabile Oberfläche. Für den Spezialfall isotropen Druckes ist $p = p_\parallel + p_\perp$ längs einer Kraftlinie konstant. Dann ist

$$Q \sim p\,c \int \frac{dl}{H^2\,R\,r}\,. \tag{7.29}$$

In einem Plasma mit isotroper Druckverteilung hängt das Vorzeichen von Q ausschließlich von der Form des Magnetfeldes ab. Dadurch wird die Auffindung der Stabilitätsbedingungen sehr erleichtert. Als konkretes Beispiel betrachten wir das Verhalten einer Plasmasäule in einem Longitudinalfeld mit periodischer Struktur (Abb. 112). Um die Berechnung des Integrals (7.29) zu erleichtern, nehmen wir an, daß sich das Plasma in einem Gebiet nahe der magnetischen Achse befindet. Aus dem Erhaltungssatz für den magnetischen Fluß folgt unter Berücksichtigung der angegebenen Voraussetzungen

$$r^2 H = \text{const}\,, \quad r \sim \frac{1}{\sqrt{H}}\,, \quad r' \sim -\frac{H'}{2\sqrt{H^3}}\,.$$

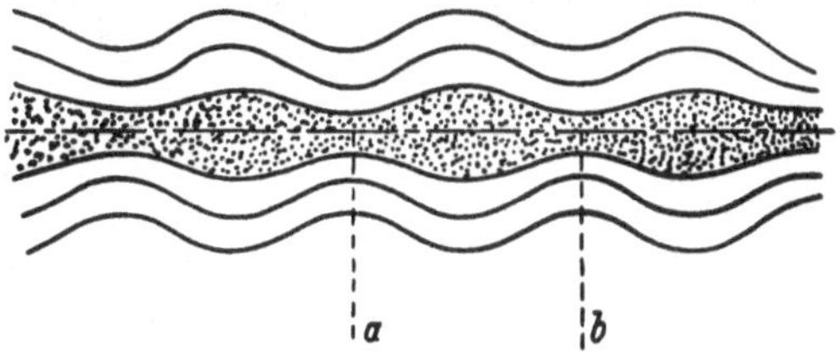

Abb. 112. Plasmasäule in einem Feld mit periodischer Struktur

Hierin bezieht sich r auf die Grenze der Plasmasäule. Sowohl r als auch H sind Funktionen von z. Ferner erhalten wir

$$\frac{1}{R} = r'' \sim \frac{1}{\sqrt{H^5}}\left(\frac{3}{2} H'^2 - H'' H\right), \tag{7.30}$$

$$\int \frac{dl}{H^2 R r} \sim \int \frac{dz}{H^4}\left(\frac{3}{2} H'^2 - H'' H\right). \tag{7.31}$$

Da H eine periodische Funktion von z ist, genügt die Kenntnis des Integrals über eine Periode. Durch partielle Integration ergibt sich, daß das Integral im Intervall zwischen den Punkten a und b gleich $-\dfrac{3}{2}\displaystyle\int \frac{H'^2}{H^4}\,dz$ ist. Diese Größe ist stets negativ, und folglich ist ein Plasma mit isotroper Druckverteilung in einem periodischen Longitudinalfeld instabil.

Die Lage wird komplizierter, wenn eine ausgeprägte Anisotropie des Druckes vorliegt. Von besonderem Interesse sind dann Fallen mit magnetischen Pfropfen. Bei ihnen kann sich die Größe $p_\parallel + p_\perp$ innerhalb sehr weiter Grenzen ändern, und zwar kann sie sowohl im zentralen Bereich der Falle maximal sein und in Richtung der beiden Pfropfen abfallen als auch eine zweihöckrige Kurve mit einem Minimum in der Mitte bilden. Bei der einhöckrigen Verteilung spielen die Gebiete mit negativer Krümmung die wesentliche Rolle im Integral (7.28), das Plasma ist folglich instabil. Wenn hingegen der Druck eine zweihöckrige Verteilung besitzt, sind auch stabile Zustände möglich. Eine notwendige Bedingung dafür ist, daß die Maxima des Gesamtdruckes genügend stark ausgeprägt sind und in Bereiche mit positiver Krümmung fallen. Solche Bedingungen können realisiert werden, wenn das Plasma durch Injektion schneller Ionen in eine Falle erzeugt wird. In der Praxis ist dann die Einhaltung sehr strenger Forderungen an die Winkelverteilung der injizierten Teilchen erforderlich.

Die dargelegte Methode kann auch auf den Fall erweitert werden, daß das Plasma keine scharfe Grenze besitzt. Unter diesen Bedingungen kann man als elementare Deformation vom Austauschtyp einen Prozeß ansehen, bei dem eine Formänderung der Grenze zwischen zwei in verschiedenen Achsenabständen befindlichen Bereichen stattfindet. Wir wollen hier die Stabilitätsbedingungen für diesen allgemeinen Fall nicht angeben, weil er wesentlich unanschaulicher ist als der oben abgeleitete Ausdruck für ein Plasma mit scharfer Grenze. Es sei nur festgestellt, daß die Stabilitätsbedingung sich in qualitativer Hinsicht nicht ändert, wenn der Plasmadruck in radialer Richtung (d. h. von der magnetischen Achse nach außen) genügend schnell abnimmt.

Wir beschließen die Untersuchung der Stabilitätsbedingungen für ein Plasma im Magnetfeld mit der Feststellung, daß diese Bedingungen sich aus der Analogie des Plasmas mit einem gut leitenden flüssigen Diamagnetikum ergeben. Dank seiner diamagnetischen Natur zeigt das Plasma bei Deformationen seiner Oberfläche die Tendenz zur Ausbreitung in Richtung schwächeren Magnetfeldes.

§ 43. Wachstumsgeschwindigkeit von instabilen Deformationen

Von größter Bedeutung für das gesamte Stabilitätsprogramm ist die Frage nach der Wachstumsgeschwindigkeit einer Deformation bei instabilen Plasmazuständen. Der Zeitmaßstab, durch den das Wachsen einer Deformation charakterisiert wird, bestimmt die Lebensdauer des Plasmas im instabilen Zustand. Seine Kenntnis erleichtert die Wahl der Methoden zur Stabilisierung von Störungen.

Für die einfachste Variante, wenn nämlich das Plasma das Magnetfeld aus einem bestimmten Volumen vollständig verdrängt und dieses Volumen eine scharfe Grenze besitzt, ist die Frage nach der Wachstumsgeschwindigkeit einer Deformation nicht schwer zu beantworten. Bei der Deformation eines konvexen Abschnittes der Plasmaoberfläche wird das Gleichgewicht zwischen den Kräften des gaskinetischen und des magnetischen Druckes um so stärker gestört, je tiefer die sich bildende Rippe in das Magnetfeld eindringt. Wenn der deformierte Plasmaabschnitt so weit vordringt, daß der magnetische Druck stark abnimmt, geht die weitere Bewegung des deformierten Abschnittes mit einer Geschwindigkeit vor sich, die in der Größenordnung der Expansionsgeschwindigkeit eines Gases im Vakuum liegt. Das bedeutet, daß die Wachstumsgeschwindigkeit der Deformation vergleichbar mit der thermischen Geschwindigkeit der Plasmaionen wird. Zu diesem Schluß kann man durch folgende einfache, wenn auch sehr leichtfertige Rechnung kommen.

Nehmen wir an, die ursprüngliche Deformation bestehe in der Ausbildung einer kleinen Rippe mit der Höhe x auf der Plasmaoberfläche. Diese Deformation verändert den magnetischen Druck um den Betrag $\frac{1}{4\pi} H \frac{\partial H}{\partial x} \cdot x$, während der gaskinetische Druck praktisch unverändert bleibt. Das in dem deformierten Bereich befindliche Plasma gewinnt unter der Wirkung der Druckdifferenz eine Geschwindigkeit, die durch das zweite NEWTONsche Gesetz bestimmt ist:

$$m_i n \frac{dv}{dt} = -\frac{1}{4\pi} H \frac{\partial H}{\partial x} . \tag{7.32}$$

Durch Integration dieser Gleichung finden wir, daß die Geschwindigkeit dem Grenzwert $H_0/\sqrt{4\pi m_i n}$ zustrebt (H_0: Anfangswert der Feldstärke). Diese Größe stimmt praktisch mit der mittleren thermischen Geschwindigkeit der Ionen überein, und das Resultat hat einen sehr einfachen Sinn. Es zeigt, daß in dem Falle, wo die Plasmakonfiguration nicht in jedem Punkt der Oberfläche das Stabilitätskriterium erfüllt, die Deformation sich mit einer so katastrophalen Geschwindigkeit ausbildet, daß die Begriffe Gleichgewichtskonfiguration und magnetische Wärmeisolation ihren Sinn verlieren. Das Plasma fließt so schnell auseinander, wie freie Teilchen mit normaler thermischer Geschwindigkeit die Gefäßwand erreichen.

Man sollte erwarten, daß die Wachstumsgeschwindigkeit einer instabilen Deformation wesentlich kleiner wird, wenn $p \ll H^2/8\pi$ ist, weil man sich das Wachstum der Deformation im Niederdruckplasma als Ergebnis von Driftbewegungen vorstellen kann, deren Geschwindigkeit mit wachsender magnetischer Feldstärke abnimmt. Die Geschwindigkeit des deformierten Plasmaabschnittes senkrecht zur H-Richtung ist gleich $c\,E/H$, wenn E das infolge der Ladungstrennung unter der Wirkung der Drift im inhomogenen Magnetfeld entstehende elektrische Feld bedeutet. Wir wollen diese Geschwindigkeit für eine Deformation vom Typ der oben besprochenen rechteckigen Rippe abschätzen. Dabei werden wir zunächst die Umverteilung der Ladungen längs der Kraftlinie unberücksichtigt lassen.

Die elektrische Feldstärke innerhalb der Rippe beträgt $(1/\varepsilon_m)\, 4\pi Q_1$ (Q_1: Ladungsdichte an den Seiten der Rippe infolge der magnetischen Drift, ε_m: Dielektrizitätskonstante für ein Plasma in gekreuzten Feldern, bestimmt durch (3.25)). Setzen wir $\varepsilon_m \gg 1$ (dies ist bei genügend großer Plasmadichte gerechtfertigt), so erhalten wir folgenden Ausdruck für E:

$$E = \frac{e H^2}{m_i c^2} (d_i - d_e) , \tag{7.33}$$

d_i und d_e bedeuten die Strecken, um die die Elektronen bzw. Ionen infolge der magnetischen Drift verschoben werden. Für die Wachstumsgeschwindigkeit der Deformation erhalten wir

$$\dot{y} = \frac{c\,E}{H} = \omega_i (d_i - d_e) . \tag{7.34}$$

Im Anfangsstadium kann man die Geschwindigkeit der magnetischen Drift für Elektronen und Ionen als konstant ansehen. Deshalb wächst die Höhe der Rippe auf der Oberfläche anfangs mit der Geschwindigkeit

$$\dot{y} = \omega_i t (u_i - u_e) . \quad (7.35)$$

Während einer Umlaufperiode eines Ions im Magnetfeld erreicht $\dot{y}$ einen Wert, der gleich der magnetischen Drift ist und der in der Folge weiter anwächst.[1]) Das Anwachsen von $\dot{y}$ endet erst dann, wenn ein beträchtlicher Teil des anfänglichen Vorrates an kinetischer Energie der Teilchen in Energie der elektrischen Drift übergegangen ist. Der Grenzwert von $\dot{y}$ hängt vom Verhältnis der Anfangswerte der Elektronen- und Ionentemperatur ab. Wenn $T_i > T_e$ oder $T_i \approx T_e$ ist, liegt die Grenzgeschwindigkeit, mit der die Plasmarippe im Magnetfeld anwächst, in der Größenordnung der thermischen Geschwindigkeit der Ionen. Ist hingegen $T_i \ll T_e$, so liegt der Maximalwert von $\dot{y}$ in der Größenordnung von $\sqrt{k T_e/m_i}$.

Man kann auch die Zeit abschätzen, nach der $\dot{y}$ seinen Grenzwert erreicht. Der Einfachheit halber setzen wir voraus, daß $T_i \gg T_e$ und $v_{i\parallel} > v_{i\perp}$ ist. Unter diesen Bedingungen ist im Anfangsstadium

$$\dot{y} \sim \frac{v_i^2 t}{R} .$$

Folglich wird $\dot{y}$ nach der Zeit R/v_i die Größenordnung von v_i erreichen. Es muß bemerkt werden, daß die hier durchgeführten Abschätzungen der Wachstumsgeschwindigkeit einer Deformation keinesfalls strengen Charakter tragen. Sie basieren auf einem stark vereinfachten Modell der Deformation und berücksichtigen nicht, daß die ursprüngliche Fluktuation bereits zur Ausbildung einer ausgeprägten Rippe auf der Plasmaoberfläche geführt hatte. Deshalb fällt die Anfangsphase der Entstehung der Deformation aus diesen Betrachtungen heraus.

Wenn man die Umverteilung der Ladungen längs der Kraftlinien berücksichtigt, die mit dem Potentialausgleich zusammenhängt, so werden die Ausdrücke für E und $\dot{y}$ wesentlich komplizierter. Es ist aber klar, daß man qualitativ andere Resultate nur dann erhalten kann, wenn sich die Glieder mit positivem und negativem R unter dem Integral (7.28) fast vollständig kompensieren.

Es erweist sich somit, daß im Falle eines Niederdruckplasmas mit scharfer Grenze die Nichteinhaltung der strengen Stabilitätsbedingungen zu einer ebenso schnellen Zerstörung der Gleichgewichtskonfiguration führen kann wie in dem Falle, wo das Plasma das Magnetfeld vollständig verdrängt.

Diese Schlußfolgerung ist jedoch nicht auf jeden Fall anwendbar. In erster Linie muß man berücksichtigen, daß die Plasmagrenze in realen Experimentieranlagen durchaus nicht scharf ist. Dieser Umstand führt zu einer beträchtlichen Herabsetzung der Wachstumsgeschwindigkeit der Deformationen in ihrem Anfangsstadium. Wenn nämlich eine Deformation vom Rippentyp nicht an der äußeren Plasmaoberfläche, sondern irgendwo innen an einer Grenzschicht zwischen zwei Bereichen mit unterschiedlicher Konzentration und unterschiedlichem Druck

---

[1]) In Fallen mit niedriger Plasmakonzentration ($\varepsilon_m \sim 1$) kann die Deformation sich wesentlich langsamer entwickeln.

auftritt, wird die infolge der magnetischen Drift auf den Seitenflächen dieser inneren Inhomogenität auftretende Ladung wesentlich kleiner als diejenige, die sich an einer scharfen Grenze zwischen dem Plasma und dem Vakuum bildet, weil ihre Größe nur durch die (kleine) Druckdifferenz zwischen dem Inneren und dem Äußeren der Rippe bedingt ist. Deshalb kann die anfängliche Wachstumsgeschwindigkeit der Störung sehr viel kleiner sein als die durch (7.35) bestimmte Größe.

Die Anwendbarkeit der obigen Vorstellungen ist beschränkt, weil es keinen Sinn hat, von der Wachstumsgeschwindigkeit einer Deformation zu sprechen, deren Dimensionen kleiner sind als der LARMOR-Radius der Plasmaionen. So kann man sich z. B. keine Rippe auf der äußeren Plasmaoberfläche vorstellen, deren Breite kleiner als ϱ_i ist, denn eine Deformation kann nicht zu einer starken lokalen Verzerrung der LARMOR-Kreise führen. Aus dieser Bemerkung folgt im Besonderen, daß man bei der Analyse magnetohydrodynamischer Instabilitäten in konkreten Anlagen nicht mit gleichen Maßstäben an Systeme herangehen kann, in denen die Plasmaenergie einige zehn oder maximal hundert eV beträgt und Fallen in der Art der ogra oder der dcx in Oak Ridge, die mit sehr energiereichen Ionen gefüllt sind.

Der Einfluß eines endlichen Ionen-LARMOR-Radius auf die Instabilität eines Plasmas wurde kürzlich von ROSENBLUTH untersucht. Er untersuchte den Fall, daß der Krümmungsradius der Kraftlinien R sehr groß im Verhältnis zu der charakteristischen Dimension a ist, welche die Schichtdicke bestimmt, in deren Grenzen in der Regel die Bildung eines dichten Plasmaklumpens erfolgt. Praktisch können wir diesen Wert für einen Plasmaklumpen, der eine symmetrische Form hat, dem Radius gleichsetzen. Nach ROSENBLUTH stabilisieren sich in diesem Falle auf Grund des endlichen LARMOR-Radius der Ionen nicht nur Störungen mit einer Wellenlänge von $\lambda \sim \varrho_i$ sondern auch mit Wellenlängen, die die Bedingung

$$\lambda < \varrho_i \sqrt{\frac{R}{a}} \tag{7.35a}$$

erfüllen.

Es existiert auch eine Reihe anderer Faktoren, die in der Lage sind, eine stabilisierende Wirkung auszuüben. Dabei wird die Wachstumsgeschwindigkeit von Deformationen wesentlich verkleinert. Unter anderem kann die Wechselwirkung des Plasmas mit den leitenden Wänden der Kammer, in welcher es sich befindet, in dieser Weise wirken. Wenn die Plasmagrenzen in Berührung mit der Wand kommen, können die überschüssigen elektrischen Ladungen, welche bei der Deformation der Grenzschicht entstehen, sich schnell ausgleichen, da hierbei die Überschuß-Ladungen an die Wand abgegeben werden können. Der konkrete Mechanismus der Stabilisierung solcher Instabilitäten ist in wesentlichem Maße vom Typ des magnetischen Systems abhängig, in dem sich das Plasma befindet.

Einer der Mechanismen, durch den die Einschließungsdauer des Plasmas in Fallen vom Pfropfentyp sehr vergrößert wird, wurde von ROSENBLUTH aufgezeigt.

Wir nehmen an, ein heißes Plasma nehme ein gewisses Volumen zwischen zwei magnetischen Pfropfen ein, während sich außerhalb dieses Volumens ein kaltes Plasma befindet, das längs der Kraftlinien bis zu den Kammerwänden hin auseinanderfließt. Dieses kalte Plasma stellt gewissermaßen die Verlängerung des heißen Plasmas zwischen den Spiegeln dar. Es kann sich z. B. infolge des ununterbrochenen Teilchenabflusses auf Grund der COULOMB-Stöße in der heißen Zone ausbilden. Wenn die Leitfähigkeit des kalten Plasmas genügend groß ist, kann es dank seines Kontaktes mit der Kammerwand die Entstehung elektrischer Felder senkrecht zu den Kraftlinien wirksam hemmen. Wir wollen annehmen, im heißen Plasma sei durch irgendeine Störung ein elektrisches Feld senkrecht zur $\mathfrak{H}$-Richtung entstanden. Da unter der oben gemachten Voraussetzung (das kalte Plasma sei gut leitend) die Kraftlinien gewissermaßen durch die Kammerwand kurzgeschlossen sind, werden sich elektrische Felder zwischen ihnen dann momentan ausgleichen. Zur Frage der Wirksamkeit dieses Mechanismus kehren wir im § 56 im Zusammenhang mit der Beurteilung der experimentellen Ergebnisse an Fallen mit magnetischen Pfropfen zurück.

Die Frage nach dem Einfluß eines unmittelbaren Kontaktes zwischen dem Plasma und der Seitenwand der Vakuumkammer auf die Instabilität des Plasmas wurde von KADOMZEW untersucht. Er kam zu dem Schluß, daß eine gewisse Beruhigung der stürmischen Entwicklung von Instabilitäten auf der Plasmaoberfläche eintritt, wenn das infolge seiner Instabilität rasch expandierende Plasma mit seiner ganzen Oberfläche in Kontakt mit der Kammerwand kommt. Die in der Nähe der Wand auftretenden Erscheinungen sind der Konvektion in einer von unten erhitzten Flüssigkeit analog. Stellen wir uns vor, daß irgendeine Feldröhre, die mit Plasma einer etwas höheren Dichte als die benachbarten Plasmaröhren angefüllt ist, durch den diamagnetischen Effekt an die Oberfläche gedrängt wird. Bei ihrer Berührung mit der metallischen Kammerwand gibt sie den Dichteüberschuß ab und kehrt zurück ins Innere. Wenn innerhalb des Plasmavolumens wegen seiner Instabilität eine genügend intensive Durchmischung der Materie durch das inhomogene Feld stattfindet, wird die Geschwindigkeit der Teilchenabwanderung aus dem Plasma durch die in Wandnähe ablaufenden Prozesse bestimmt. Die Berechnung dieser konvektiven Prozesse stößt auf sehr große Schwierigkeiten und ergibt auch unter stark vereinfachten Voraussetzungen nur eine grobe Abschätzung der Einschließungszeit schneller Teilchen im Plasma. In der Theorie von KADOMZEW ist diese Zeit durch die Formel

$$\tau = Ca\left[(1+\gamma^2)\,\frac{R\,M}{\varrho_i\,T}\right]^{1/2} \tag{7.36}$$

bestimmt. Darin bedeuten a den Kammerradius, γ das Verhältnis der LARMOR-Frequenz für Ionen zur Frequenz der LANGMUIRschen Ionenschwingungen, R den Krümmungsradius der in Wandnähe verlaufenden Kraftlinien, ϱ_i den LARMOR-Radius, M die Masse und T die Temperatur der Ionen. (7.36) ist für den Fall $T_i \gg T_e$ abgeleitet. Die unsicherste Größe ist der dimensionslose Koeffizient C, der vom Bruchteil der Materie, den eine einzelne Plasmaröhre bei ihrer Berührung mit der Kammerwand verliert, abhängt. Vermutlich liegt seine Größe zwischen Eins und Hundert; sie hängt unter realen Bedingungen stark von der Geometrie der Experimentieranlage ab.

§ 44. Instabilitäten, die durch Rotation des Plasmas bedingt sind. Stromkonvektive Instabilität, Instabilität durch Anregung von Driftwellen. Instabilität eines inhomogenen Plasmas ohne Strom

Die konvektive Instabilität eines Plasmas muß nicht notwendig mit einer Inhomogenität des Magnetfeldes verknüpft sein. Sie kann auch im homogenen Magnetfeld auftreten, und zwar unter der Bedingung, daß ein elektrisches Feld vorhanden ist, das eine Rotationsbewegung des Plasmas als Ganzem hervorruft.

Um diese Behauptung zu verifizieren, nehmen wir an, das Plasma befinde sich innerhalb eines Zylinders, dessen Achse parallel zum $\mathfrak{H}$-Vektor liegt. Wenn die Stärke des radialen elektrischen E-Feldes im Plasma nicht Null wird, driften die Elektronen und Ionen des Plasmas mit der Geschwindigkeit $u_d = c\,E/H$ auf einer Kreisbahn. Eine genauere Analyse zeigt, daß sich bei dieser Drift auf einer Kreisbahn die Geschwindigkeiten der Ionen und Elektronen etwas unterscheiden.[1] Qualitativ kann man diesen Unterschied der Wirkung der Zentrifugalkraft $F = M\,(u_d^2/R)$ zuschreiben (R: Radius der Driftbahn). Diese Kraft hat die Richtung des Radius und erzeugt eine zusätzliche Driftgeschwindigkeit $(c/q\,H^2) \cdot \mathfrak{F} \times \mathfrak{H}$ mit entgegengesetzter Richtung und unterschiedlichem Betrag für Ionen und Elektronen. Der unterschiedliche Betrag der Driftgeschwindigkeit für die Ionen und die Elektronen des Plasmas kann bei Oberflächendeformation oder bei der Entstehung irgendeiner azimutalen Inhomogenität innerhalb des Plasmas zu einer Ladungstrennung und dadurch zur Ausbildung eines azimutalen elektrischen Feldes führen. Die elektrische Polarisation der deformierten Oberfläche eines rotierenden Plasmas ist analog zu der durch ein inhomogenes Feld verursachten. In beiden Fällen besteht die Ursache in der unterschiedlichen azimutalen Driftgeschwindigkeit für Ionen und Elektronen. Das im Gebiet der Deformation entstehende azimutale elektrische Feld bewirkt seinerseits eine Driftbewegung der Teilchen in Richtung der Normalen zur Plasmaoberfläche. Es führt also zum Anwachsen der Deformation. Abschätzungen, die formal den bei der Analyse der Stabilität der Plasmagrenze im inhomogenen Feld angestellten analog sind, lassen erkennen, nach welcher Zeit die Wachstumsgeschwindigkeit der Deformation vergleichbar mit der anfänglichen Driftgeschwindigkeit des Plasmas im elektrischen Feld $u_d(E)$ wird. Diese Zeit liegt in der Größenordnung von $R/u_d(E)$.

Dieser eben besprochene Mechanismus einer nicht unmittelbar mit der Geometrie des Magnetfeldes verknüpften Instabilität ist möglicherweise die Ursache der anomalen Diffusion eines Plasmas im homogenen Feld. Die Geschwindigkeit der durch die Rotation des Plasmas hervorgerufenen anomalen Diffusion sollte

[1]) Siehe § 58.

stark von den Bedingungen an der Plasmagrenze, insbesondere von der elektrischen Feldstärke abhängen. Deshalb kann man annehmen, daß dieser Effekt im dichten Plasma relativ schwach ausgeprägt ist, denn hier ist das E-Feld wegen der großen transversalen Dielektrizitätskonstante schwächer. Ferner ist zu erwarten, daß die ursprüngliche Form der Plasmaoberfläche eine gewisse Rolle spielt. Wenn sich die Plasmagrenze in der zu $\mathfrak{H}$ senkrechten Ebene von Anfang an stark von der Kreisform unterscheidet, herrschen bei Anwesenheit eines E-Feldes sofort die Bedingungen für ein schnelles Anwachsen einer Deformation, die zu einer weiteren Verzerrung dieser Grenze führt.

In Kap. III wurde darauf hingewiesen, daß bei einigen Experimenten, deren Ziel die Untersuchung der Diffusion des Plasmas im homogenen transversalen Magnetfeld war, die Entstehung von rotierenden, spiralförmigen Plasmaprotuberanzen beobachtet wurde. Es ist nicht ausgeschlossen, daß die Zentrifugalinstabilität Ursache dieser Erscheinung ist; sie stellt ja, phänomenologisch betrachtet, eine Form der anomalen Diffusion dar.

Die Zentrifugalinstabilität ist ein Spezialfall eines allgemeineren Mechanismus, der bei allen Plasmabeschleunigungsprozessen auftreten muß (z. B. bei einer sehr schnellen Kompression des Plasmas durch das Magnetfeld des Eigenstromes oder durch ein äußeres Magnetfeld). Wenn ein Plasma sich beschleunigt bewegt, ist die Driftgeschwindigkeit für Ionen und Elektronen in der Richtung senkrecht zu $\mathfrak{H}$ verschieden groß. Dies folgt aus den in Kap. IV angegebenen Grundgleichungen der Plasmadynamik. Wenn wir annehmen, die Beschleunigung a sei für beide Komponenten gleich (dies ist wegen der Quasineutralität notwendig), erhalten wir bei Vernachlässigung des Plasmadruckes und der Reibungskräfte aus (4.1) und 4.2) folgenden Ausdruck für die Differenz der Driftgeschwindigkeiten:

$$u_i - u_e = -\frac{m_i c}{q H^2} \mathfrak{a} \times \mathfrak{H} . \tag{7.37}$$

Bei der Ableitung dieser Gleichung wurde vorausgesetzt, daß auf das Plasma ausschließlich Kräfte elektrodynamischer Natur wirken.

Dieser Ausdruck für die Differenz der Driftgeschwindigkeiten kann sehr anschaulich interpretiert werden: Der Unterschied zwischen u_i und u_e ist durch die Trägheitskraft $-m_i a$ der Ionen hervorgerufen (wegen der Kleinheit von m_e spielt die Trägheit der Elektronen keine Rolle). Wie man sich bei Betrachtung des simplen Bildes von der Entstehung einer Rinnendeformation auf der Plasmaoberfläche leicht überzeugen kann, führt eine Differenz zwischen den Driftgeschwindigkeiten dann zur Instabilität, wenn a in das Plasma hinein gerichtet ist. Diese Bedingung ist z. B. in der ersten Phase der schnellen Kompression des Plasmas durch das anwachsende Longitudinalfeld in Anlagen vom Typ der Scylla sowie bei der Entstehung des Pinches in schnellen Entladungen erfüllt. In Wirklichkeit hängt bei einem beliebigen dynamischen Prozeß die Stabilität oder Instabilität vom Zusammenwirken zweier Faktoren, der Geometrie des Feldes und der Beschleunigung, ab. In speziellen Fällen kann man meist entscheiden, welcher dieser Faktoren die entscheidende Rolle spielt.

Die Frage der Stabilität der Grenzschicht eines beschleunigt bewegten Plasmas kann man auch von einem etwas anderen Standpunkt aus behandeln. Die unterschiedliche Driftgeschwindigkeit der Ionen und Elektronen bedeutet, daß in der Grenzschicht ein Strom fließt. Dieser Strom ist im makroskopischen Bild die Ursache für die Entstehung der Instabilität. Die zu dieser Instabilitätsform zählenden Rinnendeformationen kann man so zu den Störungen vom Einschnürungstyp rechnen. Bisher haben wir bei der Analyse der Stabilitätsfrage das Plasma (zur Vereinfachung der Aufgabe) stets als supraleitende Flüssigkeit angesehen. Deshalb ist alles oben Gesagte faktisch nur auf solche Störungen anwendbar, die sich in einer Zeit entwickeln, die wesentlich kleiner ist als die charakteristische Zeit des Skineffektes ($\tau_{sk} \sim (4\pi\sigma/c^2)\lambda^2$; σ: Leitfähigkeit, λ: charakteristisches lineares Maß der untersuchten Störung, z. B. Wellenlänge). Bei Zeiten, die vergleichbar mit τ_{sk} sind oder noch größer, hat der Widerstand des Plasmas einen bestimmenden Einfluß auf die Ausbildung der Deformation. Unter bestimmten Bedingungen spielt der Widerstand die Rolle eines stabilisierenden Faktors, indem er eine Dämpfung der Störung bewirkt. Der Mechanismus der Stabilisierung liegt offenbar in der Umwandlung der Störungsenergie in Wärme auf Grund JOULEscher Verluste. Andererseits kann der Widerstand die Stabilität des Plasmas auch herabsetzen, weil in einem Plasma mit endlicher Leitfähigkeit Störungen auftreten können, die in einem idealen Leiter wegen des Einfrierens der magnetischen Feldlinien verboten sind. Deshalb ist zu befürchten, daß in einem Plasma mit von Null verschiedenem Widerstand neue Arten von Instabilitäten auftreten, die einer ideal leitenden Flüssigkeit nicht eigen sind.

Eine mögliche Form dieser Instabilitäten, die im inhomogenen Plasma bei Anwesenheit eines Stromes auftritt, wurde von KADOMZEW bei der Suche nach einer Erklärung für die anomale Teilchendiffusion bei Toroidpinchen in starken Longitudinalfeldern diskutiert. Wir wollen hier in vereinfachter Form die Ansätze und die wichtigsten Ergebnisse dieser interessanten Untersuchung darlegen.

Ein Plasma befinde sich in einem homogenen äußeren Feld und längs der Kraftlinien fließe ein Strom, der durch eine konstante EMK aufrechterhalten wird. Die Stärke dieses Stromes wollen wir als so klein ansetzen, daß man sein Magnetfeld vernachlässigen kann. Darin besteht der wesentliche Unterschied zwischen den Voraussetzungen der hier dargelegten Theorie von KADOMZEW und der im vorigen Kapitel besprochenen Stabilitätstheorie für stromführende Pinche. Im Gleichgewicht soll das Magnetfeld die Richtung der z-Achse und den Betrag H haben (dies ist zutreffend für Plasmen mit hinreichend kleinem β-Wert). Ferner setzen wir voraus, daß Dichte und Temperatur des Plasmas nur Funktionen der x-Koordinate, also unabhängig von y und z sind. In diesem Falle ist auch die Leitfähigkeit eine Funktion von x allein. Die Stromdichte im ungestörten Plasma beträgt $\sigma_0 E_0$. Eine kleine Störung des Plasmagleichgewichtszustandes kann man in Elementarstörungen vom Typ

$$f(x)\, e^{i(k_y y + k_z z) + \nu t} \tag{7.38}$$

zerlegen. Die Größe ν kann sowohl reell als auch imaginär sein. Dabei wird angenommen, daß dieser Charakter der Abhängigkeit von den Koordinaten und der Zeit allgemein für die Fluktuationen aller Grundparameter gilt, die die Eigenschaften des Plasmas bestimmen.

Unter den verschiedenen Abweichungen vom Gleichgewicht sind die am gefährlichsten, die nicht zu einer Verzerrung des Magnetfeldes führen. Wir wollen die Zeitabhängigkeit der Amplitude solcher Störungen bestimmen. Dazu müssen wir den zugehörigen ν-Wert oder zumindest das Vorzeichen seines Realteiles bestimmen. Für Störungen der betrachteten Art ist $\frac{\partial \mathfrak{H}}{\partial t} = 0$ und folglich rot $\mathfrak{E} = 0$. Das bedeutet, daß das elektrische Feld im deformierten Plasma wirbelfrei bleibt, also $\mathfrak{E} = -\operatorname{grad} U$ ist. Die z-Komponente des E-Feldes beträgt dann $E_0 + \Delta E_z$ und die y-Komponente ΔE_y (weil nach Voraussetzung das Feld im ungestörten Plasma die Richtung der z-Achse hat). Die Komponente ΔE_y ruft eine Drift des Plasmas in Richtung der x-Achse hervor. Die Geschwindigkeit dieser Drift ist

$$\Delta v_x = \frac{c}{H_0} \Delta E_y .$$

Da die durch die Störung des Gleichgewichtszustandes bedingte Variation des Potentials proportional $\exp [i (k_y y + k_z z)]$ sein muß, ist das Verhältnis der Komponenten des elektrischen Feldes $\Delta E_y / \Delta E_z$ gleich k_y / k_z. Die Variation des longitudinalen Stromes ist durch

$$\Delta j_z = \Delta\sigma E_0 + \sigma_0 \Delta E_z$$

gegeben. Darin ist

$$\Delta\sigma = \frac{3}{2} \sigma_0 \frac{\Delta T}{T} . \tag{7.39}$$

Für Störungen, die das Magnetfeld nicht verzerren, gilt $\Delta H = 0$ und folglich

$$\Delta \mathfrak{j} = \frac{c}{4\pi} \operatorname{rot} \Delta \mathfrak{H} = 0 .$$

Deshalb ist

$$\Delta\sigma E_0 + \sigma_0 \Delta E_z = 0 .$$

Setzen wir in diese Gleichung den Ausdruck für $\Delta\sigma$ ein und berücksichtigen den Zusammenhang zwischen ΔE_y und ΔE_z, so können wir die y-Komponente des Feldes durch ΔT ausdrücken:

$$\Delta E_y = -\frac{3}{2} \frac{k_y}{k_z} E_0 \frac{\Delta T}{T} . \tag{7.40}$$

Wir wollen nun die Gleichung für die Wärmebilanz aufstellen. Vernachlässigen wir die JOULEschen Verluste (wegen der Kleinheit von j_z) und ziehen in Betracht, daß die Wärme im sich bewegenden Plasma zusammen mit der Materie transportiert wird, so können wir folgende Gleichung für die Wärmebilanz des gestörten Plasmas angeben:

$$\frac{\partial}{\partial t} \Delta T + \Delta v_x \frac{\partial T_0}{\partial x} = \varkappa_{\|} \frac{\partial^2}{\partial z^2} \Delta T . \tag{7.41}$$

Das zweite Glied auf der linken Seite dieser Gleichung beschreibt den Wärmetransport durch das sich bewegende Plasma.

Auf der rechten Seite steht nur ein Glied, das den Temperaturausgleich auf Grund der Wärmeleitung längs der Kraftlinien charakterisiert. Die Wärmeleitfähigkeit senkrecht zur Kraftlinienrichtung wird zu Null angenommen. Der Koeffizient $\varkappa_{\|}$ ist so etwas ähnliches wie die longitudinale Temperaturleitfähigkeit des Plasmas (Wärmeleitfähigkeitskoeffizient dividiert durch Wärmekapazität der Volumeneinheit). Mit Hilfe der Gleichung (7.40) kann die Driftgeschwindigkeit Δv_x durch ΔT ausgedrückt werden. Setzen wir diesen Ausdruck in die Wärmebilanz ein, so erhalten wir

$$\frac{\partial}{\partial t} \Delta T - \gamma \, \Delta T = \varkappa_{\|} \frac{\partial^2}{\partial z^2} \Delta T . \tag{7.42}$$

Darin ist

$$\gamma = \frac{3}{2} \frac{k_y}{k_z} \frac{c E_0}{H} \frac{1}{T_0} \frac{\partial T_0}{\partial x} = \frac{k_y}{k_z} \frac{c E_0}{H} \frac{d}{dx} \ln \sigma_0 . \tag{7.43}$$

Setzen wir $\Delta T \sim \exp\,[i\,(k_y\, y + k_z\, z) + \nu\, t]$ an, so können wir aus Gleichung (7.42) einen Ausdruck für ν ableiten:

$$\nu = \gamma - \varkappa_{\|} k_z^2 . \tag{7.44}$$

Wenn $\gamma > \varkappa_{\|} k_z^2$ ist, wachsen die Störungen im Plasma exponentiell an. Das Plasma ist also instabil, wenn die Ungleichung

$$\frac{k_y}{k_z} \frac{c E_0}{H} \frac{d}{dx} \ln \sigma_0 > k_z^2 \varkappa_{\|} \tag{7.45}$$

gilt. Diese Ungleichung ist für Störungen mit genügend kleinem k_z-Wert erfüllt.

Es ist zu unterstreichen, daß bei dem eben betrachteten Instabilitätsmechanismus die Inhomogenität des Plasmas, die in der x-Abhängigkeit von σ besteht, die wichtigste Rolle spielt.

Da bei der Wahl eines hinreichend großen Wertes von k_y/k_z die Ungleichung (7.45) stets erfüllbar ist, sollte man erwarten, daß der betrachtete Mechanismus stets eine Instabilität des Plasmas hervorruft, wenn ein Strom längs der Kraftlinien des Magnetfeldes fließt. Tatsächlich liegen die Dinge aber anders. Der minimale Wert von k_z ist durch eine Reihe von Forderungen beschränkt; unter anderem ist er für ein eingeschlossenes Plasma durch die Größe $2\,\pi/l$ bestimmt, wobei l die lineare Abmessung des vom Plasma eingenommenen Volumens längs der Kraftlinien bedeutet. Andererseits ist auch der maximale Wert von k_y begrenzt (weil die Wellenlänge der Störung in y-Richtung nicht kleiner als der Larmor-Radius des Ions sein kann). Aus diesen Gründen ist es möglich, daß bei hinreichend großer Wärmeleitfähigkeit $\varkappa_{\|}$, d. h. bei hoher Temperatur, (7.45) für keine der möglichen Störungen des Gleichgewichtszustandes im Plasma erfüllt werden kann.

Wegen der Unvollkommenheit der Theorie kann man gegenwärtig nur schwer eine Grenze zwischen den Plasmazuständen aufzeigen, in denen eine durch die Inhomogenität der elektrischen Leitfähigkeit bedingte Instabilität zu beobachten ist und den Zuständen, wo diese durch die ausgleichende Wirkung der longitudinalen Wärmeleitfähigkeit beseitigt wird. Ungeachtet dessen darf man die Möglichkeit nicht ausschließen, daß diese Instabilität der wichtigste Grund für die anomal hohe Diffusion des Plasmas senkrecht zum Magnetfeld ist.

Diese auf einem Mechanismus der Schwingungsanregung beruhende Erklärung für die anomale Diffusion muß rein qualitativ dazu führen, daß die statistische Überlagerung der Driftbewegungen, die unter der Wirkung der fluktuierenden elektrischen Felder entstehen, für Teilchen, die an diesen Bewegungen teilnehmen, Mehrfachstreuungen äquivalent ist. Das muß in einer erhöhten Diffusionsgeschwindigkeit senkrecht zum Magnetfeld zum Ausdruck kommen.

Kadomzew versuchte, wesentlich weiter vorzudringen als diese allgemeinen Betrachtungen und entwickelte eine quantitative Theorie der turbulenten Diffusion für ein inhomogenes Plasma mit endlicher Leitfähigkeit. Diese Theorie, die auf dem oben betrachteten Instabilitätsmechanismus basiert, führt zu folgender Abschätzung der Lebensdauer der Teilchen in einem zylindrischen Pinch im starken Magnetfeld:

$$\tau_0 = A \frac{a}{v_i} \frac{l}{L_0} \left(\frac{v_i \chi}{l}\right)^{1/4} \left(\frac{H}{c E_0}\right)^{1/2}. \tag{7.46}$$

(a: Pinchradius, v_i: Schallgeschwindigkeit, d. h. thermische Geschwindigkeit der Ionen, berechnet mit der summarischen Temperatur der Ionen und Elektronen, L_0: Gesamtumfang des Toroidpinches, l: Abstand zwischen den Blenden, die den kleinen Durchmesser des Toroidpinches begrenzen, χ: longitudinale Wärmeleitfähigkeit der Elektronen, E_0: longitudinales elektrisches Feld, A: Zahlenfaktor in der Größenordnung von Eins.)

Es ist kaum zu erwarten, daß der Ausdruck mehr als die Größenordnung von τ_0 und den allgemeinen Charakter der Abhängigkeit der mittleren Lebensdauer von den Grundparametern des Plasmas wiedergibt. Trotzdem wollen wir einige Folgerungen aus dieser Gleichung festhalten: Erstens ist $\tau_0 \sim \sqrt{H}$, zweitens ist $\tau_0 \sim E^{-1/2}$ und drittens ist τ_0 praktisch temperaturunabhängig.

Die von Kadomzew durchgeführten Rechnungen verdienen in erster Linie deshalb Beachtung, weil sie der erste Versuch zum Aufbau einer nichtlinearen Theorie der Plasmainstabilität sind, in der die Vorstellungen vom Anfachen der Elementarschwingungen mit der makroskopischen Charakteristik der Transporterscheinungen verknüpft wird, und die zu einem gewissen Abschluß gebracht wurde.

Noch eine weitere Eigenart des von Kadomzew aufgezeigten Instabilitätsmechanismus verdient Beachtung. Sie besteht darin, daß dieser Mechanismus weder mit der Geometrie des Magnetfeldes, noch mit der Beschleunigung des

Plasmas, sondern allein mit seiner Inhomogenität und der Anwesenheit eines elektrischen Stromes verknüpft ist.

Wie wir bereits oben erwähnt haben, kann beim Anwachsen von T_e diese Instabilität durch die Wärmeleitfähigkeit des Plasmas ausgeglichen werden. Im übrigen ist bei hohen T_e, wenn die freie Weglänge der Elektronen mit der Wellenlänge der Störungen vergleichbar wird, die Anwendung hydrodynamischer Betrachtungen unzulässig. Es ist dann erforderlich, eine kinetische Betrachtung durchzuführen um festzustellen, ob die Instabilität in analoger Form auch in einem Plasma ohne Zusammenstöße erhalten bleibt. Ein wesentlicher Schritt zur Lösung dieses Problems wurde von SAGDEJEW und RUDAKOW getan. Sie zeigten, daß im inhomogenen Plasma Ionenschallwellen bei Vergrößerung der Wellenlängenkomponente in Richtung des Magnetfeldes, d. h. bei Annäherung der Richtung der Wellenausbreitung an die Transversalrichtung, in sogenannte Driftwellen übergehen.

Um den Ursprung dieser Wellen zu erklären, müssen wir darauf hinweisen, daß im inhomogenem Plasma unter Gleichgewichtsbedingungen eine Driftbewegung der Elektronen und Ionen in Richtung senkrecht zu $\mathfrak{H}$ und grad n erfolgt. Wie bereits auf Seite 78 gezeigt wurde, verhält sich das Plasma gerade auf Grund dieser Tatsache diamagnetisch. Die Driftgeschwindigkeit der Ladungsträger können wir mit Hilfe der Gleichungen (4.1) und (4.2) bestimmen. Hierzu müssen wir die linken Seiten der Gleichungen Null setzen und die Reibungskraft $\mathfrak{F}_{ei}$ vernachlässigen. In einem Koordinatensystem, in welchem $\mathfrak{E}$ gleich Null ist (ein solches Koordinatensystem können wir immer finden), wird die Komponente der senkrecht zu $\mathfrak{H}$ gerichteten Driftgeschwindigkeit durch den Ausdruck

$$u_e = -\frac{c\,k\,T_e}{e\,H}\frac{1}{n}\frac{dn}{dx}$$

beschrieben (die x-Koordinate liegt in Richtung des Konzentrationsgradienten). Wir nehmen jetzt an, daß im Driftfluß der Elektronen eine Störung entsteht, die wir durch die Komponenten k_y und k_z des Wellenvektors (entsprechend der senkrechten und der parallelen Richtung zum Magnetfeld) charakterisieren. In einem Koordinatensystem, in welchem $\mathfrak{E}$ gleich Null ist, wird eine solche periodische Struktur eine Welle der Frequenz

$$\omega = k_y\,u_e = -\,k_y\frac{c\,k\,T_e}{e\,H}\frac{1}{n}\frac{dn}{dx}\,.$$

Die Phasengeschwindigkeit einer solchen Welle entlang des Magnetfeldes beträgt

$$\frac{\omega}{k_z} = \frac{k_y}{k_z}\,u_e\,.$$

Wenn $\frac{k_z}{k_y} < \frac{\varrho_i}{a}$ ist, wo ϱ_i der LARMOR-Radius der Ionen ist und a die charakteristische Dimension der Inhomogenität $\left(\frac{1}{a} = \frac{1}{n}\frac{dn}{dx}\right)$, so kann der Wert ω/k_z die thermische Geschwindigkeit der Ionen übersteigen. Auf Grund dieser Tatsache wird keine Dämpfung der durch Wechselwirkung mit den Ionen hervorgerufenen Welle existieren (siehe S. 111). Wir können zeigen, daß bei Vorhandensein eines longitudinalen Stromes Anregung von Wellen dieses Typs stattfindet. Die hierdurch bedingte Instabilität erweist sich als analog zur oben beschriebenen konvektiven Instabilität eines Plasmas mit inhomogener Leitfähigkeit. Der einzige Unterschied zwischen beiden Instabilitäten besteht darin, daß bei der Bildung von Driftwellen die Rolle der endlichen Leitfähigkeit von der LANDAU-Dämpfung übernommen wird. Eine Rechnung zeigt, daß Instabilitäten dieser Art auftreten, wenn die gerichtete Elektronengeschwindigkeit, die mit dem Stromfluß verbunden ist, größer als

$$\approx 3\, v_i \,\frac{d(\ln T_e)}{d(\ln n)}$$

ist.

Unter Verwendung einer halbquantitativen Methode zur Analyse der turbulenten Konvektion hat KADOMZEW gezeigt, daß eine solche Inhomogenität zu einer anomal großen Diffusion mit einem Diffusionskoeffizienten

$$D \sim \frac{u_0}{v_e} \cdot \frac{c\,k\,T_e}{e\,H}$$

führt; u_0 ist hierbei die gerichtete Komponente der Elektronengeschwindigkeit und v_e die thermische Geschwindigkeit der Elektronen. Einen solchen Wert für den Diffusionskoeffizienten erhält man natürlich nur unter der Bedingung, daß der Parameter $S = \frac{\varrho_i \lambda_e}{a^2}$ (wo λ_e die mittlere freie Weglänge der Elektronen ist) in den Grenzen von 10^{-2} bis 10 liegt. Wenn $S < 10^{-2}$ ist, so beginnt sich die stabilisierende Wirkung der Zusammenstöße bemerkbar zu machen und die durch den betrachteten Mechanismus (ohne Berücksichtigung der Ströme der konvektiven Instabilitäten) hervorgerufene Diffusionsgeschwindigkeit nimmt proportional λ^2 ab. Bei $S > 10$ muß sich der Diffusionskoeffizient ebenfalls relativ zu dem oben angegebenen Wert verkleinern, da hierbei eine Verzerrung der Verteilungsfunktion der Elektronen erfolgt. Wir müssen an dieser Stelle noch darauf hinweisen, daß bei Experimenten mit Entladungen im starken Magnetfeld, wie sie im vorangegangenem Kapitel beschrieben wurden, das Verhältnis u_0/v_e in der Regel in der Größenordnung von 10^{-1} liegt und der Parameter S größenordnungsmäßig etwa gleich 1 ist. Aus diesem Grunde wird die Bedingung, welche oben für den Ausdruck zur Bestimmung von D angeführt wird, erfüllt, und der Zahlenwert für D ist größenordnungsmäßig gleich dem, den wir mit Hilfe der BOHMschen Formel erhalten.

Instabilitäten in inhomogenen Plasmen, die durch die Anregung von Driftwellen verursacht werden, können auch beim Fehlen eines longitudinalen elektrischen Stromes entstehen. SAGDEJEW und RUDAKOW zeigten, daß für Störungen mit einer Wellenlänge, die viel größer ist als der LARMOR-Radius der Ionen, eine solche Instabilität auch bei Vorhandensein eines transversalen Temperaturgradienten auftreten kann. Wir können hierbei zwei Anregungsmechanismen unterscheiden. Der eine Mechanismus ist rein hydrodynamischer Natur. In der Driftwelle, die sich unter einem bestimmten Winkel zum Magnetfeld H_0 ausbreitet, hat das elektrische Feld eine Komponente $E_\perp$ die senkrecht zu H_0 ist. Unter der Wirkung dieser Komponente $E_\perp$ wird eine Driftbewegung mit der Geschwindigkeit $v = c\,E_\perp/H$ hervorgerufen. Wenn die Temperatur des inhomogenen Plasmas auf verschiedenen Kraftlinien unterschiedlich ist, tritt infolge der Driftbewegung ein Wärmeaustausch zwischen Gebieten verschiedener Temperatur auf. Außerdem erzeugt die Welle selbst periodische Temperaturschwankungen, weil sich das Plasma bei der Kompression erhitzt und bei der Expansion abkühlt. Wenn in die Kompressionsphase ein zusätzlicher Wärmestrom auf Grund der Driftbewegung einfließt, tritt eine Aufschaukelung der Schwingungen ein. Berechnungen auf der Grundlage der kinetischen Theorie zeigen, daß sich das Plasma bei genügend großem Verhältnis der Wellenvektoren $k_\perp/k_\parallel$ aufschaukelt, wenn sich die Temperatur senkrecht zur Kraftlinienrichtung wesentlich schneller ändert als die Konzentration. Die notwendige Bedingung für eine Anfachung lautet

$$\frac{d\ln T_0}{d\ln n_0} > 2\,. \tag{7.47}$$

Der zweite Mechanismus ist kinetischer Natur. Er unterscheidet sich vom ersten durch die Tatsache, daß die Anregung der Schwingungen hierbei nicht durch alle Elektronen verursacht wird, sondern daß sich an der Anregung lediglich die Resonanzelektronen beteiligen, deren Geschwindigkeitskomponenten längs der Kraftlinien des Magnetfeldes nahe bei der Phasengeschwindigkeit der Welle liegt. Dieser Mechanismus führt immer dann zu Instabilitäten, wenn der Temperaturgradient dem Konzentrationsgradienten entgegengerichtet ist, d. h. wenn

$$\frac{d\ln T}{d\ln n} < 0 \tag{7.47a}$$

ist.

Instabilitäten mit einer Wellenlänge wesentlich größer als ϱ_i können also nur dann nicht entstehen, wenn $0 < \dfrac{d(\ln T)}{d(\ln n)} < 2$ ist. Für den praktisch interessantesten Fall, wenn der Temperaturgradient relativ klein ist und seine Richtung mit der des Dichtegradienten übereinstimmt, ist das Plasma stabil. Dennoch kann für kurzwellige Störungen, deren Wellenlänge größenordnungsmäßig gleich ϱ_i ist, ein Plasma bei beliebigen Werten für $\dfrac{d(\ln T)}{d(\ln n)}$ instabil sein. Das Inkrement des Anwachsens solcher Störungen erweist sich größenordnungsmäßig gleich dem reziproken Wert der Durchflugzeit, d. h. $\sim v_i/a$. Mittels genauer Berechnungen wurde festgestellt, daß im Spezialfall $\dfrac{dT}{dx} = 0$ die Anregung von Schwingungen nur bei Erfüllung der Bedingung $k_z\,a < 0{,}16$ erfolgt. Hieraus folgt, daß bei kurzen thermonuklearen Anlagen die untersuchte Instabilität nicht auftreten kann. Bei langen Anlagen (zum Beispiel beim Stellarator) wird sich diese Instabilität in Form einer anomalen

Diffusion äußern. Grobe Abschätzungen zeigen, daß der Koeffizient der anomalen Diffusion in langen Anlagen und einem Plasma sehr geringer Konzentration $\left(\beta < \frac{m_e}{m_i}\right)$ zwischen $\left(\frac{m_e}{m_i}\right)^{1/2} \frac{\varrho_i^2 v_i}{a}$ bis $\frac{\varrho_i^2 v_i}{a}$ liegt. Bei Vergrößerung der Anlagenlänge muß er sich der oberen Grenze nähern. In einem gewissen Sinne haben wir es hier mit einer universellen Instabilität zu tun, die sich in genügend langen Anlagen einstellt.

Wenn wir die angegebenen Abschätzungen für den Diffusionskoeffizienten (der dieser universellen Instabilität entspricht, die sich infolge einer Anregung kurzwelliger Störungen entwickelt) mit dem Ausdruck (3.32) vergleichen, so sehen wir, daß bei $T_e \approx T_i$ der Koeffizient für die anomale Diffusion etwa um das λ_e/a-fache größer ist als $D_\perp$ bei stabilem Plasma. Für Hochtemperaturplasmen ist das Verhältnis λ_e/a sehr groß. Berechnungen zeigen, daß in einem sehr dichten Plasma $\left(\beta \gg \frac{m_e}{m_i}\right)$ der Koeffizient für die anomale Diffusion mit dem Anwachsen von β sehr schnell abnimmt.

§ 45. „Strahl"-Instabilität

Wie bereits früher angedeutet wurde, können im Plasma außer magnetohydrodynamischen Instabilitäten auch solche vom kinetischen Typ auftreten, die von den Geschwindigkeitsverteilungen der Elektronen und der Ionen abhängen. Ihre Entstehung ist oftmals eng mit der Anregung verschiedener Arten von Plasmaschwingungen verknüpft. Die Aufgabe der Theorie bei der Analyse der kinetischen Instabilitäten besteht in der Auffindung der Bedingungen, unter denen diese Instabilitäten auftreten und in der Klärung der Frage, wie sich ihre Entwicklung auf die Einschließung eines Plasmas in magnetischen Fallen auswirkt.

Die zweite Frage ist durchaus nicht trivial. Die kinetischen Instabilitäten treten zu Beginn im Phasenraum auf, und man kann deshalb schwer voraussehen, wie sie sich auf die Geometrie der Plasmakonfiguration auswirken werden. Wenn man nur die qualitative Seite der Erscheinungen betrachtet, kann man feststellen, daß die kinetischen Instabilitäten zur Aufschaukelung verschiedener Arten von Plasmaschwingungen und Wellen führen, die ihrerseits ein elektrisches Wechselfeld erzeugen. Wenn in diesem Wechselfeld eine Komponente senkrecht zu $\mathfrak{H}$ existiert, bewirkt sie eine Drift der Teilchen senkrecht zu den Kraftlinien. Die statistische Überlagerung dieser Driftbewegungen führt dann zu einer anomalen Teilchendiffusion. Um mit Hilfe des angegebenen

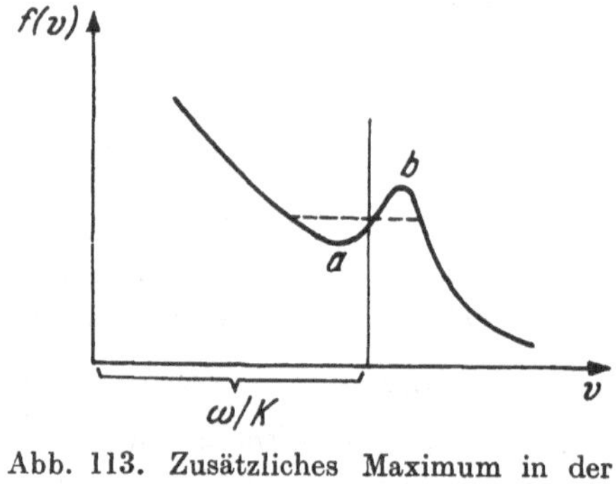

Abb. 113. Zusätzliches Maximum in der Geschwindigkeitsverteilung beim Vorhandensein eines Teilchen„strahls"

Bildes das wichtigste Kennzeichen der Instabilitäten, die Geschwindigkeit der anomalen Teilchenabwanderung bzw. den Koeffizienten der anomalen Diffusion, bestimmen zu können, muß man die Amplitude der Wechselfelder im Plasma und die Dimensionen der Bereiche kennen, innerhalb deren der $\mathfrak{E}$-Vektor nach Betrag und Richtung annähernd konstant bleibt. Solche Berechnungen können mehr oder weniger befriedigend nur in einigen besonders einfachen Fällen durchgeführt werden.

Wir wollen uns vorläufig mit dieser Frage nicht weiter beschäftigen, sondern klären, unter welchen Bedingungen kinetische Instabilitäten entstehen können. Wichtigste Ursache ist die Abweichung der Geschwindigkeitsverteilung vom MAXWELLschen Gesetz. Theoretisch wurden bisher am ausführlichsten Instabilitäten folgender zwei Typen untersucht; die sogenannte „Strahl“-Instabilität, die durch die Anwesenheit zusätzlicher Maxima in der Verteilungsfunktion bedingt ist (Abb. 113), und die bei einer anisotropen Richtungsverteilung der Geschwindigkeiten auftretende Instabilität.

Ursache für die Entstehung der Strahlinstabilität ist die Wechselwirkung eines Strahls geladener Teilchen mit Wellen im Plasma. Diese Wechselwirkung besteht darin, daß die Teilchen des Strahls ihre Energie bevorzugt auf Wellen übertragen, deren Ausbreitungsgeschwindigkeit nicht sehr verschieden von der Teilchengeschwindigkeit ist. Die Folge davon ist eine Abbremsung des Strahls und eine Anfachung der Wellen.

Wir wollen den Mechanismus dieses Prozesses am einfachsten Fall, der Anfachung von Longitudinalwellen, betrachten. Wir nehmen an, daß im Plasma eine Störung des elektrischen Feldes in Form einer ebenen sinusförmigen Welle vorliegt. In Abb. 114a ist die momentane Potentialverteilung in dieser Welle dargestellt. Dieses Potentialrelief bewegt sich mit der Phasengeschwindigkeit ω/k der

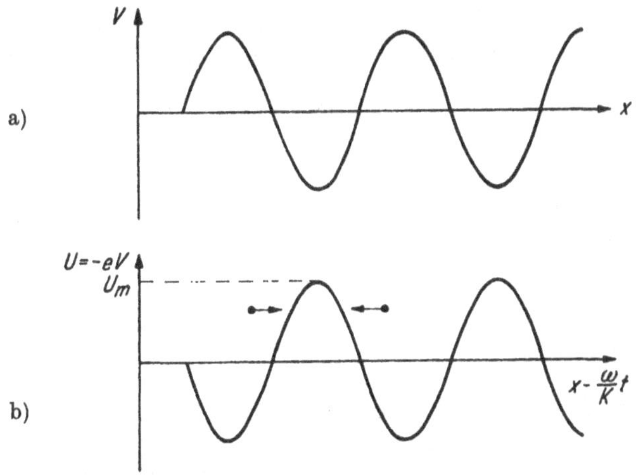

Abb. 114
a) Potentialrelief der Welle; b) zur Illustration der Reflexion von Elektronen an einem Potentialbuckel

Welle. Elektronen (oder Ionen), deren Geschwindigkeit von ω/k sehr verschieden ist, durchlaufen das Gebiet mit wechselnden V-Werten, ohne ihre Energie im Mittel zu ändern. Liegt hingegen die Teilchengeschwindigkeit in der Nähe von ω/k, dann werden die Teilchen an den Potentialhöckern reflektiert. Um die Bedingungen aufzufinden, unter denen eine solche Reflexion stattfindet, gehen wir zu einem Koordinatensystem über, das sich mit der Welle fortbewegt. In diesem Koordinatensystem ruht die Potentialverteilung (Abb. 114b). Wenn die Geschwindigkeitskomponente eines Elektrons[1]) in Ausbreitungsrichtung der Welle gleich v_e ist, so beträgt diese im bewegten Koordinatensystem $v_e - \frac{\omega}{k}$. Das Elektron wird am Potentialwall reflektiert, wenn

$$\frac{m_e}{2}\left(v_e - \frac{\omega}{k}\right)^2 < e\,U_m \tag{7.48}$$

erfüllt ist, d. h. wenn v_e innerhalb der Grenzen

$$\frac{\omega}{k} - \sqrt{\frac{2\,e\,U_m}{m_e}} < v_e < \frac{\omega}{k} + \sqrt{\frac{2\,e\,U_m}{m_e}} \tag{7.48a}$$

liegt.

Die Elektronen, für die (7.48a) erfüllt ist, kann man in zwei Gruppen einteilen. Zur ersten Gruppe gehören die Elektronen mit einer Geschwindigkeit größer ω/k und zur zweiten solche mit $v_e < \frac{\omega}{k}$. Die Elektronen der ersten Gruppe holen die Welle ein, während die Elektronen der zweiten Gruppe hinter dieser zurückbleiben. In Abb. 114b ist die Reflexion der Elektronen beider Gruppen am Potentialwall im bewegten Koordinatensystem dargestellt. Ein Elektron mit $v_e > \frac{\omega}{k}$ wird am Potentialwall nach links reflektiert. Im bewegten Koordinatensystem kehrt sich das Vorzeichen der Geschwindigkeit nach der Reflexion um und ihr Betrag wird gleich $\frac{\omega}{k} - v_e$. Im Laboratoriumssystem beträgt die Geschwindigkeit des reflektierten Elektrons dann $2\frac{\omega}{k} - v_e$. Diese Größe ist für ein Elektron der ersten Gruppe kleiner als seine Anfangsgeschwindigkeit. Folglich wird ein solches Elektron beim Aufprall auf den sich bewegenden Potentialwall Energie verlieren und auf die Welle übertragen.

Im Gegensatz dazu wird ein Elektron, das anfänglich hinter der Welle zurückbleibt, durch Stöße mit dem Potentialwall zusätzliche Energie gewinnen. Die gesamte Energiebilanz bei der Wechselwirkung der Plasmaelektronen mit der Welle hängt vom Verhältnis der Anzahl der zu beiden Gruppen gehörenden Elektronen ab. Ist die Anzahl der Elektronen in der ersten Gruppe größer, so nimmt die Energie der Welle zu. Das bedeutet eine Anfachung der Schwingungen, also

[1]) Die nachfolgenden Betrachtungen gelten auch für Ionen.

eine Instabilität des Prozesses. Dieser Fall liegt vor, wenn die Verteilungsfunktion der Elektronen nach der Geschwindigkeitskomponente in Richtung der Welle nahe bei $v_e = \frac{\omega}{k}$ eine positive Ableitung besitzt.

Bei einer MAXWELLschen Geschwindigkeitsverteilung liegt das einzige Maximum der Verteilungsfunktion $f(v_e)$ bei $v_e = 0$. Deshalb findet keine Schwingungsanfachung statt, denn die Zahl der Elektronen der zweiten Gruppe ist in jedem Abschnitt des Geschwindigkeitsspektrums größer als die Zahl der Elektronen der ersten Gruppe, und eine im Plasma entstehende Longitudinalwelle mit beliebigem ω wird gedämpft, weil sie Energie auf die Elektronen überträgt. Darin besteht auch der von LANDAU vorgeschlagene Mechanismus der Schwingungsdämpfung, von dem in Kap. IV die Rede war.

Bei Anwesenheit eines intensiven gerichteten Elektronenstrahles kann die Geschwindigkeitsverteilungsfunktion jedoch ein zusätzliches Maximum für von Null verschiedene v_e-Werte besitzen. Dieser Fall ist in Abb. 113 dargestellt. Eine Welle, deren Phasengeschwindigkeit in der Nähe des zweiten Maximums der Verteilungsfunktion (zwischen den Punkten a und b) liegt, wird durch den Elektronenstrahl angefacht, weil in dem genannten Bereich $\frac{\partial f}{\partial v_e} > 0$ ist. Auf diese Weise wird aus Wellen, die infolge der Fluktuationen im Plasma im Keimzustand vorhanden sind, durch den Elektronenstrahl ein enger Spektralbereich ausgesondert und den in diesem Bereich liegenden Wellen Energie zugeführt.

Wir wollen nun versuchen, eine grobe Abschätzung für das Inkrement des Anwachsens der Wellenenergie zu geben. Das Inkrement ν ist direkt mit der Entwicklungszeit der Instabilitäten des betrachteten Prozesses verknüpft $\left(\tau \sim \frac{1}{\nu}\right)$. Definitionsgemäß ist das Inkrement gleich $\frac{1}{2\,\varepsilon}\frac{d\varepsilon}{dt}$, wobei ε die Wellenenergie bedeutet. Die Größe $\frac{d\varepsilon}{dt}$ ist die Energie, die in der Zeiteinheit von allen Elektronen auf die Welle übertragen wird. Bei einem Stoß verliert ein Elektron die Energie

$$\Delta W = \frac{m\,v_e^2}{2} - \frac{m}{2}\left(\frac{2\,\omega}{k} - v_e\right)^2 = 2\,m\frac{\omega}{k}\left(v - \frac{\omega}{k}\right). \tag{7.49}$$

Die Zahl der Stöße mit den Potentialbuckeln der Welle pro Elektron und Sekunde ist gleich der Relativgeschwindigkeit des Elektrons gegenüber der Welle, dividiert durch den Abstand zwischen zwei Buckeln. Die erste dieser Größen ist $v - \frac{\omega}{k}$, die zweite ist die Wellenlänge λ.

Aus dem oben Gesagten folgt, daß ein die Welle einholendes Elektron die Energie $\left(\frac{2\,m\,\omega}{k\,\lambda}\right)\left(v - \frac{\omega}{k}\right)^2$ in der Zeiteinheit auf die Welle überträgt. Die Energie, die ein gegenüber der Welle zurückbleibendes Elektron aufnimmt, ist durch den gleichen Ausdruck gegeben. Durch Summation über alle Plasmaelektronen, die die Bedingung (7.48) erfüllen, finden wir, daß der Energiezuwachs der Welle durch

$$\frac{d\varepsilon}{dt} = \frac{2\,m_e}{\lambda}\frac{\omega}{k}\int\limits_{\frac{\omega}{k}}^{\frac{\omega}{k}+\sqrt{\frac{2\,e\,U_m}{m_e}}}\left(v-\frac{\omega}{k}\right)^2 f(v_e)\,dv_e - \frac{2\,m_e}{\lambda}\frac{\omega}{k}\int\limits_{\frac{\omega}{k}-\sqrt{\frac{2\,e\,U_m}{m_e}}}^{\frac{\omega}{k}}\left(v-\frac{\omega}{k}\right)^2 f(v_e)\,dv_e \tag{7.50}$$

gegeben ist.

Nehmen wir an, U_m sei klein und v_e nur wenig verschieden von ω/k, so können wir $f(v_e)$ in der Form

$$f(v_e) = f\left(\frac{\omega}{k}\right) + \frac{df}{dv_e}\left(v - \frac{\omega}{k}\right) \tag{7.51}$$

darstellen. Die Ableitung bezieht sich auf den Punkt $v_e = \frac{\omega}{k}$. Setzen wir diesen Ausdruck in (7.50) ein und integrieren, so erhalten wir

$$\frac{d\varepsilon}{dt} = \frac{2}{\pi}\frac{e^2}{m_e}U_m^2\,\omega\,\frac{df}{dv_e}\,. \tag{7.52}$$

Unter ε verstehen wir hier die auf die Volumeneinheit bezogene Energie der Wellen. Deshalb muß die Verteilungsfunktion die Normierungsbedingung

$$\int f(v_e)\,dv_e = n_e$$

erfüllen (n_e: Elektronenkonzentration). Wenn wir zu einer auf Eins normierten Verteilungsfunktion übergehen [$\int f_1(v_e)\,dv_e = 1$], wird aus (7.52)

$$\frac{d\varepsilon}{dt} = \frac{2}{\pi}\frac{n_e\,e^2}{m_e}U_m^2\,\omega\,\frac{df_1}{dv_e}\,. \tag{7.53}$$

Zur Bestimmung des Inkrementes muß man die in der Welle steckende Energie kennen. Die auf die Volumeneinheit entfallende Energie der Wellen beträgt

$$\varepsilon = \frac{\overline{E^2}}{8\pi} + \frac{m_e\,n\,\overline{v_e^2}}{2}$$

($\overline{E^2}$: mittleres Quadrat der elektrischen Feldstärke;

$\overline{v_e^2}$: mittleres Quadrat der Elektronengeschwindigkeit in der Welle.)

Die Mittelwerte der potentiellen und der kinetischen Energie müssen bei longitudinalen Elektronenschwingungen gleich sein. Folglich ist $\varepsilon = \left(\frac{\overline{E^2}}{4\,\pi}\right)$. $\overline{E^2}$ ist mit U_m durch die Beziehung $\overline{E^2} = k^2\,U_m$ verknüpft. Aus (7.53) erhalten wir endlich folgenden Ausdruck für das Inkrement:

$$\nu = \frac{1}{2\,\varepsilon}\frac{d\varepsilon}{dt} = \frac{4\,n_e\,e^2}{m_e}\frac{\omega}{k^2}\frac{\partial f_1}{\partial v_e}\,. \tag{7.54}$$

Die longitudinalen Elektronenschwingungen im Plasma können verschiedene Wellenlängen und verschiedene Phasengeschwindigkeiten haben; die Frequenz dieser Schwingungen ist aber stets gleich der LANGMUIR-Frequenz ω_0. Deshalb hat die Endformel für das Inkrement des Anwachsens der Welle die Form

$$\nu \sim \frac{\omega_0^3}{k^2}\left(\frac{\partial f_1}{\partial v_e}\right)_{v_e = v_f} \tag{7.55}$$

(v_f: Phasengeschwindigkeit der Welle, die in der Nähe der Geschwindigkeit der Elektronen im Strahl liegt.) Aus (7.55) folgt als notwendige Bedingung für die Anfachung, daß die Intensität des Strahles im Plasma einen bestimmten Minimalwert überschreitet. Ein sehr schwacher Strahl kann nicht so stark auf die Verteilungsfunktion der Elektronengeschwindigkeit einwirken, daß ihre Steigung das Vorzeichen wechselt.

Diese Abschätzung der Wachstumsgeschwindigkeit einer Strahlinstabilität beruht auf einem stark vereinfachten Bild des Prozesses und ist deshalb in seiner Anwendbarkeit beschränkt. Insbesondere wird das Schicksal der Elektronen nach dem Stoß mit dem Potentialbuckel außer acht gelassen, obgleich es sehr wichtig für den gesamten Mechanismus der Schwingungsaufschaukelung ist. In Wirklichkeit wird das Elektron durch die Energieabgabe verlangsamt, nimmt aber beim Stoß mit dem nächsten Buckel erneut Energie auf. Es scheint also, als würde eine vollständige Kompensation der übertragenen Energie eintreten, d. h., das Aufschaukeln müßte sehr frühzeitig aufhören, noch bevor die durch den Durchgang des Strahls angeregte Wellenamplitude eine merkliche Größe erreicht (falls keine äußere Ursache wie z. B. ein beschleunigendes elektrisches Feld die beim Stoß verlorene Geschwindigkeit wieder reproduziert). Man muß also sagen, daß die beschriebene Berechnungsmethode nur eine lineare Näherung, d. h. eine Abschätzung der Wachstumsgeschwindigkeit der Wellenamplitude im Anfangsstadium darstellt.

Falls das zusätzliche Maximum auf der Kurve der Geschwindigkeitsverteilung der Elektronen (Abb. 113) nur schwach ausgeprägt ist, d. h. falls die Zahl der Resonanzelektronen nur gering ist, können wir in der theoretischen Analyse mit einer einfachen quasilinearen Methode viel mehr erreichen. In der quasilinearen Theorie wird die Rückwirkung der Schwingungen auf die Verteilungsfunktion der Elektronen berücksichtigt, d. h., man untersucht das Schicksal der Elektronen, die eine oftmalige Reflexion an den Potentialbuckeln erfahren haben. Die Theorie zeigt, daß für die in Abb. 113 dargestellte Geschwindigkeitsverteilung der Elektronen die Schwingungen so lange anwachsen, bis auf der Verteilungsfunktion das durch Punkte dargestellte Plateau entsteht. Hierbei wandelt sich die kinetische Energie der Elektronen, die auf Grund einer Verlangsamung aus dem Bereich des Maximums (b) in den Bereich des Minimums (a) übergegangen sind, in potentielle Schwingungsenergie um. Durch paarweise Zusammenstöße tritt eine langsame Dämpfung dieser Schwingungen ein.

Bisher haben wir nur ein spezielles Beispiel für die Wechselwirkung eines Elektronenstrahles mit Wellen im Plasma betrachtet, die zur Anregung kurzwelliger LANGMUIR-Schwingungen führt. Es ist möglich, daß ein solcher Prozeß tatsächlich realisiert wird, falls ein gewisser Teil der Elektronenkomponente des Plasmas unter der Wirkung eines elektrischen Feldes in den Zustand ununterbrochener Beschleunigung übergeht und deren Geschwindigkeit dadurch stark von der Mehrzahl der Plasmaelektronen abweicht. Für Vergleiche mit dem Experiment ist die Anregung von Ionenschwingungen von wesentlich größerem Interesse. Stellen wir uns vor, im Plasma fließe unter der Wirkung eines elektrischen Feldes ein Strom. Durch den Stromdurchgang wird die Geschwindigkeitsverteilung leicht geändert, weil die Elektronen in Richtung des elektrischen Feldes eine kleine gerichtete Zusatzgeschwindigkeit u erhalten. Dadurch wird das Maximum der Geschwindigkeitsverteilung von $v = 0$ zu $v = u$ verschoben (Abb. 115). Das bedeutet, daß die im Geschwindigkeitsintervall zwischen 0 und u liegenden Elektronen über die oben

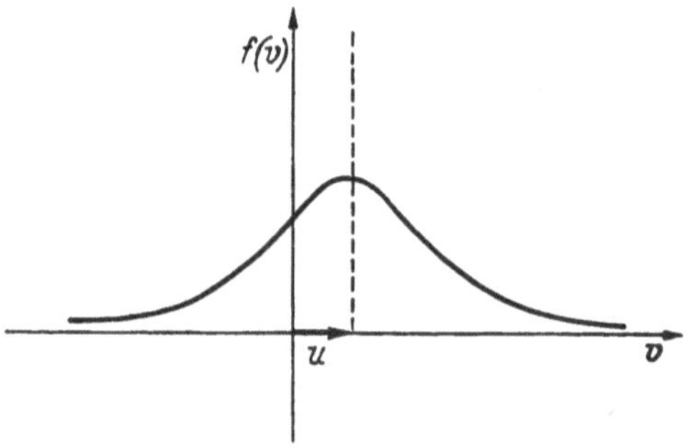

Abb. 115. Verteilungsfunktion bei fließendem Strom

beschriebenen Mechanismen Plasmawellen anregen können, deren Phasengeschwindigkeiten in der gleichen Größe liegen.

Unter typischen experimentellen Bedingungen liegt die mittlere gerichtete Geschwindigkeit der Elektronen in der Größenordnung von 10^6—10^7 cm/sec. Die LANGMUIRschen Elektronenschwingungen haben bei einer Phasengeschwindigkeit der gleichen Größenordnung und einer Plasmadichte von 10^{13}—10^{14} eine Wellenlänge von 10^{-4}—10^{-5} cm. Wellen mit dieser Wellenlänge werden sehr schnell abklingen. Wir brauchen sie deshalb nicht zu berücksichtigen.

Anders liegen die Dinge bei der Anfachung von Ionenschwingungen, d. h. der Anregung von Ionenschallwellen im Plasma. Für diese Wellen liegt die Phasengeschwindigkeit unabhängig von λ in der Größenordnung der thermischen Ionengeschwindigkeit (falls $T_i \approx T_e$) bzw. bei $\sqrt{\frac{k T_e}{m_i}}$ (falls $T_i \ll T_e$). Es ist klar, daß eine notwendige Bedingung für die Anfachung von Ionenschwingungen durch Elektronen darin besteht, daß die gerichtete Elektronengeschwindigkeit nicht niedriger als die angegebene Phasengeschwindigkeit der Wellen ist. Die Anregung von Ionenschwingungen beginnt, grob gesagt, bei einer Stromstärke, der die Erfüllung der Bedingung $u \sim v_i$ oder $u \sim \sqrt{\frac{k T_e}{m_i}}$ entspricht. Wie wir bereits in Kap. IV festgestellt hatten, ist zur Anregung von Ionenschwingungen auch die

Erfüllung einer weiteren Bedingung notwendig: die Temperatur der Ionen muß wesentlich niedriger als die Elektronentemperatur sein.

In einigen Arbeiten, die in den letzten Jahren ausgeführt wurden, wird versucht, mit Hilfe des angegebenen Anregungsmechanismus für Ionenschwingungen die anomale Diffusion in verschiedenen magnetischen Fallen zu erklären. Dazu ist zu bemerken, daß man auf der Basis der dargelegten Vorstellungen über den Mechanismus des Energieaustausches zwischen Strahl und Schwingungen im Plasma nicht ohne zusätzliche Voraussetzungen einen Zusammenhang zwischen der Anfachung von Wellen und der Einschließung von Teilchen im Plasma herstellen darf. Um auch nur die Möglichkeit des Vorhandenseins eines solchen Zusammenhanges zu demonstrieren, muß man vom Bild der Ausbreitung ebener Wellen in einem unbegrenzten Plasma zum Bild der unabhängigen Anregung von Schwingungen in getrennten Volumenelementen unter der Wirkung paralleler elektrischer Flüsse übergehen.

Um die Frage nach dem Einfluß der Strahlinstabilität auf die Einschließung eines Plasmas zu konkretisieren, betrachten wir den Fall, daß ein Elektronenstrom sich parallel zu den Kraftlinien des Magnetfeldes ausbreitet. Mit einem solchen Fall haben wir es zum Beispiel bei der Ohmschen Aufheizung eines Plasmas in toroidalen Kammern zu tun. Man kann annehmen, daß sich dieser Strom aus einer großen Zahl paralleler Strahlen zusammensetzt, von denen sich jeder längs einer bestimmten Kraftröhre ausbreitet. Jeder dieser Elektronenstrahlen soll die Entstehung einer Longitudinalwelle zur Folge haben, die bezüglich ihrer Phase und Amplitude nicht miteinander korreliert sind. In dieser Situation ist die Verteilung des elektrischen Potentials längs zweier benachbarter Kraftlinien verschieden und folglich werden fluktuierende elektrische Felder senkrecht zur H-Richtung auftreten. Diese Felder erzeugen eine Driftbewegung, die einer anomalen Diffusion, welche ein schnelles Abwandern der Teilchen senkrecht zur Kraftlinienrichtung hervorruft, äquivalent ist. Die Geschwindigkeit der anomalen Diffusion kann man mit den Grundgrößen verknüpfen, die das fluktuierende elektrische Feld im Plasma charakterisieren: der mittleren Amplitude des E-Feldes und den mittleren Abmessungen der Bereiche, in denen die zu $\mathfrak{H}$ senkrechte Komponente des elektrischen Feldes grob gesagt ihre Richtung beibehält.

Wir wollen annehmen, daß die irregulären elektrischen Felder auf Grund der Anfachung langwelliger Ionenschwingungen längs der Kraftlinien entstehen, wobei $\bar{l}$, das die Größe der Fluktuationen des elektrischen Potentials in der Ebene senkrecht zu $\mathfrak{H}$ charakterisiert, wesentlich kleiner als die Länge sein soll, die die Änderung des Potentials in Kraftlinienrichtung charakterisiert (das bedeutet $\lambda \gg \bar{l}$). Ferner setzen wir voraus, daß sich das elektrische Feld während der Verschiebung des mit der Driftgeschwindigkeit $c\,\bar{E}/H$ fortschreitenden Plasmaabschnittes um den Abstand $\bar{l}$ nicht wesentlich ändert. Unter diesen Voraussetzungen bewegt sich ein Plasmateilchen während der Zeit t im Mittel um den Betrag

$$y \approx \bar{l}\sqrt{\frac{t}{\tau}} \tag{7.56}$$

senkrecht zur Kraftlinienrichtung fort. τ ist die Zeit, die das Teilchen braucht, um mit der Driftgeschwindigkeit einen Weg der Länge $\bar{l}$ zurückzulegen, d. h.

$$\tau \sim \frac{\bar{l}}{v_d} \sim \frac{\bar{l}\, H}{c\, \bar{E}}\,. \tag{7.57}$$

Aus (7.56) und (7.57) erhalten wir

$$y \sim \sqrt{\bar{l}\,\frac{c\,\bar{E}}{H}\,t}\,. \tag{7.58}$$

Auf diese Weise kommen wir zu folgendem Ausdruck für den Koeffizienten der anomalen Diffusion:

$$D \sim \bar{l}\,\frac{c\,\bar{E}}{H}\,. \tag{7.59}$$

Man kann diesen auch in der Form

$$D \sim \frac{c\,\overline{E^2}}{H^2}\,\tau \tag{7.60}$$

schreiben. Darin bedeutet τ die Zeit, in deren Verlauf man das Feld im mit Driftgeschwindigkeit fortschreitendem Koordinatensystem noch als annähernd konstant ansehen kann. Selbstverständlich haben diese Betrachtungen rein phänomenologischen Charakters keinen Anspruch darauf, als mehr angesehen zu werden, als eine Demonstration dafür, daß es prinzipiell möglich ist, einen Zusammenhang zwischen der Anfachung von Wellen unter der Wirkung eines Teilchenstromes bzw. Strahles und der anomalen Diffusion herzustellen. Sie können sich aber dennoch als günstig zur Analyse einiger experimenteller Daten erweisen.

Wir untersuchen als Beispiel die anomale Diffusion bei quasistationären Entladungen in Toroidanlagen. In diesem Falle können wir eine Beziehung zwischen dem Diffusionskoeffizienten und der kinetischen Energie der Ionen, die in den Fluktuationen des elektrischen Feldes beschleunigt werden, finden. Wie im § 34 gezeigt wurde, können wir die mittlere kinetische Energie der Ionen einer quasistationären Entladung in Form einer aus zwei Gliedern bestehenden Summe darstellen. Das eine Glied gibt die Wärmeenergie, die regelmäßig über alle Ionen verteilt ist, wieder und ist von der Masse und der Ladung der Ionen unabhängig. Das zweite Glied beschreibt die mittlere Energie der gerichteten Ionenbewegung, welche durch die Fluktuationen des elektrischen Feldes hervorgerufen wird. Dieses zweite Glied ist in grober Näherung gleich

$$\frac{m_i c^2}{2} \cdot \frac{\overline{E^2}}{H^2}$$

(falls die gerichtete Ionenbewegung im wesentlichen unter Einwirkung von Feldern mit Frequenzen $\omega < \omega_{H_i}$ erfolgt). Wir können dieses Glied experimentell durch Messung der Linienbreiten an Ionen verschiedener Masse bestimmen. Somit haben wir in der Messung der Breiten der Spektrallinien eine direkte Methode zur

Abschätzung der Größe $\overline{E^2}/H^2$, die in die Formel (7.60) eingeht. τ kann in dieser Formel in grober Form aus dem Spektrum der hochfrequenten Schwingungen, das wir auf den Oszillogrammen der Entladung aufzeichnen, abgeschätzt werden. Folglich können wir aus den Meßwerten für die Breite der Spektrallinien und aus den Oszillogrammen für die hochfrequenten Schwingungen eine a priori Abschätzung der Diffusionsgeschwindigkeit im Plasma einer quasistationären Entladung geben (zumindest ist das im Prinzip möglich). Die praktische Ausführung einer solchen Auswertung trifft auf eine wesentliche Schwierigkeit: der Beitrag zur Breite der Spektrallinien, der durch die der Masse proportionale Ionenenergie gegeben wird, ist relativ klein und zu seiner Bestimmung sind sehr mühevolle spektroskopische Untersuchungen erforderlich.

Zum Abschluß dieser oberflächlichen Betrachtung der Bedingungen für die Entstehung von Strahlinstabilitäten wollen wir konstatieren, daß diese nicht nur unter der Wirkung von Elektronenströmen, sondern auch bei Anwesenheit intensiver Ströme von beschleunigten Ionen auftreten können.

Wir wollen nun solche Prozesse der Anfachung von Schwingungen betrachten, die mit der Anisotropie der Geschwindigkeitsverteilung im Magnetfeld zusammenhängen. Alles das, was oben über die Strahlinstabilitäten gesagt wurde, trifft auch für Wellen zu, die sich parallel oder unter einem kleinen Winkel zum Magnetfeld ausbreiten. Bei senkrecht zu $\mathfrak{H}$ polarisierten Wellen führen jedoch völlig andere Prozesse zur Entwicklung von Instabilitäten, die durch Schwingungen angeregt werden. Eine notwendige Bedingung ist die Anisotropie der Geschwindigkeitsverteilung. Ohne auf den physikalischen Mechanismus dieser Prozesse einzugehen, sollen hier die wichtigsten Schlußfolgerungen aus der von Sagdejew entwickelten Theorie angeführt werden. Von ihm wurde zuerst auf die Existenz dieses Instabilitätstyps im anisotropen Plasma hingewiesen.

Im allgemeinen Falle ist im anisotropen Plasma die Verteilung der Geschwindigkeitskomponenten parallel und senkrecht zu $\mathfrak{H}$ verschieden. Im einfachsten Falle hat die Verteilungsfunktion die Form

$$f \sim e^{-\frac{m v_\perp^2}{2 k T_\perp} - \frac{m v_\parallel^2}{2 k T_\parallel}}. \qquad (7.61)$$

Wenn die „longitudinale" Temperatur $T_\parallel$ und die „transversale" Temperatur $T_\perp$ sich hinreichend stark unterscheiden, treten im Plasma Wellen mit Frequenzen auf, die in der Nähe der Larmor-Frequenz der Elektronen ω_{He} und der Ionen ω_{Hi} liegen und zirkular polarisiert sind (ordentliche und außerordentliche Welle). Eine Instabilität, bei der eine Anfachung der außerordentlichen Welle mit einem elektrischen Feld auftritt, das sich in der gleichen Richtung dreht wie die Elektronen, liegt vor, wenn die Bedingung

$$\frac{T_{\perp e}}{T_{\parallel e}} > \frac{H}{\sqrt{8 \pi n T_{\perp e}}} \qquad (7.62)$$

erfüllt ist.

In diesem Falle liegt das Inkrement des Anwachsens der Instabilität in der Größenordnung

$$\omega_{He} \frac{8 \pi n k T_{\perp e}}{H^2} .$$

Die ordentliche Welle schaukelt sich auf, wenn

$$\frac{T_{\perp i}}{T_{\parallel i}} > \frac{H}{\sqrt{8 \pi n k T_{\perp i}}} \tag{7.63}$$

ist. Das Inkrement liegt in der Größenordnung von

$$\omega_{Hi} \frac{8 \pi n k T_{\perp i}}{H^2} .$$

Aus den angeführten Bedingungen folgt, daß der betrachtete Instabilitätstyp besonders gefährlich ist, wenn der Plasmadruck sehr klein gegenüber dem Druck des Magnetfeldes ist. Nach SAGDEJEW sind in Fallen mit magnetischen Pfropfen stets Gebiete vorhanden, in denen diese Instabilität herrscht. Tatsächlich ist in den Gebieten, wo die Reflexion der Teilchen am starken Magnetfeld stattfindet, die longitudinale Energie klein gegenüber der transversalen und folglich sind die Bedingungen für die Ausbildung der Instabilität erfüllt. Es ist leicht einzusehen, daß bei kleinem β eine Instabilität nur in kleinen Gebieten nahe der Grenze des vom Plasma eingenommenen Gebietes auftreten kann. Deshalb ist die Wirksamkeit dieser Instabilitätsform in einem Plasma mit sehr niedrigem Druck nicht groß.

Die Theorie der betrachteten Instabilität im anisotropen Plasma kann in linearer Näherung keine Antwort auf die Frage geben, wie sich diese Instabilität auf die Lebensdauer der Teilchen in magnetischen Systemen auswirkt. Zur Klärung dieser Frage ist es notwendig, eine Berechnung in zweiter Näherung durchzuführen. Die Rechnung zeigt, daß die Anregung von Schwingungen im anisotropen Plasma zum Ausgleich der longitudinalen und transversalen Temperatur führt, d. h. zur Wiederherstellung einer Gleichverteilung der Energie über alle Freiheitsgrade. Es ist klar, daß ein solcher Mechanismus in Fallen mit magnetischen Pfropfen zu einem erhöhten Teilchenabfluß aus dem Plasma führt.

Die Untersuchungen des Stabilitätsproblems haben bisher den Charakter einer breiten aber nicht sehr tiefschürfenden Erkundung. Sie haben das Ziel, eine möglichst große Zahl von Entstehungs- und Entwicklungsprozessen für verschiedene Störungen, die das Plasma aus dem Gleichgewicht bringen, im Rahmen einer theoretischen Analyse unterzubringen. In der überwiegenden Mehrzahl führen diese Untersuchungen zur Aufstellung von Stabilitätskriterien und zur Herleitung von Ausdrücken für die Inkremente des Anwachsens der Störungen, die nur in linearer Näherung, d. h. für unendlich kleine Abweichungen vom Gleichgewichtszustand, gelten. Die praktische Anwendbarkeit dieser Resultate ist dadurch beschränkt, daß sie gewöhnlich auf der Grundlage vereinfachender Annahmen abgeleitet wurden, die den Bedingungen realer Experimente nicht entsprechen. So wird zum Beispiel bei der Analyse der Instabilitäten, die durch die Abweichung der Verteilungsfunktion für die Teilchengeschwindigkeit vom MAXWELLschen

Gesetz bedingt sind, gewöhnlich vorausgesetzt, daß das Plasma unbegrenzt und homogen ist. Die Berechnung verschiedener Störungen vom magnetohydrodynamischen Typ werden unter der Voraussetzung durchgeführt, daß das Plasma eine freie Grenze und unendlich große Leitfähigkeit besitzt. Erst in allerletzter Zeit sind einige Arbeiten mit der Zielsetzung erschienen, von der Analyse der Wachstumsgeschwindigkeit kleiner Deformationen zur Bestimmung der makroskopischen Geschwindigkeit für das Auseinanderlaufen einer instabilen Plasmakonfiguration überzugehen. Als Beispiel für ein solches wesentlich gründlicheres Herangehen an die Aufgabe können die Arbeiten von KADOMZEW über die Stabilität eines Plasmas in Fallen mit magnetischen Pfropfen und Systemen mit OHMscher Plasmaaufheizung dienen.

Unter den anderen bedeutsamen Fragen, die einer theoretischen Analyse harren, ist die Frage nach der Stabilität eines Plasmas in dem Bereich von besonderem Interesse, wo der Gasdruck vergleichbar mit dem Druck des magnetischen Feldes ist, aber nicht ausreicht, um das Feld vollständig zu verdrängen. Dieser Fall ist bisher noch nicht systematisch untersucht worden.

Die Hauptursache, die einer fruchtbaren Weiterentwicklung der theoretischen Untersuchungen im Wege steht, besteht darin, daß sie bisher nicht die nötige Unterstützung durch das Experiment gefunden haben. Die wenigen Tropfen experimentell erarbeiteter Fakten sind auf dem weiten aber trockenen Feld der theoretischen Untersuchungen kaum zu bemerken. Lediglich auf dem engen Gebiet des Pinch-Effektes konnte ein gewisser Kontakt zwischen Theorie und Experiment hergestellt werden. Die zahlreichen experimentellen Arbeiten auf diesem Gebiet ergeben eine Reihe charakteristischer Beispiele für die Entstehung der Haupttypen von magnetohydrodynamischen Instabilitäten, die auf den Einfluß des Eigenmagnetfeldes des Stromes zurückzuführen sind. In Übereinstimmung mit den Voraussagen der Theorie entwickeln sich die instabilen Deformationen in Pinchen äußerst stürmisch mit Geschwindigkeiten in der Größenordnung der thermischen Ionengeschwindigkeit. Deshalb kann man mit Recht sagen, daß die Theorie ihre Aufgabe in bezug auf die starken Instabilitäten beim Pinch-Effekt in erster Näherung erfüllt hat.

Bei Versuchen mit magnetischen Fallen begegnen wir jedoch gewöhnlich auch dann keinen starken Instabilitäten, wenn die Plasmakonfiguration nach der Theorie die Stabilitätskriterien nicht erfüllt. Die dem Plasma in magnetischen Fallen eigene Instabilität tritt gewöhnlich in Form einer sich langsam entwickelnden Störung auf, d. h., sie hat den Charakter einer anomalen Diffusion. Die mittlere Einschließungszeit der Teilchen im Plasma kann dabei innerhalb sehr weiter Grenzen variieren und bei einigen Experimenten einige Millisekunden erreichen. Diese anomale Diffusion stellt auf jeden Fall das Ergebnis der Überlagerung von Störungen dar, die eine charakteristische Form der Plasmainstabilität für die jeweils vorgegebene Falle sind. Die Tatsache, daß die makroskopische Wachstumsgeschwindigkeit der Instabilitäten in diesen Fällen in keinem sichtbaren Zusammenhang mit der thermischen Ionengeschwindigkeit steht, ist nicht sehr verwunderlich, denn die Gleichheit dieser Geschwindigkeiten ist nach der

Theorie eher eine Ausnahme als die Regel. Streng genommen darf dies nur der Fall sein bei der stürmischen Entwicklung von magnetohydrodynamischen Instabilitäten in einem Plasma mit scharfer Grenze.

Leider können wir außer dieser fast selbstverständlichen Feststellung gegenwärtig nur wenig zur Natur der anomalen Diffusion sagen, weil sich die experimentellen Untersuchungen dieser äußerst wichtigen Erscheinung noch im frühen Anfangsstadium befinden. Es ist kaum anzunehmen, daß die anomale Diffusion eine unvermeidliche Eigenschaft des in einem Magnetfeld eingeschlossenen Plasmas ist. Viel wahrscheinlicher ist es, daß sie eng mit den charakteristischen Eigenschaften der magnetischen Falle verbunden ist und von den Manipulationen abhängt, die mit dem Plasma ausgeführt werden. So gewinnt man z. B. trotz der Lückenhaftigkeit der experimentellen Angaben den Eindruck, daß die anomale Diffusion bei der Ohmschen Aufheizung eines Plasmas ein schwer zu beseitigendes Unglück darstellt, während sie in Plasmen, die nicht der Einwirkung eines Stromes ausgesetzt sind, entweder überhaupt nicht existiert oder nur in wesentlich schwächerer Form auftritt. Die weitere Entwicklung der Theorie muß, gestützt auf neue experimentelle Angaben, eine Antwort auf die Frage nach der Ursache der anomalen Diffusion sowie nach Möglichkeiten zu ihrer Beseitigung geben. Diese Fragen sind von entscheidender Bedeutung, denn nur in einem völlig stabilen Plasma kann man eine intensive thermonukleare Synthese verwirklichen.

Im Zusammenhang mit der Beurteilung der theoretischen Schlußfolgerungen wollen wir auf einen Umstand hinweisen, dem, wenn er auch völlig trivial erscheint, gelegentlich zu wenig Aufmerksamkeit beim Vergleichen zwischen Theorie und Experiment geschenkt wird. Es handelt sich darum, daß man die Instabilität nicht mit dem Fehlen eines Gleichgewichtszustandes verwechseln darf, was durch eine unvollständige Kompensation der am Plasma angreifenden Kräfte oder durch die Anfangsgeschwindigkeit der Bewegung des Plasmas selbst bedingt sein kann. Bei der Analyse des Verhaltens des Plasmas in einem konkreten magnetischen System müssen wir vielmehr alle wirkenden Kräfte und die Anfangsbedingungen bei der Entstehung des Plasmas berücksichtigen.

Als Beispiel für eine Störung des Gleichgewichtes kann auch die im vorangegangenen Kapitel gezeigte Wirkung der magnetischen Streufelder dienen. Unter Einwirkung dieser Felder erfährt ein Plasmaring während der Entladung eine merkbare radiale Verschiebung, die unter bestimmten Bedingungen die Bildung von Instabilitäten imitieren kann. Auch die Gravitation ist in der Lage, den Gleichgewichtszustand des Plasmas zu stören und das Plasma zu einer Bewegung quer zu den Kraftlinien des Magnetfeldes zu veranlassen. Im homogenen Magnetfeld unterscheidet sich eine solche Bewegung in nichts vom freien Fall. Auf Grund des kleinen Wertes der Beschleunigung kann man aber die Verschiebung des Plasmas unter Einwirkung der Gravitation erst nach einer Zeitspanne von einigen zehn Millisekunden feststellen.

§ 46. Betatronstrahlung eines Plasmas im starken Magnetfeld

In der Energiebilanz eines in einer magnetischen Falle eingeschlossenen Plasmas kann unter bestimmten Bedingungen auch die sogenannte magnetische oder Betatron-Strahlung, die mit der LARMOR-Bewegung der Elektronen zusammenhängt, eine merkliche Rolle spielen. Nach den Gesetzen der klassischen Elektrodynamik strahlt ein beschleunigt bewegtes geladenes Teilchen elektromagnetische Energie ab. Für ein Elektron, das sich im Magnetfeld auf einer Schraubenbahn mit der Zentripedalbeschleunigung $v_\perp^2/\varrho_e$ bewegt, beträgt die in der Zeiteinheit abgestrahlte Energie

$$q_r = \frac{2}{3}\, r_0^2 \left(1 + \frac{W_e}{m_0 c^2}\right)^2 \frac{v_\perp^2}{c}\, H^2 \tag{7.64}$$

(r_0: klassischer Elektronenradius, W_e: kinetische Energie des Elektrons; in den uns interessierenden Fällen ist $W_e \ll m_0 c^2$).

Das Spektrum der Strahlung eines einzelnen Elektrons ist diskret. Es besteht aus der Hauptlinie mit der LARMOR-Frequenz eH/mc und ihren Harmonischen.[1]) Wenn die Elektronenenergie hinreichend klein gegenüber $m_0 c^2$ ist, so entfällt der größte Teil der abgestrahlten Energie auf die Grundfrequenz. Mit wachsendem W_e nimmt der Anteil der höheren Harmonischen an der Gesamtintensität der Strahlung rasch zu. Wenn man annimmt, daß die gesamte abgestrahlte Energie aus dem Plasma entweicht, so beträgt der Energieverlust eines Plasmas mit der Konzentration n_e und der Elektronentemperatur T_e infolge der magnetischen Strahlung

$$Q_r = \frac{4\, e^2}{3\, c}\, n\, \Omega \left(\frac{e\, H}{m_e\, c}\right)^2 \frac{k\, T_e}{m_e\, c^2}\,. \tag{7.65}$$

(Ω: Plasmavolumen.) Es wird dabei angenommen, daß $k\, T_e \ll m_0 c^2$ und die Geschwindigkeitsverteilung isotrop ist.

Die Größe Q_r kann man mit der Energie Q_K vergleichen, die bei thermonuklearen Reaktionen frei wird. Q_K ist proportional $n^2\, \Omega\, f(T)$, wobei $f(T)$ eine bekannte Funktion der Temperatur ist (es sei $T_e = T_i$). Deshalb gilt

$$\frac{Q_r}{Q_K} \sim \frac{H^2\, T}{n\, f(T)} \sim \frac{1}{\beta}\, F(T)$$

(β: Verhältnis des Plasmadruckes zum Druck des Magnetfeldes, $F(T) = \frac{T^2}{f(T)}$).

---

[1]) Infolge des Dopplereffektes zeigt sich bei Berücksichtigung relativistischer Effekte eine Abhängigkeit der Frequenz der n-ten Harmonischen von der Teilchengeschwindigkeit ($v_\parallel$ und $v_\perp$) und dem Winkel Θ zwischen Beobachtungsrichtung und Magnetfeld. Die genauere Formel lautet

$$\omega_n = \frac{n\, \omega_H \sqrt{1 - \dfrac{v^2}{c^2}}}{1 - \dfrac{v_\parallel}{c} \cos\Theta}$$

mit $$\omega_H = \frac{e\, H}{m\, c}\,.$$

Eine numerische Berechnung zeigt, daß im Deuteriumplasma bei beliebiger Temperatur und beliebigem β-Wert die gesamte magnetische Strahlung um ein Vielfaches größer als die durch thermonukleare Reaktionen frei werdende Energie ist. So beträgt z. B. das Verhältnis Q_r/Q_K bei $T = 5 \cdot 10^8$ im günstigsten Falle ($\beta = 1$) ungefähr 20. Für ein Deuterium-Tritium-Gemisch ist bei $\beta \approx 1$ innerhalb eines breiten Temperaturbereiches $Q_K > Q_r$.

Wenn also die magnetische Strahlung frei aus dem Plasma entweichen könnte, brächte das große Schwierigkeiten für den Bau eines thermonuklearen Reaktors mit positiver Energiebilanz mit sich. In Wirklichkeit ist die Lage wesentlich komplizierter. Im dichten Plasma wird ein großer Teil der der Grundfrequenz und den ersten Harmonischen angehörenden magnetischen Strahlung wieder reabsorbiert. Nur die relativ schwache Strahlung der höheren Harmonischen tritt nahezu ungeschwächt aus dem Plasma aus. Die schwierige Frage der Absorption der magnetischen Strahlung im Plasma wurde in Arbeiten von TRUBNIKOW sehr sorgfältig analysiert und vollständig geklärt.

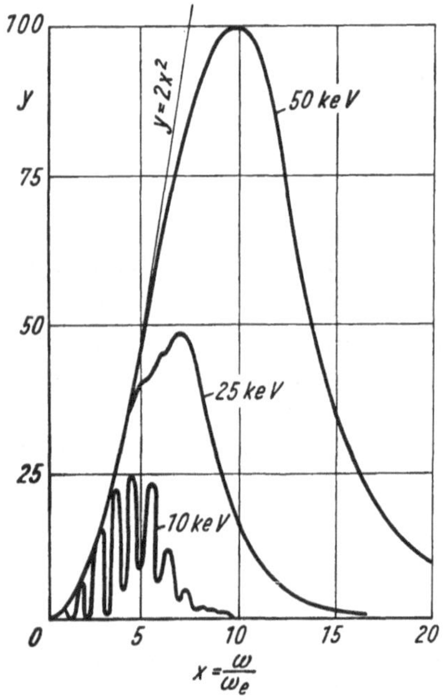

Abb. 116. Spektrum der magnetischen Strahlung

Die zugehörigen Elektronentemperaturen sind jeweils an den Kurven angemerkt

Eine Vorstellung von einigen Ergebnissen, die in den genannten Arbeiten erhalten wurden, gibt Abb. 116. Darin ist die spektrale Verteilung der Intensität der magnetischen Strahlung aufgetragen, die aus einer ebenen Plasmaschicht im Falle $\beta = 1$ austritt.

Auf der Abszisse ist die Frequenz in Einheiten von $\omega_e = \frac{eH}{m_e c}$ und auf der Ordinate die spektrale Intensitätsverteilung aufgetragen. Der Maßstab wurde so gewählt, daß das Spektrum des schwarzen Körpers im Bereich niedriger Frequenzen (d. h. dort, wo es durch das RAYLEIGH-JEANS-Gesetz beschrieben wird) durch die Parabel $y = 2\,x^2$ dargestellt wird.

Durch die Absorption im Plasma wird nicht nur die Intensität, sondern auch die spektrale Verteilung der Strahlung geändert. Am stärksten werden die Wellen mit niedriger Frequenz, d. h. die niedrigen Harmonischen der magnetischen Strahlung absorbiert. Deshalb werden im Spektrum der aus einer dicken Plasmaschicht austretenden Strahlung die höheren Harmonischen überwiegen, auf die im primären Spektrum ein relativ kleiner Teil der Intensität entfällt. Infolge der Absorption im Plasma wird das Spektrum der Strahlung von der Dicke der emittierenden Schicht abhängen. Es ist zweckmäßig, diese in dimensionslosen Einheiten anzugeben. Die dimensionslose Schichtdicke A sei durch die Beziehung

$$A = \frac{4 \pi n e}{H} a$$

gegeben.

Darin bedeutet a die Schichtdicke in Zentimetern. Die in Abb. 116 dargestellten Kurven entsprechen dem Fall $A = 10^4$. Die verschiedenen Kurven zeigen das Spektrum der magnetischen Strahlung für verschiedene Werte der Plasmatemperatur. Auffällig daran ist, daß bei einem Θ von 10 keV in der Spektralkurve deutlich getrennte Harmonische zu erkennen sind, während die Kurven bei höheren Temperaturen die für ein kontinuierliches Spektrum charakteristische Form besitzen. Der Grund dafür ist, daß wegen der thermischen Geschwindigkeitsstreuung die Elektronen verschiedene Massen und deshalb auch verschiedene Frequenzen $\omega = n \cdot \frac{eH}{m_0 c} \sqrt{1 - \frac{v^2}{c^2}}$ besitzen. Aus diesem Grunde verschmelzen bei hohen Temperaturen die den höheren Harmonischen entsprechenden Linien miteinander. Es ist ferner festzustellen, daß die Spektralkurven nirgends über die Grenzen des maximalen Niveaus hinausgehen, das in diesem Spektralbereich durch die Formel von RAYLEIGH-JEANS gegeben ist (wie es auf Grund der Grundgesetze der Strahlungstheorie zu erwarten ist).

Durch die Absorption der magnetischen Strahlung bei genügend dicker Plasmaschicht wird der elektromagnetische Energieabfluß in den Außenraum und damit der Strahlungsverlust stark herabgesetzt. Nach TRUBNIKOW kann man die gesamte Strahlungsleistung, die aus einer ebenen Plasmaschicht entweicht, durch die Beziehung

$$Q_r = Q_0 f_1(A, T) \tag{7.66}$$

darstellen. Q_0 bedeutet den Energiestrom bei fehlender Absorption und f_1 einen Faktor, der die Absorption der magnetischen Strahlung in der Schicht berücksichtigt. Die Größe Q_0 ergibt sich aus Formel (7.65); den Koeffizienten f_1 kann man aus den in Abb. 117 dargestellten Kurven entnehmen. Aus diesen Kurven folgt, daß bei $T_e = 5 \cdot 10^8$ und einer dimensionslosen Schichtdicke von $10^3 \cdots 10^4$ die abgegebene Strahlungsenergie durch die Reabsorption um zwei Größenordnungen herabgesetzt wird.

Mit Hilfe der angegebenen Kurven kann man bei vorgegebenen Grundparametern (T, H und n) die minimale Schichtdicke bestimmen, bei der die aus dem Plasma austretende Strahlungsenergie gleich der durch thermonukleare Reaktionen freigesetzten Energie wird. So beträgt z. B. die minimale Schichtdicke für Deuterium bei $T = 5 \cdot 10^8$, $n = 10^{14}$ und $H = 5 \cdot 10^4$ (unter diesen Bedingungen ist $\beta \approx 0{,}1$) etwa zwei Meter. In Wirklichkeit wird die Situation etwas günstiger sein, weil die dem fernen UR angehörende Strahlung ($10^{-1} \cdots 10^{-2}$ cm Wellenlänge) beim Auftreffen auf die Kammerwände einen Reflexionskoeffizienten von nahezu Eins hat. Deshalb wird der größte Teil der Energie wieder ins Plasma zurückgeführt. Grobe Abschätzungen zeigen, daß die Strahlungsverluste durch diesen Effekt um mindestens eine Größenordnung herabgesetzt werden können. Unter diesen Bedingungen werden die Strahlungsverluste wahrscheinlich keine wesentliche Rolle in der Energiebilanz dickschichtiger Hochtemperaturplasmen spielen,

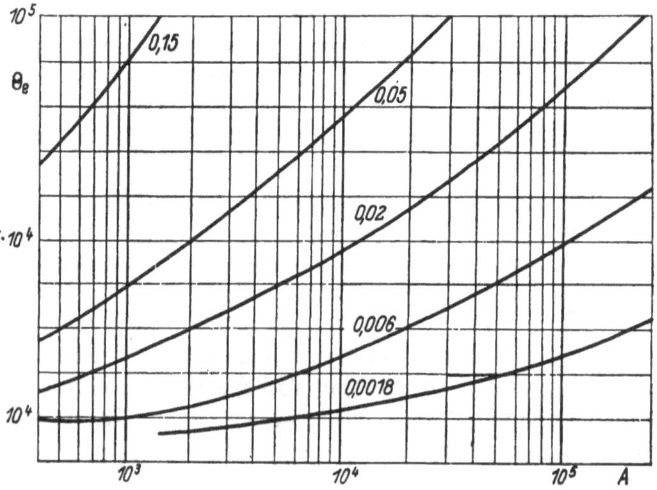

Abb. 117. Diagramme für f_1 für verschiedene Werte von A und Θ_e

zumindest für ein Deuterium-Tritium-Gemisch (sofern β nicht kleiner als 0,1 und die Temperatur nicht höher als einige zehn keV ist).

Unter den verschiedenen Typen von magnetischen Fallen, die zur langdauernden Einschließung eines Hochtemperaturplasmas und zur stationären Realisierung thermonuklearer Reaktionen vorgesehen sind, sind die Fallen mit magnetischen Pfropfen am empfindlichsten gegenüber der magnetischen Strahlung, weil man in diesen Systemen das Plasma zur Verhinderung des durch COULOMB-Stöße hervorgerufenen Teilchenabflusses auf äußerst hohe Temperaturen aufheizen muß.

KAPITEL VIII

Konkrete Typen magnetischer Fallen

§ 47. Stellarator. Struktur des Magnetfeldes. Teilchenbewegung

Zur Einschließung des Plasmas im Stellarator benutzt man äußere Magnetfelder, deren Kraftlinien allmählich um die Achse der Vakuumkammer rotieren, wobei sie bei aufeinanderfolgenden Umläufen eine vollständige toroidale Fläche bilden (die *magnetische Oberfläche*). Man muß betonen, daß es sich um ein äußeres Magnetfeld handelt, das durch eine Wicklung an der äußeren Kammeroberfläche erzeugt wird. Gerade dieser Umstand unterscheidet den Stellarator von Systemen, in denen die Drehung der Kraftlinien dadurch erreicht wird, daß sich im Inneren der Kammer ein stromführender Ringleiter befindet.

Es ist das Verdienst von SPITZER und Mitarbeitern, daß sie eine ganze Reihe von Methoden zur Durchführung der eben genannten *Rotationstransformation* der Kraftlinien sowohl durch geometrische Deformation der Kammer selbst als auch durch Hilfswicklungen an sonst üblichen Toroidkammern oder an Kammern in Rennbahnform fanden. Bevor wir konkrete Methoden zur Erzeugung solcher Felder beschreiben, wollen wir uns mit den allgemeinen geometrischen Eigenschaften der Rotationstransformation vertraut machen. Wir erläutern diese Frage an Hand des SPITZERschen Vortrages auf der Genfer Konferenz.

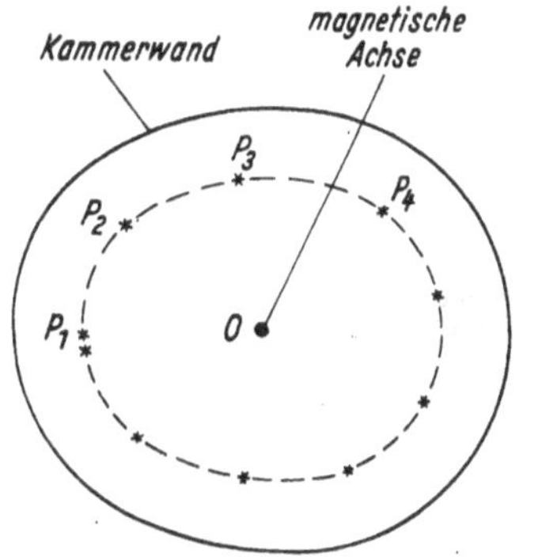

Abb. 118. Schema der Rotationstransformation

In Abb. 118 ist der Querschnitt einer Kammer dargestellt, in welcher voraussetzungsgemäß ein Magnetfeld existiert, das die uns interessierenden Eigenschaften besitzt. Wir wählen eine Kraftlinie aus, die nicht zu nahe an der Kammerwand verläuft.

Der Punkt P_1 möge die Spur dieser Kraftlinie im ausgewählten Schnitt (d. h. den Durchstoßpunkt der Kraftlinie durch die Zeichenebene) darstellen. Wir folgen dieser Kraftlinie. Nach einem Umlauf durch die Kammer durchsetzt die Kraftlinie erneut die im Bild dargestellte Fläche, diesmal in Punkt P_2. In einer Kammer mit einem gewöhnlichen Toroidalfeld fallen P_1 und P_2 zusammen. Wenn Spulen oder geometrische Deformationen vorhanden sind, die eine Rotationstransformation hervorrufen, wird der Punkt P_2 in bezug auf Punkt P_1 verschoben, wobei diese Verschiebung nahezu azimutal erfolgt. Bei den folgenden Umläufen durch die Kammer wird die Kraftlinie die ausgewählte Fläche nacheinander in den

Punkten P_3, P_4 usw. durchsetzen. Wenn man diese Punkte miteinander verbindet, werden sie nahezu eine geschlossene Kurve bilden. Damit man diese Kurve mit der größtmöglichen Genauigkeit zeichnen kann, muß man der Kraftlinie auf einem genügend langen Weg folgen, in dessen Verlauf sie viele Umläufe durch die Kammer erlebt. Nach N Umläufen erhalten wir auf der Fläche der Abb. 118 N Durchstoßpunkte. In der Grenze unendlich vieler Umläufe erzeugt die Kraftlinie eine zusammenhängende Kurve in der Zeichenebene, und im Raum eine Toroidoberfläche, deren Schnitt die eben genannte Kurve ergibt.

Auf Grund sehr allgemeiner geometrischer Überlegungen muß man hinzufügen, daß sich unter den Kraftlinien eine befindet, die keine Rotationstransformation erlebt und deshalb in sich geschlossen ist. Diese Kraftlinie nennt man die *magnetische Achse* des Systems. Ihre Spur auf der Fläche des in Abb. 118 dargestellten Schnittes wird durch den Punkt O gekennzeichnet. Man kann praktisch damit rechnen, daß die magnetische Achse mit der geometrischen Achse der Toroidkammer zusammenfällt.

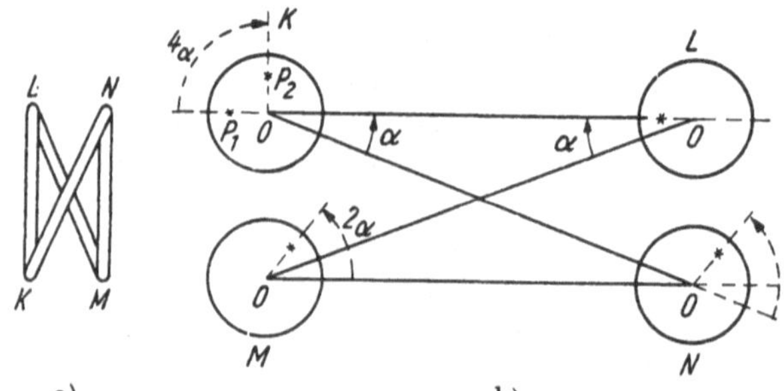

a) b)

Abb. 119
a) Projektion der Acht in einer Ebene senkrecht zur Verbindungslinie der Mitten der gekrümmten Abschnitte; b) Rotationstransformation im System vom Achtertyp

Als einfachstes System mit Rotationstransformation des Magnetfeldes erweist sich die Konfiguration des Achtertyps. In Abb. 119a ist eine Projektion der Kammer auf eine Fläche gezeigt, die senkrecht zu der Linie steht, die die Mitte der gekrümmten Abschnitte verbindet. Die Abschnitte $L\,M$ und $N\,K$ entsprechen den gekrümmten Kammerteilen. Sie liegen in Flächen, die unter dem Winkel α gegen die geraden Verbindungsabschnitte $K\,L$ und $M\,N$ geneigt sind. Um zu zeigen, wie die Rotationstransformation hier vor sich geht, sind auf Abb. 119b 4 Kammerquerschnitte dargestellt, die den Punkten K, L, M und N in Abb. 119a zuzuordnen sind. Die Projektion der magnetischen Achse des Systems wird durch die ausgezogene Linie dargestellt, die durch die Schnittzentren verläuft. Eine Kraftlinie möge im Schnitt K durch den Punkt P_1 gehen. Wenn man den weiteren Verlauf dieser Linie aufmerksam verfolgt, kann man feststellen, daß sie die Schnitte L, M und N gerade so durchsetzen muß, wie es durch die auf der Zeichnung zu sehenden Sternchen gekennzeichnet ist. Auf den Abschnitten $K\,L$ und $M\,N$ erfährt die Kraftlinie keine Drehung. Längs der gekrümmten Abschnitte $L\,M$

und $N K$ muß die betrachtete Kraftlinie in bezug auf die viermal um den Winkel α geknickte magnetische Achse gesehen werden. Wenn man das berücksichtigt, ist es nicht schwer, sich davon zu überzeugen, daß die Kraftlinie sich nach einem Umlauf um den Winkel $4\,\alpha$ gedreht hat. Der Drehungswinkel ist in dem jetzt untersuchten System unter idealen Bedingungen für alle Kraftlinien gleich groß und unabhängig von ihrer Lage relativ zur Achse. Bei realen Anordnungen wird die Theorie natürlich nur näherungsweise zutreffen. Man kann eine Rotation der Kraftlinien auch durch andere Methoden erzielen. Unter ihnen ist eine von größter Bedeutung, die auf der Ausnutzung spezieller Hilfswicklungen beruht, die in der Toruskammer ein transversales Magnetfeld bilden, dessen Stärke mit der Entfernung von der Kammerachse anwächst. Die Richtung der Kraftlinien ändert sich in diesem Falle dauernd, wenn man längs der Achse fortschreitet. Um eine Vorstellung von der Struktur eines solchen Feldes zu vermitteln, vereinfachen wir die Aufgabe und ersetzen die Toruskammer durch einen unendlichen Kreiszylinder. Wir setzen voraus, daß das Transversalfeld mit Hilfe einer Wicklung erzeugt wird, die aus $2n$ symmetrisch gelegenen Leitern besteht, von denen jeder die äußere Oberfläche der Kammer schraubenförmig umgibt, während die Ströme, die durch diese Leiter fließen, gleiche Größe haben, aber beim Übergang von einem Leiter zum anderen die Richtung wechseln (Abb. 120). Bei der zusätzlichen Aufprägung des Feldes, das durch eine solche Spiralwicklung erzeugt wird, ergibt sich im homogenen Longitudinalfeld eines einfachen Solenoids eine Drehung der Kraftlinien. Wenn man irgendeine Kraftlinie auswählt, die nicht zu nahe an den Wänden des Zylinders verläuft, und sie im Bereiche eines Kammerabschnittes verfolgt, dessen Länge die Steigung der Spiralwicklung um viele Male übertrifft, kann man sich davon überzeugen, daß sich die Kraftlinien allmählich um die Zylinderachse drehen. Hierbei liegt die Kraftlinie in ihrer ganzen Länge auf einer magnetischen Oberfläche.

Um in der schwierigen Geometrie der Kraftlinien und der von ihnen gebildeten magnetischen Oberflächen Klarheit zu erlangen, wenden wir uns den Darstellungen der Abb. 121 und 122 zu. Wir entnehmen sie den Arbeiten von Morosow und Solowjew, welche die Struktur des Spiralfeldes genau untersuchten. Auf der ersten dieser Zeichnungen ist der Schnitt magnetischer Oberflächen mit einer Ebene, die senkrecht zur Zylinderachse steht, schematisch dargestellt, wobei $n = 3$ gesetzt wurde. Die folgende graphische Darstellung dient zur detaillierten und genaueren Erklärung der ersten Darstellung. Zur Veranschaulichung können wir uns die magnetische Fläche erzeugt denken durch eine Bewegung des in Abb. 121 dargestellten Feldbildes in Richtung der magnetischen Achse bei gleichzeitiger Verdrehung um diese. Wenn die Schnittebene genau um eine Ganghöhe der Spiralwindung verschoben wurde, hat das Feld gerade eine volle Drehung erfahren.

Bei Betrachtung der Abb. 121 und 122 können wir uns davon überzeugen, daß die magnetischen Oberflächen in zwei unterschiedliche Klassen zerfallen. Zu der einen gehören die geschlossenen Oberflächen, die die Achse umgeben, zu der anderen die Oberflächen, die sich rings um die Leiter der Spiralfeldwicklungen winden. Die magnetische Grenzfläche, die diese zwei Klassen trennt, ist in den graphischen Darstellungen durch eine dick ausgezogene Linie gekennzeichnet. Für sie ist die Existenz spitzer Winkel charakteristisch. Die Lage dieser Separatrix genannten Fläche hat eine wichtige praktische Bedeutung, weil die Teilchen nur dann im Feld gehalten werden können, wenn ihre Bewegung im Inneren des Gebietes vor sich geht, das durch die Separatrix begrenzt wird. (Die außerhalb ver-

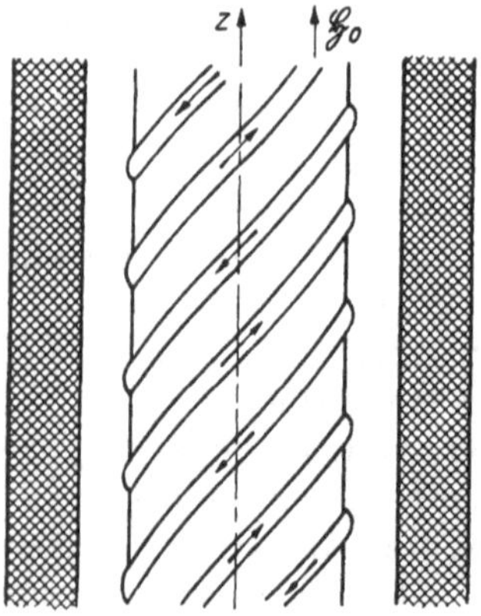

Abb. 120. Anordnung der Leiter zur Erzeugung des Spiralfeldes

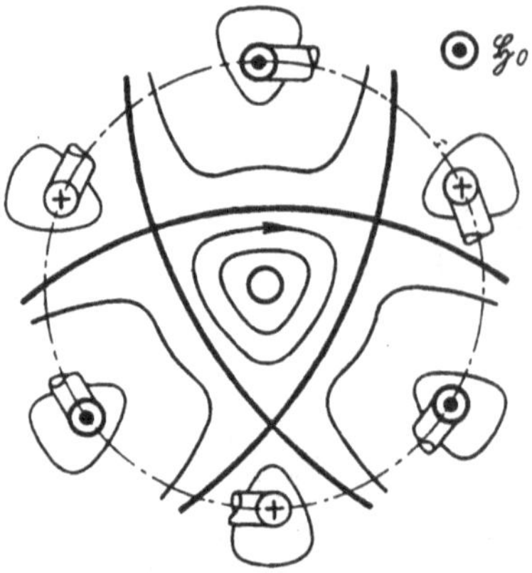

Abb. 121. Grobes Schema der magnetischen Oberflächen im Stellarator mit Spiralfeldwicklung

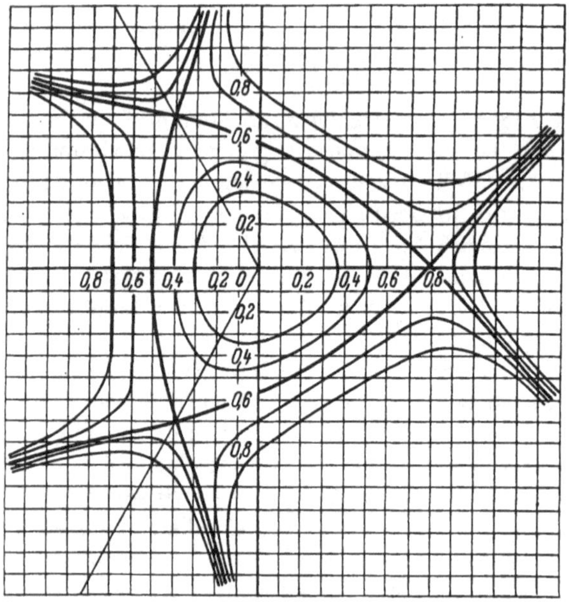

Abb. 122. Struktur der magnetischen Oberflächen für $n = 3$

laufenden Kraftlinien durchsetzen nämlich die Wand der Vakuumkammer an irgendeiner Stelle.) Wenn man den Strom in der Hilfsfeldwicklung vergrößert, und die longitudinale Feldstärke dabei konstant läßt, wird die Separatrix zur Achse des Zylinders hin gedrängt. Dementsprechend verkleinert sich das Gebiet, das als Behälter für geladene Teilchen bzw. ein Plasma benutzt werden kann.

Wir erläutern jetzt die geometrischen Eigenschaften der Kraftlinien, die auf magnetischen Oberflächen liegen, welche im Inneren der Separatrix gelegen sind. Eine Kraftlinie, die auf irgendeiner magnetischen Oberfläche liegt, dreht sich auch bei einer Verschiebung längs des Zylinders, aber sie dreht sich langsamer als die magnetische Oberfläche.

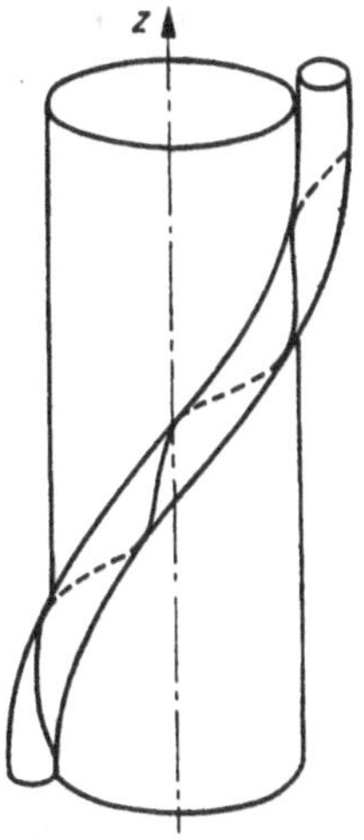

Abb. 123. Form der Kraftlinien innerhalb der Separatrix

Auf einem Abschnitt von genügend großer Länge dreht sich die Kraftlinie viele Male um die zugehörige magnetische Oberfläche. Die Form einer einzelnen Kraftlinie, die im Inneren der Separatrix verläuft, ist auf Abb. 123 dargestellt. Aus dieser Zeichnung ist ersichtlich, daß die Kraftlinie eine sehr komplizierte Spiralstruktur hat. Sie stellt eine Schraubenlinie mit der Steigung L/n (L: Steigung der Spiralwicklung) mit einem elliptischen Querschnitt dar. Die Achse dieser Schraube ist selbst eine Schraubenlinie mit wesentlich größerer Steigung, die sich rings um einen Zylinder schlingt. Die Feldstärke längs der Kraftlinie ist veränderlich. Sie ist an den Punkten am größten, die den größten Abstand von der z-Achse haben und am kleinsten an den Punkten, die sehr nahe an der Achse liegen. Die relative Größe der Feldstärkeänderung längs der Kraftlinie hängt vom Verhältnis der transversalen Komponente des Spiralfeldes zur axialen Feldkomponente ab. Bei realen Konstruktionen ist dieses Verhältnis klein, weil die Feldstärkeänderung längs der Kraftlinie nur einige Prozent oder noch weniger ausmacht.

Die hier gezeigte graphische Darstellung bezieht sich auf den einfachsten Fall eines Spiralfeldes, das im Inneren eines geraden Zylinders erzeugt wurde. In Wirklichkeit muß ein solches Feld im Inneren einer Toroidkammer oder einer Kammer mit Rennbahnform geschaffen werden. Es ist sehr wahrscheinlich, daß die Struktur des Magnetfeldes bei einem genügend kleinen Verhältnis des Radius der Plasmasäule zum Radius des Torus qualitativ so sein wird, wie bei einem geraden Zylinder. Dieses Resultat erhält man bei genauerer Berechnung der Spiralfelder in Toroidsystemen, die mit Hilfe von Rechenautomaten durchgeführt wurden.

Ein Spiralfeld vom Stellaratortyp besitzt zwei wichtige Eigenschaften, die für die Stabilität einer Plasmasäule eine große Rolle spielen. Die erste dieser Eigenschaften besteht darin, daß die Größe der Feldstärke mit Entfernung von der

Achse auf Grund des Anwachsens der Transversalkomponente von H anwächst.[1]) Die zweite Eigenschaft, die man bei einer Analyse der Geometrie des Spiralfeldes unschwer erkennen kann, besteht darin, daß die Steilheit der Kraftlinien beim Übergang von den inneren Bezirken zur Peripherie hin zunimmt. Der Winkel, den sie mit der Achse des Zylinders bilden, vergrößert sich. Auch im allgemeinen Falle ist der Winkel, um den sich die Kraftlinie bei einer bestimmten Verschiebung längs der Kammer verdreht, eine Funktion von r. Nur für $n = 2$ hängt er nicht von r ab, weil sich ein Transversalfeld ergibt, das bei kleinem Abstand von der Achse proportional zu r wächst.

In der Praxis ist es sehr wichtig zu wissen, mit welcher Genauigkeit eine Stellaratorspule vorbereitet und montiert werden muß, damit die Geometrie des Spiralfeldes sich so ergibt, daß die Kraftlinien im Grenzgebiet noch innerhalb der Kammer liegen.

Wie eine genaue Untersuchung der Frage, welche Toleranzen für die Elemente des magnetischen Systems des Stellarators zu fordern sind, ergibt, erweisen sich die an das genannte System zu stellenden Forderungen als sehr hart. Die relative Genauigkeit mit der Parameter wie Schraubensteigung, Abstand zwischen den Leitern, Spulendurchmesser usw. eingehalten werden müssen, ist von der Größenordnung 0,1%. Wenn diese Genauigkeit nicht garantiert werden kann, muß man mit einer merklichen Deformation der magnetischen Oberfläche rechnen und der zum Einschluß brauchbare Kammerquerschnitt wird reduziert.

Eine Näherungstheorie der Bewegung einzelner Teilchen in einem Stellarator mit Spiralfeld wurde von Morosow und Solowjew ausgearbeitet. Sie beruht auf der Annahme, daß bei einer Bewegung des Teilchens sowohl die *transversale adiabatische Invariante* $W_\perp/H$ als auch eine *longitudinale adiabatische Invariante* erhalten bleiben. Wir erinnern uns, daß für Teilchen, die an irgend einem Kraftlinienabschnitt angeheftet sind, die longitudinale Invariante gleich $\int v_\parallel \, dl$ ist, wobei das Integral zwischen den Punkten zu nehmen ist, in denen $v_\parallel$ zu Null wird. Bei einer Analyse der Bewegung von Teilchen, die sich frei längs der Kraftlinien bewegen, muß man den Ausdruck für die longitudinale Invariante etwas ändern; wir werden aber hier keine genaueren Angaben machen.

Für Teilchen mit genügend kleinem Larmor-Radius ist der Stellarator im Rahmen der erwähnten Annahmen eine ideale magnetische Falle. Die Bewegung der Teilchen in einer Meridional-Fläche (d. h. in der Fläche eines transversalen Schnittes) verläuft in erster Näherung auf einem Kreis. Das Zentrum dieses Kreises ist in Bezug auf die Achse der Falle um einen Abstand Δ verschoben. Für Teilchen, bei denen der Geschwindigkeitsvektor einen relativ kleinen Winkel mit den Kraftlinien bildet, wird die Verschiebung Δ durch den Ausdruck

$$\Delta \sim \frac{L}{2\pi}\left(\frac{2n\varrho}{R}\frac{H_0^2}{H_\perp^2}\right)^{\frac{1}{2n-3}} \tag{8.1}$$

bestimmt.

[1]) Innerhalb der Separatrix sind aber dennoch Richtungen vorhanden, in denen sich der Betrag von H bei Entfernung von der Achse verkleinert. Die Verkleinerung von H erfolgt in Richtung auf die Ecken des krummlinigen Dreieckes.

In diesem Ausdruck ist L die Schraubensteigung, R der Torusradius, ϱ der LARMOR-Radius und n die Symmetriezahl, d. h. die Zahl der selbständigen Leiter der Schraubenwicklung mit gleicher Stromrichtung. H_0 ist die Intensität des Longitudinalfeldes, $H_\perp$ die Intensität des Transversalfeldes, die durch die Spiralwicklung bei einem Achsenabstand von $L/2\pi$ entsteht. Formel (8.1) bezieht sich auf den Fall, daß $n \geqq 3$ ist. Bei $n = 1$ und $n = 2$ hat der Ausdruck für Δ folgendes Aussehen:

$$\Delta = \frac{L\varrho}{\pi R}\left(\frac{H_0}{H_\perp}\right)^2. \tag{8.1a}$$

Die Formeln (8.1) und (8.1a) kann man zur Bestimmung von Δ benützen, wenn der Winkel zwischen der Geschwindigkeit und dem Vektor $\mathfrak{H}$ nicht zu klein ist, und wenn man sich auf eine Analyse der Bewegung der Teilchen beschränkt, welche den ganzen Raum frei durchlaufen, ohne auf den Abschnitten maximaler Feldstärke eine starke Abbremsung zu erfahren. Für Teilchen, deren Bewegung innerhalb eines endlichen Feldabschnittes verläuft, wird die Größe der Verschiebung durch Ausdrücke anderer Art bestimmt, die wir nicht angeben werden.

Um den Einfluß der Torusform auf die Bewegung der Teilchen im Stellarator zu veranschaulichen, betrachten wir ein konkretes Beispiel. Es sei $R = 100$ cm, $H_0/H_\perp = 4$, $L = 60$ cm, $\varrho = 0{,}5$ cm (LARMOR-Radius des Deutons mit einer Energie von 10 kV in einem Feld von 40000 Oe). Bei diesen Parameterwerten und $n = 3$ wird $\Delta \approx 3{,}5$ cm, bei $n = 1$ und $n = 2$ ergibt sich $\Delta \approx 1{,}5$ cm. Von praktischem Interesse ist die Bestimmung des Δ für einen Stellarator mit Rennbahngeometrie. Dieser Fall ist jedoch in den bis jetzt veröffentlichten Arbeiten nicht genügend eingehend untersucht worden, wahrscheinlich infolge der Schwierigkeiten, die mit einer Bahnanalyse an den Übergangsstellen zwischen Halbkreissektionen und geradlinigen Abschnitten zusammenhängen. Zu den oben erwähnten Ausführungen über die Eigenschaften des Stellarators als magnetische Falle für einzelne Teilchen ist noch folgendes zu bemerken: Die Drifttheorie der Teilchenbewegung ist zur Lösung der Frage, ob die vorliegende magnetische Flasche zu den idealen gehört, unzureichend. Besonders, wenn man von der Bewegung der Teilchen im Spiralfeld des Stellarators spricht, müssen wir bei Benutzung der Driftnährung die Teilchenbahnen ausschließen, die eine sehr kleine Längsgeschwindigkeit haben. Solche Teilchen verweilen dauernd in einem kleinen Gebiet. Auf der Grundlage der Driftnäherung können wir nichts genaueres über die Eigenschaften ihrer Bahn sagen, und wir sind nicht imstande zu erklären, ob sie längere Zeit hindurch in der Flasche gehalten werden. Deshalb ist die vorsichtige Aussage, der Stellarator sei eine fast ideale Falle, richtiger. Der relative Anteil der Teilchen, die zu der oben erwähnten Gruppe mit unbestimmten Eigenschaften gehören, ist sehr klein. Deshalb hat der Unterschied zwischen den Bezeichnungen ideal und fast ideal kaum wesentliche Bedeutung.

§ 48. Gleichgewicht und Stabilität des Plasmas im Stellarator

Wesentliche Aufgabe des Stellarators ist es, als magnetische Flasche für ein genügend dichtes Plasma zu dienen. Deshalb darf man die Theorie des Stellarators nicht auf eine Behandlung des Verhaltens einzelner Teilchen beschränken. Hauptaufgabe der Theorie in der ersten Etappe ihrer Entwicklung ist die Untersuchung des Gleichgewichts und der Stabilität des Plasmas im Stellarator. In der magnetohydrodynamischen Näherung wird die Gleichgewichtskonfiguration des Plasmas bei isotroper Druckverteilung durch die Lösungen des folgenden Gleichungssystems bestimmt:

$$\operatorname{grad} p = \frac{1}{c}\, \mathfrak{j} \times \mathfrak{H}\,, \tag{8.2}$$

$$\mathfrak{j} = \frac{c}{4\pi} \operatorname{rot} \mathfrak{H}\,, \tag{8.3}$$

$$\operatorname{div} \mathfrak{H} = 0\,. \tag{8.4}$$

Infolge der komplizierten Struktur des Magnetfeldes kann man schwerlich erwarten, daß die Lösungen dieser Gleichungen in der einfachen Form geschlossener Ausdrücke dargestellt werden können. Man kann jedoch einige Schlußfolgerungen, die sich auf das Verhalten des Plasmas im Stellarator beziehen, aus den Gleichungen (8.2), (8.3) und (8.4) ziehen. Wie bereits in Kap. IV gesagt wurde, folgt aus Gleichung (8.2), daß der Plasmadruck längs jeder Kraftlinie konstant sein muß. Deshalb wird auch der Druck in Systemen vom Typ des Stellarators, wo jede Kraftlinie eine ganze magnetische Oberfläche erzeugt, auf dieser Oberfläche konstant sein. Wenn $\mathfrak{j}$ senkrecht zu grad p liegt, müssen auch die Stromlinien auf den magnetischen Oberflächen liegen (d. h., der Strom kann keine zur magnetischen Oberfläche senkrechte Komponente haben).

Behandeln wir nun den charakteristischen Unterschied zwischen dem Verhalten des Plasmas im einfachen Toroidalfeld[1]) und im Stellaratorfeld. Im Feld einer Toroidspule hat $\mathfrak{H}$ nur eine azimutale Komponente; in Übereinstimmung mit (8.3) ist die azimutale Komponente von $\mathfrak{j}$ gleich Null; der Strom fließt senkrecht zu den Kraftlinien. Gerade dieser Umstand führt dazu, daß im betrachteten Fall Lösungen des Gleichungssystems fehlen, die Plasmakonfigurationen in Toroidform entsprechen. Wenn die Longitudinalkomponente der Stromdichte Null ist, folgt tatsächlich aus Gleichung (8.2)

$$\mathfrak{j} = \frac{c}{H^2} [\operatorname{grad} p \times \mathfrak{H}]\,. \tag{8.5}$$

Wie in Kapitel IV gesagt wurde, ist diese Gleichung mit div $\mathfrak{j} = 0$ unvereinbar. Mit anderen Worten, das Plasma kann in Form eines Ringes nur dann existieren, wenn der Strom eine Längskomponente besitzt. Wenn die Längskomponente des Stromes nicht Null ist, bestimmt (8.5) nicht die volle Größe des Vektors $\mathfrak{j}$, sondern nur seine zu $\mathfrak{H}$ senkrechte Komponente; deshalb entsteht kein Widerspruch zur Forderung div $\mathfrak{j} = 0$. Dieser Situation begegnen wir, wenn wir von einem System

[1]) Ohne Berücksichtigung des Längsstromes, der durch Induktion entsteht.

mit einfachem Toroidfeld zum Stellarator übergehen. Im Plasma, das vom Spiralfeld des Stellarators gehalten wird, fließen diamagnetische Ströme so, daß der Vektor $\mathfrak{j}$ mit dem Vektor $\mathfrak{H}$ einen Winkel bildet, der von 90° verschieden ist. Das Auftreten einer Längskomponente von $\mathfrak{j}$ ist in diesem Falle durch die komplizierte Struktur des Feldes bedingt.[1]) Wie SPITZER bemerkt, liegt der physikalische Sinn der Längsströme im Stellarator darin, daß sie eine durch die Toroidaldrift bedingte Ladungstrennung verhindern. Raumladungen mit entgegengesetztem Vorzeichen, die bei einer Drift im inhomogenen Feld gebildet werden, werden längs der Kraftlinien einander entgegenfließen und sich neutralisieren.

Im Stellarator kann β nicht an Eins herankommen, weil die vom Plasma herrührenden magnetischen Eigenfelder die Struktur des Spiralfeldes nicht wesentlich verändern und die magnetischen Oberflächen nicht merklich deformieren dürfen. Wenn β genügend klein gegen Eins ist, kann man zur Lösung des Gleichungssystems die Methode der schrittweisen Näherung anwenden, weil in diesem Falle die geometrische Struktur des Feldes in der mit Plasma gefüllten Falle die für einen Stellarator charakteristischen Eigenschaften beibehält.

H_0 sei die Feldstärke im Vakuum. Weiter wollen wir eine gewisse Anfangsverteilung des Plasmadruckes im magnetischen System annehmen. Dabei hat die Willkür breiten Raum, sie wird nur durch folgende zwei offensichtlich notwendigen Forderungen eingeschränkt:

1. Die Größe β muß an jedem beliebigen Punkt klein gegen Eins sein (ihr Maximalwert geht aus der Berechnung selbst hervor).
2. Der Plasmadruck darf sich längs einer Kraftlinie nicht ändern, weil er in allen Punkten ein und derselben magnetischen Oberfläche den gleichen Wert haben muß.

Bei magnetischen Oberflächen, die außerhalb der Separatrix des Spiralfeldes liegen, muß die Größe des Druckes Null werden. Wir bezeichnen die Anfangsgröße des Plasmadruckes mit p_0. Der erste Schritt einer schrittweisen Näherung muß dann in einer Bestimmung der Stromdichte im Plasma bestehen. Man erhält sie aus der Grundgleichung (8.2).

$$\operatorname{grad} p_0 = \frac{1}{c} [\mathfrak{j}_1 \times \mathfrak{H}_0] \,.$$

Wenn wir $\mathfrak{j}_1$ kennen, können wir die geringe Feldstärkeänderung, die durch die diamagnetischen Eigenschaften des Plasmas bedingt ist, errechnen. Einen genaueren Wert der Feldstärke erhält man aus

$$\operatorname{rot} \mathfrak{H}_1 = \frac{4\pi}{c} \mathfrak{j}_1 \quad \text{und} \quad \operatorname{div} \mathfrak{H}_1 = 0 \,.$$

Beim Übergang von H_0 zu H_1 muß man an p_0 eine Korrektur vornehmen. Die verbesserte Größe des Druckes p_1 muß so ausgewählt sein, daß sie den Forderungen nach Druckstabilität auf den magnetischen Oberflächen des Feldes H_1 gerecht

[1]) Diese Komponente darf man nicht mit dem Längsstrom verwechseln, der im Stellarator durch äußere Spannungsquellen erzeugt wird und zur ersten Aufheizung des Plasmas dient.

wird. Dem neuen Wert des Druckes entspricht die folgende Approximation der Dichte des diamagnetischen Stromes, die durch

$$\operatorname{grad} p_1 = \frac{1}{c}\, \mathfrak{j}_2 \times \mathfrak{H}$$

bestimmt wird.

Mit $\mathfrak{j}_2$ können wir zur folgenden Approximation der Feldstärke übergehen usw.

Die eben vorgeführte Methode zur Berechnung der wesentlichen Größen, die den Gleichgewichtszustand des Plasmas im Stellarator charakterisieren, wenden wir nur an, wenn β klein gegen Eins ist. Eine detaillierte theoretische Analyse zeigt, daß die Verzerrung der magnetischen Oberflächen, die durch diamagnetische Ströme im Plasma bedingt ist, schon bei $\beta > 0{,}01$ so groß wird, daß sich die Geometrie des resultierenden Feldes stark von der anfänglichen unterscheidet, und die Falle verliert die Fähigkeit, das Plasma einzuschließen.

Die theoretische Gruppe in Princeton widmete der Analyse der Stabilität im Stellarator große Aufmerksamkeit. Ihr wesentlichstes Ergebnis im Rahmen der magnetohydrodynamischen Näherung besteht darin, daß ein Gleichgewichtsplasma, das nicht der Einwirkung äußerer Kräfte unterworfen ist, in Bezug auf die gefährlichsten Störungen, über die in § 42 berichtet wurde, stabil ist.

Die theoretisch begründete Stabilität der Plasmasäule im Stellarator beruht auf den Eigenschaften des Spiralfeldes. Eine wesentliche Rolle spielt hierbei das schnelle Anwachsen der Transversalkomponente des magnetischen Feldes mit der Entfernung von der magnetischen Achse. Dank dem Umstand, daß die Transversalkomponente des Feldes schneller wächst als die erste Potenz von r, werden die Kraftlinien umso stärker gedreht, je weiter entfernt sie von der Achse verlaufen. Eine solche Feldstruktur erschwert die Entwicklung von Austausch- und Rippendeformationen, weil die Kraftlinien sich nicht „entwirren" können.

Für ein Plasma, das sich in der Phase der OHMschen Aufheizung befindet, ist die Aussage über die Stabilität weniger günstig. Eine Schwächung der Stabilität zeigt sich in diesem Falle vor allem darin, daß sich bei großem Längsstrom im Stellarator Störungen des gleichen Typs entwickeln, denen man im einfachen Torusbehälter begegnet. In beiden Fällen wird die Grenze des Stabilitätsgebietes durch das KRUSKAL-SCHAFRANOW-Kriterium bestimmt, dessen Sinn, wie schon in Kap. VI gesagt wurde, darin besteht, daß eine Kraftlinie des resultierenden magnetischen Feldes, die auf der Oberfläche des Plasmas liegt, auf der ganzen Plasmaringlänge weniger als einmal rings um die Säule verläuft. Um eine mathematische Formulierung des Kriteriums für die OHMsche Aufheizung des Plasmas im Stellarator zu erhalten, bemerken wir, daß die Drehung der Kraftlinien in diesem Falle von zwei Ursachen herrührt. Beim Fehlen des Längsstromes im Plasma ist sie bedingt durch die Spiralstruktur des Magnetfeldes, die von äußeren Spulen erzeugt wird. Das Auftreten des Stromes im Plasma führt dazu, daß sich die Drehung der Kraftlinien um die magnetische Achse, in Abhängigkeit von der Stromrichtung, entweder vergrößert oder verringert. Das erste tritt ein unter der Bedingung, daß das Stromfeld in der Richtung mit der Rotationsrichtung von $\mathfrak{H}$

zusammenfällt. Im entgegengesetzten Falle führt die Existenz des Stromes zu einer Auflockerung der Spiralen des Stellaratorfeldes.

In diesem letzteren Falle wird die Drehung der Kraftlinien des resultierenden Magnetfeldes bei genügend großer Stärke des Längsstromes im Plasma in einer Richtung verlaufen, die der durch die Spiralspule eingeprägten entgegengesetzt ist. Ein solcher Zustand kann offensichtlich nicht realisiert werden, weil vor seinem Erreichen das Gleichgewicht des Plasmaringes gestört wird. Eine Störung des Gleichgewichtes tritt bei einer Stromstärke ein, die einer völligen Entwirrung und Glättung der Kraftlinien entspricht. Hierzu ist nötig, daß die Verdrehung der Kraftlinien, die durch den Strom im Plasma bedingt ist, die durch die Spiralspule verursachte Drehung des Feldes kompensiert.

Wenn man das berücksichtigt, ist es nicht schwer, für den Stellarator mit Längsstrom ein Stabilitätskriterium zu erhalten, das dem Kriterium von KRUSKAL-SCHAFRANOW analog ist. Wenn die Richtungen der Feldverdrehung, die durch Strom und durch Spiralspule hervorgerufen werden, zusammenfallen, hat die Stabilitätsbedingung folgendes Aussehen:

$$\frac{2J}{c r_0} < H_z \frac{r_0}{L} (2\pi - \psi) . \tag{8.6}$$

Im entgegengesetzten Falle hat die Bedingung folgende Form:

$$\frac{2J}{c r_0} < H_z \frac{r_0 \psi}{L} . \tag{8.7}$$

Die Größen in dieser Gleichung haben folgenden Sinn: J ist die Stärke des Längsstromes, H_z ist die Längskomponente des äußeren Feldes, r_0 ist der Säulenradius (wobei vorausgesetzt wird, daß die Säule eine scharfe Grenze hat), L ist die Länge der Stellaratorkammer und ψ ist der Winkel der Rotationstransformation. Der Einfachheit halber wird angenommen, dieser Winkel sei kleiner als 2π. Wenn $\psi > 2\pi$ ist, muß in der Ungleichung (8.6) die Differenz $2\pi - \psi$ durch $2\pi n - \psi$ ersetzt werden, wobei n die kleinste positive ganze Zahl ist, die $2\pi n > \psi$ erfüllt.

In (8.7) muß man dann $\psi - 2\pi (n - 1)$ an Stelle von ψ einsetzen. Der geometrische Sinn dieser Substitution ist leicht zu verstehen: Im Falle $\psi > 2\pi$ tritt die Instabilität gerade bei einer Plasmastromstärke auf, der ein durch 2π teilbarer Verdrehungswinkel entspricht.

Nehmen wir nun an, das Stabilitätskriterium von KRUSKAL-SCHAFRANOW sei erfüllt. Dann sollte man damit rechnen können, daß der Prozeß der OHMschen Aufheizung des Plasmas im Stellarator ruhig verläuft. Eine solche Vermutung ist tatsächlich richtig, allerdings nur in gewissen Grenzen. Neben der Erfüllung der Stabilitätsbedingung (8.6) bzw. (8.7) muß man weiter fordern, daß keine scharfen Formverzerrungen der Säule auftreten, mit denen die Bildung von Plasmaprotuberanzen und die Ausstoßung der Substanz gegen die Wand einhergehen mit Geschwindigkeiten, die mit der thermischen Geschwindigkeit der Teilchen vergleichbar sind. Mit anderen Worten, (8.6) kann man als Verbot für starke Instabilitäten bezeichnen. Es bleiben jedoch schwache Instabilitäten vom Typ einer anomalen Diffusion, die offensichtlich auch bei Stromstärken auftreten, die bedeutend geringer sind als die, welche einer Erfüllung des Kriteriums von KRUSKAL-SCHAFRANOW entsprechen.

Diese Instabilität, die bei OHMscher Aufheizung des Plasmas im einfachen Toroidfeld und im Spiralfeld des Stellarators auftritt, haben wir nur flüchtig erwähnt. Ihre charakteristischen Züge und möglichen Ursachen werden nach Darlegung der grundlegenden experimentellen Resultate, die im Verlauf einer fast zehnjährigen Forschungsperiode an Stellaratoren erhalten wurden, erörtert werden.

§ 49. Konstruktion eines Stellarators. OHMsche Aufheizung. Magnetisches Pumpen

Die Konstruktion eines Stellarators ist in Abb. 124 schematisch dargestellt. Die Anlage hat das Aussehen einer Rennbahn. Um ein Längsfeld zu erhalten, benützt man eine gewöhnliche Wicklung, die über die ganze Länge des Raumes verteilt ist. Schraubenwicklungen befinden sich nur auf den krummlinigen Abschnitten. Die Vakuumkammer wird aus dünnem, nichtrostendem Stahl hergestellt; zur Entgasung kann man sie ausheizen.

Gasionisation und Vorheizung des Plasmas werden gegenwärtig durch einen Längsstrom erreicht, der in der Kammer durch Induktion erzeugt wird. Um einen Strom in der Metallhülle der Kammer zu verhindern, macht man in ihr einen isolierenden Schnitt, in den man einen Ring aus wärmebeständigem Dielektrikum einsetzt. In einem der geraden Abschnitte der Kammer ist eine Anordnung angebracht, die ein Hochfrequenzfeld erzeugt, das die Hauptfunktion der Auf-

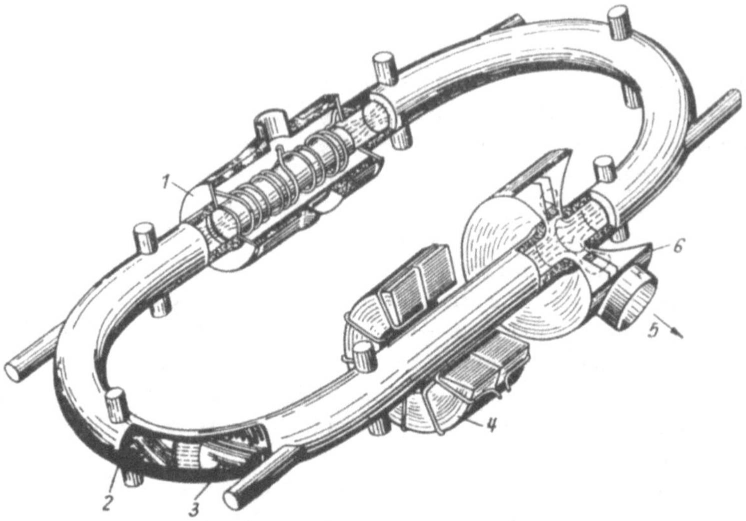

Abb. 124. Stellarator vom Rennbahntyp mit Divertor und einem Abschnitt für Resonanzaufheizung

1 — Anordnung der Resonanzaufheizung des Plasmas; 2 — Längsfeldwicklung; 3 — Spiralfeldwicklung; 4 — Transformator für die OHMsche Aufheizung; 5 — Pumpstutzen; 6 — Divertor

heizung übernimmt. (Über die Methoden der Hochfrequenzaufheizung des Plasmas in Stellaratoren wird im weiteren noch einiges gesagt werden.) Der andere gerade Abschnitt dient zur Anbringung des Divertors.

Die Aufgabe dieses interessanten Elementes am Stellarator besteht darin, die Wechselwirkung des Plasmas mit den Wänden zu verringern und die Schmutzatome zu hindern, als Beimischung in die Tiefe der Plasmasäule einzudringen. Das erreicht man durch eine starke Veränderung der Magnetfeldform, wobei die äußeren Kraftlinien nach außen abgelenkt werden. Der Aufbau des Divertors ist in Abb. 125 schematisch dargestellt. Damit $\mathfrak{H}$ geschwächt und die Kraftlinien so umgebogen werden, wie es auf der Zeichnung dargestellt ist, fließt der Strom in der mittleren Spule *2* in einer Richtung, die dem Strom in der Hauptspule *3* entgegengesetzt ist. Wenn man den Kraftlinien am Divertor folgt, kann man sehen, daß der gesamte Fluß, der im homogenen Feld in den Grenzen eines Ringes mit dem Minimalradius r_1 und dem Maximalradius r_2 liegt, in die Kammer des Divertors gelenkt wird. Wenn sich ein Atom von der Kammerwand löst, so ionisiert es in der Oberfläche der Plasmasäule, bewegt sich als Ion längs der äußeren Kraftlinien und gelangt in die Kammer des Divertors, wo es erneut auf eine Wand auftrifft und in sie hineingeschlagen wird. Aus der Kammer des Divertors kann das Atom schwerlich wieder in das Innere der Stellaratorkammer gelangen. Das von der Oberfläche freikommende neutrale Atom gelangt nur dann wieder in das Plasma, wenn die Anfangsrichtung seiner Bewegung in den Grenzen eines verhältnismäßig kleinen Raumwinkels liegt, unter dem der Eingangsspalt des Divertors sichtbar ist. In allen anderen Fällen gelangt das ausgestoßene Atom auf die Kammeroberfläche des Divertors. Experimentelle Untersuchungen des Divertors wurden am Stellaratormodell B-65 durchgeführt. Die Konzentration der Beimischungen und die Temperatur des Plasmas wurden bei Vorhandensein eines Divertors und ohne Divertor spektroskopisch bestimmt. Die Erfahrungen haben gezeigt, daß die Konzentration der Beimischungen in diesem konkreten System bei Einfügung eines Divertors um den Faktor $^1/_2$ bis $^1/_3$ verbessert wird.

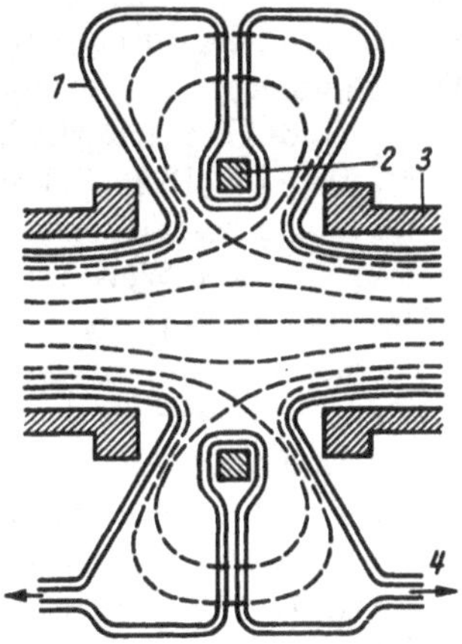

Abb. 125. Divertor im Schnitt (schematisch)

1 – Kammerwand; *2* – mittlere Spule; *3* – normale Feldspulen; *4* – Pumpstutzen

Um ein hochtemperiertes Plasma im Stellarator zu erhalten, kann man die verschiedensten Methoden anwenden. Am natürlichsten erweist sich die Benutzung zweier Aufheizungsmechanismen: Zuerst die OHMsche Aufheizung des Plasmas durch den Eigenstrom und danach Erhöhung der Temperatur durch Einwirkung eines hochfrequenten Magnetfeldes auf das Plasma. Bezüglich der OHMschen Aufheizung gelten die Überlegungen, die schon in Kap. VI bei der Analyse der quasistationären Entladungen in Toroidkammern dargelegt wurden. Damit in diesem Stadium des Prozesses eine wirksame Temperaturerhöhung erreicht wird, muß man unbedingt die Stabilität der Plasmasäule aufrecht erhalten, d. h. die Ungleichung (8.6) erfüllen. Außerdem muß man, um eine intensive Entwicklung der Beschleunigungsprozesse für Elektronen im elektrischen Feld zu vermeiden, danach streben, daß $\mathfrak{E}$ im Vergleich zur kritischen Größe $\mathfrak{E}_k$, die in (3.18) bestimmt wurde, genügend klein ist. Der Temperaturunterschied zwischen Elektronen- und Ionengas während der OHMschen Aufheizung hat keine besondere Bedeutung, weil ein Temperaturausgleich zwischen den beiden Komponenten des Plasmas im Stellarator auch nach Beendigung der OHMschen Aufheizungsphase erfolgen kann, denn die Existenz der Plasmasäule ist auch nach Verschwinden des Längsstromes gesichert. Bei gleicher magnetischer Feldstärke wird die im Stellarator zulässige Stromstärke, die durch (8.6) bestimmt wird, bedeutend niedriger sein als in einer Toroidkammer mit gleichem Durchmesser der Plasmasäule, weil r_0/L im Stellarator wegen des konstruktiven Charakters (kompliziertes Spulensystem) verhältnismäßig klein ist. Deshalb kann die OHMsche Aufheizung im Stellarator nur zu verhältnismäßig bescheidenen Resultaten führen; es wird kaum gelingen, die Temperatur auf diese Weise auf mehr als 10^6 Grad zu bringen.

Die Hauptgefahr in der Phase der OHMschen Aufheizung besteht in einer schwachen Instabilität vom Typ der anomalen Diffusion. Über diese Erscheinung wurde schon weiter oben bei der Darlegung der experimentellen Daten gesprochen, die sich auf quasistationäre Entladungen in toroidalen Kammern beziehen. Wie wir im weiteren sehen werden, ist sie auch für den Prozeß der Plasmaaufheizung im Stellarator von wesentlicher Bedeutung, weil sie das Haupthindernis für eine wirkungsvolle Durchführung der ersten Phase dieses Prozesses bildet.

Wir lassen die Frage über die Rolle der anomalen Diffusion im Prozeß der OHMschen Aufheizung des Plasmas offen und stellen fest, daß man zur weiteren Erhöhung der Temperatur unbedingt andere Methoden einsetzen muß. In diesem Stadium der Aufheizung kann man entweder die periodische Kompression des Plasmas durch ein veränderliches Magnetfeld (*magnetisches Pumpen*) anwenden, oder eine Resonanzbeschleunigung der Ionen unter Einwirkung eines hochfrequenten elektromagnetischen Feldes, dessen Periode der Periode des Ionenumlaufes im konstanten Hauptfeld gleich ist (*Zyklotronresonanz*).

Wir betrachten zunächst den Mechanismus des magnetischen Pumpens. Damit unter der Einwirkung des periodisch wechselnden Feldes eine wirksame Aufheizung des Plasmas erfolgen kann, ist eine bestimmte Beziehung zwischen der Periode der Feldänderung und einer der charakteristischen Zeiten, die die Prozesse im Plasma regieren, nötig. Als Beispiel betrachten wir eine Variante des magnetischen Pumpens, bei der ein wechselndes Magnetfeld der Frequenz ω, die nahezu gleich der Frequenz der COULOMB-Stöße zwischen den Teilchen ν ist, auf das Plasma einwirkt. Dieses ω ist im Vergleich zu den LARMOR-Frequenzen der Ionen und Elektronen sehr klein. Deshalb wird sich im veränderlichen Feld im Verlauf der Zeit zwischen zwei Stößen die Größe $W_\perp$ für jedes Teilchen proportional zu $\mathfrak{H}$ ändern. Diese zeitliche Änderung von $W_\perp$ bedeutet, daß die normale Verteilung der kinetischen Energie auf die Freiheitsgrade, die verschiedenen Bewegungsrichtungen der Teilchen entsprechen, gestört ist. Im veränderlichen Magnetfeld wird also die einfache Beziehung $W_\perp = 2\,W_\parallel$, die für ein Plasma mit isotroper Geschwindigkeitsverteilung gilt, nicht mehr erfüllt sein. Wie man sich leicht überzeugen kann, wird der Zustand eines Plasmas, das sich im periodisch veränderlichen Magnetfeld befindet, im wesentlichen von der Beziehung zwischen ω und der Stoßfrequenz ν abhängen. Wenn $\omega \gg \nu$ ist, wird $W_\perp$ um einen Mittelwert schwanken, welcher der konstanten Komponente von H entspricht, und $W_\parallel$ wird konstant bleiben. Hierbei erfolgt keinerlei Aufheizung des Plasmas. Völlig andere Verhältnisse ergeben sich bei $\omega \approx \nu$. In diesem Falle wird der Energieaustausch zwischen den verschiedenen Freiheitsgraden, der zur Wiederherstellung der isotropen Geschwindigkeitsverteilung führt, eine wesentliche Rolle spielen. Dank diesem Umstand muß eine irreversible Energieübertragung aus dem Felde ins Plasma erfolgen, und folglich wird die Temperatur des Plasmas ansteigen.

Damit wir uns diesen Aufheizungsmechanismus verständlich machen können, betrachten wir ein einfaches Beispiel. Die Feldstärke möge zu einem gewissen Zeitpunkt sehr schnell vom Anfangswert H_0 auf $H_1 = H_0 \cdot (1+\alpha)$ anwachsen. Wir nehmen an, α sei klein gegen 1. Wenn die anfängliche kinetische Energie der Teilchen gleich W_0 war, so wird sie nach einem sprunghaften Anwachsen des Feldes gleich

$$\frac{2}{3} W_0 (1+\alpha) + \frac{1}{3} W_0 = W_0\left(1 + \frac{2}{3}\alpha\right).$$

Die gesamte Energiezunahme entfällt dabei nur auf $W_\perp$. Wenn die Feldstärke H_1 im Verlaufe der Zeit $1/\nu$ konstant erhalten bleibt, wird sich am Ende dieses Zeitabschnittes die Anisotropie der Geschwindigkeitsverteilung praktisch ausgeglichen haben, und $W_\perp$ hat sich auf $\frac{2}{3} W_0\left(1 + \frac{2}{3}\alpha\right)$ verkleinert. Wenn die Feldstärke jetzt durch einen Sprung zum Anfangswert zurückkehrt, so fällt $W_\perp$ auf

$$\frac{2}{3} W_0 \frac{1 + \frac{2}{3}\alpha}{1+\alpha} = \frac{2}{3} W_0\left(1 - \frac{1}{3}\alpha + \frac{1}{3}\alpha^2 + \cdots\right).$$

$W_\parallel$ behält den Wert $\frac{1}{3} W_0\left(1 + \frac{2}{3}\alpha\right)$. Auf diese Weise wird, nachdem die Feldstärke erneut zu H_0 wird, die gesamte kinetische Energie

$$W_\perp + W_\parallel = W_0\left(1 + \frac{2}{9}\alpha^2\right).$$

Diesen Prozeß kann man fortsetzen, indem man die Feldstärke im Verlaufe eines Zeitabschnittes, der auch mit $1/\nu$ vergleichbar ist, auf der Anfangsstufe läßt und danach erneut von H_0 auf H_1 erhöht. Nach dem zweiten Rechteckimpuls wird die volle Energie der Teilchen zu $W_0\left(1 + \frac{4}{9}\alpha^2\right)$. Sie wird proportional zur Zahl der Impulse anwachsen, d.h. proportional zur Aufheizungszeit. Eine genauere

Berechnung zeigt, daß bei Feldstärkeänderung nach dem Gesetz

$$H = H_0 (1 + \alpha \sin \omega t) \tag{8.8}$$

die Teilchenenergie mit der Zeit nach dem Gesetz

$$\frac{dW}{dt} = \frac{\alpha^2}{6} \frac{\omega^2 \nu}{\frac{9}{4} \nu^2 + \omega^2} W \tag{8.9}$$

anwächst.

Die schnellste Energiezunahme tritt bei $\omega \approx \nu$ ein. Diese Aufheizungsmethode ist am wirkungsvollsten, wenn die Plasmatemperatur noch nicht zu hoch ist, weil $\nu \sim T^{-3/2}$ ist; folglich ist $\frac{dW}{dt}$ bei gegebenen Werten von α und ω proportional zu $T^{-1/2}$.

Um die eben besprochene Methode des magnetischen Pumpens in einem geraden Abschnitt des Stellarators zu verwirklichen, muß man eine spezielle Spule einbauen, die ein Hochfrequenzfeld der nötigen Frequenz und möglichst großer Amplitude liefert.

Es gibt auch viele andere Varianten der Plasmaaufheizung durch veränderliche magnetische Felder. Unter ihnen ist besonders die Ausnutzung der magnetoakustischen Resonanz erwähnenswert, bei der die Frequenz des magnetischen Feldes so gewählt wird, daß sie annähernd mit einer der Resonanzfrequenzen der Schallschwingungen des Plasmas im geraden Abschnitt des Stellarators zusammenfällt. Diese Frequenzen müssen ihrer Größenordnung nach bei $\frac{H}{\sqrt{4 \pi \varrho}} \cdot \frac{1}{d}$ liegen, wobei d den Durchmesser des Bereiches bezeichnet, der vom Plasma eingenommen wird und ϱ die Substanzdichte ist. Eine Aufheizung des Plasmas unter der Wirkung eines veränderlichen Feldes kann auch dann erfolgen, wenn die Periode der Feldänderung gerade der Zeit entspricht, in der ein Ion die felderzeugende Spule durchläuft.

§ 50. Aufheizung der Ionen mit Zyklotronresonanz

Großes Interesse findet auch die auf der Zyklotronresonanz beruhende Methode der Ionenaufheizung. Bei dieser Methode wird dem longitudinalen magnetischen Hauptfeld H_0 eine veränderliche Komponente mit (im Vergleich zu H_0) kleiner Amplitude und einer Frequenz ω, die der LARMOR-Frequenz der Ionen im Feld der Stärke H_0 entspricht, überlagert. Damit wir uns von den dabei ablaufenden Prozessen ein Bild machen können, wenden wir uns Abb. 126 zu, auf der ein Schnitt durch eine Plasmasäule senkrecht zu den Kraftlinien dargestellt ist. Die veränderliche Komponente des Magnetfeldes induziert ein elektrisches Feld E_φ mit der Frequenz ω. Bei Zylindersymmetrie ist $\mathfrak{E}$ azimutal gerichtet, und folglich werden die Feldlinien konzentrische Kreise. Wir nehmen zunächst an, das Plasma sei so dünn, daß man es als Ansammlung unabhängiger Teilchen betrachten kann. In diesem Falle wird unter der Einwirkung des veränderlichen elektrischen Feldes eine Resonanzbeschleunigung der Ionen erfolgen. Die Ionen durchlaufen dann eine Spiralbahn, und ihre Geschwindigkeit in der zu $\mathfrak{H}$ senkrecht stehenden Fläche wird proportional der Zeit, während der das veränderliche Feld wirkt, anwachsen. In der Zeit t, in deren Verlauf ein Ion den Abschnitt des Stellarators durchläuft, in dem das Wechselfeld existiert, wächst seine Energie um $\Delta W \approx \frac{e^2 \overline{E}^2 t^2}{2 m_i}$, wobei $\overline{E}$ den quadratischen Mittelwert des elektrischen Feldes längs der Spiralbahn bezeichnet. Die Rechnung zeigt, daß $\overline{E} \approx \frac{E_0}{2}$ ist. Folglich ist $\Delta W \simeq \frac{1}{4} \frac{e^2 E_0^2 t^2}{2 m_i}$. Mit Rücksicht darauf, daß $E_0 = \frac{r}{2c} \omega H_1$ ist, wobei H_1 die Amplitude des veränderlichen Magnetfeldes und r der Abstand vom Zentrum der Spiralbahn zur magnetischen Achse bezeichnet, erhalten wir

$$\Delta W \simeq \frac{e^2 r_1^2 H_1^2}{16 m_i c^2} \left(\frac{\omega l}{v_\parallel} \right)^2. \tag{8.10}$$

Hierbei ist l die Länge des Bereiches der Resonanzbeschleunigung und $v_\parallel$ die Längsgeschwindigkeit des Ions. Der Ausdruck (8.10) wurde unter der Voraussetzung hergeleitet, daß der LARMOR-Radius des Ions im Vergleich zu r klein bleibt. Bei $H_i = 25$ Oe, $l = 50$ cm, $r = 5$ cm, $\omega = 10^8$, $v_\parallel = 10^7$ cm/sec (diese Größen liegen in den Grenzen des experimentell Möglichen) ändert sich die Energie eines Deutons bei jedem Durchlauf durch den Resonanzfeldabschnitt um etwa 10 keV. Dieses Beispiel zeigt, daß die Resonanz zwischen der LARMOR-Rotation der Ionen und dem Pulsieren des Magnetfeldes zu einer schnellen Aufheizung der Ionenkomponente in einem Plasma mit niedriger Ladungsträgerdichte führen kann.

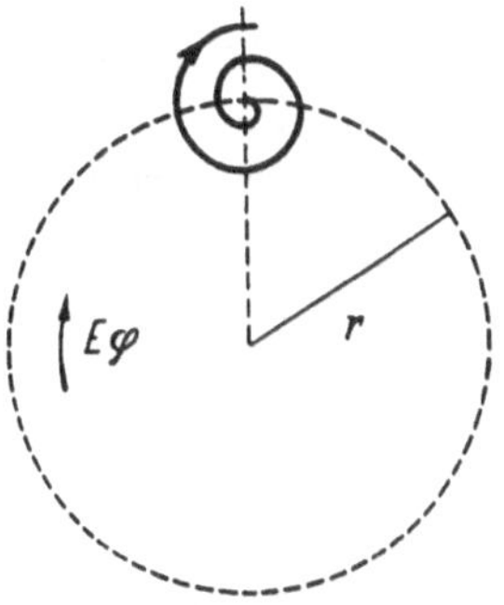

Abb. 126
Resonanzbeschleunigung der Ionen im Plasma

Eine Anwendung dieser Methode zur Ionenaufheizung in einem dichten Plasma stößt auf ernste Schwierigkeiten, deren Grund in einer Verzerrung des äußeren elektrischen Feldes durch das Plasmaeigenfeld, das als Resultat der Ionenresonanzschwingungen entsteht, zu suchen ist. Herkunft und Charakter dieses elektrischen Zusatzfeldes sind leicht zu erklären, wenn wir die Bahn eines Ions betrachten, wie sie auf Abb. 126 dargestellt ist. Die Bewegung eines Ions auf einer Spirale stellt die Überlagerung zweier senkrecht zueinander verlaufender Schwingungen in radialer bzw. azimutaler Richtung mit allmählich wachsender Amplitude dar. Alle Ionen des Plasmas, die sich im gleichen Abschnitt der Plasmasäule befinden, schwingen in gleicher Phase, wobei die Amplituden proportional zu r wachsen. Die Azimutschwingungen der Ionen im homogenen Plasma führen zu keiner Neuverteilung der Teilchen und zu keinem Auftreten von Raumladungen. Anders verhält es sich mit den Radialschwingungen, die pulsierende Raumladungen und die damit verbundenen elektrischen Radialfelder verursachen. In dem Moment, wo die Ionen zu größeren r-Werten hin verschoben werden, zeigt sich auf der äußeren Fläche der Plasmasäule eine positive Überschußladung, und im Inneren des Plasmas entstehen negative Überschußladungen. In der entgegengesetzten Schwingungsphase wird die Plasmaoberfläche negativ, und im Inneren der Säule findet man eine über den ganzen Raum verteilte positive Ladung. Die Stärke des veränderlichen elektrischen Radialfeldes, das durch diese pulsierende Ladung bedingt ist, hat etwa die Größenordnung $4\pi n \zeta e$, wobei ζ die Amplitude der radialen Ionenschwingungen bezeichnet. Bei einer groben Abschätzung kann man ζ dem LARMOR-Radius des beschleunigten Ions gleichsetzen. Das elektrische Radialfeld wird einen wesentlichen Einfluß auf die Bewegung der Ionen ausüben, wenn es seiner Stärke nach mit dem induzierten E_φ-Felde vergleichbar wird, d. h. bei

$$4\pi n e \varrho_i \sim \frac{r}{2c} \omega H_1 . \tag{8.11}$$

Es sei $n = 10^{10}$; für r, ω und H_1 setzen wir die gleichen Zahlenwerte an, die im weiter oben angeführten Beispiel für die Resonanzbeschleunigung einzelner Ionen benutzt wurden. Bei dieser Parameterwahl wird (8.11) erfüllt, wenn $\varrho_i \sim 3{,}5 \cdot 10^{-3}$ wird, d. h. bei einer Beschleunigung der Ionen bis zu 0,1 eV. Man muß also schon in der Anfangsphase der Resonanzbeschleunigung den Einfluß des Radialfeldes berücksichtigen. Man kann, ohne die Berechnungen durchzuführen, das wesentliche Resultat einer solchen Analyse nach der Methode des *self consistent field* bestimmen: Wegen der Superposition der beiden Felder (E_φ und E_r) nimmt die Ionenbewegung einen Charakter an, der sich deutlich von dem der Resonanzbeschleunigung unterscheidet.

Wenn man die Ionenbewegung unter der Einwirkung des Resonanzfeldes analysiert, kann man leicht feststellen, daß die Radialverschiebung ζ in der Phase relativ zu $\mathfrak{E}$ um den Winkel $+\pi/2$ verschoben ist, wenn der $\mathfrak{H}$-Vektor in Richtung der positiven z-Achse liegt. Deshalb muß die Radialkomponente des Feldes, die zu ζ entgegengesetzt gerichtet ist, gegen E_φ um einen Phasenwinkel $\pi/2$ zurückbleiben. Ein solches Feld bremst die Ionen, und wenn seine Amplitude mit E_φ vergleichbar wird, hört der Beschleunigungsprozeß auf, wirksam zu sein. Wenn E_φ und E_r dem Betrage nach gleich sind, dreht sich der resultierende Vektor des elektrischen Feldes dem Uhrzeiger entgegen, d. h. in einer Richtung, die der LARMOR-Rotation entgegengesetzt ist; es gibt also keine Resonanz mehr. Wie weiter oben bemerkt wurde, wird die betragsmäßige Gleichheit von E_φ und E_r schon in frühesten Beschleunigungsstadien erreicht. Bei der praktischen Verwirklichung der einfachsten Form der Zyklotronresonanzmethode treten also Schwierigkeiten auf, die sie unwirksam machen. STIX zeigte einen Ausweg aus dieser schwierigen Situation, der darin besteht, daß man zur Resonanzunterdrückung ein veränderliches Feld benutzt, das eine längs des geradlinigen Kammerabschnittes veränderliche Phase hat. Wir nehmen an, das periodische Feld werde von zwei Spulen K_1 und K_2 gebildet, die sich in einem gewissen Abstand voneinander befinden, wobei die Felder beider Spulen in der Phase um 180° verdreht sind. Die Radialverschiebung der Ionen, welche sich im Inneren der Spule K_1 befinden, wird zu einer beliebigen Zeit ein Vorzeichen haben, das der Radialverschiebung der Ionen, die sich im

Inneren der Spule K_2 befinden, entgegengesetzt ist. Die dem Vorzeichen nach entgegengesetzten Raumladungen, die bei der Ionenbeschleunigung im Gebiet der Spulen K_1 und K_2 entstehen, können sich dann infolge der freien Verschieblichkeit der Elektronen längs der Kraftlinien aus dem Gebiet K_1 ins Gebiet K_2 oder in umgekehrter Richtung kompensieren.

Eine Reihe von Arbeiten war der theoretischen Analyse der Ionenbeschleunigungsprozesse in ähnlichen Feldkonfigurationen gewidmet. Das wesentliche Resultat dieser Analyse ist, daß das elektrische Radialfeld in einem dichten, die Ionenbeschleunigung bedämpfenden Plasma, auch beim Vorhandensein von Elektronenströmen, die die Raumladungen kompensieren, nicht zu Null wird, weil die Kompensations-Elektronenströme selbst ein veränderliches Magnetfeld hervorrufen, das seinerseits wieder ein elektrisches Feld induziert. Das veränderliche Magnetfeld, das von den Kompensationsströmen herrührt, besitzt nur eine azimutale Komponente. Deshalb muß bei dem von ihm induzierten elektrischen Feld wenigstens eine der zwei Komponenten E_z oder E_r von Null verschieden sein. Wegen der hohen elektrischen Leitfähigkeit des Plasmas ist die Längskomponente E_z im Vergleich zu E_r klein. Wenn man sich die Bildung der Elektronenströme und der mit ihnen verknüpften Felder vorstellt, kann man sagen, daß die Radialkomponente des elektrischen Feldes gerade so gerichtet ist, daß sie eine Resonanzunterdrückung hindert.

Ungeachtet dieser Tatsachen hat sich die Idee der Ausnutzung der Zyklotronresonanz zur Plasmaaufheizung verwirklichen lassen. Theoretische Untersuchungen haben ergeben, daß bei Frequenzen, die etwas kleiner sind als die LARMOR-Frequenz, im Plasma Schwingungen entstehen können, die die Bezeichnung Zyklotronwellen erhielten. Das Spektrum dieser Schwingungen besteht aus einer Reihe dicht beieinander liegender Linien, von denen jede einer bestimmten Form der r-Abhängigkeit der Amplitude (BESSEL-Funktionen J_n) entspricht. Die Zyklotronwellen kann man als kurzwellige Grenze der magnetohydrodynamischen ALFVÉN-Wellen ansehen. Sie treten ungehindert in das Plasma ein und breiten sich längs der Kraftlinien des konstanten Magnetfeldes aus. Bei Ausbreitung im homogenen Feld sind die Zyklotronwellen sehr schwach gedämpft, deshalb können sie die Ionen nicht genügend schnell aufheizen. Man kann jedoch hoffen, daß es gelingt, mit Hilfe der Zyklotronwellen eine wirksame Aufheizung des Plasmas zu erreichen, wenn man zu diesem Zwecke die kluge Idee des *magnetischen Strandes* ausnützt: Die Zyklotronwellen sollen im Plasma dort entstehen, wo die magnetische Feldstärke groß ist und sich längs der Kraftlinien in ein Gebiet geringerer Feldstärke ausbreiten. Bei einer solchen Ausbreitung werden die Wellen immer kürzer, und ihre Dämpfung, die durch die Wechselwirkung mit den Ionen bedingt ist, nimmt schnell zu. Schließlich wird die Wellenlänge bei einem bestimmten H-Wert, der sich nicht sehr stark vom Anfangswert unterscheidet, so klein, daß die gesamte Schwingungsenergie in Wärme übergeht. Dieser Prozeß ist analog zur Meeresbrandung an einem abschüssigen Ufer. Die Wellen werden, wenn sie an ein solches Ufer kommen, immer kürzer und steiler, und schließlich zersprühen sie, wobei ihre Energie in Wärme übergeht.

Die Experimente, in denen man die Aufheizung des Plasmas mit Hilfe der Zyklotronresonanz erprobte, haben noch zu keinem definitiven Resultat geführt. Auf Grund einer Reihe von Daten, die in letzter Zeit veröffentlicht wurden, gewinnt man jedoch den Eindruck, daß man bei Ausnutzung des magnetischen Strandes die Ionentemperatur (bei einer Plasmakonzentration von 10^{13}) bis auf einige Dutzende Elektronenvolt bringen kann.

§ 51. Experimentelle Resultate der Plasmauntersuchungen in Stellaratoren

Bei einem Vergleich mit den bedeutenden und tiefgehenden Resultaten der theoretischen Forschung, die im Stellaratorprogramm erreicht wurden, enttäuschen die sich auf das Verhalten des Plasmas in den Stellaratoren beziehenden experimentellen Ergebnisse durch ihre Dürftigkeit. Obwohl die Experimente schon ungefähr 10 Jahre laufen, erhält man aus ihren Ergebnissen bis jetzt kein vollständiges und klares Bild von den Grundprozessen, die in den magnetischen Flaschen dieses Typs ablaufen.

Fast alle vorhandenen experimentellen Daten beziehen sich auf die Phase der Ohmschen Aufheizung des Plasmas, welche in Stellaratoren erfolgt, die mit Wasserstoff oder Helium von niedrigem Anfangsdruck ($10^{-3} \cdots 10^{-4}$ Torr) gefüllt sind. Die meisten Messungen wurden unter Verhältnissen durchgeführt, bei denen die Rotationstransformation durch die Achterform der Kammer (d. h. ohne Anwendung von Spiralwicklungen) erreicht wird. Eine Reihe Messungen wurde auch in Stellaratoren vom Rennbahntyp mit Spiralfeldern in den gekrümmten Abschnitten durchgeführt. Man benutzte in allen Fällen ein longitudinales elektrisches Feld zur Erzeugung und Aufheizung des Plasmas. Die Feldstärke lag gewöhnlich im Bereich von $0{,}04 \cdots 0{,}5$ V/cm. Die longitudinale magnetische Feldstärke betrug $1 \cdot 10^4 \cdots 3 \cdot 10^4$ Oe, der Durchmesser der Plasmasäule war gewöhnlich nicht größer als 4 cm (bei einer Kammerlänge von einigen Metern). Die wesentlichen Informationen über die im Plasma ablaufenden Prozesse erhielt man aus Strom- und Spannungsoszillogrammen, aus radiointerferometrischen Messungen der Ladungsträgerdichte, durch Registrieren des optischen Plasmaspektrums und der harten Röntgenstrahlung.

Bei den oben angeführten E-Werten liegen die Ströme in dünnen Plasmasäulen bei einigen hundert bis zu einigen tausend Ampere. Die maximale Stromstärke bei einem stabilen oder genauer gesagt quasistabilen Plasma wird durch (8.6) festgelegt. Bei einer Verletzung dieser Bedingung wird die Plasmasäule sehr instabil, was zu einer intensiven Wechselwirkung des Plasmas mit der Wand und zu einer starken Vergrößerung des Säulenwiderstandes führt. Bei den Anordnungen, in denen bisher die Messungen vorgenommen wurden, ergibt dieses Kriterium einen kritischen Stromwert von einigen kA.

Ein wesentliches Resultat der experimentellen Untersuchung der Ohmschen Aufheizungsphase ist die quantitative Bestätigung der Richtigkeit des theoretisch vorhergesagten kritischen Stromes. In Abb. 127 sind die Resultate der

Auswertung von Stromoszillogrammen dargestellt, die bei OHMscher Aufheizung des Plasmas in einem der ersten Stellaratormodelle (Modell B-1) aufgenommen wurden. Die die Heizung bewirkenden Spannungsimpulse hatten in diesem Falle eine fast rechteckige Form (Aufheizung mit konstanter Spannung). Auf der Abszisse der Abb. 127 ist die elektrische Feldstärke aufgetragen, auf der Ordinate die maximale Stromstärke im Impuls. Die Gerade A kennzeichnet die Grenzstromstärke nach KRUSKAL-SCHAFRANOW. Wir sehen, daß in der angeführten Versuchsserie die maximale Stromstärke im Impuls praktisch nicht mehr vom wachsenden E-Wert beeinflußt wird, wenn die theoretische Stabilitätsgrenze erreicht ist. Eine Änderung des Anfangsdruckes (d. h. der Plasmadichte) übt bei diesen E-Werten keinen merklichen Einfluß auf $J_{\max}$ aus.

Resultate anderer Versuchsserien, die bei sonst gleichen Bedingungen, aber verschiedenen Werten der longitudinalen magnetischen Feldstärke durchgeführt

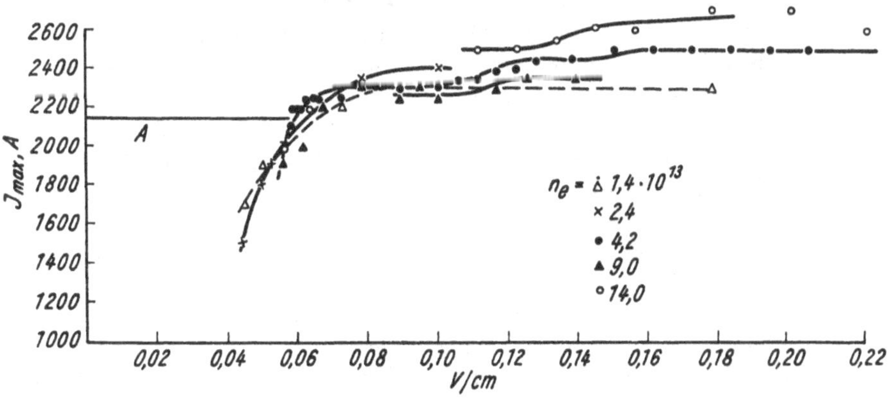

Abb. 127. Maximale Stromstärke im Plasma als Funktion der elektrischen Feldstärke

wurden, zeigen, daß die maximale Stromstärke in der Entladung proportional zu H wächst und immer die KRUSKAL-SCHAFRANOW-Bedingung erfüllt. Eine Instabilität der Plasmasäule tritt im Stellarator nur bei einer Stromstärke auf, die nahe an J_{kr} herankommt. Bei $J > J_{kr}$ sind aber auch stabile Verhältnisse möglich. Um die Säule jedoch in einen solchen Zustand zu bringen, muß zunächst ein Gebiet starker Instabilität durchlaufen werden. Im Verlaufe des Zeitabschnittes, wo sich J wenig von J_{kr} unterscheidet, wird die Plasmasäule allerdings intensiv mit den Wänden wechselwirken und dabei stark abgekühlt werden. Deshalb wächst auch ihr Widerstand stark an, und es muß eine bedeutende Vergrößerung von E erfolgen, um die Stromstärke wesentlich größer zu machen als J_{kr}. In Versuchen mit der OHMschen Aufheizung des Plasmas im B-2-Stellarator bei verhältnismäßig kleiner Leitfähigkeit des Plasmas gelang es, Ströme zu erzeugen, die bedeutend größer waren als J_{kr}. Hierbei zeigte sich auf den Oszillogrammen deutlich der Durchgang des Stromes durch den kritischen Wert; ihm entsprach das Auftreten intensiver Schwingungen. Im gleichen Moment zeigte sich das Leuchten der Schmutzatome.

Die Prozesse, die bei der OHMschen Aufheizung des Plasmas im Stellarator ablaufen, ähneln in vielem denen, die wir bei der Untersuchung quasistationärer Entladungen in gewöhnlichen toroidalen Kammern mit starkem Längsfeld beobachten konnten. Die Leitfähigkeit des Wasserstoff- und Helium-Plasmas liegt gewöhnlich bei $10^{14} \cdots 10^{15}$, was einer Elektronentemperatur von einigen zehn Elektronenvolt entspricht. Die Ionentemperatur übersteigt offenbar nicht einige eV; das stimmt mit theoretischen Abschätzungen überein, in denen die COULOMB-Stöße mit den Elektronen als Hauptgrund für die Aufheizung der Ionenkomponente angesehen werden. Ebenso wie bei Versuchen mit gewöhnlichen toroidalen Kammern wurde bei Experimenten zur OHMschen Plasmaaufheizung in Stellaratoren eine allmähliche Veränderung der spektralen Zusammensetzung des Leuchtens während des Entladungsimpulses festgestellt. Zunächst erscheinen Linien, die niedrigen Energien entsprechen, danach werden sie schwächer, und man beginnt Linien zu beobachten, die höhere Ionisationsstufen anzeigen.

Die in Abb. 128 dargestellten Kurven zeigen, wie sich während der OHMschen Aufheizung des Wasserstoffplasmas im Stellarator die Hauptgrößen ändern, die diesen Prozeß charakterisieren. Die Kurven sind typisch für eine Arbeitsweise, bei der die durch den Strom im Plasma erzeugte Spannung konstant bleibt. Wir vergleichen die Änderung des Stromes und der Konzentration und sehen, daß der Strom sein Maximum erreicht, wenn die Elektronenkonzentration schon bedeutend abgesunken ist. Der Strom wird erst lange nach dem Zeitpunkt, wo n_e unmeßbar klein wird, zu Null. Charakteristisch sind die Intensitätskurven der Spektrallinien. Die Wasserstofflinie H_β erreicht die Grenzintensität in einem sehr frühen Stadium des Prozesses, und danach verringert sich ihre Intensität sehr schnell. Das weist offensichtlich darauf hin, daß der Wasserstoff in der Plasmasäule bedeutend früher ionisiert ist, als der Strom sein Maximum erreicht. Die Linie C^{III} erscheint, wenn die Wasserstoffionisation beendet ist und der Strom im Plasma schnell zu wachsen beginnt. Die Intensität aller Spektrallinien geht eher gegen Null, als der Strom im Plasma. Ihrem allgemeinen Charakter nach sind diese Angaben denen sehr ähnlich, die sich an quasistationären Entladungen in toroidalen Kammern mit starkem stabilisierendem Feld ergeben. Man kann damit rechnen, daß im Stadium der OHMschen Aufheizung in Anlagen beiden Typs keine qualitativen Unterschiede im Verhalten des Plasmas auftreten.

Unter den wesentlichen Faktoren, die bei der experimentellen Untersuchung der OHMschen Plasmaaufheizung festgestellt wurden, ist die anomale Plasmadiffusion, d. h. ein schnelles Abwandern der Ladungsträger aus der Plasmasäule, besonders interessant. Eine genauere experimentelle Untersuchung des anomal schnellen Abwanderns von Teilchen aus einem durch einen Strom aufgeheizten Plasma wurde in Princeton in verschiedenen Stellaratoranlagen durchgeführt. Wir werden hier die hauptsächlichsten Konsequenzen aufzeigen, zu denen man auf Grund dieser Forschungen gelangt.

Die nach einer gewissen Zeit beobachtete Veränderung der Plasmakonzentration ist offensichtlich das Resultat der Konkurrenz zweier Prozesse: zunächst der Abwanderung der Teilchen aus der Säule an die Wand als Resultat der anomalen Diffusion und ihrer Rückkehr ins Plasma auf Grund der Desorption von den Wänden. Der zweite Prozeß ist unmittelbar mit dem ersten verknüpft und maskiert ihn. Die Meßdaten stimmen mit der Annahme überein, daß der Strom der Teilchen

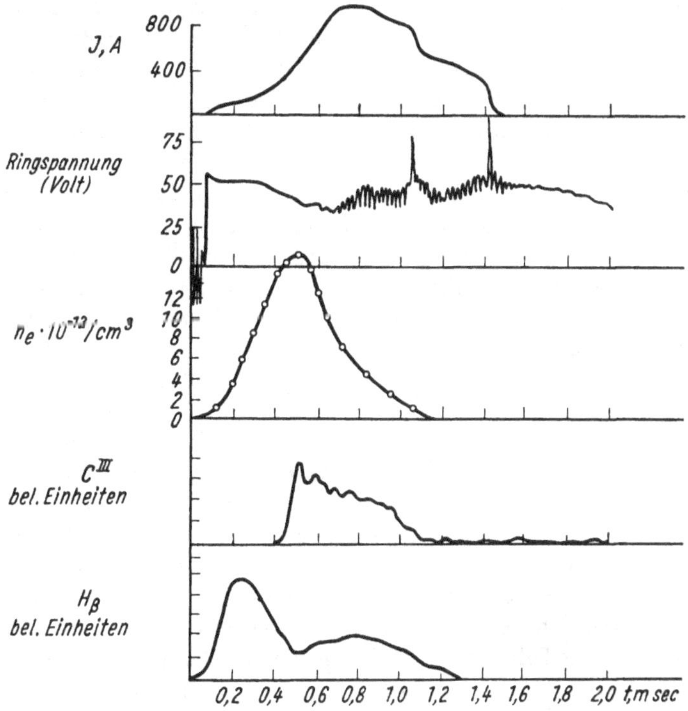

Abb. 128. Zeitliche Änderung der charakteristischen Größen des Plasmas im Stellarator bei der Ohmschen Aufheizung

die in das Plasma zurückkehren, für einen gegebenen Zeitpunkt der Größe n_e und dem Anfangsgasdruck in der Kammer proportional ist. Wenn man annimmt, daß die mittlere von der anomalen Diffusion bestimmte Lebensdauer der Ladungsträger im Inneren der Plasmasäule im Verlaufe des gesamten Aufheizungsprozesses immer die gleiche Größe hat, kann man für die Änderung der Konzentration mit der Zeit folgenden Ausdruck anschreiben:

$$\frac{dn_e}{dt} = -\frac{n_e}{\tau} + \alpha\, n_e p_0 \,. \tag{8.12}$$

Hierbei bezeichnet τ die Lebensdauer der Teilchen und p_0 den Anfangsgasdruck. Diese Relation gilt natürlich nur, wenn die Wasserstoffionisation bereits erfolgt ist.

Aus (8.12) folgt

$$n = n_0 e^{-\frac{t}{\tau^*}}, \quad \frac{1}{\tau^*} = \frac{1}{\tau} - \alpha p_0. \tag{8.13}$$

Um die mittlere Lebensdauer zu erhalten, muß man die aus den Messungen erhaltene Größe $1/\tau^*$ als Funktion des Druckes auftragen und die erhaltenen $1/\tau^*$-Werte zum Druck Null extrapolieren. Die Messungen zeigen, daß τ mit Anwachsen des Longitudinalfeldes H größer wird. Weiterhin zeigt sich, daß das Einschalten der Spiralwicklungen sich praktisch nicht auf die Größe τ auswirkt, während eine Verkleinerung des Radius der Plasmasäule zur Verkleinerung von τ führt. Bei den Experimenten, die bis jetzt durchgeführt wurden, betrug τ gewöhnlich 50···100 μsec. Eine so kurze Lebensdauer der Teilchen in der Plasmasäule steht in krassem Widerspruch zu den Vorhersagen der klassischen Theorie. Aus diesem Grunde ist die Einführung des Terminus „anomale Diffusion" vollkommen berechtigt. Die sorgfältigsten experimentellen Untersuchungen der Diffusion eines Plasmas im Stellarator wurden in solchen Regimen durchgeführt, wo bei Variation des longitudinalen Stroms der Wert T_e konstant blieb (oder genauer gesagt, wo der Widerstand des Plasmaringes konstant gehalten wurde). In diesen Versuchen wurde festgestellt, daß τ umgekehrt proportional zum Diffusionskoeffizienten D [1]) und folglich $D \sim \frac{T_e}{H}$ ist. Dieses Resultat stimmt mit der Formel von Bohm überein. Auch die Zahlenwerte für D, welche in den angeführten Experimenten erhalten wurden, stimmen.

Von sehr großem Interesse ist auch die Frage, in welchem Maße die anomale Diffusion mit dem Vorhandensein eines longitudinalen Stromes verknüpft ist. Um diese Frage zu klären, untersuchte Motley das Verhalten eines Plasmas im Stellarator während der Zerfallsphase, d. h., wenn der longitudinale Strom schon sehr klein ist. Aus den von ihm erhaltenen Resultaten folgt, daß höchstwahrscheinlich die anomale Diffusion eines Plasmas im Stellarator durch den fließenden Strom verursacht wird. Sie nimmt sehr stark ab (sie verschwindet praktisch vollkommen) wenn die gerichtete Elektronengeschwindigkeit kleiner als ein bestimmter kritischer Wert wird. Dieser Wert stimmt größenordnungsmäßig mit der Schallgeschwindigkeit im Plasma überein.

§ 52. Mögliche Mechanismen der anomalen Diffusion im Stellarator

Seinem Wirkungsprinzip nach ist ein Stellarator mit longitudinalem Strom den im vorangegangenem Kapitel beschriebenen Anlagen mit ringförmigen Plasmaschnüren in einem starken Longitudinalfeld analog. Wir können deshalb erwarten, daß der Mechanismus der Prozesse, die für die Entstehung der anomalen Diffusion verantwortlich sind, in Anlagen beider Arten im Grundprinzip gleich ist. Es wurden

---

[1]) Unter den Bedingungen ähnlicher Experimente ist $\tau \sim r^2/D$, wobei r der Radius des Plasmaringes ist.

bereits viele Versuche unternommen diesen Mechanismus zu erforschen und eine Theorie der anomalen Diffusion aufzubauen.

Einer der Erklärungsversuche geht von der Annahme aus, daß die Anregung von Schwingungen im Plasma durch die gerichtete Elektronenbewegung im elektrischen Feld eine Rolle spielt. In den vorhergehenden Kapiteln wurde gezeigt, daß, wenn E/E_{kr} einen gewissen Minimalwert übersteigt, im Plasma Prozesse mit dauernder Elektronenbeschleunigung auftreten. Das Auftreten sehr schneller Elektronenströme muß aber wiederum zur Anregung von Plasmaschwingungen führen, d. h. zur Entstehung veränderlicher elektrischer Felder, die eine Teilchendrift hervorrufen. Diese durch die veränderlichen elektrischen Felder bedingten Driftbewegungen sind dann die unmittelbare Ursache der Teilchenabwanderung aus den inneren Bereichen der Plasmasäule an ihre Oberfläche, d. h., sie verursachen die anomale Diffusion. Einige Resultate experimenteller Untersuchungen über die OHMsche Aufheizung in Stellaratoren sprechen für diese Hypothese. Die Messungen zeigen, daß das dem Strommaximum entsprechende E/E_{kr} sich unter sehr verschiedenen Anfangsbedingungen nur unwesentlich ändert. Für das Strommaximum beträgt der E/E_{kr}-Wert immer etwa 0,16. Bei diesem Wert muß nach der Theorie die Elektronenbeschleunigung bereits eine wesentliche Rolle spielen. Sie kann daher zur Entstehung der anomalen Diffusion führen, die das Plasma auf Grund der Wechselwirkung der Plasmasäule mit der Wand abkühlt, was zu einer Reduktion der Stromstärke führt. Die Annahme, im Stellarator erfolge im Stadium der OHMschen Aufheizung tatsächlich die dauernde Beschleunigung eines Teiles der Plasmaelektronen, wird durch das Auftreten harter RÖNTGEN-Strahlung gestützt. Bisher besteht jedoch noch ein sehr ernsthafter Mangel. Der zur Entstehung der fluktuierenden elektrischen Transversalfelder führende Mechanismus ist völlig ungeklärt; deshalb ist es nicht möglich, die Stärke dieser Felder und die durch sie bedingte Diffusionsgeschwindigkeit abzuschätzen.

Es gibt eine Reihe anderer Erklärungsversuche für die anomale Diffusion in Plasmasäulen, die durch starke Longitudinalfelder stabilisiert werden. Man kann versuchen, die anomale Diffusion aus der Anregung von Ionenschwingungen durch gerichtete vom Stromdurchgang herrührende Elektronenströme zu erklären. Über einen solchen Prozeß sprachen wir im Zusammenhang mit der Analyse verschiedener Typen der Plasmainstabilität im vorangehenden Kapitel. Um eine intensive Anfachung der Ionenschwingungen zu erreichen, darf die mittlere Größe der gerichteten Elektronengeschwindigkeit $u = \frac{j}{m\,e}$ der Größenordnung nach nicht kleiner sein als die Geschwindigkeit des Ionenschalls. Im Experiment erfüllt man diese Bedingung fast immer. Obgleich eine solche Erklärung der beobachteten Diffusion sehr verlockend ist, kann man ernsthafte Einwände gegen sie erheben. Aus der Theorie geht hervor, daß die Schwingungsanregung nur so lange wirksam ist, wie die Ionentemperatur bedeutend niedriger ist als die Elektronentemperatur. Wenn auch ganz zu Beginn des Prozesses die Ionen kälter sind als die Elektronen, so wird in einer Zeit $1/\nu$ die Ionentemperatur gleich der Elektronentemperatur; ν bezeichnet dabei das Inkrement des Anwachsens der Schwingungsamplitude.

Es ist im gegebenen Falle gleich der reziproken Frequenz der LANGMUIRschen Ionenschwingungen, also von der Größenordnung 10^{-9} Sekunden. Das bedeutet, daß der Wärmekontakt zwischen Elektronen und Ionen während der Schwingungen fast plötzlich einsetzt, während der die Schwingungen verursachende Mechanismus ebenso plötzlich aussetzt.

Im vorangegangenen Kapitel betrachteten wir den von KADOMZEW aufgezeigten Mechanismus der anomalen Diffusion. Wie schon gesagt wurde, stimmen die theoretischen Ausführungen KADOMZEWS qualitativ mit den experimentellen Daten überein. Es bleibt aber noch die Frage offen, ob man diese Theorie zur Analyse von Prozessen, die unter den vorliegenden experimentellen Gegebenheiten bei einer Elektronentemperatur von mehr als 10⋯20 eV ablaufen, anwenden kann. Diese Beschränkung ist bei einer Deutung der anomalen Diffusion, die darauf aufbaut, daß sie durch die Anfachung von Driftwellen durch den longitudinalen Strom entsteht, nicht vorhanden. Da Driftwellen ein Grenzfall der Ionenschallwellen sind, so kann man sagen, daß in der gegebenen Erläuterung eine Synthese des Ionenschall-Mechanismus mit dem stromkonvektiven Mechanismus zu sehen ist. Quantitativ ist zwischen dem Experiment und den grundlegenden Schlußfolgerungen dieser Theorie auch eine gewisse Übereinstimmung vorhanden. Unter anderem bestätigt sich die Behauptung der Theorie, daß der Diffusionskoeffizient größenordnungsmäßig gleich dem Wert der BOHMschen Formel sein muß.

Ziemlich unklar ist die Möglichkeit der Überprüfung der konsequenten Theorie mit Hilfe von Stellaratoren. Beim heutigen Stand der experimentellen Technik ist wahrscheinlich eine solche Überprüfung noch nicht möglich, da die von der Theorie vorausgesagte Geschwindigkeit der anomalen Diffusion ziemlich klein ist und man sie somit nicht mit ausreichender Zuverlässigkeit bestimmen kann. Dieser Tatbestand wird auch durch die Resultate der von MOTLEY durchgeführten Experimente an einem zerfallenden Plasma bestätigt.

Theoretisch ist der Stellarator die vollkommenste magnetische Flasche von allen, die bisher erdacht wurden. Die Forschungsergebnisse über Aufheizung und Einschließung in einem solchen magnetischen System sind sehr interessant.

Die Hauptfrage, die gegenwärtig die Entwicklung bestimmt, kann man folgendermaßen formulieren: Kann man Bedingungen schaffen, unter denen ein Plasma sich im Stellarator genügend stabil verhält? Bisher durchgeführte Experimente zeigen, daß wir bei der OHMschen Aufheizung durch einen Längsstrom auf eine scharf ausgeprägte anomale Diffusion stoßen, die ein deutliches Zeichen der Instabilität ist. Es ist nicht geklärt, ob es gelingen wird, durch eine simple Veränderung des Aufheizungsvorganges den instabilen Zustand zu überbrücken und bei höheren Temperaturen eine Plasmasäule zu erhalten, die nach den Prophezeiungen der klassischen Theorie im Gleichgewichtszustand ist. Wenn das nicht gelingt, bleibt noch die Hoffnung, daß man von der anomalen Diffusion loskommt, indem man zu anderen Aufheizungsmethoden, die bis jetzt noch in Reserve bleiben, wie Ausnutzung der Zyklotronresonanz oder eine der Formen des magnetischen Pumpens, übergeht. Bleibt auch dieser Weg erfolglos, dann muß man versuchen, ein heißes Plasma in Anlagen mit Injektion zu erzeugen und es danach schnell in einen Stellarator zu überführen. Diese Methode ist noch nicht konkret erarbeitet; verschiedene Varianten befinden sich im Vorbereitungsstadium und sind noch nicht sehr genau fixiert. Es steht jedoch außer Zweifel, daß mit dem Einsatz neuer experimenteller Anlagen großen Formates in einigen Jahren die Perspektiven der Ausnutzung von Stellaratoren zur Erzeugung und langzeitigen Einschließung hochtemperierter Plasmen in den wesentlichen Zügen geklärt sein werden.

§ 53. Fallen mit magnetischen Pfropfen. Ladungsträgerverteilung in der Falle. Teilchenverlust durch die Pfropfen auf Grund der COULOMBschen Streuung. Lebensdauer der Ladungsträger in der Falle

Zu diesem Fallentyp gehören alle Anlagen, in denen der Teilcheneinschluß au der Reflexion der Ladungsträger an Bereichen mit starkem Magnetfeld beruht. Aus dieser allgemeinen Klasse kann man speziell die Systeme, in denen der $\mathfrak{H}$-Vektor in einem Punkt des Raumes zu Null wird, zu einer Untergruppe zusammenfassen. Die Art von magnetischen Systemen wird in § 65 behandelt werden. Bis dahin werden uns einfachere Systeme interessieren, in denen der $\mathfrak{H}$-Vektor keine Nullstelle im Inneren hat.

Die einfachste axialsymmetrische Flasche mit magnetischen Pfropfen ist in Abb. 11 dargestellt. Sie schließt alle Teilchen ein, bei denen während ihres Aufenthaltes in der zentralen Zone der Winkel zwischen dem Geschwindigkeitsvektor und der Kraftlinie, die durch (2.10) bestimmte Mindestgröße übersteigt. Die Teilchenbahn in einer Flasche solchen Typs hängt von den Anfangsbedingungen ab und hat eine sehr komplizierte Form. Wenn das Teilchen sich nur in einem Gebiet mit anwachsendem Feld bewegt, wo die Feldlinien nach außen konvex sind, driftet es azimutal immer in der gleichen Richtung. Bei einem Teilchen, das in ein Gebiet eindringt, in dem die Kraftlinien nach außen konkav sind, ändert sich die Driftrichtung. Die Geschwindigkeit der azimutalen Drift reagiert sehr auf die Feldverteilung im Pfropfen, und wenn sich diese Verteilung ändert, kann die azimutale Drift in weiten Grenzen variieren.

Im allgemeinen unterscheidet sich die räumliche Verteilung der Teilchen, die im Inneren dieser Art von Falle eingeschlossen sind, stark von einer isotropen Verteilung. Die Teilchenkonzentration ändert sich sowohl senkrecht zu $\mathfrak{H}$ als auch längs der Kraftlinien. Um eine Vorstellung vom möglichen Charakter der Verteilung der Teilchen in der Flasche zu bekommen, betrachten wir den Fall, daß im Felde Axialsymmetrie herrscht und setzen außerdem fest, daß sich die Feldstärke auf der Achse zwischen den Pfropfen nach einem parabolischen Gesetz ändert: $H = H_0 (1 + q^2 z^2)$. Eine Teilchengruppe, die nach Größe und Richtung gleiche Geschwindigkeit besitzt, möge ihre Bewegung in der Nähe des Punktes beginnen, der in einem geringen Abstand r von der Achse in der Fläche mit $z = 0$ gelegen ist (d. h. in einem Gebiet minimaler Feldstärke). Wegen der azimutalen Drift füllen diese Teilchen im Laufe ihrer Bewegung einen Teil der Falle, der in

Form eines hohlen Mantels eine Kraftlinienschar enthält, die symmetrisch rings um die Achse des Systems liegt. Die Grenzen dieses Gebietes in Achsenrichtung hängen vom Anfangswinkel α_0 ab, der von Geschwindigkeitsvektor und Kraftlinie gebildet wird.

Wir suchen die Wahrscheinlichkeit, daß in einem beliebigen Moment irgend eines der von uns vorher ausgewählten Teilchen innerhalb der Grenzen des Gebietes zwischen z und $z + dz$ erscheint. Die Wahrscheinlichkeit muß proportional zu dz und umgekehrt proportional zur Längsgeschwindigkeit $v_\parallel$ sein. Deshalb wird sie durch den Ausdruck

$$\frac{dz}{v_\parallel} : \int \frac{dz}{v_\parallel} \tag{8.14}$$

bestimmt, wobei das Integral zwischen den Punkten zu nehmen ist, in denen $v_\parallel$ zu Null wird. Auf Grund der Voraussetzung über $H(z)$ erhalten wir

$$\int \frac{dz}{v_\parallel} = \frac{\pi}{v_0 \sin \alpha_0 \cdot q}.$$

Folglich ist die Wahrscheinlichkeit, das Teilchen auf dem Abschnitt dz zu finden, gleich

$$\frac{dz \sin \alpha_0 \cdot q}{\sqrt{1 - \frac{H}{H_0} \sin^2 \alpha_0}}. \tag{8.15}$$

Die Teilchenkonzentration selbst ist dem Verhältnis der Größe (8.15) zum Volumen $d\Omega$, das aus dem mit Teilchen angefüllten Mantel durch zwei Schnittebenen bei z und $z + dz$ herausgeschnitten wird, proportional. Das Volumen dieses Ringes ist gleich $2\pi r \Delta r \cdot dz$ (Δr ist die Dicke des Mantels). Längs der Kraftlinien muß das Produkt $H r^2$ einen konstanten Wert haben (der Einfachheit halber betrachten wir ein Gebiet in der Nähe der magnetischen Achse). Deshalb ist $r \Delta r \sim 1/H$ und folglich wird die Teilchendichte durch den Ausdruck

$$\varrho \sim \frac{H \sin \alpha_0}{\sqrt{1 - \frac{H}{H_0} \sin^2 \alpha_0}} \tag{8.16}$$

gegeben.

In Abb. 129 ist ϱ als Funktion von z dargestellt. An den Wendepunkten wird ϱ unendlich.

Wir nehmen nun an, daß die Teilchen in der Fläche $z = 0$ eine bestimmte Winkelverteilung haben. In diesem allgemeineren Falle wird die Teilchenkonzentration im Abstand z von der Anfangsfläche proportional zu

$$H(z) \int_{\alpha_{min}}^{\alpha_{max}} \frac{f(\alpha_0) \sin \alpha_0 \, d\alpha_0}{\sqrt{1 - \frac{H}{H_0} \sin^2 \alpha_0}}. \tag{8.17}$$

Hierbei ist $f(\alpha_0)$ die Verteilungsfunktion für den Winkel α_0, α_{max} der Winkel, unter dem der Nenner des Integranden zu Null wird, α_{min} der Minimalwert von α_0, bei dem das Teilchen gerade noch zwischen den Pfropfen gehalten wird; er ergibt sich zu $\alpha_{min} = \arcsin \sqrt{\frac{H_0}{H_{max}}}$. In Abb. 130 ist die Abhängigkeit der Teilchendichte von z für zwei verschiedene Verteilungsfunktionen dargestellt: $f(\alpha_0) = \sin \alpha_0$ und

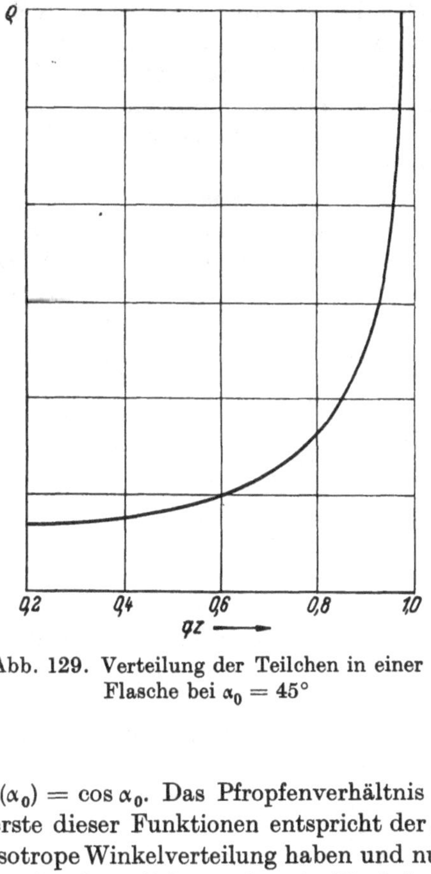

Abb. 129. Verteilung der Teilchen in einer Flasche bei $\alpha_0 = 45°$

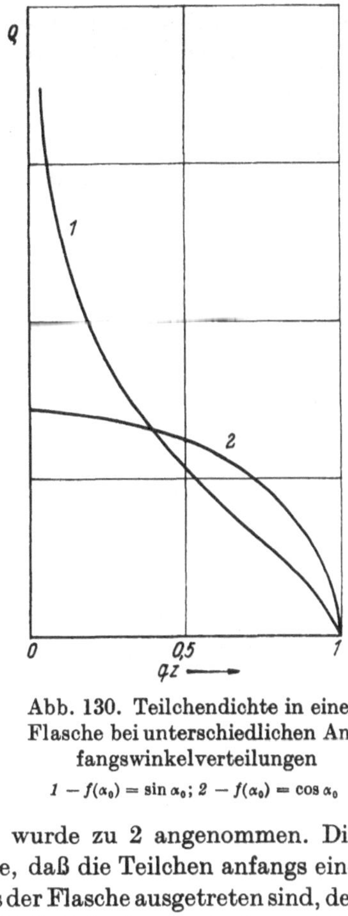

Abb. 130. Teilchendichte in einer Flasche bei unterschiedlichen Anfangswinkelverteilungen

$1 - f(\alpha_0) = \sin \alpha_0$; $2 - f(\alpha_0) = \cos \alpha_0$

$f(\alpha_0) = \cos \alpha_0$. Das Pfropfenverhältnis H_{max}/H_0 wurde zu 2 angenommen. Die erste dieser Funktionen entspricht der Annahme, daß die Teilchen anfangs eine isotrope Winkelverteilung haben und nur die aus der Flasche ausgetreten sind, deren Geschwindigkeitsvektor im Fluchtkonus lag. Die Teilchenkonzentration geht in diesem Falle bei $z = 0$ gegen Unendlich. Bei $f(\alpha_0) = \cos \alpha_0$ ist die Teilchenkonzentration proportional zu $\sqrt{1 - q^2 z^2}$. Die in Abb. 130 dargestellten Kurven zeigen eine starken Abhängigkeit des $\varrho(z)$ vom $f(\alpha_0)$, das im Prinzip willkürlich gewählt werden kann.

Alles bisher über die Teilchenverteilung im Raum Gesagte ist nur unter der Bedingung richtig, daß Wechselwirkungen vernachlässigt werden können. Wenn $\beta \ll 1$ ist, was für fast alle gegenwärtigen Experimente zutrifft, fehlt eine durch die Plasmaeigenfelder bedingte Wechselwirkung. Ein starkes elektrostatisches Feld, das den Bewegungscharakter und die Form der Teilchenverteilung in großem Maße beeinflußt, kann aber auch in einem sehr dünnen Plasma vorhanden sein. Wenn die Größe des vom Plasma eingenommenen Gebietes den DEBYE-Radius bedeutend übersteigt, darf man den Einfluß des elektrischen Eigenfeldes auf die räumliche Verteilung der Teilchen in einem Plasma mit schnellen Ionen nur bei Erfüllung einer der beiden folgenden Bedingungen unberücksichtigt lassen:

a) Ionen und Elektronen haben die gleiche Anfangswinkelverteilung. Dann gilt $\varrho_e = \varrho_i$, daher entstehen keine elektrischen Felder (solange wir die durch Zusammenstöße bedingte Abwanderung von Teilchen nicht in Betracht ziehen).
b) Die Elektronenenergie ist viel geringer als die Ionenenergie. In diesem Falle folgt die Elektronenkomponente des Plasmas in ihrer Verteilung der Ionenkomponente, indem sie die Raumladungen kompensiert, die durch die Änderung des ϱ_i zunächst hervorgerufen wurden.

Es ist natürlich stark vereinfacht, wenn man sich ein Plasma vorstellt, in dem ein elektrisches Feld völlig fehlt. Wie aus dem Folgenden ersichtlich wird, muß mindestens in der Nähe der Plasmaoberfläche ein starkes elektrisches Feld existieren, das die Ionen- und Elektronenströme, die auf Grund der COULOMBschen Stöße aus der Flasche austreten, gleich macht. Dieses Feld beeinflußt den allgemeinen Charakter der Teilchenbewegung, weil es eine Rotation des Plasmas um die magnetische Achse verursacht.

Wir bemerken weiter, daß die Gleichgewichtsverteilung der Teilchen längs der Kraftlinien selbst ohne den Einfluß der Plasmaeigenfelder bei verschiedenem Abstand von der magnetischen Achse einen völlig verschiedenen Charakter haben kann. Daher kann man die Form des vom Plasma im Magnetfeld eingenommenen Gebietes in sehr breiten Grenzen variieren. Die Verschiedenartigkeit der Formen wird nur durch zwei leicht einzusehende Forderungen eingeschränkt: Erstens muß die Teilchenverteilung axiale Symmetrie besitzen, und zweitens kann die Plasmadichte am Ort des minimalen H-Wertes der Kraftlinie nicht zu Null werden, wenn in den Abschnitten mit größerem H-Wert die Dichte von Null verschieden ist.

Wenn die Plasmadichte so groß ist, daß β mit 1 vergleichbar wird, kann man die Wechselwirkung zwischen den Teilchen nicht mehr vernachlässigen. Diese Wechselwirkung zeigt sich vor allem darin, daß die sich bewegenden Ionen und Elektronen ein starkes magnetisches Eigenfeld erzeugen, was eine wesentliche Veränderung der geometrischen Form und der Feldstärke in der Flasche mit sich bringt. Offensichtlich muß sich auch die räumliche Teilchenverteilung ändern. Im allgemeinen wird, wenn β nicht gleich Eins ist, die Analyse der Plasmaverteilung in der Flasche wegen der Notwendigkeit , das self-consistent-field zu berücksichtigen, sehr erschwert. Es ist bis jetzt noch nicht gelungen, Teillösungen dieses Problems zu erhalten.

Eine bedeutende Vereinfachung tritt ein, wenn man $\beta = 1$ setzt. In diesem Grenzfalle, der wahrscheinlich von keinem praktischem Interesse ist, kann man annehmen, daß das Plasma, das ein bestimmtes Volumen in der Flasche einnimmt, sich in seinen Eigenschaften in nichts von einem idealen Gas unterscheidet und insbesondere eine isotrope Geschwindigkeitsverteilung besitzt. Im Magnetfeld einer axialsymmetrischen Flasche mit Pfropfen wird ein ideal leitendes isotropes Plasma ein Volumen einnehmen, das eine Form hat wie die in Abb. 131 dargestellte Spindel.

Die Plasmagrenze wird durch Feldlinien gebildet. Wenn der Plasmadruck p überall gleich ist, muß die Feldstärke in allen Punkten der Grenzoberfläche ein und dieselbe Größe, nämlich $\sqrt{8\pi p}$, haben. Die Dichte der azimutalen Ströme, die in der Plasmaoberfläche fließen und beim Übergang durch die Grenzfläche den

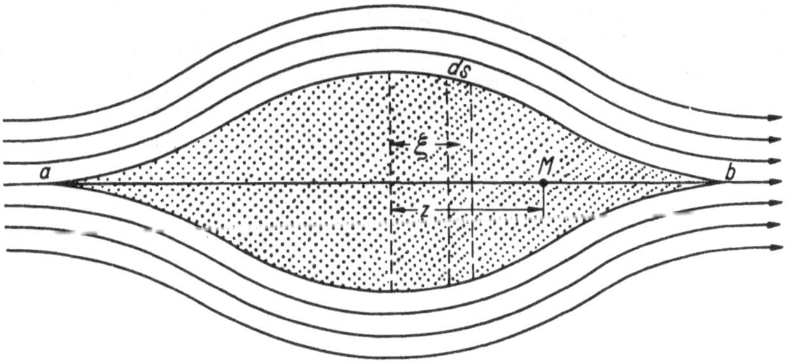

Abb. 131. Form des Plasmavolumens in einem Feld mit magnetischen Pfropfen für $\beta = 1$

Feldstärkesprung von 0 auf H erzeugen, muß auch völlig konstant, nämlich $c\sqrt{\frac{p}{2\pi}}$, sein. Die Bedingungen für die Feldverdrängung aus dem Plasma besagt, daß das Feld, das durch die Oberflächenströme erzeugt wird, in jedem Punkte des Plasmainneren das anfangs in der Flasche durch äußere Quellen erzeugte Feld kompensieren muß. Wie man sich leicht überzeugen kann, genügt hierfür, daß diese Kompensation auf dem Achsenabschnitt zwischen a und b erfolgt. Der Strom $j\,ds$, der auf einem Ring der Breite ds fließt, erzeugt im Punkte M auf der Achse ein Feld der Stärke

$$dH = \frac{2\pi r^2 j\,ds}{c\sqrt{[r^2 + (z-\xi)^2]^3}}\,.$$

Deshalb kann man die Kompensationsbedingung in folgender Form schreiben:

$$\sqrt{2\pi p}\int \frac{r^2\,ds}{\sqrt{[r^2 + (z-\xi)^2]^3}} = H_0(z)\,. \tag{8.18}$$

In dieser Integralgleichung, die man zur Bestimmung der Form des vom Plasma eingenommenen Gebietes benützen kann, bezeichnet $H_0(z)$ die Anfangsfeldstärke auf der Achse. Untersucht man Gleichung (8.18) genauer, so findet man, daß das vom Plasma eingenommene Gebiet an den Punkten a und b in Spitzen endet. Die

Tatsache, daß einzelne Teilchen im Verlaufe eines praktisch beliebig langen Zeitabschnittes tatsächlich in Flaschen mit magnetischen Pfropfen eingeschlossen werden können, wird durch Experimente bewiesen, die in Kap. II behandelt wurden. Die Einschließungszeit kann sich jedoch wesentlich ändern, wenn man die Flasche mit einem Plasma sehr hoher Dichte füllt. Wir werden vor allem erläutern, wie die COULOMBschen Stöße zwischen den Teilchen auf das Verhalten des eingeschlossenen Plasmas wirken. Das Plasma, das sich in der Flasche befindet, soll im Anfangsmoment Elektronen und Ionen mit beliebig gerichteten Geschwindigkeiten enthalten. Wir beschränken uns auf eine Untersuchung des Verhaltens der Teilchen für den Fall, daß die zwei folgenden Bedingungen erfüllt sind: 1. Der Plasmadruck ist klein im Verhältnis zum magnetischen Druck; das Plasma verändert daher die Feldverteilung in der Flasche nicht wesentlich; 2. die mittlere freie Weglänge ist groß im Vergleich zu den linearen Dimensionen des magnetischen Systems. Praktisch ist gerade dieser Fall äußerst interessant.

Es ist offensichtlich, daß das Plasma in kurzer Zeit alle Teilchen verliert, bei denen die anfängliche Geschwindigkeitsrichtung mit dem $\mathfrak{H}$-Vektor einen Winkel bildet, der eine bestimmte Größe unterschreitet. Wenn entlang einer der Kraftlinien sich die Feldstärke vom Minimalwert H_1 zum Maximalwert H_2 ändert, bleiben auf dieser Kraftlinie nur die Teilchen, bei denen im Moment des Durchganges durch das Gebiet minimaler Feldstärke $\sin \alpha_0 > \sqrt{\frac{H_1}{H_2}}$ ist. In Abb. 132 ist mit der durchgehenden Linie die Winkelverteilung der Geschwindigkeiten im Moment des Durchgangs der Teilchen durch das Gebiet mit minimalem H-Wert

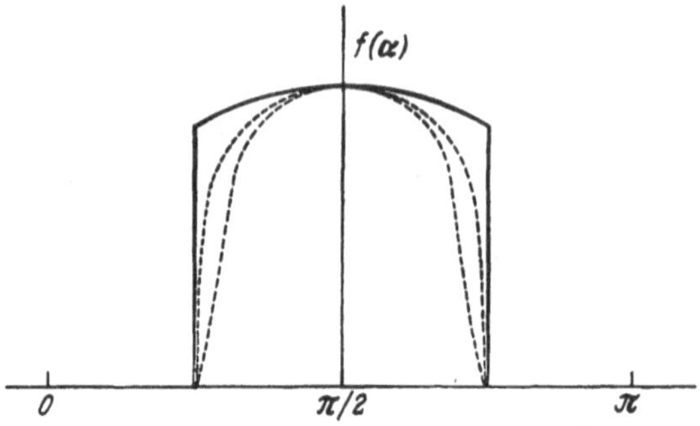

Abb. 132. Änderung der Winkelverteilung der Teilchen in einer Flasche unter der Wirkung COULOMBscher Stöße

dargestellt (dabei ist angenommen, daß die Anfangsverteilung isotrop, also $f(\alpha_0) \sim \sin \alpha_0$ ist). Eine solche Verteilung kann jedoch nur beim völligen Fehlen von Stößen aufrechterhalten bleiben. Die Stöße führen dazu, daß Teilchen, bei denen α_0 der kritischen Größe nahe liegt, schnell aus der Flasche austreten (weil bei COULOMBscher Wechselwirkung die Wahrscheinlichkeit einer Streuung um kleine Winkel sehr groß ist). Deshalb wird sich mit der Zeit bei sonst konstanten

Verhältnissen und ohne Nachlieferung neuer Teilchen von außen die Winkelverteilung so ändern, wie es die punktierten Linien in Abb. 132 zeigen.

Die Lebensdauer der Teilchen in einem solchen System hängt davon ab, wie stark sich α_0 von der kritischen Größe unterscheidet. Sie ist sehr groß für Elektronen und Ionen, bei denen α_0 anfangs ziemlich genau gleich 90° war. Solche Teilchen vollführen zunächst Schwingungen in der Nähe des Magnetfeldminimums. In einer Reihe aufeinanderfolgender Stöße erweitert sich beständig das Gebiet, in dem sie sich bewegen, und letztlich verlassen sie die Flasche. Wenn man den Teilchenverlust durch dauernde Injektion von Elektronen und Ionen kompensiert, erhält man eine Gleichgewichtsverteilung bezüglich der Winkel, deren genaue Form wahrscheinlich nur auf Grund sehr schwieriger Rechnungen gefunden werden kann.

Uns soll in erster Linie die Bestimmung der mittleren Lebensdauer der Teilchen in einem System mit magnetischen Pfropfen interessieren. Eine grobe Abschätzung dieser Größe kann man geben, wenn man von einfachen Überlegungen ausgeht. Dazu muß man zuerst berücksichtigen, daß bei einem nicht sehr großen Wert für H_2/H_1 der Raumwinkel des Fluchtkonus mit dem Raumwinkel für sichere Einschließung vergleichbar ist. Daher muß die mittlere Aufenthaltsdauer der geladenen Teilchen in der Größenordnung mit der Zeit zwischen zwei Coulomb-Stößen vergleichbar sein, d. h. mit τ_{ei} für Elektronen und mit τ_{ii} für Ionen.

Dank der wesentlich höheren Geschwindigkeit der Elektronen gilt $\tau_{ei} \ll \tau_{ii}$, und im Anfangsstadium des Prozesses wird der Elektronenaustritt aus der Flasche vorherrschend sein. Das muß dazu führen, daß an der Plasmagrenze ein elektrisches Feld entsteht, das die Elektronenabwanderung reduziert und die Ionenabwanderung erleichtert (im Gegensatz zur Plasmadiffusion quer zu den Kraftlinien des Magnetfeldes). Wir machen keinen großen Fehler, wenn wir annehmen daß die mittlere Lebensdauer der Teilchen der Größenordnung nach mit dem größeren der beiden Werte vergleichbar ist, also ungefähr die Größe $\tau_{ii} = \sqrt{\frac{m_i}{m_e}}\,\tau_{ei}$ hat. Hieraus folgt, daß z. B. bei $T = 10^9$ und $n = 10^{14}$ die Ionen eines Deuterium-Tritium-Gemisches ungefähr eine Sekunde in der Flasche gehalten werden.

Wenn ein in einer Flasche befindliches Plasma stabil ist und in dem es umgebenden Raum ein genügend gutes Vakuum herrscht, wird der Teilchenverlust fast völlig durch den oben erwähnten Mechanismus bestimmt. Der Teilchenverlust durch Diffusion quer zum Magnetfeld ist im Vergleich zum Teilchenaustritt längs der Kraftlinien klein. Das Verhältnis dieser zwei Verlustformen kann zur Charakterisierung des qualitativen Unterschiedes zwischen einer idealen Flasche, aus der die Teilchen prinzipiell quer zum Feld und nach einer großen Zahl von Stößen austreten können, und einer Flasche mit magnetischen Pfropfen, aus der das Teilchen vielleicht nach einem Stoß schon austreten kann, dienen. Das besagte Verhältnis ergibt sich dem Betrag nach zu

$$\left(\frac{R}{\varrho_i}\right)^2 \sqrt{\frac{m_i}{m_e}},$$

wobei R den Radius der Kammer bezeichnet. In praktisch interessierenden Fällen ist seine Größenordnung $10^3 \cdots 10^4$.

Damit eine Flasche mit magnetischen Pfropfen für zukünftige thermonukleare Generatoren brauchbar wird, ist es nötig, daß die Energie, die in ihr aus Kernreaktionen frei wird, die energetischen Verluste deckt, die durch den Austritt schneller Teilchen und durch andere Prozesse entstehen. Wenn die Energieverluste nur von COULOMB-Stößen herrühren, muß zur Erreichung dieses Zieles

$$\sigma_n W_n \sim \sigma_s k T \qquad (8.19)$$

erfüllt sein. In diesem Ausdruck ist σ_n der Reaktionsquerschnitt, σ_s der Wirkungsquerschnitt für COULOMB-Stöße bei der Temperatur T und W_n die Energie, die bei einem Elementarvorgang der Kernsynthese frei wird. Mit (8.19) kann man die Minimaltemperatur, bei der der thermonukleare Generator überschüssige Energie zu erzeugen beginnt, errechnen. Wenn man als nuklearen Brennstoff ein Deuterium–Tritium-Gemisch mit gleicher Konzentration beider Komponenten benutzt, liegt diese Minimaltemperatur bei 30···50 keV, für reines Deuterium bei 1 MeV. Hieraus folgt, daß eine Verwendung von reinem Deuterium im eben betrachteten Falle völlig ausgeschlossen ist. Diese Schlußfolgerung wird durch genaue Berechnungen, in denen auch andere Verlustformen berücksichtigt wurden, bestätigt. In Wirklichkeit reicht die Erfüllung der Bedingung (8.19) natürlich nicht aus, um dieser Forschungsrichtung eine gesicherte Perspektive zu garantieren. Sowohl die theoretischen Untersuchungen als auch die experimentellen Daten zeigen, daß es außer den COULOMB-Stößen viele andere Ursachen gibt, die eine Abwanderung der schnellen Teilchen aus der Flasche hervorrufen. Eine dieser Ursachen besteht im Ladungsaustausch mit neutralen Atomen und Molekülen, die bei unzureichenden Vakuumverhältnissen ins Plasma eindringen. Man kann hoffen, daß wegen der schnellen Entwicklung der Ultrahochvakuumtechnik diese Ursachen beseitigt werden können (z. B. durch Erhöhung der Pumpleistung bei sehr niedrigem Druck, durch Ausnutzung von Titan- und Tieftemperaturabsorptionspumpen sowie durch eine gute Vorentgasung der Kammerwände).

Schwer zu beseitigen sind Verluste, deren Ursache Plasmainstabilitäten sind. Unter ihnen gibt es für Systeme mit magnetischen Pfropfen spezifische. Ursache für eine sehr gefährliche Instabilität vom magnetohydrodynamischen Typ sind magnetische Feldlinien, die auf einer großen Strecke im Inneren der Flasche eine negative Krümmung haben. Auf diese Instabilität werden wir im Zusammenhang mit der Besprechung der experimentellen Untersuchungen an verschiedenen Flaschentypen noch einmal zurückkommen.

Ein Plasma, das sich in einer Flasche befindet, verliert nicht nur infolge der Abwanderung schneller Teilchen Energie, sondern auch auf Grund der elektromagnetischen Ausstrahlung. Da die Plasmatemperatur in der Flasche wegen (8.19) sehr hoch sein muß, gewinnt der Energieverlust durch die magnetische Strahlung der schnellen Elektronen besondere Bedeutung. Die relative Bedeutung dieser Ausstrahlung in der Energiebilanz des Plasmas wächst mit kleinerwerdendem β, weil die Intensität dieser Strahlung der Teilchenkonzentration proportional ist, die Energie, die durch Kernreaktionen frei wird, aber dem Quadrat der Konzentration (wie die Energie, die infolge der durch COULOMB-Stöße bedingten Teilchenabwanderung durch die Pfropfen verloren geht). Man muß auch beachten, daß mit einer Verkleinerung von β die Reabsorption der Strahlung im Plasma stark abnimmt.

Wenn man die Formeln und graphischen Darstellungen von § 46 benutzt, kann man die Energieverluste durch magnetische Strahlung für eine beliebige projektierte Flasche abschätzen. Wir werden hier jedoch keine Berechnungsbeispiele angeben, weil sie in dem Stadium, das gegenwärtig in der Projektierung von Flaschen des Pfropfentyps erreicht wurde, keine große praktische Bedeutung haben. Wir weisen nur auf das Resultat einer Abschätzung der in Form von magnetischer Strahlung emittierten Energie hin. Es zeigt sich, daß für eine Flasche mit Pfropfen, die mit reinem Deuterium arbeitet, bei Erfüllung von (8.19) die Energieverluste durch magnetische Strahlung die Energieerzeugung aus thermonuklearen Reaktionen bedeutend übertreffen. (Dabei wurde vorausgesetzt, daß β wesentlich kleiner ist als Eins und das Feld sich deshalb im Plasmainneren nicht sehr stark vom Feld an der Plasmagrenze unterscheidet.)

§ 54. Verschiedene Methoden der Plasmaeinbringung. Einschuß molekularer Ionen. Einschuß von Ionen in ein Wechselfeld. Einschuß neutraler Teilchen

Eine Flasche mit magnetischen Pfropfen ist an sich nur ein Vakuumvolumen, in dem ein Feld bestimmter Konfiguration erzeugt wurde. Dieses Volumen muß auf irgendeine Weise mit Plasma gefüllt werden. Das Plasma muß entweder im Flascheninneren bis zu einer sehr hohen Temperatur aufgeheizt werden oder zunächst erzeugt und dann in den Raum zwischen den Pfropfen eingeschossen werden. Es wurden bereits viele verschiedene Methoden zur Erzeugung eines Hochtemperaturplasmas in solchen Flaschen vorgeschlagen. Wir geben hier nur eine ganz kurze Charakterisierung dieser Methoden. Danach betrachten wir jede einzelne von ihnen etwas eingehender im Zusammenhang mit einer Beschreibung der zugehörigen experimentellen Einrichtungen und der erzielten Ergebnisse.

Man kann die Methoden, bei denen ein Hochtemperaturplasma durch Injektion schneller Ionen in die Flasche erzeugt wird, zu einer Gruppe zusammenfassen. Die Suche nach der rationellsten Einfangmethode für die Ionen steht im Vordergrund. Ein Teilchen, das von außen in das magnetische System eingeführt wird, kann nur dann im Raum zwischen den Pfropfen verbleiben, wenn während seiner Bewegung eine starke nichtadiabatische Veränderung der Bahnparameter erfolgt. Das bedeutet, daß sich entweder die Eigenschaften der Teilchen (Geschwindigkeit oder Masse) ändern müssen oder das Magnetfeld, in dem die Bewegung erfolgt.

Betrachten wir einen Fall, in dem der Teilcheneinfang durch eine sprunghafte Veränderung seiner Eigenschaften erfolgt. BUDKER schlug im Jahre 1953 vor, in den Raum zwischen den Pfropfen einen Strahl molekularer Deuteriumionen einzubringen und die Dissoziation dieser Ionen am Restgas mit der Bildung atomarer Ionen (Deutonen) anzuwenden, um sie in der Flasche einzufangen. Dieser Einfang ist in Abb. 133 schematisch dargestellt. Das Molekülion, das aus dem Injektor *A* austritt, dissoziiere im Punkte *B*. Der Krümmungsradius der Bahn verringert sich dabei auf die Hälfte (wegen der Änderung der Ionenmasse); daher kehrt das Ion bei seiner weiteren Bewegung in der Flasche nicht mehr zum Injektor zurück. Die Methode des Einfangs durch Dissoziation der Molekülionen am Restgas wird in der Ogra angewandt. In einer etwas anderen Form wird dieselbe Methode in der amerikanischen DCX verwandt, wobei die Dissoziation des D_2^+ beim Durchgang durch einen im Inneren des magnetischen Systems befindlichen Bogen erfolgt. Der Aufbau von Ogra und DCX wird § 59 und § 60 behandelt.

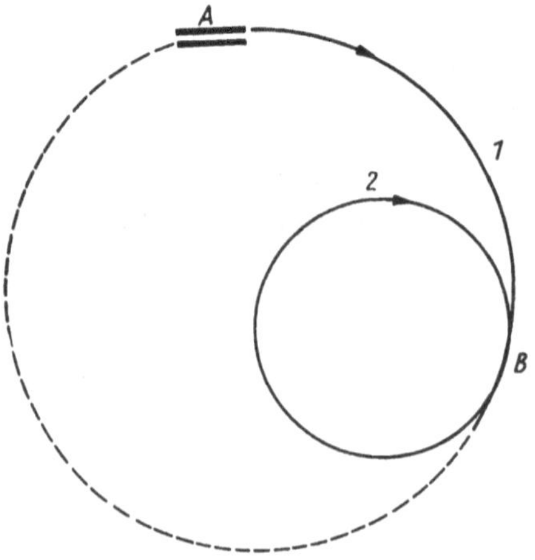

Abb. 133. Schematische Darstellung des Einschusses und Einfanges von Ionen unter Ausnutzung der Dissoziation molekularer Ionen

1 — Bahn des Molekülions; *2* — Teilchenbahn des Atomions

Es gibt noch viele andere Methoden der Teilcheninjektion in eine Flasche. Wenn man hinter einen der Pfropfen eine Ionenquelle legt, die einen Strahl gerade mit einer Teilchengeschwindigkeit und -richtung erzeugt, so daß beim Durchlaufen durch das Gebiet maximalen Feldes der Winkel α_0 nahe bei 90° liegt, so genügt ein geringes Anwachsen des Feldes, um das durchlaufende Teilchen einzufangen. Dieser Feldanstieg muß jedoch genügend schnell erfolgen. Der Teilcheneinfang erfolgt so lange, wie das Feld anwächst (also nicht nur während einer Schwingung des Ions längs der Flasche), wenn der Einfallswinkel α_0 an der Stelle der größten Kraftliniendichte während der ganzen Zeit des Feldanstieges praktisch unverändert bleibt. Um diese Bedingung zu erfüllen, benötigt man eine sehr genaue Steuerung der Ionenquelle in bezug auf die Richtung des Ionenaustritts.

Wir geben jetzt eine allgemeine Darstellung der Bedingungen, die erfüllt werden müssen, damit die eben beschriebene Injektionsart funktioniert. Wir nehmen an, daß das Feld nur an der Stelle anwächst, wo sich magnetische Pfropfen befinden, während es in der ganzen übrigen Flasche konstant bleibt. Wenn wir (2.9) benützen, können wir leicht feststellen, daß zum Einfang eines Ions das Feld im ersten Pfropfen im Verlaufe der Zeit, die das Ion braucht, um zum zweiten Pfropfen und wieder zurück zu gelangen, um $\Delta H \approx H \cos^2 \alpha_0$ anwachsen muß. Die Flugzeit des Ions ist $\frac{2l}{v_0 \cos \alpha_1}$, und folglich wird die Geschwindigkeit des Feldanstieges durch folgenden Ausdruck bestimmt:

$$\frac{1}{H}\frac{dH}{dt} = \frac{1}{2l} v_0 \cos \alpha_1 \cos^2 \alpha_0 \,. \tag{8.20}$$

v_0 betrage 10^8 cm/sec, $\alpha_0 = 80°$, $\alpha_1 = 70°$ und $l = 10^3$ cm. Bei diesen Parameterwerten ist die in (8.20) auf der rechten Seite stehende Größe gleich $5 \cdot 10^2$. Das bedeutet, daß die Zeitkonstante für das anwachsende Magnetfeld etwa von der Größe einer Millisekunde sein muß. Bei realen Experimenten werden die zu einem guten Einfang nötigen Bedingungen wohl noch ungünstiger liegen.

Die eben betrachtete Injektionsart wird bei Benutzung einer Hochfrequenzmodulation der Ionenstromdichte wirkungsvoller. Wenn anstelle des konstanten Ionenstromes Ionenklümpchen in die Flasche eindringen, werden sie sich infolge der unvollständigen Kompensation der Raumladung während ihrer Bewegung ausdehnen. Das führt zu einer Änderung der Longitudinalgeschwindigkeit der Teilchen und erleichtert ihren Einfang. Bisher sind noch keine Experimente zur Überprüfung dieser Injektionsmethode durchgeführt worden (oder man hat wenigstens davon noch nirgends Mitteilung gemacht).

Der Einfang der Teilchen kann in einem allmählich anwachsenden Magnetfeld prinzipiell auch durch Teilcheninjektion quer zu den Kraftlinien des Magnetfeldes im mittleren Teil der Flasche durchgeführt werden. Dazu ist nötig, daß sich das Teilchen bis zur Rückkehr zum Injektor um eine genügende Strecke in Richtung zur magnetischen Achse verschoben hat. Auf Grund der azimutalen Drift der Ionen verschieben sich diese in einem Durchgang durch die Flasche um einen Winkel ψ. Daher beträgt der gesamte Weg bis zur Rückkehr zum Injektor $2\,l\,\frac{2\pi}{\psi}$ und die Rückkehrzeit $\frac{4\,l\,\pi}{v_\parallel\,\psi}$, wobei $v_\parallel$ die Longitudinalgeschwindigkeit des Teilchens bezeichnet. Während dieser Zeit wird sich das Teilchen nach (2.21) um folgende Strecke verschieben:

$$\Delta r = -\frac{r_0}{2}\,\frac{1}{H}\,\frac{dH}{dt}\,\frac{4\,l\,\pi}{v_\parallel\,\psi}\,. \tag{8.21}$$

Wenn man den Abstand vom Injektor bis zur Achse mit 50 cm annimmt und ψ zu 30° ansetzt, so findet man, daß bei $l = 10^3$ cm und $v_\parallel = 10^8$ cm/sec die Zeitkonstante des Kreises, der das Magnetfeld der Hauptspule speist, von der Größe einer Millisekunde sein muß, damit das Teilchen um einige Zentimeter vom Injektor abrückt. Soweit dem Autor bekannt ist, wurden bisher keine ernsthaften Versuche unternommen, die erwähnte Art des Einfangs anzuwenden.

Eine interessante Methode zur Verbesserung der Einfangbedingungen in magnetischen Flaschen wurde von Fedortschenko, Rutkewitsch und Tscherny vorgeschlagen. Sie besteht darin, daß die Teilchen einen Abschnitt des Längsfeldes durchlaufen müssen, dessen Stärke sich längs der Kraftlinien mit relativ kleiner Amplitude periodisch ändert. Wenn die Grenzgeschwindigkeit der Teilchen so gewählt wird, daß

$$v_\parallel\,T_H \approx L \tag{8.22}$$

gilt, wobei T_H die Zeit eines Larmor-Umlaufes bezeichnet und L die räumliche Periodizitätslänge des Feldes, so werden bei einer Bewegung der Teilchen in Feldrichtung Resonanzeffekte auftreten, die die adiabatische Invarianz von $W_\perp/H$

zerstören. Besonders, wenn am Anfang des Weges die Transversalgeschwindigkeit des Teilchens im Vergleich zur Longitudinalgeschwindigkeit klein ist, wird während der Bewegung im Gebiete des modulierten Feldes eine Überführung der longitudinalen kinetischen Energie in Energie der LARMOR-Rotation erfolgen.

Um diesen Effekt zu erklären, bemerken wir, daß das Feld mit räumlicher Periodizität zeitlich periodisch wird, wenn wir zu einem mit dem Teilchen mitbewegten Koordinatensystem übergehen, wodurch ein wirbelartiges elektrisches Resonanzfeld entsteht, das die Teilchen in der senkrecht zu den Feldlinien liegenden Fläche beschleunigt. Um dies zu konkretisieren, betrachten wir den einfachen Fall des Einschusses von Teilchen in eine Flasche mit magnetischen Pfropfen. Die Feldform ist in Abb. 134 schematisch dargestellt. Wenn H_m/H_0 sehr groß ist, wird sich das Teilchen, das unter einem großen Winkel zu den Kraft-

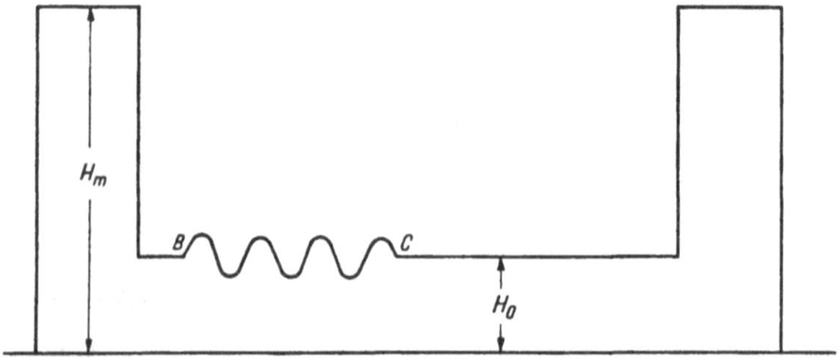

Abb. 134. Zur Illustration der Anwendung örtlich periodischer Magnetfelder zur Verbesserung des Teilcheneinfanges

linien in die Flasche eintritt, nach Durchgang durch den Pfropfen fast parallel zu den Kraftlinien bewegen. Das modulierte Feld im Gebiete $B\,C$ ändert bei Erfüllung der Resonanzbedingung (8.22) die Teilchengeschwindigkeit nach Betrag und Richtung, weshalb das Teilchen den zweiten Pfropfen nicht passieren kann. Das Teilchen kehrt also zurück und durchläuft erneut den Bereich des periodischen Feldes. Dabei kann es die Neigung seiner Bahn zur Achse entweder vergrößern oder verkleinern, je nachdem, wie die Anfangsbedingungen für das nochmalige Durchlaufen des modulierten Feldes sind. Diese Anfangsbedingungen hängen sehr von der Zeit ab, die zur Bewegung vom Punkte C bis zum zweiten Pfropfen und zurück benötigt wird. Deshalb kann man bei einer gewissen Teilchengruppe ein nochmaliges Anwachsen der Bahnneigung relativ zur Achse beim Durchlaufen des modulierten Feldes von C nach B zurück feststellen. Die Teilchen können in diesem Spezialfall nicht durch den Pfropfen aus der Flasche austreten, durch den sie eingebracht worden sind. Das bedeutet nicht die Existenz eines irreversiblen Einfangprozesses; die Lebensdauer der Teilchen wird aber vergrößert. Die eben besprochene Methode kann dazu benutzt werden, von Anfang an einen Teil der longitudinalen kinetischen Energie der Plasmaklümpchen, die aus dem Injektor in die Flasche eingeschossen werden, in Energie der Transversalbewegung zu transformieren.

Es wurden auch eine Reihe von Vorschlägen zur Ausnutzung von Strömen schneller Neutralteilchen für die Einbringung in eine Flasche gemacht. Ein solcher Atomstrahl kann im Inneren der Flasche durch Wechselwirkung mit einem kalten Plasma oder durch Stöße der Atome eines Strahles mit Atomen eines anderen, in entgegengesetzter Richtung laufenden Strahles in ein Ionenbündel verwandelt werden. Rechnungen zeigen, daß beide Arten prinzipiell zu verwirklichen sind. Der erste dieser Vorschläge befindet sich im Stadium der experimentellen Überprüfung.

Die Hauptschwierigkeit besteht darin, daß die Zeit für die Sammlung des Plasmas in der Flasche bei diesen Verfahren sehr groß ist. Daher sind ideale Vakuumverhältnisse unbedingte Voraussetzung, um Teilchenverluste auf Grund des Ladungsaustausches mit dem Restgas auszuschließen.

Um zu klären, welche Anforderungen an das Vakuum zu stellen sind, werden wir die Geschwindigkeit des Anwachsens der Plasmakonzentration bei der oben genannten Methode, die mit zwei gegenläufigen Strahlen arbeitet, abschätzen. Jeder dieser Teilchenstrahlen möge in der Flasche die Strecke L durchlaufen, beide Strahlen auf der ganzen Strecke ineinander mit entgegengesetzter Richtung. Der Einfachheit halber nehmen wir weiter an, die Winkeldivergenz der beiden Strahlen sei Null. Wenn der Querschnitt jedes Strahles mit S bezeichnet wird, so wird das Volumen, in dem die Zusammenstöße zwischen gegenläufigen Atomen erfolgen, zu $S\,L$. Die vollständige Ionenzahl, die im Inneren dieses Volumens in der Zeiteinheit gebildet wird, ist gleich $2\,n^2\,v\,\sigma\,S\,L$, wobei n die Atomdichte in einem Strahl und σ den Wirkungsquerschnitt für die Ionisation der Atome bei den Zusammenstößen bezeichnet. Dichte n und Atomstrahlstromstärke im Bündel N (d. h. die Zahl der Atome, die in der Zeiteinheit durch einen Querschnitt des Bündels hindurchtreten) sind durch $n = \frac{N}{S\,v}$ miteinander verknüpft. Das Volumen der magnetischen Flasche bezeichnen wir mit Ω. Aus dem weiter oben Gesagten geht hervor, daß ohne Verluste (d. h. bei idealen Vakuumverhältnissen) die Ionenkonzentration im Anfangsstadium des Akkumulationsprozesses durch

$$n_i = 2\,\frac{N^2\,\sigma\,L}{S\,v\,\Omega}\,t \tag{8.23}$$

bestimmt wird. Wenn n_i mit n vergleichbar wird, kann die Akkumulation schneller erfolgen, weil dann neutrale Atome auch durch Wechselwirkung mit den Ionen und Elektronen des in der Flasche gebildeten Plasmas ionisiert werden. Wie man leicht feststellen kann, muß eine solche schnelle Ionenakkumulation in einer Zeit erfolgen, die der Größenordnung nach $\Omega/N\,\sigma\,L$ ist. Bei $\Omega \sim 10^6$ cm³, $N \sim 10^{19}$, $\sigma \sim 10^{-16}$ cm² und $L = 50$ cm wird sie Zehntelsekunden betragen. Wenn man die Größe des Querschnittes zu 10 cm² annimmt und die Atomgeschwindigkeit zu 10^8 cm/sec, wird die Ionenkonzentration in der Kammer am Ende des angegebenen Zeitintervalls annähernd 10^{10}.

Jetzt können wir die Forderungen bestimmen, die unter den eben angegebenen Voraussetzungen an das Vakuum zu stellen sind. Wenn man annimmt, daß der Wirkungsquerschnitt des Ladungsaustausches zwischen Ionen und Restgas in der Größenordnung von 10^{-16} cm^2 liegt, ist zur Verhütung merklicher Ionenverluste nötig, daß die Neutralgasdichte nicht größer wird als 10^7 cm^{-3}, was einem Vakuum von 10^{-9} Torr entspricht. Übrigens müssen nahezu dieselben Forderungen an die Güte des Vakuums gestellt werden, wenn man ein Plasma durch Dissoziation schneller molekularer Ionen in einer Flasche erzeugen will. Alle Methoden der langsamen Akkumulation des Plasmas, die auf stationärer Injektion beruhen, haben nur dann einen praktischen Wert, wenn man alle Arten von Teilchenverlusten, die durch die Instabilität des Plasmas und durch die anomale Diffusion bedingt sind, unterdrücken kann.

Wir wollen in diesem Zusammenhang noch auf eine neue interessante Möglichkeit hinweisen, die sich vor kurzem auf Grund der Untersuchungen von SWEETMAN in Aldermaston ergab. Er stellte fest, daß bei der Dissoziation eines Strahls molekularer Wasserstoffionen am Neutralgas ein unerwartet großer Teil der Wasserstoffatome einen hohen Anregungszustand mit großen Quantenzahlen l und n annimmt. Solche Atome haben eine große Lebensdauer, und sie können eine ziemlich große Entfernung durchfliegen, bevor sie wieder in den Grundzustand übergehen. Wenn ein solches angeregtes Atom mit der Geschwindigkeit v in ein Magnetfeld H fliegt, so tritt in dem mit ihm verhefteten Koordinatensystem ein elektrisches Feld der Feldstärke $v\,H/c$ auf. Bei großen Werten für v und H kann sich dieses Feld als genügend stark erweisen, um das Atom wegen des Tunneleffektes während der Flugzeit durch die magnetische Falle zu ionisieren, da das Ionisationspotential für Zustände mit großer Quantenzahl sehr klein ist (es nimmt umgekehrt proportional zu n^2 ab). Es eröffnet sich somit also eine großartige Möglichkeit zur Einführung und Einschließung schneller Ionen zusammen mit den Elektronen, ohne daß hierzu irgendwelche Stoßprozesse innerhalb der eigentlichen magnetischen Falle erforderlich wären. Das ist von besonderer Bedeutung für die Anfangsphase der Plasmabildung in der Falle.

§ 55. Methoden der „inneren Injektion". Einschluß eines kalten Plasmas mit darauffolgender Aufheizung im anwachsenden Feld

Ein hochtemperiertes Plasma kann in magnetischen Flaschen auch ohne Injektion schneller Teilchen erzeugt werden. Nehmen wir an, daß in die Flasche ein kaltes Plasma genügend hoher Dichte eingebracht wird. Wenn man dieses Plasma im anwachsenden Feld komprimiert, oder die in ihm enthaltenen Ionen mit Hilfe eines elektrischen Feldes beschleunigt, kann man (zumindest im Prinzip) die Plasmatemperatur sehr hoch treiben. In experimentellen Untersuchungen fanden bisher folgende Erzeugungs- und Aufheizungsmethoden für ein Plasma Anwendung:

1. Die Methode des Ionenmagnetrons. Bei dieser Methode, die von JOFFÉ vorgeschlagen wurde, erfolgt die Akkumulation schneller Ionen durch Extraktion

der Ionen aus der zylindrischen Säule eines kalten Plasmas, die auf der magnetischen Achse des Systems aufrecht erhalten wird. Zwischen dieser Säule und der Wand der Vakuumkammer wird eine Hochspannung angelegt, die die Ionen auf hohe Energie beschleunigt. Eine in der Idee ähnliche Methode wurde in Los Alamos erdacht; die zugehörige Anlage wurde unter dem Namen Ixion bekannt.

2. Die Methode, bei der das Plasma in einer getrennten Quelle erzeugt, dann in die Flasche eingeschossen und durch Kompression im anwachsenden Magnetfeld aufgeheizt wird. Auf dieser Methode basieren eine Reihe von Arbeiten, die in Livermore von POST und Mitarbeitern im Pyrotron-Programm durchgeführt wurden. Die physikalischen Prinzipien, auf denen die Aufheizung des Plasmas in diesem Falle beruht, wurden bereits in Kap. II dargelegt. Mit dem Anwachsen der Feldstärke wächst die kinetische Energie der transversalen Bewegung der Teilchen im Felde proportional zu H. Im homogenen Feld wächst die Teilchenkonzentration ebenfalls proportional zu H, so daß das Verhältnis des gaskinetischen Druckes zum elektrodynamischen, also β, während der Kompression sich nicht ändert (vorausgesetzt, daß das Plasma so schnell komprimiert wird, daß Zusammenstöße zwischen den Teilchen nicht auftreten). Wenn sich die Teilchen jedoch in einem System mit magnetischem Pfropfen befinden, zeigt sich beim gleichzeitigen Anwachsen des Feldes im ganzen Volumen die zusätzliche Wirkung eines Längsdruckes, auf Grund dessen die kinetische Energie der Längsbewegung vergrößert wird.
Um das Resultat des gemeinsamen Wirkens von Radial- und Längsdruck so anschaulich wie nur möglich darzustellen, nehmen wir an, das Plasma sei in einem homogenen Magnetfeld zwischen zwei magnetischen Pfropfen eingeschlossen, an deren Rändern das Feld um ein Vielfaches anwächst. Anfangs erfolge ein Anwachsen des Feldes im Gebiet zwischen den Pfropfen, wobei die Feldstärke um den Faktor q vergrößert wird. Hierbei wächst die Teilchendichte und ihre transversale kinetische Energie ebenfalls um q, und der Radius des Gebietes, das vom Plasma eingenommen wird, wird im Verhältnis $\sqrt{1/q}$ verkleinert.

Nun mögen die Pfropfen beginnen, sich einander zu nähern, wobei der Abstand zwischen ihnen um $1/k$ verkürzt wird. Bei einer solchen Pfropfenverschiebung bleibt die Transversalgeschwindigkeit der Teilchen unverändert, ihre Längsgeschwindigkeit wächst an. Die kinetische Energie der Längsbewegung ist umgekehrt proportional zum Quadrat des Abstandes zwischen den Pfropfen, die Teilchendichte umgekehrt proportional zum Abstand. Wenn $k = \sqrt{q}$ ist, wird das Verhältnis zwischen transversaler und longitudinaler Geschwindigkeitskomponente nach der Kompression des Plasmas in radialer und in Längsrichtung bei jedem Teilchen wieder so sein, wie vor Beginn beider Prozesse. Gleichzeitig wird die gesamte kinetische Energie der Teilchen um den Faktor q und die Plasmadichte um den Faktor $q^{3/2}$ größer als anfangs. Das Verhältnis des gaskinetischen Druckes zum magnetischen Druck wächst in bezug auf den Anfangswert um $\sqrt{q}$. Alle diese Effekte finden jedoch nur unter der Bedingung statt, daß der Kompressionsprozeß in einer Zeit erfolgt, die bedeutend kürzer ist als die mittlere Stoßzeit der Ionen, weil sonst ein Teil des Plasmas auf Grund der Teilchenzusammenstöße durch die Pfropfen aus der Flasche entweichen kann. Diese Bedingung kann, obgleich sie sehr streng ist, technisch erfüllt werden, wenn es sich um eine Anordnung mit großen Dimensionen handelt. So beträgt z. B. die mittlere Zeit zwischen zwei Ionenzusammenstößen $2 \cdot 10^{-3}$ sec, wenn sich in der Flasche ein Plasma mit $n = 10^{12}$ und einer Temperatur von 100 eV befindet.

Um unter diesen Anfangsbedingungen die Plasmatemperatur mit Hilfe des magnetischen Druckes bedeutend zu erhöhen und hierbei keine großen Verluste zuzulassen, muß man bei der Felderzeugung unbedingt dafür sorgen, daß die Zeitkonstante des felderzeugenden Kreises nicht größer wird als eine Millisekunde. Wie eine einfache elektrotechnische Rechnung zeigt, kann diese Forderung verhältnismäßig einfach erfüllt werden, wenn die Anfangsfeldstärke einige Tausend Oersted beträgt und das Volumen der Kammer bei hundert Litern liegt.

Wir haben die Aufheizung des Plasmas im anwachsenden Magnetfeld betrachtet, aber bisher die spezifischen Eigenschaften des Plasmas ignoriert, die es von einer einfachen Anhäufung voneinander unabhängiger Teilchen unterscheiden. Das Modell der unabhängigen Teilchen in einem vorgegebenen Felde ist offensichtlich zur Analyse des Kompressionsprozesses unbrauchbar, wenn das Plasma eine hohe Leitfähigkeit und einen so großen Druck hat, daß es das Feld aus dem von ihm eingenommenen Raum verdrängt. In diesem Grenzfalle verhält sich das Plasma wie ein Gas, das von allen Seiten von Kraftlinien des äußeren Magnetfeldes begrenzt wird. Bei wachsender Stärke des Feldes wirkt dieses auf das Plasma wie eine elastische Hülle. Wenn der Feldstärkeanstieg genügend langsam erfolgt, kann man ungeachtet der Strahlungsverluste annehmen, daß die Kompression adiabatisch erfolgt. Bei sehr schnellem Feldanstieg kommt es zur Ausbildung einer konvergierenden Stoßwelle und zur Ionenbeschleunigung, d. h., der Kompressionsprozeß wird etwa so ablaufen, wie bei starken Impulsentladungen kurzer Dauer, die in Kap. V behandelt wurden.

Die Aufheizung eines von außen eingeschossenen Plasmas mit Hilfe eines wachsenden Magnetfeldes wurde in einer Reihe von Forschungszentren der USA geprüft. Über Experimente zur schnellen Kompression eines Plasmas, die von der Gruppe um Tuck in Los Alamos und von Kolb in Livermore durchgeführt wurden, haben wir schon am Schluß von Kap. V berichtet. Die Experimente von Post und Mitarbeitern, bei denen die Kompression des Plasmas in Feldern durchgeführt wurden, die verhältnismäßig langsam anwachsen, werden im folgenden Paragraphen behandelt.

§ 56. Fallen mit dynamischen Magnetfeldern. Mehrstufige Kompression. Einige experimentelle Ergebnisse

Alle experimentellen Daten über bereits existierende Anlagen dieses Typs stammen von Post und einer Gruppe seiner Mitarbeiter aus Livermore (USA). Von ihnen wurde das Verhalten eines Deuteriumplasmas untersucht, das aus einer

Plasmakanone in eine magnetische Flasche mit schnell anwachsendem Feld eingeschossen wird. Der bei den Untersuchungen in Livermore benutzte typische Aufbau ist in Abb. 135 schematisch dargestellt. Die Abbildung zeigt auch die Verteilung des magnetischen Feldes in der Flasche. Das veränderliche Magnetfeld, dessen Stärke in 0,5 msec auf etwa 40000 Oe anwächst, wird einem schwachen konstanten Feld überlagert, dessen maximale Stärke nicht über 400 Oe beträgt. Die Plasmakanone schießt während eines bestimmten Zeitabschnittes nach Beginn des Feldanstieges einen Plasmaklumpen längs der magnetischen Achse ein. Die Verzögerung zwischen Feldanstieg und Schuß der Plasmakanone kann man in breiten Grenzen variieren.

Die Teilchenkonzentration beträgt im kalten Plasma nach dem Einschuß in die Flasche nach grober Schätzung etwa $10^{11} \cdots 10^{12}$; die mittlere Ionenenergie ist nicht größer als einige Elektronenvolt. Nach der Kompression, die im gegebenen Falle eine dreidimensionale ist, muß die Plasmadichte theoretisch um zwei bis

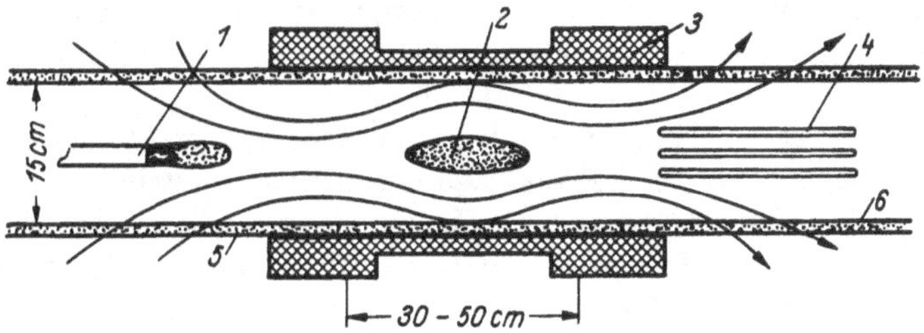

Abb. 135. Schema einer Anordnung zur Einschließung eines Plasmas in einer magnetischen Flasche mit zeitlich anwachsendem Feld

1 — Plasmakanone; *2* — komprimiertes Plasmavolumen; *3* — Feldspule; *4* — Szintillationszähler zur Registrierung der schnellen Elektronen; *5* — Kammerwand aus Stahl; *6* — auf die Innenwand aufgebrachte Metallschicht

drei Größenordnungen wachsen und 10^{14} erreichen. Mit der Vergrößerung der Konzentration erfolgt gleichzeitig auch ein schnelles Anwachsen der Plasmatemperatur. Die Ionenenergie wurde in diesen Versuchen nicht bestimmt. Für die Elektronenkomponente gelang es, das starke Anwachsen der Temperatur überzeugend durch direkte Messungen zu beweisen. Mit Hilfe von Szintillationszählern und Photovervielfachern wurde die Röntgenstrahlung gemessen, die an den Wänden unter Einwirkung schneller, aus dem Plasma längs der Feldkraftlinien austretender Elektronen entstehen. Die Untersuchung dieser Strahlung erlaubte es, die Elektronentemperatur des Plasmas abzuschätzen, die Querdimensionen des Gebietes zu bestimmen, das von einem heißen Plasma erfüllt ist, und die Plasmaeinschließungszeit zu messen.

Die Messung der Energie der Röntgenstrahlung mit Hilfe von Absorptionsfiltern zeigt, daß die aus dem Plasma austretenden Elektronen unter typischen experimentellen Bedingungen eine Energie von 10⋯100 keV besitzen. Eine detailliertere Analyse der Absorptionskurve führt zu einer Bestimmung von T_e. Die auf diese Weise gemessenen Elektronentemperaturen betrugen 20⋯30 keV. Da die Elektronen kleine LARMOR-Radien haben (in einem Felde mit 4000 Oe beträgt der LARMOR-Radius eines Elektrons mit einer Energie von 30 keV nur etwa 0,1 mm), breiten sie sich fast nur längs der Kraftlinien aus. Daher kann man aus der Messung der Verteilung der Bremsstrahlungsintensität, die von Elektronenstößen gegen die innere Kammerwand herrührt, auf die radiale Dichteverteilung des heißen Plasmas schließen (wenn man annimmt, daß die Elektronen infolge COULOMBscher Stöße aus dem Plasma austreten. Die Elektronenstromdichte ist in diesem Falle proportional zu n_e^2). Auf diese Weise wurde festgestellt, daß der Radius des vom heißen Plasma eingenommenen Gebietes ungefähr ein Fünftel des Vakuumkammerradius ausmacht.

Besonders interessant ist die unerwartet lange Einschließung des heißen Plasmas. Messungen der Bremsstrahlungsintensität mit längs der magnetischen Achse angebrachten Szintillationszählern zeigen, daß die harte Strahlung noch einige Millisekunden, nachdem das Feld den Maximalwert erreicht hat, auftritt. Hieraus folgt, daß eine konvektive oder Austauschinstabilität, die theoretisch für ein System mit konvexen Kraftlinien vorausgesagt wird, in den Versuchen von POST und Mitarbeitern durch einen wirksam stabilisierenden Mechanismus unterdrückt wird.

Nach Darstellung der Autoren der eben besprochenen Arbeiten spielt die Stabilisierung durch den ungehinderten Ladungsaustausch zwischen Plasma und Kammerwand längs der Kraftlinien die Hauptrolle (s. § 43). In den besprochenen Experimenten wurde ein Plasma mit schnellen Elektronen gleichsam in ein kaltes Plasma eingebettet, das offensichtlich eine genügend große Dichte besitzt und das ganze Volumen zwischen dem heißen Kern und der Kammerwand einnimmt. Dieses kalte Plasma ist im Kontakt mit den leitenden Wänden der Kammer und sichert einen Ausgleich der Influenzladungen, die bei zufälligen Deformationen des heißen Plasmaklumpens entstehen.

Eine solche Erklärung ist glaubwürdig. Zu ihren Gunsten spricht besonders die Tatsache, daß die Einschließungszeit sehr verkürzt wird, wenn die inneren Kammerwände elektrisch isolierend wirken. Man kann jedoch gegenwärtig keine abschließende Beurteilung der von der Gruppe in Livermore gefundenen Resultate geben, weil die veröffentlichten Daten lückenhaft sind und nicht immer genügend miteinander übereinstimmen. In diesem Zusammenhang muß gesagt werden, daß die mittlere Lebensdauer eines Teilchens in der Flasche bei einer Elektronentemperatur von ~ 10 keV und einer Dichte bei 10^{14} 100 μsec nicht übersteigt, wenn die Teilchenabwanderung durch die Pfropfen auf Grund der COULOMB-Stöße berücksichtigt wird. Die Lebensdauer der Teilchen kann nur dann einige Millisekunden erreichen, wenn die Dichte des heißen Plasmas nicht größer als 10^{12} ist. Es ist auch schwierig, die behauptete hohe Plasmadichte mit der Abschätzung der Ionentemperatur in Einklang zu bringen. Wenn die Deutonen in dem komprimierten Plasmaklumpen tatsächlich eine Temperatur von einigen Kiloelektronenvolt erreichen, wie die Autoren dieser Untersuchungen annehmen, müßte man bei einer Plasmakonzentration von 10^{14} eine sehr intensive Neutronenstrahlung bemerken.

Da wir nur über die Angaben verfügen, die bisher veröffentlicht wurden, ist es nicht ausgeschlossen, daß in den Versuchen von POST ein bedeutender Teil des Plasmas während des Feldanstieges aus dem verdichteten Volumen austritt, und im Inneren nur ein verhältnismäßig kleiner Teil der Teilchen, die anfangs die Flasche füllten, zurückbleibt.

Unklar bleibt auch die wirkliche Größe der Ionenenergie. Es ist sehr wohl möglich, daß wegen der intensiven Wechselwirkung des Plasmas mit den Wänden schon sehr kurze Zeit nach der Injektion des Plasmaklumpens sich eine merkliche Verunreinigung zeigt. Der Ladungsaustausch mit den Atomen dieser Verunreinigung sowie mit den neutralen Atomen und Molekülen des Deuteriums führt dann zu einem Absinken der Ionentemperatur. Von der quantitativen Seite her ist der Einfluß dieses Effektes sehr schwer zu beurteilen. Deshalb ist das Fehlen direkter Messungen der Ionentemperatur sehr zu bedauern.

Sehr interessant ist die im Laboratorium von Livermore erarbeitete Methode der mehrstufigen Plasmakompression. Das Wesentliche dieser Methode besteht darin, daß der Plasmaklumpen mit Hilfe veränderlicher Magnetfelder in einigen Etappen längs der Kraftlinien von einem Ende der Vakuumkammer, wo er noch eine große Ausdehnung hat und das Magnetfeld daher ein großes Volumen füllen muß, zum entgegengesetzten Ende mit kleinem Feldvolumen verschoben wird. Auf diese Weise bleibt bei einer allmählichen Kompression des Klumpens das Verhältnis des von ihm eingenommenen Volumens zum Volumen des Magnetfeldes die ganze Zeit genügend groß, d. h., es wird eine sehr ökonomische Ausnutzung des anwachsenden Feldes erreicht.

Abb. 136 gibt eine Vorstellung von einer Experimentieranlage dieses Typs; sie wurde den Arbeiten von COENSGEN, CUMMINS und SHERMAN entnommen. Im unteren Teil ist das Schema einer Anlage zur dreistufigen Kompression des Plasmas dargestellt. Eine Vakuumkammer, die Impulsquelle für die Plasmaklumpen sowie Feldspulen, sind gekennzeichnet. Im oberen Teil wird der Feldstärkeverlauf längs der Kammer gezeigt. Die ausgezogene Linie *I* entspricht dem konstanten Anfangsfeld, die punktierten Linien entsprechen den veränderlichen Feldern, die zur aufeinanderfolgenden Aufheizung und zum Transport des Plasmaklumpens von rechts nach links benutzt werden. Der eingeschossene Plasmaklumpen zerfließt anfangs längs der Kraftlinien des konstanten Feldes, wobei er den Raum *C* füllt, der von links durch den ersten konstanten magnetischen Pfropfen begrenzt ist (erstes Ansteigen der ausgezogenen Kurve, wenn man von rechts nach links geht). Eine bestimmte Zeit nach dem Abschuß der Plasmakanone wird das veränderliche Magnetfeld, dessen räumliche Verteilung durch die punktierte Kurve *II* dargestellt ist, eingeschaltet. Beim Anwachsen dieses Feldes wird das Plasma aufgeheizt, fließt in den Raum zwischen dem ersten und dem zweiten magnetischen Pfropfen und kann nicht zurück, weil es von rechts durch das stärker werdende Feld daran gehindert wird. Danach tritt die zweite Spulengruppe des veränderlichen Feldes in Aktion (Abschnitt *B*). Ihre Wirkung wird durch Kurve *III* veranschaulicht. Als Resultat dieses Vorganges (d. h. nach zweimaliger Kompression) wird der Plasmaklumpen im Gebiet des letzten Feldplateaus eingeschlossen. Die Spulengruppe des veränderlichen Feldes am Ende der Kammer bewirkt das letzte Stadium der Kompression, während der das Feld eine Form annimmt, die schematisch durch die punktierte Kurve *IV* wiedergegeben wird. Man kann hoffen, daß es gelingen wird, in Anlagen ähnlichen Typs den Kompressionskoeffizienten des Plasmas auf 100 und mehr zu bringen.

Ende 1960 erschien eine Veröffentlichung, in der mitgeteilt wurde, daß es Coensgen, Cummins, Nexsen jr. und Sherman gelungen sei, unter Benutzung eines verbesserten Plasmainjektors in einem System mit zweimaliger Kompres-

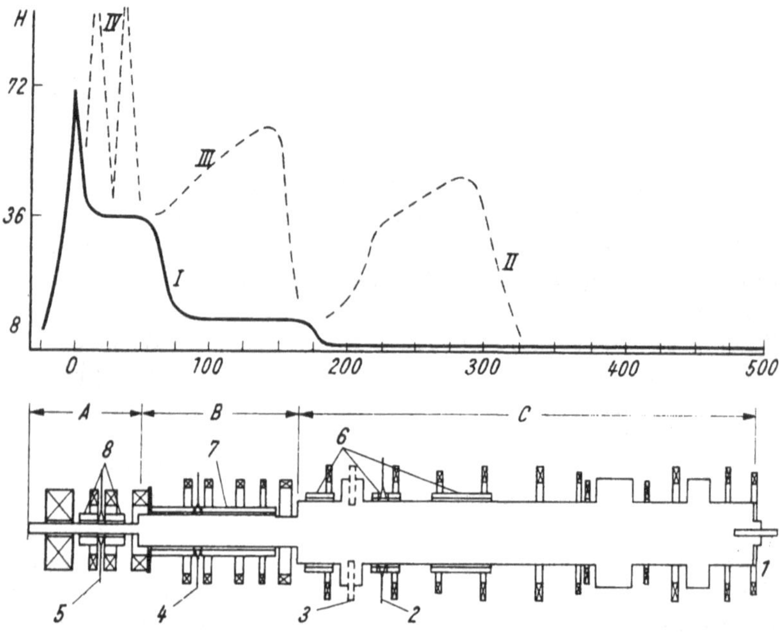

Abb. 136. Anordnung der mehrstufigen Plasmakompression

1 — Plasmakanone für kaltes Plasma; *2*, *4*, *5* — Mikrowelleninterferometer; *3* — Quelle für radialen Plasmaeinschuß; *6* — Spulen der ersten Kompressionsstufe; *7* — Spulen der zweiten Kompressionsstufe; *8* — Spulen der dritten Kompressionsstufe. Auf dem oberen Diagramm ist der Verlauf des konstanten und des veränderlichen Magnetfeldes längs der Kammerachse in willkürlichen Einheiten dargestellt

sion ein dichtes Plasma mit einer Ionentemperatur von ungefähr 3 keV zu erzeugen, wobei sie eine schwache Neutronenstrahlung beobachteten, die einige Hundert Mikrosekunden andauerte. Leider kann man aus der Beschreibung der Resultate dieser als kurze Notiz erschienenen Arbeit keinerlei Schlüsse über die Natur des beobachteten Effektes oder über die Lebensdauer des hochtemperierten Plasmas ziehen. Die Frage, ob man den von Coensgen u. a. erhaltenen Verlauf der Intensität der Neutronenstrahlung nicht durch im organischen Szintillator verzögerte Neutronen erklären kann, bleibt offen.

Eine solche Erklärung liegt nahe, weil die beobachtete Intensität der Neutronenstrahlung anfangs sehr schnell abnimmt (auf 1/10 in 25 μsec) danach aber bedeutend langsamer. Nach ungefähr 0,5 msec gelangt nur noch ein sehr kleiner Bruchteil der Neutronen in die Registrierapparatur. Zur Illustration ist in Abb. 137 die Abhängigkeit der Neutronenausbeute von der Zeit dargestellt; sie wurde der oben erwähnten Notiz entnommen. Sie unterscheidet sich nur dadurch vom Original, daß der logarithmische Maßstab der Ordinatenachse durch den natürlichen ersetzt ist.

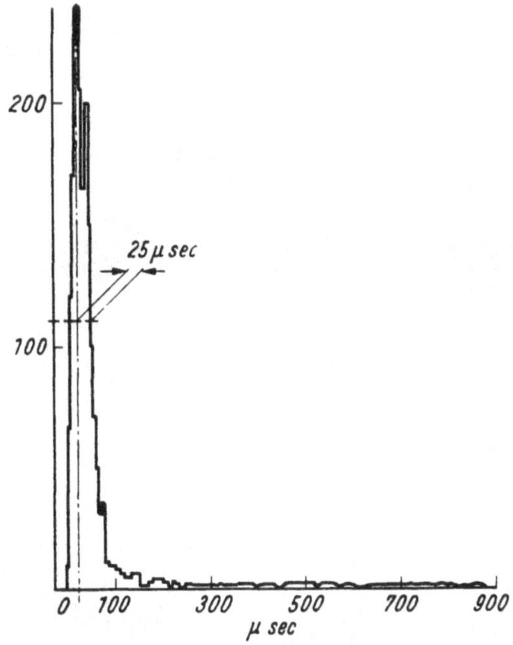

Abb. 137. Zeitabhängigkeit der Neutronenausbeute in COENSGENs Experimenten

§ 57. Ionenmagnetron. Konstruktion und Resultate der mit ihm durchgeführten experimentellen Untersuchungen. Beweis für die Instabilität eines Plasmas in Fallen mit magnetischen Propfen

Untersuchungen über die Erzeugung eines hochtemperierten Plasmas in einer Anlage, die den Namen Ionenmagnetron trägt, werden im Institut für Atomenergie schon seit einer Reihe von Jahren von JOFFÉ und Mitarbeitern durchgeführt. In Abb. 138 ist das Schema eines Ionenmagnetrons dargestellt; Abb. 139 zeigt die äußere Ansicht der Anlage, in der die grundlegenden Experimente durchgeführt wurden. Der innere Durchmesser der Vakuumkammer beträgt im mittleren Teil 50 cm, die Länge der Kammer beträgt 200 cm. Die maximale Feldstärke, die in der Kammermitte erzeugt werden kann, ist 8000 Oe, in den Pfropfen 12000 Oe. Mit Hilfe von Hochvakuumdiffusionspumpen und vier Titanverdampfern kann das Vakuum in der Kammer während der Arbeit

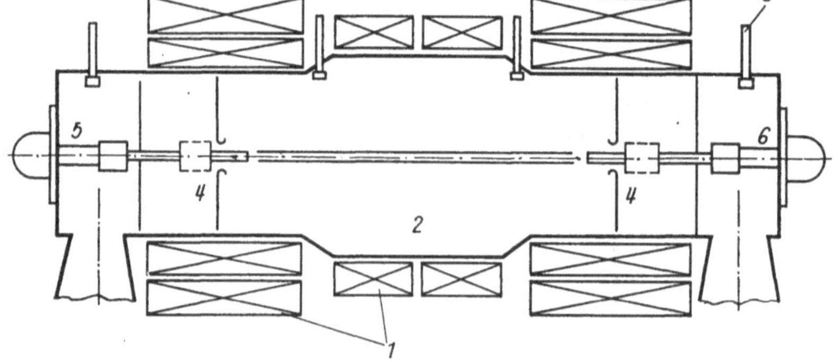

Abb. 138. Schema des Ionenmagnetrons

1 – Feldspulen; 2 – Vakuumkammer; 3 – Titanverdampfer; 4 – Blenden; 5 – Plasmaquelle; 6 – Reflektor

Abb. 139. Ansicht der Joffeschen Anordnung

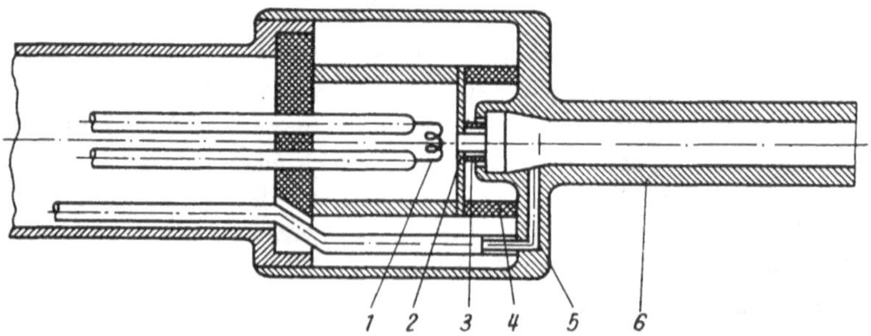

Abb. 140. Schema der Plasmaquelle

1 – Glühdraht; 2 – Glühkathode aus Wolfram; 3 – Molybdänzylinder; 4 – Isolator; 5 – Gaseinlaß; 6 – Anode

auf 10^{-7} Torr gehalten werden. Im Pfropfengebiet sind metallische Blenden mit einer Öffnung von 50 mm Durchmesser angebracht. Sie dienen dazu, vorübergehend eine Druckdifferenz zwischen den Kammerenden, in denen sich die Plasmaquelle und der Reflektor befinden, und dem Mittelteil zu erzeugen. Die in Abb. 140 dargestellte Plasmaquelle besteht aus einem Zylinder, in dessen Innerem sich eine Wolframglühkathode befindet. Bei einem Anfangsdruck von 10^{-3} Torr wird Wasserstoff durch ein Rohr in der Nähe der Kathode in die Quelle eingeführt. Wenn man zwischen dem Zylinder und der Glühkathode eine Spannung von 300⋯400 V anlegt, entsteht zwischen diesen Elektroden eine intensive Bogenentladung. Das Plasma füllt den Zylinder aus und fließt aus ihm in die Kammer, wo es sich längs der Kraftlinien des Magnetfeldes ausbreitet. Das aus der Bogenentladung ausfließende Plasma bildet eine wohldefinierte Säule mit einem Durchmesser von 2 cm im zentralen Teil der Kammer. Die Plasmasäule durchsetzt die ganze Kammer und trifft auf den Reflektor auf, der symmetrisch zur Plasmaquelle am anderen Kammerende angebracht ist. Reflektor und Plasmaquelle liegen auf dem gleichen Potential. Die Plasmakonzentration in der Säule hängt von der Arbeitsweise der Quelle ab. In den beschriebenen Experimenten betrug sie im allgemeinen $10^{12} \cdots 10^{13}$. Um die Flasche mit schnellen Ionen zu füllen, wird zwischen Quelle und Kammerwand eine hohe Spannung angelegt. Wegen der guten longitudinalen Leitfähigkeit der Plasmasäule nimmt sie das Potential der Quelle an und spielt so die Rolle einer zentralen Anode im Ionenmagnetron. Zwischen ihr und der Seitenwand der Kammer liegt das radiale elektrische Feld. Dieses Feld saugt die Ionen aus der Säule und dem sie umgebenden sehr dünnen Plasma und beschleunigt sie. Unter gleichzeitiger Wirkung des radialen elektrischen Feldes und des longitudinalen Magnetfeldes bewegen sich die Ionen in einer Fläche senkrecht zu $\mathfrak{H}$ auf Bahnen eines Typs zwischen Kreisbahn und Zykloide (man kann sie Trochoidalbahnen nennen). Jede dieser Bahnen kann man näherungsweise als Resultat der Addition zweier Bewegungen, der gewöhnlichen Larmor-Rotation und der Azimutaldrift in gekreuzten Feldern, ansehen. Die Teilchenbahn verläuft also rund um die magnetische Achse des Systems. Die Geschwindigkeit der Azimutaldrift ist näherungsweise $c\,E/H$, wobei E den Mittelwert der Stärke des radialen elektrischen Feldes in den Grenzen eines Larmor-Kreises bezeichnet. Die Rotationsgeschwindigkeit auf dem Larmor-Kreis hängt von den Anfangsbedingungen der Ionenbewegung ab. Wenn ein Ion gerade erzeugt wird, wenn die elektrische Feldstärke an seinem Ort E_0 ist, so muß die Geschwindigkeit seiner Larmor-Rotation gleich der anfänglichen Driftgeschwindigkeit $c\,E_0/H$ sein (unter der Bedingung, daß der Larmor-Radius wesentlich kleiner ist als die Strecke, über der das inhomogene elektrische Feld sich merklich ändert).

Bei einer Änderung der Stärke des elektrischen Feldes variiert die Driftgeschwindigkeit proportional zu E. Hierbei muß, wenn die Feldstärkeänderung nicht sehr schnell erfolgt, das Prinzip der adiabatischen Invarianz gelten, wonach das Verhältnis der Energie der Larmor-Rotation zu H konstant bleibt. Daher behält die Geschwindigkeit der Larmor-Rotation ihren Anfangswert $c\,E_0/H$ bei.

Diese Überlegungen sind nicht ganz exakt. In ihnen wird nicht berücksichtigt, daß die r-Abhängigkeit von E eine Korrektur der Beziehung zwischen Geschwindigkeit und Drift nötig macht. Im allgemeinen vermitteln sie jedoch eine richtige Vorstellung vom Charakter der Ionenbewegung, lassen eine Abschätzung ihrer Energie zu und geben eine Erklärung für die zeitliche Änderung der Ionenenergie. In den Versuchen, von denen hier die Rede ist, wird ein Hochspannungsrechteckimpuls mit einer Länge von 30···40 μsec an das Ionenmagnetron gelegt. Die Spannung beträgt 10···24 kV. Wenn sich das elektrische Feld im Raum zwischen Plasmaanode und Kammerwand radial so verhalten würde, wie in einem gewöhnlichen Zylinderkondensator, so müßte bei einer Magnetfeldstärke von 3000 bis 5000 Oe die maximale Ionenenergie etwa der angelegten Spannung gleich sein (d. h. einige Zehn keV erreichen). Nach Abschalten der Spannung bleibt den Ionen jedoch nur ein Teil der Anfangsenergie. Da, wo E nur schwach von r abhängt, wird die Energie, die nach Abschalten der Spannung verbleibt, nur annähernd ein Viertel des Maximalwertes betragen (weil die Driftkomponente der Geschwindigkeit zu Null wird und daher die maximale Größe der Geschwindigkeit sich auf die Hälfte reduziert). Man kann also erwarten, daß die Ionen in einem Plasma, das nach Abschalten der Spannung verbleibt, eine Energie von einigen keV haben. Auf das Energiespektrum der Ionen wirkt auch die zeitabhängige radiale Verteilung des elektrischen Feldes ein. Nach Einschalten der Spannung wird es zunächst durch den Aufbau von Raumladungen und danach auf Grund der Bildung eines sekundären Plasmas mit relativ kleiner Dichte zwischen Plasmasäule und Kammerwand beeinflußt.

Zur Erklärung der Eigenschaften eines Plasmas, das aus auf diese Weise beschleunigten Ionen gebildet wird, sind Messungen des Stromes schneller neutraler Atome, die auf Grund des Ladungsaustausches schneller Ionen im Kammervolumen entstehen, besonders interessant. Zur Registrierung dieser Atome verwendet man Meßeinrichtungen, die in Stutzen nahe an der Kammerwand eingebaut werden. Sie bestehen aus zwei Elektroden, zwischen denen eine kleine Spannung angelegt wird. Die negative Elektrode emittiert beim Bombardement mit schnellen neutralen Atomen Elektronen. Die Stromstärke im Meßsystem ist so ein Maß für den Neutralteilchenfluß zur Wand. Er ist $n_0\, n_i\, \overline{v_i\, \sigma_c}$ proportional, wobei n_0 die Konzentration der neutralen Atome bezeichnet (bei den untersuchten Verhältnissen handelt es sich vorwiegend um Wasserstoffatome, die molekular gebunden sind), n_i die Konzentration des Plasmas, v_i die Ionengeschwindigkeit und σ_c den Wirkungsquerschnitt für den Ladungsaustausch.

Wenn man die Intensität des Neutralteilchenflusses nach Abschalten der Hochspannung registriert, kann man die mittlere Lebensdauer τ der schnellen Ionen im Plasma bestimmen. Bei nicht zu geringer Dichte des Neutralgases in der Kammer ist der Ladungsaustausch der die Ionenverluste bestimmende Mechanismus. In diesem Falle ist die mittlere Lebensdauer gleich

$$\tau = \frac{1}{n_0\, \overline{v_i\, \sigma_c}}\,.$$

Wenn man τ und n_0 kennt, kann man den $\overline{v_i \sigma_c}$-Wert finden und mit Hilfe der bekannten Geschwindigkeitsabhängigkeit des σ_c die Energie der schnellen Ionen abschätzen. Außerdem kann man durch absolute Messung des Flusses der umgeladenen Teilchen zur Wand die Konzentration der schnellen Ionen abschätzen. Unter üblichen Verhältnissen beträgt sie in den beschriebenen Versuchen (unmittelbar nach Abschalten der Hochspannung) $10^9 \cdots 10^{10}$.

Von großem Interesse ist die Stabilität des Plasmas im Ionenmagnetron. Auf diese Frage kann die Untersuchung der Lebensdauer schneller Ionen in Abhängigkeit von den experimentellen Bedingungen eine Antwort geben. Wegen der geringen Plasmadichte im Ionenmagnetron führen die COULOMB-Stöße zu keiner merklichen Abwanderung der Teilchen aus dem Plasma. Ein Teilchenverlust infolge der Unvollkommenheit des magnetischen Systems kann im vorliegenden Falle offensichtlich auch nicht auftreten. Da die Ionen durch das radiale elektrische Feld in einer Fläche senkrecht zu $\mathfrak{H}$ beschleunigt werden, können sie auch bei einem schwachen Spiegelverhältnis in der Flasche wirksam eingeschlossen werden. Wenn sich das Plasma in einem stabilen Zustand befindet und die Teilchendiffusion quer zum Feld wegen des kleinen $D_\perp$ fast völlig unterdrückt ist, kann also nur der Ladungsaustausch Ursache für eine Begrenzung der Lebensdauer der Ionen in der Falle sein. Wenn diese Annahme richtig ist, muß der aus der Abnahme der Intensität des Flusses neutraler Teilchen bestimmte $1/\tau$-Wert proportional zu p_0 sein (wenn ein $\overline{v_i \sigma_c}$-Wert, der nur von der Ionenenergie abhängt, vorgegeben wird). In Abb. 141 und 142 ist die experimentell gefundene Abhängigkeit des $1/\tau$ von p_0 von der Spannung, die zur Beschleunigung der Ionen benutzt wurde, und von der Stärke des Magnetfeldes dargestellt.

Aus der Neigung der Kurven $\frac{1}{\tau} = f(p_0)$ kann man die zugehörigen $\overline{v_i \sigma_c}$-Werte und damit die mittleren Ionenenergien bestimmen. Wie erwartet, liegen diese Energien bei einigen keV und wachsen mit Vergrößerung von V und mit Verringerung von H. Das wichtigste Resultat, das sofort ins Auge fällt, besteht darin, daß bei einer Extrapolation des p_0 auf Null $1/\tau$ einem endlichen Grenzwert zustrebt, der von V und H abhängt. Diesen Grenzwert $1/\tau_0$ kann man für jede Kurve durch Extrapolation bis zum Schnittpunkt mit der Ordinatenachse finden. Diese Tatsache weist offensichtlich darauf hin, daß schnelle Ionen nicht nur durch Ladungsaustausch verloren gehen, sondern auch durch die Einwirkung irgendeines anderen Mechanismus. Unter den betrachteten Verhältnissen kann dieser Mechanismus nur mit der Instabilität des Plasmas in der Flasche zusammenhängen. Aus den experimentellen Daten, die in Abb. 141 und 142 dargestellt sind, folgt, daß diese Instabilität, als deren Maß $1/\tau_0$ dient, um so stärker erscheint, je kleiner H und je größer V ist. Bei $H = 5000$ Oe und $V = 30$ kV beträgt die mittlere vom Ladungsaustausch nicht abhängende Lebensdauer der Ionen 200 μsec. Sie erhöht sich bis auf 1,5 msec, wenn H bis auf 8000 Oe erhöht wird.

Um die wesentlichen Gesetze aufzuklären, die den anomalen Teilchenverlust charakterisieren, wurden Messungen durchgeführt, bei denen $1/\tau_0$ in Abhängigkeit von der Plasmadichte untersucht wurde; weiter wurde die Abwanderung

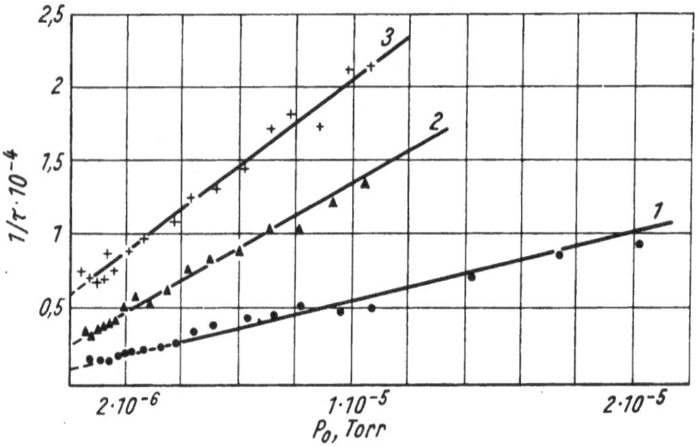

Abb. 141. Abhängigkeit der Lebensdauer der schnellen Ionen vom Gasdruck bei verschiedenen Beschleunigungsspannungen, $H_0 = 5000$ Oe und $H_m/H_0 = 1{,}54$

1 — $V_B = 11$ kV, $\sigma_c v_i = 1{,}3 \cdot 10^{-8}$; 2 — $V_B = 20$ kV, $\sigma_c v_i = 3{,}1 \cdot 10^{-8}$; 3 — $V_B = 45$ kV, $\sigma_c v_i = 4{,}2 \cdot 10^{-8}$

schneller Ionen längs der Feldlinien und in Richtung senkrecht zu $\mathfrak{H}$ untersucht. Man kann annehmen, daß bei genügend kleiner Ladungsträgerkonzentration, wenn der Debye-Radius in die Größe des vom Plasma eingenommenen Gebietes kommt, und dieses damit in eine Ansammlung freier Ionen und Elektronen über-

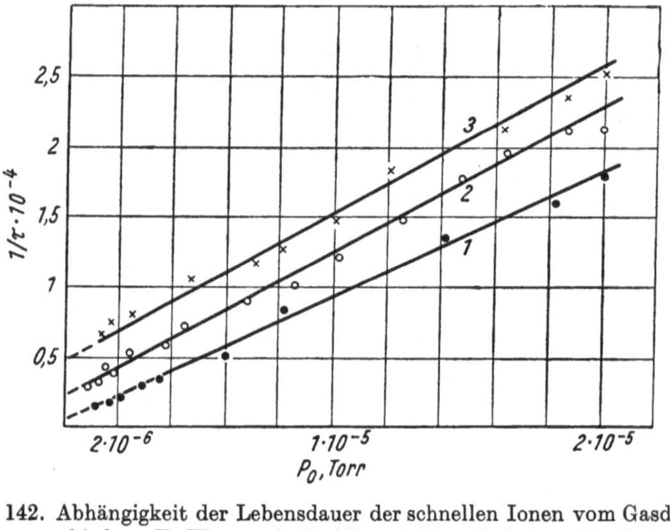

Abb. 142. Abhängigkeit der Lebensdauer der schnellen Ionen vom Gasdruck für verschiedene H_0-Werte mit $H_m/H_0 = 1{,}54$ und einer anfänglichen Beschleunigungsspannung von 30 kV

1 — $H_0 = 8000$ Oe; 2 — $H_0 = 6000$ Oe; 3 — $H_0 = 5000$ Oe

geht, die verschiedenen Instabilitätsmechanismen unwirksam werden und $1/\tau_0$ gegen Null geht. $1/\tau_0$ kann man als Funktion der Konzentration finden, wenn man die Zeitabhängigkeit von n_i analysiert. Die logarithmische Ableitung des $n_i(t)$ ergibt den jeweiligen $1/\tau$-Wert für den jeweiligen Zustand des abklingenden Plasmas. Hierbei ist

$$\frac{1}{\tau} = \frac{1}{\tau_0} + \frac{1}{\tau_c},$$

wobei τ_c die mittlere, durch den Ladungsaustausch bedingte Lebensdauer der Ionen bezeichnet. Übereinstimmend mit dem weiter oben Gesagten ist zu erwarten, daß bei größeren t-Werten, also bei genügend kleiner Plasmadichte, die anomalen Verluste nicht mehr auftreten; dann wird $\tau \sim \tau_c$. Das bedeutet, daß sich die Funktion $n_i(t)$, besonders bei niedrigem Druck des neutralen Gases in der Kammer, wenn die anomalen Verluste im Anfangsstadium des Plasmazerfalls noch eine bestimmende Rolle spielen, von einer einfachen Exponentialfunktion unterscheiden muß. Eine Bearbeitung der Messungen zeigt tatsächlich, daß die Lebensdauer der Ionen im Plasma anwächst und praktisch nur durch den Ladungsaustausch bestimmt wird, wenn die Plasmakonzentration um zwei Größenordnungen reduziert ist und $\sim 10^7$ beträgt.[1]) Mit anderen Worten, τ_0 strebt in diesem Falle gegen Unendlich.

Mit Hilfe von Elektroden, die in den Pfropfen und in der Nähe der Seitenwand angebracht sind, kann man messend verfolgen, wie die Abwanderung der Teilchen vor sich geht. Solche Messungen zeigen, daß die schnellen Ionen hauptsächlich quer zu den Kraftlinien des Magnetfeldes aus der Flasche entweichen (wie man erwarten kann, weil sie ihre Energie vom radialen elektrischen Feld erhalten und daher eine verhältnismäßig geringe Längsgeschwindigkeit haben). Die Oszillogramme des Ioneneinstromes in an der Seitenwand der Kammer angebrachte Elektroden zeigen, daß der Ionenstrom keine glatte Funktion der Zeit ist. Er ist durch starke Schwingungen moduliert, die irregulären Charakter tragen, sowohl der Amplitude als auch der Form nach. Die charakteristischen Frequenzen liegen bei $10^4 \cdots 10^6$ Hz.

Die Amplituden haben dabei dieselbe Größenordnung wie die mittlere Größe des Teilchenstromes. Ein Vergleich der Oszillogramme, die gleichzeitig an Elektroden, die an verschiedenen Punkten der Wandfläche angebracht sind, aufgenommen wurden, zeigt, daß die Schwingungen längs einer Kraftlinie in ihrer gesamten Länge synphas sind. Wenn man sie an Punkten vergleicht, die einer über den anderen in azimutaler Richtung verschoben wurden, so kann man Phasenkorrelation nur über kleine Strecken feststellen, und zwar um so kürzer, je höher die Frequenz ist. So zeigen Schwingungen bei 10^6 Hz schon keine

[1]) Bei dieser Bearbeitung muß man auch den Umstand beachten, daß sich während des Plasmazerfalls das Energiespektrum der schnellen Ionen ändert (weil σ_0 von der Energie abhängt); auch das führt zu einer Abweichung des $n_i(t)$ von der exponentiellen Abhängigkeit. Man kann den eben genannten Effekt jedoch abtrennen, wenn man die $n_i(t)$-Messungen in einem genügend breiten Druckbereich durchführt.

Korrelation mehr über Strecken, die mit dem LARMOR-Radius der Ionen (4···5 cm) vergleichbar sind. Es muß bemerkt werden, daß die Frequenzen der beobachteten Schwingungen und der Modulationsgrad des Teilchenstromes mit Verringerung der Plasmadichte kleiner werden. Der Charakter der Schwingungen des Ioneneinstromes auf die Wand zeugt davon, daß die Ionenabwanderung durch einen nichtstationären Mechanismus hervorgerufen wird, der unter die allgemeine Bezeichnung anomale Diffusion fällt, und im Endergebnis durch eine der Instabilitäten bedingt ist, die dem Plasma in einer Flasche vom Typ des Ionenmagnetrons eigen sind. Man muß natürlich annehmen, daß schon im Anfangsstadium, einige Mikrosekunden nach Anlegen der Hochspannung, Instabilitäten in Erscheinung treten, die mit der schnellen Rotation des Plasmas in den gekreuzten Feldern und mit dem für Flaschen mit Pfropfen typischen konvexen Magnetfeld zusammenhängen. Als Resultat erfolgt eine schnelle radiale Zerstreuung der Plasmawolke (die anfangs in einem verhältnismäßig kleinen Abstand von der Achse gebildet wird), und das Plasma kommt in Kontakt mit der Seitenwand. Danach tritt der Mechanismus der konvektiven Diffusion in Erscheinung, der von KADOMZEW untersucht wurde, und der Teilchenabgang wird durch die Wechselwirkung einzelner Plasmaschläuche mit der Wand reguliert. Die schnellen Ionen, die irgendwo im Inneren der Kammer entstehen und unter der Einwirkung der fluktuierenden elektrischen Felder driften (hierbei spielt nur die Azimutalkomponente von $\mathfrak{E}$ eine Rolle), kommen an die Plasmaoberfläche. Auf den aus dem Plasma herausleckenden Plasmazungen gelangen sie an die Wand. Es ist sehr schwierig, die Lebensdauer der Ionen in der Nähe der Plasmaoberfläche zu bestimmen, weil völlig unklar ist, wie die elektrischen Felder in diesem Gebiet schwanken. Wenn man diese Zeit mit der Zeit des durch Diffusion bestimmten Auftauchens an der Oberfläche gleichsetzt, kann man annehmen, daß das Ion einigemale an die Wand gelangt und wieder ins Plasma zurückkehrt, ehe es verloren geht.

Wie bereits in § 43 mitgeteilt wurde, untersuchte KADOMZEW theoretisch den Mechanismus der konvektiven Diffusion in Flaschen des eben besprochenen Typs und stellte eine Formel auf, die die mittlere Lebensdauer der schnellen Ionen liefert. Die Resultate der nach Formel (7.36) ausgeführten Rechnungen sind in qualitativer Übereinstimmung mit den von JOFFÉ und Mitarbeitern durchgeführten Messungen. Genauer gesagt, widersprechen sie diesen Messungen nicht (weil der in den Ausdruck für D eingehende Koeffizient C im wesentlichen eine unbestimmte Größe bleibt).

Um eine klare Vorstellung vom wirklichen Mechanismus der beobachteten anomalen Diffusion zu erhalten, muß man unbedingt weitere Experimente durchführen. Man muß insbesondere die Abhängigkeit der Lebensdauer der Ionen in der Flasche von geometrischen Parametern wie Krümmung der Kraftlinie und Form der Seitenwand der Kammer klären. Vorläufige Messungen zeigen, daß der zweite der angeführten Parameter offensichtlich einen merklichen Einfluß auf die Geschwindigkeit des Plasmaabklingens haben kann. Interessant ist auch die Klärung der Frage, ob die mittlere Lebensdauer der Ionen unter sonst gleichen Bedingungen bei Erhöhung der Teilchenkonzentration im Plasma abnimmt.

Weiterhin muß man unbedingt das Energiespektrum der Ionen und seine Zeitabhängigkeit untersuchen. Mit Hilfe der von TELKOWSKI erarbeiteten Methodik zur Messung der Energie neutraler Atome nach Bremsung in dünnen Schichten kann man gegenwärtig Angaben über das Ionenspektrum im Kammerinneren durch Bestimmung der Energie der Atome, die man als Resultat des Ladungsaustauschvorganges erhält, machen. Diese Methode gestattet, auch die Energie verhältnismäßig langsamer Ionen (bis zu 500 eV) zu bestimmen. Schließlich verbleibt noch die Frage nach der Verteilung der elektrischen Felder im Plasma. Eine Klärung wird möglich, wenn man die aus der Kammer durch die Pfropfen entweichenden Elektronen ausnutzt.

§ 58. Die Ixion-Anlage. Rotation eines Plasmas in gekreuzten Feldern

In den im vorangehenden Paragraphen beschriebenen Versuchen benutzte man die Hochspannung im Anfangsstadium des Prozesses zur Extraktion der Ionen aus der Plasmasäule ins Vakuum; dieses Stadium war aber nicht Hauptgegenstand der Untersuchung. Die Aufmerksamkeit galt vielmehr dem Studium des Plasmazustandes nach Abschalten des äußeren elektrischen Feldes. In der Ixion-Anlage interessiert im Gegensatz dazu gerade die Phase, in der das Plasma, das nach dem Durchbruch in der Kammer gebildet wird, unter der Einwirkung gekreuzter Felder (radiales E und longitudinales H) um die Achse des magnetischen Systems rotiert. Seiner Konstruktion nach erinnert das Ixion an die Anlage von JOFFÉ. Äußere Elektrode ist die Kammerwand. Als zentrale Elektrode dient entweder eine Metallstange, die längs der magnetischen Achse angebracht ist, oder (wie bei JOFFÉ) eine Säule dichten kalten Plasmas. Das Ixion arbeitet jedoch im Gegensatz zum Ionenmagnetron bei hohem Anfangsgasdruck (etwa 10^{-3} Torr), und das Plasma wird in ihm nicht auf Grund der Emission von Ionen aus der zentralen Säule, sondern durch eine intensive Gasentladung, die die Kammer füllt, gebildet. Das magnetische System stellt eine gewöhnliche Flasche mit magnetischen Pfropfen dar. Das Verhalten der geladenen Teilchen im Ixion kann man mit Hilfe der elementaren Drifttheorie voraussagen (wenn man Stabilität voraussetzt). Die Teilchendrift wird in gekreuzten Feldern um die Achse mit Geschwindigkeiten erfolgen, die nahe bei $c\,E/H$ liegen. Im vorliegenden Falle sind diese Geschwindigkeiten wegen der Inhomogenität des elektrischen Feldes für Ionen und Elektronen nicht genau gleich.

Um die Größe der Driftgeschwindigkeit zu finden, nehmen wir an, das Teilchen rotiere im Abstand r um die Achse des magnetischen Systems. Hierbei gilt

$$-\frac{m\,v_\varphi^2}{r} = q\left(E_r + \frac{v_\varphi H_z}{c}\right).$$

Daraus folgt:

$$v_\varphi = -\frac{c\,E_r}{H_z} - \frac{m\,c\,v_\varphi^2}{q\,r\,H_z}.$$

Wenn man das zweite Glied als kleine Korrektur ansieht (was bei kleinen E-Werten zutrifft), so kann man schreiben

$$v_\varphi = -\frac{c\,E_r}{H_z}\left(1 + \frac{m\,c^2\,E_r}{q\,H_z^2}\,\frac{1}{r}\right). \tag{8.24}$$

Das Korrekturglied im Ausdruck für v_φ hängt also von der Beziehung zwischen der Höhe der Zykloide und dem Abstand der Bahn von der Achse des Systems ab.

Aus (8.24) folgt, daß die Driftgeschwindigkeit für Ionen und Elektronen verschieden ist. Infolge dieses Unterschiedes entsteht ein elektrischer Ringstrom, dessen Dichte der Differenz der v_φ für beide Plasmakomponenten proportional ist:

$$j_\varphi = n\,e\,(v_{\varphi\,i} - v_{\varphi\,e}) = -\frac{n\,m_i\,c^3\,E^2}{H^3\,r}. \tag{8.25}$$

Bei $n \sim 10^{12}$, $E = 10$ (3000 V/cm), $r = 10$ cm und $H = 5000$ Oe wird die Stromdichte etwa 1 A/cm². Dieser Strom bewirkt Diamagnetismus, indem er die magnetische Feldstärke im Plasma reduziert (und zwar mehr, als der gewöhnliche Diamagnetismus des Plasmas).

Wir stellen zwei interessante Besonderheiten der Systeme vom Ixion-Typ fest. Die erste besteht darin, daß sich beim Vorhandensein eines elektrischen Feldes die Verschlußwirksamkeit der magnetischen Pfropfen verstärkt. Das ist leicht zu verstehen, wenn man bedenkt, daß jedes Teilchen bei der Driftbewegung eine axiale Komponente des Drehimpulses besitzt. Wenn sich das Teilchen in Richtung auf einen der Pfropfen zu bewegt, so verringert sich der Abstand seiner Bahn von der Achse (infolge der Verdichtung der Kraftlinien) und die Rotationsgeschwindigkeit wächst wegen der Konstanz des Drehimpulses an. Auf diese Weise erscheint ein zusätzliches Zentrifugalpotential, das mit der Driftbewegung verknüpft ist und eine Abwanderung der Teilchen durch den magnetischen Pfropfen verhindert. Wie von LONGMIRE und anderen festgestellt wurde, werden im Ixion alle Teilchen gehalten, für die folgende Bedingung erfüllt ist:

$$W_\perp\left(\frac{H_m}{H_0} - 1\right) > W_\parallel - \frac{1}{2}\,M\,v_d^2\left(1 - \frac{H_0}{H_m}\right). \tag{8.26}$$

Hierbei ist $W_\parallel$ die kinetische Energie der Längsbewegung des Teilchens im Mittelteil der Flasche mit dem Feld H_0, $W_\perp$ ist die kinetische Energie der LARMOR-Rotation im gleichen Gebiet, H_m bezeichnet die Maximalfeldstärke in den Pfropfen. Bedingung (8.26) unterscheidet sich von der analogen Beziehung für eine einfache magnetische Flasche durch das Vorhandensein eines Gliedes, das die kinetische Energie der Rotationsdrift enthält. Praktisch muß, falls H_m/H_0 nicht zu nahe bei Eins liegt, dieses zusätzliche Glied für Ionen in Systemen des Ixion-Typs von der Größenordnung der Energie der LARMOR-Rotation sein (für Elektronen ist wegen ihrer geringen Masse $k\,T_e \gg \frac{m_e\,v_d^2}{2}$).

Die zweite Besonderheit des Ixions besteht darin, daß es einen Plasmakondensator darstellt, in dem die aus einer Hochspannungsquelle zugeführte Energie als Rotationsenergie des Plasmas gespeichert wird. Wegen der großen Dielektrizitätskonstante des Plasmas in gekreuzten Feldern kann die Kapazität des Plasmakondensators die Kapazität eines gewöhnlichen Luftkondensators gleicher Abmessungen weit übertreffen. Die im Plasmakondensator gespeicherte Energie kann im Prinzip in einen äußeren Kreis wieder eingespeist werden.

Einige wenige experimentelle Daten, die sich auf die Prozesse im Ixion beziehen, sind in einem Vortrag enthalten, der von Boyer und anderen auf der Genfer Konferenz gehalten wurde. In Abb. 143 ist ein Schnitt der Anlage wiedergegeben. Der Kammerdurchmesser beträgt 24 cm, die Länge 86 cm. Als zentrale Elektrode dient eine Plasmasäule. Man erhält sie mit Hilfe eines gepulsten Injektors. Die Plasmasäule liegt im Inneren zweier ringförmiger Wolframelektroden, die an der stärksten Verengung der Kraftlinien in den Pfropfen angebracht sind. Mit Hilfe dieser Elektroden, die in Kontakt mit der Oberfläche der Plasmasäule sind, wird an die Zentralelektrode eine Spannung von 10 kV relativ zum Kammermantel angelegt. Die Stärke des magnetischen Feldes beträgt im mittleren Teil der Kammer 5000…10000 Oe. Die Kammer ist mit Deuterium mit einem Anfangsdruck von 10^{-3} Torr gefüllt.

Es wurde beobachtet, daß sich der Entladungsstrom in der Anlage mit Deuterium ungefähr 25 msec hält, wobei seine maximale Größe 10…20 kA erreicht. Danach fällt der Strom auf Null ab. Die Spannung in der Kammer geht während

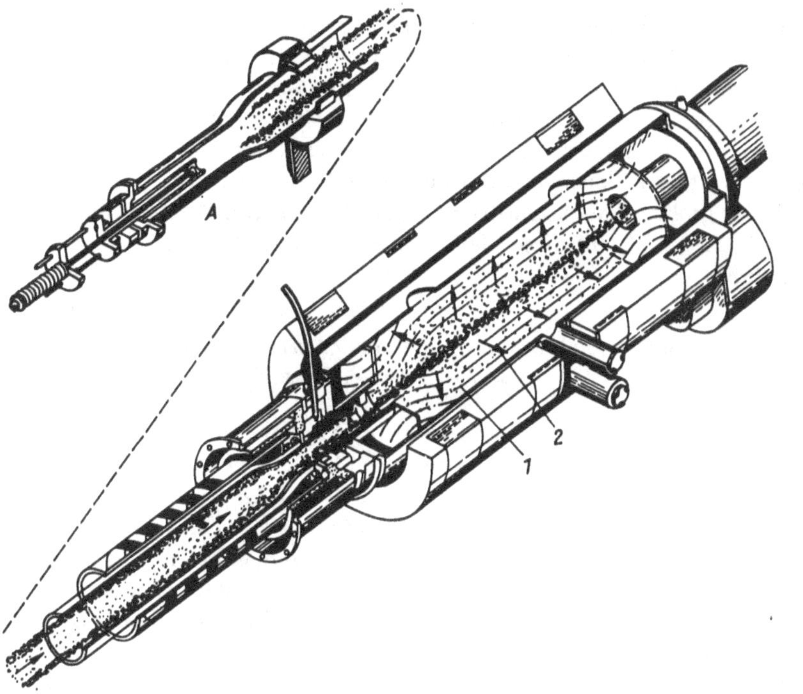

Abb. 143. Schema der Ixion-Anordnung

A Impulsplasmaquelle; *1* — Magnetfeldlinien; *2* — *E*-Feld des Entladungsimpulses annähernd bis auf die Hälfte ihres Anfangswertes zurück. Im weiteren fällt sie langsam bis auf Null ab. Dieser zeitliche Verlauf der elektrischen Größen erklärt sich dadurch, daß während des Entladungsimpulses Gasionisation erfolgt, daß die Kammer mit Plasma gefüllt wird und die von außen eintretende Energie im Plasmakondensator gespeichert wird. Der Entladungsstrom müßte im Idealfalle rein kapazitiven Charakter haben, wegen der niedrigen Leitfähigkeit des Plasmas bleibt er jedoch teilweise ohmsch. Zur Bestimmung der Kapazität schloß man den Plasmakondensator auf kurze Zeit kurz, um die Ladung zu messen, die im Kurzschlußfalle wieder zurückgeliefert wird. Die Messungen zeigten, daß ungefähr 20% der in einem Entladungsimpuls eingespeisten Ladung wieder geliefert wurden. (Das bedeutet, daß das Plasma sich im eben besprochenen Versuche wesentlich ohmsch verhielt.) Wegen der starken Verschmutzung des Deuteriums durch verschiedene Beimischungen waren die gemessenen Kapazitätswerte höher als die maximal berechneten.

Messungen der DOPPLER-Verschiebung von Spektrallinien bestätigten die Existenz einer Rotation des Plasmas. Während des Fließens des Entladungsstromes konnte man manchmal Neutronenstrahlung beobachten, deren Herkunft unklar blieb. Es gibt keinerlei Begründung dafür, daß unter diesen experimentellen Bedingungen in einem Plasma mit Ionen verhältnismäßig geringer Energie (nicht mehr als einige Zehner eV) thermonukleare Reaktionen auftreten sollten.

Die Versuche, die an der Ixion-Anlage durchgeführt wurden, sind, ungeachtet ihrer Lückenhaftigkeit und der nicht genügend klaren Bedingungen, unter denen sie durchgeführt wurden, doch sehr interessant, wenn man sie als Demonstration für die Richtigkeit einiger physikalischer Ideen ansieht, die sich aus den Grundvorstellungen der Plasmadynamik ableiten lassen. In der Kernfusionsforschung werden derartige Anlagen kaum große selbständige Bedeutung erlangen, weil es (wegen des großen Anfangsgasdruckes und der Instabilität des rotierenden Plasmas) sehr schwer ist, auf diese Weise ein völlig ionisiertes Hochtemperaturplasma zu erhalten.

§ 59. Die Ogra-Anlage. Einbringung von Plasma mittels Dissoziation molekularer Ionen. Lebensdauer der Ionen

Die größte Flasche mit magnetischen Pfropfen wurde unter Leitung von GOLOWIN im Institut für Atomenergie im Jahre 1958 gebaut. Sie erhielt den Namen Ogra. Diese Anlage ist zur experimentellen Überprüfung der auf der Injektion molekularer Ionen und dem Einfang durch Dissoziation am Restgas beruhenden Methode zur Erzeugung eines hochtemperierten Plasmas bestimmt. Rechungen zeigen, daß man unter günstigen Umständen darauf hoffen kann, ein Plasma zu erhalten, das nicht nur bis auf sehr hohe Temperaturen aufgeheizt wird, sondern auch eine genügend große Dichte besitzt. Das wird eintreten, wenn es gelingt, den Neutralgasausbrand zu verwirklichen. Bei dieser Arbeitsweise wird praktisch eine völlige Ionisierung des Neutralgases in der Kammer erreicht, wodurch der Ladungsaustausch der schnellen Ionen mit Atomen, der sonst Hauptursache für die Ionenverluste ist, beseitigt werden kann. Um eine Vorstellung von dieser Arbeitsweise zu erhalten, betrachten wir den Prozeß der Ionenakkumulation in der Flasche jetzt eingehender.

Ein molekulares Ion, das auf richtige Art in die Flasche eingeschossen wurde, durchläuft in ihr einen langen Weg, wobei es mehrfach von den Pfropfen reflektiert wird und azimutal driftet. Schließlich trifft es auf den Injektor auf. Wenn das Vakuum in der Kammer genügend gut ist, kommen fast alle molekularen Ionen zum Injektor zurück. Nur ein kleiner Teil von ihnen dissoziiert beim Zusammenstoß mit Molekülen des Neutralgases unter Bildung atomarer Ionen und schneller neutraler Atome. Nehmen wir zunächst an, der eingeschossene Strom molekularer Ionen N_m^+ sei sehr klein. Dann wird die Konzentration der Atomionen n_a^+ klein sein im Vergleich zur Konzentration der Neutralteilchen. Man braucht daher die Dissoziation von Molekülionen durch Stöße mit Atomionen nicht zu berücksichtigen. Deshalb wird die Zahl der Dissoziationsvorgänge, bei denen Atomionen gebildet werden, zu $N_m^+ n_0 \sigma_d L$, wobei n_0 die Konzentration der neutralen Atome, σ_d den Wirkungsquerschnitt für die Dissoziation und L die Länge des in der Kammer vom Molekülion bis zum Wiederauftreffen auf den Injektor zurückgelegten Weges bezeichnen. Die Größe L ist dem Produkt aus der Länge des magnetischen Systems und dem Kammerradius proportional. Die schnellen Atomionen werden nicht auf den Injektor auftreffen. Wenn es keine Ursachen für die Entstehung von Instabilitäten und das Auftreten irregulärer Driftbewegungen gibt, wird daher die Ursache für die Verluste schneller Atomionen im wesentlichen im Ladungsaustausch beim Stoß mit neutralen Atomen liegen. Die Teilchenabwanderung durch den Pfropfen kann als Folge von COULOMB-Stößen in diesem Stadium des Prozesses unberücksichtigt bleiben. In der Zeiteinheit beträgt die Zahl der elementaren Ladungsaustauschvorgänge in der Flasche $n_a^+ n_0 v_i \sigma_c \Omega$, wobei das Kammervolumen mit Ω bezeichnet wird. Der Prozeß der Akkumulation atomarer Ionen wird durch folgende Gleichung beschrieben:

$$\frac{dn_a^+}{dt} = \frac{N_m^+}{\Omega} n_0 \sigma_d L - n_a^+ n_0 v_i \sigma_c \,. \tag{8.27}$$

Nach Einstellung des Gleichgewichts wird

$$n_a^+ = \frac{N_m^+ L}{\Omega v_i} \frac{\sigma_d}{\sigma_c} \,. \tag{8.28}$$

Die Größe $N_m^+ L/\Omega v_i$ stellt die Dichte der Molekülionen im Volumen der Flasche dar. Daher kann man (8.28) auch folgendermaßen schreiben:

$$\frac{n_a^+}{n_m^+} = \frac{\sigma_d}{\sigma_c} \,. \tag{8.29}$$

Wenn das Neutralgas in der Kammer nur aus molekularem Wasserstoff besteht, wird bei einer Ionenenergie des H_2^+ von 200 keV die Protonenkonzentration n_a^+ die Konzentration der Molekülionen n_m^+ um etwa den Faktor 10 übertreffen.

Die Neutralgasdichte in der Kammer hängt bei abgeschaltetem Ionenstrahl von der Gasabgabe der Wände und von der Pumpenleistung ab. Beim gegenwärtigen Stand der Vakuumtechnik ist es durchaus möglich, in großen Anlagen, wie Ogra, ein Vakuum von der Größenordnung 10^{-9} Torr zu erreichen. Wenn man einen Ionenstrahl in die Kammer führt, ergibt das eine zusätzliche Neutralgasquelle wegen der Neutralisation der Molekülionen bei ihrer Rückkehr zum Injektor. Gleichzeitig werden aber Prozesse wirksam, die die Neutralgasdichte herabsetzen. Diesen Vorgang kann man als Ionenpumpen bezeichnen. Die neutralen Teilchen verschwinden aus dem Volumen auf Grund von Zusammenstößen mit den in der Kammer angesammelten schnellen Atomionen. Hierbei spielen nicht nur Ionisationsvorgänge eine Rolle, sondern teilweise auch Ladungsaustauschvorgänge, weil die entstehenden schnellen neutralen Atome bei einem Auftreffen auf die Wände in diese hineingeschlagen werden.

Die Formel (8.29) für den Gleichgewichtswert der Konzentration atomarer Ionen entspricht der Annahme, daß n_a^+ während des ganzen Prozesses klein bleibt gegen n_0. Bei sehr großem Einschußstrom entspricht diese Annahme jedoch nicht mehr der Wirklichkeit. Ist n_a^+ in der Größenordnung von n_0, so kommt zur Dissoziation der Molekülionen am Neutralgas die Dissoziation an Atomionen hinzu; die Gleichgewichtskonzentration der Atomionen wird daher größer als die durch (8.29) bestimmte Größe. Mit einer Verstärkung des Einschußstromes wird n_a^+ schneller wachsen als N_m^+, und bei einem bestimmten kritischen Wert der Einschußstromstärke erfolgt eine scharfe Veränderung der Arbeitsweise der Anlage: Das Gleichgewicht kann nicht mehr aufrecht erhalten werden, und die Konzentration der Atomionen wächst zeitlich an (solange keine anderen Prozesse wirksam werden, die n_a^+ begrenzen). Die Plasmakonzentration kann auf diese Weise wesentlich größer werden, und das Neutralgas im Plasmainneren wird völlig ionisiert.

Nehmen wir an, die Neutralisation der Molekülionen am Injektor sei Hauptquelle für das Neutralgas in der Kammer. Dann kann man zur Abschätzung des kritischen Stromes folgende Bedingung benutzen:

$$n_a^+ \sigma_d L \sim 1 . \tag{8.30}$$

Diese Bedingung fordert, daß wegen der Dissoziation der Molekülionen an den Atomionen, die im Volumen akkumuliert wurden, die Intensität des zum Injektor gelangenden Teilchenflusses sich merklich verringert. Das führt dann zu einem Absinken der Neutralgasdichte und zu einer Reduktion der Verluste durch Ladungsaustausch. Wenn wir n_a^+ aus (8.28) in (8.30) einsetzen, erhalten wir folgenden Ausdruck für den kritischen Wert von N_m^+:

$$N_m^+ \sim \frac{\sigma_c}{\sigma_d^2} \frac{\Omega v_i}{L^2} . \tag{8.31}$$

Für die Experimente in der Ogra kann man annehmen, daß $\Omega = 10^7 \text{ cm}^3$ und $L = 10^5$ cm ist. Dann kann man für eine H_2^+-Ionenenergie von 200 keV aus (8.31) entnehmen, daß der kritische Strom in der Größenordnung 100 mA liegt. Man muß jedoch berücksichtigen, daß Formel (8.31) nur eine grobe Abschätzung darstellt, weil bei ihrer Ableitung eine ganze Reihe auf die Bildung und den Zerfall schneller Ionen einwirkender Faktoren nicht berücksichtigt wurde.

Der Prozeß der Ionenansammlung in Flaschen vom Ogra-Typ wurde in einigen Arbeiten analysiert, die von GOLOWIN u. Mitarbeitern sowie von SIMON in Oak Ridge durchgeführt wurden. Aus diesen Arbeiten geht hervor, daß die Größe des kritischen Stromes in Abhängigkeit von den experimentellen Bedingungen stark variieren kann. Offensichtlich erlaubt nur das direkte Experiment eine genaue Bestimmung dieser Größe.

In Abb. 144 ist der Aufbau der Ogra schematisch dargestellt. Abb. 145 gibt eine Photographie der Anlage wieder. Die Vakuumkammer der Ogra ist aus nichtrostendem Stahl hergestellt. Sie hat eine Länge von 19 m; ihr innerer Durchmesser beträgt 1,4 m. An den Enden der Kammer sind Vakuumaggregate (Quecksilberdiffusionspumpen und Ionensorptionspumpen) angeschlossen. Im Inneren der Kammer befinden sich außerdem Titanzerstäuber. Der mittlere Durchmesser der Magnetfeldspule beträgt 1,8 m. Die Spule besteht aus einer großen Anzahl von Teilspulen; man kann deshalb in der Kammer magnetische Felder unterschiedlicher Geometrie erzeugen. Der maximale Abstand zwischen den Pfropfen liegt bei 12 m. Im mittleren Teil der Flasche ist die Erzeugung einer Feldstärke bis zu 5000 Oe möglich; das Pfropfenfeld kann bis auf 8000 Oe gebracht werden. Um einen intensiven Strahl molekularer Wasserstoffionen zu erhalten[1]), benutzt man eine Bogenquelle mit transversalem Magnetfeld, die von MOROSOW entwickelt und von SEMASCHKO verbessert wurde. Diese Quelle erlaubt es, molekulare Ionen mit einer Energie von 200 keV bei einer Strahlstromstärke bis 300···400 mA zu erhalten. Der aus der Quelle kommende Molekülionenstrahl wird in einem Magneten um 90° abgelenkt und trennt sich dabei von den atomaren Ionen und den Ionen der Beimengungen. Nach der Ablenkung durchlaufen die Ionen ein Fokussierungssystem aus zwei magnetischen Quadrupollinsen. Diese Linsen verwandeln den divergierenden Ionenstrahl in einen konvergierenden und bringen ihn in den magnetischen Kanal, durch den die Ionen in die Flasche eingebracht werden. Gegenwärtig gelingt es, ungefähr 50% des von der Quelle gelieferten H_2^+-Ionenstromes in die Flasche einzuführen. Das bedeutet, daß der Einschußstrom 150 mA beträgt. Die Ionen werden unter einem Winkel von etwa 70° zu den magnetischen Kraftlinien eingebracht. Sie können sich daher in einem Gebiet bewegen, in dem sich die Feldstärke um nicht mehr als 10···12% vom Wert am Einschußort unterscheidet. Die Driftlänge L ist eine Funktion der Feldgeometrie. Ihr experimentell bestimmter Maximalwert liegt bei $1{,}5 \cdot 10^5$ cm. Das Vakuum in der Kammer kann man bei Anwesenheit des Strahles auf 10^{-7} Torr halten.

Die experimentellen Untersuchungen in der Ogra sind noch nicht aus dem Anfangsstadium herausgekommen, in dem das Verhalten einzelner schneller Teilchen und der aus solchen Teilchen gebildeten Strahlen erforscht wird. Die Konzentration schneller atomarer Ionen beträgt unter optimalen Bedingungen gegenwärtig

[1]) Bisher wurden alle wichtigen Messungen in der Ogra mit Wasserstoff, also noch nicht mit Deuterium durchgeführt.

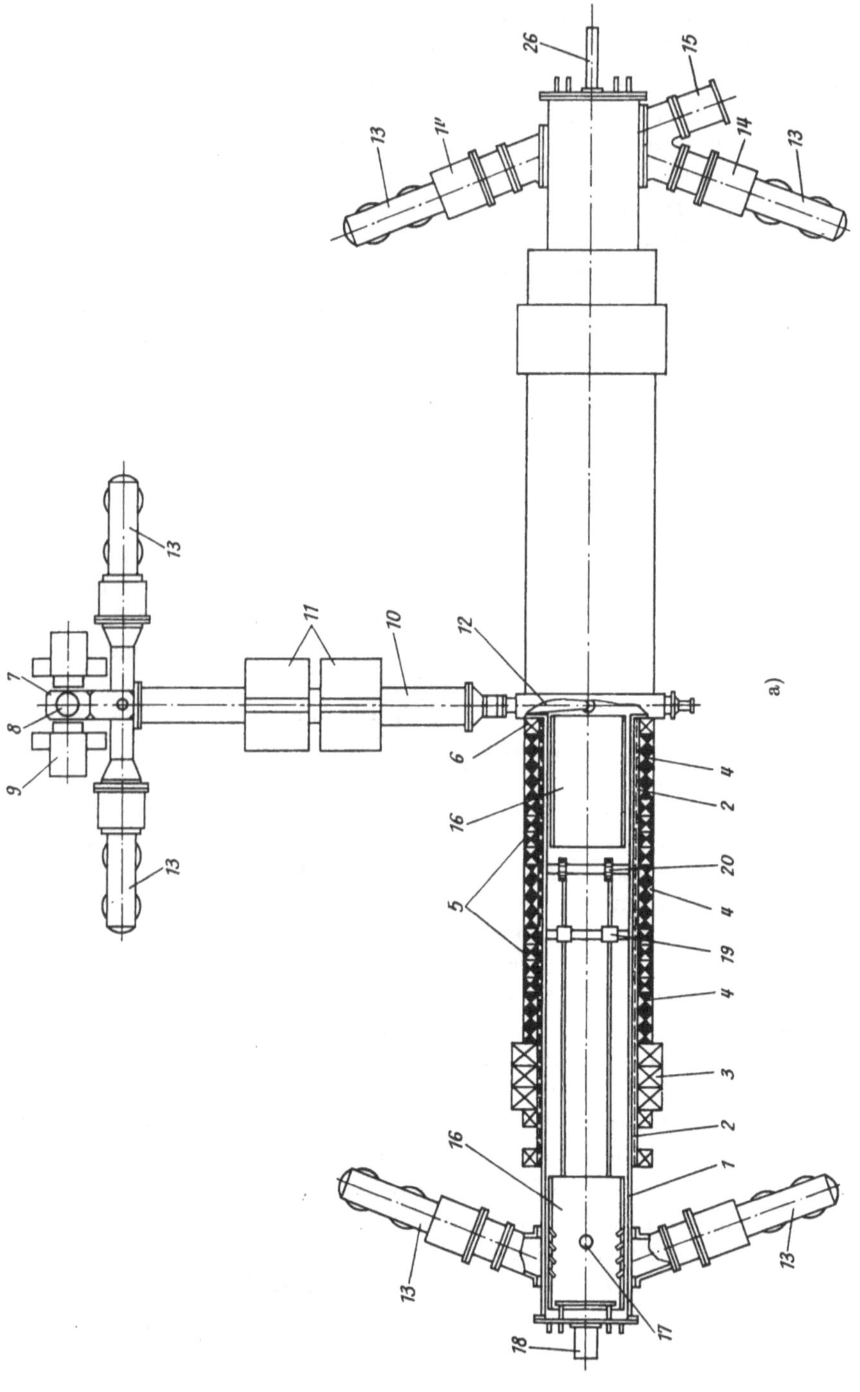

a)

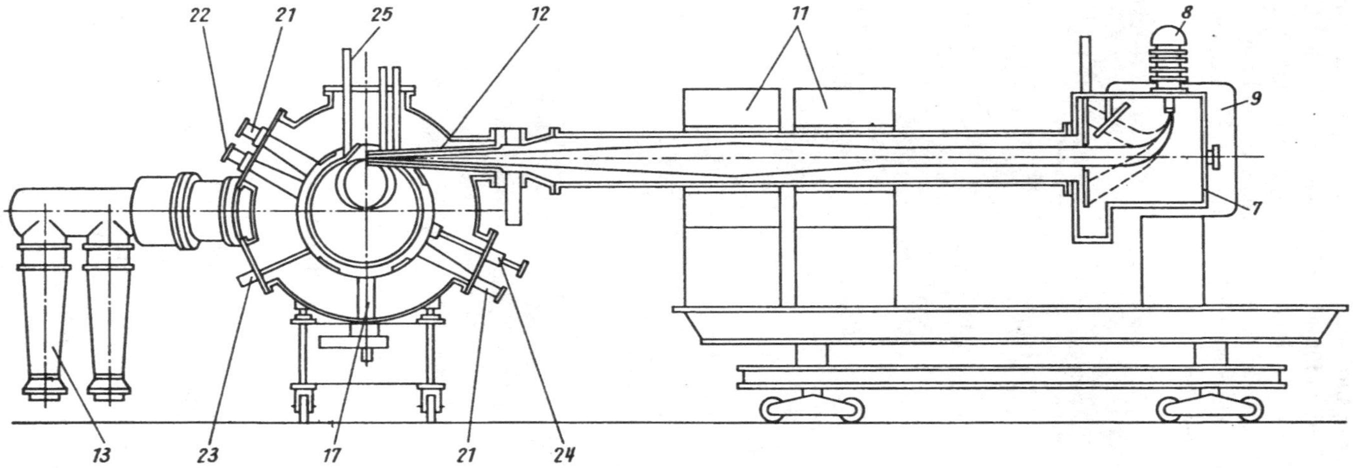

b)

Abb. 144. Schematische Darstellung der Ogra im Grundriß (a) und im Schnitt durch Kammer und Injektor (b)

1 — Vakuumkammer; *2* — Heizer für die Vakuumkammer; *3* — Spule für Pfropfenfeld; *4, 5* — Spulen für Flaschenfeld; *6* — Kompensationsspule; *7* — Kammer der Ionenquelle; *8* — Ionenquelle; *9* — Magnet der Ionenquelle; *10* — Ionenkanal; *11* — magnetische Quadrupollinsen; *12* — magnetischer Kanal; *13* — Quecksilberdiffusionspumpen; *14* — Schieber; *15* — Kameraluke; *16* — mit flüssigem Stickstoff gekühlte Flächen; *17* — Titanverdampfer; *18* — Analysatoren für die Energie der langsamen Ionen; *19* — Empfänger für die schnellen Ionen; *20* — Empfänger für die schnellen neutralen Atome; *21* — Rohre des Mikrowelleninterferometers; *22* — Rohr zur Messung der Wärmestrahlung des Plasmas; *23* — Antenne zur Messung der Strahlung der Plasmaionen; *24* — Sonde zur Messung der radialen Verteilung des Teilchenflusses; *25* — Monitor; *26* — Chronotron

$1\ldots 2 \cdot 10^7$. Die Konzentration der molekularen Ionen ist geringer. Unter diesen Bedingungen hat der DEBYE-Radius für schnelle Ionen eine Größe, die mit dem Radius des Gebietes vergleichbar ist, in dem ihre Bewegung erfolgt. Das bedeutet, daß die Konzentration schneller Teilchen noch nicht zur Bildung eines echten Plasmas ausreicht. Sie ist aber schon so groß, daß die elektrostatische Wechselwirkung stark auf die Teilchenbewegung wirkt.

Abb. 145. Ansicht der Ogra-Anlage

Das Verhalten des Kollektivs der schnellen Teilchen in der Kammer der Ogra hängt von drei Hauptparametern ab: von der Injektionsstromstärke, vom Neutralgasdruck und von der Magnetfeldgeometrie (sie bestimmt die Geschwindigkeit der azimutalen Teilchendrift und beeinflußt daher L und damit auch die Konzentration der molekularen Ionen). Die bisher vorliegenden experimentellen Daten vermitteln kein vollständiges Bild von der Abhängigkeit der Ionenakkumulation von diesen Parametern. Deshalb bleiben einige Stadien dieses Prozesses ungeklärt. Eines der wichtigsten experimentellen Resultate (die übrigens mehr qualitativen als quantitativen Charakter tragen) ist, daß man jetzt weiß, daß die in der Kammer während des Ioneneinschusses ablaufenden Prozesse instationär sind. Diese instationären Prozesse sind um so stärker ausgeprägt, je niedriger der Neutralgasdruck und je größer der Einschußstrom ist. Das zeigt sich darin, daß auf den Oszillogrammen der den Austritt schneller Teilchen registrierenden Empfänger starke Schwankungen zu beobachten sind, die den Charakter eines irregulären Rauschens tragen, manchmal aber auch eine deutlich ausgeprägte Periodizität zeigen. Die Frequenz dieser Schwingungen liegt in einem sehr weiten Bereich zwischen 2 und 100 kHz. Der Modulationsgrad hängt nicht nur von der Größe des Einschußstromes und vom Restgasdruck ab, sondern auch von der Geometrie des magnetischen Feldes. In einigen Bereichen kann er sich 100% nähern. Es ist offensichtlich, daß die starke Modulation des Teilchenstromes auf die Wand mit deutlichen Konzentrationsschwankungen der schnellen Teilchen im Volumen verknüpft sein muß. Natürlich wird bei solchen instationären Erscheinungen die mittlere Lebensdauer der Ionen reduziert, weil ein zusätzlicher Teilchenverlust auftritt. Eine der Hauptursachen für die Entstehung der eben besprochenen instationären Erscheinungen ist sicher die Raumladung des injizierten Strahles. Bei niedrigem Druck wird die Kompensation dieser Raumladung wegen der langsamen Elektronenakkumulation erschwert.

Die Elektronen können im Fallenvolumen nur auf Grund der Gasionisation durch schnelle Ionen entstehen. Der Wirkungsquerschnitt für die Ionisation von Wasserstoff beträgt im hier interessierenden Gebiet etwa 10^{-16} cm^2, wobei der Druck in der Kammer gleich 10^{-7} Torr ist. Die Driftlänge beträgt 10^5 cm. Unter diesen Bedingungen wird von je zehn H_2^+-Ionen, die durch die Kammer laufen, nur etwa ein Elektron gebildet. Die Kompensation der Raumladung wird daher nach einer Zeit erfolgen, die die Ionendriftzeitkonstante weit übersteigt. Im oben betrachteten Falle wird die Kompensation also erst einige Millisekunden nach Beginn der Injektion erreicht. Wenn der eingeschossene Strahl eine große Stromstärke führt, entstehen daher in ihm elektrische Felder, ehe die Raumladungskompensation wirksam wird. Dadurch wird der Charakter der Driftbewegung verändert und die Ionen werden an die Wand geführt (zumindest wird aber die Länge des Driftweges L verkürzt). Unter diesen Bedingungen können leicht Relaxationsschwingungen entstehen, deren Periode durch die Zeit bestimmt wird, die zur Entstehung starker elektrischer Felder nötig ist.

Unter anderem führen beliebige Schwankungen der Dichte oder der Winkeldivergenz des injizierten Ionenbündels auf Grund der azimutalen Drift der Ionen zur Entstehung von azimutalen elektrischen Feldern, welche das Plasma zur Seitenwand treiben. Ohne auf den Mechanismus der Entstehung von Schwankungsprozessen einzugehen (da das bisher vorhandene experimentelle Material unzureichend ist und noch verschiedene Interpretationen zuläßt) wollen wir darauf hinweisen, daß für den Übergang zum stationären Betrieb des Teilcheneinfanges eine genügend wirksame Methode erforderlich ist, mit deren Hilfe eine Kompensation der Raumladung der Ionen erreicht werden kann.

Die Schwingungen des eingeschossenen Ionenstromes erreichen in der Ogra einige zehn Prozent vom Mittelwert (wegen der Unvollkommenheit der existierenden Ionenquellen). Auf Grund dieser Schwingungen kann sich keine Kompensation der Raumladung einstellen, so daß das Plasmapotential im Mittel sehr hoch ist. Es ist möglich, daß dieser grobe Effekt einer der wesentlichsten Faktoren ist, die die Arbeit der Anlage bestimmen. Jedenfalls ist bisher dieser Faktor noch nicht beseitigt und auch sein Einfluß noch nicht geklärt. Versuche, die experimentellen Daten theoretisch zu deuten, haben bisher keine völlig eindeutigen Resultate ergeben.

Das kalte Plasma, das auf Grund der Gasionisation durch schnelle Teilchen gebildet wird, hat bei niedrigem Druck eine sehr geringe Dichte und kann daher die durch Raumladungsschwankungen im eingeschossenen Ionenstrahl angeregten Schwingungen nicht wirksam dämpfen.

Die beste Methode, die Schwierigkeiten zu beseitigen, die mit dem Einfluß der Raumladung der Ionen verbunden sind, wird höchstwahrscheinlich der Übergang zu anderen Verfahren sein. Man könnte zum Beispiel schnelle neutrale Atome einschießen und hinterher innerhalb der Kammer ionisieren.

Von den vielen Erscheinungen, die für die Arbeit der Ogra charakteristisch sind, erscheint die von Pistunowitsch entdeckte am interessantesten. Durch Messungen der veränderlichen Komponenten des elektrischen und magnetischen Feldes in Nähe der Plasmaoberfläche stellte er fest, daß im Bereich hoher Frequenzen ($\omega > 10^6$ Hz) die Schwankungen von E und H ein Linienspektrum aufweisen. Die Linien dieses Spektrums entsprechen der Larmor-Frequenz der molekularen Ionen und den zugehörigen Harmonischen.

§ 60. DCX

In der DCX, die in Oak Ridge zum Zwecke der Erzeugung eines Hochtemperaturplasmas gebaut wurde, wird ebenso wie in der Ogra die auf der Dissoziation von Molekülionen beruhende Injektionsmethode angewandt. Schnelle Molekülionen werden dissoziiert, indem sie durch eine Plasmasäule laufen, welche im Inneren der Kammer von einem speziellen Typ der Bogenentladung im longitudinalen Magnetfeld gebildet wird. In der ersten Untersuchungsserie, deren Resultate auf der Genfer Konferenz des Jahres 1958 bekanntgegeben wurden, wurde eine Bogenentladung zwischen zwei Kohleelektroden benutzt. Ein solcher Bogen mit einer Stromstärke von 200 A und einer Teilchenkonzentration von 10^{14} wurde im einzelnen von Luce untersucht; er ist ein sehr wirksamer Dissoziator. Bei einem Anfangsdruck von 10^{-3} Torr wird er in der Kammer gezündet und brennt auch noch längs einer Kraftlinie weiter, wenn in der Anlage ein Hochvakuum erzeugt wird. In der Hauptkammer der Falle befindet sich der mittlere Teil der Bogensäule; die Elektroden des Bogens befinden sich außerhalb der Hauptkammer, damit ihre Zerstäubungsprodukte nicht in den Raum eindringen, in dem ein hochtemperiertes Plasma akkumuliert werden soll.

In der DCX-Anlage werden Molekülionen mit einer Energie von 600 keV eingeschossen. Die Richtung des Ionenstrahles wird beim Eintritt in die Kammer so gewählt, daß die im Magnetfeld kreisenden Ionen durch die Bogensäule geführt werden, die, bezogen auf die magnetische Achse, dem Injektor gegenüber liegt

(Abb. 146). Die Größe des Abstandes Bogen — Achse wird so gewählt, daß das durch Dissoziation gebildete Atomion in einem Gebiet umläuft, dessen Zentrum auf der magnetischen Achse liegt. Bei dieser Injektionsmethode entsteht im Zentrum der Flasche ein Ring schneller Atomionen. Diese Ionen wechselwirken mit dem Restgas. Deshalb erfolgt auch eine Gasionisation. Bei genügend großer Ionenstromstärke kann man hoffen, eine völlige Ionisation des Restgases zu er-

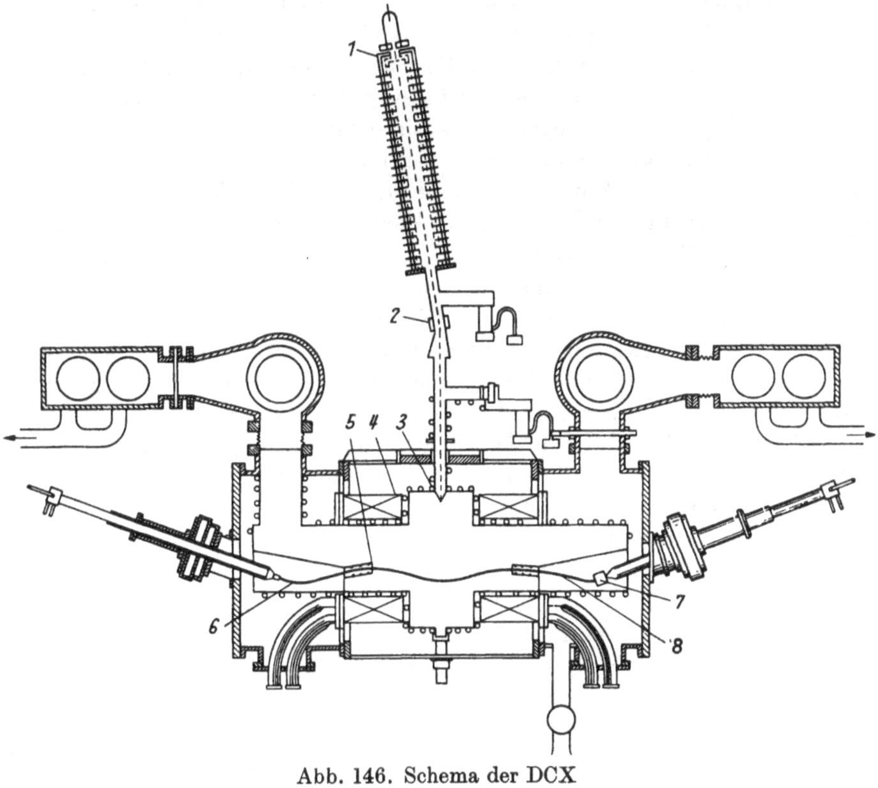

Abb. 146. Schema der DCX

1 — Linearbeschleuniger (Quelle für schnelle Ionen); *2* — Ablenkmagnet; *3* — Ionenstrahl beim Eintritt in die Kammer; *4* — Spule; *5* — Jalousie; *6* — Kathode des Kohlebogens; *7* — Anode des Kohlebogens; *8* — Bogen

reichen und damit einen Zustand zu verwirklichen, der dem Betrieb mit dem kritischen Strom in der Ogra entspricht. Falls in der DCX ein völliger Neutralgasausbrand erreicht wird, kann man eine gewisse Zeit nach Beginn der Injektion mit einem dichten Hochtemperaturplasma rechnen. Es bildet sich, weil der Ionenring, der zunächst im Zentrum der Kammer erzeugt wurde, allmählich zerfließt. Die ersten Experimente an der Anlage in Oak Ridge zeigten, daß mit Hilfe der geschilderten Methode eine Akkumulation von Atomionen in der Flasche möglich ist. Wenn der D_2^+-Einschußstrom einige Zehner Milliampere beträgt, gelingt es bei einem Druck von 10^{-6} Torr bis 10^{12} Deutonen in der Kammer zu akkumulieren, die in der Nähe des Zentrums einen Ring mit einer Ionenstromstärke von einigen

Ampere bilden. Die Lebensdauer der schnellen Deutonen beträgt unter diesen Bedingungen etwa 0,01 sec.

Die Ergebnisse der folgenden Experimente, die in den Berichten des National-Laboratoriums von Oak Ridge in den Jahren 1958 und 1959 veröffentlicht wurden, brachten interessante Einzelheiten über das Verhalten der Atomionen in der Flasche und des durch sie gebildeten Plasmaringes. Vor allem wurde geklärt, daß der Verlust an schnellen Ionen aus der Flasche nicht nur durch Ladungsaustausch mit dem Neutralgas bedingt ist, sondern auch durch Ladungsaustausch mit nicht völlig ionisierten Atomen des Kohlenstoffs in der Bogensäule. Es gelang nicht, den letztgenannten Verlustmechanismus zu beseitigen oder durch Änderung der Geometrie der Anlage und des Bogens merklich abzuschwächen. Einen Ausweg aus dieser Schwierigkeit sieht man gegenwärtig nur im Übergang vom Kohlebogen zum Wasserstoffbogen. Zur Realisierung eines solchen Überganges muß man aber unbedingt wirkungsvolle Methoden für das schnelle Auspumpen der anfallenden großen Wasserstoffmenge finden.

Eine Untersuchung der Form des Plasmaringes zeigte, daß bei einer genügend großen magnetischen Feldstärke ($H \sim 10000$ Oe) das Plasma in der Kammer ein Gebiet ausfüllt, das etwa eine hohlzylindrische Gestalt hat. Der äußere Durchmesser beträgt dabei ungefähr 20 cm, der innere Durchmesser 10 cm. In Achsenrichtung nimmt der Plasmaring ein Gebiet ein, das in bezug auf die Mittelfläche (d. h. in bezug auf die Injektionsfläche) symmetrisch liegt. Die Länge dieses Gebietes beträgt nicht mehr als 15 cm. Das Ringvolumen beträgt also ungefähr 3 l. Die Konzentration der schnellen Deutonen erreicht bei einem Injektionsstrom von 5 mA bei 10^4 Oe den Wert $2 \cdot 10^9$, und die durch die Ladungsaustauschprozesse bestimmte Lebensdauer beträgt ungefähr 4 msec.

Das Plasma muß also in der DCX erhöhte Stabilität in bezug auf jegliche Art von formverändernden Deformationen zeigen, weil schon im Anfangsstadium des Aufbaues des Protonenringes keine magnetohydrodynamischen Störungen, z. B. vom Rinnentyp, entstehen können. In dieser Phase haben wir es aber noch nicht mit einem hochtemperierten Plasma, sondern mit einem geordneten Strom monochromatischer schneller Ionen zu tun. In jedem Volumenelement des Deutonenringes ist die Geschwindigkeit aller Ionen dem Betrage und der Richtung nach gleich. Die effektive Temperatur der Ionenkomponente entspricht einem kleinen Bruchteil der kinetischen Energie der Ionen wegen der geringen Richtungsstreuung der Geschwindigkeit. Unter den betrachteten experimentellen Bedingungen beträgt dieser Bruchteil im Mittel wahrscheinlich weniger als 10%. Übrigens zeigt das die niedrige thermonukleare Wirksamkeit einer solchen Injektionsmethode.

§ 61. Astron. Wirkungsprinzip

Ein geschlossener stromführender Ringleiter, der frei im Raum schwebt, ist eine ideale magnetische Falle für geladene Teilchen (s. § 40). Eine originelle Methode zur Erzeugung eines solchen Leiters mit Hilfe eines Bündels relativistischer

Elektronen wurde von CHRISTOFILOS vorgeschlagen und ausgearbeitet. Die Anlage, in der diese Methode praktisch verwirklicht werden soll, erhielt die Bezeichnung Astron. Wir werden hier nur die Grundprinzipien der Astron-Anlage besprechen.

Nehmen wir an, daß in ein langes gerades Solenoid mit konstantem Feld im Mittelteil und mit zwei magnetischen Pfropfen an den Stirnseiten ein Bündel relativistischer Elektronen injiziert werde, deren Geschwindigkeit im Injektionspunkt fast senkrecht zum Magnetfeld gerichtet ist. Hierbei soll die Geometrie des Injektors und die Beziehung zwischen Elektronenenergie und Feldstärke so gewählt werden, daß das Zentrum des LARMOR-Kreises für jedes Elektron auf der Achse des magnetischen Systems liegt. Werden die Elektronen an einem Solenoidende eingeschossen, dann werden sie sich im Inneren des Solenoids auf einer Schraubenlinie bewegen, deren Achse die magnetische Achse ist. Wenn in der Zeit, die ein Elektron für einen zweimaligen Durchgang durch das Solenoid benötigt, die Feldstärke im Injektionspunkt merklich angewachsen ist, dann verbleiben die Elektronen in der Flasche. Wie in § 54 gezeigt wurde, kann man bei langsamer Erhöhung der Feldstärke im Injektionsgebiet erreichen, daß der Einfang in einem Zeitabschnitt erfolgt, der bedeutend länger ist als die Laufzeit eines Elektrons von einem Ende der Flasche zum anderen. Bei genügender Stärke des Elektronenstromes, der in die Flasche eingeschossen wird, übertrifft das Magnetfeld dieses Stromes die anfängliche von außen eingeprägte Feldstärke; daher erscheinen im Inneren des Solenoids geschlossene Kraftlinien, die die zylindrische Schicht der Elektronenbahnen umgeben. Das Magnetfeld hat hierbei eine Form, die der in Abb. 66 dargestellten analog ist. Bei einer solchen Geometrie des resultierenden Magnetfeldes erhalten wir eine ideale Flasche, die ein beliebiges eingebrachtes Teilchen einschließt, falls die Energie dieses Teilchens nicht zu groß ist (wobei natürlich angenommen wird, daß die Ladung der felderzeugenden relativistischen Elektronen auf Grund der Ionisation des Restgases kompensiert wird). Die Bedingungen, unter denen in der Flasche ein Feld des eben besprochenen Typs geschaffen werden kann, sind unschwer anzugeben. Wenn man annimmt, die Länge der Schicht relativistischer Elektronen sei im Vergleich zu ihrem Radius groß, dann kann man folgenden Ausdruck für die durch den Umlauf der Elektronen in der Schicht hervorgerufene longitudinale Feldstärke anschreiben:

$$H_e = -\frac{4\pi}{c} j_e .$$

Hierbei ist j_e der auf die Längeneinheit in der Schicht bezogene Strom. Das Minuszeichen weist darauf hin, daß das Feld, das durch den Elektronenstrom erzeugt wird, dem äußeren Feld entgegengerichtet ist. Es ist $j = nec$, wobei n die Zahl der auf einen Quadratzentimeter der Schicht entfallenden Elektronen bezeichnet. Wenn wir die Zahl der Elektronen in der Längeneinheit der Flasche mit N bezeichnen, so kann man schreiben

$$n = \frac{N}{2\pi r},$$

wobei r der Radius der Elektronenschicht ist, der bei kleinem N mit dem Kreisbahnradius der Elektronen im Anfangsfeld H_0

$$r = \frac{p\,c}{e\,H_0}$$

zusammenfällt (p: Impuls des relativistischen Elektrons). Damit geschlossene Kraftlinien entstehen können, muß das Feld der Elektronenschicht stärker sein als H_0. Aus der weiter oben angeführten Beziehung folgt, daß H_e dem Betrage nach größer wird als H_0, wenn folgende Ungleichung erfüllt ist:

$$N > \frac{m_0\,c^2}{2\,e^2}\,\frac{1}{\sqrt{1-\frac{v^2}{c^2}}}\,. \tag{8.32}$$

Hierbei wird angenommen, daß die Elektronengeschwindigkeit sehr nahe bei c liegt, was offensichtlich bei Energien > 1 MeV zutrifft.

Wenn das Feld im Inneren der Schicht das Vorzeichen wechselt, nimmt die Bewegung der relativistischen Elektronen einen sehr komplizierten Charakter an, weil die Bahnen zwischen zwei Gebieten mit entgegengesetzter Richtung des $\mathfrak{H}$-Vektors verlaufen. In diesem Falle haben wir es mit Elektronen in einem self-consistent-field zu tun, das durch den Charakter und die räumliche Verteilung der Bahnen bestimmt ist. Dieses Problem löste Tonks für den stationären Fall.

Der Aufbau einer stationären Feldgeometrie im Astron ist ein physikalisch unübersichtlicher Prozeß. Im Verlaufe der Elektronenakkumulation ändert sich dauernd der magnetische Fluß im Inneren der Schicht. Während der Akkumulationszeit existiert daher ein induziertes azimutales elektrisches Feld, das die Elektronen, die in die Flasche eingeschossen werden, abbremst. Aus (8.32) folgt, daß die Elektronenzahl pro Längeneinheit der Schicht etwa 10^{13} betragen muß (wenn die Energie der Elektronen einige Megaelektronenvolt beträgt).

Neben der Erzeugung einer zur Teilcheneinschließung notwendigen Magnetfeldgeometrie haben die relativistischen Elektronen noch zwei weitere wichtige Funktionen. Bei Vorhandensein von Neutralgas in der Flasche führen sie zu seiner Ionisation, und außerdem heizen sie das sich bildende Plasma durch Coulomb-Stöße auf. Wenn die Energie der relativistischen Elektronen genügend groß ist, im Vergleich zum Energieverlust aus dem aufgeheizten Plasma, kann man prinzipiell die zur intensiven thermonuklearen Synthese benötigte Temperatur erreichen.

Da direkte experimentelle Daten noch fehlen, ist es sehr schwierig, die Perspektiven einer Flasche vom Astron-Typ einzuschätzen. Man kann nur sehr ernsthafte Zweifel an der Stabilität eines solchen Systems äußern.

§ 62. Die Halterung eines Plasmas mit Hilfe hochfrequenter elektromagnetischer Felder. Teilchenbewegung in schnellen Wechselfeldern

Die Zahl der möglichen Methoden zur Erzeugung eines hochtemperierten Plasmas in einem begrenzten Volumen wird bedeutend größer, wenn man auch die auf der Benutzung von hochfrequenten elektromagnetischen Feldern beruhenden Verfahren berücksichtigt. Die Anwendung von HF-Feldern zur Plasmastabilisierung eröffnet neue Lösungswege, weil das Verhalten des Plasmas in solchen Feldern sich stark von seinem Verhalten in einem konstanten oder quasistationären Magnetfeld unterscheidet. Letzten Endes ist dieser Unterschied durch den verschiedenen Charakter der Bewegung der Ladungsträger unter der Einwirkung konstanter und schnell veränderlicher Felder bedingt. Die Verwendung von Wechselfeldern hoher Frequenz zur Erzeugung und thermischen Isolierung des Plasmas kann auf zwei Arten erfolgen: Entweder schafft man neue Flaschentypen, in denen das Plasma von allen Seiten durch den Druck des hochfrequenten Feldes gehalten wird, oder man beläßt die Hauptfunktion der Plasmaeinschließung einem konstanten Magnetfeld, während die Hochfrequenzfelder nur eine Hilfsfunktion ausüben und zur Verbesserung der thermischen Isolierung und zur Beseitigung von Instabilitäten beitragen.

Auch ohne detaillierte Rechnungen erkennt man sofort, daß es beim gegenwärtigen Stand der Technik mit Hilfe von hochfrequenten Feldern allein unmöglich ist, einen thermonuklearen Reaktor mit positiver Energieausbeute zu bauen. Selbst unter günstigsten Plasmabedingungen wird die für das HF-Feld aufzubringende Energie wegen der geringen Skin-Schicht-Dicke (in der der das Feld bildende Strom konzentriert wird) so groß werden, daß es unmöglich ist, sie aus der im Plasma freiwerdenden Kernenergie zu decken. Bei gleichen räumlichen Dimensionen und gleichen H-Werten ist das Verhältnis der JOULEschen Verluste in einer HF-Flasche zu den Verlusten gleicher Art in einer Flasche mit konstantem Feld der Größenordnung nach gleich

$$\frac{d}{\delta} \sim d \sqrt{\frac{4 \pi \sigma \omega}{c^2}},$$

wobei d die Dicke der Metallschicht ist, durch die der das konstante Feld erzeugende Strom fließt, während δ die Skin-Schicht-Dicke in der metallischen Wand der HF-Flasche bezeichnet. Bei $d \approx 10$ cm, $\sigma = 5 \cdot 10^{17}$ und $\omega = 2 \cdot 10^9$ Hz ($\lambda \approx 150$ cm) wird das obige Verhältnis ungefähr zu $4 \cdot 10^4$. Man muß anmerken, daß es in letzter Zeit gelungen ist, supraleitfähige Legierungen zu erzeugen, in denen der supraleitfähige Zustand bei großen Magnetfeldern (in einer Nb–Ni-Legierung bis zu 70000 Oe) aufrechterhalten bleibt. Die Ausnutzung dieser Eigenschaft gibt prinzipiell die Möglichkeit, die Verluste in starken HF-Feldern bedeutend zu reduzieren. Gegenwärtig sind aber Systeme von besonderem Interesse, in denen das Hochfrequenzfeld nur als Hilfsmittel zur Beseitigung von Defekten der thermischen Isolierung benutzt wird, wie sie bei magnetischen Flaschen mit konstantem Felde auftreten.

Bevor wir konkrete Systeme des zweiten Typs betrachten, müssen wir über die allgemeinen Gesetzmäßigkeiten sprechen, die die Wirkung des HF-Feldes auf einzelne geladene Teilchen und auf das Plasma regieren. Beginnen wir mit dem einfachsten Fall. Das geladene Teilchen möge sich in einem elektrischen Feld befinden, das in Richtung der x-Achse wirkt, wobei sich die Feldstärke zeitlich in der folgenden Weise ändert:

$$E = E_0(x) \cos \omega t .$$

Wenn die Frequenz ω genügend groß ist, gelingt es während einer HF-Schwingung dem Teilchen nicht, sich um eine merkliche Strecke zu verschieben. Dann erhalten wir aus der Bewegungsgleichung in erster Näherung

$$\dot{x} = \frac{q E_0(x)}{m \omega} \sin \omega t + \dot{x}_0 . \tag{8.33}$$

Das erste Glied im rechten Teil der Gleichung stellt die Geschwindigkeit der Schwingungsbewegung dar, die bedingt ist durch das Einwirken des veränderlichen Feldes, und das zweite Glied bezeichnet die Geschwindigkeit der Translationsbewegung. Man kann sie innerhalb einer Schwingungsperiode als konstant ansehen. Wenn wir die Größe $\dot{x}^2$ über eine Periode des HF-Feldes mitteln, finden wir die mittlere kinetische Energie des Teilchens

$$\overline{W} = \frac{m \dot{x}_0^2}{2} + \frac{q^2 E_0^2(x)}{4 m \omega^2} . \tag{8.34}$$

Wir klären jetzt, was mit einem Teilchen geschieht, dessen Bewegung man über einen Zeitraum beobachtet, der viel länger ist als eine Periode des HF-Feldes. Das Teilchen soll sich z. B. von einem gewissen Punkt mit der Koordinate x_0 aus in Richtung anwachsender E_0-Werte bewegen. In diesem Falle wächst die kinetische Energie der Schwingungsbewegung an. Dieses Anwachsen erfolgt unabhängig vom Vorzeichen der Ladung des Teilchens. Daher kann man es nicht der Arbeit der Kräfte des elektrischen Feldes zuschreiben (die mittlere Größe dieser Arbeit in einer Periode ist gleich Null). Das Anwachsen der Schwingungsenergie kann also nur auf Kosten einer entsprechenden Verringerung der Energie der Translationsbewegung erfolgen. Die Summe dieser Größen ist bei der Bewegung geladener Teilchen im HF-Feld konstant.

Wegen der Konstanz von $\overline{W}$ spielt das zweite Glied in (8.34) für die Translationsbewegung des Teilchens eine der potentiellen Energie völlig analoge Rolle. Die Größe dieser potentiellen Energie ist eine Funktion von x. Wenn E_0 auf der x-Achse von einem Punkt aus nach beiden Seiten hin anwächst, bildet sich ein Potentialtopf, der Teilchen beiderlei Vorzeichens enthält (im Gegensatz zum Verhalten in einem konstanten Feld). Wenn wir die Resultate der eben angestellten Analyse benutzen, können wir einen Ausdruck für die mittlere Kraft erhalten, die von seiten des HF-Feldes auf ein geladenes Teilchen wirkt. Wenn wir (8.34) nach der Zeit differenzieren, finden wir

$$m \dot{x} = - \frac{q^2}{2 m \omega^2} E_0 \frac{\partial E_0}{\partial x} = - \frac{q^2}{4 m \omega^2} \operatorname{grad} E_0^2 . \tag{8.35}$$

Zu dem Ausdruck für die mittlere Kraft, die auf ein Teilchen in einem homogenen elektrischen HF-Feld wirkt, kann man auch auf einem anderen, anschaulicheren

Weg gelangen. Das Teilchen möge im Felde um den Punkt x_0 mit einer Amplitude schwingen, die mit x anwächst. Bei einer Schwingungsbewegung ist die Kraft der Verschiebung entgegengerichtet. Deshalb wirkt auf ein nach rechts bewegtes Teilchen eine stärkere rücktreibende Kraft als bei einer Bewegung nach links. Es tritt also eine resultierende Kraft auf, die auf eine Verkleinerung von x hinwirkt. Der Größenordnung nach muß sie

$$F \sim - q \frac{dE_0}{dx} \delta x \tag{8.36}$$

betragen, wobei $\delta x = \frac{q E_0}{m \omega^2}$ die Schwingungsamplitude ist. Bis auf den Zahlenfaktor stimmt dieser Ausdruck mit (8.35) überein.

Der betrachtete einfachste Fall der Bewegung eines Ladungsträgers im HF-Feld hat rein illustrativen Charakter. Durch den Druck eines hochfrequenten longitudinalen elektrischen Feldes kann man einzelne, nicht miteinander wechselwirkende Ladungsträger zurückhalten, nicht aber Ladungsträger, die ein Plasma bilden. Von wirklich großem Interesse sind daher Bewegungsformen, in denen auf das Teilchen ein veränderliches elektrisches Feld mit einer Amplitude einwirkt, die sich senkrecht zum $\mathfrak{E}$-Vektor ändert. Betrachten wir einen dieser Fälle: die Teilchenbewegung im Felde eines Hochfrequenzpfropfens. Längs der z-Achse existiere ein zeitkonstantes, homogenes magnetisches Feld H_0, dem ein hochfrequentes elektrisches Feld in x-Richtung überlagert wird, das sich nach

$$E_x = E_0(z) \cos \omega t$$

zeitlich ändert. Mit einem solchen elektrischen Feld ist notwendig ein veränderliches Magnetfeld verknüpft, das senkrecht zur x-Achse gerichtet ist. Nehmen wir der Einfachheit halber an, der Vektor des veränderlichen Magnetfeldes liege parallel zur y-Achse. Nach einer der MAXWELLschen Gleichungen gilt dann

$$\frac{\partial E_x}{\partial z} = - \frac{1}{c} \frac{\partial H_y}{\partial t} . \tag{8.37}$$

Die Bewegungsgleichungen haben folgendes Aussehen:

$$\ddot{x} = \frac{q}{m} E_x + \frac{q}{m c} (\dot{y} H_0 - \dot{z} H_y) , \tag{8.38}$$

$$\ddot{y} = - \frac{q}{m c} \dot{x} H_0 , \tag{8.39}$$

$$\ddot{z} = \frac{q}{m c} \dot{x} H_y . \tag{8.40}$$

Bevor wir zur Integration dieser Gleichungen übergehen, sei bemerkt, daß, wenn die Inhomogenität von E_x genügend klein ist, diese die Bewegung des Teilchens in der xy-Ebene nicht beeinflußt, während die Bewegung auf der z-Achse direkt von der Inhomogenität herrührt (in einem homogenen elektrischen Felde werden H_y und damit $\ddot{z}$ zu Null). Folglich kann man in erster Näherung die Bewegungsgleichungen für x und y unabhängig von z lösen, indem man in der ersten dieser

Gleichungen die Größe $\dot{z} H_y$ vernachlässigt. Die Größen x und y müssen selbstverständlich zeitperiodische Funktionen sein, mit den Perioden ω und $\omega_H = \frac{q H}{m c}$. Die Mittelwerte von x und y und ihre Ableitungen müssen bei Mittelung über eine genügend lange Zeit zu Null werden.

Wenn wir das berücksichtigen und Gleichung (8.39) integrieren, erhalten wir

$$\dot{y} = -\frac{q}{m c} x H_0 .$$

Diese Relation erlaubt es, Gleichung (8.38) auf folgende Art umzuschreiben:

$$\ddot{x} + \omega_H^2 x = \frac{q}{m} E_0(z) \cos \omega t .$$

Im allgemeinen Falle hat sie folgende Lösung:

$$x = \frac{q}{m} \frac{E_0 \cos \omega t}{\omega_H^2 - \omega^2} + \varrho \cos (\omega_H t + \varphi) . \tag{8.41}$$

Jetzt können wir zu Gleichung (8.40) übergehen und den Charakter der Teilchenbewegung in Richtung parallel zur z-Achse klären. Wenn wir Gleichung (8.37) über die Zeit integrieren, erhalten wir

$$H_y = -\frac{c}{\omega} \frac{\partial E_0}{\partial z} \sin \omega t . \tag{8.42}$$

Aus Gleichung (8.41) und Gleichung (8.42) folgt:

$$\ddot{z} = \frac{q^2}{m^2} \frac{E_0 \frac{dE_0}{dz}}{\omega_H^2 - \omega^2} \sin^2 \omega t + A \sin \omega t \sin (\omega_H t + \varphi) \tag{8.43}$$

mit

$$A = \varrho \frac{q}{m} \frac{\omega_H}{\omega} .$$

Das zweite Glied in Gleichung (8.43) entspricht Schwingungen mit den Kombinationsfrequenzen $\omega_H + \omega$ und $\omega_H - \omega$. Sein Mittelwert ist in einem genügend großen Zeitabschnitt Null. Das erste Glied beschreibt Schwingungen mit der Frequenz $2\,\omega$. Außerdem enthält es eine konstante Komponente, welche die mittlere Größe von $\ddot{z}$ bestimmt. Wenn man sie mit der Teilchenmasse multipliziert, erhält man die mittlere Kraft, die auf das Teilchen in Richtung der z-Achse wirkt. Sie hat folgendes Aussehen:

$$F = \frac{q^2}{4 m} \frac{\operatorname{grad} E_0^2}{|\omega_H^2 - \omega^2|} . \tag{8.44}$$

Bei $\omega \gg \omega_H$ fällt (8.44) mit (8.35) zusammen. Diese Übereinstimmung besagt jedoch nicht, daß die Ursachen der mittleren Kraft F in beiden Fällen die gleichen sind. Falls die Amplitude des elektrischen Feldes sich in einer Richtung senkrecht zum $\mathfrak{E}$-Vektor ändert, ist diese Kraft nicht anders als die LORENTZ-Kraft, die von seiten des veränderlichen Magnetfeldes auf das Teilchen einwirkt. Dessen Stärke ist ja proportional zu grad $\boldsymbol{E}$.

Wenn $\omega_H > \omega$ ist, wechselt die Kraft ihr Vorzeichen und zeigt in Richtung wachsender elektrischer Feldstärke. Als konkretes Beispiel für diese Änderung der Kraft, wie sie sich aus (8.44) ergibt, kann das Verhalten eines Teilchens im Felde einer ebenen stehenden Welle dienen. Es sei $\boldsymbol{E}_0 = A \sin kz$ mit $k = \frac{2\pi}{\lambda}$. Ein solches elektromagnetisches Feld erzeugt im Raum ein zeitperiodisches Potentialrelief. Die Höhe der Potentialschwellen ergibt sich zu

$$\frac{q^2 A^2}{4\, m\, |\omega_H^2 - \omega^2|}.$$

Falls $\omega_H > \omega$ ist, befinden sich die Potentialbuckel in den Knoten des elektrischen Feldes Im entgegengesetzten Falle, bei $\omega > \omega_H$, liegen sie in den Feldbäuchen.

Im allgemeinen Falle kann der $\boldsymbol{E}$-Vektor in bezug auf das konstante H-Feld um einen beliebigen Winkel verdreht sein, und sein Gradient kann ebenfalls seine willkürliche Richtung haben. Unter diesen Bedingungen wird die über die schnellen Schwingungen und die LARMOR-Rotation gemittelte Teilchenbewegung durch folgende Gleichung beschrieben, deren Ableitung wir übergehen:

$$m\, \dot{\mathfrak{v}} = \frac{q}{c}\, \mathfrak{v} \times \mathfrak{H}_0 - \operatorname{grad} \psi \tag{8.45}$$

mit

$$\psi = \frac{q^2 E_{\parallel}^2}{4\, m\, \omega^2} - \frac{q^2 E_{\perp}^2}{4\, m\, (\omega_H^2 - \omega^2)}. \tag{8.46}$$

$\boldsymbol{E}_{\parallel}$ und $\boldsymbol{E}_{\perp}$ bezeichnen die Komponenten des $\boldsymbol{E}$-Vektors parallel und senkrecht zu $\mathfrak{H}$. Gleichung (8.45) bestimmt die gemittelte Teilchenbahn bzw. die Bahn des Zentrums der schnellen Rotation (zum Vergleich s. § 5). Aus Gleichung (8.45) und (8.46) folgt, daß, falls grad ψ eine senkrecht zum statischen Magnetfeld $\mathfrak{H}_0$ liegende Komponente hat, das Teilchen eine Driftbewegung mit der Geschwindigkeit

$$\mathfrak{u} = -\frac{c}{q\, H^2} \operatorname{grad} \psi \times \mathfrak{H} \tag{8.47}$$

vollführt.

Dieses Resultat ist insofern interessant, als es eine der möglichen Methoden zur Kompensation der Toroidaldrift in den einfachsten Ringflaschen mit longitudinalem statischem Magnetfeld aufzeigt. Wenn man in einer solchen Flasche ein Hochfrequenzfeld mit einem senkrecht zu $\mathfrak{H}_0$ stehenden elektrischen Vektor und mit einer vom Abstand von der Achse der Toroidalkammer abhängenden Amplitude erregt (diese Schwingungsform entspricht den H_{01}-Wellen in einer geraden zylindrischen Röhre), so muß hierbei eine Driftbewegung senkrecht zu $\mathfrak{H}_0$ und grad ψ entstehen, die die gewöhnliche Toroidaldrift kompensiert.

§ 63. Plasmagleichgewicht in einem hochfrequenten Feld

Die Betrachtungen von § 62 bezogen sich auf die Wirkung hochfrequenter elektromagnetischer Felder auf einzelne Ladungsträger. Wenn es sich um eine Teilchengesamtheit handelt, die charakteristische Plasmaeigenschaften besitzt, muß man unbedingt die Rückwirkung auf das Hochfrequenzfeld berücksichtigen. Ein hochfrequentes elektromagnetisches Feld wird an der Plasmagrenze durch Ströme stark verzerrt, die mit der Teilchenbewegung verknüpft sind. Daher ändert sich auch die Kraft, mit der das Feld auf Elektronen und Plasmaionen wirkt. Die Wechselwirkung des Plasmas mit dem HF-Feld muß selbständig behandelt werden. Sie ist viel schwieriger zu fassen als die Bewegung einzelner Teilchen in vorgegebenen Feldern. Die Frage des Gleichgewichts eines Plasmas, das an ein hochfrequentes elektromagnetisches Feld grenzt, wurde in einer Reihe theoretischer Untersuchungen behandelt. Wolkow benutzte für dieses Problem die magnetohydrodynamische Näherung. Sagdejew kam zu denselben Relationen bei der Untersuchung der Bewegungsgleichung; außerdem analysierte er die Struktur der Grenzschicht. Eine Analyse der Wechselwirkung des Plasmas mit dem äußeren elektromagnetischen Feld zeigt, daß für ein Gleichgewicht zwischen ihnen unbedingt an der Grenze des Plasmas folgende Bedingung erfüllt sein muß:

$$p_0 = \frac{1}{16\pi}(\widetilde{E}_0^2 + \widetilde{H}_0^2), \tag{8.48}$$

wobei p_0 den Plasmadruck, $\widetilde{E}_0$ und $\widetilde{H}_0$ die Amplitude des elektrischen und des magnetischen Feldvektors (die wir als parallel zur Plasmaoberfläche ansetzen) bezeichnen. Im Inneren des Plasmas darf kein veränderliches elektromagnetisches Feld vorhanden sein. Die Ableitung für (8.48) in magnetohydrodynamischer Näherung unterscheidet sich nicht wesentlich von der Ableitung des Lichtdrucks in der Elektrodynamik. Die mittlere Kraft, die auf das Plasmaeinheitsvolumen von seiten des elektromagnetischen Feldes wirkt, ergibt sich zu $\frac{1}{c}\,\mathfrak{j} \times \mathfrak{H}$ in Übereinstimmung mit dem, was weiter oben über den Mechanismus der Wechselwirkung einer elektromagnetischen Welle mit einzelnen Ladungsträgern gesagt wurde. Im Zusammenhang damit sei bemerkt, daß in einem veränderlichen elektrischen Feld mit einem zur Plasmagrenze senkrechten $\mathfrak{E}$-Vektor ein Gleichgewicht unmöglich ist.

Die Gleichgewichtsbedingung (8.48) kann man auf den Fall verallgemeinern, daß auf das Plasma außer einem veränderlichen elektromagnetischen Feld noch ein statisches Magnetfeld $\mathfrak{H}_0$ einwirkt. Dann muß der Plasmadruck der Summe der vom HF-Feld und vom statischen Feld ausgeübten Drücke gleich sein.

Zwischen Hochfrequenzfeld und Plasma gibt es eine Übergangsschicht. In dieser Schicht verringert sich die Konzentration der geladenen Teilchen normal zur Plasmaoberfläche von n_0 bis auf 0, und die Amplitude des elektromagnetischen Feldes wächst von 0 bis zu dem der Gleichgewichtsbedingung entsprechenden Maximalwert. Die Dicke der Übergangsschicht ist von der Größenordnung der

Skin-Schicht-Dicke für die Feldfrequenz. SAGDEJEW hat beobachtet, daß das Plasma bei Erfüllung der Bedingung (8.48) zwar als Ganzes durch das HF-Feld zusammengehalten wird, Teilchen, deren Energie die mittlere thermische Energie $\frac{3}{2} k T$ bedeutend übertrifft, aber durch die Grenzschicht nach außen gelangen können. Die maximale Teilchenenergie, die durch das HF-Feld eingeschlossen wird, ist näherungsweise durch folgende Bedingung bestimmt:

$$\frac{W_{\max}}{k T} \sim \frac{\omega_0^2}{\omega^2}, \tag{8.49}$$

wobei ω_0 die LANGMUIR-Frequenz der Elektronenschwingungen ist (für Ionen müßte man einen anderen Wert für ω_0 einsetzen; es ist jedoch leicht einzusehen, daß die Elektronen die Geschwindigkeit der Abwanderung bestimmen). Falls $\omega \ll \omega_0$ ist, so wird nur ein ganz geringer zu $e^{-\omega_0^2/\omega^2}$ proportionaler Teil der Teilchen durch die HF-Barriere an der Plasmagrenze durchsickern können.

Gibt es außer dem HF-Feld auch ein statisches Magnetfeld senkrecht zur Plasmagrenze, dann ändert sich der Ausdruck für $W_{\max}$. Wenn das HF-Feld als zirkular polarisierte elektromagnetische Welle angesehen werden kann, die in Richtung des statischen Feldes $\mathfrak{H}_0$ auf das Plasma trifft, erhält der erwähnte Ausdruck folgendes Aussehen:

$$\frac{W_{\max}}{k T} \sim \frac{\omega_0^2}{\omega\, \omega_H}. \tag{8.50}$$

In diesem Falle kann man leicht erreichen, daß der Teilchenanteil, der durch die Barriere abwandert, sehr klein wird.

§ 64. Konkrete Methoden zur Halterung des Plasmas mittels eines hochfrequenten Feldes. Das Plasma im Feld einer fortschreitenden Welle. Fallen mit hochfrequenten Pfropfen. Stabilisierung der Deformationen einer Plasmaschnur mit Hilfe eines hochfrequenten Feldes (Methode der dynamischen Stabilisierung)

Gegenwärtig wird an einer Reihe von Methoden zur Einschließung eines Hochtemperaturplasmas in Feldern hoher Frequenz gearbeitet. Eine dieser Methoden, die zuerst von THONEMANN vorgeschlagen wurde, besteht darin, daß ein in einer Toroidkammer eingeschlossenes Plasma der Einwirkung einer längs der Plasmaoberfläche laufenden elektromagnetischen Welle ausgesetzt wird. Diese Idee wurde in Arbeiten von OSSOWEZ weiter entwickelt. Das felderzeugende System kann aus einer Reihe von Leitern bestehen, die hintereinander auf der äußeren Oberfläche einer Kammer aus isolierendem Material angebracht sind. Sie werden mit entsprechender Phase aus HF-Generatoren gespeist. Ein Prinzipschema einer solchen Anlage zeigt Abb. 147. Die Feldstärke des HF-Feldes variiert an der Plasmagrenze mit der Frequenz ω; sie wird in einer Periode an jedem Punkte zweimal zu Null.

In der Zeit, wo das Feld in einem Gebiet nahezu Null ist, wird die Plasmagrenze nach außen verschoben. Diese Verschiebung erfolgt mit einer Geschwindigkeit, die der thermischen Geschwindigkeit der Ionen gleich ist. Innerhalb einer Viertelperiode wird dann die Plasmagrenze unter der Einwirkung des starken Feldes nach Innen durchgekrümmt. Auf diese Weise erzeugt die laufende Welle an der Oberfläche des Plasmas ein dauerndes Kräuseln; gleichzeitig ist ein konstanter mittlerer Druck gewährleistet, der zur Kompensation des Plasmadruckes nötig ist. Eine wirkungsvolle Einschließung tritt ein, wenn die Amplitude der Grenzschwingungen nicht zu groß wird. Es ist wichtig, daß während einer HF-Periode die Verschiebung der Plasmagrenze nicht zum Kontakt mit der Wand führt. Man kann sagen, daß Grenzverschiebungen in der erlaubten Größenordnung liegen, wenn $v_i < a \frac{\omega}{2\pi}$ erfüllt ist, wobei a den Abstand zwischen benachbarten felderzeugenden Leitern bezeichnet. Diese Relation bestimmt die untere Grenze für die zu benutzende Generatorfrequenz. Für ein Plasma mit einer Temperatur von einigen zehn Kiloelektronenvolt beträgt die minimale Frequenz 10···20 MHz.

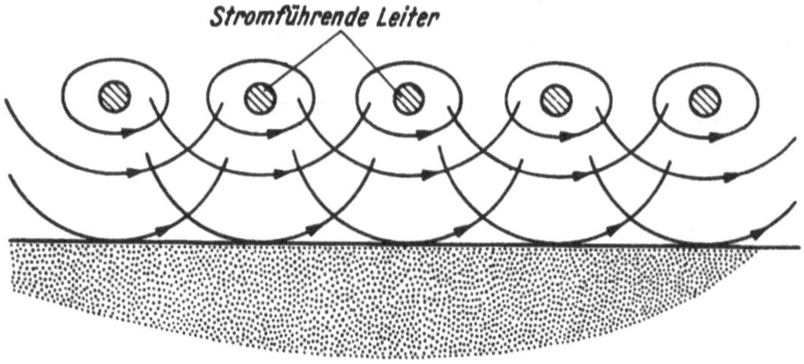

Abb. 147. Plasma im Feld laufender Wellen

Gegen die eben geschilderte Methode in ihrer einfachsten Form kann man folgendes einwenden: Eine Welle, die längs der Toroidalkammer läuft, wird das Plasma mit sich fortreißen, d. h., sie wird es in rotierende Bewegung mit allmählich wachsender Geschwindigkeit bringen. In kurzer Zeit stimmt die Geschwindigkeit des mitbewegten Plasmas mit der Geschwindigkeit der laufenden Welle überein. Dann hört aber der Mechanismus des Hochfrequenzeinschlusses auf, wirksam zu sein, weil das Feld relativ zum Plasma ruht; in den Oberflächenabschnitten, wo es klein oder gleich Null ist, kann sich das Plasma ungehindert ausbreiten. Diese Schwierigkeit kann umgangen werden, wenn man vom einfachen Schema mit einer laufenden Welle zu einer etwas komplizierteren Variante übergeht, bei der gleichzeitig zwei in entgegengesetzter Richtung laufende Wellen auf das Plasma einwirken. In Abb. 148 ist eine der experimentellen Anordnungen dargestellt, die zum Studium der eben beschriebenen Methode gebaut wurde. Der Durchmesser des Quarztoroids beträgt 80 cm, der Durchmesser des Kammerquerschnittes 7 cm. Die Impulsleistung der die Anlage speisenden HF-Generatoren beträgt 10···15 MW (bei einer Wellenlänge von 120 m).

Abb. 148. Foto einer experimentellen Anordnung zur Plasmaeinschließung mit Hilfe laufender Wellen

Trubnikow schlug ein anderes System der Hochfrequenzplasmaeinschließung vor. Es beruht darauf, daß sich der Plasmaklumpen unter der Einwirkung von veränderlichen magnetischen Feldern befindet, die rings um drei gegeneinander senkrecht stehende Achsen rotieren. Analoge Systeme wurden auch von Butler u. a. untersucht; darüber wurde auf der Zweiten Genfer Konferenz im Jahre 1958 vorgetragen. Ein wesentlicher Mangel all dieser Methoden besteht in der zur Erzeugung eines Hochtemperaturplasmas benötigten extrem hohen HF-Leistung.

Unter den verschiedenen Kombinationen von statischen und HF-Feldern, die zur thermischen Isolierung des Plasmas dienen können, ist das einfachste die Kombination eines homogenen zeitkonstanten Feldes mit Hochfrequenzpfropfen. Es wurde von Glagolew vorgeschlagen. Das statische Feld dient dazu, die lange zylindrische Plasmasäule an der seitlichen Ausbreitung zu hindern, der Hochfrequenzpfropfen soll das Plasma an den Längsenden begrenzen. Ein solches System kann mit Hilfe von Hohlraumresonatoren verwirklicht werden, in denen elektromagnetische Felder genügend hoher Amplitude erzeugt werden (Abb. 149). Um das Plasma gut einzuschließen, ist es wichtig, daß das veränderliche elektromagnetische Feld nicht ins Plasma eindringt, und daß die Amplitudenwerte von E und H die Bedingung (8.48) erfüllen. Dann kann das HF-Feld an den Enden den Plasmadruck voll kompensieren. Die Berechnung zeigt, daß auch bei einem System sehr großer Länge, in dem das HF-Feld die Funktion eines thermischen Isolators nur für einen relativ kleinen Teil der gesamten Plasmaoberfläche übernimmt, nicht mit Ergebnissen gerechnet werden kann, die praktischen Wert haben. Wie auch andere Methoden der HF-Einschließung kann jedoch die betrachtete Methode von wesentlichem Interesse für die physikalische Untersuchung der Eigenschaften eines völlig ionisierten Plasmas mit verhältnismäßig hoher Elektronentemperatur sein. Die ersten orientierenden Versuche, die mit HF-Pfropfen durchgeführt wurden, zeigten, daß sie bei genügend hoher Amplitude des elektromagnetischen Feldes tatsächlich das Plasma abstoßen.

Prinzipiell kann ein HF-Feld dazu benutzt werden, einen Plasmaring in einer Toroidalkammer mit einem longitudinalen statischen Feld ins Gleichgewicht zu bringen. In diesem Falle wird der Druck des HF-Feldes, der zur Halterung des Plasmas nötig ist, nur einen kleinen Teil des Plasmagesamtdruckes ausmachen, der ansonsten fast völlig durch das statische Magnetfeld kompensiert wird. GLAGOLEW schlug vor, ein System von Hohlraumresonatoren zu benutzen, die längs

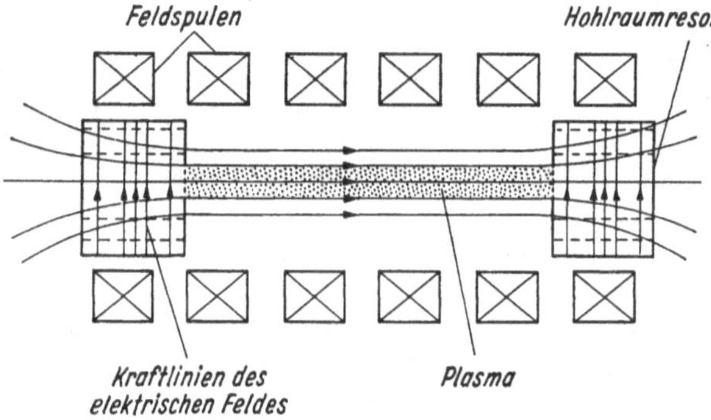

Abb. 149. Magnetische Flasche mit Hochfrequenzpfropfen

der Oberfläche der Toroidalkammer angebracht sind. Wir werden nicht weiter bei diesem Vorschlag verweilen, weil er keine besonderen Perspektiven hat.

Wenn für das Gleichgewicht des einzuschließenden Plasmas ein statisches Magnetfeld ausreicht, kann das hochfrequente elektromagnetische Feld zur Stabilisierung verschiedener Instabilitäten, die an isolierten Plasmakonfigurationen auftreten, von Nutzen sein. Einige spezielle Probleme bei der Stabilisierung von Plasmainstabilitäten durch ein HF-Feld wurden von OSSOWEZ, GLAGOLEW u. a. analysiert. Der erste dieser Autoren untersuchte die Stabilität eines stromführenden Plasmaringes im äußeren Magnetfeld, das senkrecht zur Ringfläche liegt (Abb. 150). Man kann beweisen, daß die Stabilitätsbedingungen für einen solchen Ring in bezug auf Deformationen, die parallel und senkrecht zum äußeren Feld verlaufen, widersprüchliche Forderungen an die geometrische Form dieses Feldes (d. h. an seine radiale Verteilung) stellen.

Wenn man die Feldverteilung jedoch genügend schnell von der, die einer vertikalen Ringstabilität entspricht (ausgezogene Linien in Abb. 150), in die, die einer horizontalen Stabilität entspricht (punktierte Linien Abb. 150), wechseln läßt, kann man Stabilität für beide Richtungen garantieren. Eine solche Stabilisierungsmethode ist in gewissem Sinne der Methode der starken Fokussierung analog, die in der heutigen Beschleunigertechnik eine große Rolle spielt. Aus der Rechnung folgt, daß zur Stabilisierung der longitudinalen Schwankungen des Plasmaringes mit einer Wellenlänge λ folgende Bedingungen erfüllt sein müssen:

$$\omega > \frac{4\pi}{\lambda} v_i \sqrt{\ln \frac{\lambda}{\pi r_0}},$$

$$\frac{\partial \widetilde{H}_0}{\partial r} > \frac{2J}{c}\left(\frac{2\pi}{\lambda}\right)^2 \ln \frac{\lambda}{\pi r_0},$$

r_0 bezeichnet den Radius des Querschnitts der Plasmasäule. Die weitere Analyse dieser Bedingungen zeigt, daß man mit Hilfe von HF-Feldern mit nicht zu großer Amplitude ($\widetilde{H}^2 \ll 8\pi p_0$) langwellige Deformationen des Plasmas (d. h. Deformationen mit einer Wellenlänge von $\lambda \gg 2\pi\varepsilon_0$) gut stabilisieren kann. Wolkow

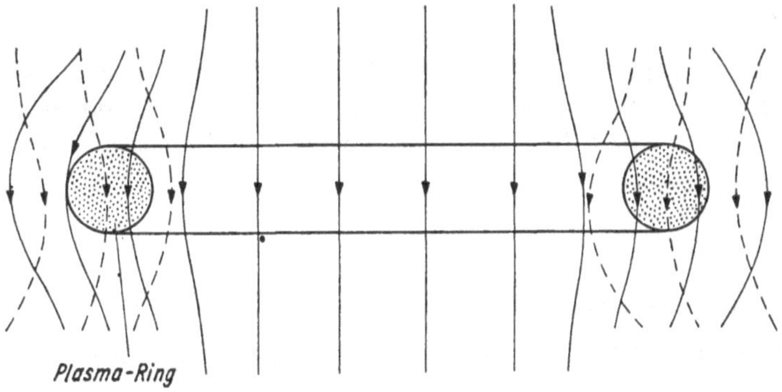

Abb. 150. Schematische Darstellung der Stabilisierung eines Plasmaringes mit Hilfe hochfrequenter magnetischer Felder

zeigte ebenfalls, daß man einige der gefährlichsten Instabilitäten einer stromführenden Plasmasäule durch ein HF-Drehfeld unterdrücken kann.

Glagolew untersuchte die Stabilisierung der magnetohydrodynamischen Instabilitäten des Plasmas durch HF-Felder im Dezimeterbereich, wobei der Plasmadruck an der Plasmaoberfläche durch ein statisches Feld kompensiert wurde. Er kam zu dem Ergebnis, daß unter Ausnutzung einer solchen Technik Deformationen vom Rinnentyp, die auf Grund der Inhomogenität des Hauptmagnetfeldes entstehen, wirkungsvoll stabilisiert werden können.

Die experimentelle Erarbeitung von Methoden zur dynamischen Einwirkung von HF-Feldern auf das Plasma ist noch im Anfangsstadium. Über experimentelle Resultate kann man bis jetzt noch nichts bestimmtes berichten. Wahrscheinlich werden sie erst in einigen Jahren wirkliche Bedeutung erlangen. Die Verwendung starker Hochfrequenzfelder kompliziert zusätzlich die Experimentiertechnik, besonders aber die Interpretation der experimentellen Resultate, die sich ohnehin schon nicht durch eine an sich wünschenswerte Einfachheit und unbedingte Eindeutigkeit auszeichnen.

§ 65. Flaschen mit Gegenfeldern. Grundlegende Theorie

Unter den adiabatischen Fallen, die auf der Teilchenreflexion an Gebieten mit starkem Magnetfeld beruhen, spielen magnetische Systeme mit hyperbolischer Feldgeometrie eine besondere Rolle. Ein typisches Beispiel für eine solche Feldform zeigt Abb. 151. Charakteristisches Merkmal für diese Systeme ist die Tatsache, daß das Magnetfeld von einem Punkt mit dem Feldstärkewert Null aus nach allen Seiten anwächst. Um eine Vorstellung von der Geometrie solcher Felder zu erhalten, betrachten wir den einfachsten und praktisch interessantesten Fall des axialsymmetrischen Feldes. Die Feldstärke möge im Punkte A auf der Achse des Systems Null sein. Diesen Punkt wählen wir als Koordinatenursprung. Die Feldstärke kann dann in der Nähe des Punktes A längs der Achse durch folgende Reihe dargestellt werden:

$$H_z = a_1 z + a_2 z^2 + \cdots. \tag{8.51}$$

Bei nicht zu großem Abstand von der Achse werden beide Feldkomponenten (H_z und H_r) durch (7.4) und (7.5) bestimmt. Nehmen wir an, der Koeffizient a_1 sei nicht Null. Dann wird die Struktur des Feldes in der Nähe des Punktes A durch folgende einfache Formeln charakterisiert:

$$H_z = a_1 z, \quad H_r = -\frac{a_1}{2} r. \tag{8.52}$$

Die Form der Kraftlinien wird durch die Differentialgleichung $\frac{dr}{dz} = \frac{H_r}{H_z}$ bestimmt. Wenn man in diese Gleichung H_r und H_z aus (8.52) einsetzt, kann man leicht

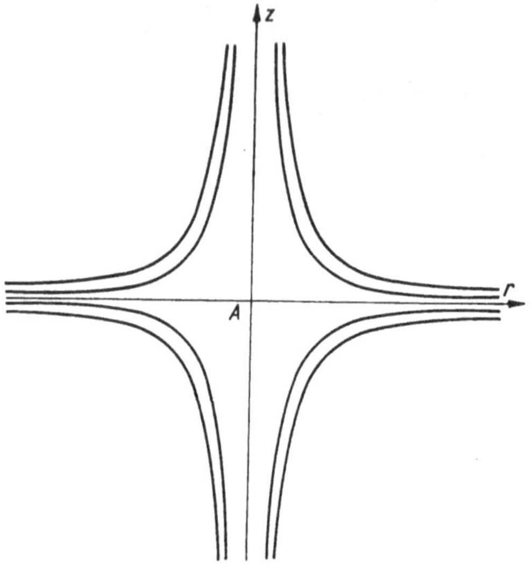

Abb. 151. Magnetfeld vom hyperbolischen Typ

feststellen, daß in der Umgebung des Punktes A die Form der Kraftlinien durch den Ausdruck

$$r = \frac{C}{\sqrt{z}} \tag{8.53}$$

bestimmt wird, wobei C eine Konstante ist. Wenn in (8.51) alle Koeffizienten außer dem ersten verschwinden, bestimmt Gleichung (8.53) den Kraftlinienverlauf im gesamten Raum. In realen Systemen charakterisieren die Ausdrücke (8.52) und (8.53) nur ein bestimmtes begrenztes Feldgebiet; das Verhalten von H_r und H_z bei großem Achsenabstand hängt dann von den Dimensionen, der Lage und der Form der Spulen oder Magneten ab, die als Feldquellen dienen.

Auf einfachste Art kann man ein Feld des erwähnten Typs erzeugen, wenn man auf der Achse des Systems zwei gleiche Spulen anordnet (z. B. einfach zwei Windungen), in denen der Strom im entgegengesetzten Sinne fließt; sie erzeugen dann Gegenfelder.

Es ist auch der Fall möglich, daß in einem Punkt der z-Achse nicht nur H_z, sondern auch eine Reihe von Ableitungen zu Null wird. Das tritt ein, wenn die Koeffizienten a_1, a_2 usw. zu Null werden. Wenn speziell $a_1 = 0$ aber $a_2 \neq 0$ ist, haben H_r und H_z in der Nähe des Koordinatenanfangs folgendes Aussehen:

$$H_z = a_2\left(z^2 - \frac{1}{2} r^2\right), \quad H_r = - a_2 z r . \tag{8.54}$$

Durch entsprechende Wahl der Elemente des magnetischen Systems kann man die höheren Koeffizienten in Gleichung (8.51) zu Null machen und auf diese Weise ein Feld erzeugen, das bei Annäherung an den Punkt A stärker gegen Null geht. Im weiteren beschränken wir uns jedoch hauptsächlich auf das Studium der Eigenschaften des einfachsten Systems, in dem das Feld sich in der Nähe des Punktes A linear beschreiben läßt. Der Charakter der Teilchenbewegung in einem Magnetfeld solchen Typs zeigt eine interessante Eigentümlichkeit. Wenn die Bahn des Teilchens, das aus dem Gebiet großer Feldstärke kommt, in der Nähe des Punktes A verläuft, kann $W_\perp/H$ eine merkliche Änderung erfahren, weil im Gebiet des schwachen Feldes die adiabatische Invarianz nicht mehr gewährleistet ist. Das bedeutet, daß $W_\perp$ nicht so fest mit H verkoppelt ist, wie das in gewöhnlichen Flaschen mit magnetischen Pfropfen zutrifft, in denen das Verhältnis zwischen maximalem und minimalem H-Wert verhältnismäßig klein bleibt. Infolge der eben erwähnten Ursache kann sich bei einem Teilchen, dessen Bahnkurve durch ein Gebiet mit sehr kleinem H-Wert führt, der Winkel zwischen Geschwindigkeit und Kraftlinienrichtung so stark ändern, daß dieses Teilchen, auch wenn es am Anfang eingeschlossen war, doch nach einigen Umläufen aus der Flasche entkommt. Diese qualitativen Erwägungen werden durch genaue Berechnung der Bahnkurven bestätigt. Es zeigt sich, daß Teilchen, die am Punkte A vorbeilaufen, ihre adiabatische Invariante vergessen. Die linearen Dimensionen des „Gedächtnisschwund"-Gebietes werden bei einem Teilchen, das sich in der

Nähe des Punktes A mit der Geschwindigkeit v bewegt, durch folgende Größe bestimmt:

$$r_0 \sim \sqrt{\frac{m v c}{e a_1}}, \tag{8.55}$$

wobei a_1 der erste Koeffizient der Entwicklung für H_z ist.

Die Verletzung der adiabatischen Invarianz wird bei Auffüllung der Flasche mit Plasma noch stärker in Erscheinung treten. Schon ein sehr dünnes Plasma mit niedrigem Druck bringt das Magnetfeld in der unmittelbaren Nähe des Punktes A zum Verschwinden, und mit Vergrößerung von p wird auch das Gebiet, aus dem das Feld völlig verdrängt wird, größer. Wenn sich ein Teilchen durch ein solches Gebiet bewegt, vergißt es völlig seine Vorgeschichte und nimmt nach dem Austritt in das Gebiet des starken Feldes einen neuen $W_\perp/H$-Wert an. Das muß zu einer schnellen Abwanderung der Teilchen aus der Flasche führen. Wir werden versuchen, die Geschwindigkeit der Abwanderung, die nicht mit den Stößen zwischen den Teilchen zusammenhängt, abzuschätzen. Eine solche Abschätzung kann man verhältnismäßig leicht nur für den Idealfall, daß das Plasma das Feld völlig aus dem gesamten von ihm eingenommenen Gebiet verdrängt und eine scharfe Grenze hat, durchführen. Dieses idealisierte Problem werden wir im weiteren untersuchen.

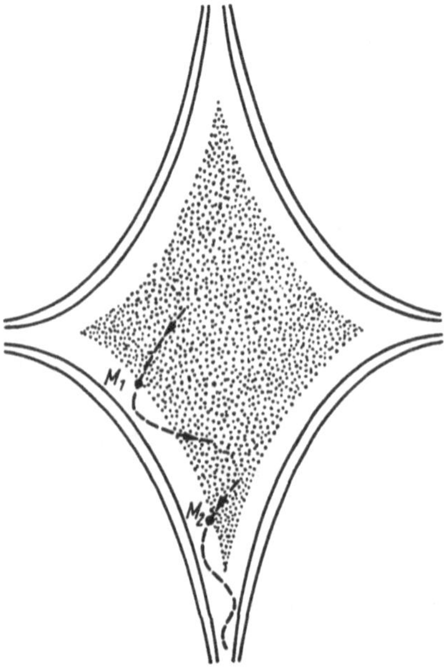

Abb. 152. Plasma in einem Magnetfeld mit hyperbolischer Geometrie

Nehmen wir an, das Feld der mit Plasma zu füllenden Flasche habe im uns interessierenden Raum die durch die Gleichungen (8.52) gegebene einfache Form. Der magnetische Druck ist dann proportional zu $z^2 + \frac{r^2}{4}$. Wie sich das Plasma nach Verdrängung des Feldes verteilt, ist beispielhaft in Abb. 152 dargestellt. Das Plasma breitet sich bei der Füllung einer solchen Flasche mehr in radialer Richtung aus als in axialer (weil der magnetische Druck in r-Richtung langsamer anwächst als in z-Richtung). Bei der in der Abbildung gezeigten Form der Grenzfläche kann das Teilchen nur dann aus dem Plasma austreten, wenn es in sehr geringem Abstand von der Äquatorlinie auf die Oberfläche auftritt.

In Abb. 152 sind die Projektionen der Bahnen zweier Teilchen, die von innen auf die Plasmagrenze auftreffen, schematisch dargestellt. Das Teilchen, welches im Punkte M_1 auftrifft, dringt ein Stück in das Gebiet des äußeren Magnetfeldes ein und kehrt danach in das Plasma zurück. Ein solches Teilchen geht also nicht verloren. Im Gegensatz dazu durchsetzt ein im Punkte M_2 in der Nähe des spitzen Endes an die Plasmaoberfläche kommendes Teilchen diese Spitze und entweicht längs der Kraftlinien. Das weitere Schicksal dieses Teilchens hängt vom Winkel α_0 ab, den seine Geschwindigkeit mit den Kraftlinien in der Nähe der Oberfläche bildet, und vom Verhältnis H_0/H_m, wobei H_0 die Feldstärke in der Nähe des Plasmarandes und H_m die maximale Feldstärke in der Äquatorebene bezeichnen. Wenn $\sin^2\alpha_0 < \frac{H_0}{H_m}$ ist, geht das Teilchen verloren. Im entgegengesetzten Falle tritt es nur ein Stück ins Feld ein und wird dann reflektiert, kehrt also ins Plasma zurück.

Eine sehr grobe Abschätzung ergibt, daß bei $H_0 \approx H_m$ die Hälfte aller Teilchen verloren geht, die von innen an die Plasmaoberfläche gelangen, falls sie vom spitzen Ende um eine Strecke entfernt sind, die kleiner ist als der Durchmesser des LARMOR-Kreises.[1])

Der Teil der Oberfläche, aus dem der Teilchenabfluß erfolgt, ist also gleich $2 \cdot 2\pi R \cdot 2\varrho$, wobei R den Radius der Äquatorlinie und ϱ den LARMOR-Radius bezeichnen. Wenn wir den Teilchenstrom pro Quadratzentimeter mit $n\,v/4$ ansetzen, finden wir, daß der gesamte Abfluß bei Elektronen $2\,n\,v_e\,\varrho_e\,\pi\,R$ und bei Ionen $2\,n\,v_i\,\varrho_i\,\pi\,R$ beträgt. Bei Gleichheit von T_e und T_i werden die Teilchenströme beider Vorzeichen gleich.

Eine solche anschauliche Abschätzung ergibt einen ziemlich hohen Wert für die Teilchenabwanderung aus dem Plasma. Er ist vor allem deshalb zu hoch, weil wir den Einfluß des in der Grenzschicht des Plasmas wirkenden elektrischen Feldes nicht berücksichtigen und die Dicke dieser Schicht als klein gegen die LARMOR-Radien für Ionen und Elektronen angesetzt haben. Diese Annahmen sind offensichtlich nicht korrekt, weil wir dann damit rechnen müßten, daß die die Plasmaoberfläche durchbrechenden Ionen weitaus weiter in das äußere Feld eindringen als die Elektronen. Hieraus folgt, daß man bei der Untersuchung der Bewegung von Teilchen, die auf die Plasmaoberfläche treffen, unbedingt die Struktur der Grenzschicht, die gerade durch diese Teilchen entsteht, berücksichtigen muß. Über die Struktur der Grenzschicht wurde bereits in Kap. IV berichtet. Aus der Analyse geht hervor, daß die Schichtdicke etwa dem mittleren LARMOR-Radius eines Elektrons entspricht. Im Inneren der Schicht existiert ein starkes elektrisches Feld mit einer Potentialdifferenz von $\sim k\,T/e$, welches die von innen kommenden Ionen abbremst. Einfache kinematische Überlegungen ergeben, daß sich für Teilchen beiderlei Vorzeichens die Strecke, um die sie sich während des Aufenthalts in der Grenzschicht im Mittel längs der Kraftlinien verschieben, in der Größenordnung der doppelten Schichtdicke liegt, also dem Durchmesser des LARMOR-Kreises eines Elektrons entspricht. Folglich ist die Tiefe des Gebietes, aus dem die Abwanderung der Elektronen und Ionen erfolgt, näherungsweise gleich $2 \cdot \varrho_e$. Der Ionenstrom aus dem Plasma muß also im Vergleich zur ersten

[1]) Das sind die Teilchen, deren Geschwindigkeitsvektor mit dem $\mathfrak{H}$-Vektor einen Winkel von weniger als 90° bildet.

Abschätzung um den Faktor ϱ_e/ϱ_i kleiner werden und

$$-\frac{dN_i}{dt} = \gamma \frac{2\pi R N v_i \varrho_e}{\Omega} \tag{8.56}$$

betragen, wobei γ ein Koeffizient der Größenordnung Eins, Ω das vom Plasma eingenommene Volumen und $N = n\,\Omega$ ist. Die Reduktion des Ionenflusses führt zu einer entsprechenden Reduktion des Elektronenflusses. Die mittlere Lebensdauer der Teilchen im Plasma wird durch folgenden Ausdruck bestimmt:

$$\tau = \frac{1}{2\pi\gamma} \frac{\Omega}{R v_i \varrho_e}. \tag{8.57}$$

Man kann ihn folgendermaßen in eine für Rechnungen geeignetere Form umschreiben:

$$\tau = \frac{4 \cdot 10^{-4} H \Omega}{\gamma T R}.\text{[1]} \tag{8.57a}$$

Hierbei wurde speziell $\frac{m_i}{m_e} = 3600$ gesetzt. Wenn man berücksichtigen will, daß die Teilchen, die aus dem Plasma ausgetreten sind, nach Reflexion am starken Feld erneut ins Plasma zurückkehren, muß man bei der Berechnung von τ für H die maximale Feldstärke in der Äquatorfläche einsetzen.

Durch genauere Analyse des Plasmaverhaltens in einem magnetischen System mit Gegenfeldern erhielt Firsow eine Formel, die (8.57a) völlig analog ist, und für den Koeffizienten γ den Wert Eins. Außerdem versuchte er zu klären, wie die durch Plasmadiffusion quer zum Magnetfeld hervorgerufene allmähliche Vergrößerung der Grenzschicht auf die Abwanderung der Teilchen einwirkt. In Übereinstimmung mit seinen Rechnungen wächst die Grenzschichtdicke zeitlich proportional zu $\sqrt{1 + \frac{\pi}{8} \frac{t}{\tau_{ei}}}$ an; diese Wurzel muß also als Korrektur in den Ausdruck für den Teilchenstrom, der die Flasche verläßt, eingehen. Eine solche Abschätzung der zeitlichen Änderung der Grenzschichtdicke wird offensichtlich nur dann richtige Resultate ergeben, wenn die linearen Dimensionen des vom Plasma eingenommenen Gebietes die mittlere freie Weglänge der Ionen viele Male übertreffen. Tatsache ist, daß die Diffusionsverbreiterung der Grenzschicht hauptsächlich Zusammenstöße zwischen Ionen und Elektronen, die im Inneren dieser Schicht steckenbleiben, zur Ursache hat. Gerade diese Teilchen treten aber infolge des gleichen Stoßmechanismus sehr schnell längs der Kraftlinien aus der Flasche aus. Die Verbreiterung der Grenzschicht wird daher stark verlangsamt. Der durch Diffusionsverbreiterung hervorgerufene Effekt wird trotzdem nicht völlig unterdrückt. Er kann die Lebensdauer der Teilchen im Plasma um Größenordnungen verkürzen, im Vergleich zu dem Wert, den (8.57) gibt. Aus dieser Formel geht hervor, daß die Lebensdauer des Plasmas unter üblichen experimen-

[1]) Die Größe τ verringert sich im Verlaufe der Teilchenabwanderung aus der Flasche schon wegen der Verringerung von Ω. Formel (8.57a) ist trotzdem für grob orientierende Abschätzungen brauchbar.

tellen Bedingungen sehr klein ist und sich bei vorgegebener Feldstärke mit wachsender Temperatur sogar noch verringert. Es zeigt sich also, daß das Vorhandensein eines äquatorialen Spaltes, durch den die Teilchen entkommen können, eine sehr ernstzunehmende Schwäche der Flaschen mit Gegenfeldern darstellt. Um die möglichen Perspektiven einer Ausnutzung solcher Flaschen für intensive thermonukleare Reaktionen abzuschätzen, erinnern wir daran, daß der energetische Wirkungsgrad einer jeden thermonuklearen Anlage proportional zu $H^2 \tau$ ist. Für Flaschen des untersuchten Typs ist

$$H^2 \tau = \frac{4 \cdot 10^{-4} H^3 \Omega}{\gamma T R}. \tag{8.58}$$

Ein Generator für thermonukleare Reaktionen, der mit einem Gemisch von Deuterium und Tritium im Verhältnis 1:1 arbeitet, wird überschüssige Energie bei einer Temperatur von $1{,}5 \cdot 10^8$ erzeugen, wenn $H^2 \tau > 10^8$ wird. Wenn das Reaktorvolumen einige Liter beträgt, also $\frac{\Omega}{R} \sim 10^2$ ist, so ist es zur Erreichung des erwähnten Minimalwertes für $H^2 \tau$ nötig, daß die Feldstärke (für $\gamma = 1$) größer als etwa $7 \cdot 10^5$ Oe wird. Bei dieser Rechnung wurde die Diffusionsverbreiterung des Äquatorialspaltes noch nicht berücksichtigt. Wenn man diese Korrektur beachtet, beträgt der minimale H-Wert für einen Generator mit gerade positiver Energieerzeugung $1 \cdots 2 \cdot 10^6$ Oe. Gegenwärtig liegt die Erzeugung solcher Felder in Litervolumina außerhalb der Grenzen des technisch Möglichen. Eine kleine Erleichterung ergibt sich dadurch, daß man in Formel (8.58) im allgemeinen Falle nicht H^3, sondern das Produkt $H_0^2 H_m$ einsetzen muß.

Alles, was hier über das Ausfließen von Teilchen gesagt wurde, bezieht sich auf den optimalen Fall, daß außerhalb der Grenze, innerhalb der eine adiabatische Invarianz nicht existiert, kein Plasma vorhanden ist. Wenn sich aber in einem merklichen Teil des Raumes Plasma und Feld vermischen ($0 < \beta < 1$), dann wird die Bestimmung des aus der Flasche austretenden Teilchenstromes zu einer sehr schwierigen Aufgabe, die noch ihrer Lösung harrt. Man kann nur sagen, daß die Lebensdauer der Teilchen in einer Flasche wegen der Verletzung der Adiabatizität im zentralen Gebiet auch im allgemeinen Falle relativ klein wird. Zur Bekräftigung einer solchen Annahme kann man folgendes anführen: Wenn sich die Plasmadichte stetig ändert und zwischen dem Gebiet mit einem Null-Feld und dem eines starken Feldes ein glatter Übergang besteht, dann wird die Lebensdauer der Teilchen, die sich nahe dem Punkte A bewegen, sehr kurz, weil einerseits für sie keine adiabatische Invariante erhalten bleibt und andererseits der Spalt, durch den sie austreten können, sehr groß ist. Daher werden die Ionen und Elektronen, die sich anfangs im Gebiet des Null-Feldes aufhielten, die Flasche schnell verlassen. Nehmen wir für einen Augenblick an, daß wegen der kurzen Lebensdauer des Plasmas im Gebiet des Null-Feldes alle Teilchen aus diesem Gebiet entweichen und sich im Zentrum des Plasmaklumpens ein Vakuum bildet. In einem solchen Falle erscheint im Plasma eine innere Grenze, die wegen der Form der auftretenden Kraftlinien instabil ist. Daher dringt das

Plasma wieder nach innen und füllt das Gebiet des Null-Feldes erneut an. Auf diese Weise wird das Abfließen der Teilchen durch den Spalt ununterbrochen durch den Zustrom der Ionen und Elektronen aus den Grenzbereichen des Plasmaklumpens aufrecht erhalten.

Als Gegengewicht gegen den eben besprochenen Defekt muß man noch auf einen sehr wichtigen Vorteil hinweisen, den Flaschen mit Gegenfeldern nach der Theorie im Vergleich zu Systemen haben, die auf der Ausnutzung gewöhnlicher magnetischer Pfropfen beruhen. Dieser Vorteil besteht darin, daß wegen der Konkavität der Kraftlinien ein Plasma, das ein System mit hyperbolischem Feld ausfüllt, magnetohydrodynamisch stabil ist. Wenn diese theoretische Voraussage experimentell bestätigt wird, dann wird der eben behandelte Typ der magnetischen Flasche sehr häufig in der Hochtemperaturplasmaphysik eingesetzt werden.

§ 66. Injektion eines Plasmas in eine Flasche mit Gegenfeldern. Resultate der experimentellen Untersuchung von Systemen mit Gegenfeldern. Lebensdauer eines Plasmas in Flaschen dieses Typs

Die natürlichste Methode zur Erzeugung eines hochtemperierten Plasmas in derartigen Systemen besteht darin, daß ein Plasmaklumpen in die Flasche eingeschossen und danach durch das anwachsende Feld komprimiert wird. Der Eintritt des Plasmas in die Flasche und die Bildung eines eingeschlossenen Plasmaklumpens sind Prozesse, über deren Ablauf gegenwärtig nur einige allgemeine Bemerkungen gemacht werden können.

Ein Plasmastrahl, der längs der Achse des magnetischen Systems eingeschossen wird, dringt durch das Gebiet der größten Verdichtung der Kraftlinien in einem der Pfropfen in die Flasche ein. Nehmen wir an, daß ein Plasma mit hoher Leitfähigkeit in einem Gebiet gebildet werde, in dem die Längskomponente des Magnetfeldes klein ist. Dann wird der Plasmastrahl beim Eintritt in die Flasche die Kraftlinien auseinanderschieben, wobei er einen Teil der kinetischen Energie der translatorischen Bewegung aufwenden muß. Daher kann man folgende Frage aufwerfen: Kann nicht bei niedriger Strahlgeschwindigkeit eine Reflexion an Gebieten mit starkem Feld erfolgen? Auf diese Frage können Theorie und Experiment ganz allgemein noch keine befriedigende Antwort geben. Es fehlt ein klares Bild der Erscheinungen, die beim Hineinpressen des Plasmas in das Magnetfeld auftreten.

Unter üblichen Versuchsbedingungen ist die Zeit, die von jedem Element des Plasmaklümpchens für das Durchlaufen des Gebietes mit Feldanstieg gebraucht wird, so klein, daß wir es hier mit einem typischen schnellen Prozeß zu tun haben. Daher wird der magnetische Druck, der auf die Plasmaoberfläche wirkt, durch die Trägheitskräfte aufgenommen (beim Eintritt des Plasmas in das starke Feld muß also in ihm eine Stoßwelle entstehen). Im mit dem Plasma mitbewegten Koordinatensystem ist das Eindringen des Plasmas in den magnetischen Pfropfen dem Kompressionsvorgang beim Θ-Pinch analog, der in Kap. V bereits untersucht wurde.[1]) Wenn man diese Analogie zu einer Überschlagsrechnung benutzt, erhält man eine Vorstellung von den die Plasmaabbremsung im starken Feld beeinflussenden Faktoren.

Wir geben hier nur einige qualitative Resultate an, die aus solchen Rechnungen hervorgehen, und bemerken schon vorher, daß ihre Überzeugungskraft nicht sehr groß ist, weil alle Rechnungen auf der Analyse eines Spezialfalles, nämlich der Abbremsung eines kleinen Plasmaklümpchens mit idealer Leitfähigkeit, beruhen.

Das Verhalten des Plasmas beim Eintritt in das starke Feld hängt vor allem von der Größe

$$\frac{H_m^2}{8\pi} : \frac{\varrho_0 v_0^2}{2}$$

ab, wobei H_m die maximale magnetische Feldstärke im Pfropfen und $\varrho_0 v_0^2/2$ die kinetische Energie der translatorischen Bewegung der Volumeneinheit des Plasmas vor seinem Eintritt ins Feld kennzeichnen.

Wenn der obige Quotient kleiner als Eins ist, läuft der Plasmastrahl frei durch den Pfropfen, wobei er im Gebiet der größten Verengung der Kraftlinien zusammengepreßt wird. Interessanter und wichtiger ist der Fall, daß $H_m^2/4\pi\varrho_0 v_0^2$ wesentlich größer ist als Eins. In diesem Falle ist die Bremsung des Plasmas sehr von der Geometrie der Kraftlinien des Magnetfeldes abhängig. Hauptcharakteristikum dieses Geometrie-Einflusses ist der Quotient aus Anfangsradius des Plasmastrahles a_0 und Länge L des Gebietes mit wachsendem H (bzw. mit großem grad H-Wert).

Wenn a_0/L genügend klein ist, d. h. das Feld langsam anwächst, erfährt das Plasma beim Eintritt in den Pfropfen schon einen starken radialen Druck, ehe es ihm gelingt, einen bedeutenden Teil der Energie der translatorischen Bewegung als Arbeit gegen die Kräfte des magnetischen Feldes abzugeben. Der Plasmastrahl kann daher bei $a_0/L \ll 1$ durch das Gebiet des starken Feldes hindurchgelangen, auch wenn $H_m^2/8\pi$ um vieles größer ist als $\varrho_0 v_0^2/2$.

Eine etwas genauere Formulierung der Bedingung für ein tiefes Eindringen des Plasmastrahles hat folgendes Aussehen:

$$\frac{a_0}{L}\left(\frac{H_m^2}{4\pi\varrho_0 v_0^2}\right)^{1/2} \ll 1 .$$

Andere Verhältnisse ergeben sich, wenn a_0/L keine kleinere Größe ist, d. h., wenn das Feld sehr steil anwächst. In einem solchen Feld wird der Plasmastrahl gebremst, ehe sich seine radialen Dimensionen ändern können. Ein tiefes Eindringen des Plasmas in ein Feld mit steiler Front wird bei $\frac{H_m^2}{8\pi} \sim \frac{\varrho_0 v_0^2}{2}$ noch möglich sein, bei $\frac{H_m^2}{8\pi} \gg \frac{\varrho_0 v_0^2}{2}$ und $\frac{a_0}{L} \sim 1$ wird aber eine Reflexion des Plasma-

[1]) Aus diesem Grunde kann beim Eindringen eines Plasmas in ein starkes Feld unter gewissen Bedingungen das Auftreten von Instabilitäten beobachtet werden.

strahles am magnetischen Pfropfen erfolgen. Während des Eindringens des Plasmas in ein Feld mit sehr steiler Front kann eine Spaltung des Strahles erfolgen. Wenn die Kraftlinien ein wenig von der Achse zurückgedrängt werden, stellen sich starke Rückstellkräfte ein, und die Randteile des Plasmastrahles werden bei genügend großem Energievorrat der translatorischen Bewegung vom Felde reflektiert; nur eine dünne Seele durchläuft das Feld. Wir werden einem solchen Fall bei der Analyse der experimentellen Daten begegnen.

Es muß betont werden, daß alles bisher Gesagte nur für ein ideal leitendes Plasma zutrifft, das bei seiner Bewegung das Magnetfeld völlig verdrängt. In Wirklichkeit ist das Plasma kein idealer Leiter. Das Plasma verdrängt deshalb beim Durchlaufen des Feldes dieses nicht völlig, sondern es vermischt sich mit ihm. Das erleichtert den Durchgang des Plasmastrahles durch das Gebiet maximaler Feldstärke und verringert seine Kompression. Wegen der Vermischung des Plasmas mit dem Feld tritt beim Eintritt des Strahls in die Flasche ein weiterer Effekt auf.

Der Plasmastrahl bringt einen Teil des von ihm erfaßten magnetischen Flusses mit in die Flasche. Daher erfolgt bei der Füllung des Mittelteiles des magnetischen Systems eine Deformation der Kraftlinien, der eine Verschiebung des Punktes mit der Feldstärke Null längs der z-Achse entspricht (der Plasmastrahl drückt gleichsam auf das Magnetfeld, das durch die gegenüberliegende Spule gebildet wird, und drängt die Kraftlinien dieses Feldes zurück).

Die Länge des Plasmastrahles kann große Bedeutung haben für den Gesamtcharakter der Abbremsung des Plasmas, das in ein Magnetfeld längs seiner Kraftlinien eindringt. Es ist anzunehmen, daß bei gleichem $\varrho_0 v_0^2/2$ ein langer Strahl leichter durch das starke Feld gelangt als ein kurzer, weil der erste Strahlabschnitt der nach ihm folgenden Masse das Eindringen in das Feld erleichtert, indem er die Kraftlinien auseinanderschiebt.

Das in die Flasche eingeführte Plasma kann auf Grund verschiedener Mechanismen, deren relative Wirksamkeit sehr schwer abzuschätzen ist, erfaßt und eingeschlossen werden. Wenn der Plasmastrahl in einen Raum mit geringer magnetischer Feldstärke gelangt, breitet er sich schnell aus. Ein sich nach allen Seiten ausbreitendes Plasma trifft fortwährend auf das anwachsende Feld[1]) und wird teilweise von ihm reflektiert. Infolgedessen kann eine Vermischung verschiedener Elemente des Plasmaklumpens erfolgen; dabei geht ein Teil der gerichteten kinetischen Energie in Energie der chaotischen Bewegung über, was zur Folge hat, daß das Plasma die Flasche nicht mehr verlassen kann.

Eine wesentliche Rolle kann bei der Plasmaeinschließung die Verletzung der adiabatischen Invarianz bei Teilchen, die in das Gebiet des Gedächtnisverlustes (Umgebung des Punktes mit der Feldstärke Null) gelangen, spielen. Zur Zahl der irreversiblen Prozesse, die zum Einfang des Plasmas führen, sind auch die Zusammenstöße zwischen Teilchen und die Anregung verschiedener Schwingungen

[1]) Insbesondere auch an der Stelle, durch welche es in die Flasche eingedrungen ist. Nach dem Durchgang des Plasmastrahles werden die Kraftlinien in diesem Gebiet wieder zurückgetrieben und stellen so die Anfangsform des Feldes wieder her.

zu zählen. Beim Einfang des Plasmas kann auch die künstliche Erzeugung von Bedingungen, die die Entwicklung ungefährlicher Instabilitätsformen im Plasmainneren erleichtern, nützlich sein. Nehmen wir z. B. an, der Plasmastrahl trete aus dem Injektor durch eine Ringblende in das Magnetfeld ein und zerfließe dann über ein Gebiet, das von außen und von innen durch zwei von Feldlinien erzeugte Hyperboloide begrenzt wird. Da die innere Grenze des vom Plasma eingenommenen Raumes konvex ist, ist sie instabil und das Plasma wird sich nach innen ausbreiten und dabei das Gebiet mit schwachem Feld in der Nähe des Punktes A auffüllen. Sollten sich die aufgezählten Mechanismen als wenig wirkungsvoll erweisen, und nicht zum Einfang eines genügend großen Teiles der eingeschossenen Plasmamenge führen, so bleibt immer noch die Möglichkeit, die magnetische Feldstärke anwachsen zu lassen. Bei sehr schnellem Anwachsen des Feldes wird der Rückfluß der Teilchen, die einmal in die Flasche eingedrungen sind, stark reduziert, die Gesamtzahl der eingeschlossenen Teilchen wächst also.

Eine Aufheizung des Plasmas ist in einem zeitlich anwachsenden hyperbolischen Feld sinnvoll durchzuführen, wenn die Anfangsenergie der aus dem Injektor kommenden Ionen klein ist. Um eine allgemeine Beschreibung der Veränderung der wesentlichen Parameter zu geben, die den Zustand eines Plasmas charakterisieren, bleiben wir beim einfachsten Fall. Wir nehmen an, das Plasmaklümpchen habe eine scharfe Grenze und rechnen außerdem damit, daß wegen der vielen Stöße die Geschwindigkeitsverteilung der Ionen und der Elektronen im Plasma dauernd isotrop ist. Die Teilchenabwanderung durch den Spalt lassen wir unberücksichtigt. Unter diesen Voraussetzungen wird Druck und Volumen des Plasmas durch das übliche Gesetz der adiabatischen Kompression eines einatomigen Gases verknüpft

$$p\,\Omega^{5/3} = \text{const}\,. \tag{8.59}$$

Wenn während der Kompression die geometrische Ähnlichkeit erhalten bleibt, ändert sich das Volumen des Klumpens proportional zur dritten Potenz seiner Lineardimensionen. Daher folgt aus (8.59)

$$p\,r^5 = \text{const}\,, \tag{8.60}$$

wobei r eine der charakteristischen Lineardimensionen des Systems ist.

Der Plasmadruck p steht mit dem magnetischen Druck im Gleichgewicht, den man im betrachteten Falle wie folgt schreiben kann:

$$\frac{H^2}{8\pi} = k^2(t)\,r^2\,. \tag{8.61}$$

In diesem Ausdruck wird berücksichtigt, daß das Feld H proportional zum Betrag des Radiusvektors wächst, wenn wir uns vom Punkte A in einer beliebigen Richtung entfernen.[1] Der Koeffizient $k(t)$ charakterisiert die Zeitabhängigkeit des Feldes. Aus (8.60) und (8.61) erhalten wir folgende Beziehung zwischen r und k

[1]) Der Einfluß des im Plasmaklumpen fließenden Stromes auf die Feldgeometrie im Außenraum bleibt unberücksichtigt.

an der Plasmagrenze:

$$r \sim \frac{1}{k^{2/7}}. \tag{8.62}$$

Die Teilchenkonzentration ist umgekehrt proportional zu r^3; sie wird sich daher wie $k^{6/7}$ ändern. Der Plasmadruck ist proportional zu $k^2\, r^2$ und wird sich also wie $k^{10/7}$ ändern. Die Temperatur ist proportional zu $k^{4/7}$. Sie wächst also, wenn die Feldstärke in einem festen Punkt um den Faktor 10, die gesamte magnetische Energie im Volumen also um den Faktor 100 vergrößert wird, nur um den Faktor 3,7, während die Teilchenkonzentration unter den angegebenen Verhältnissen um den Faktor 7,2 erhöht wird. Dieses langsame Anwachsen von T und n hängt mit der Geometrie des Feldes zusammen. Das zeitlich anwachsende Magnetfeld verdrängt, während es den Plasmaklumpen zusammenpreßt, diesen aus dem Gebiet relativ hoher H-Werte. Die Aufheizung durch Kompression wird noch schwächer, wenn das Plasma das Magnetfeld nicht völlig verdrängt.

Da die Aufheizung des Plasmas durch magnetische Kompression in Flaschen mit hyperbolischen Feldern nur wenig wirksam ist, muß man danach streben, von Anfang an in das magnetische System ein Plasma mit möglichst hoher Temperatur einzubringen.

Experimentelle Untersuchungen an Plasmen in Flaschen mit Gegenfeldern wurden in der UdSSR von Lukjanow und Podgorny angestellt. In den USA wurden Arbeiten ähnlichen Charakters hauptsächlich im Laboratorium von Livermore durchgeführt. Der Umfang der experimentellen Information ist noch nicht groß und hat hauptsächlich illustrativen Charakter. In Abb. 153 ist das typische Schema einer hyperbolischen Flasche mit Plasmainjektion dargestellt; in Abb. 154 wird die Photographie einer solchen Anlage gezeigt.

Bei der Untersuchung eines in einer Flasche eingeschlossenen Plasmas finden folgende Methoden Anwendung:

1. Überschnelle Filmaufnahmen,
2. magnetische Sonden,
3. thermoelektrische Messung des Wärmestromes auf die Kammerwand,
4. elektrische Sonden zur Messung der Plasmakonzentration, der Elektronen- und der Ionentemperatur.

Die spektroskopische Analyse befindet sich noch völlig im Anfangsstadium.

Man muß noch einige Bemerkungen über die elektrischen Sonden machen, mit denen man den Einstrom geladener Teilchen aus dem Plasma als Funktion der Spannung zwischen Sonde und Kammerwand mißt. Strom-Spannungs-Sondencharakteristiken sind seit den ersten Arbeiten von Langmuir (d. h. seit 50 Jahren) wesentlichstes Instrument zur Bestimmung der wichtigsten Plasmaeigenschaften. Bei Untersuchungen zur Kernfusion wird diese Methodik fast gar nicht benutzt, weil die Interpretation der Strom-Spannungscharakteristiken Langmuirscher Sonden in starken Magnetfeldern sehr schwierig und nicht eindeutig ist. Das bezieht sich jedoch nicht auf Untersuchungen in Flaschen mit Gegenfeldern, weil das Magnetfeld im Zentrum des Plasmas praktisch verschwindet; die Resultate der Sondenmessungen sind also in diesem Falle eindeutig auswertbar.

In Abb. 155 sind Filmaufnahmen der Leuchterscheinungen dargestellt, die beim Füllen einer Flasche mit Wasserstoffplasma auftreten. Die Plasmakonzentration beträgt in diesem Falle $\sim 10^{14}$, die Ionentemperatur ~ 20 eV, die Elektronentemperatur 5···10 eV. Der Maximalwert der Feldstärke auf der Achse ist 6000 Oe. Die

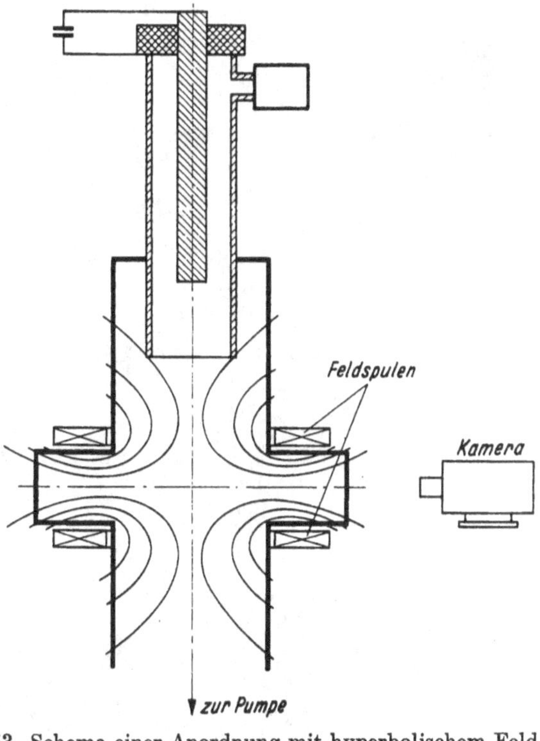

Abb. 153. Schema einer Anordnung mit hyperbolischem Feld

Der obere Teil stellt eine koaxiale Plasmakanone dar. Seitlich ist eine Kamera für schnelle Filmaufnahmen des Plasmaleuchtens angedeutet

Zeitdifferenz zwischen zwei aufeinanderfolgenden Bildern beträgt 4 μsec. Die dunklen horizontalen Linien, die die Abbildungen durchschneiden, rühren von den Feldspulen her. Der Spalt zwischen den Spulen beträgt 8 cm, der Durchmesser der Vakuumkammer 20 cm. Zum Vergleich sind in Abb. 156 Photographien des Leuchtens wiedergegeben, die aufgenommen wurden, als in beiden Spulen der Strom in gleicher Richtung floß. Alle anderen Parameter (Injektorspannung, Konzentration und Geschwindigkeit des Plasmastrahles, Größe des Spulenstromes) sind in beiden Fällen gleich.

Abb. 155 und 156 vermitteln ein anschauliches Bild vom Eindringen des Plasmastrahles in die Flasche und vom Plasmaeinfang. Beachten wir einige wichtige Züge in diesen Bildern: Der Plasmastrahl durchläuft vom Injektor kommend das Gebiet maximalen Feldes in der ersten Spule, ohne eine starke Kompression zu erleiden. Das bedeutet, daß beim Eintritt in das magnetische System keine vollständige Feldverdrängung erfolgt, und daß das Plasma nach dem Einfang in einem großen Teil seines Volumens mit dem Feld vermischt ist. Das ergibt sich auch aus den Messungen der Konzentration und der Temperatur, die zeigen, daß der Druck im Plasma sehr klein ist. Das Feld kann deshalb nur aus einem kleinen

Abb. 154. Ansicht einer Experimentieranordnung mit hyperbolischem Feld (Orech)

Bereich in der Nähe des Zentrums des magnetischen Systems verdrängt worden sein. Die auf den Filmaufnahmen dargestellte zeitliche Entwicklung kann in zwei desentliche Phasen eingeteilt werden. In der ersten vollzieht sich die Auffüllung der Flasche mit Plasma aus dem Injektor; in der zweiten ein allmählicher Zerfall des zunächst gebildeten Plasmaklumpens. Bei dem im Bild gezeigten Beispiel wauert die erste Phase ungefähr 20 μsec; ihr entspricht das hellste Leuchten.

Wenn wir die Form des Plasmavolumens in der Anfangsphase betrachten, können wir folgende interessante Einzelheit erkennen: Während das Plasma durch die erste Spule in einem breiten Strom hindurchläuft, sickert es in einem dünnen

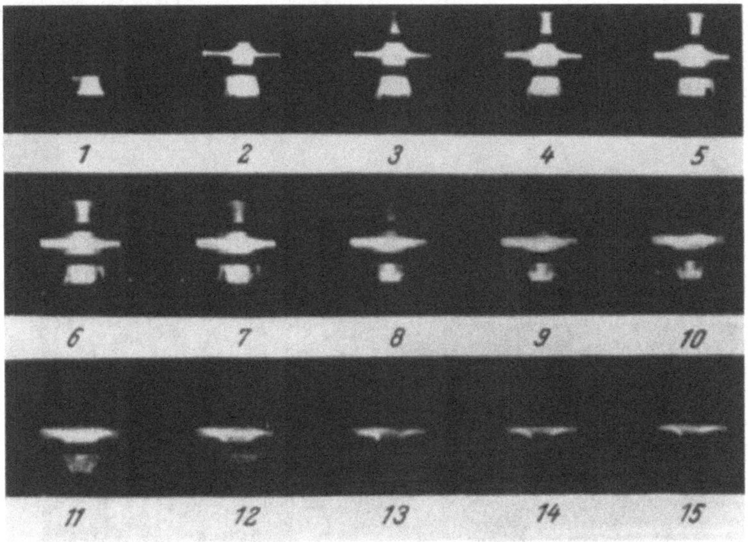

Abb. 155. Bildfolge des Plasmaleuchtens in einem Feld mit hyperbolischer Symmetrie

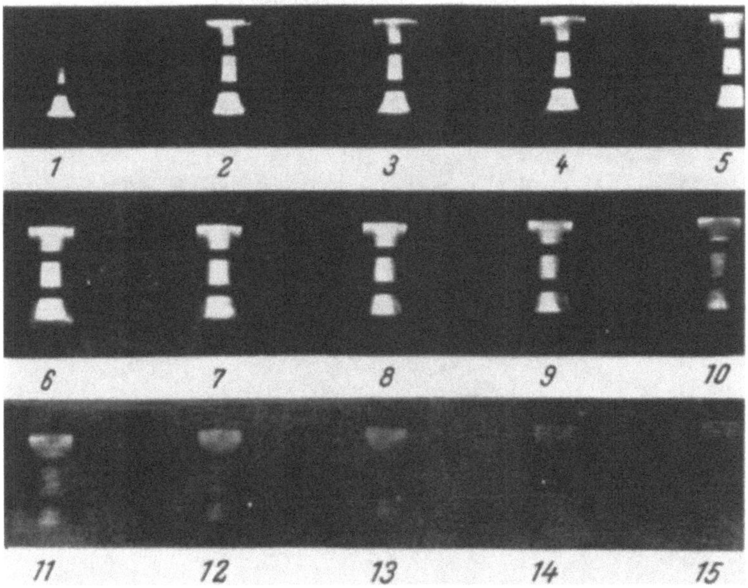

Abb. 156. Bildfolge des Plasmaleuchtens bei gleicher Stromrichtung in beiden Spulen

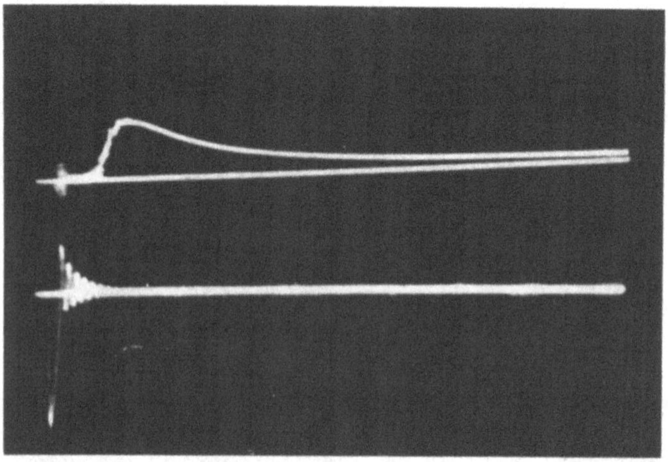

Abb. 157. Oszillogramm des Stromes auf eine Sonde (oben) und des Injektionsstroms (unten)

Strahl durch die zweite, obere Spule. Es ist möglich, daß wir es hier mit der Reflexion eines Plasmastrahles am starken und steil anwachsenden Feld der zweiten Spule zu tun haben. Das Feld mit entgegengesetztem Vorzeichen, das der Plasmastrahl mit sich führt, begünstigt die Reflexion. Diese Erscheinung kann entscheidende Bedeutung für die Auffüllung einer Flasche mit Plasma haben. Nachdem das Plasma an den Kraftlinien im oberen Teil des magnetischen Systems reflektiert wurde, wird es zersprühen und in der Flasche eingefangen werden. Der Zerfall des Plasmaklumpens erfolgt innerhalb einiger Dutzender Mikrosekunden. Das Plasma fließt am schnellsten aus dem nahe der Achse gelegenen Gebiet; die Form des Klumpens verändert sich deshalb allmählich. Im Endstadium nimmt das in der Flasche zurückbleibende Plasma ein Gebiet ein, das die Form einer flachen Linse hat. Sehr oft beobachtet man auch, daß die Form des vom Plasma eingenommenen Gebietes gegen Ende des Prozesses unsymmetrisch in bezug auf die Spulen ist; auf den Abbildungen erinnert es an den Rand eines flachen Tellers (s. Abb. 155).

In Abb. 157 sind synchrone Oszillogramme vom Strom auf eine Sonde im Zentrum der Flasche und vom Entladungsstrom im Injektor dargestellt. Sie wurden in einer anderen Anlage erhalten. Der Strom wurde bei negativem Sondenpotential in bezug auf das Plasma gezogen. Die Sonde mißt die Größe des Ionenstromes, der der Konzentration der Ladungsträger im Plasma proportional ist. Die n-Messung, die auf diese Weise vorgenommen wurde, zeigt, daß unter gleichen Bedingungen für die Arbeit des Injektors die Teilchenkonzentration im eingefangenen Plasma mit wachsender magnetischer Feldstärke annähernd wie $\sqrt{H}$ wächst. Die qualitative Deutung dieser Abhängigkeit ist völlig klar: Bei konstanten N- und T-Werten muß das Plasma ein um so kleineres Volumen um den Punkt A einnehmen, je größer der äußere magnetische Druck ist. Eine quantitative Interpretation der beobachteten Abhängigkeit des $n(H)$ ist schwierig, weil eine Reihe schwer zu bestimmender Faktoren berücksichtigt werden muß. Wenn das Plasma das Feld völlig verdrängt, sollte bei konstanten N- und T-Werten die Konzentration wie $H^{6/5}$ variieren. Davon kann man sich leicht durch Überlegungen überzeugen, die den weiter oben bei der Analyse des Kompressionsprozesses durchgeführten völlig analog sind.

Mit Hilfe von Sondenoszillogrammen kann man die Lebensdauer des Plasmas in einer Flasche unter verschiedenen Anfangsbedingungen bestimmen. Solche Messungen zeigen, daß bei $n \sim 10^{13}$, $H \sim 10^3$ Oe und einer Plasmatemperatur von $10 \cdots 20$ eV die mittlere Lebensdauer in einer Flasche in den oben angeführten Maßen ungefähr 30 μsec beträgt und nur schwach von der magnetischen Feldstärke abhängt.

Aus diesen Daten können wir keine Rückschlüsse darüber ziehen, ob ein spezifischer Mechanismus vorhanden ist, der das Entweichen des Plasmas aus Fallen mit hyperbolischem Feld bewirkt. Der Grund hierfür liegt darin, daß unter den angegebenen Versuchsbedingungen wegen der großen Konzentration und der niedrigen Temperatur die Zeitkonstante für die Existenz einer adiabatischen Invariante der Ionen nur Mikrosekunden beträgt. Deshalb kann das Plasma entlang der

Kraftlinien mit einer Geschwindigkeit frei ausfließen die der Größenordnung nach gleich der Geschwindigkeit der mittleren Wärmebewegung der Ionen ist. Dieser grobe Effekt macht eine Beobachtung des Entweichens von Teilchen durch den Spalt, wie es für den Fall, daß die COULOMB-Streuung keine Rolle spielt, von der Theorie vorausgesagt wird, unmöglich.

Die Richtigkeit dieser Bemerkung kann durch einen einfachen Versuch illustriert werden. Wenn wir auf der Achse des magnetischen Systems eine kleine Metallscheibe anbringen, die den Nullpunkt des Feldes und ein Gebiet mit kleinem H-Wert vor dem Plasmastrahl schützt, so wird eine solche Scheibe für alle Teilchen, die in dieses Gebiet kommen und ihre adiabatische Invariante verlieren, die Rolle eines schwarzen Körpers spielen. Wäre das Entweichen über den Spalt einer der bestimmenden Grundmechanismen, so müßten wir beim Einbringen einer solchen Scheibe den Teilchenstrom und den Wärmefluß aus dem Plasma nach außen wesentlich verändern. In Wirklichkeit aber zeigt sich, daß eine innerhalb der Falle angebrachte Scheibe praktisch weder auf die Lebensdauer eines Plasmas noch auf die Größe des Wärmeflusses in der äquatorialen Ebene wirkt.

Die Meßergebnisse mit magnetischen Sonden stützen die Annahme, daß eine teilweise Verstärkung des Feldes durch den Plasmastrahl erfolgt. Das in die Flasche eindringende Plasma bringt einen Ringstrom mit, dessen Stärke 200 bis 300 A beträgt. Dieser Strom existiert noch 10···20 μsec[1]) und verschiebt den Nullpunkt des Feldes. An verschiedenen Stellen der Kammerwand angebrachte Thermoelemente erfassen die Verteilung der Wärmeströme in der Flasche. Leider ist es unmöglich, mit Hilfe von Thermoelementen, die nur ein Integral über den Wärmestrom im Verlaufe des Prozesses messen können, den Energieabfluß aus dem eingeschlossenen Plasma von dem Wärmestrom abzutrennen, der in der ersten Phase beim Durchtritt des Plasmastrahles auftritt.

Aus den hier angeführten Tatsachen folgt, daß es erforderlich ist, entweder die Plasmakonzentration wesentlich zu verringern oder die Temperatur des Plasmas zu steigern. Nur dann wird es möglich, die Experimente mit Fallen der oben angeführten Art klar und eindeutig zu interpretieren. Die erste Forderung ist wesentlich leichter zu verwirklichen als die zweite. Deshalb hat man, ohne die Entwicklung neuer Typen von Injektoren abzuwarten, mit deren Hilfe es möglich sein wird, Hochtemperaturplasmastrahlen zu erzeugen, im Institut für Atomenergie im Jahre 1962 Experimente durchgeführt, bei welchen die Orech-Fallen mit Plasmen relativ geringer Dichte gefüllt wurden. Hierbei wurde festgestellt, daß eine Verringerung der Konzentration des Plasmas von $\sim 10^{14}$ auf 10^{12} die Lebensdauer des Plasmas von einigen zehn auf 150···200 μsec erhöht. Aber auch bei der niedrigsten Konzentration ist es bisher noch nicht gelungen ein Entweichen der Teilchen auf Grund der Spalte zu beobachten. Die Lebensdauer eines Plasmas bei $n = 10^{12}$ wird durch die COULOMB-Streuung bestimmt, die die vom Feld eingefangenen und längs der Kraftlinien schwingenden Teilchen erleiden. Anschei-

[1]) Das heißt, im Verlaufe einer Zeit, wie sie etwa für den Durchgang des Plasmastrahles durch die Flasche benötigt wird.

nend tritt die hypothetische innere Instabilität, von welcher auf Seite 389 gesprochen wurde, in Wirklichkeit nicht auf. Es muß aber darauf hingewiesen werden, daß die angeführten Resultate lediglich vorläufigen Charakter haben.

§ 67. Magnetische Flaschen mit kombinierten Feldern

Wenn wir die weiteren Perspektiven der Forschung an Flaschen mit magnetischen Pfropfen gewöhnlichen Typs und an Flaschen mit Gegenfeldern beurteilen wollen, können wir uns noch nicht auf genügend experimentelle Fakten stützen. Auf Grund überzeugender theoretischer Feststellungen ergibt sich jedoch, daß beide Typen schwerwiegende Defekte besitzen, auf Grund deren sie nicht in der Lage sind, ein hochtemperiertes Plasma lange zu halten. In gewöhnlichen Flaschen mit Pfropfen ergibt die magnetohydrodynamische Instabilität diesen Defekt, in Systemen mit hyperbolischem Feld ist es die schnelle Abwanderung des Plasmas durch den Spalt, bedingt durch eine Verletzung der adiabatischen Invarianz in einem Gebiet, in dem die Teilchen ihre Vorgeschichte vergessen. Man kommt natürlich sofort auf den Gedanken, magnetische Flaschen mit Feldern eines kombinierten Typs zu erzeugen, in denen die Vorteile der einfachen Systeme, die weiter oben angeführt wurden, vereint sind und ihre Mängel fehlen.

Die Hauptforderungen, die solche hybride Felder erfüllen müssen, sind offenbar:

1. Um magnetohydrodynamische Stabilität zu gewährleisten, muß die Feldstärke von einem gewissen Raum aus, der für die Anfüllung mit Plasma bestimmt ist, nach allen Seiten hin anwachsen.
2. Die Feldstärke darf niemals Null werden. Hieraus folgt besonders, daß β immer kleiner als Eins sein muß.

Das einfachste System eines solchen Typs, das eine Kombination eines hyperbolischen Feldes mit dem Feld eines geraden Leiters darstellt, ist in Abb. 158 dargestellt. Der stromführende gerade Leiter liegt längs der z-Achse. Die Kraftlinien haben in diesem Falle die Form von Spiralen, die sich über die Oberfläche des Hyperboloids $z\, r^2 = \text{const}$ winden. Die Feldstärke hängt nicht vom Azimut ab. In einem Punkte mit den Koordinaten z und r ist der magnetische Druck $z^2 + \frac{r^2}{4} + \frac{\alpha^2}{r^2}$ proportional, wobei α eine Konstante ist, die vom Verhältnis der Größe des Längsstromes zu den das hyperbolische Feld erzeugenden Strömen abhängt. Das in die Flasche eingeschossene Plasma wird ein ringförmiges Gebiet einnehmen, das annähernd die in Abb. 159 durch eine punktierte Fläche gekennzeichnete Form hat. Wenn der Plasmadruck nicht zu groß ist, wird das Magnetfeld in allen Punkten dieses Gebietes von Null verschieden sein, und folglich ist die Erhaltung der adiabatischen Invarianz gewährleistet. Die Teilchenabwanderung aus einem solchen magnetischen System kann also nur auf Grund von Stößen erfolgen[1].) Andererseits ist die magnetohydrodynamische Stabilität

[1]) Einige Zweifel ruft übrigens das Verhalten des Plasmas in der Äquatorebene hervor, wo die Kraftlinien ebene Spiralen bilden, die bei der Annäherung an die Achse nur wenig Umläufe vollführen.

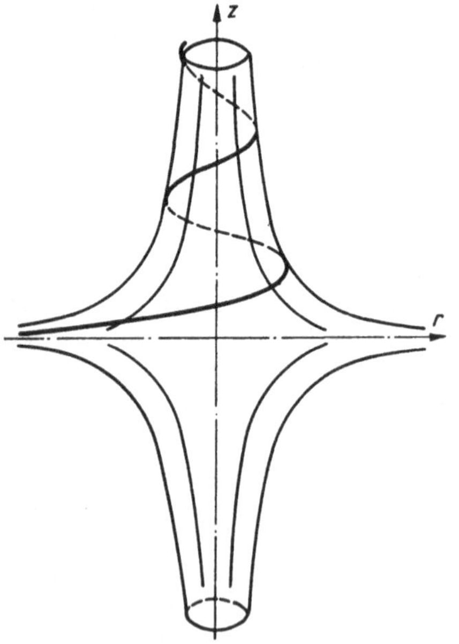

Abb. 158. Struktur des Magnetfeldes in einer hyperbolischen lFasche mit stromführendem Innenleiter

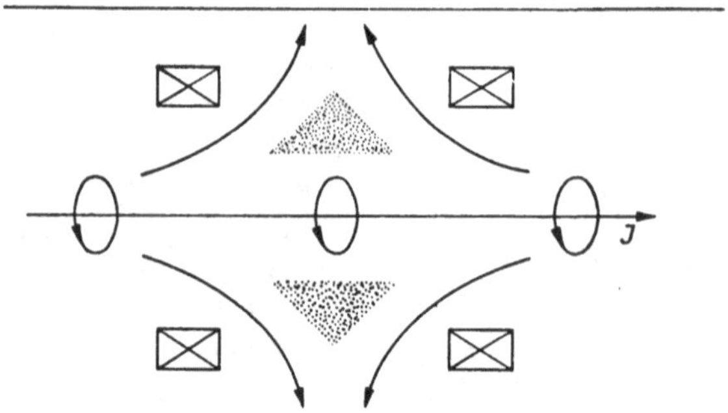

Abb. 159. Plasma in einem kombinierten Feld, wie es Abb. 158 wiedergibt

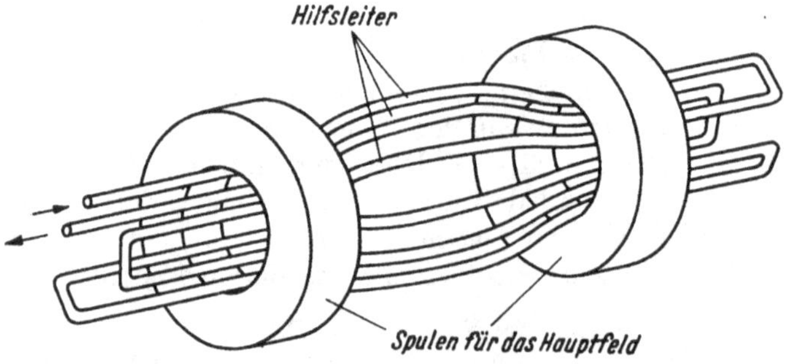

Abb. 160. Schema einer Flasche mit magnetischen Pfropfen und Hilfsleitern

Abb. 161. Projektion der Kraftlinien der in Abb. 160 gezeigten Flasche in eine zu der Achse des Systems senkrechten Ebene

des Plasmas dadurch, daß die Feldstärke mit der Entfernung von der Plasmaoberfläche wächst, offensichtlich gesichert.

Ein anderer möglicher Flaschentyp mit kombinierten Feldern ist in Abb. 160 dargestellt. In diesem Falle wird von einer gewöhnlichen Flasche mit magnetischen Pfropfen ausgegangen. Dem Grundfeld wird ein Feld überlagert, das durch Ströme erzeugt wird, die durch symmetrisch rings um die z-Achse liegende Leiter fließen. Die Feldstärke wächst bei genügend großem Abstand von der z-Achse mit dem Radius, was die Stabilität des in der Flasche eingeschlossenen Plasmas gegen Deformationen vom Rinnentyp garantiert. Die Kraftlinien haben in einem solchen hybriden System eine sehr komplizierte Struktur. Eine gewisse Vorstellung von dieser Struktur soll Abb. 161 vermitteln.

Die Vielfalt der komplizierten Systeme, die die oben genannten Hauptforderungen erfüllen, erschöpft sich natürlich nicht mit den zwei betrachteten Beispielen. Es ist daher durchaus möglich, daß einmal Flaschen in die theoretische und experimentelle Forschung Eingang finden, die eine völlig andere Feldstruktur aufweisen.

KAPITEL IX

Rückblick

Der erste Eindruck, den man nach dem Studium des gegenwärtigen Standes der Arbeiten auf dem Gebiete der gesteuerten thermonuklearen Synthese gewinnt, drückt sich in einem Gefühl der Unzufriedenheit aus: Die nach vielen Jahren intensiver Arbeit erhaltenen Resultate sind mager im Vergleich zu dem gestellten Ziel. Es ist erst die erste lange Etappe der vorbereitenden Untersuchungen abgeschlossen, und erst jetzt sind wir zu der fast unüberwindlichen Hürde gekommen, die den Übergang in den Bereich suprahoher Temperaturen versperrt.

Das bis zu einer hohen Temperatur aufgeheizte Plasma befreit sich mit einer ungewohnten Leichtigkeit mit verschiedenen Instabilitätsmechanismen von der zugeführten Wärmeenergie. In den bisherigen Experimenten war es nur im Verlaufe einiger hundert Mikrosekunden möglich, dichte und hocherhitzte Plasmen zu erhalten. Die Intensität „echter" thermonuklearer Reaktionen im Plasma ist bisher noch so gering, daß diese vollkommen durch verschiedene Beschleunigungsprozesse überdeckt sein können.

Der allgemeine Zustand dieses Arbeitsgebietes ist durch ein starkes Zurückbleiben der experimentellen Forschung hinter den Resultaten der theoretischen Analyse charakterisiert. Das macht sich insbesondere bei Stabilitätsfragen bemerkbar. Das aber hemmt die weitere Entwicklung der Vorstellungen von den Transporterscheinungen im Plasma und erschwert die Entwicklung von Methoden zur Plasmastabilisierung gewaltig. Die Ursachen für diese Lage liegen in einer Reihe spezifischer Schwierigkeiten, die die Realisierung und die Durchführung entsprechender Experimente komplizieren. Selbst die Erzeugung eines reinen Wasserstoff- oder Deuteriumplasmas ist eine schwere Aufgabe, da das Plasma durch Wechselwirkung mit den Wänden der Vakuumkammer sehr schnell durch Atome und Ionen der Stoffe, die von der Wandoberfläche adsorbiert sind, verunreinigt wird. In Anlagen mit ringförmigen Plasmaschnüren (Kap. VI) zeigt sich z. B. auch nach vielen tausend Entladungsimpulsen, die zum Ausglühen des Systems dienen, bei jeder Entladung noch eine intensive ultraviolette Strahlung, die durch Fremdionen hervorgerufen wird. Diese Strahlung ist aber einer der wesentlichsten Faktoren, die eine Temperatursteigerung in Experimenten ähnlicher Art verhindern.

Noch größere Schwierigkeiten entstehen beim Versuch, die Eigenschaften eines Plasmas in solchen ringförmigen Schnüren zu untersuchen, da wir hierbei auf ein eigenes Unbestimmtheitsprinzip stoßen, das sich dadurch ausdrückt, daß die Reinheit der Versuchsbedingungen in einem schreienden und nicht überbrückbaren Widerspruch zur Anwendung einer diagnostischen Methode steht (insbesondere wenn es sich um die Untersuchung lokaler Plasmaeigenschaften handelt). Die sich hinter einer vielschichtigen Hülle befindende Plasmaschnur erweist sich auf Grund ihrer äußersten Empfindlichkeit gegenüber jeder beliebigen Berührung als ein extrem ungeeignetes Untersuchungsobjekt. Es ist also nicht verwunderlich, daß wir die Eigenschaften eines Plasmas nur sehr schlecht kennen.

Bei Anlagen, die auf der Injektion schneller Teilchen basieren, stoßen wir auf eine zweite Schwierigkeit: Auf Grund der geringen Leistungsfähigkeit der vorhandenen Quellen haben die Teilchenströme nur eine sehr geringe Dichte, und es wird somit zum Auffüllen der Falle eine sehr große Zeitspanne benötigt. Während dieser Zeit können sich relativ schwache Instabilitäten voll entwickeln und sogar zu einem merklichen Teilchenverlust führen, so daß es nicht gelingt, eine ausreichend hohe Konzentration zu erzielen. Es scheint, daß der Stellarator diese Unzulänglichkeiten nicht aufweist. Dennoch ist bis heute keine Methode bekannt, mit der es möglich wäre in einem solchen Gerät ein heißes Plasma zu erzeugen. In bezug auf die übliche Methode der Plasmaaufheizung mittels Jouleescher Wärme verhält sich aber der Stellarator in keiner Weise besser als ein einfaches Toroidsystem mit starkem Longitudinalfeld. Unter anderem illustriert die Langsamkeit bei der Sammlung wertvollen experimentellen Informationsmaterials auf dem Gebiet der Hochtemperaturplasmen eine allgemeine Gesetzmäßigkeit, die für die gegenwärtige Physik charakteristisch ist: den sehr starken Anstieg des Preises für neue wissenschaftliche Resultate, d. h. den hohen Anstieg der Summe von geistigen und materiellen Opfern, die zur Erlangung dieser Informationen erforderlich sind.

Dieser Zustand der experimentellen Untersuchungen sollte aber nicht Grund für einen voreiligen Pessimismus sein. Indem sich die Physiker die Realisierung der gesteuerten thermonuklearen Synthese als Ziel setzten, sind sie auf ein Problem gestoßen, das nach einem Schwierigkeitsgrad alle anderen wissenschaftlich-technischen Probleme, die durch die Erfolge der Naturwissenschaften im XX. Jahrhundert gelöst wurden, in den Schatten stellt. Diese Schwierigkeiten sind vor allem in dem Kontrast zwischen der Klarheit und der blendenden Einfachheit der physikalischen Ideen und der Schwierigkeit ihrer Realisierung im Falle der Halterung und der Aufheizung des Plasmas sichtbar.

Eine Abschätzung der weiteren Perspektiven ist wesentlich davon abhängig, wie weit wir innerhalb der Schranken des bisher existierenden Ideenkomplexes noch nach vorn dringen können, ohne hierzu neue Kardinalprinzipien heranziehen zu müssen, von denen wir heute noch keinerlei Vorstellungen haben. Darüber kann man folgendes sagen: Ungeachtet der Tatsache, daß die Theoretiker immer neue und neue Instabilitätsmechanismen entdecken, gibt es keinen Beweis für eine universelle Instabilität eines Plasmas, das in einem magnetischen Feld eingeschlossen ist. Hierbei müssen wir uns natürlich darüber im Klaren sein, daß die Wahrscheinlichkeit der Richtigkeit der gemachten theoretischen Voraussagen auf diesem Gebiet nicht allzu groß ist, weil sich die Theorie in der Mehrzahl aller Fälle auf lineare Näherungen beschränkt, die nur bei relativ kleinen Deformationen Gültigkeit haben.

Es ist bisher noch unklar, wie weit die Energieverluste, die in einem isolierten Plasmaklumpen oder einer Plasmaschnur durch verschiedene Instabilitäten hervorgerufen werden, reduziert werden können. Der Grund hierfür besteht in der Tatsache, daß sich Methoden zur Verringerung dieser Verluste gerade erst im Anfangsstadium ihrer Entwicklung befinden.

Unter Berücksichtigung all dieser Tatsachen können wir ohne weiteres annehmen, daß es bei der weiteren Entwicklung von Methoden zur Aufheizung und Thermoisolation eines Plasmas unter Verwendung starker Magnetfelder gelingen wird, ein Hochtemperaturplasma ziemlich hoher Dichte zu erhalten, das in erster Näherung stabil ist und intensive thermonukleare Reaktionen liefert. Es bleibt hierbei natürlich immer noch die Frage offen, ob es auf diese Art und Weise möglich sein wird, das gestellte Ziel zu erreichen.

Um erfolgreich weiterarbeiten zu können, ist es erforderlich, auf ein höheres Niveau der experimentellen Technik überzugehen. Das muß sich vor allem in einer ausgesprochenen sauberen Vakuumtechnologie, einer präzisen Ausarbeitung der magnetischen Konfigurationen, in der Beseitigung von Streufeldern, in programmierten elektrischen Stromkreisen und in der Anwendung einer experimentellen Methodik, die es ermöglicht allseitige Informationen über das Verhalten des Plasmas zu bekommen, ausdrücken. Grobe Versuche, ähnlich denen, die auf der Genfer Konferenz 1958 den Hauptinhalt der meisten Arbeiten bildeten, können im gegenwärtigen Zeitpunkt nichts Neues mehr bieten. In dieser Beziehung unterscheiden sich die Arbeiten über thermonukleare Synthese von den Arbeiten über Gasentladungen, die sich nie durch besondere Präzision und besonders hohe Anforderungen an den Reinheitsgrad ausgezeichnet haben.

Wir müssen noch eine Tatsache unterstreichen, die heutzutage fast eine Selbstverständlichkeit ist: Die Grenzen des Stabilitätsbereiches für eine stabile Plasmakonfiguration werden sehr eng sein. Aus diesem Grunde muß man sehr vorsichtig mit einem Plasma hantieren, um es in diese Grenzen hineinzubekommen und es in diesen Grenzen zu halten.

Obwohl es sehr schwer ist, im voraus zu entscheiden, mit welchen der bisher ausgearbeiteten Methoden zur Aufheizung und Halterung eines Plasmas die größten Erfolge zu erwarten sind, bedeutet das keinesfalls, daß wir alle diese Methoden als gleichwertig ansprechen müssen. Wir können mit Recht erwarten, daß im Maße wie wir unsere Vorstellungen über die Natur der verschiedenen Formen von Instabilitäten eines Plasmas vervollkommnen, auch die Mittel im Kampf gegen die Instabilitäten verbessert werden können. Damit muß dann auch eine allmähliche Erhöhung der Lebensdauer des Hochtemperaturplasmas erreicht werden.

Es gibt experimentelle Ergebnisse, die klar zeigen, daß die Verwendung von Hybridfeldern, deren Feldstärke vom Plasma nach außen zu anwächst, eine radikale Methode zur Beseitigung starker Instabilitäten ist, die sich in sehr kurzer Zeit entwickeln. Es ist daher erforderlich, auf diesem Forschungsgebiet die meisten Kräfte zu konzentrieren. In diesem Zusammenhang ist es nur sehr schwer vorstellbar, daß die Entwicklung von Anlagen, in welchen ein Plasma mit $\beta \approx 1$

existiert, erfolgreich arbeiten wird, da in diesem Falle das magnetische System nicht die erforderliche Stabilität hat. Weiterhin bleibt bei den Untersuchungen auf dem Gebiet der thermonuklearen Synthese auch das Gebiet der Anwendung hochfrequenter elektromagnetischer Felder eine noch fast unberührte Reserve.

Es gibt wohl keinerlei Zweifel darüber, daß letzten Endes das Problem der thermonuklearen Synthese gelöst werden wird. Die Natur kann auf dem Wege zur Lösung dieses Problems nur eine beschränkte Anzahl von Schwierigkeiten bieten, und nachdem es dem Menschen gelungen ist, diese durch seine schöpferische Aktivität zu überwinden, ist sie nicht mehr in der Lage, neue aufzubieten. Es ist lediglich unbekannt, wie lange diese Entwicklung dauern wird.

KAPITEL X

Schlußwort der deutschen Redaktion

Nach eingehendem und gründlichem Studium der Kapitel I bis VIII wird sich der interessierte Leser sicher einen ersten Eindruck von der Komplexität des behandelten Arbeitsgebietes erarbeitet haben. Er kann es nun wagen, Originalarbeiten aus dem Gebiet der gesteuerten thermonuklearen Reaktionen zu lesen, deren Zahl inzwischen ins kaum noch Überschaubare angeschwollen ist. Zum Glück gibt es einige besonders wichtige Konferenzen, in deren Konferenzberichten sich der größte Teil des wesentlichen Materials findet. Es sind dies:

1. Die zweite internationale Konferenz über die friedliche Anwendung der Atomenergie der Vereinten Nationen, Genf 1958.

2. Die Konferenz über Plasmaphysik und gesteuerte Kernverschmelzung der internationalen Atomenergiebehörde, Salzburg 1961.

Die Arbeiten der Genfer Konferenz wurden von der UNO in englischer Sprache unter dem Titel *Proceedings of the Second United Nations International Conference on the Peaceful Uses of Atomic Energy, Geneva 1958* herausgebracht; die Bände 31 und 32 dieser Reihe enthalten alle Kernfusionsarbeiten. Eine Ausgabe in russischer Sprache erschien 1959 in Moskau im Verlag für Ausnutzung der Atomenergie. Die Vorträge der Salzburger Konferenz finden sich in der Sprache des Vortragenden (Englisch, Französisch, Russisch oder Spanisch) im *1962 Supplement — Part 1, 2 & 3* der Zeitschrift *Nuclear Fusion* (*Wien*). Da erst vom Jahre 1958 an in genügender Offenheit international über Kernfusion gesprochen wird, lag in den Laboratorien viel unveröffentlichtes Material aus den vorangegangenen Jahren vor. Die Akademie der Wissenschaften der UdSSR gab die sowjetischen Arbeiten in vier Sammelbänden heraus unter dem Titel *Physik des Plasmas und Probleme der gesteuerten thermonuklearen Reaktionen*, Verlag der Akademie der Wissenschaften der UdSSR, Moskau 1958. Entsprechendes amerikanisches Material findet sich in dem von der amerikanischen Atomenergiebehörde autorisierten Werk *Controlled Thermonuclear Reactions* von S. GLASSTONE und R. H. LOVBERG, van Nostrand New York 1960.

Kapitel IX schildert die Situation des Arbeitsgebietes gegen Ende des Jahres 1962. Selbstverständlich verleugnet ARZIMOWITSCH dabei nicht, daß er Experimentator ist. Gerade im experimentellen Sektor der Kernfusionsforschung wurden in jüngster Zeit (1963 und 1964) in seiner Abteilung des Kurtschatow-Institutes von JOFFÉ, BAIBORODOW, PETROW und SOBOLEW beachtliche Erfolge erzielt, über die abschließend noch berichtet werden soll. Es gelang, in einer Flasche mit Hilfsleitern, die im Prinzip schon in Kap. VIII behandelt wurde (Abb. 160), heiße Plasmen für

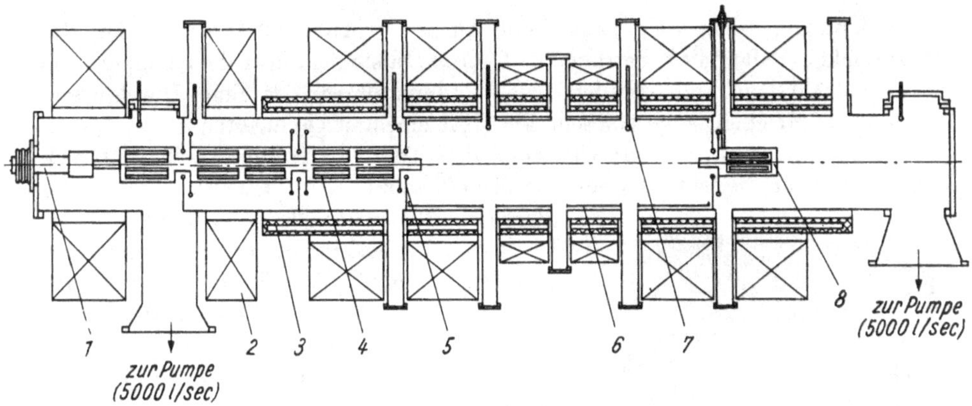

Abb. 162. Prinzipskizze der PR-5-Anlage

1 — Plasmaquelle, 2 — Längsfeldspulen, 3 — Hilfsleiter für das stabilisierende Feld, 4 — Schutzzylinder, 5 — Blenden, 6 — Vakuumkammer, 7 — Titanverdampfer, 8 — Gegenelektrode

relativ lange Zeit einzuschließen. Schon zur Salzburger Konferenz konnte Joffé berichten, daß er in einer solchen Flasche mit hybridem Magnetfeld ein heißes Plasma, das nach Art des Ionenmagnetrons erzeugt wurde, längere Zeit stabil einschließen konnte. Es gab Gründe anzunehmen, daß bei dieser stabilen Arbeitsweise die Lebensdauer des Plasmas in der Falle im wesentlichen durch die Verluste an schnellen Ionen auf Grund der Umladung mit dem Restgas und nicht durch Instabilitäten bestimmt wird. Die Vakuumbedingungen in der damaligen Anordnung ließen jedoch einen schlüssigen Beweis noch nicht zu (Restgasdruck: 10^{-6} Torr). Deshalb wurde 1962 eine neue Joffé-Flasche mit wesentlich verbesser-

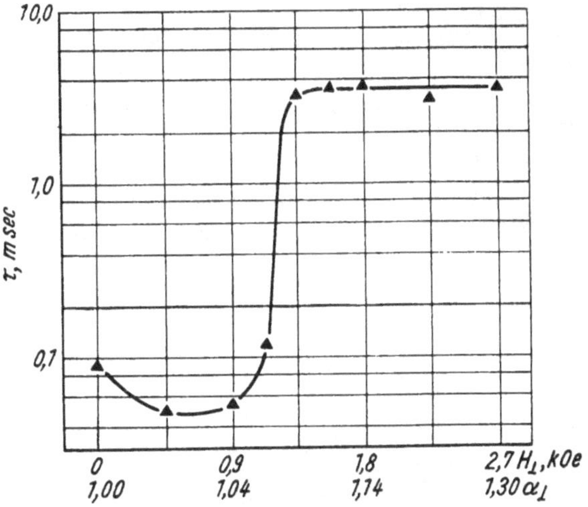

Abb. 163. Abhängigkeit der Plasmaeinschließungszeit von der Stärke des stabilisierenden Feldes H

($H_{\parallel}$ = 3,3 kOe, p = 1,5 · 10^{-7})

ten Vakuumeigenschaften gebaut, deren Aufbau in Abb. 162 dargestellt ist. Das Magnetfeld in Fallenmitte beträgt 5000 Oe; das Hilfsfeld kann an der Kammerwand bis auf 5500 Oe gebracht werden. Die Vakuumkammer hat einen Durchmesser von 40 cm und eine Länge von 4 m. Mit Hilfe eines ausgeklügelten Pumpsystems mit Titangetterpumpen wird im zentralen Teil der Kammer ein Gasdruck von $5 \cdot 10^{-8}$ Torr bei stationärem Durchfluß von 500 cm³ Wasserstoff pro Stunde (durch die Plasmaquelle erzwungen) erreicht. In den entscheidenden Experimenten war $n \approx 10^9 \ldots 10^{10}$ cm^{-3}, $T_i \approx 5$ keV, $T_e \approx 20$ eV. Abb. 163 zeigt die unter diesen Bedingungen erreichte Einschließungszeit in Abhängigkeit von der Stärke des Hilfsfeldes $H_\perp$ in der Nähe der Kammerwand. Die stabilisierende, die Einschließung begünstigende Wirkung des Hilfsfeldes ist auf den ersten Blick zu erkennen. Daß tatsächlich bei Abwesenheit des Hilfsfeldes zunächst auftretende Instabilitäten oder Schwankungserscheinungen unterdrückt werden, sobald das Hilfsfeld eine gewisse Stärke erreicht hat, geht aus der Oszillogrammserie von Abb. 164 hervor.

Es können heute dünne Plasmen mit kleinem β (in diesem Falle $\beta \approx 10^{-5}$) in adiabatischen Fallen mit radial nach außen zunehmendem Multipolhilfsfeld stabil bis zu 15 msec eingeschlossen werden; wobei diese Einschließungszeit allein durch die zur Zeit erreichbare Güte des Grundvakuums bestimmt wird. So zeigt sich schon nach kurzer Zeit die Richtigkeit des vom Verfasser eingeschlagenen Weges, den er perspektivisch in Kap. VIII dargestellt hat. Eine konsequente Weiterarbeit wird sicher zu weiteren Fortschritten führen.

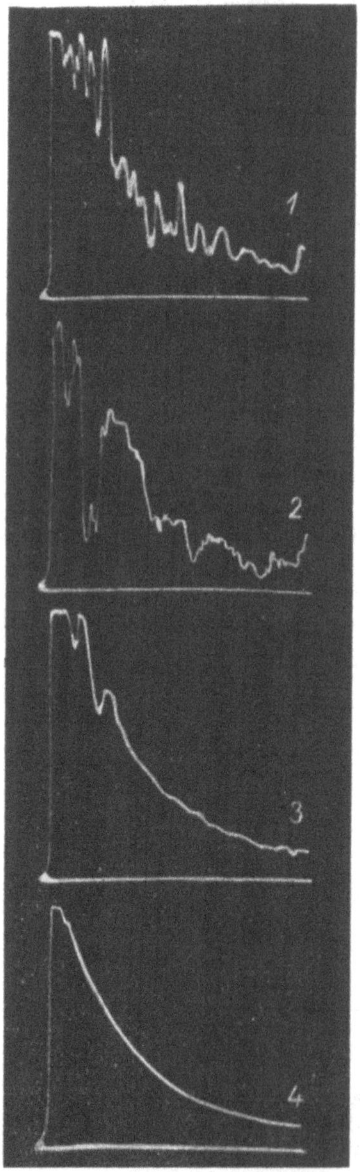

Abb. 164. Oszillogramme des Ionenstromes auf eine stark negative Sonde in der Nähe der Kammerwand bei verschiedenen Werten der Stärke des stabilisierenden Feldes (Grundbedingungen wie für Abb. 163)
1 – $H_\perp = 0$, *2* – $H_\perp = 900$ Oe, *3* – $H_\perp = 1{,}4$ kOe, *4* – $H_\perp = 2{,}4$ kOe

Literaturverzeichnis

Zu Kapitel I

[1] ARZIMOWITSCH, L. A., Untersuchungen über gesteuerte thermonukleare Reaktionen in der UdSSR (Арцимович, Л. А., Исследования по управляемым термоядерным реакциям в СССР). Genfer Konferenz 1958, Vortrag Nr. 2298.

[2] POST, R. F., Controlled fusion research — An application of the physics of high temperature plasmas. Rev. Mod. Physics **28** (1956) 338.

Zu Kapitel II

[1] ALFVÉN, H., Cosmical electrodynamics. Oxford 1950.

[2] SPITZER, L., Physics of fully ionized gases. New York 1956.

[3] BOGOLJUBOW, N. N., und MITROPOLSKI, N. N., Asymptotische Methoden in der Theorie nichtlinearer Schwingungen. Akademie-Verlag, Berlin 1965. Übersetzung aus dem Russischen.

[4] BRAGINSKI, S. I., Zur Theorie der Bewegung geladener Teilchen in einem starken Magnetfeld (Брагинский, С. И., К теории движения заряженных частиц в сильном магнитном поле). Ukr. Mat. J. **8** (1956) 2, 119.

[5] RODIONOW, S. N., Experimentelle Prüfung des Verhaltens geladener Teilchen in einer adiabatischen Falle (Родионов, С. Н., Экспериментальная проверка поведения заряженных частиц в адиабатической ловушке). Atomenergie **6** (1959) 623.

[6] GIBSON, G., JORDAN, W. und LAUER, E., Containment of positrons in a mirror machine. Phys. Rev. Letters **5** (1960) 141.

[7] FEDORENKO, N. W., AFROSSIMOW, W. W., ILJIN, R. N. und KAMINKER, D. M., Dissoziation des Molekülions H_2^+ bei Stößen im Gas (Федоренко, Н. В., Афросимов, В. В., Ильин, Р. Н. и Каминкер, Д. М., Диссоциация молекулярного иона H_2^+ при столкновениях в газе). J. exp. Techn. Phys. **36** (1959) 385.

[8] ILJIN, R. N., Ionisation, Elektroneneinfang und Dissoziation bei Stößen zwischen Ionen des Wasserstoffs mit Energien bei einigen keV mit Gasatomen und -molekülen (Ильин, Р. Н., Ионизация, захват электронов и диссоциация при столкновениях ионов водорода килоэлектрон-вольтных энергий с атомами и молекулами газов). Dissertation, Univ. Leningrad 1959.

[9] KNORR, G., Über den Ionisationszustand und die Ausstrahlung von Fremdgasen in einem Wasserstoffplasma. Z. f. Naturf. **13a** (1958) 941.

[10] KOGAN, W. I., Über die Rolle der Ausstrahlung von Beimischungen für die Energiebilanz einer Plasmasäule (Коган, В. И., О роли излучения примесей в балансе энергии плазменного шнура). Doklady **128** (1959) 702.

[11] FITE, W. und BRACKMANN, R., Collisions of electrons with hydrogen atoms, I, Ionisation. Phys. Rev. **112** (1958) 1141.

[12] FITE, W., BRACKMANN, R. und SNOW, W., Charge exchange in protonhydrogen-atom collisions. Phys. Rev. **112** (1958) 1161.

Zu Kapitel III

[1] DREICER, H., On the theorie of run away electrons. Genfer Konferenz 1958, Vortrag Nr. 2292.
[2] BOHM, D., The characteristics of electrical discharge in magnetic fields. New York 1949.
[3] LEHNERT, B., Diffusion processes in the positive column in a longitudinal magnetic field. Genfer Konferenz 1958, Vortag Nr. 146.
[4] NEDOSPASSOW, A. W., Zur Frage der ambipolaren Diffusion im Magnetfeld (Недоспасов, А. В., К вопросу об амбиполярной диффузии в магнитном поле). J. exp. techn. Phys. **34** (1958) 1338.
[5] SHARINOW, A. W., Sprunghafte Vergrößerung des Elektronenstromes auf eine Sonde in einer Entladung im Magnetfeld (Жаринов, А. В., Скачкообразное увеличение электронного тока на зонд в разряде в магнитном поле). Atomenergie **7** (1959) 215.
[6] SHARINOW, A. W., Über die Diffusion der Elektronen im Magnetfeld (Жаринов, А.В., О диффузии электронов в магнитном поле). Atomenergie **7** (1959) 220.
[7] SYRGI, A. S. und GRANOWSKI, W. L., Die Entionisationsgeschwindigkeit des Heliumplasmas im Magnetfeld I (Сыргий, А. С. и Грановский, В. Л., Скорость деионизации разреженного гелия в магнитном поле, ч. 1). Radiotechnik und Elektronik **4** (1959) 1854.
[8] KADOMZEW, B. B. und NEDOSPASSOW, A. W., Instability of the positive column in a magnetic field and the „anomalous" diffusion effect. Plasma Physics, Accelerators (London) **1** (1960) 230.
[9] GOLANT, W. E. und SHILINSKI, A. P., Experimentelle Untersuchung des Diffusionszerfalls eines Plasmas im Magnetfeld (Голант, В. Е. и Жилинский, А. П., Экспериментальное исследование диффузионного распада плазмы в магнитном поле). J. techn. Phys. **30** (1960) 745.
[10] SHARINOW, A. W. und ELISAROW, L. I., Longitudinale Plasmabewegung im Magnetfeld (Жаринов, А. В. и Елизаров, Л. И., Поперечное движение плазмы в магнитном поле). Salzburger Konferenz 1961, Vortrag Nr. 221.

Zu Kapitel IV

[1] SCHAFRANOW, W. D., Über magnetohydrodynamische Gleichgewichtskonfigurationen (Шафранов, В. Д., О равновесных магнитогидродинамических конфигурациях). J. exp. Techn. Phys. **33** (1957) 710.
[2] BRAGINSKI, S. I. und SCHAFRANOW, W. D., Plasmasäule bei Anwesenheit eines longitudinalen Magnetfeldes (Брагинский, С. И. и Шафранов, В. Д., Плазменный шнур при наличии продольного магнитного поля). Сборник „Физика плазмы и проблема управляемых термоядерных реакций". Bd. 2, S. 26, Akademie der Wissenschaften der UdSSR, 1958.
[3] BRAGINSKI, S. I. und SCHAFRANOW, W. D., Zur Theorie der Hochtemperaturplasmasäule (Брагинский, С. И. и Шафранов, В. Д., К теории высокотемпературного плазменного шнура). Genfer Konferenz 1958, Vortrag Nr. 2500.
[4] CHAPMAN, S. und FERRARO, V., Journ. Geophys. Res. **57** (1952) 15.
[5] GINSBURG, W. L., Ausbreitung elektromagnetischer Wellen im Plasma (Гинзбург, В. Л., Распространение электромагнитных волн в плазме). Fismatgis, Moskau 1960.

Zu Kapitel V

[1] ARZIMOWITSCH, L. A., ANDRIANOW, A. M., DOBROCHOTOW, E. I., LUKJANOW, S. J., PODGORNY, I. M., SINIZYN, W. N. und FILIPPOW, N. W., Untersuchung von Impulsentladungen großer Stromstärke (Арцимович, Л. А., Андрианов, А. М., Доброхотов, Е. И., Лукьянов, С. Ю., Подгорный, И М., Синицын,

В. Н. и Филиппов, Н. В., Исследование импульсных разрядов с большой силой тока). Atomenergie **3** (1956) 76.

[2] Borsunow, N. A., Orlinski, D. W. und Ossowez, S. M., Untersuchung intensiver Impulsentladungen mit Hilfe der schnellen Photographie (Борзунов, Н. А., Орлинский, Д. В. и Осовец, С. М., Исследование мощного импульсного разряда в газах с помощью скоростной фотосъемки). Atomenergie **4** (1958) 149.

[3] Komelkow, W. S. und Aretow, G. N., Erzeugung großer Impulsströme (Комельков, В. С. и Аретов, Г. Н., Получение больших импульсных токов). Doklady **110** (1956) 559.

[4] Lukjanow, S. J. und Sinizyn, W. N., Spektroskopische Untersuchung intensiver Impulsentladungen in Wasserstoff (Лукьянов, С. Ю. и Синицын, В. Н., Спектроскопическое исследование мощного импульсного разряда в водороде). J. exp. techn. Phys. **34** (1958) 849.

[5] Petrow, D. P., Filippow, I. W., Filippowa, T. I. und Chrabrow, W. A., Intensive Impulsentladungen in Kammern mit leitenden Wänden (Петров, Д. И., Филиппов, И. В., Филиппова, Т. И. и Храбров, В. А., Мощный импульсный газовый разряд в камерах с проводящими стенками). Сборник „Физика плазмы и проблема управляемых термоядерных реакций". Bd. 4, S. 170, Akademie der Wissenschaften der UdSSR, 1958.

[6] Andrianow, A. M., Basilewskaja, O. A. und Prochorow, J. G., Untersuchung einer Impulsentladung in Deuterium bei Stromanstiegsgeschwindigkeiten bis 10^{12} A/sec und Spannungen bis 120 kV (Андрианов, А. М., Базилевская, О. А. и Прохоров, Ю. Г., Исследование импульсного разряда в дейтерии при скоростях нарастания тока до 10^{12} *А/сек* и напряжениях до 120 кв). Сборник „Физика плазмы и проблема управляемых термоядерных реакций". Bd. 4, S. 182, Akademie der Wissenschaften der UdSSR, 1958.

[7] Filippow, I. W., Untersuchung des Druckes in intensiven Impulsentladungen mit Hilfe von Piezoempfängern (Филиппов, И. В., Исследование давлений в мощном импульсном газовом разряде с помощью пьезоэлектрического измерителя). Сборник „Физика плазмы и проблема управляемых термоядерных реакций". Bd. 3, S. 231, Akademie der Wissenschaften der UdSSR, 1958.

[8] Leontowitsch, M. A. und Ossowez, S. M., Über den Mechanismus der Stromkompression in schnellen und intensiven Gasentladungen (Леонтович, М. А. и Осовец, С. М., О механизме сжатия тока при быстром и мощном газовом разряде). Atomenergie **3** (1956) 81.

[9] Braginski, S. I., Gelfand, I. M. und Fedorenko, R. P., Theorie der Kompression und Pulsation der Plasmasäule einer intensiven Impulsentladung (Брагинский, С. И., Гельфанд, И. М. и Федоренко, Р. П., Теория сжатия и пульсаций плазменного столба в мощном импульсном разряде). Сборник „Физика плазмы и проблема управляемых термоядерных реакций". Bd. 4, S. 201, Akademie der Wissenschaften der UdSSR, 1958.

[10] Arzimowitsch, L. A., Andrianow, A. M., Dobrochotow, E. I., Lukjanow, S. J., Podgorny, I. M., Sinizyn, W. I. und Filippow, N. W., Harte Strahlung aus Impulsentladungen (Арцимович, Л. А., Андрианов, А. М., Доброхотов, Е. И., Лукьянов, С. Ю., Подгорный, И. М., Синицын, В. И. и Филиппов, Н. В., Жесткое излучение импульсных разрядов). Atomenergie **3** (1956) 84.

[11] Lukjanow, S. J. und Podgorny, I. M., Die harte Röntgenemission einer Entladung im Gas (Лукьянов, С. Ю. и Подгорный И. М., Жесткое рентгеновское излучение, сопровождающее разряд в газе). Atomenergie **3** (1956) 88.

[12] Komelkow, W. S., Eigenkompression einer Entladung in Deuterium mit großer Geschwindigkeit des Stromanstieges (Комельков, В. С., Самосжимающиеся разряды в дейтерии при больших скоростях нарастания тока). J. exp. techn. Phys. **35** (1958) 16.

[13] ANDERSON, O., BAKER, W., COLGATE, S., ISE JR., J. und PYLE, R., Neutron production in linear deuterium pinches. Conference on Gaseous Discharge Phenomena, Venice 1957.

[14] ANDERSON, O. A., BAKER, W. R., ISE JR., J., KUNKEL, W. B., PYLE, R. V. und STONE, J. M., Sheet pinch devices. Genfer Konferenz 1958, Vortrag Nr. 2349.

[15] KOLB, A. C., Magnetic compression of shock preheated deuterium. Genfer Konferenz 1958, Vortrag Nr. 345.

[16] ELMORE, W. C., LITTLE, E. M., und QUINN, W., Neutrons from plasma compressed by an axial magnetic field (Scylla). Genfer Konferenz 1958, Vortrag Nr. 356.

[17] BOYER, K., ELMORE, W., LITTLE, E., QUINN, W. und TUCK, J., Studies of plasma heated in a fast—rising axial magnetic field (Scylla). Phys. Rev. **119** (1960) 831.

[18] JAHODA, F., LITTLE, E., QUINN, N., W., SAWYER, G. und STRATTON, T., Continuum radiation in the X ray and visible regions from a magnetically compressed plasma (Scylla). Phys. Rev. **119** (1960) 843.

[19] NAGLE, D., QUINN, W., RIBE, F. und RIESENFELD, W., Velocity spectrum of protons and tritons from the $d - d$ reaction in Scylla. Phys. Rev. **119** (1960) 857.

[20] GREEN, T. und NIBLETT, G., Rayleigh-Taylor instabilities of a magnetically accelerated plasma. Plasma Physics **1** (1960) 42.

[21] KOLB, A., Magnetic compression of plasmas. Rev. Mod. Phys. **32** (1960) 748.

[22] KWARZCHAWA, I. F., KERWALIDSE, K. N. und GWALADSE, J. S., Einige bei der Impulskompression eines Plasmas beobachtete magnetohydrodynamische Effekte (Кварцхава, И. Ф., Кервалидзе, К. Н. и Гваладзе, Ю. С., Некоторые магнитогидродинамические эффекты, наблюдаемые при импульсном сжатии плазмы). J. techn. Phys. **30** (1960) 297.

[23] NIBLETT, G., Rapid compression of a plasma with azimuthal currents. Convention on thermonuclear processes. London 1959.

[24] OSSOWEZ, S. M., PETROW, J. F. und STSCHEDRIN, N. N., Untersuchung einer Gasentladung in einfach zusammenhängenden Gebieten (Осовец, С. М., Петров, Ю. Ф. и Щедрин, Н. Н., Исследование газового разряда в односвязной области). Сборник „Физика плазмы и проблема управляемых термоядерных реакций". Bd. 2, S. 242, Akademie der Wissenschaften der UdSSR, 1958.

[25] OSSOWEZ, S. M., NASEDKIN, J. F., PAWLOW, E. I., PETROW, J. F. und STSCHEDRIN, N. N., Plasmaschleife im transversalen Magnetfeld (Осовец, С. М., Наседкин, Ю. Ф., Павлов, Е. И., Петров, Ю. Ф. и Щедрин, Н Н., Плазменный виток в поперечном магнитном поле). Genfer Konferenz 1958, Bd. 1, S. 65.

[26] ARZIMOWITSCH, L. A., LUKJANOW, S. J., PODGORNY, I. M. und TSCHUWATIN, S. A., Elektrodynamische Beschleunigung von Plasmaklümpchen (Арцимович, Л. А., Лукьянов, С. Ю., Подгорный, И. М. и Чуватин, С. А., Электродинамическое ускорение сгустков плазмы). J. exp. techn. Phys. **33** (1957) 3.

[27] MARSHALL, J., Performance of a hydromagnetic plasma gun. Phys. Fluids **3** (1960) 134.

[28] KWARZCHAWA, I. F., KERWALIDSE, K. N., GWALADSE, J. S. und KAPANADZE, N. B., Einige neue Angaben über selbstkomprimierte Entladungen (Кварцхава, И. Ф., Кервалидзе, К. Н., Гваладзе, Ю. С. и Капанадзе, Б. Н., Некоторые новые данные о самосжатых разрядах). Salzburger Konferenz 1961, Vortrag Nr. 232.

[29] FILLIPPOW, N. W., FILIPPOWA, T. I. und WINOGRADOW, W. P., Dichtes Hochtemperaturplasma im Bereich der nichtzylindrischen Kumulation des z-Pinches (Филиппов, Н. В., Филиппова, Т. И. и Виноградов, В. П., Плотная высокотемпературная плазма в области нецилиндрической кумуляции z-пинча). Salzburger Konferenz 1961, Vortrag Nr. 226.

[30] KOLB, A. C., GRIEM, H. R., LUPTON, W. H., PHILLIPS, D. T., RAMSDEN, S. A., MCLEAN, E. A., FAUST, W. R. and SCHWARTZ, M. A., A high energy magnetic compression experiment. Salzburger Konferenz 1961, Vortrag Nr. 189.

[31] Griem, H. R., Kolb, A. C., Lupton, W. H. and Philipps, D. T., Measurements of electron temperatures in magnetic compression experiments. Salzburger Konferenz 1961, Vortrag Nr. 192.

Zu Kapitel VI

[1] Kruskal, M. und Schwarzschild, M., Some instabilities of completely ionized plasma. Proc. Roy. Soc. (London) **223A** (1954) 348.

[2] Leontowitsch, M. A. und Schafranow, W. D., Über die Stabilität eines beweglichen Leiters im longitudinalen Magnetfeld (Леонтович, М. А. и Шафранов, В. Д., Об устойчивости гибкого провода впродольном магнитном поле). Сборник ,,Физика плазмы и проблема управляемых термоядерных реакций''. Bd. 1, S. 207, Akademie der Wissenschaften der UdSSR, 1958.

[3] Schafranow, W. D., Über die Stabilität eines zylindrischen gasförmigen Leiters in einem Magnetfeld (Шафранов, В. Д., Об устойчивости цилирндического газового проводника в магнитном поле). Atomenergie **5** (1956) 38.

[4] Schafranow, W. D., Über die Stabilität einer zylindrischen Plasmasäule bei Anwesenheit eines longitudinalen Magnetfeldes und einer leitenden Hülle (Шафранов, В. Д., Об устойчивости цилиндрического плазменного шнура при наличии продольного магнитного поля и проводящего кожуха). Сборник ,,Физика плазмы и проблема управляемых термоядерных реакций''. Bd. 2, S. 130, Akademie der Wissenschaften der UdSSR, 1958.

[5] Suydam, B. R., Stability of a linear pinch. Genfer Konferenz 1958, Vortrag Nr. 354.

[6] Butt, E. P., Carruthers, R., Mitchell, J. T. D., Pease, R. S., Thonemann, P. S., Bird, M. A., Blears, J. und Hartill, E. R., The design and performance of ZETA. Genfer Konferenz 1958, Vortrag Nr. 1519.

[7] Ware, A., Sceptre IIIA, Convention on thermonuclear processes, London 1959.

[8] Afrossimow, W. W., Gluchich, W. A., Golant, W. E., Saidel, A. N., Komar, E. G., Konstantinow, B. P., Malyschew, G. M., Malyschew, I. F., Monosson, N. A., Stolow, A. M. und Fedorenko, N. W., Untersuchung des Plasmas in der Alpha-Anordnung (Афросимов, В. В., Глухих, В. А., Голант, В. Е., Зайдель, А. Н., Комар, Е. Г., Константинов, Б. П., Малышев, Г. М., Малышев, И. Ф., Моносзон, Н. А., Столов, А. М. и Федоренко, Н. В., Исследование плазмы на установке ,,Альфа''). J. techn. Phys. **30** (1960) 1381.

[9] Saidel, A. N., Malyschew, G. M., Schreider, E. J., Beresin, A. B., Beljajewa, W. A., Gladustschak, W. I., Skidan, W. W., und Sokolowa, L. W., Spektraluntersuchungen an der Alpha. I. Untersuchung des Charakters des Spektrums und der Ionentemperatur (Зайдель, А. Н., Малышев, Г. М., Шрейдер, Е. Я., Березин, А. Б., Беляева, В. А., Гладущак, В. И., Скидан, В. В. и Соколова, Л. В., Спектральные исследования на установке ,,Альфа''. I. Изучение характера спектра и температуры ионов). J. techn. Phys. **30** (1960) 1422.

[10] Saidel, A. N., Malyschew, G. M., Moskalew, E. I., Ptizyna, E. A., Sokolowa, L. W. und Tschastschina, G. I., Spektraluntersuchungen an der Alpha. II. Gerichtete Bewegung der Ionen (Зайдель, А. Н., Малышев, Г. М., Москалев, Е. И., Птицына, Е. А., Соколова, Л. В. и Чащина, Г. И., Спектральные исследования на установке ,,Альфа''. II. Направленное движение ионов). J. techn. Phys. **30** (1960) 1433.

[11] Saidel, A. N., Malyschew, G. M., Beresin, A. B. und Rasdobarin, G. T., Spektraluntersuchungen an der Alpha. III. Zeitabhängigkeit des Plasmaleuchtens (Зай-

дель, А. Н., Малышев, Г. М., Березин, А. Б. и Раздобарин, Г. Т. Спектральные исследования на установке ,,Альфа". III. Временные характеристики свечения плазмы). J. techn. Phys. **30** (1960) 1437.

[12] ANOSCHKIN, W. A., GOLANT, W. E., KONSTANTINOW, B. P., POLOSKIN, B. P. und STSCHERBININ, O. N., Untersuchung des Plasmas in der Alpha mit Mikrowellen (Аношкин, В. А., Голант, В. Е., Константинов, Б. П., Полоскин, Б. П. и Щербинин, О. Н., Микроволновые исследования плазмы на установке ,,Альфа"). J. techn. Phys. **30** (1960) 1447.

[13] AFROSSIMOW, W. W., GLADKOWSKI, I. P., GORDEJEW, J. S., KALINKEWITSCH, I. F. und FEDORENKO, N. W., Eine Methode zur Untersuchung der aus einem Plasma austretenden Atome (Афросимов, В. В., Гладковский, И. П., Гордеев, Ю. С., Калинкевич, И. Ф. и Федоренко, Н. В., Метод исследования потока атомов, испускаемых плазмой). J. techn. Phys. **30** (1960) 1456.

[14] AFROSSIMOW, W. W., GLADKOWSKI, I. P., GORDEJEW, J. S., KALINKEWITSCH, I. F., PETROW, M. P. und FEDORENKO, N. W., Untersuchung des Stromes atomarer Neutralteilchen, die aus dem Plasma der Alpha austreten (Афросимов, В. В., Гладковский, И. П., Гордеев, Ю. С., Калинкевич, И. Ф., Петров, М. П., и Федоренко, Н. В. Исследование потока нейтральных атомных частиц, испускаемых плазмой, на установке ,,Альфа"). J. techn. Phys. **30** (1960) 1469.

[15] BESBATTSCHENKO, A. L., GOLOWIN, I. N., IWANOW, D. P., KIRILLOW, W. D. und JAWLINSKI, N. A., Untersuchung einer stromstarken Gasentladung im longitudinalen Magnetfeld (Безбатченко, А. Л., Головин, И. Н., Иванов, Д. П. Кириллов, В. Д. и Явлинский, Н. А., Исследование газового разряда с большой силой тока в продольном магнитном поле). Atomenergie **5** (1956) 26.

[16] BESBATTSCHENKO, A. L., GOLOWIN, I. N., KOSLOW, P. N., STRELKOW, W. D. und JAWLINSKI, N. A., Eine elektrodenlose Entladung mit großer Stromstärke in einer Toroidkammer mit longitudinalem Magnetfeld (Безбатченко, А. Л., Головин, И. Н., Козлов, П. Н., Стрелков, В. С. и Явлинский, Н. А., Безелектродный разряд с большой силой тока в тороидальной камере с продольным магнитным полем). Сборник ,,Физика плазмы и проблема управляемых термоядерных реакций". Bd. 4, S. 116, Akademie der Wissenschaften der UdSSR, 1958.

[17] GOLOWIN, I. N., IWANOW, D. P., KIRILLOW, W. D., PETROW, D. P., RASUMOWA, K. A. und JAWLINSKI, N. A., Stabilität einer Plasmasäule im longitudinalen Magnetfeld. (Головин, И. Н., Иванов, Д. П., Кириллов, В. Д., Петров, Д. П., Разумова, К. А. и Явлинский, Н. А., Устойчивый плазменный столб в продольном магнитном поле). Genfer Konferenz 1958, Vortrag Nr. 2226.

[18] DOLGOW-SAWELJEW, G. G., IWANOW, D. P., MUCHOWATOW, W. S., RASUMOWA, K. A., STRELKOW, W. S., SCHEPELEW, M. N. und JAWLINSKI, N. A., Untersuchung der Stabilität und der Aufheizung des Plasmas in Toroidkammern (Долгов-Савельев, Г. Г., Иванов, Д. П., Муховатов, В. С., Разумова, К. А., Стрелков, В. С., Шепелев, М. Н. и Явлинский, Н. А., Исследование устойчивости и нагрева плазмы в тороидальных камерах). Genfer Konferenz 1958, Vortrag Nr. 2527.

[19] KIRILLOW, W. D. Energieverlust durch Strahlung aus Gasentladungsplasmen (Кириллов, В. Д., Потери энергии на излучение в газоразрядной плазме). J. techn. Phys. **30** (1960) 320.

[20] DOLGOW-SAWELJEW, G. G., MUCHOWATOW, W. S., STRELKOW, W. S., SCHEPELEW, M. N. und JAWLINSKI, N. A., Untersuchung einer Toroidentladung im starken Magnetfeld (Долгов-Савельев, Г. Г., Муховатов, В. С., Стрелков, В. С., Шепелев, М. Н. и Явлинский, Н. А., Исследование тороидального разряда в сильном магнитном поле). J. exp. techn. Phys. **38** (1960) 394.

[21] WASILJEWSKI, W. S., MUCHOWATOW, W. S., STRELKOW, S. S. und JAWLINSKI, N. A., Tokamak-2, eine Toroidanordnung mit starkem Magnetfeld (Васильевский, В. С., Муховатов, В. С., Стрелков, В. С. и Явлинский, Н. А., Тороидальная установка с сильным магнитным полем „Токамак-2"). J. techn. Phys. **30** (1960) 1137.

[22] GORBUNOW, E. P., DOLGOW-SAWELJEW, G. G., MUCHOWATOW, W. S., STRELKOW, W. S. und JAWLINSKI, N. A., Untersuchung einer Toroidentladung mit starkem Magnetfeld (Горбунов, Е. П., Долгов-Савельев, Г. Г., Муховатов, В. С.; Стрельков, В. С. и Явлинский, Н. А., Исследование тороидального разряда в сильном магнитном поле). J. techn. Phys. **30** (1960) 1152.

[23] ARZIMOWITSCH, L. A. und KARTASCHEW, K. B., Einfluß des transversalen Magnetfeldes auf Toroidentladungen (Арцимович, Л. А. и Карташев, К. Б., Влияние поперечного магнитного поля на тороидальный разряд). Doklady **146** (1961) Nr. 6, S. 1305.

[24] AFROSSIMOW, W. W., GLADKOWSKI, I. P., KALINKEWITSCH, I. F., PETROW, M. P. und FEDORENKO, N. W., Untersuchung des atomaren Teilchenflusses, der vom Plasma in der Alpha ausgesendet wird (Афросимов, В. В., Гладковский, И. П., Калинкевич, И. Ф., Петров, М. П. и Федоренко, Н. В., Исследование потока атомных частиц, испускаемых плазмой установки „Альфа"). Salzburger Konferenz 1961, Vortrag Nr. 238.

[25] BABITSCHEW, A. P., KARTSCHEWSKI, A. I., MUROMKIN, J. A. und SOKOLSKI, W. W., Über den Mechanismus einer Starkstrom-Gasentladung in einem schwachen Magnetfeld (Бабичев, А. П., Карчевский, А. И., Муромкин, Ю. А. и Сокольский, В. В., О механизме сильноточного газового разряда в слабом магнитом поле). Salzburger Konferenz 1961, Vortrag Nr. 215.

[26] WASSILJEW, A. P., DOLGOW-SAWELJEW, G. G. und KOGAN, W. I., Die Strahlung von Fremdatomen im verdünnten heißen Wasserstoffplasma (Васильев, А. П., Долгов-Савельев, Г. Г. и Коган, В. И., Излучение примесей в разреженной горячей водородной плазме). Salzburger Konferenz 1961, Vortrag Nr. 197.

[27] GORBUNOW, E. P., DOLGOW-SAWELJEW, G. G., KARTASCHEW, K. B., MUCHOWATOW, W. S., STRELKOW, W. S. und JAWLINSKI, N. A., Experimente zur Plasmaaufheizung in einem starken Magnetfeld (Горбунов, Е. П., Долгов-Савельев, Г. Г., Карташев, К. Б., Муховатов, В. С., Стрелков, В. С. и Явлинский, Н. А., Эксперименты по джоулеву нагреву плазмы в сильном магнитном поле). Salzburger Konferenz 1961, Vortrag Nr. 223.

[28] HARDING, G. N. and ROBERTS, V., Spectroscopic Investigation of Plasma in the Wavelength Range 0,1 – 1 mm. Salzburger Konferenz 1961, Vortrag Nr. 54.

[29] JONES, B. B. and WILSON, R., Spectroscopic Studies of Jon Energies in Zeta. Salzburger Konferenz 1961, Vortrag Nr. 57.

[30] COLE, H. C., PEASE, R. S., WILSON, R., GIBSON, A., MASON, D. u. a., Plasma loss in Zeta, Salzburger Konferenz 1961, Vortrag Nr. 60.

Zu Kapitel VII

[1] ROSENBLUTH, M. N. und LONGMIRE, C. L., Stability of plasmas confined by magnetic fields. Annals Phys. **1** (1957) 120.

[2] KADOMZEW, B. B., Magnetische Flaschen mit Runzelfeld (Кадомцев, Б. Б., Магнитные ловушки с „гофрированным" полем). Сборник „Физика плазмы и проблема управляемых термоядерных реакций". Bd. 3, S. 285, Akademie der Wissenschaften der UdSSR, 1958.

[3] KADOMZEW, B. B., Magnetische Fallen für ein Plasma (Кадомцев, Б. Б., Магнитные ловушки для плазмы). Сборник „Физика плазмы и проблема

управляемых термоядерных реакций''. Bd. 4, S. 353, Akademie der Wissenschaften der UdSSR, 1958.

[4] Spitzer, L., Particle diffusion across a magnetic field. Phys. Fluids **3** (1960) 659.

[5] Kadomzew, B. B., Über die Turbulenz eines Plasmas in Fallen mit magnetischen Pfropfen (Кадомцев, Б. Б., О турбулентности плазмы с магнитными пробками). J. exp. techn. Phys. **40** (1961) 328.

[6] Kadomzew, B. B., Über das turbulente Ausfließen der Teilchen aus einer Entladung im starken Magnetfeld (Кадомцев, Б. Б., О турбулентной утечке частиц из разряда в сильном магнитном поле). J. techn. Phys. **31** (1961) 1209.

[7] Rudakow, L. N. und Sagdejew, R. S., Über die quasihydrodynamische Beschreibung eines dünnen Plasmas im Magnetfeld (Рудаков, Л. Н. и Сагдеев, Р. З., О квазигидродинамическом описании разреженной плазмы, находящейся в магнитном поле). Сборник ,,Физика плазмы и проблема управляемых термоядерных реакций''. Bd. 3, S. 268, Akademie der Wissenschaften der UdSSR, 1958.

[8] Trubnikow, B. A., Ausstrahlung des Plasmas im Magnetfeld (Трубников, Б. А., Излучение плазмы в магнитном поле). Doklady **118** (1958) 913.

[9] Trubnikow, B. A. und Bashanowa, A. E., Magnetische Strahlung einer Plasmaschicht (Трубников, Б. А. и Бажанова, А. Е., Магнитное излучение слоя плазмы). Сборник ,,Физика плазмы и проблема управляемых термоядерных реакций''. Bd. 3, S. 121, Akademie der Wissenschaften der UdSSR, 1958.

[10] Wedenow, A. A., Welichow, E. P. und Sagdejew, R. S., Transporterscheinungen in einem instabilen inhomogenen Plasma (Веденов, А. А., Велихов, Е. П. и Сагдеев, Р. З., Явления переноса в неустойчивой неоднородной плазме). Salzburger Konferenz 1961, Vortrag Nr. 198.

[11] Rosenbluth, M. N., Rostoker, N., and Krall, N A.., Finite Larmor Radius Stabilization of ,,Weakly'' Unstable Confined Plasmas. Salzburger Konferenz 1961, Vortrag Nr. 170.

Zu Kapitel VIII

[1] Spitzer, L., The stellarator program. Genfer Konferenz 1958, Vortrag Nr. 2170.

[2] Morosow, A. I. und Solowjew, L. S., Teilchenbewegung in einem schraubenförmigen toroidalen Magnetfeld (Морозов, А. И. и Соловьев, Л. С., Движение частиц в винтовом тороидальном магнитном поле). J. techn. Phys. **30** (1960) 271.

[3] Burnett, C., Grove, D., Palladino, R., Stix, T. und Wakefield, K., The divertor, a device for reducing the impurity level in a stellarator. Phys. Fluids **1** (1958) 438.

[4] Berger, J., Bernstein, I., Frieman, E. und Kulsrud, R., On the ionisation and ohmic heating of a helium plasma. Phys. Fluids **1** (1958) 297.

[5] Bernstein, W., Chen, F., Heald, M. und Kranz, A., ,,Runaway'' electrons and cooperative phenomena in B—1 stellarator discharges. Phys. Fluids **1** (1958) 430.

[6] Kruskal, M., Johnson, J., Gottlieb, M. und Goldman, L., Hydromagnetic instability in a stellarator. Phys. Fluids **1** (1958) 421.

[7] Coor, T., Ellis, R. A., Heald, M. A. und Kranz, A. Experiments on the ohmic heating and confinement of plasma in a stellarator. Genfer Konferenz 1958, Vortrag Nr. 362.

[8] Stix, T. H. und Palladino, R. W., Experiments on ion cyclotron resonance. Genfer Konferenz 1958, Vortrag Nr. 360.

[9] Berger, J. M., Newcomb, W. A., Dawson, J. M., Frieman, E. A., Kulsrud, R. M. und Lenard, A., Heating of a confined plasma by oscillating electromagnetic fields. Genfer Konferenz 1958, Vortrag Nr. 357.

[10] Bernstein, W. und Kranz, A., Ohmic heating in the B -1 stellarator. Phys. Fluids **2** (1959) 57.

[11] Ellis, R., Goldberg, L. und Gorman, J., Loss of charged particles in a stellarator during ohmic heating. Phys. Fluids **3** (1960) 468.

[12] ELLIS, R., GOLDBERG, L. und GORMAN, J., Possibility of an electrostatic instability in a stellarator. Phys. Fluids **3** (1960) 797.

[13] STIX, T., Absorption of plasma waves. Phys. Fluids **3** (1960) 19.

[14] STIX, T. und PALLADINO, R., Observation of ion cyclotron waves. Phys. Fluids **3** (1960) 641.

[15] BUDKER, G. I., Thermonukleare Reaktionen in einem System mit magnetischen Pfropfen. Zur Frage der unmittelbaren Umwandlung von Kernenergie in Elektrizität (Будкер, Г. И., Термоядерные реакции в системе с магнитными пробками. К вопросу о непосредственном преобразовании ядерной энергии в электрическую) Сборник ,,Физика плазмы и проблема управляемых термоядерных реакций''. Bd. 3, S. 3, Akademie der Wissenschaften der UdSSR, 1958.

[16] FEDORTSCHENKO, W. D., RUTKEWITSCH, B. N. und TSCHERNY, B. M., Bewegung der Elektronen in einem räumlich periodischen Magnetfeld (Федорченко, В. Д., Руткевич, Б. Н. и Черный, Б. М., Движение электрона в пространственно-периодическом магнитном поле). J. techn. Phys. **29** (1959) 1212.

[17] SINELNIKOW, K. D., RUTKEWITSCH, B. N. und FEDORTSCHENKO, W. D., Bewegung von Ladungsträgern in einem räumlich periodischen Magnetfeld (Синельников, К. Д., Руткевич, Б. Н. и Федорченко, В. Д., Движение заряженных частиц в пространственно-периодическом магнитном поле). J. techn. Phys. **30** (1960) 249.

[18] POST, R. F., Summary of UCRL pyrotron (mirror machine) program. Genfer Konferenz 1958, Vortrag Nr. 377.

[19] COENSGEN, F., CUMMINS, W. und SHERMAN, A., Multistage magnetic compression of highly ionized plasma. Phys. Fluids **2** (1959) 350.

[20] POST, R., ELLIS, R., FORD, F. und ROSENBLUTH, M., Stable confinement of a high-temperature plasma. Phys. Rev. Letters **4** (1960) 166.

[21] COENSGEN, F., CUMMINS, W., NEXSEN JR., W. und SHERMAN, A., Evidence of containment of a 3-kev deuterium plasma. Phys. Rev. Letters **5** (1960) 459.

[22] JOFFÉ, M. S., SOBOLEW, R. I., TELKOWSKI, W. G. und JUSCHMANOW, E. E., Untersuchung der Plasmaeinschließung in magnetischen Fallen mit Pfropfen (Иоффе, М.С., Соболев, Р.И., Тельковский, В.Г. и Юшманов, Е. Е., Исследование удержания плазмы в ловушке с магнитными пробками). J. exp. techn. Phys. **39** (1960) 1602.

[23] JOFFÉ, M. S., SOBOLEW, R. I., TELKOWSKI, W. G. und JUSCHMANOW, E. E., Über den Austritt des Plasmas aus magnetischen Fallen mit Pfropfen (Иоффе, М. С., Соболев, Р. И., Тельковский, В. Г. и Юшманов, Е. Е., Об уходе плазмы из ловушки с магнитными пробками). J. exp. techn. Phys. **40** (1961) 40.

[24] BOYER, K., HAMMEL, J. E., LONGMIRE, C. L., NAGLE, D., RIBE, F. L. und RIESENFELD, W. B., Theoretical and experimental discussion of ixion, a possible thermonuclear device. Genfer Konferenz 1958, Vortrag Nr. 2383.

[25] GOLOWIN, J. N., Studies of trapping fast charged particles in a constant magnetic field. Proc. Ins. Elect. Eng. **106**, Part A, Supplement Nr. 2 (1959) 95.

[26] ANTROPOW, G. M., BELJAJEW, W. A. und ROMANOWSKI, M. K., Über das Verhalten schneller Elektronen in Elektronenmodellen magnetischer Flaschen mit Pfropfen (Антропов, Г. М., Беляев, В. А. и Романовский, М. К., О поведении быстрых электронов в электронной модели ловушки с магнитными пробками). Сборник ,,Физика плазмы и проблема управляемых термоядерных реакций''. Bd. 3, S. 250, Akademie der Wissenschaften der UdSSR, 1958.

[27] BREWNOW, N. N., NEDOSPASOW, A. W., ROMANOWSKI, M. K. und TOMASTSCHUK, J. F., Einfluß lokaler Störungen des Magnetfeldes auf die Einschließung von Ladungsträgern in magnetischen Fallen mit Pfropfen (Бревнов, Н. Н., Недоспасов, А. В., Романовский, М. К. и Томащук, Ю. Ф., Влияние локальных возму-

щений магнитного поля на удержание частиц в ловушке с магнитными пробками). J. techn. Phys. (im Druck).

[28] Barnett, C. F., Bell, P. R., Luce, J. S., Shipley, E. D. und Simon, A., The Oak Ridge thermonuclear experiment. Genfer Konferenz 1958, Vortrag Nr. 344.

[29] Luce, J. S., Studies of intense gas discharges. Genfer Konferenz 1958, Vortrag Nr. 1790.

[30] Christofilos, N., Astron thermonuclear reactor. Genfer Konferenz 1958, Vortrag Nr. 2446.

[31] Ossowez, S. M., Über die Einschließung von Plasmen mit Hilfe von bewegten Magnetfeldern (Осовец, С. М., Об удержании плазмы бегущим магнитным полем). Сборник ,,Физика плазмы и проблема управляемых термоядерных реакций''. Bd. 4, S. 3, Akademie der Wissenschaften der UdSSR, 1958.

[32] Wolkow, T. F., Der Einfluß eines hochfrequenten elektromagnetischen Feldes auf die Schwingungen des Plasmas (Волков, Т. Ф., Влияние высокочастотного електромагнитного поля на колебания плазмы) Сборник ,,Физика плазмы и проблема управляемых термоядерных реакций''. Bd. 4, S. 98, Akademie der Wissenschaften der UdSSR, 1958.

[33] Wolkow, T. F., Über die Schwingungen und die Stabilität einer Plasmaoberfläche im Felde laufender elektromagnetischer Wellen (Волков, Т. Ф., О колебаниях и устойчивости поверхности плазмы в поле бегущей электромагнитной волны). Сборник ,,Физика плазмы и проблема управляемых термоядерных реакций''. Bd. 4, S. 109, Akademie der Wissenschaften der UdSSR, 1958.

[34] Wedenow, A. A., Wolkow, T. F., Rudakow, L. I., Sagdejew, R. S., Glagolew, W. M., Elisejew, G. A. und Chilil, W. W., Thermische Isolation und Einschließung eines Plasmas durch hochfrequente elektromagnetische Felder (Веденов, А. А., Волков, Т. Ф., Рудаков, Л. И., Сагдеев, Р. З., Глаголев, В. М., Елисеев, Г. А. и Хилиль, В. В., Термоизоляция и удержание плазмы высокочастным эелектромагнитным полем). Genfer Konferenz 1958, Vortrag Nr. 2501.

[35] Butler, J., Hatch, A. und Ulrich, A., Radio frequency thermonuclear machines. Genfer Konferenz 1958, Vortrag Nr. 350.

[36] Sagdejew, R. S., Über die Einschließung eines Plasmas mit Hilfe des Druckes stehender elektromagnetischer Wellen (Сагдеев, Р. З., Об удержании плазмы давлением стоящей электромагнитной волны). Сборник ,,Физика плазмы и проблема управляемых термоядерных реакций''. Bd. 3, S. 346, Akademie der Wissenschaften der UdSSR, 1958.

[37] Firsow, O. B., Plasma im ,,magnetischen Netz'' (Фирсов, О. Б., Плазма в ,,магнитной сетке''). Сборник ,,Физика плазмы и проблема управляемых термоядерных реакций''. Bd. 3, S. 327, Akademie der Wissenschaften der UdSSR, 1958.

[38] Berkowitz, J., Friedrichs, K. O., Goertz, H., Grad, H., Killeen, J. und Rubin, E., Cusped geometries. Genfer Konferenz 1958, Vortrag Nr. 1538.

[39] Podgorny, J. M. und Sumarokow, W. N., The injection of plasmoids into a magnetic trap with a field which increases towards the periphery. Plasma Physics **1** (1960) 236.

[40] Grad, H., Plasma trapping in cusped geometries. Phys. Rev. Letters **4** (1960) 222.

[41] Scott, F. und Wenzel, R., Experimental plasma flow into a vacuum magnetic cusp field. Phys. Rev. **119** (1960) 1187.

[42] Lukjanow, S. J., Podgorny, I. M. und Sumarokow, W. N., Plasmaeinschließung in magnetischen Fallen mit nach außen anwachsendem Feld (Лукьянов, С. Ю., Подгорный, И. М. и Сумароков, В. Н., Удержание плазмы в ловушках с магнитным полем, нарастающим к периферии) J. exp. techn. Phys. **40** (1961) 448.

[43] ANISSIMOW, A. I., WINOGRADOW, N. I., GOLANT, W. E. und KONSTANTINOW, B. P., Untersuchung der Diffusion geladener Teilchen eines dichten Plasmas im Magnetfeld (Анисимов, А. И., Виноградов, Н. И., Голант, В. Е. и Константинов, Б. П., Исследование диффузии заряженных частиц плотной плазмы в магнитном поле). Salzburger Konferenz 1961, Vortrag Nr. 237.

[44] BOGDANOW, G. F., GOLOWIN, I. N., KUTSCHERJAJEW, J. A. und PANOW, D. A., Eigenschaften eines Plasmas, das sich in der Ogra bei Einschuß eines Strahls schneller molekularer Wasserstoffionen bildet (Богданов, Г. Ф., Головин, И. Н., Кучеряев, Ю. А. и Панов, Д. А., Свойства плазмы, образующейся в ,,Огре" при инжекции пучка быстрых молекулярных ионов водорода). Salzburger Konferenz 1961, Vortrag Nr. 210.

[45] BOSHANOWA, A. E., KARPUCHIN, W. T., KARCHOW, A. N. und PISTUNOWITSCH, W. I., Zyklotronstrahlung und Wärmestrahlung eines Plasmas in der Ogra (Божанова, А. Е., Карпухин, В. Т., Кархов, А. Н. и Пистунович, В. И., Циклотронное и тепловое излучение плазмы в ,,Огре"). Salzburger Konferenz 1961, Vortrag Nr. 212.

[46] BREWNOW, N. N., ROMANOWSKI, M. K. und TOMASTSCHUK, J. F., Untersuchung eines in der adiabatischen Falle Ogrenok befindlichen Plasmas (Бревнов, Н. Н., Романовский, М. К. и Томащук, Ю. Ф., Исследование плазмы в адиабатической ловушке ,,Огренок"). Salzburger Konferenz 1961, Vortrag Nr. 225.

[47] GOTT, J. W., JOFFÉ, M. S. und TELKOWSKI, W. G., Einige neue Resultate über den Einschluß eines Plasmas in einer magnetischen Falle (Готт, Ю. В., Иоффе, М. С. и Тельковский, В. Г., Некоторые новые результаты по удержанию плазмы в магнитной ловушке). Salzburger Konferenz 1961, Vortrag Nr. 262.

[48] JOFFÉ, M. S. und JUSCHMANOW, E. E., Experimentelle Untersuchungen von Instabilitäten eines Plasmas, das sich in einer Falle mit magnetischen Propfen befindet (Иоффе, М. С. и Юшманов, Е. Е., Экспериментальное исследование неустойчивости плазмы в ловушке с магнитными пробками). Salzburger Konferenz 1961, Vortrag Nr. 216.

[49] KOWALSKI, N. G., LUKJANOW, S. J. und PODGORNY, I. M., Untersuchungen über das Verhalten eines Plasmas in der magnetischen Falle Orech (Ковальский. Н. Г., Лукьянов, С. Ю. и Подгорный, И. М., Исследование поведения плазмы в магнитной ловушке ,,Орех"). Salzburger Konferenz 1961, Vortrag Nr. 202.

[50] PODGORNY, I. M., und SUMAROKOW, W. N., Plasmaeinfang in einer Falle, deren Magnetfeld zur Peripherie hin zunimmt (Подгорный, И. М. и Сумароков, В. Н., Захват плазмы в ловушку с магнитным полем, нарастающим к периферии). Salzburger Konferenz 1961, Vortrag Nr. 204.

[51] ALLEN, T. K., Cusp Compression Experiment. Salzburger Konferenz 1961, Vortrag Nr. 69.

[52] SWEETMAN, D. R., Mirror Machine Experiments and Related Cross Section Measurements at A. W. R. E. Aldermaston. Salzburger Konferenz 1961, Vortrag 74.

[53] STODIEK, W., ELLIS, R. A. und GORMAN, J. G., Loss of Charged Particles in a Stellarator. Salzburger Konferenz 1961, Vortrag Nr. 131.

[54] COENSGEN, F. H., CUMMINS, W. F., NEXSEN, W. E. und SHERMAN, A. E., Production and Containment of Hot Deuterium Plasmas in Multistage Magnetic Compression Experiments. Salzburger Konferenz 1961, Vortrag Nr. 149.

Sachverzeichnis

Kolibri 360 GmbH
Ferdinand-Jühlke-Straße 7
99095 Erfurt, Deutschland
produktsicherheit@kolibri360.de